중학 뉴런

수학 1(상)

개념책

중학도 역시 EBS

하루 한 장으로
중학 수학 실력 UP

인터넷·모바일·TV
무료 강의 제공

| 1(상) | 1(하) | 2(상) | 2(하) | 3(상) | 3(하) |

중학 수학은
한 장 수학으로
이렇게!

하나!

하루 한 장으로
가볍게 습관 들이기

둘!

기초부터 시작해서
문제로 완성하기

셋!

서술형·신유형 문항도
빠짐없이 연습하기

중학

뉴런

수학 1(상)

개념책

Structure

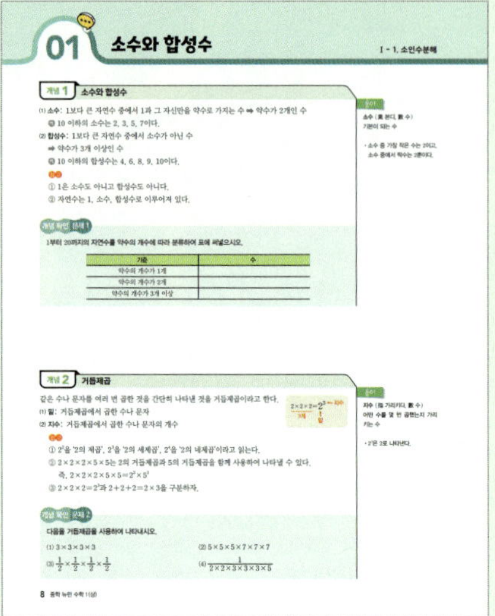

개념 & 확인 문제

자세하고 상세한 설명으로 쉽게 개념을 이해할 수 있습니다. 이해한 개념을 개념확인문제로 한 번 더 확인할 수 있습니다.

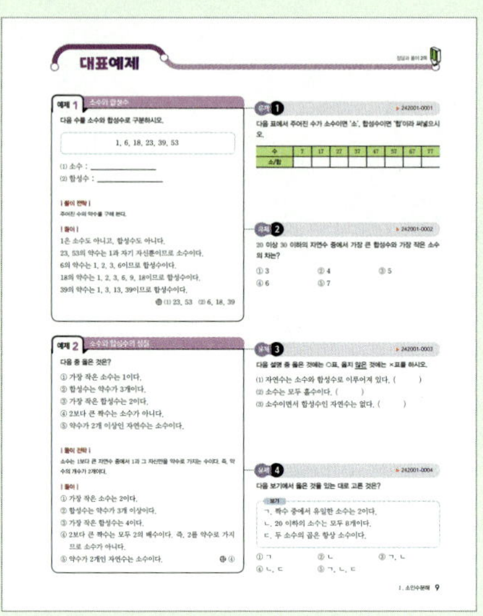

대표예제 & 유제

개념별 자주 출제되는 유형을 선별하여 풀이 전략, 친절한 풀이와 함께 수록하였습니다. 대표예제를 학습하고 유제로 다시 한 번 연습할 수 있습니다.

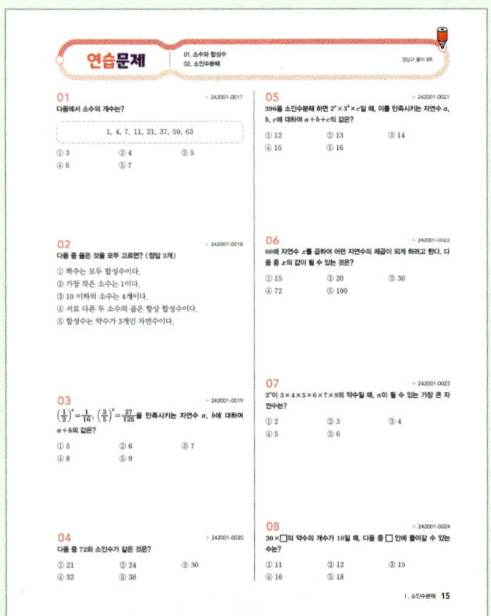

연습문제

소단원별 중요 문제를 복습하며 실력을 다질 수 있습니다.

중단원 마무리

중단원에서 중요한 문제만을 난이도별로 구성하였습니다. 난이도순으로 다양한 문제를 풀어보며 문제해결력을 기르고 중단원을 마무리할 수 있습니다.

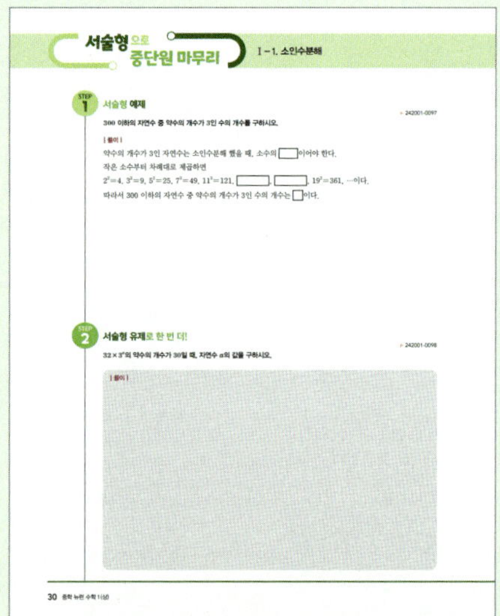

서술형으로 중단원 마무리

서술형 예제, 유제, 기출문제까지 3단계 구성을 통해 서술형 문제에 대비할 수 있습니다.

실전책

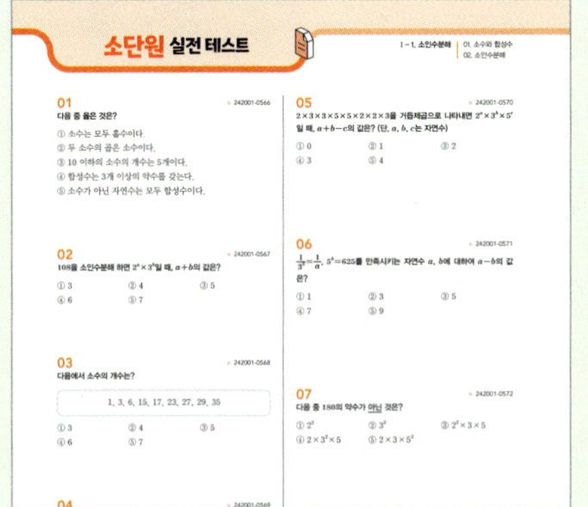

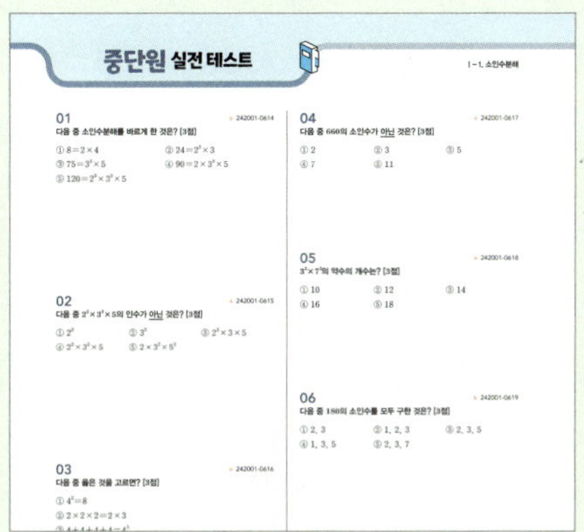

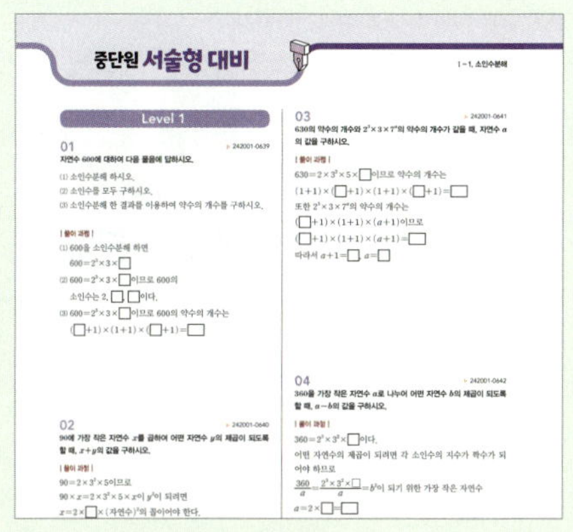

소단원 실전 테스트
소단원 내용을 확인해 볼 수 있도록 한 장으로 구성한 실전 테스트입니다. 수행평가에 대비하여 풀어볼 수 있습니다.

중단원 실전 테스트
실제 시험 형태와 비슷하게 객관식, 주관식 비율을 맞춰 구성하였습니다. 중단원 개념을 공부한 후 실제 시험처럼 풀어 보세요.

중단원 서술형 대비
실전을 위한 마지막 대비로, 중단원 서술형 문제를 난이도별로 완벽하게 연습할 수 있습니다.

정답과 풀이

자세하고 친절한 풀이로 스스로 학습이 가능하도록 쉽게 설명하였습니다.

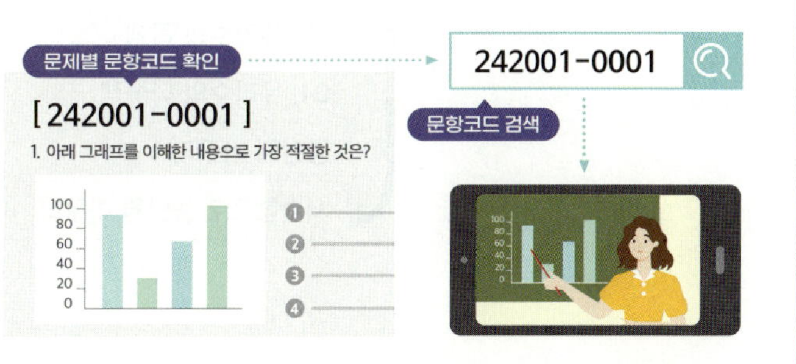

Contents

I

소인수분해

1. 소인수분해

이전에 배운 내용

초5 약수와 배수

이번에 배울 내용

Ⅰ-1. 소인수분해

01. 소수와 합성수

02. 소인수분해

03. 최대공약수

04. 최소공배수

이후에 배울 내용

중1 정수와 유리수

중2 유리수와 순환소수

　　　지수법칙

중3 제곱근과 실수

01 소수와 합성수

개념 1 소수와 합성수

(1) **소수**: 1보다 큰 자연수 중에서 1과 그 자신만을 약수로 가지는 수 ➡ 약수가 2개인 수

  예 10 이하의 소수는 2, 3, 5, 7이다.

(2) **합성수**: 1보다 큰 자연수 중에서 소수가 아닌 수

  ➡ 약수가 3개 이상인 수

  예 10 이하의 합성수는 4, 6, 8, 9, 10이다.

참고

① 1은 소수도 아니고 합성수도 아니다.

② 자연수는 1, 소수, 합성수로 이루어져 있다.

용어

소수 (素 본디, 數 수)
기본이 되는 수

· 소수 중 가장 작은 수는 2이고, 소수 중에서 짝수는 2뿐이다.

개념 확인 문제 1

1부터 20까지의 자연수를 약수의 개수에 따라 분류하여 표에 써넣으시오.

기준	수
약수의 개수가 1개	
약수의 개수가 2개	
약수의 개수가 3개 이상	

개념 2 거듭제곱

같은 수나 문자를 여러 번 곱한 것을 간단히 나타낸 것을 거듭제곱이라고 한다.

(1) **밑**: 거듭제곱에서 곱한 수나 문자

(2) **지수**: 거듭제곱에서 곱한 수나 문자의 개수

$$\underbrace{2\times2\times2}_{3개}=2^{\overset{\text{지수}}{3}}_{\underset{\text{밑}}{}}$$

참고

① 2^2을 '2의 제곱', 2^3을 '2의 세제곱', 2^4을 '2의 네제곱'이라고 읽는다.

② $2\times2\times2\times5\times5$는 2의 거듭제곱과 5의 거듭제곱을 함께 사용하여 나타낼 수 있다.

  즉, $2\times2\times2\times5\times5=2^3\times5^2$

③ $2\times2\times2=2^3$과 $2+2+2=2\times3$을 구분하자.

용어

지수 (指 가리키다, 數 수)
어떤 수를 몇 번 곱했는지 가리키는 수

· 2^1은 2로 나타낸다.

개념 확인 문제 2

다음을 거듭제곱을 사용하여 나타내시오.

(1) $3\times3\times3\times3$

(2) $5\times5\times5\times7\times7\times7$

(3) $\dfrac{1}{2}\times\dfrac{1}{2}\times\dfrac{1}{2}\times\dfrac{1}{2}$

(4) $\dfrac{1}{2\times2\times3\times3\times3\times5}$

대표예제

예제 1   소수와 합성수

다음 수를 소수와 합성수로 구분하시오.

$$1,\ 6,\ 18,\ 23,\ 39,\ 53$$

(1) 소수 : _______________

(2) 합성수 : _______________

| 풀이 전략 |

주어진 수의 약수를 구해 본다.

| 풀이 |

1은 소수도 아니고, 합성수도 아니다.

23, 53의 약수는 1과 자기 자신뿐이므로 소수이다.

6의 약수는 1, 2, 3, 6이므로 합성수이다.

18의 약수는 1, 2, 3, 6, 9, 18이므로 합성수이다.

39의 약수는 1, 3, 13, 39이므로 합성수이다.

답 (1) 23, 53   (2) 6, 18, 39

예제 2   소수와 합성수의 성질

다음 중 옳은 것은?

① 가장 작은 소수는 1이다.

② 합성수는 약수가 3개이다.

③ 가장 작은 합성수는 2이다.

④ 2보다 큰 짝수는 소수가 아니다.

⑤ 약수가 2개 이상인 자연수는 소수이다.

| 풀이 전략 |

소수는 1보다 큰 자연수 중에서 1과 그 자신만을 약수로 가지는 수이다. 즉, 약수의 개수가 2개이다.

| 풀이 |

① 가장 작은 소수는 2이다.

② 합성수는 약수가 3개 이상이다.

③ 가장 작은 합성수는 4이다.

④ 2보다 큰 짝수는 모두 2의 배수이다. 즉, 2를 약수로 가지므로 소수가 아니다.

⑤ 약수가 2개인 자연수는 소수이다.

답 ④

유제 1   ▶ 242001-0001

다음 표에서 주어진 수가 소수이면 '소', 합성수이면 '합'이라 써넣으시오.

수	7	17	27	37	47	57	67	77
소/합								

유제 2   ▶ 242001-0002

20 이상 30 이하의 자연수 중에서 가장 큰 합성수와 가장 작은 소수의 차는?

① 3   ② 4   ③ 5

④ 6   ⑤ 7

유제 3   ▶ 242001-0003

다음 설명 중 옳은 것에는 ○표, 옳지 않은 것에는 ×표를 하시오.

(1) 자연수는 소수와 합성수로 이루어져 있다. (   )

(2) 소수는 모두 홀수이다. (   )

(3) 소수이면서 합성수인 자연수는 없다. (   )

유제 4   ▶ 242001-0004

다음 보기에서 옳은 것을 있는 대로 고른 것은?

> **보기**
>
> ㄱ. 짝수 중에서 유일한 소수는 2이다.
>
> ㄴ. 20 이하의 소수는 모두 8개이다.
>
> ㄷ. 두 소수의 곱은 항상 소수이다.

① ㄱ   ② ㄴ   ③ ㄱ, ㄴ

④ ㄴ, ㄷ   ⑤ ㄱ, ㄴ, ㄷ

대표예제

예제 3 — 곱을 거듭제곱으로 나타내기

다음 중 옳은 것은?

① $2 \times 2 \times 2 = 3^2$

② $3 + 3 + 3 = 3^3$

③ $3 \times 3 \times 5 \times 5 \times 5 = 3^2 + 5^3$

④ $7 \times 7 \times 7 \times 7 = 7 \times 4$

⑤ $\dfrac{1}{2} \times \dfrac{1}{2} \times \dfrac{1}{2} \times \dfrac{1}{2} = \left(\dfrac{1}{2}\right)^4$

| 풀이 전략 |

같은 수나 문자를 여러 번 곱한 것을 거듭제곱을 사용하여 간단히 나타낸다.

| 풀이 |

① $2 \times 2 \times 2 = 2^3$

② $3 + 3 + 3 = 3 \times 3$

③ $3 \times 3 \times 5 \times 5 \times 5 = 3^2 \times 5^3$

④ $7 \times 7 \times 7 \times 7 = 7^4$

답 ⑤

유제 5 ▶ 242001-0005

다음 중 옳지 <u>않은</u> 것을 모두 고르면? (정답 2개)

① $2 \times 2 \times 2 \times 2 = 2^4$

② $3 \times 3 \times 3 = 27^3$

③ $2 \times 2 \times 3 \times 3 \times 3 \times 3 = 2^2 \times 3^4$

④ $\dfrac{1}{2 \times 2 \times 2 \times 3 \times 3 \times 3} = \dfrac{1}{2 \times 3 \times 6}$

⑤ $\dfrac{1}{2} \times \dfrac{1}{2} \times \dfrac{3}{5} \times \dfrac{3}{5} = \left(\dfrac{1}{2}\right)^2 \times \left(\dfrac{3}{5}\right)^2$

유제 6 ▶ 242001-0006

세 자연수 a, b, c에 대하여
$5 \times 7 \times 11 \times 7 \times 5 \times 11 \times 5 = 5^a \times 7^b \times 11^c$일 때, $a - b + c$의 값을 구하시오.

예제 4 — 수를 거듭제곱으로 나타내기

$3^a = 27$, $9^2 = b$를 만족시키는 자연수 a, b에 대하여 $\dfrac{b}{a}$의 값은?

① 21   ② 24   ③ 27

④ 30   ⑤ 33

| 풀이 전략 |

3과 9를 각각 반복하여 곱한다.

| 풀이 |

$3^3 = 27$, $9^2 = 81$이므로 $a = 3$, $b = 81$이다.

그러므로 $\dfrac{b}{a} = \dfrac{81}{3} = 27$

답 ③

유제 7 ▶ 242001-0007

다음 수를 [ ] 안의 수의 거듭제곱으로 나타내시오.

(1) 32 [2]   (2) 81 [3]

(3) 64 [4]   (4) 125 [5]

유제 8 ▶ 242001-0008

$49 \times 256 = 2^a \times 7^b$을 만족시키는 자연수 a, b에 대하여 $a - b$의 값을 구하시오.

02 소인수분해

개념 1 소인수분해

(1) **인수**: 자연수 a, b, c에 대하여 $a=b\times c$일 때, a의 약수 b, c를 a의 인수라고 한다. 즉, b, c는 a의 약수이며 인수이다.
- (예) $10=2\times 5=1\times 10$이므로 1, 2, 5, 10은 10의 약수이며 인수이다.

(2) **소인수**: 소수인 인수
- (예) 10의 인수 중 소수인 수는 2, 5이므로 10의 소인수는 2, 5

(3) **소인수분해**: 1보다 큰 자연수를 소인수들만의 곱으로 나타내는 것
- (예) 10의 소인수는 2, 5이므로 10을 소인수분해 하면 $10=2\times 5$

• 모든 합성수는 소인수분해 할 수 있다.

개념 확인 문제 1

다음 수의 소인수를 모두 구하고, 소인수분해 하여 표에 써넣으시오.

수	소인수	소인수분해
9	3	$9=3\times 3=3^2$
12		
20		

개념 2 소인수분해 하는 방법

소인수들만의 곱으로 나타낼 수 있을 때까지 분해한다.

(예) 36을 소인수분해 해 보자.

[방법 1]

$$36=2\times 18$$
$$=2\times 2\times 9$$
$$=2\times 2\times 3\times 3$$
$$=2^2\times 3^2$$

거듭제곱으로 나타낸다.

[방법 2]

자리의 끝이 모두 소수가 될 때까지 두 수의 곱으로 나타낸다.

$\Rightarrow 36=2^2\times 3^2$

[방법 3]

나누어 떨어지는 소수로만 나눈다.

$$\begin{array}{r} 2\,)\,36 \\ 2\,)\,18 \\ 3\,)\,9 \\ 3 \end{array}$$

몫이 소수가 될 때까지 나눈다.

$\Rightarrow 36=2^2\times 3^2$

• 일반적으로 소인수분해 한 결과는 크기가 작은 소인수부터 차례로 쓴다.
• 같은 소인수의 곱은 거듭제곱으로 나타낸다.
• 소인수를 곱하는 순서를 생각하지 않으면 소인수분해 한 결과는 오직 한 가지뿐이다.

개념 확인 문제 2

다음은 두 가지 방법을 이용하여 63을 소인수분해 하는 과정이다. ☐ 안에 알맞은 것을 써넣으시오.

[방법 1]

$63 < \begin{array}{c} ☐ \\ 9 < \begin{array}{c} ☐ \\ ☐ \end{array} \end{array}$

[방법 2]

$$\begin{array}{r} ☐\,)\,63 \\ ☐\,)\,9 \\ ☐ \end{array}$$

따라서 63을 소인수분해 하면 $63=$ ☐ 이다.

(1) 소수 a에 대하여 자연수 a^n의 약수는 1, a, a^2, a^3, $\cdots$, a^n이다. 그러므로 a^n은 $(n+1)$개의 약수를 갖는다.

　예 2^3의 약수는 1, 2, 2^2, 2^3이다.

(2) 자연수 N이 $N=a^m \times b^n$(a, b는 서로 다른 소수, m, n은 자연수)으로 소인수분해 될 때

　① N의 약수: (a^m의 약수)$\times$(b^n의 약수)

　② N의 약수의 개수: $(m+1) \times (n+1)$

　예 18을 소인수분해 하면 $18=2 \times 3^2$

이때 2의 약수는 1, 2이고 3^2의 약수는 1, 3, 3^2이므로 2×3^2의 약수는 1, 2와 1, 3, 3^2에서 하나씩 택하여 다음 표와 같이 두 수를 곱한 값과 같다.

$\times$	1	3	3^2
1	1	3	9
2	2	6	18

즉, 18의 약수는 1, 2, 3, 6, 9, 18이다.

또한 $18=2 \times 3^2$의 약수의 개수는

(2의 약수의 개수)$\times$(3^2의 약수의 개수)$=(1+1) \times (2+1)=6$

• 자연수 $a^l \times b^m \times c^n$($a$, b, c는 서로 다른 소수, l, m, n은 자연수)의 약수의 개수는 $(l+1) \times (m+1) \times (n+1)$이다.

개념 확인 문제 3

다음은 소인수분해를 이용하여 50의 약수를 모두 구하는 과정이다. □ 안에 알맞은 것을 써넣으시오.

50을 소인수분해 하면 $50=\square \times \square$이므로

50의 약수는 오른쪽 표와 같이

2의 약수인 $\square$, $\square$와

5^2의 약수인 $\square$, $\square$, $\square$을(를) 각각 곱한 것과 같다.

따라서 50의 약수는 $\square$, $\square$, $\square$, $\square$, $\square$, $\square$이다.

$\times$	1	5	5^2
1			
2			

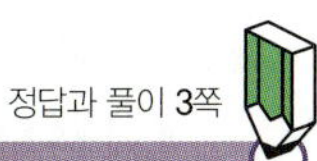

대표예제

예제 1 — 소인수분해

다음 중 소인수분해 한 것으로 옳은 것은?

① $24 = 2^2 \times 3^2$ ② $30 = 3 \times 10$

③ $45 = 3^3 \times 5$ ④ $80 = 2^4 \times 5$

⑤ $100 = 4 \times 5^2$

| 풀이 전략 |

소인수들만의 곱으로 나타낼 수 있을 때까지 분해한다.

| 풀이 |

① $24 = 2^3 \times 3$ ② $30 = 2 \times 3 \times 5$

③ $45 = 3^2 \times 5$ ⑤ $100 = 2^2 \times 5^2$

답 ④

유제 1 ▶ 242001-0009

126의 모든 소인수의 합을 구하시오.

유제 2 ▶ 242001-0010

400을 소인수분해 하면 $2^a \times 5^b$일 때, 이를 만족시키는 자연수 a, b에 대하여 $a \times b$의 값을 구하시오.

예제 2 — 제곱인 수 만들기

28에 자연수를 곱하여 어떤 자연수의 제곱이 되도록 할 때, 곱할 수 있는 가장 작은 자연수는?

① 2 ② 3 ③ 5

④ 6 ⑤ 7

| 풀이 전략 |

어떤 자연수의 제곱인 수를 소인수분해 했을 때, 소인수의 지수는 모두 짝수이다.

| 풀이 |

구하는 가장 작은 자연수를 x라 하면 $28 \times x$를 소인수분해 했을 때 소인수의 지수가 모두 짝수이어야 한다.

$28 \times x = 2^2 \times 7 \times x$이므로 $x = 7$

답 ⑤

유제 3 ▶ 242001-0011

600에 어떤 자연수를 곱하여 어떤 자연수의 제곱이 되도록 할 때, 곱할 수 있는 가장 작은 자연수는?

① 6 ② 8 ③ 10

④ 15 ⑤ 30

유제 4 ▶ 242001-0012

120을 어떤 자연수로 나누어 어떤 자연수의 제곱이 되도록 할 때, 나눌 수 있는 가장 작은 자연수를 구하시오.

대표예제

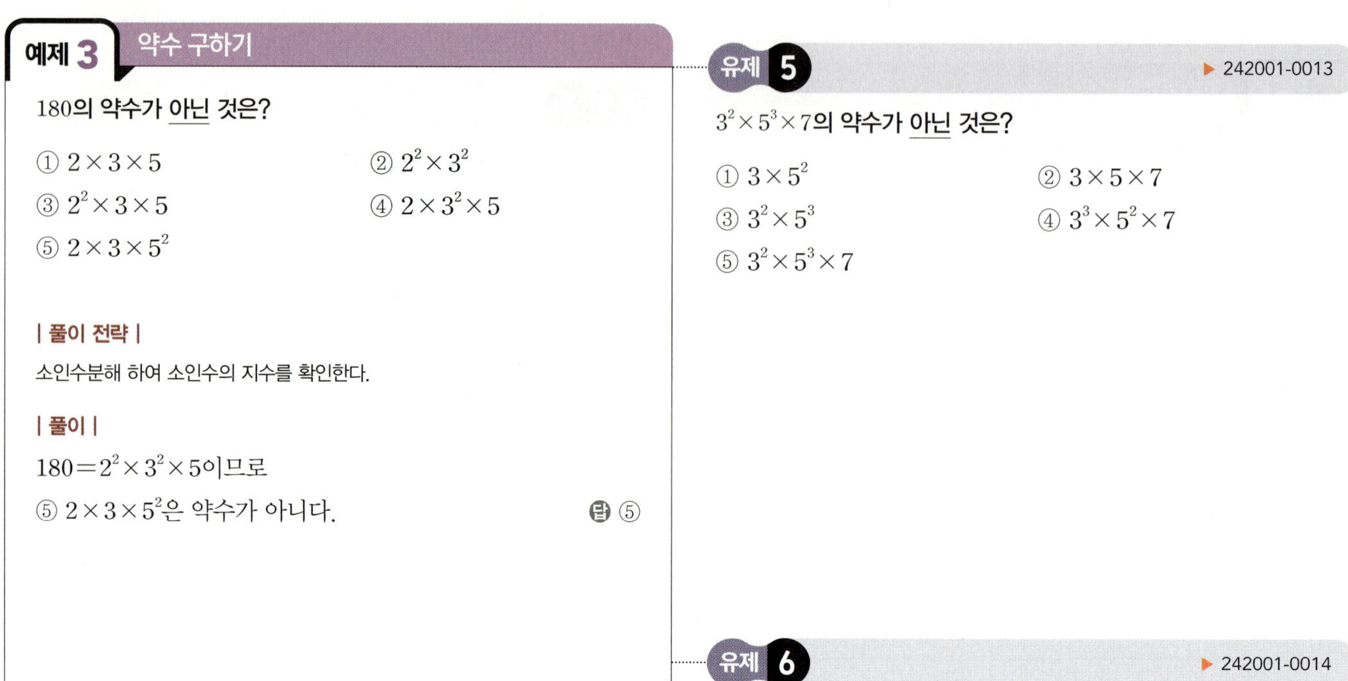

예제 3 약수 구하기

180의 약수가 <u>아닌</u> 것은?

① $2 \times 3 \times 5$ ② $2^2 \times 3^2$

③ $2^2 \times 3 \times 5$ ④ $2 \times 3^2 \times 5$

⑤ $2 \times 3 \times 5^2$

| 풀이 전략 |

소인수분해 하여 소인수의 지수를 확인한다.

| 풀이 |

$180 = 2^2 \times 3^2 \times 5$이므로

⑤ $2 \times 3 \times 5^2$은 약수가 아니다. **답** ⑤

유제 5 ▶ 242001-0013

$3^2 \times 5^3 \times 7$의 약수가 <u>아닌</u> 것은?

① 3×5^2 ② $3 \times 5 \times 7$

③ $3^2 \times 5^3$ ④ $3^3 \times 5^2 \times 7$

⑤ $3^2 \times 5^3 \times 7$

유제 6 ▶ 242001-0014

105의 약수 중에서 두 번째로 큰 수를 구하시오.

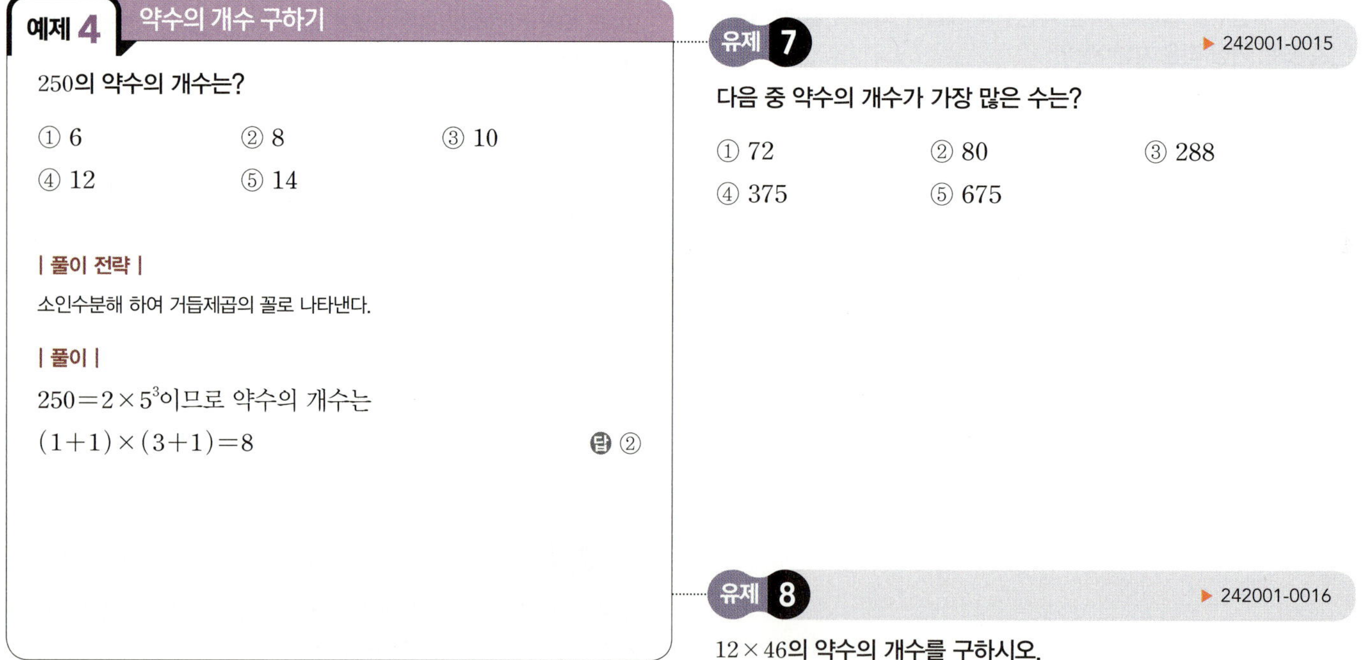

예제 4 약수의 개수 구하기

250의 약수의 개수는?

① 6 ② 8 ③ 10

④ 12 ⑤ 14

| 풀이 전략 |

소인수분해 하여 거듭제곱의 꼴로 나타낸다.

| 풀이 |

$250 = 2 \times 5^3$이므로 약수의 개수는

$(1+1) \times (3+1) = 8$ **답** ②

유제 7 ▶ 242001-0015

다음 중 약수의 개수가 가장 많은 수는?

① 72 ② 80 ③ 288

④ 375 ⑤ 675

유제 8 ▶ 242001-0016

12×46의 약수의 개수를 구하시오.

01 ▶ 242001-0017

다음에서 소수의 개수는?

> 1, 4, 7, 11, 21, 37, 59, 63

① 3   ② 4   ③ 5
④ 6   ⑤ 7

02 ▶ 242001-0018

다음 중 옳은 것을 모두 고르면? (정답 2개)

① 짝수는 모두 합성수이다.
② 가장 작은 소수는 1이다.
③ 10 이하의 소수는 4개이다.
④ 서로 다른 두 소수의 곱은 항상 합성수이다.
⑤ 합성수는 약수가 3개인 자연수이다.

03 ▶ 242001-0019

$\left(\dfrac{1}{2}\right)^{a} = \dfrac{1}{16}$, $\left(\dfrac{3}{5}\right)^{b} = \dfrac{27}{125}$을 만족시키는 자연수 a, b에 대하여 $a+b$의 값은?

① 5   ② 6   ③ 7
④ 8   ⑤ 9

04 ▶ 242001-0020

다음 중 72와 소인수가 같은 것은?

① 21   ② 24   ③ 30
④ 32   ⑤ 38

05 ▶ 242001-0021

396을 소인수분해 하면 $2^{a} \times 3^{b} \times c$일 때, 이를 만족시키는 자연수 a, b, c에 대하여 $a+b+c$의 값은?

① 12   ② 13   ③ 14
④ 15   ⑤ 16

06 ▶ 242001-0022

60에 자연수 x를 곱하여 어떤 자연수의 제곱이 되게 하려고 한다. 다음 중 x의 값이 될 수 있는 것은?

① 15   ② 20   ③ 30
④ 72   ⑤ 100

07 ▶ 242001-0023

3^{n}이 $3 \times 4 \times 5 \times 6 \times 7 \times 8$의 약수일 때, n이 될 수 있는 가장 큰 자연수는?

① 2   ② 3   ③ 4
④ 5   ⑤ 6

08 ▶ 242001-0024

$30 \times \square$의 약수의 개수가 18일 때, 다음 중 $\square$ 안에 들어갈 수 있는 수는?

① 11   ② 12   ③ 15
④ 16   ⑤ 18

03 최대공약수

개념 1 최대공약수

(1) **공약수**: 두 개 이상의 자연수의 공통인 약수

(2) **최대공약수**: 공약수 중에서 가장 큰 수

> 예 4의 약수: 1, 2, 4
> 6의 약수: 1, 2, 3, 6 ⟶ 공약수: 1, ② ← 최대공약수

(3) **최대공약수의 성질**: 두 개 이상의 자연수의 공약수는 그 수들의 최대공약수의 약수이다.

> 예 4와 6의 공약수인 1, 2는 최대공약수 2의 약수

(4) **서로소**: 최대공약수가 1인 두 자연수

> 예 4와 7의 최대공약수가 1이므로 4와 7은 서로소이다.

서로소(素 본디, 근본 소)의 '소'는 소수에서의 '소'와 같다.

· 1은 모든 수의 약수이므로 공약수 중에서 가장 작은 수는 항상 1이다. 따라서 최소공약수는 생각하지 않는다.

· 모든 자연수는 1과 서로소이다.

개념 확인 문제 1

다음 두 수의 공약수와 최대공약수를 각각 구하고, 서로소이면 ○표, 서로소가 아니면 ×표를 써넣으시오.

수	공약수	최대공약수	서로소(○/×)
8, 12			
4, 15			
9, 21			

개념 2 최대공약수 구하기

[방법1] 소인수분해를 이용하여 구하기

① 주어진 수를 각각 소인수분해 한다.

② 공통인 소인수의 거듭제곱에서 지수가 작거나 같은 것을 택하여 곱한다.

$$
\begin{aligned}
24 &= 2 \times 2 \times 2 \times 3 &&= 2^3 \times 3 \\
90 &= 2 \qquad \times 3 \times 3 \times 5 &&= 2 \times 3^2 \times 5 \\
\hline
(\text{최대공약수}) &= 2 \qquad \times 3 &&= 2 \times 3 = 6
\end{aligned}
$$

[방법2] 공약수로 나누어 구하기

① 두 수의 몫이 서로소가 될 때까지 1이 아닌 공약수로 계속 나눈다.

② 나눈 공약수를 모두 곱한다.

$$
\begin{array}{r|rr}
2 & 24 & 90 \\
3 & 12 & 45 \\
\hline
 & 4 & 15
\end{array}
$$

← 서로소

$$(\text{최대공약수}) = 2 \times 3 = 6$$

· 세 수 이상의 최대공약수도 두 수일 때와 같은 방법으로 구한다.

개념 확인 문제 2

소인수분해를 이용하여 다음 수들의 최대공약수를 구하시오.

(1) 12, 21

(2) 45, 60

대표예제

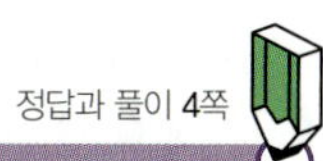

예제 1 최대공약수의 성질

두 자연수 A, B의 최대공약수가 15일 때, 다음 중 A, B의 공약수가 <u>아닌</u> 것은?

① 1 　　　② 3 　　　③ 5
④ 9 　　　⑤ 15

| 풀이 전략 |

두 개 이상의 자연수의 공약수는 그 수들의 최대공약수의 약수이다.

| 풀이 |

두 자연수 A, B의 공약수는 최대공약수 15의 약수이므로 1, 3, 5, 15이다.

따라서 공약수가 아닌 것은 9이다. 　　**답** ④

유제 1 ▶ 242001-0025

두 자연수 A, B의 최대공약수가 30일 때, A, B의 공약수 중에서 세 번째로 큰 수는?

① 6 　　　② 10 　　　③ 12
④ 15 　　　⑤ 20

유제 2 ▶ 242001-0026

두 자연수 A, B의 최대공약수가 12일 때, A, B의 공약수의 개수는?

① 4 　　　② 5 　　　③ 6
④ 7 　　　⑤ 8

예제 2 서로소

다음 중 두 수가 서로소가 <u>아닌</u> 것은?

① 4, 7 　　　　　② 6, 13
③ 7, 21 　　　　　④ 8, 15
⑤ 10, 27

| 풀이 전략 |

최대공약수가 1이 아닌 두 수를 찾는다.

| 풀이 |

③ 7과 21의 최대공약수는 7이므로 두 수는 서로소가 아니다.

　　답 ③

유제 3 ▶ 242001-0027

다음 중 18과 서로소인 것은?

① 6 　　　② 7 　　　③ 8
④ 9 　　　⑤ 10

유제 4 ▶ 242001-0028

20 이하의 자연수 중 10과 서로소인 자연수의 개수는?

① 4 　　　② 5 　　　③ 6
④ 7 　　　⑤ 8

예제 3 소인수분해를 이용하여 최대공약수 구하기

두 수 $2^2 \times 3 \times 5^3$, $2 \times 3^3 \times 5 \times 7$의 **최대공약수는?**

① 2×3 ② $2^2 \times 3^3$

③ $2 \times 3 \times 5$ ④ $2^2 \times 3^2 \times 7$

⑤ $2^2 \times 3^3 \times 5 \times 7$

| 풀이 전략 |

공통인 소인수의 거듭제곱에서 지수가 작거나 같은 것을 택하여 곱한다.

| 풀이 |

두 수 $2^2 \times 3 \times 5^3$, $2 \times 3^3 \times 5 \times 7$의 공통인 소인수 2의 지수에서 작은 것은 1, 공통인 소인수 3의 지수에서 작은 것도 1, 공통인 소인수 5의 지수에서 작은 것도 1이므로 최대공약수는 $2 \times 3 \times 5$이다. **답** ③

유제 5 ▶ 242001-0029

세 수 $2^2 \times 3^3$, $3^4 \times 5^3$, $3 \times 7^3 \times 11$의 **최대공약수는?**

① 3 ② $2^2 \times 3$

③ $2^2 \times 3^3$ ④ $2 \times 3 \times 7 \times 11$

⑤ $2^2 \times 3^4 \times 5^3 \times 7^3 \times 11$

유제 6 ▶ 242001-0030

두 수 56과 84의 **최대공약수는?**

① 7 ② 14 ③ 21

④ 28 ⑤ 32

예제 4 공약수 구하기

다음 중 $2^3 \times 3^2 \times 5$, $2^2 \times 3^4 \times 7^2$, $2^2 \times 3 \times 7$의 공약수가 <u>아닌</u> 것은?

① 2 ② 3 ③ 6

④ 8 ⑤ 12

| 풀이 전략 |

공약수는 최대공약수의 약수이다.

| 풀이 |

세 수의 최대공약수는 $2^2 \times 3 = 12$이므로 세 수의 공약수는 12의 약수인 1, 2, 3, 4, 6, 12이다.

따라서 공약수가 아닌 것은 8이다. **답** ④

유제 7 ▶ 242001-0031

두 수 $3^3 \times 5^2$, $3^4 \times 7^2$의 공약수 중 두 번째로 큰 수는?

① 7 ② 9 ③ 15

④ 21 ⑤ 27

유제 8 ▶ 242001-0032

세 수 60, $2 \times 3^2 \times 5$, 495의 **공약수의 개수는?**

① 2 ② 3 ③ 4

④ 6 ⑤ 8

예제 **5** 최대공약수가 주어질 때 수 구하기

두 수 $2 \times 3^3 \times 5^a$, $2^2 \times 3^b \times 5^3$의 **최대공약수**가 450일 때, $a+b$의 값은?

① 2 ② 3 ③ 4
④ 5 ⑤ 6

| 풀이 전략 |

최대공약수는 공통인 소인수의 거듭제곱에서 지수가 작거나 같은 것을 택하여 곱한 결과와 같다.

| 풀이 |

$450 = 2 \times 3^2 \times 5^2$이므로 $a=2$, $b=2$이다. **답** ③

▶ 242001-0033

유제 9

두 수 $2^2 \times 3^a \times 5$, $2 \times 3^3 \times 11$의 최대공약수가 2×3^2일 때, a의 값은?

① 2 ② 3 ③ 4
④ 5 ⑤ 6

▶ 242001-0034

유제 10

두 수 $2^2 \times a$, $2^4 \times 3^2 \times 5$의 최대공약수가 $2^2 \times 3^2$일 때, a가 될 수 있는 수는?

① 12 ② 18 ③ 27
④ 36 ⑤ 45

예제 **6** 최대공약수가 주어진 두 수의 관계

자연수 36과 A의 최대공약수는 9이다. 이때 A가 될 수 있는 두 자리 자연수 중 가장 큰 수는?

① 63 ② 72 ③ 81
④ 90 ⑤ 99

| 풀이 전략 |

두 수를 최대공약수와의 곱의 형태로 나타내면 최대공약수에 곱해진 두 수는 서로소이다.

| 풀이 |

$36 = 4 \times 9$이므로 구하고자 하는 두 자리 자연수를 a라 하면 $a = b \times 9$(단, a, b는 자연수)이다.
이때 4와 b는 서로소이고 $b \times 9$가 두 자리 수이어야 하므로 $b = 3, 5, 7, 9, 11$
따라서 두 자리 자연수 중 가장 큰 수는 $11 \times 9 = 99$ **답** ⑤

▶ 242001-0035

유제 11

자연수 72와 A의 최대공약수는 8이다. 이때 A가 될 수 있는 두 자리 자연수의 개수는?

① 6 ② 7 ③ 8
④ 9 ⑤ 10

▶ 242001-0036

유제 12

자연수 A와 200의 최대공약수가 25이다. 이때 A가 될 수 있는 200 이하의 자연수의 개수는?

① 3 ② 4 ③ 5
④ 6 ⑤ 7

01
▶ 242001-0037

다음 두 수가 서로소가 <u>아닌</u> 것은?

① 5, 11   ② 8, 9   ③ 12, 27

④ 21, 34   ⑤ 25, 39

02
▶ 242001-0038

다음 중 옳지 <u>않은</u> 것을 모두 고르면? (정답 2개)

① 서로 다른 두 소수는 서로소이다.
② 1과 1이 아닌 자연수는 서로소이다.
③ 서로소인 두 자연수는 모두 소수이다.
④ 서로 다른 두 홀수는 서로소이다.
⑤ 서로 다른 두 짝수는 서로소가 아니다.

03
▶ 242001-0039

두 수 $2^3 \times 3^4 \times 5^2$, $2^2 \times 3^2 \times 11$의 최대공약수는?

① 12   ② 24   ③ 36

④ 48   ⑤ 72

04
▶ 242001-0040

세 수 $2 \times 3^3 \times 7^2$, $2^2 \times 3 \times 5^2 \times 7^2$, $2^3 \times 3^2 \times 7 \times 11$의 최대공약수는?

① $2 \times 3 \times 7$
② $2 \times 3^2 \times 7$
③ $2 \times 3 \times 5^2 \times 11$
④ $2^2 \times 3 \times 7 \times 11$
⑤ $2^3 \times 3^3 \times 5^2 \times 7^2 \times 11$

05
▶ 242001-0041

두 수 $3^3 \times 5^2 \times 11$, $2^3 \times 3^2 \times 5^2 \times 7$의 공약수가 <u>아닌</u> 것은?

① 3   ② 3×5 ③ 5^2

④ $3^2 \times 5^2$ ⑤ $3^3 \times 5^2$

06
▶ 242001-0042

세 수 48, 64, 80의 공약수의 개수는?

① 3   ② 4   ③ 5

④ 6   ⑤ 8

07
▶ 242001-0043

세 수 $2^a \times 3^3 \times 5^3$, $2^3 \times 3^b \times 5^2$, $2^4 \times 3^3 \times 5^3$의 최대공약수가 $2^2 \times 3^2 \times 5^c$일 때, $a+b-c$의 값은?

① 0   ② 1   ③ 2

④ 3   ⑤ 4

08
▶ 242001-0044

$2^2 \times 5^3$의 약수 중 네 번째로 큰 수는?

① 60   ② 80   ③ 100

④ 125   ⑤ 200

04 최소공배수

개념 1 최소공배수

(1) **공배수**: 두 개 이상의 자연수의 공통인 배수

(2) **최소공배수**: 공배수 중에서 가장 작은 수

> **예** 4의 배수: 4, 8, 12, 16, 20, 24, … ┐
>   ├ → 공배수: 12, 24   (최소공배수: 12)
>   6의 배수: 6, 12, 18, 24, 30, 36, … ┘

(3) **최소공배수의 성질**: 두 개 이상의 자연수의 공배수는 그 수들의 최소공배수의 배수이다.

> **예** 4와 6의 공배수인 12, 24, …는 최소공배수 12의 배수이다.

- 공배수는 끝없이 구할 수 있으므로 공배수 중에서 가장 큰 것은 알 수 없다. 따라서 최대공배수는 생각하지 않는다.
- 서로소인 두 자연수의 최소공배수는 두 자연수의 곱과 같다.

개념 확인 문제 1

다음을 구하시오.

(1) 10의 배수

(2) 15의 배수

(3) 10과 15의 공배수

(4) 10과 15의 최소공배수

개념 2 최소공배수 구하기

[방법 1] 소인수분해를 이용하여 구하기

① 주어진 수를 각각 소인수분해 한다.

② 공통인 소인수의 거듭제곱에서 지수가 크거나 같은 것을 택하고 공통이 아닌 소인수의 거듭제곱도 모두 택하여 곱한다.

$$24 = 2 \times 2 \times 2 \times 3 \qquad\quad = 2^3 \times 3$$
$$90 = 2 \qquad\quad \times 3 \times 3 \times 5 = 2 \ \times 3^2 \times 5$$
$$(최소공배수) = 2 \times 2 \times 2 \times 3 \times 3 \times 5 = 2^3 \times 3^2 \times 5 = 360$$

[방법 2] 공약수로 나누어 구하기

① 몫이 서로소가 될 때까지 1이 아닌 공약수로 계속 나눈다.

② 나눈 공약수와 마지막 몫을 모두 곱한다.

```
2 ) 24   90
3 ) 12   45
    4    15   ← 서로소
```
$$(최소공배수) = 2 \times 3 \times 4 \times 15$$
$$= 360$$

- [방법 2]의 경우, 세 수의 공약수가 없으면 두 수의 공약수로 나눈다. 이때 공약수가 없는 수는 그대로 아래로 내린다.

개념 확인 문제 2

소인수분해를 이용하여 다음 수들의 최소공배수를 구하시오.

(1) 12, 18

(2) 30, 35

예제 1 최소공배수의 성질

어떤 두 자연수의 최소공배수가 16일 때, 다음 중 이 두 수의 공배수인 것은?

① 56   ② 60   ③ 64

④ 68   ⑤ 72

| 풀이 전략 |

공배수는 최소공배수의 배수이다.

| 풀이 |

두 수의 공배수는 두 수의 최소공배수의 배수이므로 16의 배수이다. 16의 배수는 16, 32, 48, 64, 80, …이므로 주어진 수들 중 공배수는 64이다.   **답** ③

유제 1 ▶ 242001-0045

두 자연수 A, B의 최소공배수가 12일 때, A, B의 공배수 중 100에 가장 가까운 수는?

① 96   ② 98   ③ 100

④ 102   ⑤ 104

유제 2 ▶ 242001-0046

두 자연수 A, B의 최소공배수가 48일 때, A, B의 공배수 중 500보다 작은 수의 개수는?

① 9   ② 10   ③ 11

④ 12   ⑤ 13

예제 2 최소공배수 구하기

두 수 $2^2 \times 3 \times 5^2$, $2^3 \times 5 \times 7$의 최소공배수는?

① $2^2 \times 5$ ② $2^2 \times 3 \times 5$

③ $2^3 \times 3 \times 7$ ④ $2^3 \times 3 \times 5 \times 7$

⑤ $2^3 \times 3 \times 5^2 \times 7$

| 풀이 전략 |

최소공배수는 공통인 소인수의 거듭제곱에서 지수가 크거나 같은 것을 택하고 공통이 아닌 소인수의 거듭제곱도 모두 택하여 곱한다.

| 풀이 |

두 수의 모든 소인수는 2, 3, 5, 7이고 각 소인수의 지수 중 크거나 같은 것을 택하여 곱하면 $2^3 \times 3 \times 5^2 \times 7$이다.   **답** ⑤

유제 3 ▶ 242001-0047

두 수 $2 \times 3 \times 7$과 60의 최소공배수는?

① 300   ② 360   ③ 420

④ 480   ⑤ 540

유제 4 ▶ 242001-0048

두 수 40과 72의 최소공배수는?

① 360   ② 380   ③ 400

④ 420   ⑤ 440

예제 **3** 세 수의 최소공배수

세 수 $2^3 \times 3$, $2^2 \times 7$, 3×7의 최소공배수는?

① 2^2 ② 2×3

③ 3×7 ④ $2^3 \times 3 \times 7$

⑤ $2^3 \times 3^2 \times 7^2$

| 풀이 전략 |

소인수분해를 이용하여 세 수의 최소공배수를 구하는 경우 두 수의 최소공배수를 구하는 방법과 마찬가지의 방법으로 한다.

| 풀이 |

세 수의 모든 소인수는 2, 3, 7이고 각 소인수의 지수 중 크거나 같은 것을 택하여 곱하면 $2^3 \times 3 \times 7$이다.   답 ④

유제 **5** ▶ 242001-0049

세 수 3×7^2, 2×3^2, 108의 최소공배수는?

① $2 \times 3^2 \times 7$ ② $2 \times 3 \times 7^2$

③ $2^2 \times 3 \times 7$ ④ $2^2 \times 3^2 \times 7$

⑤ $2^2 \times 3^3 \times 7^2$

유제 **6** ▶ 242001-0050

네 수 5×7^3, $3^2 \times 11$, $3^2 \times 7 \times 11$, $2 \times 5^2 \times 7^2 \times 11$의 최소공배수는?

① $3 \times 5^2 \times 7$ ② $2 \times 3 \times 5 \times 11^2$

③ $3^2 \times 5 \times 7 \times 11$ ④ $2 \times 3^2 \times 5^2 \times 7 \times 11$

⑤ $2 \times 3^2 \times 5^2 \times 7^3 \times 11$

예제 **4** 공배수 구하기

두 수 $3^2 \times 5$, $3 \times 5^2 \times 7$의 공배수가 <u>아닌</u> 것은?

① $3 \times 5^2 \times 7$ ② $3^2 \times 5^2 \times 7$

③ $3^2 \times 5^3 \times 7^3$ ④ $2 \times 3^2 \times 5^2 \times 7$

⑤ $3^2 \times 5^2 \times 7^2 \times 11$

| 풀이 전략 |

두 수의 공배수는 두 수의 최소공배수의 배수이다.

| 풀이 |

두 수의 최소공배수는 $3^2 \times 5^2 \times 7$이다.

$3 \times 5^2 \times 7$은 $3^2 \times 5^2 \times 7$의 배수가 아니다.   답 ①

유제 **7** ▶ 242001-0051

세 수 2×7, $3^2 \times 7$, $2^2 \times 3 \times 7$의 공배수 중 세 자리 자연수의 개수는?

① 2   ② 3   ③ 4

④ 5   ⑤ 6

유제 **8** ▶ 242001-0052

500 이하의 자연수 중 두 수 12, $2 \times 3^2 \times 5$의 공배수의 개수는?

① 1   ② 2   ③ 3

④ 4   ⑤ 5

대표예제

예제 5 | 최소공배수가 주어질 때 수 구하기

두 수 $2^a \times 3^2 \times 5$, $2 \times 3 \times 5^2$의 **최소공배수가** $2^3 \times 3^b \times 5^2$일 때, $a+b$의 값은?

① 2　　　　② 3　　　　③ 4
④ 5　　　　⑤ 6

| 풀이 전략 |

최소공배수는 공통인 소인수의 거듭제곱에서 지수가 크거나 같은 것을 택하고 공통이 아닌 소인수의 거듭제곱도 모두 택하여 곱한다.

| 풀이 |

최소공배수는 소인수가 같은 거듭제곱 중에서 지수가 같거나 큰 것을 찾고 소인수가 다른 거듭제곱을 찾아 곱해야 하므로

$a=3$, $b=2$

따라서 $a+b=5$　　　　**답** ④

예제 6 | 최대공약수와 최소공배수가 주어질 때 수 구하기

두 자연수 A, B의 곱이 150이고, 두 수의 **최대공약수가** 5일 때, 두 수의 **최소공배수는?**

① 15　　　　② 20　　　　③ 25
④ 30　　　　⑤ 35

| 풀이 전략 |

두 수 A, B의 최대공약수가 G이면
$A=a \times G$, $B=b \times G$ (단, a, b는 서로소)
로 나타낼 수 있다.

| 풀이 |

$A=5 \times a$, $B=5 \times b$ (단, a, b는 서로소)라 하자.
이때 $A \times B=150$이므로
$A \times B=5 \times a \times 5 \times b=25 \times a \times b=150$에서 $a \times b=6$
따라서 두 수의 최소공배수는 a, b가 서로소이므로
$5 \times a \times b=5 \times 6=30$　　　　**답** ④

유제 9 　　▶ 242001-0053

두 수 $2^2 \times 3^a$, $2^b \times 3^2 \times 5$의 **최대공약수가** $2^2 \times 3$이고, **최소공배수가** $2^4 \times 3^2 \times 5$일 때, $b-a$의 값은?

① 0　　　　② 1　　　　③ 2
④ 3　　　　⑤ 4

유제 10 　　▶ 242001-0054

세 수 $2 \times x$, $3 \times x$, $5 \times x$의 **최소공배수가** 90일 때, x의 값은?

① 3　　　　② 4　　　　③ 5
④ 6　　　　⑤ 7

유제 11 　　▶ 242001-0055

두 자연수 A, B의 곱이 360이고, **최대공약수가** 6일 때, 두 수의 **최소공배수는?**

① 36　　　　② 48　　　　③ 60
④ 72　　　　⑤ 84

유제 12 　　▶ 242001-0056

두 자연수 A, 80의 **최대공약수가** 16, **최소공배수가** 240일 때, A의 값은?

① 40　　　　② 48　　　　③ 60
④ 64　　　　⑤ 72

01
▶ 242001-0057

두 자연수 A, B의 최소공배수가 18일 때, 다음 중 A, B의 공배수의 개수는?

> 6, 9, 24, 36, 48, 60, 72, 90

① 1　　　② 2　　　③ 3
④ 4　　　⑤ 5

02
▶ 242001-0058

두 수 $2^2 \times 3^3 \times 5^2$, $2^3 \times 5 \times 7^2$의 최소공배수는?

① $2^2 \times 5$　　　② $2^2 \times 3^3 \times 5$　　　③ $2^3 \times 3^3 \times 7^2$
④ $2^3 \times 3^3 \times 5 \times 7^2$　　　⑤ $2^3 \times 3^3 \times 5^2 \times 7^2$

03
▶ 242001-0059

다음 두 수의 곱이 두 수의 최소공배수와 같은 것은?

① 4, 10　　　② 9, 12　　　③ 12, 19
④ 14, 49　　　⑤ 16, 24

04
▶ 242001-0060

다음 중 두 수 72, $2 \times 3^3 \times 7$의 공배수인 것은?

① $2^2 \times 3^2$　　　② $2^2 \times 3 \times 7$　　　③ $2^2 \times 3^2 \times 7^2$
④ $2^3 \times 3^2 \times 7^2$　　　⑤ $2^3 \times 3^3 \times 7^2$

05
▶ 242001-0061

어떤 두 수의 최소공배수가 22일 때, 이 두 수의 공배수 중 200 이상 300 이하인 수의 개수는?

① 1　　　② 2　　　③ 3
④ 4　　　⑤ 5

06
▶ 242001-0062

두 수 $2^2 \times 3 \times 5$, 350의 최소공배수를 $2^a \times 3^b \times 5^c \times 7$이라 할 때, $a+b+c$의 값은?

① 3　　　② 4　　　③ 5
④ 6　　　⑤ 7

07
▶ 242001-0063

세 자연수 $3 \times x$, $4 \times x$, $5 \times x$의 최소공배수가 420일 때, 세 자연수의 합은?

① 72　　　② 75　　　③ 78
④ 81　　　⑤ 84

08
▶ 242001-0064

두 자리 자연수 A, B에 대하여, A와 B의 최대공약수는 7, 최소공배수는 140일 때, $A+B$의 값은?

① 56　　　② 63　　　③ 70
④ 77　　　⑤ 84

Level 1

01
▶ 242001-0065

다음 중 옳은 것은?

① 가장 작은 소수는 2이다.
② 짝수는 모두 합성수이다.
③ 가장 작은 합성수는 1이다.
④ 20 이하의 소수는 모두 9개이다.
⑤ 소수이면서 합성수인 자연수가 있다.

02
▶ 242001-0066

$2^a=8$, $3^b=27$을 만족하는 자연수 a, b에 대하여 $a+b$의 값은?

① 4   ② 5   ③ 6
④ 7   ⑤ 8

03
▶ 242001-0067

자연수 147의 소인수의 합은?

① 3   ② 7   ③ 10
④ 13   ⑤ 17

04
▶ 242001-0068

다음 중 소인수분해 한 것으로 옳은 것은?

① $12=2^2 \times 5$ ② $20=4 \times 5$
③ $60=2 \times 3 \times 10$ ④ $140=2^2 \times 5 \times 7$
⑤ $180=2^3 \times 3 \times 5$

05
▶ 242001-0069

다음 중 약수의 개수가 가장 많은 수는?

① 11   ② 24   ③ 36
④ 42   ⑤ 50

06
▶ 242001-0070

두 자연수의 최대공약수가 24일 때, 다음 중 두 자연수의 공약수가 될 수 없는 것은?

① 4   ② 6   ③ 8
④ 12   ⑤ 16

07
▶ 242001-0071

세 수 $2^2 \times 3^2 \times 5$, $3^2 \times 5$, $3^3 \times 5 \times 7$의 최대공약수와 최소공배수는?

	최대공약수	최소공배수
①	3×5	$2^2 \times 3^2 \times 5$
②	$3^2 \times 5$	$2^2 \times 3^2 \times 5 \times 7$
③	$3^2 \times 5$	$2^2 \times 3^3 \times 5 \times 7$
④	$3^3 \times 5$	$2^2 \times 3^2 \times 5 \times 7$
⑤	$3^3 \times 5$	$2^2 \times 3^3 \times 5 \times 7$

08
▶ 242001-0072

다음 중 두 수 $2^3 \times 3 \times 5$, $3^2 \times 5^2 \times 11$의 공배수가 아닌 것은?

① $2^3 \times 3^4 \times 5^2 \times 11$ ② $2^3 \times 3^2 \times 5^2 \times 11$
③ $2^3 \times 3^2 \times 5 \times 11^2$ ④ $2^4 \times 3^3 \times 5^4 \times 11$
⑤ $2^4 \times 3^5 \times 5^2 \times 11^3$

Level ②

09
▶ 242001-0073

오른쪽 표에서 소수가 있는 칸을 선택하여 색을 칠할 때, 나타나는 한글 자음은?

1	2	3	5	6
8	9	10	11	12
14	17	19	23	24
27	29	30	32	33
35	37	41	43	44

① ㄱ
② ㄹ
③ ㅁ
④ ㅂ
⑤ ㅋ

10
▶ 242001-0074

$125 \times 35 \times 49$를 소인수분해 한 결과가 $5^a \times 7^b$일 때, $a+b$의 값은?

① 6
② 7
③ 8
④ 9
⑤ 10

11
▶ 242001-0075

$B^2 = 360 \times A$ (A, B는 자연수)일 때, A가 될 수 있는 자연수 중 가장 작은 수와 두 번째로 작은 수의 합은?

① 20
② 35
③ 50
④ 60
⑤ 75

12
▶ 242001-0076

600을 자연수 x로 나누어 1이 아닌 어떤 자연수의 제곱이 되게 하려고 한다. 다음 중 x가 될 수 있는 수는?

① 4
② 6
③ 9
④ 12
⑤ 15

13
▶ 242001-0077

자연수 315의 약수의 개수는?

① 6
② 8
③ 10
④ 12
⑤ 15

14
▶ 242001-0078

$2^a \times 7 \times 25$의 약수의 개수가 30일 때, a의 값은?

① 3
② 4
③ 5
④ 6
⑤ 7

15
▶ 242001-0079

30 이하의 자연수 중 24와 서로소인 자연수의 개수는?

① 10
② 11
③ 12
④ 13
⑤ 14

16
▶ 242001-0080

392의 약수 중 7의 배수의 개수는?

① 4
② 5
③ 6
④ 7
⑤ 8

17
▶ 242001-0081

세 자연수 12, $2^4 \times 3^2$, A의 최대공약수가 6일 때, 다음 중 A의 값이 될 수 없는 것은?

① 6　　　　② 18　　　　③ 24
④ 30　　　　⑤ 42

18 ⭐중요
▶ 242001-0082

두 자연수 $2^a \times 3^b \times 5^c \times 7^d$과 $2^3 \times 3^2 \times 5^4$의 최대공약수는 $2^2 \times 3^2 \times 5^2$이고, 최소공배수는 $2^3 \times 3^3 \times 5^4 \times 7^2$이다. 이때 $a+b+c+d$의 값은? (단, a, b, c, d는 자연수)

① 9　　　　② 10　　　　③ 11
④ 12　　　　⑤ 13

19
▶ 242001-0083

두 자연수 48과 84를 어떤 자연수로 각각 나누면 두 수 모두 나누어떨어진다고 할 때, 어떤 자연수 중에서 가장 큰 수는?

① 6　　　　② 8　　　　③ 12
④ 16　　　　⑤ 24

20
▶ 242001-0084

다음 설명 중 옳지 않은 것은?

① 19와 31은 서로소이다.
② 서로 다른 두 소수는 서로소이다.
③ 서로 다른 두 짝수는 서로소가 아니다.
④ 서로 다른 두 짝수의 최소공배수는 2의 배수이다.
⑤ 서로 다른 두 자연수의 최소공배수는 그 두 수의 곱과 같다.

21
▶ 242001-0085

세 수 20, 24, 30의 공배수 중 1000에 가장 가까운 수는?

① 720　　　　② 800　　　　③ 960
④ 1080　　　　⑤ 1150

22
▶ 242001-0086

세 자연수 $2^3 \times 3^2 \times 5$, $2 \times 3^3 \times 7$, A의 최소공배수가 $2^3 \times 3^3 \times 5^2 \times 7 \times 11$일 때, 다음 중 A의 값이 될 수 없는 것은?

① $2 \times 5^2 \times 11$
② $2^2 \times 3 \times 5^2 \times 11$
③ $2^3 \times 5^2 \times 7 \times 11$
④ $2 \times 3^3 \times 5 \times 7^2 \times 11$
⑤ $2^2 \times 3^3 \times 5^2 \times 7 \times 11$

23
▶ 242001-0087

세 자연수의 비가 $2 : 3 : 4$이고 최소공배수가 84일 때, 세 수의 합은?

① 63　　　　② 68　　　　③ 72
④ 76　　　　⑤ 80

24
▶ 242001-0088

자연수 A를 두 수 14와 30으로 나누면 모두 나누어떨어질 때, A가 될 수 있는 1000 이하의 자연수의 개수는?

① 1　　　　② 2　　　　③ 3
④ 4　　　　⑤ 5

25
▶ 242001-0089

$2^{1004} \times 3^{2025}$의 일의 자리의 수는?

① 1
② 3
③ 6
④ 7
⑤ 8

26
▶ 242001-0090

세 분수 $\dfrac{3}{4}$, $\dfrac{5}{16}$, $\dfrac{7}{12}$ 중 어느 것에 곱하여도 자연수가 되게 하는 두 자리 자연수의 개수는?

① 2
② 3
③ 4
④ 5
⑤ 6

27
▶ 242001-0091

두 자리 자연수 A, B에 대하여 A, B의 곱이 960이고 최대공약수가 8일 때, $A+B$의 값은? (단, $A < B$)

① 50
② 54
③ 58
④ 64
⑤ 72

28
▶ 242001-0092

10에 어떤 자연수 a를 곱하면 두 수 24, 30의 공배수가 된다. 이때 가장 작은 자연수 a의 값은?

① 8
② 10
③ 12
④ 14
⑤ 15

Level 3

29
▶ 242001-0093

다음 두 조건을 만족하는 자연수의 개수를 구하시오.

> ㈎ 10 이상 30 이하의 자연수이다.
> ㈏ 9로 나누면 몫과 나머지가 모두 소수이다.

30
▶ 242001-0094

$8 \times a$의 약수의 개수가 20일 때, a가 될 수 있는 가장 작은 자연수를 구하시오.

31
▶ 242001-0095

다음 조건을 모두 만족시키는 두 자연수 A, B에 대하여 $A+B$의 값을 구하시오. (단, $A > B$)

조건

> ㈎ A, B의 최대공약수는 4이다.
> ㈏ A, B의 최소공배수는 96이다.
> ㈐ $A - B = 20$

32
▶ 242001-0096

두 분수 $\dfrac{21}{8}$, $\dfrac{35}{12}$ 중 어느 것에 곱하여도 그 결과가 자연수가 되게 하는 가장 작은 기약분수를 $\dfrac{b}{a}$라 할 때, $a+b$의 값을 구하시오.

STEP 1 서술형 예제

▶ 242001-0097

300 이하의 자연수 중 약수의 개수가 3인 수의 개수를 구하시오.

| 풀이 |

약수의 개수가 3인 자연수는 소인수분해 했을 때, 소수의 ☐이어야 한다.

작은 소수부터 차례대로 제곱하면

$2^2 = 4$, $3^2 = 9$, $5^2 = 25$, $7^2 = 49$, $11^2 = 121$, ☐, ☐, $19^2 = 361$, …이다.

따라서 300 이하의 자연수 중 약수의 개수가 3인 수의 개수는 ☐이다.

STEP 2 서술형 유제로 한 번 더!

▶ 242001-0098

32×3^a의 약수의 개수가 30일 때, 자연수 a의 값을 구하시오.

| 풀이 |

STEP 3 기출문제로 완벽하게!

▶ 242001-0099

1. 126에 자연수를 곱하여 어떤 자연수의 제곱이 되도록 할 때, 곱할 수 있는 수 중에서 가장 작은 자연수를 구하시오.

| 풀이 |

▶ 242001-0100

2. 600의 약수 중에서 3의 배수의 개수를 구하시오.

| 풀이 |

▶ 242001-0101

3. 세 수 $2^3 \times 3^a \times 5$, $2^b \times 5$, $2^4 \times 5^2$의 최대공약수가 $2^2 \times 5$, 최소공배수가 $2^4 \times 3^2 \times 5^c$일 때, a, b, c의 값을 각각 구하시오.

| 풀이 |

▶ 242001-0102

4. 4로 나누면 3이 남고, 6으로 나누면 5가 남고, 8로 나누면 7이 남는 세 자리 자연수 중 가장 작은 수를 구하시오.

| 풀이 |

II

정수와 유리수

01 정수와 유리수

개념 1 양수와 음수

(1) **양의 부호와 음의 부호**: 어떤 기준을 중심으로 서로 반대되는 성질을 가지는 양을 각각 수로 나타낼 때, 한 쪽은 기호 '＋'를 다른 한 쪽은 기호 '－'를 사용하여 나타낼 수 있다. 이때 '＋'를 양의 부호, '－'를 음의 부호라고 한다.

  예 영상 8 ℃를 ＋8 ℃로, 영하 4 ℃는 －4 ℃로 나타낼 수 있다.

참고

＋	영상	수입	이익	지상	해발	증가	득점
－	영하	지출	손해	지하	해저	감소	실점

(2) **양수**: 0이 아닌 수에 양의 부호 ＋를 붙인 수 예 $+1$, $+\dfrac{1}{2}$, $+0.5$, …

(3) **음수**: 0이 아닌 수에 음의 부호 －를 붙인 수 예 -2, $-\dfrac{1}{3}$, -0.7, …

  참고 0은 양수도 아니고 음수도 아니다.

> • 양의 부호 ＋와 음의 부호 － 는 각각 덧셈, 뺄셈의 기호와 모양은 같지만 사용되는 의미는 다르다.

개념 확인 문제 1

다음을 부호 ＋ 또는 －를 사용하여 나타내시오.

(1) 영하 6 ℃를 －6 ℃로 나타낼 때, 영상 5 ℃는 □로 나타낸다.

(2) 수입 1000원을 ＋1000원으로 나타낼 때, 지출 3000원은 □으로 나타낸다.

개념 2 정수

(1) **양의 정수**: 자연수에 양의 부호 ＋를 붙인 수 예 $+1$, $+2$, $+3$, …
  참고 양의 정수 $+1$, $+2$, $+3$, …은 양의 부호 ＋를 생략하여 1, 2, 3, …으로 나타낼 수 있다.

(2) **음의 정수**: 자연수에 음의 부호 －를 붙인 수 예 -1, -2, -3, …

(3) 양의 정수, 0, 음의 정수를 통틀어 정수라고 한다.

> 정수 { 양의 정수(자연수) / 0 / 음의 정수 }

> • 양의 정수는 자연수와 같다.
>
> • 0은 양의 정수도 아니고 음의 정수도 아니다.

개념 확인 문제 2

다음 수 중에서 알맞은 것을 모두 고르시오.

$$+4 \qquad -9 \qquad 0 \qquad +8 \qquad -5$$

(1) 양의 정수 (2) 음의 정수

개념 3 유리수

(1) **양의 유리수**: 분자와 분모가 자연수인 분수에 양의 부호 $+$를 붙인 수

예 $+\dfrac{1}{2}$, $+\dfrac{2}{3}$, $+\dfrac{5}{4}$, $\cdots$

(2) **음의 유리수**: 분자와 분모가 자연수인 분수에 음의 부호 $-$를 붙인 수

예 $-\dfrac{1}{2}$, $-\dfrac{2}{3}$, $-\dfrac{5}{4}$, $\cdots$

(3) 양의 유리수, 0, 음의 유리수를 통틀어 유리수라고 한다.

참고 앞으로 특별한 언급이 없는 한 수라고 하면 유리수를 뜻한다.

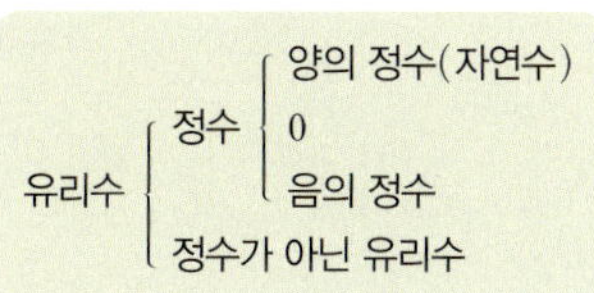

• 양의 유리수도 양의 부호 $+$를 생략하여 나타낼 수 있다.

• $+1=+\dfrac{1}{1}$, $+2=+\dfrac{2}{1}$, $0=\dfrac{0}{1}$, $-3=-\dfrac{3}{1}$, $-4=-\dfrac{4}{1}$, $\cdots$와 같이 정수는 분모가 1인 분수로 나타낼 수 있으므로 정수는 모두 유리수이다.

개념 확인 문제 3

다음 수 중에서 알맞은 것을 모두 고르시오.

$$-\dfrac{5}{2} \qquad +3 \qquad -0.7 \qquad 0 \qquad -2 \qquad +\dfrac{6}{3}$$

(1) 양의 유리수
(2) 음의 유리수
(3) 정수가 아닌 유리수

개념 4 수직선

직선 위에 기준이 되는 점 O를 잡아 그 점에 정수 0을 대응시키고, 점 O의 좌우에 일정한 간격으로 점을 잡아 오른쪽에는 양의 정수를, 왼쪽에는 음의 정수를 대응시킬 수 있다. 이처럼 수를 대응시켜 만든 직선을 수직선이라고 한다.

이때 기준이 되는 점 O를 원점이라고 한다.

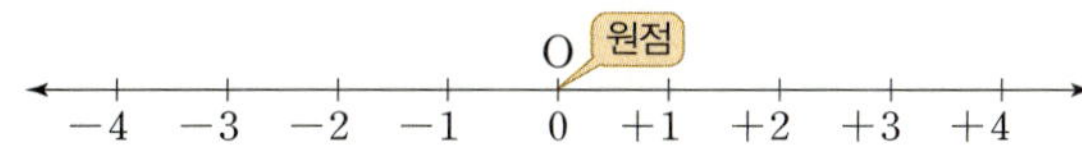

참고 모든 유리수는 수직선 위의 점으로 나타낼 수 있다.

• 수직선에서도 양의 부호 $+$를 생략하여 나타낼 수 있다.

개념 확인 문제 4

다음 수직선에서 네 점 A, B, C, D가 나타내는 수를 구하시오.

대표예제

다음 중 양의 부호 $+$ 또는 음의 부호 $-$를 사용하여 나타낸 것으로 옳지 <u>않은</u> 것은?

① 5 kg 증가 ➡ $+5$ kg
② 10점 실점 ➡ $+10$점
③ 12 % 감소 ➡ -12 %
④ 출발 20분 전 ➡ -20분
⑤ 영상 4 ℃ ➡ $+4$ ℃

| 풀이 전략 |

증가, 득점, 출발 후, 영상 등은 $+$를 사용하여 나타내고, 감소, 실점, 출발 전, 영하 등은 $-$를 사용하여 나타낸다.

| 풀이 |

② 10점 실점 ➡ -10점

답 ②

다음 중 양의 부호 $+$ 또는 음의 부호 $-$를 사용하여 나타낸 것으로 옳은 것은?

① 8 kg 감소 ➡ $+8$ kg
② 출발 10일 후 ➡ -10일
③ 영하 5 ℃ ➡ $+5$ ℃
④ 해저 500 m ➡ -500 m
⑤ 4점 득점 ➡ -4점

양의 부호 $+$ 또는 음의 부호 $-$를 사용하여 나타낸 것으로 옳은 것을 보기에서 모두 고르시오.

> **보기**
>
> ㄱ. 20000원 이익 ➡ $+20000$원
> ㄴ. 30 m 하강 ➡ $+30$ m
> ㄷ. 7명 증원 ➡ -7명
> ㄹ. 지하 2층 ➡ -2층

다음 중 정수가 <u>아닌</u> 것을 모두 고르면? (정답 2개)

① -8 ② -4.5 ③ 0
④ $+\dfrac{10}{5}$ ⑤ $+\dfrac{10}{3}$

| 풀이 전략 |

정수는 양의 정수, 0, 음의 정수로 이루어져 있다.

| 풀이 |

① -8은 음의 정수이다.

② $-4.5=-\dfrac{9}{2}$는 정수가 아닌 음의 유리수이다.

④ $+\dfrac{10}{5}=+2$는 양의 정수이다.

⑤ $+\dfrac{10}{3}$은 정수가 아닌 양의 유리수이다.

답 ②, ⑤

다음 수 중에서 정수의 개수는?

$$-7, \ +0.6, \ 0, \ -\dfrac{2}{3}, \ +9, \ -5, \ +\dfrac{7}{2}, \ +4.5$$

① 2   ② 3   ③ 4
④ 5   ⑤ 6

다음 중 양의 정수가 아닌 정수를 모두 고르면? (정답 2개)

① -4 ② $-\dfrac{5}{2}$ ③ 0
④ 2 ⑤ 3.4

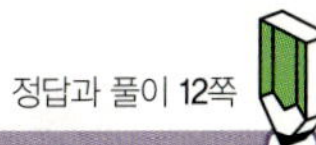

예제 3 유리수의 분류

다음 중 세 수가 모두 정수가 아닌 유리수인 것은?

① -3, 0, 1

② -2, $\dfrac{8}{3}$, 5

③ $\dfrac{1}{2}$, 2, $\dfrac{9}{4}$

④ $-\dfrac{5}{4}$, $\dfrac{12}{3}$, 5.8

⑤ -1.5, $\dfrac{12}{5}$, $\dfrac{10}{4}$

| 풀이 전략 |

정수는 양의 정수, 0, 음의 정수로 이루어져 있다.

| 풀이 |

① -3, 0, 1은 모두 정수이다.

② -2, 5는 정수이다.

③ 2는 정수이다.

④ $\dfrac{12}{3}=4$는 정수이다.

답 ⑤

유제 5
▶ 242001-0107

다음 수 중에서 정수가 아닌 유리수의 개수는?

$$+4,\ -2.5,\ +\dfrac{12}{3},\ 0,\ +\dfrac{7}{4},\ +6,\ -8,\ +\dfrac{11}{2}$$

① 2 ② 3 ③ 4

④ 5 ⑤ 6

유제 6
▶ 242001-0108

다음 수 중에서 정수가 아닌 유리수를 모두 고르시오.

$$-\dfrac{24}{6},\ -3,\ -2\dfrac{2}{3},\ 0,\ +1.5,\ \dfrac{21}{7}$$

예제 4 유리수와 수직선(수를 수직선 위에 나타내기)

다음 수직선 위의 다섯 개의 점 A, B, C, D, E가 나타내는 수로 옳지 <u>않은</u> 것은?

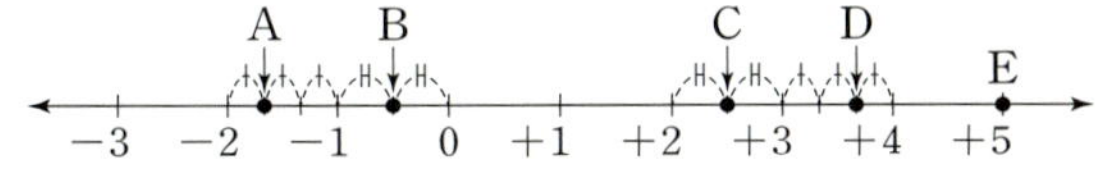

① A: $-\dfrac{5}{3}$ ② B: $-\dfrac{1}{2}$ ③ C: $+\dfrac{5}{2}$

④ D: $+\dfrac{10}{3}$ ⑤ E: $+5$

| 풀이 전략 |

2등분 되어 있는 점은 분모를 2로, 3등분 되어 있는 점은 분모를 3으로 표현한다.

| 풀이 |

① $-2=-\dfrac{6}{3}$, $-1=-\dfrac{3}{3}$이므로 점 A가 나타내는 수는 $-\dfrac{5}{3}$

② $-1=-\dfrac{2}{2}$, $0=\dfrac{0}{2}$이므로 점 B가 나타내는 수는 $-\dfrac{1}{2}$

③ $+2=+\dfrac{4}{2}$, $+3=+\dfrac{6}{2}$이므로 점 C가 나타내는 수는 $+\dfrac{5}{2}$

④ $+3=+\dfrac{9}{3}$, $+4=+\dfrac{12}{3}$이므로 점 D가 나타내는 수는

$+\dfrac{11}{3}$

답 ④

유제 7
▶ 242001-0109

다음 수직선 위의 다섯 개의 점 A, B, C, D, E가 나타내는 수로 옳지 <u>않은</u> 것은?

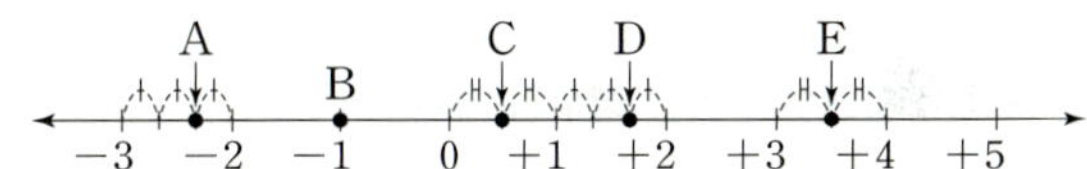

① A: $-\dfrac{7}{3}$ ② B: -1 ③ C: $+\dfrac{1}{2}$

④ D: $+\dfrac{4}{3}$ ⑤ E: $+\dfrac{7}{2}$

유제 8
▶ 242001-0110

수직선에서 $-\dfrac{17}{4}$에 가장 가까운 정수를 a, $\dfrac{10}{3}$에 가장 가까운 정수를 b라 할 때, a, b의 값을 각각 구하시오.

01
▶ 242001-0111

다음 중 양의 부호 + 또는 음의 부호 −를 사용하여 나타낸 것으로 옳은 것은?

① 해저 5 m : −5 m
② 수입 8000원: −8000원
③ 25 % 감소: +25 %
④ 출발 5시간 전: +5시간
⑤ 영하 6 ℃: +6 ℃

02
▶ 242001-0112

다음 수 중에서 정수의 개수는?

$$-4, \ -\dfrac{4}{2}, \ -1.9, \ \dfrac{5}{2}, \ \dfrac{9}{3}, \ \dfrac{24}{5}$$

① 1 ② 2 ③ 3
④ 4 ⑤ 5

03
▶ 242001-0113

다음 수 중에서 자연수가 아닌 정수의 개수는?

$$8, \ -12, \ -\dfrac{5}{8}, \ +\dfrac{1}{2}, \ 0, \ -3.6, \ +\dfrac{28}{4}$$

① 1 ② 2 ③ 3
④ 4 ⑤ 5

04
▶ 242001-0114

다음 중 세 수가 모두 정수가 아닌 유리수인 것은?

① $-5, \ 0, \ 1$
② $-4, \ -\dfrac{15}{5}, \ 2$
③ $-\dfrac{7}{2}, \ -\dfrac{5}{3}, \ -3$
④ $\dfrac{3}{2}, \ 2.7, \ \dfrac{10}{4}$
⑤ $3.5, \ -\dfrac{56}{7}, \ 4.1$

05
▶ 242001-0115

다음 중 음의 유리수가 아닌 것을 모두 고르면? (정답 2개)

① $-\dfrac{4}{3}$ ② -6 ③ 0
④ $-\dfrac{1}{2}$ ⑤ 2.4

06
▶ 242001-0116

다음 수직선 위의 다섯 개의 점 A, B, C, D, E가 나타내는 수로 옳지 **않은** 것은?

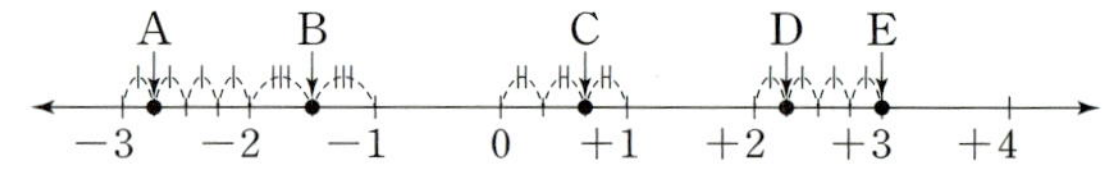

① A: $-\dfrac{11}{4}$ ② B: -1.5 ③ C: $\dfrac{2}{3}$
④ D: $\dfrac{7}{4}$ ⑤ E: 3

07
▶ 242001-0117

수직선에서 −3을 나타내는 점으로부터 거리가 6인 두 점이 나타내는 수는?

① $-13, \ 3$ ② $-11, \ 3$ ③ $-9, \ 3$
④ $-8, \ 2$ ⑤ $-7, \ 5$

08
▶ 242001-0118

수직선에서 $-\dfrac{5}{4}$에 가장 가까운 정수를 a, $\dfrac{14}{3}$에 가장 가까운 정수를 b라 할 때, $a+b$의 값을 구하시오.

02 수의 대소 관계

개념 1 절댓값

(1) **절댓값**: 수직선 위에서 원점으로부터 어떤 수를 나타내는 점까지의 거리를 그 수의 절댓값이라 하고, 이것을 기호 | |를 사용하여 나타낸다.

예 $+3$의 절댓값은 $|+3|=3$
-3의 절댓값은 $|-3|=3$

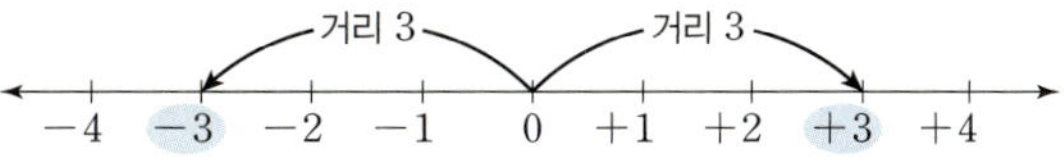

(2) **절댓값의 성질**

① 양수와 음수의 절댓값은 그 수의 부호 $+$, $-$를 떼어낸 수와 같다.
② 0의 절댓값은 0이다. 즉, $|0|=0$
③ 수를 수직선 위에 나타낼 때, 원점에서 멀어질수록 절댓값이 커진다.

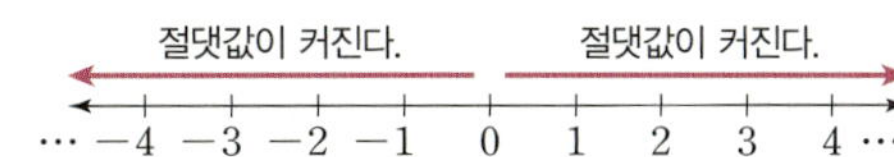

- 절댓값이 가장 작은 수는 0이다.

- 양수 a에 대하여 절댓값이 a인 수는 $+a$와 $-a$의 2개이다.

- 0의 절댓값은 0이고, 0이 아닌 수의 절댓값은 양수이므로 모든 수의 절댓값은 0 또는 양수이다.

개념 확인 문제 1

다음을 구하시오.

(1) $+5$의 절댓값

(2) -5의 절댓값

(3) $\left|+\dfrac{1}{4}\right|$

(4) $\left|-\dfrac{1}{4}\right|$

개념 2 수의 대소 관계

(1) **수의 대소 관계**: 유리수를 수직선 위에 나타낼 때 오른쪽에 있는 수가 왼쪽에 있는 수보다 크다.

① 양수는 0보다 크고, 음수는 0보다 작다.
② 양수는 음수보다 크다.
③ 양수끼리는 절댓값이 큰 수가 크다.
④ 음수끼리는 절댓값이 큰 수가 작다.

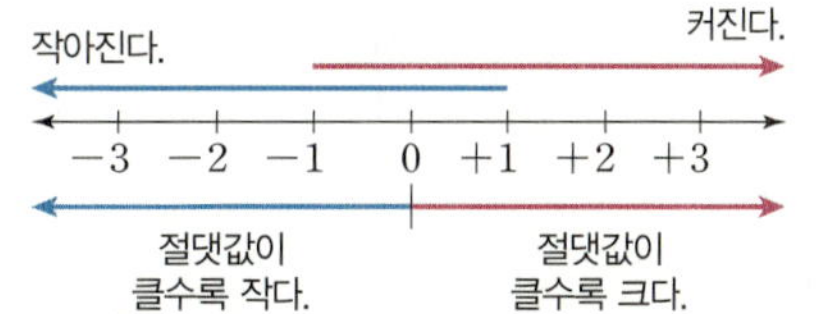

(2) **부등호의 사용**

$x>a$	$x<a$	$x\geq a$	$x\leq a$
x는 a보다 크다. x는 a 초과이다.	x는 a보다 작다. x는 a 미만이다.	x는 a보다 크거나 같다. x는 a 이상이다. x는 a보다 작지 않다.	x는 a보다 작거나 같다. x는 a 이하이다. x는 a보다 크지 않다.

- 수직선 위에 표시된 두 수는 그 값이 주어지지 않더라도 무조건 오른쪽에 있는 수가 왼쪽에 있는 수보다 크다.

- 기호 $\geq$는 '$>$ 또는 $=$'를 의미한다. 마찬가지로 기호 $\leq$는 '$<$ 또는 $=$'를 의미한다.

개념 확인 문제 2

다음 ☐ 안에 $>$, $<$ 중 알맞은 것을 써넣으시오.

(1) $+4\ \square\ 0$

(2) $-3\ \square\ 0$

(3) $+5\ \square\ +7$

(4) $-6\ \square\ -9$

예제 1 절댓값

$+\dfrac{7}{6}$의 절댓값을 a, $-\dfrac{11}{6}$의 절댓값을 b라 할 때, $a+b$의 값을 구하시오.

| 풀이 전략 |

절댓값은 그 수에서 부호 $+$, $-$를 떼어낸 수와 같다.

| 풀이 |

$a=\left|+\dfrac{7}{6}\right|=\dfrac{7}{6}$, $b=\left|-\dfrac{11}{6}\right|=\dfrac{11}{6}$이므로

$a+b=\dfrac{7}{6}+\dfrac{11}{6}=\dfrac{18}{6}=3$

답 3

유제 1 ▶ 242001-0119

다음 중 절댓값이 가장 큰 수는?

① $+4$ ② -5 ③ $+3.5$

④ $-\dfrac{11}{2}$ ⑤ $+\dfrac{8}{3}$

유제 2 ▶ 242001-0120

-6의 절댓값을 a, 절댓값이 $\dfrac{5}{2}$인 수 중에서 양수를 b라 할 때, $a-b$의 값을 구하시오.

예제 2 절댓값의 성질

다음 수를 수직선 위에 나타낼 때, 원점으로부터 가장 멀리 떨어진 것은?

① $-\dfrac{5}{2}$ ② $+3$ ③ $-\dfrac{9}{4}$

④ $+1$ ⑤ $-\dfrac{11}{3}$

| 풀이 전략 |

원점으로부터 가장 멀리 떨어진 수는 절댓값이 가장 큰 수이다.

| 풀이 |

$|+1|<\left|-\dfrac{9}{4}\right|<\left|-\dfrac{5}{2}\right|<|+3|<\left|-\dfrac{11}{3}\right|$이므로 구하는

수는 $-\dfrac{11}{3}$

답 ⑤

유제 3 ▶ 242001-0121

다음 수를 수직선 위에 나타낼 때, 0을 나타내는 점으로부터 가장 멀리 떨어진 것은?

① $\dfrac{5}{3}$ ② $-\dfrac{3}{2}$ ③ 2.1

④ $-\dfrac{7}{4}$ ⑤ $+1.5$

유제 4 ▶ 242001-0122

다음 수를 수직선 위에 나타낼 때, 원점으로부터 가장 가까운 것은?

① $-\dfrac{9}{5}$ ② 3.5 ③ $-\dfrac{4}{3}$

④ 2 ⑤ $-\dfrac{11}{6}$

예제 3 · 절댓값이 같은 두 수

절댓값이 같고 부호가 반대인 두 수를 수직선 위에 나타내었더니 두 수를 나타내는 두 점 사이의 거리가 14일 때, 두 수를 구하시오.

| 풀이 전략 |

절댓값이 같고 부호가 반대인 두 수를 수직선 위에 나타내 본다.

| 풀이 |

절댓값이 같은 두 점 사이의 거리가 14이므로

두 수의 절댓값은 $14 \times \dfrac{1}{2} = 7$

절댓값이 7인 수는 $+7$, -7

따라서 구하는 두 수는 $+7$, -7이다.

답 $+7$, -7

유제 5 ▶ 242001-0123

수직선에서 절댓값이 12인 수를 나타내는 두 점 사이의 거리는?

① 6 ② 12 ③ 18

④ 24 ⑤ 30

유제 6 ▶ 242001-0124

두 수 a, b의 절댓값은 같고, a는 b보다 6만큼 작다고 할 때, a, b의 값을 각각 구하시오.

예제 4 · 수의 대소 관계

다음 중 두 수의 대소 관계가 옳지 <u>않은</u> 것은?

① $-2 < 3$ ② $-3.4 < -3.2$

③ $0.7 > \dfrac{4}{7}$ ④ $-3 > -\dfrac{11}{4}$

⑤ $\dfrac{2}{3} < \dfrac{3}{4}$

| 풀이 전략 |

수직선에서 오른쪽에 있는 수일수록 큰 수이다.

| 풀이 |

① (음수) < (양수)이므로 $-2 < 3$

② 음수끼리는 절댓값이 클수록 작으므로 $-3.4 < -3.2$

③ $\dfrac{4}{7} = 0.57\cdots$이므로 $0.7 > \dfrac{4}{7}$

④ $-\dfrac{11}{4} = -2.75$이고 음수끼리는 절댓값이 클수록 작으므로 $-3 < -\dfrac{11}{4}$

⑤ $\dfrac{2}{3} = \dfrac{8}{12}$, $\dfrac{3}{4} = \dfrac{9}{12}$이므로 $\dfrac{2}{3} < \dfrac{3}{4}$

답 ④

유제 7 ▶ 242001-0125

다음 중 □ 안에 들어갈 부등호의 방향이 나머지 넷과 <u>다른</u> 하나는?

① $|-1.8| \;\square\; 1.6$ ② $\dfrac{5}{2} \;\square\; \dfrac{8}{3}$

③ $-4 \;\square\; -\dfrac{9}{2}$ ④ $-5 \;\square\; -5.3$

⑤ $\left|-\dfrac{3}{4}\right| \;\square\; \left|-\dfrac{5}{8}\right|$

유제 8 ▶ 242001-0126

다음 중 두 수의 대소 관계가 옳은 것은?

① $-3.5 > -\dfrac{13}{4}$ ② $\dfrac{6}{7} < \dfrac{5}{6}$

③ $|-4| < 0$ ④ $\left|-\dfrac{3}{4}\right| < \left|-\dfrac{2}{3}\right|$

⑤ $-0.4 < -\dfrac{1}{5}$

대표예제

예제 5   부등호를 사용하여 나타내기

'x는 -3보다 작지 않고 9 이하이다.'를 부등호를 사용하여 나타내면?

① $-3 < x < 9$ ② $-3 < x \leq 9$

③ $-3 \leq x < 9$ ④ $-3 \leq x \leq 9$

⑤ $x \leq -3$ 또는 $x \geq 9$

| 풀이 전략 |

'작지 않다.'는 '크거나 같다.'와 의미가 같다.

| 풀이 |

'작지 않다.'는 '크거나 같다.'와 의미가 같고, '이하이다.'는 '작거나 같다.'와 의미가 같다.

따라서 $-3 \leq x \leq 9$

답 ④

예제 6   주어진 범위에 속하는 수

유리수 A에 대하여 $-\dfrac{8}{5} < A < 2$일 때, 다음 중 A의 값이 될 수 있는 것은?

① -1.8 ② $-\dfrac{5}{3}$ ③ $-\dfrac{11}{7}$

④ 2.4 ⑤ $\dfrac{13}{5}$

| 풀이 전략 |

분수를 소수로 나타내 본다.

| 풀이 |

$$-\frac{8}{5} = -1.6, \quad -\frac{5}{3} = -1.66\cdots,$$

$$-\frac{11}{7} = -1.57\cdots, \quad \frac{13}{5} = 2.6$$

따라서 A의 값이 될 수 있는 것은 $-\dfrac{11}{7}$이다.

답 ③

▶ 242001-0127

유제 9

'x는 -2 이상이고 5보다 크지 않다.'를 부등호를 사용하여 나타내면?

① $-2 < x < 5$ ② $-2 < x \leq 5$

③ $-2 \leq x < 5$ ④ $-2 \leq x \leq 5$

⑤ $x \leq -2$ 또는 $x \geq 5$

▶ 242001-0128

유제 10

다음 중 부등호를 사용하여 나타낸 것 중 옳지 <u>않은</u> 것은?

① x는 -7보다 작지 않다. ➡ $x \geq -7$

② x는 -4보다 크지 않다. ➡ $x \leq -4$

③ x는 -5 이상이고 3보다 작다. ➡ $-5 \leq x < 3$

④ x는 -3보다 크고 $\dfrac{5}{2}$ 이하이다. ➡ $-3 < x \leq \dfrac{5}{2}$

⑤ x는 8보다 작지 않고 10 미만이다. ➡ $8 < x < 10$

▶ 242001-0129

유제 11

두 유리수 $-\dfrac{1}{3}$, $\dfrac{3}{2}$ 사이에 있고 분모가 6인 정수가 아닌 유리수의 개수는?

① 7   ② 8   ③ 9

④ 10   ⑤ 11

▶ 242001-0130

유제 12

$-\dfrac{10}{3} \leq x \leq 4$를 만족시키는 정수 x의 개수는?

① 7   ② 8   ③ 9

④ 10   ⑤ 11

01
▶ 242001-0131

$+\dfrac{13}{7}$의 절댓값을 a, $-\dfrac{15}{7}$의 절댓값을 b라 할 때, $a+b$의 값을 구하시오.

02
▶ 242001-0132

다음 중 옳은 것은?

① 절댓값이 1인 수는 1뿐이다.
② 절댓값이 0인 수는 없다.
③ -4의 절댓값은 -4이다.
④ 절댓값이 2보다 작은 정수는 3개이다.
⑤ 6의 절댓값이 -9의 절댓값보다 크다.

03
▶ 242001-0133

다음 수를 수직선 위에 나타낼 때, 원점으로부터 가장 가까운 것은?

① $-\dfrac{3}{2}$ ② 1.6 ③ $-\dfrac{7}{4}$

④ 3 ⑤ -2.8

04
▶ 242001-0134

두 수 a, b의 절댓값은 같고, a는 b보다 13만큼 작다고 할 때, a, b의 값을 각각 구하시오.

05
▶ 242001-0135

절댓값이 같고 부호가 반대인 두 수를 수직선 위에 나타내었을 때, 두 점 사이의 거리가 $\dfrac{12}{7}$라고 한다. 이를 만족시키는 두 수는?

① $\dfrac{3}{7}, -\dfrac{3}{7}$ ② $\dfrac{6}{7}, -\dfrac{6}{7}$ ③ $\dfrac{12}{7}, -\dfrac{12}{7}$

④ $\dfrac{24}{7}, -\dfrac{24}{7}$ ⑤ $12, -12$

06
▶ 242001-0136

다음 중 두 수의 대소 관계가 옳지 <u>않은</u> 것은?

① $-\dfrac{1}{5} < \dfrac{1}{2}$ ② $0 > -\dfrac{3}{4}$

③ $-3.5 > -\dfrac{10}{2}$ ④ $\dfrac{3}{4} > \left| -\dfrac{5}{7} \right|$

⑤ $\left| -\dfrac{4}{6} \right| > \left| -\dfrac{4}{5} \right|$

07
▶ 242001-0137

다음 중 부등호를 사용하여 나타낸 것 중 옳은 것은?

① x는 8 미만이다. ➡ $x \leq 8$
② x는 3 초과이고 10 이하이다. ➡ $3 \leq x \leq 10$
③ x는 -2보다 작지 않고 7 미만이다. ➡ $-2 \leq x < 7$
④ x는 -5 이상이고 4보다 크지 않다. ➡ $-5 \leq x < 4$
⑤ x는 -10보다 작지 않고 3보다 작거나 같다.
     ➡ $-10 < x < 3$

08
▶ 242001-0138

다음 보기에서 $-3 \leq x < \dfrac{5}{2}$를 만족시키는 유리수 x가 될 수 <u>없는</u> 것을 있는 대로 고른 것은?

> **보기**
>
> ㄱ. -4 ㄴ. -3
>
> ㄷ. $-\dfrac{5}{3}$ ㄹ. 2.5

① ㄱ   ② ㄱ, ㄹ   ③ ㄴ, ㄷ

④ ㄷ, ㄹ   ⑤ ㄹ

Level ❶

01
▶ 242001-0139

다음 중 양수가 <u>아닌</u> 것은?

① $+\dfrac{4}{7}$　　　② 3.5　　　③ 5

④ $-\dfrac{20}{5}$　　　⑤ -0.2의 절댓값

02
▶ 242001-0140

다음 중 정수가 <u>아닌</u> 것은?

① -8　　　② 4　　　③ -3

④ 0　　　⑤ $\dfrac{10}{4}$

03
▶ 242001-0141

다음 중 음의 유리수가 <u>아닌</u> 것을 모두 고르면? (정답 2개)

① $-\dfrac{10}{3}$　　　② 5.4　　　③ 0

④ $-\dfrac{4}{2}$　　　⑤ $-\dfrac{3}{5}$

04
▶ 242001-0142

다음 수직선 위의 다섯 개의 점 A, B, C, D, E가 나타내는 수로 옳지 <u>않은</u> 것은?

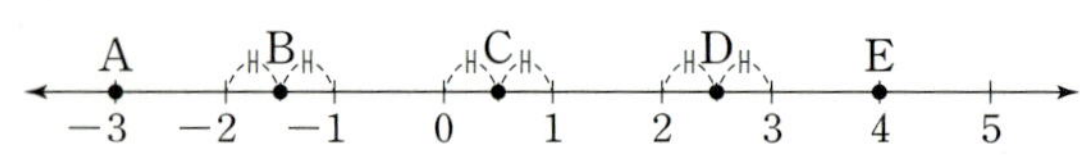

① A: -3　　　② B: $-\dfrac{3}{2}$　　　③ C: $\dfrac{1}{2}$

④ D: 3.5　　　⑤ E: 4

05
▶ 242001-0143

수직선 위에서 절댓값이 4인 두 수 사이의 거리는?

① 4　　　② 6　　　③ 8

④ 10　　　⑤ 12

06
▶ 242001-0144

다음 수를 수직선 위에 나타낼 때, 원점으로부터 가장 가까운 것은?

① -5　　　② 3　　　③ -6

④ 3.5　　　⑤ -4.5

07
▶ 242001-0145

다음 중 두 수의 대소 관계가 옳지 <u>않은</u> 것은?

① $0<1$　　　② $0>-2$

③ $-3<2$　　　④ $7>4$

⑤ $-5<-8$

08
▶ 242001-0146

'x는 -6 이상이고 4보다 크지 않다.'를 부등호를 사용하여 나타내면?

① $-6\le x<4$　　　② $-6<x<4$

③ $-6<x\le4$　　　④ $-6\le x\le4$

⑤ $x\le-6$ 또는 $x\ge4$

Level ②

09
▶ 242001-0147

다음 보기에서 양의 부호 + 또는 음의 부호 −를 사용하여 나타낸 것으로 옳은 것을 모두 고른 것은?

보기
ㄱ. 출발 4시간 전: +4시간
ㄴ. 해발 1915 m: −1915 m
ㄷ. 10000원 적자: −10000원
ㄹ. 7000원 하락: +7000원
ㅁ. 15 % 할인: −15 %

① ㄱ, ㄷ ② ㄱ, ㅁ ③ ㄴ, ㄹ
④ ㄷ, ㄹ ⑤ ㄷ, ㅁ

10
▶ 242001-0148

다음 보기의 수 중에서 자연수가 아닌 정수를 모두 고르시오.

보기
ㄱ. -4.5 ㄴ. -3 ㄷ. $+\dfrac{4}{2}$
ㄹ. $\dfrac{42}{7}$ ㅁ. $-\dfrac{8}{2}$

11
▶ 242001-0149

다음 수 중에서 양의 정수의 개수를 a, 음의 정수의 개수를 b라 할 때, $a+b$의 값을 구하시오.

$$-6\dfrac{3}{4},\ +5,\ -\dfrac{21}{3},\ 1.5,\ 0,\ -\dfrac{30}{4},\ \dfrac{45}{9}$$

12
▶ 242001-0150

다음 수에 대한 설명으로 옳지 <u>않은</u> 것은?

$$-5.7,\ 4,\ -9,\ \dfrac{5}{3},\ -\dfrac{16}{8},\ 0,\ \dfrac{28}{4},\ -1$$

① 양수는 3개이다.
② 자연수는 2개이다.
③ 음의 정수는 3개이다.
④ 음의 유리수는 4개이다.
⑤ 정수가 아닌 유리수는 4개이다.

13
▶ 242001-0151

다음 중 □에 속하는 수로 알맞은 것을 모두 고르면? (정답 2개)

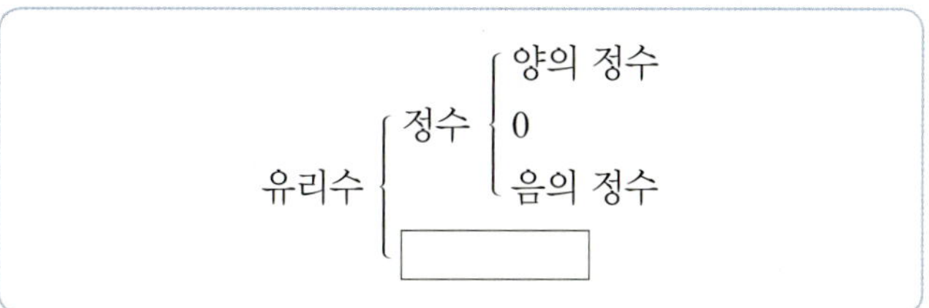

① -3.8 ② $+\dfrac{15}{5}$ ③ -9
④ $\dfrac{16}{6}$ ⑤ $-\dfrac{24}{4}$

14
▶ 242001-0152

다음 중 옳은 것을 모두 고르면? (정답 2개)

① 0은 정수가 아닌 유리수이다.
② 유리수 중에는 정수가 아닌 유리수도 있다.
③ 0은 가장 작은 양의 정수이다.
④ 양의 유리수와 음의 유리수를 통틀어 유리수라고 한다.
⑤ 서로 다른 두 유리수 사이에는 무수히 많은 유리수가 존재한다.

15
▶ 242001-0153

두 유리수 $-\dfrac{4}{3}$, $\dfrac{5}{2}$ 사이에 있는 정수가 아닌 유리수 중 분모가 6인 수의 개수는?

① 18 ② 19 ③ 20
④ 21 ⑤ 22

16
▶ 242001-0154

$\dfrac{11}{7}$을 나타내는 점으로부터 가장 가까운 정수를 a, $\dfrac{13}{3}$을 나타내는 점으로부터 가장 가까운 정수를 b라 할 때, $a+b$의 값은?

① 5 ② 6 ③ 7
④ 8 ⑤ 9

17

▶ 242001-0155

다음 수직선 위의 다섯 개의 점 A, B, C, D, E가 나타내는 수로 옳지 <u>않은</u> 것은?

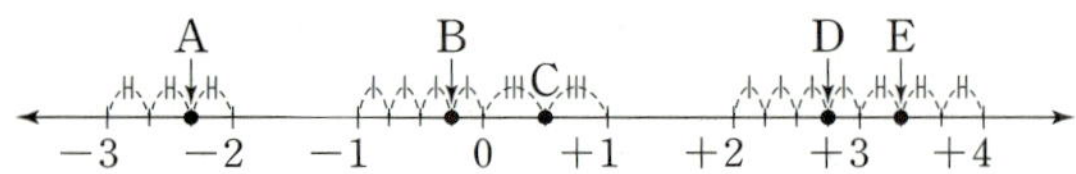

① A: $-\dfrac{7}{3}$　② B: $-\dfrac{1}{4}$　③ C: $\dfrac{1}{2}$

④ D: $\dfrac{11}{4}$　⑤ E: $\dfrac{11}{3}$

18

▶ 242001-0156

수직선 위에서 -5를 나타내는 점으로부터 거리가 8인 점을 나타내는 두 수는?

① -15, $+3$　② -13, $+3$　③ -11, $+3$

④ -11, $+5$　⑤ -9, $+5$

19

▶ 242001-0157

절댓값은 같고 부호가 반대인 두 수를 수직선 위에 나타냈을 때, 두 점 사이의 거리가 $\dfrac{14}{5}$이다. 이때 두 수 중 큰 수는?

① $-\dfrac{7}{5}$　② $-\dfrac{4}{5}$　③ 0

④ $\dfrac{4}{5}$　⑤ $\dfrac{7}{5}$

20

▶ 242001-0158

다음 중 옳은 것은? (단, a, b는 유리수)

① $|a|>0$이다.

② $|a|=|b|$이면 $a=b$이다.

③ 절댓값이 가장 작은 수는 -1, $+1$이다.

④ 절댓값이 3 이하인 정수는 7개이다.

⑤ 절댓값이 클수록 더 큰 수이다.

21

▶ 242001-0159

$+\dfrac{2}{3}$의 절댓값을 a, $-\dfrac{3}{2}$의 절댓값을 b, -1의 절댓값을 c라 할 때, $a+b+c$의 값은?

① $\dfrac{19}{6}$　② $\dfrac{10}{3}$　③ $\dfrac{7}{2}$

④ $\dfrac{11}{3}$　⑤ $\dfrac{23}{6}$

22

▶ 242001-0160

다음 중 수직선 위에 나타낼 때, 0을 나타내는 점에서 가장 멀리 떨어진 것은?

① $-\dfrac{4}{5}$　② $\dfrac{13}{3}$　③ -3

④ 2　⑤ -4.2

23

▶ 242001-0161

-5의 절댓값을 a, 절댓값이 9인 수 중에서 음수를 b라 할 때, 수직선에서 두 수 a, b를 나타내는 두 점 사이의 거리는?

① 10　② 12　③ 14

④ 16　⑤ 18

24

▶ 242001-0162

$|a|\leq3.5$를 만족시키는 정수 a의 개수를 m, $3<|b|\leq5$를 만족시키는 정수 b의 개수를 n이라 할 때, $m+n$의 값을 구하시오.

25 

▶ 242001-0163

다음 중 두 수의 대소 관계가 옳은 것은?

① $-3 < -4$

② $-0.7 > -\dfrac{3}{4}$

③ $\dfrac{11}{12} < \dfrac{10}{11}$

④ $\left| -\dfrac{1}{10} \right| < 0$

⑤ $|-2.5| > \left| +\dfrac{5}{2} \right|$

26

▶ 242001-0164

다음 수에 대한 설명으로 옳은 것은?

$$-1.2, \quad \frac{5}{2}, \quad -3, \quad 0, \quad \frac{11}{3}, \quad -\frac{19}{5}$$

① 0보다 작은 수는 4개이다.

② 가장 큰 수는 $\dfrac{5}{2}$이다.

③ 가장 작은 수는 -3이다.

④ 절댓값이 가장 큰 수는 $-\dfrac{19}{5}$이다.

⑤ 절댓값이 가장 작은 수는 -1.2이다.

27

▶ 242001-0165

$-\dfrac{13}{3} \leq a < \dfrac{9}{4}$를 만족시키는 정수 a의 개수는?

① 7 ② 8 ③ 9

④ 10 ⑤ 11

28

▶ 242001-0166

다음 중 부등호를 사용하여 나타낸 것으로 옳은 것은?

① x는 -8보다 작거나 같다. ➡ $x \geq -8$

② x는 -2 초과이고 $\dfrac{4}{9}$ 이하이다. ➡ $-2 < x < \dfrac{4}{9}$

③ x는 9보다 작지 않다. ➡ $x \leq 9$

④ x는 4보다 크고 7보다 크지 않다. ➡ $4 < x \leq 7$

⑤ x는 -6 이상이고 -3보다 작거나 같다.
➡ $-6 < x \leq -3$

Level **3**

29

▶ 242001-0167

수직선 위의 점 A는 0을 나타내는 점으로부터 5만큼 떨어져 있고, 점 B는 3을 나타내는 점으로부터 4만큼 떨어져 있다. 이때 두 점 A, B 사이의 거리 중 가장 큰 값을 구하시오.

30

▶ 242001-0168

다음 조건을 모두 만족시키는 정수 a, b의 값을 각각 구하시오.

㈎ $a > 0$, $b < 0$이다.
㈏ b의 절댓값이 3이다.
㈐ a, b의 각각의 절댓값의 합이 10이다.

31

▶ 242001-0169

다음 보기에서 $|a| < |b|$인 두 수 a, b에 대한 설명으로 옳은 것을 모두 고르시오.

보기

ㄱ. b는 a보다 크다.

ㄴ. $a = 0$일 때, b는 양수이다.

ㄷ. 수직선에서 a를 나타내는 점은 b를 나타내는 점보다 원점에 더 가깝다.

ㄹ. a, b가 모두 음수이면 수직선에서 b를 나타내는 점이 a를 나타내는 점보다 왼쪽에 있다.

32

▶ 242001-0170

오른쪽 그림과 같이 도로의 각 갈림길에 유리수가 적힌 표지판이 있다. 시작점에서 출발하여 갈림길마다 절댓값이 큰 수의 표지판이 있는 길을 선택하여 이동할 때, 도착점을 구하시오.

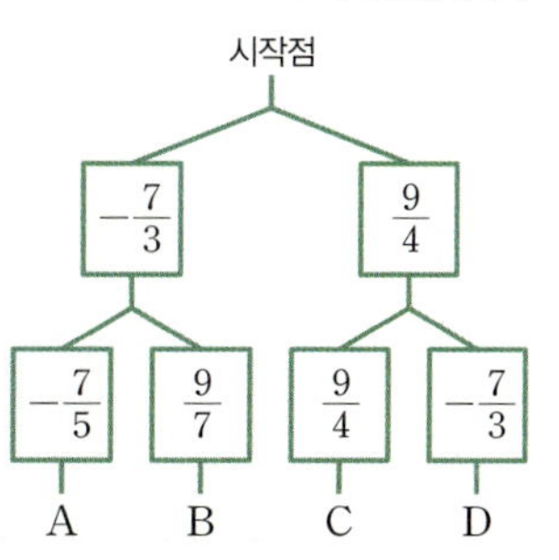

서술형으로 중단원 마무리

STEP 1   서술형 예제

▶ 242001-0171

$-8,\ +\dfrac{3}{5},\ -\dfrac{24}{9},\ +20,\ +\dfrac{24}{4},\ -4.7,\ -\dfrac{12}{6}$ 중에서 음의 정수의 개수를 a, 정수가 아닌 유리수의 개수를 b라 할 때, $a+b$의 값을 구하시오.

| 풀이 |

$-\dfrac{24}{9}=\boxed{},\ +\dfrac{24}{4}=\boxed{},\ -\dfrac{12}{6}=\boxed{}$

음의 정수는 $-8,\ \boxed{}$의 2개이므로 $a=\boxed{}$

정수가 아닌 유리수는 $+\dfrac{3}{5},\ \boxed{},\ -4.7$의 3개이므로 $b=\boxed{}$

따라서 $a+b=2+\boxed{}=\boxed{}$

STEP 2   서술형 유제로 한 번 더!

▶ 242001-0172

$+4,\ -\dfrac{18}{3},\ +\dfrac{25}{10},\ -9,\ +\dfrac{35}{7},\ -2.3,\ +\dfrac{36}{4}$ 중에서 양의 정수의 개수를 a, 정수가 아닌 유리수의 개수를 b라 할 때, $a+b$의 값을 구하시오.

| 풀이 |

기출문제로 완벽하게!

▶ 242001-0173

1. $\dfrac{8}{4}$, -1.9, -1, $+\dfrac{5}{3}$, 0, $+2.6$, $-\dfrac{18}{8}$ 중에서 양수의 개수를 a, 자연수가 아닌 정수의 개수를 b라 할 때, $a \times b$의 값을 구하시오.

| 풀이 |

▶ 242001-0174

2. 수직선에서 $-\dfrac{9}{4}$에 가장 가까운 정수를 a, $\dfrac{8}{3}$에 가장 가까운 정수를 b라 할 때, a, b의 값을 각각 구하시오.

| 풀이 |

▶ 242001-0175

3. 두 수 $-\dfrac{17}{5}$과 $\dfrac{23}{4}$ 사이에 있는 정수 중에서 절댓값이 가장 큰 정수를 구하시오.

| 풀이 |

▶ 242001-0176

4. 수직선에서 0을 나타내는 점으로부터 7만큼 떨어진 점을 A, -2를 나타내는 점으로부터 3만큼 떨어진 점을 B라고 하자. 두 점 A, B로부터 같은 거리에 있는 점이 나타내는 수 중에서 가장 작은 수를 구하시오.

| 풀이 |

01 유리수의 덧셈

개념 1 유리수의 덧셈

(1) **부호가 같은 두 수의 덧셈**

두 수의 절댓값의 합에 공통인 부호를 붙인다.

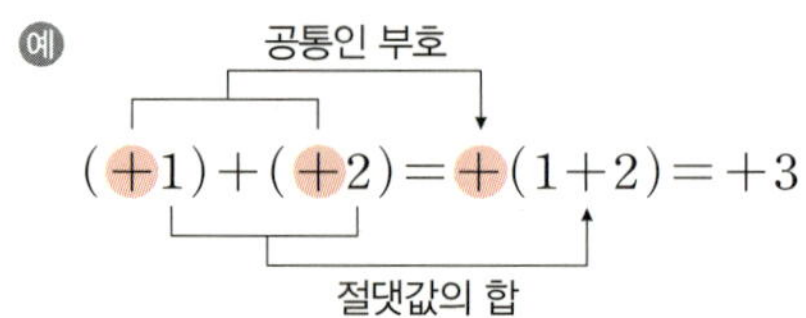
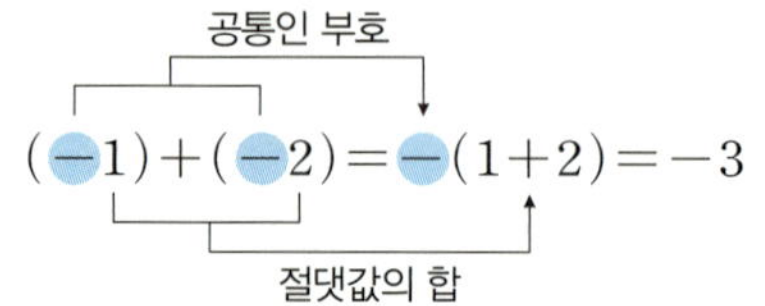

(2) **부호가 다른 두 수의 덧셈**

두 수의 절댓값의 차에 절댓값이 큰 수의 부호를 붙인다.

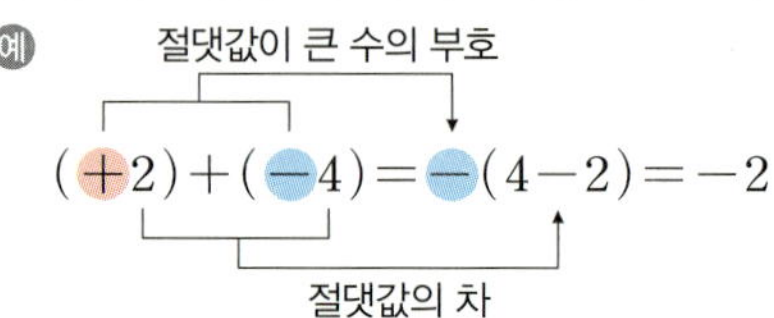
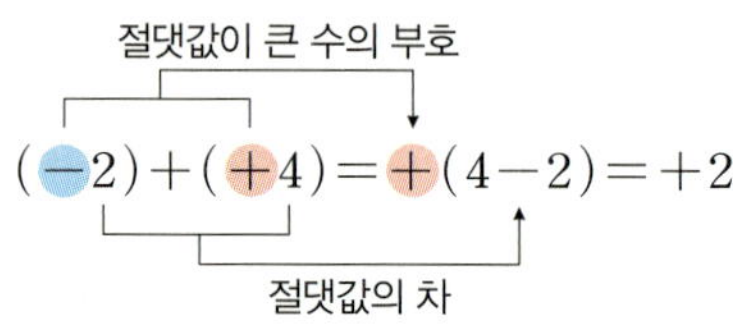

• 덧셈의 부호
$(+)+(+)$
➡ $(+)($절댓값의 합$)$
$(-)+(-)$
➡ $(-)($절댓값의 합$)$
• 어떤 수에 0을 더하거나 0에 어떤 수를 더하여도 그 합은 그 수 자신이다.
• 두 수의 차는 큰 수에서 작은 수를 뺀 값이다.
• 절댓값이 같고 부호가 다른 두 수의 합은 0이다.

개념 확인 문제 1

다음 식의 ○ 안에는 $+$, $-$ 중 알맞은 것을, □ 안에는 알맞은 수를 써넣으시오.

(1) $(+2)+(+4)=\bigcirc(\square+\square)=\bigcirc\square$

(2) $(-3)+(-2)=\bigcirc(\square+\square)=\bigcirc\square$

(3) $(+3)+(-5)=\bigcirc(\square-\square)=\bigcirc\square$

(4) $(-4)+(+8)=\bigcirc(\square-\square)=\bigcirc\square$

개념 2 덧셈의 계산 법칙

세 수 a, b, c에 대하여

(1) **덧셈의 교환법칙**: $a+b=b+a$

➡ 더하는 두 수의 순서를 바꾸어도 그 결과는 같다.

(예) $(+2)+(-3)=-1$, $(-3)+(+2)=-1$

(2) **덧셈의 결합법칙**: $(a+b)+c=a+(b+c)$

➡ 세 수를 더할 때, 이웃한 어느 두 수를 먼저 더한 후 나머지 수를 더하여도 그 결과는 같다.

(예) $\{(-3)+(-2)\}+(+1)=-4$, $(-3)+\{(-2)+(+1)\}=-4$

• $(a+b)+c$와 $a+(b+c)$의 결과가 같으므로 보통 괄호 없이 $a+b+c$로 나타낸다.

개념 확인 문제 2

다음 계산 과정에서 □ 안에 알맞은 것을 써넣으시오.

$$\left(-\frac{5}{2}\right)+(-8)+\left(+\frac{5}{2}\right)$$

$$=(-8)+\left(\square\right)+\left(+\frac{5}{2}\right) \quad \text{덧셈의 } \square \text{ 법칙}$$

$$=(-8)+\left\{\left(\square\right)+\left(+\frac{5}{2}\right)\right\} \quad \text{덧셈의 } \square \text{ 법칙}$$

$$=(-8)+\square=\square$$

대표예제

예제 1　유리수의 덧셈

다음 중 옳은 것은?

① $(+3)+(+4)=-7$　　② $(+2)+(-5)=+3$

③ $\left(+\dfrac{1}{2}\right)+\left(-\dfrac{5}{2}\right)=-2$　　④ $(-1)+\left(-\dfrac{3}{4}\right)=-\dfrac{1}{4}$

⑤ $(-3.2)+(-1.2)=-2$

| 풀이 전략 |

부호가 같은 두 수의 덧셈은 공통인 부호에 두 수의 절댓값의 합을, 부호가 다른 두 수의 덧셈은 절댓값이 큰 수의 부호에 두 수의 절댓값의 차를 쓴다.

| 풀이 |

① $(+3)+(+4)=+(3+4)=+7$

② $(+2)+(-5)=-(5-2)=-3$

④ $(-1)+\left(-\dfrac{3}{4}\right)=-\left(1+\dfrac{3}{4}\right)=-\dfrac{7}{4}$

⑤ $(-3.2)+(-1.2)=-(3.2+1.2)=-4.4$

답 ③

유제 1　▶ 242001-0177

다음 중 옳지 <u>않은</u> 것은?

① $(+3)+\left(+\dfrac{1}{2}\right)=+\dfrac{7}{2}$

② $\left(-\dfrac{3}{5}\right)+\left(-\dfrac{1}{5}\right)=-\dfrac{4}{5}$

③ $\left(+\dfrac{4}{3}\right)+\left(-\dfrac{1}{3}\right)=+1$

④ $\left(-\dfrac{3}{2}\right)+\left(+\dfrac{3}{2}\right)=-3$

⑤ $(-0.5)+(-2.5)=-3$

유제 2　▶ 242001-0178

다음 중 계산 결과가 나머지 넷과 <u>다른</u> 하나는?

① $(+2)+(+2)$　　② $(+6)+(-2)$

③ $(-1)+(+5)$　　④ $(-3)+(-1)$

⑤ $(-3)+(+7)$

예제 2　덧셈의 계산 법칙

다음에서 ㉠, ㉡에 이용된 계산 법칙을 쓰시오.

$$
\begin{aligned}
&(-2)+(+5)+(-4)\\
&=(-2)+(-4)+(+5)\\
&=\{(-2)+(-4)\}+(+5)\\
&=(-6)+(+5)\\
&=-1
\end{aligned}
$$

| 풀이 전략 |

두 수를 계산하는 순서를 바꾸었는지, 두 수를 괄호로 묶었는지를 확인한다.

| 풀이 |

㉠은 두 수 $+5$, -4의 덧셈 순서를 바꾼 것이므로 덧셈의 교환법칙이 이용되었고, ㉡은 두 수 -2, -4를 괄호로 묶어 먼저 더하고자 하였으므로 덧셈의 결합법칙이 이용되었다.

답 ㉠: 덧셈의 교환법칙
㉡: 덧셈의 결합법칙

유제 3　▶ 242001-0179

다음 계산 과정에서 □ 안에 알맞은 수를 써넣고, ㉠, ㉡에 이용된 덧셈의 계산 법칙을 쓰시오.

$$
\begin{aligned}
&\left(+\dfrac{2}{3}\right)+(-2)+\left(-\dfrac{2}{3}\right)\\
&=\left(+\dfrac{2}{3}\right)+\left(\boxed{}\right)+(-2)\\
&=\left\{\left(+\dfrac{2}{3}\right)+\left(\boxed{}\right)\right\}+(-2)\\
&=\boxed{}+(-2)=\boxed{}
\end{aligned}
$$

유제 4　▶ 242001-0180

덧셈의 계산 법칙을 이용하여 다음을 계산하시오.

(1) $(-4)+(+5)+(-6)$

(2) $\left(-\dfrac{1}{3}\right)+\left(-\dfrac{3}{2}\right)+\left(+\dfrac{1}{3}\right)+\left(-\dfrac{1}{2}\right)$

02 유리수의 뺄셈

개념 1 유리수의 뺄셈

(1) 두 유리수의 뺄셈은 빼는 수의 부호를 바꾸어 덧셈으로 고쳐서 계산한다.

예
$$(-3)-(+1)=(-3)+(-1)=-(3+1)=-4$$
덧셈으로 바꾼다. / 부호를 바꾼다.

$$(+2)-(-4)=(+2)+(+4)=+(2+4)=+6$$
덧셈으로 바꾼다. / 부호를 바꾼다.

- 뺄셈에서는 교환법칙과 결합법칙이 성립하지 않으므로 반드시 뺄셈을 덧셈으로 바꾼 후 계산한다.
- 0에서 어떤 수를 빼면 부호만 바뀐 수가 된다.

개념 확인 문제 1

다음 □ 안에 알맞은 수를 써넣으시오.

(1) $(+3)-(+5)=(+3)+(\boxed{})=\boxed{}$

(2) $\left(-\dfrac{5}{7}\right)-\left(+\dfrac{2}{7}\right)=\left(-\dfrac{5}{7}\right)+\left(\boxed{}\right)=\boxed{}$

개념 2 유리수의 덧셈과 뺄셈의 혼합 계산

(1) **덧셈과 뺄셈의 혼합 계산**

뺄셈을 모두 덧셈으로 고친 후, 덧셈의 계산 법칙을 이용하여 계산한다.

예
$$(+5)+(-3)-(-1)$$
$$=(+5)+(-3)+(+1)$$ — 뺄셈을 덧셈으로 고친다.
$$=(+5)+(+1)+(-3)$$ — 덧셈의 교환법칙
$$=\{(+5)+(+1)\}+(-3)$$ — 덧셈의 결합법칙
$$=(+6)+(-3)=+3$$

(2) **부호가 생략된 수의 덧셈과 뺄셈**

생략된 양의 부호 +를 넣은 후 뺄셈을 덧셈으로 바꾸어 계산한다.

예
생략된 양의 부호 넣기
$$2-4-6=(+2)-(+4)-(+6)=(+2)+(-4)+(-6)=-8$$
덧셈으로 바꾸기

- 부호가 생략된 수의 덧셈과 뺄셈은 주어진 수 앞의 연산 기호를 부호로 붙여 더한 결과와 같다.
$$3-5=(+3)-(+5)$$
$$=(+3)+(-5)$$
$$=-2$$

개념 확인 문제 2

다음 □ 안에 알맞은 수를 써넣으시오.

(1) $(+2)-(-4)+(-3)=(+2)+(\boxed{})+(-3)=\boxed{}$

(2) $2-3-4=2-(\boxed{})-(\boxed{})=2+(\boxed{})+(\boxed{})=\boxed{}$

대표예제

예제 1 유리수의 뺄셈

다음 중 옳은 것은?

① $(-8)-(+3)=-5$ ② $(+2.4)-(+3.4)=5.8$

③ $(-1)-\left(-\dfrac{1}{4}\right)=\dfrac{3}{4}$ ④ $\left(+\dfrac{3}{2}\right)-\left(-\dfrac{3}{2}\right)=3$

⑤ $\left(-\dfrac{2}{5}\right)-0=\dfrac{2}{5}$

| 풀이 전략 |

두 유리수의 뺄셈은 빼는 수의 부호를 바꾸어 덧셈으로 고쳐서 계산한다.

| 풀이 |

① $(-8)-(+3)=(-8)+(-3)=-11$

② $(+2.4)-(+3.4)=(+2.4)+(-3.4)=-1$

③ $(-1)-\left(-\dfrac{1}{4}\right)=(-1)+\left(+\dfrac{1}{4}\right)=-\dfrac{3}{4}$

⑤ $\left(-\dfrac{2}{5}\right)-0=-\dfrac{2}{5}$

🅐 ④

유제 1 ▶ 242001-0181

다음 중 옳지 <u>않은</u> 것은?

① $(+11)-(-2)=13$ ② $(-1.1)-(+2.2)=-3.3$

③ $0-\left(-\dfrac{5}{3}\right)=\dfrac{5}{3}$ ④ $\left(-\dfrac{1}{4}\right)-\left(-\dfrac{9}{4}\right)=2$

⑤ $0-\left(+\dfrac{3}{7}\right)=\dfrac{3}{7}$

유제 2 ▶ 242001-0182

다음 중 계산 결과가 가장 작은 것은?

① $(-3)-(-5)$ ② $(-1)-(-3.1)$

③ $\left(-\dfrac{8}{7}\right)-(+1)$ ④ $(+2)-\left(-\dfrac{1}{5}\right)$

⑤ $\left(+\dfrac{1}{3}\right)-(-2)$

예제 2 덧셈과 뺄셈의 혼합 계산

다음을 계산하시오.

$$(-5.4)-\left(+\dfrac{3}{5}\right)-(-0.4)$$

| 풀이 전략 |

뺄셈을 덧셈으로 바꾸고, 덧셈의 계산 법칙을 이용하여 구한다.

| 풀이 |

$(-5.4)-\left(+\dfrac{3}{5}\right)-(-0.4)$

$=(-5.4)+\left(-\dfrac{3}{5}\right)+(+0.4)$

$=(-5.4)+(-0.6)+(+0.4)$

$=(-6)+(+0.4)$

$=-5.6$

🅐 -5.6

유제 3 ▶ 242001-0183

다음 중 계산 결과가 가장 작은 것은?

① $(-3)+(-1)-(-5)$

② $(+4)-(+3)+(-4)$

③ $0-(+2)+(-1)$

④ $(-5)+(-2)-(-9)$

⑤ $(+1)-(+2)+(-3)$

유제 4 ▶ 242001-0184

다음을 계산하시오.

$$\left(-\dfrac{2}{3}\right)-(-2.8)+\left(-\dfrac{7}{3}\right)+(+3.2)$$

예제 3 — 부호가 생략된 수의 덧셈과 뺄셈

다음 중 옳은 것은?

① $3-5-7=9$

② $-2+4-5=3$

③ $-1-2+3+4=4$

④ $4-6+5-9=-8$

⑤ $6-3-5+2=-1$

| 풀이 전략 |

생략된 양의 부호 $+$와 괄호를 넣은 후 계산한다.

| 풀이 |

① $3-5-7=(+3)-(+5)-(+7)$
$\qquad\qquad =(+3)+(-5)+(-7)=-9$

② $-2+4-5=(-2)+(+4)-(+5)$
$\qquad\qquad =(-2)+(+4)+(-5)=-3$

④ $4-6+5-9=(+4)-(+6)+(+5)-(+9)$
$\qquad\qquad =(+4)+(-6)+(+5)+(-9)=-6$

⑤ $6-3-5+2=(+6)-(+3)-(+5)+(+2)$
$\qquad\qquad =(+6)+(-3)+(-5)+(+2)=0$

답 ③

예제 4 — A보다 B만큼 큰 수 또는 작은 수

다음 중 가장 큰 수는?

① -3보다 4만큼 큰 수

② 2보다 -3만큼 작은 수

③ -1보다 -3만큼 큰 수

④ 4보다 -5만큼 작은 수

⑤ 1보다 -9만큼 작은 수

| 풀이 전략 |

A보다 B만큼 큰 수는 $A+B$이고, A보다 B만큼 작은 수는 $A-B$이다.

| 풀이 |

① $(-3)+(+4)=1$

② $2-(-3)=5$

③ $(-1)+(-3)=-4$

④ $4-(-5)=9$

⑤ $1-(-9)=10$

답 ⑤

유제 5 ▶ 242001-0185

다음을 계산하시오.

$$-1.2-\frac{18}{5}+\frac{13}{5}-3.5$$

유제 6 ▶ 242001-0186

$a=-0.2+3.2-4.5$, $b=\frac{1}{2}-\frac{1}{4}-\frac{11}{4}$일 때, $a-b$의 **값을 구하시오.**

유제 7 ▶ 242001-0187

다음 중 나머지 넷과 다른 하나는?

① -4보다 7만큼 큰 수

② -1보다 -4만큼 작은 수

③ 0.7보다 2.3만큼 큰 수

④ $\frac{3}{7}$보다 $-\frac{11}{7}$만큼 작은 수

⑤ $-\frac{5}{2}$보다 $\frac{11}{2}$만큼 큰 수

유제 8 ▶ 242001-0188

$\frac{1}{3}$보다 -2만큼 큰 수를 a, $-\frac{2}{5}$보다 $\frac{12}{5}$만큼 큰 수를 b라 할 때, $a+b$의 값은?

① $\frac{5}{3}$

② $-\frac{1}{3}$

③ 0

④ $\frac{1}{3}$

⑤ $\frac{5}{3}$

예제 5 덧셈과 뺄셈의 사이의 관계

$\square + 0.8 = -\dfrac{4}{5}$일 때, $\square$ 안에 알맞은 값을 구하시오.

| 풀이 전략 |

$\square + \triangle = \bigcirc$ 이면, $\square = \bigcirc - \triangle$

| 풀이 |

$\square + 0.8 = -\dfrac{4}{5}$

$\square = -\dfrac{4}{5} - 0.8$

$\square = -1.6$　　　　　　　답 -1.6

유제 9　▶ 242001-0189

$a + \dfrac{1}{2} = -\dfrac{5}{2}$, $b - (-0.3) = 3.6$일 때, $a+b$의 값을 구하시오.

유제 10　▶ 242001-0190

a에서 -2를 빼면 -4가 되고, b에 4를 더하면 -1이 될 때, $a-b$의 값은?

① -2　　　② -1　　　③ 0

④ 1　　　⑤ 2

예제 6 바르게 계산한 답 구하기: 덧셈과 뺄셈

어떤 수에서 $-\dfrac{5}{6}$를 빼야 할 것을 잘못하여 더했더니 3이 되었다. 이때 바르게 계산한 답은?

① $-\dfrac{11}{3}$　　　② $-\dfrac{1}{6}$　　　③ $\dfrac{11}{6}$

④ $\dfrac{7}{3}$　　　⑤ $\dfrac{14}{3}$

| 풀이 전략 |

어떤 수를 $\square$라 놓고 식을 세운다.

| 풀이 |

어떤 수를 $\square$라 하면 $\square + \left(-\dfrac{5}{6}\right) = 3$

$\square = 3 - \left(-\dfrac{5}{6}\right)$, $\square = \dfrac{23}{6}$

바르게 계산하면

$\square - \left(-\dfrac{5}{6}\right) = \dfrac{23}{6} - \left(-\dfrac{5}{6}\right) = \dfrac{28}{6} = \dfrac{14}{3}$　　　답 ⑤

유제 11　▶ 242001-0191

어떤 수에 $\dfrac{1}{2}$을 더해야 할 것을 뺐더니 $-\dfrac{9}{2}$가 되었다. 이때 바르게 계산한 값은?

① $-\dfrac{7}{2}$　　　② -3　　　③ $-\dfrac{5}{2}$

④ -2　　　⑤ $-\dfrac{3}{2}$

유제 12　▶ 242001-0192

-3에 어떤 수를 더해야 할 것을 뺐더니 2가 되었다. 이때 바르게 계산한 값은?

① -8　　　② -6　　　③ -4

④ -2　　　⑤ 0

01
▶ 242001-0193

다음 중 계산 결과가 <u>다른</u> 하나는?

① $(-8)+(+3)$

② $(-3.1)-(+1.9)$

③ $0-(+5)$

④ $\left(-\dfrac{9}{2}\right)+(-0.5)$

⑤ $\left(+\dfrac{3}{2}\right)-\left(-\dfrac{7}{2}\right)$

02
▶ 242001-0194

다음 계산 과정에서 ㉠에 이용된 계산 법칙과 ㉡에 들어갈 수로 옳은 것은?

$$
\begin{aligned}
&(-8)+(-3)+(-2) \\
&=(-8)+(-2)+(-3) \quad \Big]㉠ \\
&=\{(-8)+(-2)\}+(-3) \\
&=(-10)+(-3) \\
&=\boxed{㉡}
\end{aligned}
$$

① ㉠ : 덧셈의 교환법칙, ㉡ : -13

② ㉠ : 덧셈의 교환법칙, ㉡ : -7

③ ㉠ : 덧셈의 교환법칙, ㉡ : -3

④ ㉠ : 덧셈의 결합법칙, ㉡ : 7

⑤ ㉠ : 덧셈의 결합법칙, ㉡ : 13

03
▶ 242001-0195

다음 수 중에서 가장 작은 수를 a, 절댓값이 가장 작은 수를 b라 할 때, $b-a$의 값은?

$$6,\ -4,\ -\dfrac{9}{2},\ \dfrac{3}{2},\ +0.5,\ -\dfrac{4}{3}$$

① -8

② -3

③ $\dfrac{3}{2}$

④ $\dfrac{7}{3}$

⑤ 5

04
▶ 242001-0196

다음은 기후 위기의 정도를 확인해 보기 위해 다섯 도시의 1980년 1월 평균기온과 2023년 1월 평균기온을 조사한 표이다. 두 해의 1월 평균기온의 차가 가장 큰 도시는?

도시	①	②	③	④	⑤
1980년 기온(℃)	1.6	-7	5.5	18.3	21.4
2023년 기온(℃)	2.8	-4.2	7.8	20	23.5

05
▶ 242001-0197

다음을 계산하시오.

$$-\dfrac{3}{5}-\dfrac{1}{5}-0.4+1.9$$

06
▶ 242001-0198

다음 보기에서 서로 같은 수끼리 짝지은 것은?

보기

ㄱ. 3보다 -2만큼 큰 수

ㄴ. -1보다 -2만큼 큰 수

ㄷ. -4보다 -3만큼 작은 수

ㄹ. -1보다 2만큼 작은 수

① ㄱ, ㄴ

② ㄱ, ㄷ

③ ㄱ, ㄹ

④ ㄴ, ㄹ

⑤ ㄷ, ㄹ

07
▶ 242001-0199

어떤 수에서 $\dfrac{2}{3}$를 빼야 할 것을 잘못하여 더했더니 1이 되었다. 바르게 계산한 값은?

① -2

② $-\dfrac{4}{3}$

③ $-\dfrac{1}{3}$

④ 0

⑤ $\dfrac{2}{3}$

08
▶ 242001-0200

오른쪽 그림에서 삼각형의 한 변에 놓인 세 수의 합이 모두 같을 때, $a-b$의 값은?

① -5

② -2

③ 1

④ 4

⑤ 7

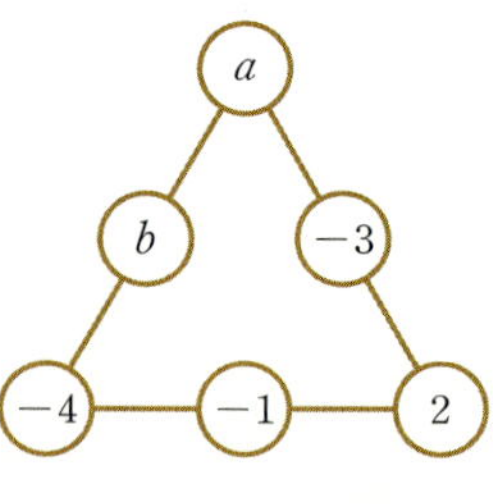

03 유리수의 곱셈

개념 1 유리수의 곱셈

(1) **부호가 같은 두 수의 곱셈**: 두 수의 절댓값의 곱에 양의 부호 $+$를 붙인다.

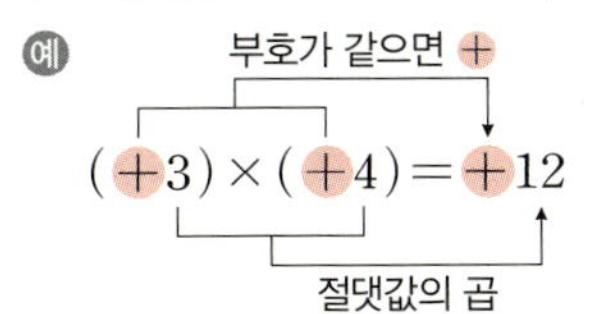

$$(+3) \times (+4) = +12$$

부호가 같으면 $+$ / 절댓값의 곱

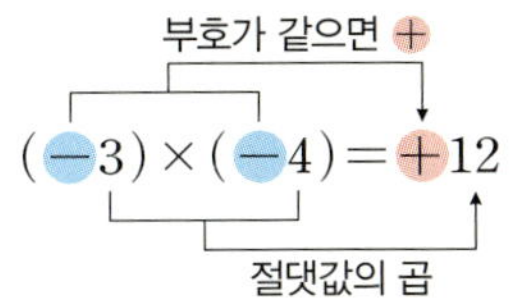

$$(-3) \times (-4) = +12$$

부호가 같으면 $+$ / 절댓값의 곱

(2) **부호가 다른 두 수의 곱셈**: 두 수의 절댓값의 곱에 음의 부호 $-$를 붙인다.

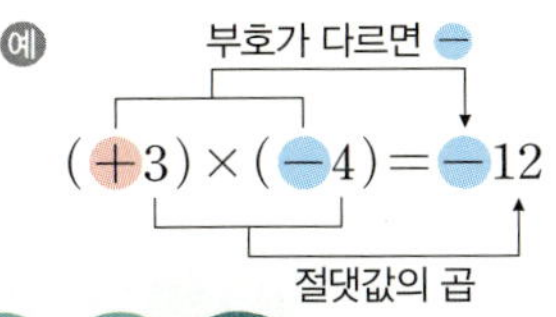

$$(+3) \times (-4) = -12$$

부호가 다르면 $-$ / 절댓값의 곱

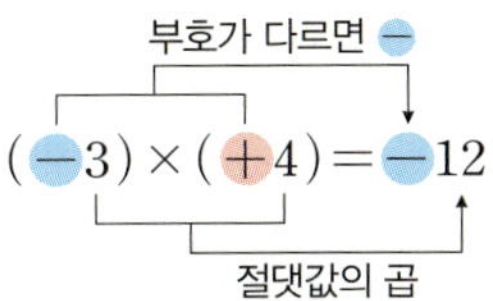

$$(-3) \times (+4) = -12$$

부호가 다르면 $-$ / 절댓값의 곱

• 곱셈의 부호
$$(+) \times (+)$$
$$(-) \times (-)$$
$$\Rightarrow +(\text{절댓값의 곱})$$
$$(+) \times (-)$$
$$(-) \times (+)$$
$$\Rightarrow -(\text{절댓값의 곱})$$

• 어떤 수와 0의 곱은 항상 0이다.

개념 확인 문제 1

다음 식의 ○ 안에는 $+$, $-$ 중 알맞은 것을, □ 안에는 알맞은 수를 써넣으시오.

(1) $(+5) \times (+3) = \bigcirc(\square \times \square) = \bigcirc \square$

(2) $(-5) \times (-3) = \bigcirc(\square \times \square) = \bigcirc \square$

(3) $(+5) \times (-3) = \bigcirc(\square \times \square) = \bigcirc \square$

(4) $(-5) \times (+3) = \bigcirc(\square \times \square) = \bigcirc \square$

개념 2 곱셈의 계산 법칙, 세 수 이상의 곱셈

세 수 a, b, c에 대하여

(1) **곱셈의 교환법칙**: $a \times b = b \times a$

➡ 곱하는 두 수의 순서를 바꾸어도 그 결과는 같다.

예 $(+2) \times (-4) = -8$, $(-4) \times (+2) = -8$

(2) **곱셈의 결합법칙**: $(a \times b) \times c = a \times (b \times c)$

➡ 세 수를 곱할 때, 이웃한 어느 두 수를 먼저 곱한 후, 나머지 수를 곱하여도 그 결과는 같다.

예 $\{(-3) \times (-2)\} \times (+1) = (+6) \times (+1) = 6$,
$(-3) \times \{(-2) \times (+1)\} = (-3) \times (-2) = 6$

(3) **세 수 이상의 곱셈**

① 먼저 곱의 부호를 정한다. ➡ 곱해진 음수가 짝수 개이면 부호는 $+$, 홀수 개이면 부호는 $-$

② 각 수의 절댓값의 곱에 ①에서 결정된 부호를 붙인다.

• $(a \times b) \times c$와 $a \times (b \times c)$의 결과가 같으므로 보통 괄호 없이 $a \times b \times c$로 나타낸다.

• 양수의 거듭제곱은 항상 양수이다.

• 음수의 거듭제곱은 지수가 짝수이면 양수, 지수가 홀수이면 음수이다.

개념 확인 문제 2

다음 계산 과정에서 □ 안에 알맞은 것을 써넣으시오.

$$\left(-\frac{4}{3}\right) \times (-7) \times \left(+\frac{9}{2}\right)$$

$$= (-7) \times \left(\boxed{}\right) \times \left(+\frac{9}{2}\right)$$

곱셈의 □법칙

$$= (-7) \times \left\{\left(\boxed{}\right) \times \left(+\frac{9}{2}\right)\right\}$$

곱셈의 □법칙

$$= (-7) \times \left(\boxed{}\right) = \boxed{}$$

예제 1 · 유리수의 곱셈

다음 중 옳지 <u>않은</u> 것은?

① $(+2) \times (-5) = -10$

② $(+8) \times (-3) = -24$

③ $\left(-\dfrac{3}{2}\right) \times \left(-\dfrac{4}{7}\right) = -\dfrac{6}{7}$

④ $(-3) \times \left(+\dfrac{11}{6}\right) = -\dfrac{11}{2}$

⑤ $0 \times (-5) = 0$

| 풀이 전략 |

부호가 같은 두 수의 곱셈은 양의 부호 $+$에, 부호가 다른 두 수의 곱셈은 음의 부호 $-$에 두 수의 절댓값의 곱을 쓴다.

| 풀이 |

③ $\left(-\dfrac{3}{2}\right) \times \left(-\dfrac{4}{7}\right) = +\left(\dfrac{3}{2} \times \dfrac{4}{7}\right) = +\dfrac{6}{7}$ **답** ③

유제 1 ▶ 242001-0201

다음 중 계산 결과가 나머지 넷과 <u>다른</u> 하나는?

① $(+3) \times (+2)$

② $(-1) \times (-6)$

③ $\left(-\dfrac{4}{3}\right) \times \left(-\dfrac{9}{2}\right)$

④ $(+1.2) \times (+5)$

⑤ $\left(-\dfrac{5}{4}\right) \times \left(-\dfrac{24}{15}\right)$

유제 2 ▶ 242001-0202

다음 중 계산 결과가 가장 큰 것은?

① $(-2) \times (-1.2)$

② $(+3) \times (+0.3)$

③ $(-3) \times \left(+\dfrac{1}{2}\right)$

④ $0 \times \left(-\dfrac{12}{5}\right)$

⑤ $\left(-\dfrac{7}{2}\right) \times \left(-\dfrac{10}{7}\right)$

예제 2 · 곱셈의 계산 법칙

다음에서 ㉠, ㉡에 이용된 계산 법칙을 쓰시오.

$$
\begin{aligned}
&(+20) \times (-3.14) \times (-5) \\
&= (-3.14) \times (+20) \times (-5) \quad ㉠ \\
&= (-3.14) \times \{(+20) \times (-5)\} \quad ㉡ \\
&= (-3.14) \times (-100) \\
&= 314
\end{aligned}
$$

| 풀이 전략 |

두 수를 계산하는 순서를 바꾸었는지, 두 수를 괄호로 묶었는지를 확인한다.

| 풀이 |

㉠은 두 수 $+20$, -3.14의 곱셈 순서를 바꾼 것이므로 곱셈의 교환법칙이 이용되었고, ㉡은 두 수 $+20$, -5를 괄호로 묶어 먼저 곱하고자 하였으므로 곱셈의 결합법칙이 이용되었다.

답 ㉠: 곱셈의 교환법칙
㉡: 곱셈의 결합법칙

유제 3 ▶ 242001-0203

다음 계산 과정에서 ☐ 안에 알맞은 수를 써넣고, ㉠, ㉡에 이용된 곱셈의 계산 법칙을 쓰시오.

$$
\begin{aligned}
&\left(-\dfrac{3}{2}\right) \times (-5) \times \left(+\dfrac{8}{15}\right) \\
&= (-5) \times \left(\boxed{}\right) \times \left(+\dfrac{8}{15}\right) \quad ㉠ \\
&= (-5) \times \left\{\left(\boxed{}\right) \times \left(+\dfrac{8}{15}\right)\right\} \quad ㉡ \\
&= (-5) \times \left(\boxed{}\right) \\
&= \boxed{}
\end{aligned}
$$

유제 4 ▶ 242001-0204

곱셈의 계산 법칙을 이용하여 다음을 계산하시오.

(1) $(-2) \times (-3.63) \times (-50)$

(2) $\left(-\dfrac{4}{7}\right) \times (-9) \times \left(+\dfrac{35}{12}\right)$

예제 **3** 거듭제곱

다음 중 옳지 <u>않은</u> 것은?

① $(-3)^2=9$

② $-3^2=-9$

③ $-(-3)^2=9$

④ $\left(-\dfrac{1}{3}\right)^2=\dfrac{1}{9}$

⑤ $\left(-\dfrac{1}{3}\right)^4=\dfrac{1}{81}$

| 풀이 전략 |

거듭제곱의 지수에 따라 계산 결과의 부호를 결정한다.

| 풀이 |

③ $(-3)^2=9$, $-(-3)^2=-9$

답 ③

유제 **5** ▶ 242001-0205

다음 중 계산 결과가 가장 작은 것은?

① $\left(-\dfrac{1}{2}\right)^2$

② $\left(-\dfrac{1}{2}\right)^3$

③ $-\dfrac{1}{2^2}$

④ $\left(-\dfrac{1}{3}\right)^2$

⑤ $-\left(-\dfrac{1}{3}\right)^2$

유제 **6** ▶ 242001-0206

다음을 계산하시오.

$$(-3)^3\times\left(-\dfrac{2}{3}\right)^3\times\dfrac{5}{2^3}$$

예제 **4** 거듭제곱의 계산

다음 중 계산 결과가 나머지 넷과 <u>다른</u> 하나는?

① -1^2

② $(-1)^2$

③ $-(-1)^3$

④ $(-1)^4$

⑤ $\dfrac{-1}{(-1)^5}$

| 풀이 전략 |

$(-1)^n$에서 n이 짝수인지 홀수인지 확인한다.

| 풀이 |

① $-1^2=-1$

② $(-1)^2=1$

③ $-(-1)^3=-(-1)=1$

④ $(-1)^4=1$

⑤ $\dfrac{-1}{(-1)^5}=\dfrac{-1}{-1}=1$

답 ①

유제 **7** ▶ 242001-0207

$(-1)+(-1)^2+(-1)^3+(-1)^4$을 계산한 것은?

① -2

② -1

③ 0

④ 1

⑤ 2

유제 **8** ▶ 242001-0208

$(-1)^{50}-(-1)^{51}\times(-1)^{52}+(-1)^{53}$을 계산하시오.

04 유리수의 나눗셈

개념 1 유리수의 나눗셈

(1) **부호가 같은 두 수의 나눗셈**

두 수의 절댓값의 나눗셈의 몫에 양의 부호 ＋를 붙인다.

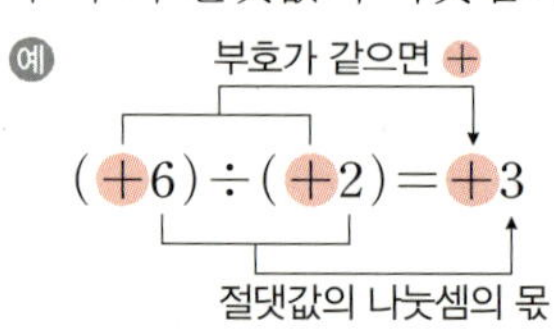
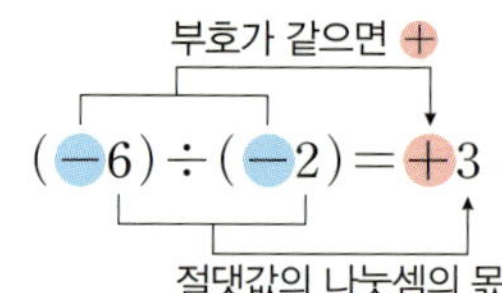

(2) **부호가 다른 두 수의 나눗셈**

두 수의 절댓값의 나눗셈의 몫에 음의 부호 －를 붙인다.

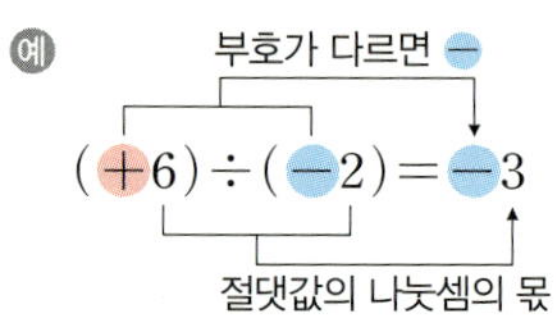
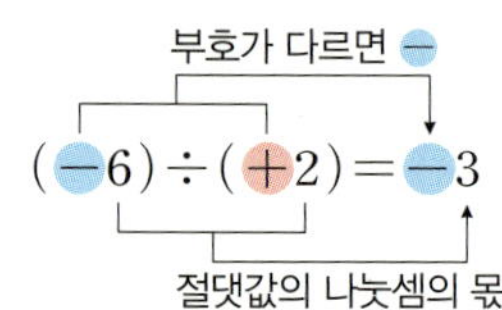

• 나눗셈의 부호
$$(+)\div(+)$$
$$(-)\div(-)$$ ➡ ＋ (절댓값의 나눗셈의 몫)
$$(+)\div(-)$$
$$(-)\div(+)$$ ➡ － (절댓값의 나눗셈의 몫)

• 0÷(0이 아닌 수)＝0이며, 어떤 수를 0으로 나누는 것은 생각하지 않는다.

• 나눗셈에서는 교환법칙과 결합법칙이 성립하지 않는다.

개념 확인 문제 1

다음 식의 ○ 안에는 ＋, － 중 알맞은 것을, □ 안에는 알맞은 수를 써넣으시오.

(1) $(+12)\div(+4)=\bigcirc(\square\div\square)=\bigcirc\square$

(2) $(-12)\div(-4)=\bigcirc(\square\div\square)=\bigcirc\square$

(3) $(+12)\div(-4)=\bigcirc(\square\div\square)=\bigcirc\square$

(4) $(-12)\div(+4)=\bigcirc(\square\div\square)=\bigcirc\square$

개념 2 역수를 이용한 유리수의 나눗셈

(1) **역수**: 두 수의 곱이 1일 때, 한 수를 다른 수의 역수라고 한다.

예 $3\times\dfrac{1}{3}=1$이므로 3은 $\dfrac{1}{3}$의 역수, $\dfrac{1}{3}$은 3의 역수

$\left(-\dfrac{2}{3}\right)\times\left(-\dfrac{3}{2}\right)=1$이므로 $-\dfrac{2}{3}$는 $-\dfrac{3}{2}$의 역수, $-\dfrac{3}{2}$은 $-\dfrac{2}{3}$의 역수

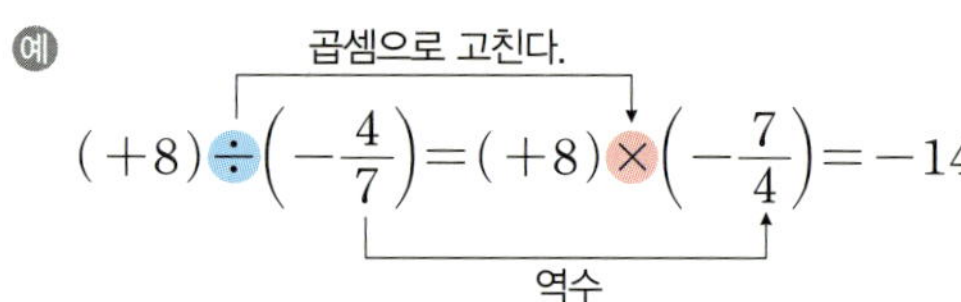

(2) **역수를 이용한 나눗셈**

나누는 수의 역수를 곱하여 계산한다.

예
$$(+8)\div\left(-\dfrac{4}{7}\right)=(+8)\times\left(-\dfrac{7}{4}\right)=-14$$

용어

역수 (逆 거스를, 數 수)
분모와 분자를 교환하여 나타낸 수

• 0과 곱해서 1이 되는 수는 없으므로 0의 역수는 없다.

개념 확인 문제 2

다음 수의 역수를 구하시오.

(1) $\dfrac{4}{9}$

(2) $-\dfrac{2}{5}$

(3) -3

(4) 0.6

(1) 유리수의 곱셈과 나눗셈의 혼합 계산

① 거듭제곱이 있으면 거듭제곱을 먼저 계산한다.

② 나눗셈을 곱셈으로 바꾸고 나누는 수의 역수를 곱한다.

③ 부호를 정한 후, 각 수의 절댓값의 곱에 부호를 붙인다.

(2) 유리수의 덧셈, 뺄셈, 곱셈, 나눗셈의 혼합 계산

① 거듭제곱이 있으면 거듭제곱을 먼저 계산한다.

② 괄호가 있으면 괄호 안을 먼저 계산한다.

이때 (소괄호) → {중괄호} → [대괄호]의
순서로 계산한다.

③ 곱셈과 나눗셈을 순서대로 계산한다.

④ 덧셈, 뺄셈을 순서대로 계산한다.

> • 유리수의 혼합 계산 순서
> 거듭제곱
> ↓
> 괄호 풀기
> ↓
> 곱셈과 나눗셈
> ↓
> 덧셈과 뺄셈

$$\text{예 } \left\{(-5+14)\div\left(-\frac{3}{2}\right)^2+6\right\}\times\frac{1}{5}$$

$$=\left\{(-5+14)\div\frac{9}{4}+6\right\}\times\frac{1}{5}$$

$$=\left(9\div\frac{9}{4}+6\right)\times\frac{1}{5}$$

$$=(4+6)\times\frac{1}{5}$$

$$=10\times\frac{1}{5}=2$$

개념 확인 문제 3

다음을 계산하시오.

$$(1)\ 2\times(-4)-8\div(-2)^2$$

$$(2)\ (-1)^3+\left(\frac{5}{4}-\frac{1}{2}\right)\div\frac{3}{4}$$

세 수 a, b, c에 대하여

① $a\times(b+c)=a\times b+a\times c$　　② $(a+b)\times c=a\times c+b\times c$

➡ 두 수의 합에 어떤 수를 곱한 것은 두 수 각각에 어떤 수를 곱한 다음 더한 것과 그 결과가 같다. 이것을 덧셈에 대한 곱셈의 분배법칙이라고 한다.

> • 분배법칙을 이용하여 괄호를 풀 수 있을 뿐만 아니라, 괄호로 묶을 수도 있다.
> $a\times b+a\times c=a\times(b+c)$

$$\text{예 } 4\times\left(-\frac{1}{4}+\frac{3}{2}\right)=4\times\left(-\frac{1}{4}+\frac{6}{4}\right)=4\times\frac{5}{4}=5$$

$$4\times\left(-\frac{1}{4}+\frac{3}{2}\right)=4\times\left(-\frac{1}{4}\right)+4\times\left(+\frac{3}{2}\right)=-1+6=5$$

$$\text{즉, } 4\times\left(-\frac{1}{4}+\frac{3}{2}\right)=4\times\left(-\frac{1}{4}\right)+4\times\left(+\frac{3}{2}\right)$$

개념 확인 문제 4

다음은 분배법칙을 이용하여 계산하는 과정이다. □ 안에 알맞은 수를 각각 써넣으시오.

$$\left\{\left(-\frac{1}{3}\right)+\left(+\frac{5}{12}\right)\right\}\times12=\left(-\frac{1}{3}\right)\times\boxed{}+\left(+\frac{5}{12}\right)\times\boxed{}$$

$$=-4+\boxed{}=\boxed{}$$

대표예제

예제 1 유리수의 나눗셈

다음 중 옳은 것은?

① $(-35) \div (+5) = +7$

② $(+36) \div (-9) = +4$

③ $(-56) \div (-8) = -7$

④ $(-33) \div (-11) = +3$

⑤ $(+42) \div (+14) = -3$

| 풀이 전략 |

부호가 같은 두 수의 나눗셈은 양의 부호 $+$에, 부호가 다른 두 수의 나눗셈은 음의 부호 $-$에 두 수의 절댓값을 나눈 몫을 붙인다.

| 풀이 |

① $(-35) \div (+5) = -(35 \div 5) = -7$

② $(+36) \div (-9) = -(36 \div 9) = -4$

③ $(-56) \div (-8) = +(56 \div 8) = +7$

⑤ $(+42) \div (+14) = +(42 \div 14) = +3$

답 ④

예제 2 역수를 이용한 유리수의 나눗셈

$a = \left(+\dfrac{15}{8}\right) \div \left(-\dfrac{5}{12}\right)$, $b = \left(-\dfrac{6}{5}\right) \div \left(+\dfrac{3}{20}\right)$일 때, $a \div b$의 값을 구하시오.

| 풀이 전략 |

나눗셈은 나누는 수의 역수를 곱하여 계산한다.

| 풀이 |

$a = \left(+\dfrac{15}{8}\right) \div \left(-\dfrac{5}{12}\right) = \left(+\dfrac{15}{8}\right) \times \left(-\dfrac{12}{5}\right) = -\dfrac{9}{2}$

$b = \left(-\dfrac{6}{5}\right) \div \left(+\dfrac{3}{20}\right) = \left(-\dfrac{6}{5}\right) \times \left(+\dfrac{20}{3}\right) = -8$

따라서

$a \div b = \left(-\dfrac{9}{2}\right) \div (-8) = \left(-\dfrac{9}{2}\right) \times \left(-\dfrac{1}{8}\right) = \dfrac{9}{16}$

답 $\dfrac{9}{16}$

유제 1 ▶ 242001-0209

다음 중 계산 결과가 나머지 넷과 <u>다른</u> 하나는?

① $(+8) \div (-2)$ ② $(-16) \div (+4)$

③ $(-20) \div (+5)$ ④ $(-36) \div (-3)^2$

⑤ $(+4) \div (-1)^2$

유제 2 ▶ 242001-0210

다음 중 계산 결과가 가장 작은 것은?

① $(-12) \div (-3)$ ② $0 \div (-3)$

③ $(-4.5) \div (+5)$ ④ $(-1.8) \div (+0.3)$

⑤ $(-5.5) \div (+1.1)$

유제 3 ▶ 242001-0211

다음 중 옳지 <u>않은</u> 것은?

① $(+6) \div \left(-\dfrac{1}{2}\right) = -12$

② $\left(-\dfrac{3}{2}\right) \div \left(+\dfrac{6}{5}\right) = -\dfrac{5}{4}$

③ $\left(-\dfrac{2}{9}\right) \div \left(-\dfrac{1}{3}\right) = \dfrac{2}{3}$

④ $\left(-\dfrac{4}{5}\right) \div (+4) = -5$

⑤ $\left(+\dfrac{8}{3}\right) \div (-6) = -\dfrac{4}{9}$

유제 4 ▶ 242001-0212

$\left(+\dfrac{1}{7}\right) \div \left(-\dfrac{5}{14}\right)$의 값을 a, $\left(-\dfrac{14}{5}\right) \div \left(+\dfrac{7}{10}\right)$의 값을 b라 할 때, $a \div b$의 값을 구하시오.

예제 3 — 곱셈과 나눗셈의 혼합 계산

다음을 계산하시오.

$$\left(-\frac{2}{3}\right)^2 \times \left(-\frac{7}{5}\right) \div \frac{14}{15}$$

| 풀이 전략 |

나눗셈을 곱셈으로 바꾸고, 부호를 정한다.

| 풀이 |

$$\left(-\frac{2}{3}\right)^2 \times \left(-\frac{7}{5}\right) \div \frac{14}{15} = \frac{4}{9} \times \left(-\frac{7}{5}\right) \times \frac{15}{14}$$

$$= -\left(\frac{4}{9} \times \frac{7}{5} \times \frac{15}{14}\right)$$

$$= -\frac{2}{3}$$

답 $-\dfrac{2}{3}$

유제 5 ▶ 242001-0213

$\left(-\dfrac{5}{8}\right) \times \left(-\dfrac{4}{5}\right) \div (-2)^2$을 계산하면?

① -2 ② $-\dfrac{1}{2}$ ③ $\dfrac{1}{8}$

④ $\dfrac{1}{5}$ ⑤ $\dfrac{3}{2}$

유제 6 ▶ 242001-0214

다음을 계산하시오.

$$(-2)^3 \div \left(-\frac{1}{2}\right)^2 \div \frac{16}{3}$$

예제 4 — 덧셈, 뺄셈, 곱셈, 나눗셈의 혼합 계산

$\dfrac{1}{2} \times \left\{2 - \left(-\dfrac{1}{3}\right)^2 \div \dfrac{2}{9}\right\} + \dfrac{1}{4}$을 계산하시오.

| 풀이 전략 |

거듭제곱 ⇨ 괄호 ⇨ 곱셈, 나눗셈 ⇨ 덧셈, 뺄셈 순으로 계산한다.

| 풀이 |

$$\frac{1}{2} \times \left\{2 - \left(-\frac{1}{3}\right)^2 \div \frac{2}{9}\right\} + \frac{1}{4}$$

$$= \frac{1}{2} \times \left(2 - \frac{1}{9} \div \frac{2}{9}\right) + \frac{1}{4}$$

$$= \frac{1}{2} \times \left(2 - \frac{1}{9} \times \frac{9}{2}\right) + \frac{1}{4}$$

$$= \frac{1}{2} \times \left(2 - \frac{1}{2}\right) + \frac{1}{4}$$

$$= \frac{1}{2} \times \frac{3}{2} + \frac{1}{4} = \frac{3}{4} + \frac{1}{4} = 1$$

답 1

유제 7 ▶ 242001-0215

다음 식의 계산 순서를 차례대로 나열하시오.

$$\frac{1}{2} + \left\{2 - (-1)^3 \times \frac{1}{2}\right\} \div \frac{2}{5}$$

ㄱ ㄴ ㄷ ㄹ ㅁ

유제 8 ▶ 242001-0216

다음을 계산하시오.

$$-\frac{3}{2} - \left[-0.8 \times \left\{-\frac{1}{2} + (-0.5)^2\right\} + 0.3\right]$$

대표예제

예제 5 — 곱셈과 나눗셈 사이의 관계

$\dfrac{8}{5} \times \square = -2$일 때, $\square$ 안에 들어갈 수는?

① -3 ② $-\dfrac{5}{4}$ ③ $-\dfrac{1}{2}$

④ $-\dfrac{3}{8}$ ⑤ $-\dfrac{1}{3}$

| 풀이 전략 |

$\square \times \triangle = \bigcirc$이면 $\square = \bigcirc \div \triangle$이다.

| 풀이 |

$\square = (-2) \div \dfrac{8}{5} = (-2) \times \dfrac{5}{8} = -\dfrac{5}{4}$

⬛ ②

유제 9 ▶ 242001-0217

$\left(-\dfrac{4}{9}\right) \times \square = -\dfrac{2}{3}$, $\triangle \div \dfrac{2}{5} = 10$일 때, $\square \times \triangle$의 값을 구하시오.

유제 10 ▶ 242001-0218

어떤 수를 $\dfrac{2}{3}$로 나누어야 할 것을 잘못하여 곱하였더니 $\dfrac{7}{6}$이 되었다. 바르게 계산한 값을 구하시오.

예제 6 — 분배 법칙

다음은 분배법칙을 이용하여 계산하는 과정이다. $\square$ 안에 알맞은 수를 각각 써넣으시오.

$$\left(-\dfrac{1}{6} + \dfrac{3}{8}\right) \times 24$$
$$= \left(-\dfrac{1}{6}\right) \times \square + \dfrac{3}{8} \times \square$$
$$= -4 + \square = \square$$

| 풀이 전략 |

분배법칙 $(a+b) \times c = a \times c + b \times c$를 이용한다.

| 풀이 |

$$\left(-\dfrac{1}{6} + \dfrac{3}{8}\right) \times 24$$
$$= \left(-\dfrac{1}{6}\right) \times \boxed{24} + \dfrac{3}{8} \times \boxed{24}$$
$$= -4 + \boxed{9} = \boxed{5}$$

⬛ 24, 24, 9, 5

유제 11 ▶ 242001-0219

다음은 분배법칙을 이용하여 계산하는 과정이다. $\square$ 안에 알맞은 수를 써넣으시오.

$$(-11) \times 0.17 + (-11) \times 0.83$$
$$= (\square) \times (0.17 + 0.83)$$
$$= (\square) \times 1$$
$$= \square$$

유제 12 ▶ 242001-0220

세 수 a, b, c에 대하여 $a \times b = 4$, $a \times c = 5$일 때, $a \times (b+c)$의 값은?

① 9 ② 12 ③ 14

④ 16 ⑤ 20

01

▶ 242001-0221

다음 중 옳지 <u>않은</u> 것은?

① $\left(-\dfrac{5}{12}\right) \times 0 = 0$

② $\left(+\dfrac{3}{4}\right) \times \left(-\dfrac{1}{3}\right) = -\dfrac{1}{4}$

③ $\left(-\dfrac{5}{4}\right) \times \left(+\dfrac{6}{15}\right) = -\dfrac{1}{2}$

④ $\left(+\dfrac{15}{7}\right) \times \left(-\dfrac{4}{5}\right) = -\dfrac{12}{35}$

⑤ $\left(-\dfrac{3}{7}\right) \times \left(-\dfrac{2}{7}\right) = \dfrac{6}{49}$

02

▶ 242001-0222

다음 계산 과정에서 곱셈에 대한 결합법칙이 이용된 곳은?

$$\begin{aligned}
&(-0.25) \times (-13) \times (+40) \quad &①\\
&= (-13) \times (-0.25) \times (+40) \quad &②\\
&= (-13) \times \{(-0.25) \times (+40)\} \quad &③\\
&= (-13) \times \{-(0.25 \times 40)\} \quad &④\\
&= (-13) \times (-10) \quad &⑤\\
&= 130
\end{aligned}$$

03

▶ 242001-0223

다음 중 두 번째로 큰 수는?

① -2 ② $(-2)^2$ ③ $-(-2)^2$

④ $\left(-\dfrac{1}{2}\right)^2$ ⑤ $-\dfrac{1}{2^2}$

04

▶ 242001-0224

$-1^{200} + (-1)^{201} \div (-1)^{202}$의 값은?

① -2 ② -1 ③ 0

④ 1 ⑤ 2

05

▶ 242001-0225

다음 중 두 수가 서로 역수인 것은?

① $-2,\ 2$ ② $-0.1,\ \dfrac{1}{10}$ ③ $0,\ 1$

④ $-\dfrac{3}{4},\ -\dfrac{4}{3}$ ⑤ $-\dfrac{1}{5},\ 5$

06

▶ 242001-0226

다음 중 계산 결과가 가장 작은 것은?

① $(-10) \div (+5)$ ② $(+4) \div (-6)$

③ $\left(-\dfrac{1}{2}\right) \div \left(-\dfrac{1}{8}\right)$ ④ $\left(+\dfrac{5}{3}\right) \div \left(-\dfrac{4}{9}\right)$

⑤ $(-1.2) \div (-3)$

07

▶ 242001-0227

다음을 계산하시오.

$$\left\{7 + (-1)^3 \div \left(-\dfrac{1}{2}\right)^2\right\} \div \left(-\dfrac{3}{5}\right)$$

08

▶ 242001-0228

세 수 a, b, c에 대하여 $a \times b = 20$, $a \times (b - c) = 16$일 때, $a \times c$의 값은?

① -4 ② $-\dfrac{5}{4}$ ③ 1

④ $\dfrac{5}{4}$ ⑤ 4

Level 1

01
▶ 242001-0229

다음 수직선으로 설명할 수 있는 덧셈식은?

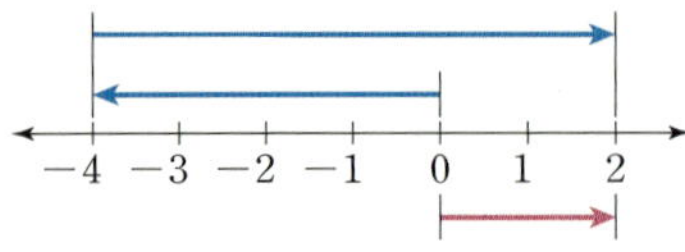

① $(-4)+(+6)=+2$
② $(-4)+(-6)=-10$
③ $(-4)+(+2)=+6$
④ $(+2)+(-4)=-4$
⑤ $(+2)+(-6)=-4$

02
▶ 242001-0230

다음 중 계산 결과가 음수인 것은?

① $(-7)+(+8)$
② $(+1.2)+\left(-\dfrac{4}{3}\right)$
③ $\left(-\dfrac{1}{2}\right)-\left(-\dfrac{5}{8}\right)$
④ $\left(-\dfrac{1}{3}\right)-\left(-\dfrac{4}{9}\right)$
⑤ $(+3.5)+\left(-\dfrac{7}{2}\right)$

03
▶ 242001-0231

다음 중 가장 큰 수는?

① 1보다 -3만큼 큰 수
② -3보다 -6만큼 작은 수
③ -1보다 $-\dfrac{1}{3}$만큼 큰 수
④ $\dfrac{1}{2}$보다 -3만큼 작은 수
⑤ 9보다 -10만큼 큰 수

04
▶ 242001-0232

다음 중 계산 결과가 가장 작은 것은?

① $1-\dfrac{3}{4}$
② $-\dfrac{2}{3}+\dfrac{4}{5}$
③ $2-5+\dfrac{3}{4}$
④ $\dfrac{1}{3}-2+\dfrac{1}{2}$
⑤ $-0.5-\dfrac{1}{3}$

05
▶ 242001-0233

다음 중 계산 결과가 옳지 <u>않은</u> 것은?

① $(-5)\div(+5)=-1$
② $(+24)\div(-12)=-2$
③ $\left(-\dfrac{4}{3}\right)\div\left(-\dfrac{8}{9}\right)=\dfrac{3}{2}$
④ $\left(+\dfrac{1}{2}\right)\times\left(-\dfrac{4}{3}\right)\times\left(-\dfrac{5}{6}\right)=+\dfrac{5}{9}$
⑤ $(-1.2)\times(-0.3)\times(-5)=-\dfrac{4}{5}$

06
▶ 242001-0234

다음 중 가장 작은 수는?

① $\left(-\dfrac{1}{2}\right)^2$
② $-\left(-\dfrac{1}{2}\right)^2$
③ $\dfrac{1}{2^2}$
④ $\left(-\dfrac{1}{2}\right)^3$
⑤ $-\dfrac{1}{2^3}$

07
▶ 242001-0235

다음 중 두 수가 서로 역수가 <u>아닌</u> 것은?

① $\dfrac{1}{2},\ 2$
② $10,\ \dfrac{1}{10}$
③ $-3,\ \dfrac{1}{3}$
④ $-\dfrac{11}{2},\ -\dfrac{2}{11}$
⑤ $-0.5,\ -2$

08
▶ 242001-0236

다음 계산 과정에서 이용된 계산 법칙을 말하시오.

$$6\times\left\{\left(+\dfrac{2}{3}\right)+\left(-\dfrac{1}{2}\right)\right\}=6\times\left(+\dfrac{2}{3}\right)+6\times\left(-\dfrac{1}{2}\right)$$
$$=4+(-3)=1$$

(   )법칙

Level ②

09
▶ 242001-0237

다음 표는 어느 학생의 일별 운동시간을 전날과 비교해서 증가했으면 +부호를, 감소했으면 −부호를 사용하여 나타낸 것이다. 지난 일요일에 45분 동안 운동했을 때, 금요일에 운동한 시간은?

월요일	화요일	수요일	목요일	금요일
−15분	+10분	+5분	−10분	+20분

① 40분   ② 45분   ③ 50분

④ 55분   ⑤ 60분

10
▶ 242001-0238

1보다 $-\dfrac{1}{3}$만큼 작은 수를 a, $-\dfrac{3}{2}$보다 $\dfrac{1}{3}$만큼 큰 수를 b라 할 때, $a+b$의 값을 구하시오.

11
▶ 242001-0239

다음 표는 경도 0°에 있는 영국 그리니치 천문대의 시각을 기준으로 세계 여러 나라의 시차를 나타낸 것이다.

도시	그리니치 천문대	두바이	서울	뉴욕
시차(시간)	0	+4	+9	−5

예를 들어 서울의 +9는 서울의 시각이 그리니치 천문대의 시각보다 9시간 빠르다는 뜻이다. 그렇다면 두바이가 화요일 오전 6시일 때, 뉴욕의 요일과 시각을 구하시오.

12
▶ 242001-0240

다음을 계산하면?

$$\frac{1}{3}+\frac{1}{4}-\frac{1}{2}+1$$

① $-\dfrac{1}{2}$ ② $-\dfrac{1}{3}$ ③ $\dfrac{2}{3}$

④ $\dfrac{5}{6}$ ⑤ $\dfrac{13}{12}$

13
▶ 242001-0241

두 수 -3과 $\dfrac{11}{3}$ 사이에 있는 모든 정수의 합은?

① -1 ② 0 ③ 1

④ 2 ⑤ 3

14 중요
▶ 242001-0242

다음 중 수직선 위의 네 개의 점 A, B, C, D가 나타내는 수에 대한 설명으로 옳지 <u>않은</u> 것은?

① 점 A가 나타내는 수는 점 B가 나타내는 수보다 $\dfrac{3}{2}$만큼 작다.

② 점 C가 나타내는 수는 점 B가 나타내는 수보다 $\dfrac{13}{6}$만큼 크다.

③ 점 B가 나타내는 수는 점 D가 나타내는 수보다 $\dfrac{5}{2}$만큼 작다.

④ 두 점 A, C 사이의 거리는 $\dfrac{8}{3}$이다.

⑤ 두 점 A, D 사이의 거리는 4이다.

15
▶ 242001-0243

다음 조건을 모두 만족하는 두 정수 a, b에 대하여 $a+b$의 값은?

> (가) $a>0$, $b<0$
> (나) b의 절댓값은 2이다.
> (다) $a=b+8$

① 2 ② 3 ③ 4

④ 5 ⑤ 6

16
▶ 242001-0244

a의 절댓값이 2이고, b의 절댓값이 $\dfrac{2}{3}$일 때, $a+b$가 될 수 있는 값 중 가장 큰 것과 가장 작은 것의 곱은?

① $-\dfrac{64}{9}$ ② $-\dfrac{16}{9}$ ③ 0

④ $\dfrac{16}{9}$ ⑤ $\dfrac{64}{9}$

17
▶ 242001-0245

$(-3) \times \square \div \dfrac{4}{5} = -6$일 때, $\square$ 안에 알맞은 것은?

① $-\dfrac{1}{4}$　　② $\dfrac{1}{6}$　　③ $\dfrac{2}{5}$

④ $\dfrac{3}{2}$　　⑤ $\dfrac{8}{5}$

18
▶ 242001-0246

다음 그림과 같은 정육면체의 전개도가 있다. 이 전개도를 접으면 마주 보는 면에 적힌 두 수의 합이 $-\dfrac{4}{3}$일 때, $a-b-c$의 값을 구하시오.

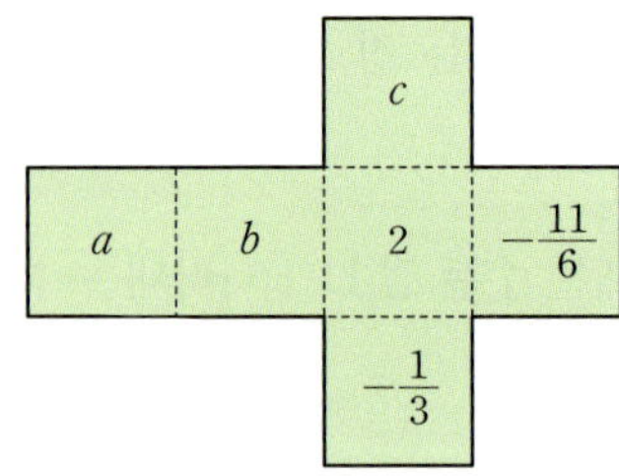

19
▶ 242001-0247

다음 설명 중 옳지 <u>않은</u> 것은?

① 두 양수의 합은 항상 양수이다.
② 두 음수의 곱은 항상 양수이다.
③ 두 유리수의 덧셈 순서를 바꾸어도 결과는 변하지 않는다.
④ 두 유리수의 곱셈 순서를 바꾸어도 결과는 변하지 않는다.
⑤ 두 유리수의 나눗셈 순서를 바꾸어도 결과는 변하지 않는다.

20
▶ 242001-0248

다음을 계산하시오.

$$\left(\dfrac{1}{2}-1\right) \times \left(\dfrac{1}{3}-1\right) \times \left(\dfrac{1}{4}-1\right) \times \cdots \times \left(\dfrac{1}{100}-1\right)$$

21
▶ 242001-0249

다음 계산 과정에서 이용되지 <u>않은</u> 계산 법칙은?

$$
\begin{aligned}
& 52 \times (-1.23) + (-1.23) \times (-32) + (-1.23) \times 80 \\
& = (-1.23) \times 52 + (-1.23) \times (-32) + (-1.23) \times 80 \\
& = (-1.23) \times \{52 + (-32) + 80\} \\
& = (-1.23) \times \{(-32) + (52 + 80)\} \\
& = (-1.23) \times 100 \\
& = -123
\end{aligned}
$$

① 덧셈의 교환법칙
② 덧셈의 결합법칙
③ 곱셈의 교환법칙
④ 곱셈의 결합법칙
⑤ 분배법칙

22
▶ 242001-0250

다음 중 두 번째로 작은 수는?

① $(-1)^{99}$　　② $(-2)^2$　　③ -2^2

④ $\left(-\dfrac{1}{3}\right)^2$　　⑤ $-\dfrac{1}{3^2}$

23
▶ 242001-0251

두 수 a, b에 대하여 $a>0$, $b<0$일 때, 다음 중 항상 음수인 것은?

① $a+b$　　　　② $a-b$
③ $b-a$　　　　④ $a \div (-b)$
⑤ $(-a) \times b$

24
▶ 242001-0252

두 유리수 a, b에 대하여 $a-b<0$, $a \div b<0$, $|a|<|b|$일 때, 다음 중 옳지 <u>않은</u> 것은?

① $a+b>0$　　② $-a+b>0$　　③ $a \times b<0$
④ $-a-b<0$　　⑤ $|a|-b>0$

25

▶ 242001-0253

$A=0.78\times25+0.22\times25$일 때, A보다 작은 짝수의 개수는?

① 12 ② 13 ③ 20

④ 24 ⑤ 25

26

▶ 242001-0254

$B=\left(-\dfrac{1}{2}\right)^2\div\left(-\dfrac{1}{8}\right)\times\left(-\dfrac{13}{2^3}\right)$일 때, $-B$와 B 사이에 있는 정수의 개수는?

① 6 ② 7 ③ 8

④ 9 ⑤ 10

27

▶ 242001-0255

$(-1)+(-1)^2+(-1)^3+\cdots+(-1)^{2025}$의 값을 구하시오.

28

▶ 242001-0256

$\dfrac{1}{9}\times\{(-1)^2\times3-(-2)^2\}-\left(-\dfrac{2}{7}\right)\div\dfrac{3}{14}$을 계산하시오.

Level 3

29

▶ 242001-0257

다음 조건을 만족하는 두 정수 a, b의 값을 각각 구하시오.

㈎ $a-b<0$, $a\times b<0$

㈏ $|b|=\dfrac{1}{4}\times|a|$

㈐ a, b가 수직선 위에서 대응하는 두 점 사이의 거리는 15이다.

30

▶ 242001-0258

n이 홀수일 때, 다음을 계산하시오.

$$(-1)^n-(-1)^{n+1}\times(-1)^{n+2}+(-1)^{2\times n}$$

31

▶ 242001-0259

다음 그림과 같이 수직선 위의 점 A는 두 점 B, C 사이를 4:3으로 나누는 점이다. 이때 점 A가 나타내는 수를 구하시오.

B 점은 $-\dfrac{5}{2}$, C 점은 $\dfrac{12}{5}$

32

▶ 242001-0260

두 수 a, b가 $a<0$, $b>0$, $|a|>|b|$일 때, 다음 중 두 번째로 큰 수를 구하시오.

$$a,\ b,\ -a,\ -b,\ a+b,\ a-b,\ b-a$$

STEP 1 서술형 예제

▶ 242001-0261

$\dfrac{1}{3}$보다 $-\dfrac{5}{2}$만큼 큰 수를 a, $-\dfrac{1}{2}$보다 $-\dfrac{7}{3}$만큼 작은 수를 b라 할 때, $a-b$의 값을 구하시오.

| 풀이 |

$$a=\dfrac{1}{3}\ \square\ \left(-\dfrac{5}{2}\right)=\boxed{}$$

$$b=-\dfrac{1}{2}\ \square\ \left(-\dfrac{7}{3}\right)=\boxed{}$$

따라서 $a-b=\boxed{}-\boxed{}=\boxed{}$

STEP 2 서술형 유제로 한 번 더!

▶ 242001-0262

$\dfrac{2}{5}$보다 $-\dfrac{3}{4}$만큼 큰 수를 a, $-\dfrac{3}{5}$보다 $\dfrac{1}{2}$만큼 작은 수를 b라 할 때, $a+b$의 값을 구하시오.

| 풀이 |

기출문제로 완벽하게!

▶ 242001-0263

1. 오른쪽 정육면체에서 마주 보는 면에 적힌 두 수가 서로 역수이다. 이때 그림에 보이지 않는 정육면체의 세 면에 적힌 숫자의 합을 구하시오.

| 풀이 |

▶ 242001-0264

2. 어떤 수에 $\dfrac{5}{4}$ 를 더해야 할 것을 잘못하여 곱하였더니 $-\dfrac{5}{6}$ 가 되었다. 바르게 계산한 값을 구하시오.

| 풀이 |

▶ 242001-0265

3. a 의 절댓값은 $\dfrac{1}{4}$ 이고, b 의 절댓값은 $\dfrac{5}{3}$ 일 때, $a+b$ 의 값 중에서 가장 큰 값을 M 이라 하고, 가장 작은 값을 m 이라고 하자. 이때 $M-m$ 의 값을 구하시오.

| 풀이 |

▶ 242001-0266

4. $A=(-10)\times\dfrac{5}{6}\times\left(-\dfrac{4}{5}\right)^{2}$, $B=(-2)\div\left(-\dfrac{3}{5}\right)\times\left(-\dfrac{1}{2}\right)^{2}$ 일 때, $A+B$ 의 값을 구하시오.

| 풀이 |

Ⅲ

문자와 식

1. 문자의 사용과 식

2. 일차방정식

이전에 배운 내용

이번에 배울 내용

이후에 배울 내용

01 문자를 사용한 식

개념 1 문자를 사용한 식

(1) 문자를 사용한 식

문자를 사용하면 수량이나 수량 사이의 관계를 간단한 식으로 나타낼 수 있다.

(2) 문자를 사용한 식 세우기

① 문제의 뜻을 파악하여 수량 사이의 관계 또는 규칙을 찾는다.

② 문자를 사용하여 ①에서 찾은 관계를 식으로 나타낸다.

예 한 개에 1000원인 연필을 1개, 2개, 3개, …살 때, 필요한 돈은

➡ 연필 1개의 가격: (1000×1)원

연필 2개의 가격: (1000×2)원

연필 3개의 가격: (1000×3)원

⋯

연필 x개의 가격: $(1000 \times x)$원

참고 문자를 사용한 식에서 자주 쓰이는 수량 사이의 관계

① 비율, 수

- $a\% \Rightarrow \dfrac{a}{100}$

- 십의 자리의 숫자가 a, 일의 자리의 숫자가 b인 두 자리 자연수 ➡ $10 \times a + 1 \times b$

② 가격

- (거스름돈)=(지불 금액)−(물건 가격)

- 물건의 정가를 $x\%$ 할인하여 판매한 가격

➡ $(x\%$ 할인된 가격$)=($정가$)-\dfrac{x}{100} \times ($정가$)$

③ 도형의 둘레의 길이와 넓이

- 정다각형의 둘레의 길이 ➡ (한 변의 길이)×(변의 개수)

- 삼각형의 넓이 ➡ $\dfrac{1}{2} \times ($밑변의 길이$) \times ($높이$)$

- 직사각형의 넓이 ➡ (가로의 길이)×(세로의 길이)

④ 속력

- $($속력$)=\dfrac{(거리)}{(시간)}$, $($시간$)=\dfrac{(거리)}{(속력)}$, $($거리$)=($속력$) \times ($시간$)$

개념 확인 문제 1

다음을 문자를 사용한 식으로 나타내시오.

(1) 십의 자리의 숫자가 a, 일의 자리의 숫자가 3인 두 자리 자연수

(2) 한 개에 1200원인 과자 x개를 사고 8000원을 냈을 때의 거스름돈

(3) 한 변의 길이가 x cm인 정삼각형의 둘레의 길이

(4) 자동차가 시속 60 km로 a시간 동안 달린 거리

개념 2   곱셈 기호의 생략

(1) (수)×(문자): 곱셈 기호 ×를 생략하고, 수를 문자의 앞에 쓴다.

  예 $4 \times a = 4a$, $x \times (-2) = -2x$

  참고 1 또는 -1과 문자의 곱에서는 1을 생략한다.

    $1 \times a = a$, $(-1) \times x = -x$

(2) (문자)×(문자): 곱셈 기호 ×를 생략하고, 보통 알파벳 순서로 쓴다.

  예 $b \times a = ab$, $y \times x \times z = xyz$

(3) **같은 문자의 곱**: 지수를 사용하여 거듭제곱의 꼴로 나타낸다.

  예 $a \times a \times a = a^3$, $x \times x \times y \times y \times y = x^2 y^3$

(4) **괄호가 있는 식과 수의 곱**: 곱셈 기호 ×를 생략하고, 수를 괄호 앞에 쓴다.

  예 $2 \times (a-4) = 2(a-4)$

- $0.1 \times a = 0.a$로 쓰지 않고 $0.1a$로 나타낸다.
- $\frac{1}{2} \times a$는 $\frac{1}{2}a$ 또는 $\frac{a}{2}$로 나타낸다.
- 수와 수 사이의 곱셈 기호 ×는 생략하지 않는다.

개념 확인 문제 2

다음 식을 곱셈 기호 ×를 생략하여 나타내시오.

(1) $x \times (-5)$

(2) $x \times x \times a$

(3) $0.1 \times y$

(4) $(3a-b) \times 5$

개념 3   나눗셈 기호의 생략

(1) 나눗셈 기호 ÷를 생략하고 분수의 꼴로 나타낸다.

  예 $a \div 3 = \dfrac{a}{3}$, $b \div (-2) = \dfrac{b}{-2} = -\dfrac{b}{2}$

(2) 나눗셈은 역수를 이용하여 곱셈으로 바꾼 다음 곱셈 기호를 생략할 수 있다.

  예 $a \div 3 = a \times \dfrac{1}{3} = \dfrac{1}{3}a = \dfrac{a}{3}$, $a \div \dfrac{5}{4} = a \times \dfrac{4}{5} = \dfrac{4}{5}a$

- 덧셈 기호와 뺄셈 기호는 생략할 수 없다.
- 곱셈과 나눗셈이 혼합된 식
  ① 앞쪽부터 순서대로 기호를 생략한다.
  ② 괄호가 있을 때는 괄호 안의 식의 기호를 먼저 생략한다.

  예 $x \times (y \div z) = x \times \left(y \times \dfrac{1}{z} \right)$
                $= x \times \dfrac{y}{z}$
                $= \dfrac{xy}{z}$

개념 확인 문제 3

다음 식을 나눗셈 기호 ÷를 생략하여 나타내시오.

(1) $a \div (-6)$

(2) $x \div \dfrac{3}{5}$

(3) $(a+b) \div 2$

(4) $a \times b \div 4$

예제 1 │ 문자를 사용한 식

다음을 문자를 사용한 식으로 나타내시오.

(1) 3점 문항을 a개, 4점 문항을 b개 맞혔을 때의 점수
(2) 시속 a km로 2시간 동안 뛰어간 거리

| 풀이 전략 |

주어진 수와 문자를 사용하여 간단하게 나타낸다.

| 풀이 |

(1) 3점 문항의 점수는 $(3 \times a)$점, 4점 문항의 점수는 $(4 \times b)$
　점이므로 총 점수는 $(3 \times a + 4 \times b)$점이다.
(2) (거리)=(속력)×(시간)이므로
　(뛰어간 거리)$= a \times 2 = 2 \times a$(km)이다.

　　　　　　　　답 (1) $(3 \times a + 4 \times b)$점　(2) $(2 \times a)$ km

예제 2 │ 곱셈 기호와 나눗셈 기호의 생략 (1)

다음은 곱셈 기호, 나눗셈 기호를 생략하여 나타낸 것이다. 옳은 것은?

① $3 \times \dfrac{1}{4} \times a = 3\dfrac{1}{4}a$ 　　② $a \times a \times a = 3a$

③ $0.1 \times y \times x = 0.xy$ 　　④ $(x-y) \div \dfrac{1}{2} = 2(x-y)$

⑤ $a \times b \times a \times (-5) = a^2 b - 5$

| 풀이 전략 |

곱셈 기호를 생략할 때는 수를 문자 앞에 쓰고, 같은 문자의 곱은 거듭제곱으로 나타낸다. 나눗셈 기호를 생략할 때는 역수를 이용하여 곱셈으로 나타낸 후 곱셈 기호를 생략한다.

| 풀이 |

① $3 \times \dfrac{1}{4} \times a = \dfrac{3}{4} \times a = \dfrac{3}{4}a$

② $a \times a \times a = a^3$

③ $0.1 \times y \times x = 0.1xy$

④ $(x-y) \div \dfrac{1}{2} = (x-y) \times 2 = 2(x-y)$

⑤ $a \times b \times a \times (-5) = (-5) \times a \times a \times b = -5a^2 b$ 　**답** ④

▶ 242001-0267

유제 1

다음을 문자를 사용한 식으로 나타낸 것으로 옳지 <u>않은</u> 것은?

① 전체 인원 수가 30명인 학급의 여학생 수가 a명일 때, 남
　학생 수: $(30-a)$명
② x km의 거리를 시속 3 km로 걸을 때 걸리는 시간:
　$(3 \times x)$시간
③ 12자루에 b원인 연필 한 자루의 값: $\dfrac{b}{12}$원
④ 십의 자리의 숫자가 x, 일의 자리의 숫자가 y인 두 자리 자
　연수: $10 \times x + y$
⑤ 한 변의 길이가 y cm인 정사각형의 넓이: $(y \times y)$ cm^2

▶ 242001-0268

유제 2

다음을 문자를 사용한 식으로 니다내시오.

> 7로 나누었을 때, 몫이 p이고 나머지가 2인 자연수

▶ 242001-0269

유제 3

다음은 곱셈 기호, 나눗셈 기호를 생략하여 나타낸 것이다. 옳은 것을 모두 고르면? (정답 2개)

① $0.01 \times x = 0.0x$ 　　② $(a-b) \div 2 = a - \dfrac{1}{2}b$

③ $y \div (-5) = -5y$ 　　④ $x \times 2 \times y \times x = 2x^2 y$

⑤ $x \div (-1) + y \times 3 = -x + 3y$

▶ 242001-0270

유제 4

다음 식을 곱셈 기호, 나눗셈 기호를 생략하여 나타내시오.

$$a \times (-1) \times a + a \div \left(-\dfrac{1}{5}\right) \times b$$

예제 3 곱셈 기호와 나눗셈 기호의 생략 (2)

다음 보기 중 곱셈 기호, 나눗셈 기호를 생략하여 나타낼 때, 서로 같은 식을 고르시오.

보기

ㄱ. $a \times b \div c$　　　　ㄴ. $a \div b \times c$

ㄷ. $a \times (b \div c)$　　　ㄹ. $a \div b \div c$

| 풀이 전략 |

곱셈과 나눗셈이 혼합된 식은 앞쪽부터 순서대로 기호를 생략한다.

| 풀이 |

ㄱ. $a \times b \div c = a \times b \times \dfrac{1}{c} = \dfrac{ab}{c}$

ㄴ. $a \div b \times c = a \times \dfrac{1}{b} \times c = \dfrac{ac}{b}$

ㄷ. $a \times (b \div c) = a \times \left(b \times \dfrac{1}{c}\right) = a \times \dfrac{b}{c} = \dfrac{ab}{c}$

ㄹ. $a \div b \div c = a \times \dfrac{1}{b} \times \dfrac{1}{c} = \dfrac{a}{bc}$

따라서 서로 같은 식은 ㄱ, ㄷ이다.

답 ㄱ, ㄷ

유제 5　　▶ 242001-0271

다음 식을 곱셈 기호와 나눗셈 기호를 생략하여 나타내시오.

(1) $a \div (b \times c)$　　　(2) $c \div (a \div b)$

유제 6　　▶ 242001-0272

$\dfrac{ac}{b}$ 를 곱셈 기호와 나눗셈 기호를 사용하여 바르게 나타낸 것은?

① $a \div b \div c$　　　② $b \div a \times c$

③ $a \times (b \div c)$　　④ $b \times a \div c$

⑤ $a \div (b \div c)$

예제 4 문자를 사용한 식 (곱셈, 나눗셈 기호의 생략)

다음을 곱셈 기호 또는 나눗셈 기호를 생략한 식으로 나타내시오.

정가 10000원인 물건을 $a\,\%$ 할인된 가격으로 샀을 때, 지불한 금액

| 풀이 전략 |

(지불한 금액) = (정가) - (할인 금액)

| 풀이 |

(할인 금액) = (정가) $\times \dfrac{a}{100} = 10000 \times \dfrac{a}{100} = 100a$ (원)

(지불한 금액) = (정가) - (할인 금액)이므로

(지불한 금액) = $10000 - 100a$ (원)이다.

답 $(10000 - 100a)$원

유제 7　　▶ 242001-0273

다음을 곱셈 기호 또는 나눗셈 기호를 생략한 식으로 나타내시오.

(1) 밑변의 길이가 $a\,\mathrm{cm}$, 높이가 $b\,\mathrm{cm}$인 삼각형의 넓이

(2) 첫 번째 수행평가 점수가 x점, 두 번째 수행평가 점수가 y점일 때, 두 점수의 평균 점수

유제 8　　▶ 242001-0274

다음을 곱셈 기호 또는 나눗셈 기호를 생략한 식으로 나타내시오.

200 km의 거리를 시속 60 km의 속력으로 a시간을 갔을 때, 남은 거리

01
▶ 242001-0275

전교 학생 수가 320명이고 여학생이 $a\%$일 때, 남학생의 수를 문자를 사용한 식으로 나타내면?

① $\left(320 \times \dfrac{a}{100}\right)$명

② $\left(320 - 320 \times \dfrac{a}{100}\right)$명

③ $\left(320 - 320 \times \dfrac{a}{10}\right)$명

④ $(320 - 320 \times a)$명

⑤ $\left(320 + 320 \times \dfrac{a}{100}\right)$명

02
▶ 242001-0276

다음 중 곱셈 기호를 생략한 것으로 옳은 것은?

① $x \times 0.3 = 0.x$

② $x \times 4 \times y \times x = 4x^2y^2$

③ $b \times (-2) \times a = b - 2a$

④ $a \times c \times (-1) \times b = -1abc$

⑤ $(x-6) \times (-1) \times a = -a(x-6)$

03
▶ 242001-0277

다음 중 곱셈 기호와 나눗셈 기호를 생략한 것으로 옳은 것은?

① $4 \div a - b = \dfrac{4}{a-b}$

② $-2 \div a + b \times 3 = -\dfrac{2}{3ab}$

③ $x + y \times z \div 4 = x + \dfrac{yz}{4}$

④ $a \times (-1) + b \div 5 = \dfrac{-a+b}{5}$

⑤ $x \div 2 - y = \dfrac{2}{x} - y$

04
▶ 242001-0278

$\dfrac{x-y}{3z}$를 곱셈 기호와 나눗셈 기호를 사용하여 나타내면?

① $x - y \div 3 \times z$

② $(x-y) \div 3 \times z$

③ $x - y \times 3 \div z$

④ $(x-y) \div 3 \div z$

⑤ $x - y \div 3 \div z$

05
▶ 242001-0279

다음 중 기호 $\times$, $\div$를 생략하여 나타낸 결과가 $\dfrac{b}{4a}$와 같은 것을 모두 고르면? (정답 2개)

① $b \times a \div 4$

② $b \div (4 \times a)$

③ $b \div a \times \dfrac{1}{4}$

④ $b \div 4 \times a$

⑤ $4 \times a \div b$

06
▶ 242001-0280

다음 보기에서 곱셈 기호, 나눗셈 기호를 생략한 것으로 옳은 것을 모두 고른 것은?

> **보기**
>
> ㄱ. $a - b \times 6 = a - 6b$
>
> ㄴ. $a \div \dfrac{2}{3}b = \dfrac{3ab}{2}$
>
> ㄷ. $x \div (-1) = -1x$
>
> ㄹ. $(x - 5y) \times 4 = 4(x - 5y)$

① ㄱ, ㄷ

② ㄱ, ㄹ

③ ㄴ, ㄷ

④ ㄴ, ㄹ

⑤ ㄷ, ㄹ

07
▶ 242001-0281

다음 중 옳지 <u>않은</u> 것은?

① 5000원의 $x\%$는 $50x$원이다.

② 10자루에 a원인 연필 한 자루의 가격은 $\dfrac{10}{a}$원이다.

③ x살인 형보다 세 살 아래인 동생의 나이는 $(x-3)$살이다.

④ 한 모서리의 길이가 $x\,\text{cm}$인 정육면체의 부피는 $x^3\,\text{cm}^3$이다.

⑤ 2시간 동안 $x\,\text{km}$를 이동했을 때의 속력은 시속 $\dfrac{x}{2}\,\text{km}$이다.

08
▶ 242001-0282

다음을 문자를 사용한 식으로 나타내시오.

> 소수점 아래 첫째 자리의 숫자가 a, 소수점 아래 둘째 자리의 숫자가 b인 소수

02 식의 값

개념 1 식의 값

(1) **대입**: 문자를 사용한 식에서 문자 대신 수를 넣는 것

(2) **식의 값**: 문자를 사용한 식에서 문자에 어떤 수를 대입하여 계산한 값

　⒠ $a=5$일 때, $a-1$의 값

　　➡ $a-1=5-1=4$

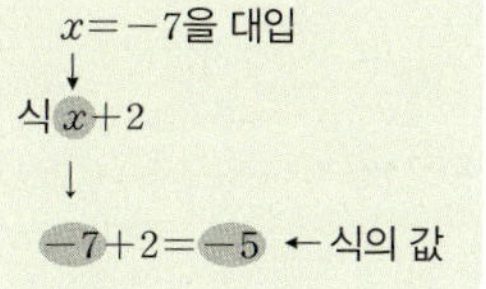

개념 확인 문제 1

다음 식의 값을 구하시오.

(1) $a=2$일 때, $a+4$

(2) $x=-3$일 때, $2-x$

(3) $x=2$, $y=-4$일 때, $x-y-7$

개념 2 식의 값을 구하는 방법

(1) 문자에 수를 대입할 때는 생략한 곱셈 기호, 나눗셈 기호를 다시 쓴다.

(2) 문자에 주어진 수를 대입하여 식을 계산한다.

　⒠ $x=3$일 때, $4x-5$의 값

문자에 수를 대입한다.

$$4x-5=4\times x-5=4\times 3-5=7$$

생략된 곱셈 기호를 다시 쓴다.

주의 ① 생략된 $\times$, $\div$ 기호는 반드시 살린다.

　　$x=4$를 $2x+1$에 대입할 때

　　$2x+1=24+1=25$ 　　$(\times)$

　　$2x+1=2\times 4+1=9$ 　　$(\bigcirc)$

② 음수를 대입할 때는 괄호를 사용한다.

　　$x=-2$를 $3x+1$에 대입할 때

　　$3x+1=3-2+1=2$ 　　$(\times)$

　　$3x+1=3\times(-2)+1=-5$ 　　$(\bigcirc)$

개념 확인 문제 2

x의 값이 다음과 같을 때, $6x-5$의 값을 구하려고 한다. ☐ 안에 알맞은 수를 써넣으시오.

(1) $x=1$일 때, $6\times\boxed{}-5=\boxed{}$

(2) $x=2$일 때, $6\times\boxed{}-5=\boxed{}$

(3) $x=\dfrac{1}{2}$일 때, $6\times\boxed{}-5=\boxed{}$

(4) $x=-2$일 때, $6\times(\boxed{})-5=\boxed{}$

대표예제

예제 1 식의 값 구하기

다음 식의 값을 구하시오.

(1) $x=5$일 때, $-2x+3$

(2) $a=-2$일 때, $6-5a$

(3) $x=-3$, $y=4$일 때, $x-2xy$

| 풀이 전략 |

주어진 식에 수를 대입하여 식의 값을 구한다. 단, 음수를 대입할 때에는 반드시 괄호를 사용한다.

| 풀이 |

(1) $x=5$를 $-2x+3$에 대입하면

$-2x+3=-2\times5+3=-10+3=-7$

(2) $a=-2$를 $6-5a$에 대입하면

$6-5a=6-5\times(-2)=6+10=16$

(3) $x=-3$, $y=4$를 $x-2xy$에 대입하면

$x-2xy=(-3)-2\times(-3)\times4=(-3)+24=21$

답 (1) -7 (2) 16 (3) 21

예제 2 여러 가지 식의 값 구하기

$x=-3$, $y=\dfrac{1}{2}$일 때, $-x^2+\dfrac{1}{y}$의 값은?

① -9 ② -7 ③ -5

④ 3 ⑤ 4

| 풀이 전략 |

분모에 분수를 대입할 때는 나눗셈 기호를 다시 쓰고 역수의 곱셈을 이용한다.

| 풀이 |

$x=-3$, $y=\dfrac{1}{2}$을 $-x^2+\dfrac{1}{y}$에 대입하면

$-x^2+\dfrac{1}{y}=-x^2+1\div y$

$=-(-3)^2+1\div\dfrac{1}{2}$

$=-(-3)^2+1\times2$

$=-9+2=-7$

답 ②

유제 1 ▶ 242001-0283

$a=-2$, $b=3$일 때, 다음 중 식의 값이 가장 큰 것은?

① $b-a$ ② $2a+5b$ ③ $-4ab-12$

④ $-\dfrac{4}{a}+b$ ⑤ $3a-ab$

유제 2 ▶ 242001-0284

$x=-3$, $y=4$일 때, 다음 식의 값을 구하시오.

$$2x^2-\dfrac{6y}{x}-5$$

유제 3 ▶ 242001-0285

$x=\dfrac{2}{3}$, $y=-\dfrac{4}{5}$일 때, $\dfrac{3}{x}+\dfrac{2}{y}$의 값은?

① $\dfrac{3}{2}$ ② 2 ③ $\dfrac{5}{2}$

④ 3 ⑤ $\dfrac{7}{2}$

유제 4 ▶ 242001-0286

$a=\dfrac{1}{3}$, $b=-\dfrac{1}{4}$, $c=\dfrac{1}{5}$일 때, 다음 식의 값을 구하시오.

$$\dfrac{1}{a}-\dfrac{1}{b}-\dfrac{2}{c}$$

01 ▶ 242001-0287

$x=4$일 때, $3x-\dfrac{24}{x}$ 의 값을 구하시오.

02 ▶ 242001-0288

$a=-2$, $b=5$일 때, $\dfrac{b^2-a^2-7}{ab}$ 의 값은?

① $-\dfrac{12}{5}$ ② -2 ③ $-\dfrac{7}{5}$

④ -1 ⑤ $-\dfrac{3}{5}$

03 ▶ 242001-0289

$a=-3$일 때, a^2의 값과 식의 값이 같은 것은?

① $-a^2$ ② $3a$ ③ $\dfrac{81}{a^2}$

④ $-\dfrac{1}{a}$ ⑤ $\left(-\dfrac{1}{a}\right)^2$

04 ▶ 242001-0290

$x=-\dfrac{1}{2}$, $y=-4$일 때, 식의 값이 가장 큰 것은?

① $x-y$ ② $y-2x$ ③ x^2-y

④ $2xy$ ⑤ $x^3-\dfrac{y}{2}$

05 ▶ 242001-0291

$x=-3$, $y=2$일 때, 다음 보기에서 $3x+2y$와 식의 값이 같은 것을 모두 고른 것은?

> **보기**
>
> ㄱ. $x+4y$ ㄴ. x^2-7y
>
> ㄷ. $\dfrac{5(x-2)}{y-x}$ ㄹ. $\dfrac{x^2-y^2}{xy}$

① ㄱ, ㄴ ② ㄱ, ㄷ ③ ㄱ, ㄹ

④ ㄴ, ㄷ ⑤ ㄴ, ㄹ

06 ▶ 242001-0292

$a=\dfrac{1}{2}$, $b=-\dfrac{1}{3}$, $c=\dfrac{3}{4}$일 때, $\dfrac{2}{a}-\dfrac{6}{b}-\dfrac{12}{c}$ 의 값은?

① -4 ② -2 ③ 2

④ 4 ⑤ 6

07 ▶ 242001-0293

오른쪽 그림은 윗변의 길이가 a cm, 아랫변의 길이가 b cm, 높이가 h cm인 사다리꼴이다. 다음 물음에 답하시오.

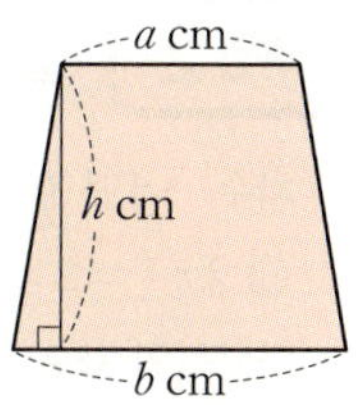

(1) 사다리꼴의 넓이를 문자 a, b, h를 사용한 식으로 나타내시오.

(2) $a=5$, $b=7$, $h=6$일 때, 사다리꼴의 넓이를 구하시오.

08 ▶ 242001-0294

지면에서 초속 15 m의 속력으로 똑바로 위로 던져 올린 물체의 t초 후의 높이는 $(15t-5t^2)$ m라고 한다. 이 물체의 2초 후의 높이를 구하시오.

03 일차식의 뜻

개념 1 다항식

(1) 항과 계수

① 항: 수 또는 문자의 곱으로만 이루어진 식

② 상수항: 수로만 이루어진 항

③ 계수: 수와 문자의 곱으로 이루어진 항에서 문자 앞에 곱해진 수

예

$$6x - 2y + 5 = 6x + (-2y) + 5$$

x의 계수 y의 계수 상수항 항

(2) 다항식

① 다항식: 한 개의 항 또는 두 개 이상의 항의 합으로 이루어진 식

② 단항식: 한 개의 항으로만 이루어진 식

예 $2x$, $x-3$, $5a+4b$는 모두 다항식이고, $5a$, $6x^2y$와 같이 항이 한 개 뿐인 다항식을 단항식이라고 한다.

- 상수항이 없는 식은 상수항을 0으로 생각한다.

- 단항식은 다항식 중에서 하나의 항으로만 이루어진 다항식이다.

개념 확인 문제 1

다항식 $x - 4y - 3$에 대하여 다음 □ 안에 알맞은 것을 써넣으시오.

(1) 항은 x, ☐, ☐이다.

(2) 상수항은 ☐이다.

(3) x의 계수는 ☐이고, y의 계수는 ☐이다.

개념 2 일차식

(1) 차수: 어떤 항에서 곱해진 문자의 개수

예 $2x^3 (= 2 \times x \times x \times x)$에서 항 $2x^3$의 차수는 3이다.

(2) 다항식의 차수: 다항식에서 차수가 가장 큰 항의 차수

예 $x^2 - 3x + 2$의 차수는 2이고, $4a - 2$의 차수는 1이다.

(3) 일차식: 차수가 1인 다항식

예 $3x - 1$은 일차식이지만 $x^2 + 4$는 일차식이 아니다.

- x에 대한 일차식은 $ax + b$(a, b는 상수, $a \neq 0$)의 꼴이다.

- $\dfrac{1}{x}$과 같이 분모에 문자가 있는 식은 다항식이 아니므로 일차식이 아니다.

개념 확인 문제 2

다음 다항식의 차수를 구하고, 일차식인지 아닌지 말하시오.

(1) $2x - 1$

(2) $\dfrac{a}{3} + 2$

(3) $x^2 + 4$

(4) $3a^2 - a + 2$

대표예제

예제 1 | 항, 상수항, 계수, 차수의 뜻

다음 중 옳은 것은?

① $x-1$의 항은 1개이다.
② $x+2y+1$의 차수는 2이다.
③ $-x^2+3x-2$의 상수항은 2이다.
④ x^2-x+3의 x의 계수는 1이다.
⑤ $-x+3y-2$의 x의 계수와 상수항의 합은 -3이다.

| 풀이 전략 |

항, 상수항, 계수, 차수의 뜻을 명확하게 알도록 한다.

| 풀이 |

① $x-1$의 항은 x, -1이므로 모두 2개이다.
② $x+2y+1$의 차수는 1이다.
③ $-x^2+3x-2$의 상수항은 -2이다.
④ x^2-x+3의 x의 계수는 -1이다.
⑤ $-x+3y-2$의 x의 계수 -1과 상수항 -2의 합은 $-1+(-2)=-3$이다.

🅐 ⑤

유제 1 ▶ 242001-0295

다음 중 다항식 $-x+\dfrac{1}{2}y-5$에 대한 설명으로 옳지 <u>않은</u> 것은?

① 상수항은 -5이다.
② y의 계수는 $\dfrac{1}{2}$이다.
③ x의 계수는 -1이다.
④ 다항식의 차수는 1이다.
⑤ 항은 x, $\dfrac{1}{2}y$, -5의 3개이다.

유제 2 ▶ 242001-0296

다항식 $2x-y+5$에서 항의 개수는 a, 상수항은 b, y의 계수는 c이다. 이때 $a+b+c$의 값을 구하시오.

예제 2 | 일차식

다음 중 일차식이 <u>아닌</u> 것은?

① $\dfrac{1}{2}x+3$　　② x　　③ $0\times x-1$
④ $\dfrac{x-4}{5}$　　⑤ x^2+6x-x^2

| 풀이 전략 |

x에 대한 일차식은 $ax+b$ (a, b는 상수, $a\neq0$)의 꼴이다.

| 풀이 |

③ $0\times x-1=-1$이므로 일차식이 아니다.
⑤ $x^2+6x-x^2=6x$이므로 일차식이다.

🅐 ③

유제 3 ▶ 242001-0297

다음 중 일차식을 모두 고르면? (정답 2개)

① x^2-x　　② $0\times a+5$　　③ $-x$
④ $-\dfrac{b}{2}+3$　　⑤ $\dfrac{1}{x}+2$

유제 4 ▶ 242001-0298

다음 보기에서 일차식인 것을 모두 고르시오.

> 보기
>
> ㄱ. $\dfrac{x}{2}$　　ㄴ. $5-x$　　ㄷ. $\dfrac{2}{x-1}$
>
> ㄹ. $\dfrac{x}{2}+8$　　ㅁ. $0\times x-3$　　ㅂ. x^2+x

04 일차식과 수의 곱셈, 나눗셈

개념 1 단항식과 수의 곱셈, 나눗셈

(1) **(단항식)×(수), (수)×(단항식)**: 곱셈의 교환법칙과 결합법칙을 이용하여 수끼리 곱한 후 문자 앞에 쓴다.

예 $5 \times 3x = (5 \times 3) \times x = 15x$

(2) **(단항식)÷(수)**: 나누는 수의 역수를 곱한다.

예 $12x \div 3 = 12x \times \dfrac{1}{3} = \left(12 \times \dfrac{1}{3}\right) \times x = 4x$

- 곱셈의 교환법칙
$a \times b = b \times a$
곱셈의 결합법칙
$(a \times b) \times c = a \times (b \times c)$

- 역수: 어떤 두 수의 곱이 1일 때, 한 수를 다른 수의 역수라고 한다.

개념 확인 문제 1

다음을 계산하시오.

(1) $3a \times 7$

(2) $(-4b) \times \dfrac{1}{2}$

(3) $42x \div (-6)$

(4) $(-32y) \div \dfrac{4}{3}$

개념 2 일차식과 수의 곱셈, 나눗셈

(1) **(일차식)×(수), (수)×(일차식)**: 분배법칙을 이용하여 일차식의 각 항에 수를 곱한다.

예
$$-3(x+2) = \underbrace{(-3) \times x}_{①} + \underbrace{(-3) \times 2}_{②} = -3x - 6$$

(2) **(일차식)÷(수)**: 나누는 수를 역수의 곱셈으로 고친 후 분배법칙을 이용하여 일차식의 각 항에 역수를 곱한다.

예 $(12x-4) \div 4 = (12x-4) \times \dfrac{1}{4} = 12x \times \dfrac{1}{4} - 4 \times \dfrac{1}{4} = 3x - 1$

- 일차식에 음수를 곱하면 각 항의 부호가 바뀐다.

개념 확인 문제 2

다음을 계산하시오.

(1) $2(3x+1)$

(2) $(6a-3) \times \dfrac{1}{3}$

(3) $(-14y+28) \div (-7)$

(4) $(b-5) \div \dfrac{1}{2}$

대표예제

예제 1 — (단항식)×(수), (수)×(단항식)

다음 중 계산 결과가 옳지 <u>않은</u> 것은?

① $3 \times 6x = 18x$

② $-x \times 6 = -6x$

③ $-3 \times (-4a) = -12a$

④ $12b \times \left(-\dfrac{3}{4}\right) = -9b$

⑤ $9y \times \left(-\dfrac{2}{3}\right) = -6y$

| 풀이 전략 |

단항식과 수의 곱셈에서는 수끼리 곱한 후 수를 문자 앞에 쓴다.

| 풀이 |

③ $-3 \times (-4a) = \{(-3) \times (-4)\} \times a = 12a$

답 ③

유제 1 ▶ 242001-0299

다음을 계산하시오.

(1) $5a \times (-3)$

(2) $(-18x) \times \left(-\dfrac{2}{3}\right)$

(3) $\left(-\dfrac{6}{5}y\right) \times \dfrac{10}{3}$

유제 2 ▶ 242001-0300

다음 보기에서 계산 결과가 옳은 것을 모두 고르시오.

보기

ㄱ. $-a \times (-1) = -a$ ㄴ. $(-5b) \times \left(-\dfrac{3}{4}\right) = -\dfrac{15}{4}b$

ㄷ. $\dfrac{8}{5}x \times \dfrac{3}{4} = \dfrac{6}{5}x$ ㄹ. $\left(-\dfrac{5}{3}y\right) \times \left(-\dfrac{3}{2}\right) = \dfrac{5}{2}y$

예제 2 — (단항식)÷(수)

다음 중 계산 결과가 옳은 것은?

① $27a \div 3 = 24a$

② $14b \div (-7) = -2$

③ $(-16x) \div (-8) = -2x$

④ $\left(-\dfrac{5}{3}x\right) \div \dfrac{1}{3} = -5x$

⑤ $\left(-\dfrac{6}{5}y\right) \div \left(-\dfrac{3}{10}\right) = \dfrac{9}{25}y$

| 풀이 전략 |

단항식과 수의 나눗셈은 역수를 이용하여 곱셈으로 바꾸어 계산한다.

| 풀이 |

① $27a \div 3 = 27a \times \dfrac{1}{3} = 9a$

② $14b \div (-7) = 14b \times \left(-\dfrac{1}{7}\right) = -2b$

③ $(-16x) \div (-8) = (-16x) \times \left(-\dfrac{1}{8}\right) = 2x$

④ $\left(-\dfrac{5}{3}x\right) \div \dfrac{1}{3} = \left(-\dfrac{5}{3}x\right) \times 3 = -5x$

⑤ $\left(-\dfrac{6}{5}y\right) \div \left(-\dfrac{3}{10}\right) = \left(-\dfrac{6}{5}y\right) \times \left(-\dfrac{10}{3}\right) = 4y$

답 ④

유제 3 ▶ 242001-0301

다음을 계산하시오.

(1) $(-18a) \div 9$

(2) $27b \div \left(-\dfrac{3}{4}\right)$

(3) $\left(-\dfrac{2}{5}x\right) \div \left(-\dfrac{4}{15}\right)$

유제 4 ▶ 242001-0302

단항식 ax를 $-\dfrac{1}{5}$로 나누어야 할 것을 곱했더니 $-2x$가 되었다. 바르게 계산한 식을 구하시오.

대표예제

예제 3 (일차식)$\times$(수), (수)$\times$(일차식)

$(-8x+12)\times\left(-\dfrac{3}{4}\right)$을 계산하면?

① $6x-9$　　　② $6x+9$　　　③ $-6x+9$

④ $-6x-9$　　　⑤ $-6x+6$

| 풀이 전략 |

일차식과 수의 곱셈은 분배법칙을 이용하여 계산한다.

| 풀이 |

$$(-8x+12)\times\left(-\dfrac{3}{4}\right)=-8x\times\left(-\dfrac{3}{4}\right)+12\times\left(-\dfrac{3}{4}\right)$$
$$=6x-9$$

답 ①

유제 5　▶ 242001-0303

다음을 계산하시오.

(1) $4(2x+3)$

(2) $\left(\dfrac{1}{10}x+1\right)\times(-5)$

(3) $-\dfrac{5}{3}(6x-9)$

유제 6　▶ 242001-0304

$(15-5x)\times\left(-\dfrac{2}{5}\right)$를 계산했을 때, x의 계수를 a, 상수항을 b라고 하자. 이때 $a-b$의 값은?

① -8　　　② -6　　　③ 2

④ 4　　　⑤ 8

예제 4 (일차식)$\div$(수)

$(12x-6)\div\left(-\dfrac{6}{5}\right)$을 계산하면 $Ax+B$일 때, 상수 A, B에 대하여 AB의 값은?

① -50　　　② -20　　　③ -10

④ 5　　　⑤ 10

| 풀이 전략 |

일차식과 수의 나눗셈은 역수의 곱셈으로 바꾼 후 분배법칙을 이용하여 계산한다.

| 풀이 |

$$(12x-6)\div\left(-\dfrac{6}{5}\right)=(12x-6)\times\left(-\dfrac{5}{6}\right)$$
$$=12x\times\left(-\dfrac{5}{6}\right)-6\times\left(-\dfrac{5}{6}\right)$$
$$=-10x+5$$

따라서 $A=-10$, $B=5$이므로 $AB=-50$

답 ①

유제 7　▶ 242001-0305

다음을 계산하시오.

(1) $(3x-6)\div(-2)$

(2) $(2x-1)\div\dfrac{1}{5}$

(3) $(5x+10)\div\left(-\dfrac{5}{6}\right)$

유제 8　▶ 242001-0306

다음 중 계산 결과가 $-2(3x+1)$과 같은 것은?

① $(-3x+1)\times2$　　　② $\left(x+\dfrac{1}{3}\right)\div\left(-\dfrac{1}{6}\right)$

③ $-2(3x-1)$　　　④ $(3x-1)\div\dfrac{1}{6}$

⑤ $(2x-6)\div(-3)$

01

▶ 242001-0307

다음 중 다항식 $\dfrac{x}{3}-2y+6$에 대한 설명으로 옳지 <u>않은</u> 것은?

① 상수항은 6이다.

② y의 계수는 -2이다.

③ x의 계수는 3이다.

④ 항 $-2y$의 차수는 1이다.

⑤ 항이 $\dfrac{x}{3}$, $-2y$, 6인 다항식이다.

02

▶ 242001-0308

다항식 $3x^2-x+5$에서 다항식의 차수를 a, x의 계수를 b, 상수항을 c라 할 때, $a-b+c$의 값을 구하시오.

03

▶ 242001-0309

다음 중 일차식인 것은?

① $7x-5$

② $-\dfrac{3}{2x}+5$

③ $-\dfrac{x^2}{2}+x$

④ $3x-3(x+1)$

⑤ $1-x^2$

04

▶ 242001-0310

다음 중 계산 결과가 옳지 <u>않은</u> 것은?

① $-6\times(-3a)=18a$

② $10b\div\left(-\dfrac{2}{3}\right)=-15b$

③ $8x\div\dfrac{1}{2}=4x$

④ $(3x-1)\times(-5)=-15x+5$

⑤ $(-6x+4)\div\dfrac{1}{2}=-12x+8$

05

▶ 242001-0311

다음 보기에서 바르게 계산한 것을 모두 고른 것은?

> **보기**
>
> ㄱ. $5(3-4x)=15-20x$
>
> ㄴ. $(x+20)\div5=x+4$
>
> ㄷ. $(8x-4)\times\left(-\dfrac{3}{4}\right)=-6x-3$
>
> ㄹ. $\left(\dfrac{2}{3}x-\dfrac{1}{2}\right)\div\dfrac{1}{6}=4x-3$

① ㄱ, ㄷ   ② ㄱ, ㄹ   ③ ㄴ, ㄷ

④ ㄴ, ㄹ   ⑤ ㄷ, ㄹ

06

▶ 242001-0312

두 식 $6\left(-x+\dfrac{1}{2}\right)$과 $(8x-12)\div\left(-\dfrac{4}{3}\right)$를 각각 계산했을 때, 두 식의 상수항의 합을 구하시오.

07

▶ 242001-0313

다음은 일차식 $ax+b$에 $-\dfrac{2}{5}$를 곱한 결과이다. 이때 $a-b$의 값을 구하시오.(단, a, b는 상수)

$$\boxed{ax+b}\ \xrightarrow{\ \times\left(-\frac{2}{5}\right)\ }\ \boxed{-2x+4}$$

08

▶ 242001-0314

오른쪽 그림과 같은 삼각형의 넓이가 $ax+b$일 때, $b-a$의 값은?
(단, a, b는 상수)

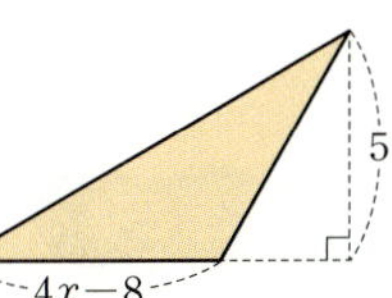

① -30 ② -20

③ 10 ④ 20

⑤ 30

05 일차식의 덧셈과 뺄셈

개념 1　동류항

(1) **동류항**: 문자가 같고, 차수도 같은 항

예
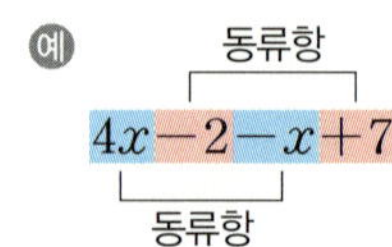

$$4x-2-x+7$$

(2) **동류항의 덧셈과 뺄셈**: 분배법칙을 이용하여 동류항의 계수끼리 더하거나 뺀 후 문자 앞에 쓴다.

예 $3a+2a=(3+2)a=5a$

　$5a-2a=(5-2)a=3a$

개념 확인 문제 1

(1) 다음 ☐ 안에 알맞은 것을 써넣으시오.

> $x+3y-2-5x-y+1$에서 x와 ☐, $3y$와 ☐, -2와 ☐은 동류항이다.

(2) 다음을 계산하시오.

① $a+3a$ 　　　　　② $6b-4b$

③ $x-4+5x+1$ 　　④ $-5x+3y-2x-y$

개념 2　일차식의 덧셈과 뺄셈

① 괄호가 있으면 분배법칙을 이용하여 괄호를 푼다.
② 동류항끼리 모은다.
③ ②를 계산하여 정리한다.

예 $3(a+1)+(2a-1)$ ┐분배법칙을 이용하여 괄호를 푼다.
　$=3a+3+2a-1$ ─동류항끼리 모은다.
　$=3a+2a+3-1$ ─동류항끼리 계산한다.
　$=5a+2$

· 괄호 앞에 $-$가 있으면 괄호 안의 모든 항의 부호를 바꾸어 괄호를 푼다.

개념 확인 문제 2

다음을 간단히 하시오.

(1) $(4x+2)+(x-5)$ 　　　　(2) $2(x-2)-(3x+1)$

대표예제

예제 1 · 동류항

다음 중 $4x$와 동류항인 것은?

① $\dfrac{4}{x}$ ② xy ③ $-\dfrac{1}{4}x^2$

④ $4y$ ⑤ $-\dfrac{x}{4}$

| 풀이 전략 |

문자와 차수가 같은 항을 찾는다.

| 풀이 |

$4x$와 $-\dfrac{x}{4}$는 문자가 x로 같고 차수가 1로 같으므로 동류항이다.

답 ⑤

유제 1 ▶ 242001-0315

다음 다항식에서 동류항을 모두 찾으시오.

$$x^2-x+3y+2-4x+\dfrac{y}{2}-1$$

유제 2 ▶ 242001-0316

다음 보기에서 동류항끼리 짝지어진 것을 모두 고른 것은?

보기

ㄱ. $x, -y$ ㄴ. $2, -5$ ㄷ. $0.1a, \dfrac{a}{5}$

ㄹ. b^2, b ㅁ. $3y, \dfrac{3}{y}$

① ㄱ, ㄷ   ② ㄴ, ㄷ   ③ ㄴ, ㄹ

④ ㄷ, ㅁ   ⑤ ㄹ, ㅁ

예제 2 · 동류항의 덧셈과 뺄셈

다음 중 옳지 <u>않은</u> 것은?

① $3x-7x=-4x$

② $-a+4a-2=3a-2$

③ $6+4x=10x$

④ $x+1+2x-3=3x-2$

⑤ $-a+5+6a-7=5a-2$

| 풀이 전략 |

분배법칙을 이용하여 동류항의 계수끼리 더하거나 뺀 후 문자를 곱한다.

| 풀이 |

① $3x-7x=(3-7)x=-4x$

② $-a+4a-2=(-1+4)a-2=3a-2$

③ 6과 $4x$는 동류항이 아니므로 덧셈을 할 수 없다.

④ $x+1+2x-3=x+2x+1-3=(1+2)x+(1-3)$
$\qquad\qquad =3x-2$

⑤ $-a+5+6a-7=-a+6a+5-7$
$\qquad\qquad =(-1+6)a+(5-7)$
$\qquad\qquad =5a-2$

답 ③

유제 3 ▶ 242001-0317

다음을 계산하시오.

(1) $4x+1+2x+5$

(2) $-2a+7+5a-4$

(3) $2-6x-8-3x$

유제 4 ▶ 242001-0318

$\dfrac{1}{4}x-6-\dfrac{2}{3}x+2+x=Ax+B$일 때, $3AB$의 값은?

(단, A, B는 상수)

① -7 ② -6 ③ -5

④ 6 ⑤ 7

예제 3 일차식의 덧셈과 뺄셈

다음 중 옳지 <u>않은</u> 것은?

① $(2x+6)+(5x+3)=7x+9$

② $(4x-3)-(-2x+1)=6x-4$

③ $(1-7x)+(-4x-3)=-3x-10$

④ $2(-2x+1)-(9x-5)=-13x+7$

⑤ $4(-x+1)-3(3-2x)=2x-5$

| 풀이 전략 |

분배법칙을 이용하여 괄호를 풀고 동류항끼리 모아서 계산한다.

| 풀이 |

① $(2x+6)+(5x+3)=2x+6+5x+3=7x+9$

② $(4x-3)-(-2x+1)=4x-3+2x-1=6x-4$

③ $(1-7x)+(-4x-3)=1-7x-4x-3=-11x-2$

④ $2(-2x+1)-(9x-5)=-4x+2-9x+5=-13x+7$

⑤ $4(-x+1)-3(3-2x)=-4x+4-9+6x=2x-5$

답 ③

유제 5 ▶ 242001-0319

다음을 계산하시오.

(1) $(4a+1)+(-2a+7)$

(2) $5(-x+3)-(-3x+4)$

(3) $-2(5x-3)+4(x-2)$

유제 6 ▶ 242001-0320

$2(-5x+4)-3(3x-2)$를 간단히 하였을 때, x의 계수와 상수항의 합을 구하시오.

예제 4 계수가 분수인 일차식의 덧셈과 뺄셈

$\dfrac{3x-1}{2}-\dfrac{x-3}{3}=ax+b$일 때, $a-b$의 값은? (단, a, b는 상수)

① $-\dfrac{2}{3}$ ② $-\dfrac{1}{3}$ ③ $\dfrac{1}{3}$

④ $\dfrac{2}{3}$ ⑤ 1

| 풀이 전략 |

계수가 분수인 일차식의 계산은 분모의 최소공배수로 통분한 후 계산한다.

| 풀이 |

$$\dfrac{3x-1}{2}-\dfrac{x-3}{3}=\dfrac{3(3x-1)}{6}-\dfrac{2(x-3)}{6}$$

$$=\dfrac{9x-3-2x+6}{6}$$

$$=\dfrac{7x+3}{6}=\dfrac{7}{6}x+\dfrac{1}{2}$$

$a=\dfrac{7}{6}$, $b=\dfrac{1}{2}$이므로 $a-b=\dfrac{7}{6}-\dfrac{1}{2}=\dfrac{4}{6}=\dfrac{2}{3}$

답 ④

유제 7 ▶ 242001-0321

다음을 계산하시오.

(1) $\dfrac{x+2}{2}+\dfrac{3x-6}{4}$

(2) $\dfrac{3x-4}{6}+\dfrac{2x-7}{3}$

(3) $\dfrac{3x-1}{4}-\dfrac{4x-3}{6}$

유제 8 ▶ 242001-0322

$A=3x-4$, $B=2x-1$일 때, $\dfrac{A}{2}-\dfrac{B}{3}=ax+b$이다. 이때 $a-b$의 값은? (단, a, b는 상수)

① $\dfrac{1}{2}$ ② 1 ③ $\dfrac{3}{2}$

④ 2 ⑤ $\dfrac{5}{2}$

01
▶ 242001-0323

다음 중 동류항끼리 짝지어지지 **않은** 것을 모두 고르면? (정답 2개)

① a, b ② $\dfrac{a^2}{2}$, $-6a^2$ ③ $2x$, $-\dfrac{x}{2}$

④ -4, 10 ⑤ $3y$, $\dfrac{y^2}{3}$

02
▶ 242001-0324

다음에서 $\dfrac{2x}{3}$와 동류항인 것의 개수는?

$$-2y \quad x^2 \quad \dfrac{x}{2} \quad 6x \quad \dfrac{2}{3} \quad \dfrac{2}{x}$$

① 1 ② 2 ③ 3
④ 4 ⑤ 5

03
▶ 242001-0325

$4x-3-x+2=ax+b$일 때, $a-b$의 값은? (단, a, b는 상수)

① -4 ② -2 ③ 1
④ 2 ⑤ 4

04
▶ 242001-0326

$2(x+3)-(12x-15)\div(-3)$을 계산하면?

① $-2x+1$ ② $-2x+11$ ③ $-6x-1$
④ $6x+1$ ⑤ $6x-1$

05
▶ 242001-0327

다음 중 옳지 **않은** 것은?

① $(3x+7)+(2x-4)=5x+3$

② $(3x+1)-(2x-5)=x+6$

③ $2(x+4)-3(2x-5)=-4x+23$

④ $8\left(6x-\dfrac{3}{4}\right)-9\left(\dfrac{2}{3}x-2\right)=42x+24$

⑤ $\dfrac{1}{2}(2x-4)+\dfrac{1}{4}(4x-12)=2x-5$

06
▶ 242001-0328

다음을 계산하시오.

$$\dfrac{2(x-4)}{3}-\dfrac{1-x}{2}$$

07
▶ 242001-0329

$A=2x+5$, $B=3-x$일 때,
$3A-(B+A)-2B$를 x를 사용한 식으로 나타내면?

① $7x+1$ ② $7x-1$ ③ $x+7$
④ $x-7$ ⑤ $-x+7$

08
▶ 242001-0330

오른쪽 그림에서 색칠한 부분의 넓이를 x를
사용한 식으로 나타내시오.

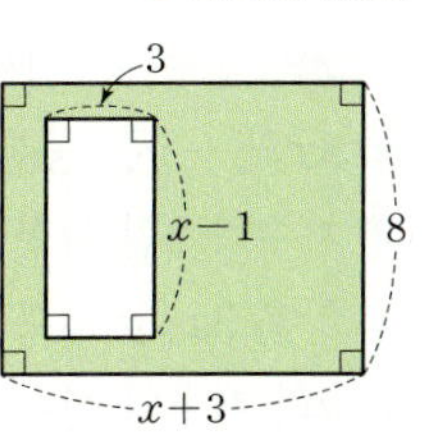

Level 1

01
▶ 242001-0331

사탕을 5명에게 a개씩 나누어 주고 3개가 남았을 때, 처음 사탕의 수를 문자를 사용한 식으로 나타내면?

① $(5 \times a)$개　　② $(5 \times a + 3)$개
③ $(5 \times a - 3)$개　　④ $(3 \times a + 5)$개
⑤ $(3 \times a - 5)$개

02
▶ 242001-0332

다음은 기호 $\times$, $\div$를 생략하여 나타낸 것이다. 옳지 <u>않은</u> 것은?

① $x \times 0.5 = 0.5x$　　② $x \times y \times x \times 3 = 3x^2 y$

③ $a \times 3 \div b = \dfrac{a}{3b}$　　④ $a \div (-6) = -\dfrac{a}{6}$

⑤ $4 \times x + y \div 6 = 4x + \dfrac{y}{6}$

03

▶ 242001-0333

$a = 6$, $b = -3$일 때, 다음 보기에서 옳은 것을 모두 고른 것은?

보기

ㄱ. $\dfrac{1}{2}a + b = 3$　　ㄴ. $a + 3b = 3$

ㄷ. $a - b^2 = -3$　　ㄹ. $\dfrac{ab}{a+b} = -6$

① ㄱ, ㄴ　　② ㄱ, ㄷ　　③ ㄴ, ㄷ
④ ㄴ, ㄹ　　⑤ ㄷ, ㄹ

04
▶ 242001-0334

다항식 $3x - y + 4$에 대한 설명으로 옳은 것은?

① x의 계수는 -1이다.
② $3x$와 $-y$는 동류항이다.
③ 차수가 2인 다항식이다.
④ 항은 $3x$, y, 4로 모두 3개이다.
⑤ y의 계수와 상수항의 합은 3이다.

05
▶ 242001-0335

다음 중 일차식을 모두 고르면? (정답 2개)

① -1　　② x　　③ $1 + a$

④ $a^2 - a$　　⑤ $\dfrac{1}{x}$

06
▶ 242001-0336

다음 중 옳은 것은?

① $4 \times (-2a) = -8a^2$

② $(-10a) \div \left(-\dfrac{2}{5}\right) = 4a$

③ $(-8x + 6) \div (-2) = 4x - 3$

④ $2x - 1 - x - 2 = x - 1$

⑤ $(2y - 3) - (y + 1) = y - 2$

07
▶ 242001-0337

$\dfrac{1}{2}(-x + 6) - \dfrac{1}{4}(2x + 16)$을 간단히 하였을 때, x의 계수와 상수항의 합은?

① -2　　② $-\dfrac{3}{2}$　　③ -1

④ $-\dfrac{1}{2}$　　⑤ 0

08
▶ 242001-0338

다항식 $\dfrac{x}{2} + \dfrac{x-2}{3}$를 간단히 하면?

① $5x - 4$　　② $5x - 2$　　③ $\dfrac{5}{6}x - \dfrac{4}{3}$

④ $\dfrac{5}{6}x - \dfrac{2}{3}$　　⑤ $\dfrac{5}{6}x - 2$

Level ②

09
▶ 242001-0339

다음 중 옳은 것을 모두 고르면? (정답 2개)

① $x \div 6 - 4 \times y = \dfrac{1}{6}x - 4y$

② $b \times (-0.1) \times x \times a = -0.1abx$

③ $x - y \div 7 = \dfrac{x-y}{7}$

④ $x \div \dfrac{6}{7}y = \dfrac{7xy}{6}$

⑤ $2 \times (x+y) \div 5 = \dfrac{2x+y}{5}$

10
▶ 242001-0340

다음 중 기호 $\times$, $\div$를 생략했을 때, 나머지 넷과 <u>다른</u> 하나는?

① $a \div b \div \dfrac{1}{c}$ ② $a \div (b \div c)$ ③ $a \times b \div c$

④ $a \div \left(b \times \dfrac{1}{c}\right)$ ⑤ $a \times \left(\dfrac{1}{b} \div \dfrac{1}{c}\right)$

11
▶ 242001-0341

다음은 문자를 사용하여 식으로 나타낸 것이다. 옳지 <u>않은</u> 것은?

① 정가가 15000원인 옷을 $a\,\%$ 할인된 가격으로 샀을 때 지불한 금액: $(15000-150a)$원

② 가로의 길이가 $2a\,\mathrm{cm}$, 세로의 길이가 $b\,\mathrm{cm}$인 직사각형의 둘레의 길이: $(4a+2b)\,\mathrm{cm}$

③ 총점 100점인 시험에서 5점 짜리 문제 x개 틀렸을 때 얻은 점수: $(100-5x)$점

④ 십의 자리의 숫자가 3, 일의 자리의 숫자가 a인 두 자리 자연수: $3a$

⑤ 5명이 a원씩 내서 b원인 선물을 사고 남은 돈: $(5a-b)$원

12
▶ 242001-0342

$a=-4$, $b=3$일 때, $\dfrac{ab}{2a^2-4b}$의 값은?

① $-\dfrac{5}{3}$ ② $-\dfrac{2}{3}$ ③ -1

④ $-\dfrac{3}{5}$ ⑤ $-\dfrac{2}{5}$

13
▶ 242001-0343

$x=-\dfrac{1}{2}$, $y=\dfrac{1}{3}$일 때, $\dfrac{x-y}{2xy}$의 값은?

① -10 ② $-\dfrac{5}{2}$ ③ $\dfrac{5}{2}$

④ 5 ⑤ 10

14 ⭐중요
▶ 242001-0344

지면의 기온이 $a\,^\circ\mathrm{C}$일 때, 높이가 $x\,\mathrm{m}$인 곳의 기온은 $\left(a-\dfrac{3}{500}x\right)^\circ\mathrm{C}$라고 한다. 지면의 기온이 $20\,^\circ\mathrm{C}$일 때, 높이가 $250\,\mathrm{m}$인 곳의 기온은?

① $16.5\,^\circ\mathrm{C}$ ② $17\,^\circ\mathrm{C}$ ③ $17.5\,^\circ\mathrm{C}$

④ $18\,^\circ\mathrm{C}$ ⑤ $18.5\,^\circ\mathrm{C}$

15
▶ 242001-0345

다음 중 옳은 것은?

① $1-x$의 항은 1개이다.

② $x-2y+7$의 차수는 2이다.

③ $3x^2-2x-1$의 상수항은 1이다.

④ $x^2-\dfrac{x}{2}+1$의 x의 계수는 -2이다.

⑤ $-x+4y+6$의 x의 계수와 상수항의 합은 5이다.

16
▶ 242001-0346

x의 계수가 -2, 상수항이 3인 x에 대한 일차식에서 $x=5$일 때의 식의 값을 a, $x=-2$일 때의 식의 값을 b라 할 때, $a-b$의 값은?

① -14 ② -7 ③ 0

④ 7 ⑤ 14

17

▶ 242001-0347

$A = \dfrac{5}{4}a \times \left(-\dfrac{8}{15}\right)$, $B = \left(-\dfrac{9}{4}a\right) \div \left(-\dfrac{3}{2}\right)$일 때, $A+B$를 계산하면?

① $\dfrac{1}{2}a$ ② $\dfrac{2}{3}a$ ③ $\dfrac{5}{6}a$

④ a ⑤ $\dfrac{3}{2}a$

18

▶ 242001-0348

x에 대한 식 $\left(\dfrac{3x-1}{2}\right) \div \left(-\dfrac{3}{2}\right)$을 간단히 하였을 때, x의 계수를 a, 상수항을 b라고 하자. 이때 $b-a$의 값을 구하시오.

19

▶ 242001-0349

다음 중 동류항끼리 짝지어진 것은? (정답 2개)

① $2a$, $-7a$ ② $\dfrac{1}{2}$, $\dfrac{1}{2}b$ ③ $3x^2$, $3x$

④ $5a$, $5b$ ⑤ $0.1y$, $-y$

20

▶ 242001-0350

오른쪽 그림에서 색칠한 부분의 계산 규칙은 $-6a+2a=-4a$이다. 이와 같은 규칙으로 A, B에 알맞은 식을 구했을 때, $A-B$를 계산하면?

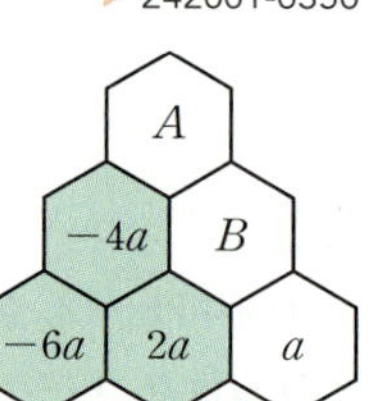

① $-4a$ ② $-3a$

③ a ④ $2a$

⑤ $4a$

21

▶ 242001-0351

다음 중 옳은 것은?

① $(x+1)+(3x+2)=7x$

② $2(2x-3)-(x-6)=3x-12$

③ $(2a+3)+4(a-1)=6a+2$

④ $(x+3)-3(2x-1)=-5x+2$

⑤ $2(2a-3)+3(-a+1)=a-3$

22

▶ 242001-0352

$(ax-5)-(3x+b)$를 간단히 하였을 때, x의 계수가 -4이고, 상수항이 3이다. 이때 ab의 값은? (단, a, b는 상수)

① -8 ② -4 ③ -2

④ 4 ⑤ 8

23

▶ 242001-0353

다음 식을 계산하면?

$$(8a-3)-\left\{\dfrac{1}{2}(4a-6)+1\right\}$$

① $6a-2$ ② $6a-1$ ③ $7a-2$

④ $7a-1$ ⑤ $7a$

24

▶ 242001-0354

$\dfrac{x-3}{6}+\dfrac{2x-1}{2}-\dfrac{3x-2}{4}=ax+b$일 때, $a-b$의 값은?

(단, a, b는 상수)

① $-\dfrac{11}{12}$ ② $-\dfrac{1}{12}$ ③ $\dfrac{1}{12}$

④ $\dfrac{11}{12}$ ⑤ 1

25

▶ 242001-0355

$2x-[x+3\{4x-(5x-1)\}]$을 계산하였을 때, 일차항의 계수와 상수항의 합은?

① -2 ② -1 ③ 0

④ 1 ⑤ 2

26

▶ 242001-0356

$A=2a+3$, $B=-4a-1$일 때, $-(A-5B)+3(A-2B)$를 a를 사용하여 나타내면?

① $8a+7$ ② $8a-7$ ③ $4a+5$

④ $4a-5$ ⑤ 7

27

▶ 242001-0357

어떤 일차식에 $3x+1$을 더해야 할 것을 잘못하여 뺐었더니 $-4x-3$이 되었다. 이때 바르게 계산한 식을 구하시오.

28

▶ 242001-0358

오른쪽 그림과 같은 직사각형에서 색칠한 부분의 넓이를 문자를 사용한 식으로 나타내면?

① $4x+10$ ② $4x+30$

③ $6x$ ④ $6x+10$

⑤ $6x+30$

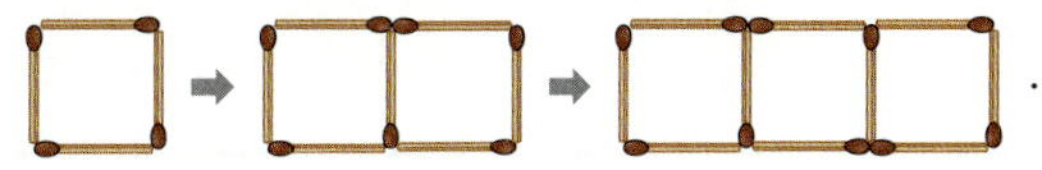

Level ③

29

▶ 242001-0359

거리가 20 km인 두 지점을 왕복하는데 갈 때는 시속 10 km, 올 때는 시속 a km로 달렸다. 왕복하는 동안의 평균 속력을 문자를 사용한 식으로 나타내시오.

30

▶ 242001-0360

$a:b=3:2$일 때, $\dfrac{2a+5b}{4a-4b}$의 값은?

① -4 ② $-\dfrac{7}{2}$ ③ 2

④ $\dfrac{7}{2}$ ⑤ 4

31

▶ 242001-0361

n이 홀수일 때, $(-1)^n\left(\dfrac{x+2}{2}\right)-(-1)^{n+1}\left(\dfrac{2x-1}{3}\right)=ax+b$일 때, $a-b$의 값은? (단, a, b는 상수)

① $-\dfrac{1}{3}$ ② $-\dfrac{1}{2}$ ③ $-\dfrac{2}{3}$

④ $-\dfrac{5}{6}$ ⑤ -1

32

▶ 242001-0362

다음 그림과 같이 성냥개비를 사용하여 정사각형을 만들어 나간다. 정사각형이 x개 만들어졌을 때 사용한 성냥개비의 개수를 x에 대한 식으로 나타내면 $ax+b$일 때, $a+b$의 값을 구하시오. (단, a, b는 상수)

STEP 1 서술형 예제

▶ 242001-0363

두 일차식 A, B가 다음 조건을 만족시킬 때, $2A-B$를 계산하시오.

> - 일차식 A에 6을 곱하면 $12x-3$이다.
> - $-7x+4$에 일차식 B를 더하면 $-5x-1$이다.

| 풀이 |

$\square \times A = 12x - 3$이므로

$A = (12x-3) \div 6 = (12x-3) \times \dfrac{\square}{\square} = \square x - \dfrac{1}{2}$

$-7x+4+B = \boxed{}$이므로

$B = -5x-1-(\square x+4) = -5x-1+7x-4 = 2x-\square$

$2A-B = 2\left(\square x - \dfrac{1}{2}\right) - (2x-\square)$

$\qquad = 4x-1-2x+5$

$\qquad = \boxed{}$

STEP 2 서술형 유제로 한 번 더!

▶ 242001-0364

두 일차식 A, B가 다음 조건을 만족시킬 때, $A-2B$를 계산하시오.

> - 일차식 A를 3으로 나누면 $x-2$이다.
> - 일차식 B에 $-5x-3$을 빼면 $2x-1$이다.

| 풀이 |

기출문제로 완벽하게!

▶ 242001-0365

1. 어떤 일차식을 $-\dfrac{1}{3}$로 나누어야 할 것을 잘못하여 $-\dfrac{1}{3}$을 곱하였더니 $\dfrac{x}{9}-\dfrac{5}{3}$가 되었다. 이때 바르게 계산한 식을 구하시오.

| 풀이 |

▶ 242001-0366

2. $\dfrac{5}{6}(3x-2)-\dfrac{3}{4}(10x-8)$을 간단히 하였을 때, x의 계수와 상수항의 합을 구하시오.

| 풀이 |

▶ 242001-0367

3. 다음 그림과 같이 수직선 위의 네 점 A, B, C, D가 있다. 점 A에서 점 C까지의 거리는 $16x+3$, 점 B에서 점 D까지의 거리는 $19x+3$, 점 C에서 점 D까지의 거리는 $4x+6$이다. 이때 점 A에서 점 B까지의 거리를 구하시오.

| 풀이 |

▶ 242001-0368

4. 길이가 같은 막대를 다음 그림과 같은 규칙에 따라 연결해 나갈 때, [n단계]에서 사용된 막대의 개수를 문자를 사용한 식으로 나타내고, [20단계]에서 사용된 막대의 개수를 구하시오.

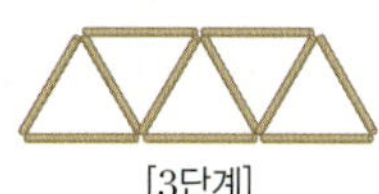
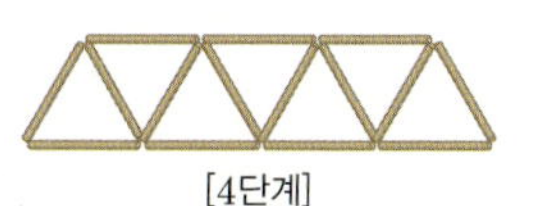

| 풀이 |

01 방정식과 그 해

개념 1 등식

(1) **등식**: 등호(＝)를 사용하여 수나 식이 서로 같음을 나타낸 식

① 좌변: 등식에서 등호의 왼쪽 부분

② 우변: 등식에서 등호의 오른쪽 부분

③ 양변: 등식에서 좌변과 우변을 통틀어 양변이라고 한다.

예 $x+3=5$, $4-1=3$ ➡ 등호가 있으므로 등식이다.

$2x+1>0$, $3x-2$ ➡ 등호가 없으므로 등식이 아니다.

참고 좌변과 우변의 값이 같으면 참이고, 좌변과 우변의 값이 다르면 거짓이다.

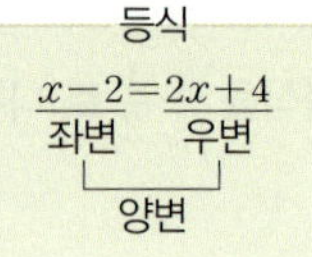

용어

등식 (같을 等, 식 式)
같음을 나타낸 식

개념 확인 문제 1

다음 ( ) 안에 등식인 것은 ○표, 등식이 아닌 것은 ×표를 써넣으시오.

(1) $6+2=8$ (   )   (2) $-x+6$ (   )

(3) $5x+2>7$ (   )   (4) $2x-1=x+4$ (   )

개념 2 방정식

(1) **방정식**: 미지수의 값에 따라 참이 되기도 하고 거짓이 되기도 하는 등식

① 미지수: 방정식에 사용된 x, y 등의 문자

② 방정식의 해(근): 방정식을 참이 되게 하는 미지수의 값

③ 방정식을 푼다: 방정식의 해를 모두 구한다.

예 등식 $x-2=1$은 $x=3$일 때, $3-2=1$이므로 참이 되고

$x=4$일 때, $4-2\neq1$이므로 거짓이 된다.

➡ $x-2=1$은 방정식이고, $x=3$은 이 방정식의 해(근)이다.

(2) **항등식** : 미지수에 어떠한 값을 대입하여도 항상 참이 되는 등식

예 등식 $3x+2x=5x$는 x에 어떠한 값을 대입하여도 항상 참이므로 항등식이다.

용어

미지수 (아닐 未, 알 知, 수 數)
알지 못하는 수

항등식 (항상 恒, 같을 等, 식 式)
항상 등식이 성립하는 식

• 등식의 좌변과 우변을 정리하였을 때, (좌변)＝(우변)이면 항등식이다.

• 방정식과 항등식은 모두 등식이다.

개념 확인 문제 2

x의 값이 0, 1, 2, 3일 때, 등식 $4x-2=3x$를 참이 되게 하는 x의 값을 구하려고 한다. 다음 물음에 답하시오.

(1) 다음 표를 완성하시오.

x의 값	좌변 $4x-2$의 값	우변 $3x$의 값	참/거짓
0	$4\times0-2=-2$	$3\times0=0$	거짓
1			
2			
3			

(2) 주어진 등식을 참이 되게 하는 x의 값을 구하시오.

대표예제

예제 1 · 등식

다음 중 등식인 것을 모두 고르면? (정답 2개)

① $x-6$ ② $x+4\leq2$

③ $5+2>-1$ ④ $5x-x=6$

⑤ $2(x-1)=2x-2$

| 풀이 전략 |

등식은 등호(=)를 사용하여 수나 식이 서로 같음을 나타낸 식이다.

| 풀이 |

① $x-6$은 등호가 없으므로 등식이 아니다.

② $x+4\leq2$는 부등호를 사용하였으므로 등식이 아니다.

③ $5+2>-1$은 부등호를 사용하였으므로 등식이 아니다.

④ $5x-x=6$은 등호를 사용하였으므로 등식이다.

⑤ $2(x-1)=2x-2$는 등호를 사용하였으므로 등식이다.

답 ④, ⑤

예제 2 · 등식 세우기

다음 문장을 등식으로 나타낸 것으로 옳은 것은?

> 시속 60 km로 x시간 동안 이동한 거리는 320 km이다.

① $\dfrac{x}{60}=320$ ② $\dfrac{60}{x}=320$

③ $x+60=320$ ④ $60x=320$

⑤ $60x+320=0$

| 풀이 전략 |

좌변과 우변에 해당하는 식을 각각 세운 후 등호(=)를 사용하여 나타낸다.

| 풀이 |

(이동한 거리)=(속력)×(시간)이므로

시속 60 km로 x시간 동안 이동한 거리는

$60x$ km이므로 (좌변)=$60x$

이동한 거리는 320 km이므로 (우변)=320

따라서 등식은 $60x=320$이다.

답 ④

유제 1 ▶ 242001-0369

다음 보기에서 등식인 것을 모두 고르시오.

보기

ㄱ. $1+3=4$ ㄴ. $a-5<1$

ㄷ. $4x+7$ ㄹ. $x-1=2$

유제 2 ▶ 242001-0370

다음 중 등식이 <u>아닌</u> 것은?

① $4x-3x=0$ ② $2x+x=1$

③ $6-2=4$ ④ $5x-3$

⑤ $x+3x=4x$

유제 3 ▶ 242001-0371

다음은 기원 전 1700년경 고대 이집트의 파피루스에 적힌 수학 문제의 일부분이다. '아하'를 문자 x로 사용하여 다음 문장을 등식으로 나타내시오.

> 아하와 아하의 $\dfrac{1}{7}$을 더하면 19이다.

유제 4 ▶ 242001-0372

다음 문장을 등식으로 나타내시오.

(1) 어떤 수 x에서 4를 뺀 후 3배를 하면 x를 2로 나눈 것과 같다.

(2) 500원짜리 사탕 x개를 사고 3000원을 냈을 때, 거스름돈은 500원이다.

대표예제

예제 3 방정식의 해 구하기

다음 중 [ ] 안의 수가 그 방정식의 해인 것은?

① $x+2=9$ $[-7]$　　　② $x-4=5$ $[-1]$

③ $2x-3=-2$ $\left[\dfrac{1}{2}\right]$　　　④ $3x+1=x-5$ $[3]$

⑤ $x+5=2x+3$ $[-2]$

| 풀이 전략 |

주어진 수를 방정식의 미지수 x에 대입하여 참, 거짓을 알아본다.

| 풀이 |

[ ] 안의 수를 각각의 방정식에 대입해 보자.

① $x=-7$을 대입하면 $-7+2\neq9$

② $x=-1$을 대입하면 $-1-4\neq5$

③ $x=\dfrac{1}{2}$을 대입하면 $2\times\dfrac{1}{2}-3=-2$

④ $x=3$을 대입하면 $3\times3+1\neq3-5$

⑤ $x=-2$를 대입하면 $-2+5\neq2\times(-2)+3$

따라서 [ ] 안의 수가 그 방정식의 해인 것은 ③이다.　**답** ③

예제 4 항등식 찾기

다음 중 항등식인 것은?

① $-x=0$　　　② $3+x=4x$

③ $x-5=5-x$　　　④ $\dfrac{x}{2}+1=x+2$

⑤ $2(3x-1)=6x-2$

| 풀이 전략 |

좌변과 우변을 정리하여 (좌변)=(우변)이면 항등식이다.

| 풀이 |

⑤ (좌변)$=2(3x-1)=6x-2$,

　(우변)$=6x-2$

　따라서 (좌변)=(우변)이므로 항등식이다.

답 ⑤

유제 5　▶ 242001-0373

다음 방정식 중 해가 $x=3$인 것은?

① $2x-3=1$　　　② $-2x+5=7$

③ $3x-5=x-2$　　　④ $5x-5=3x+1$

⑤ $2(x-1)=4(x-1)$

유제 6　▶ 242001-0374

x의 값이 $-2, -1, 0, 1$일 때, $7-x=2(x+5)$의 해를 구하시오.

유제 7　▶ 242001-0375

다음 중 옳은 것은?

① $x+4x=5x$는 $x=1$일 때 참이므로 방정식이다.

② $4x-2=2-4x$는 항등식이다.

③ $-(4-x)+3=x-1$은 항등식이다.

④ $5x=-2$는 방정식이 아니다.

⑤ $5+3x=8x$는 항등식이다.

유제 8　▶ 242001-0376

다음 등식이 x에 대한 항등식일 때, □ 안에 알맞은 수는?

$$4(2x-1)+3=8x+\boxed{}$$

① -2　　　② -1　　　③ 0

④ 1　　　⑤ 2

01
▶ 242001-0377

다음 중 등식인 것을 모두 고르면? (정답 2개)

① $5+7$

② $7-10=-3$

③ $3a+5$

④ $3a-1\geq7$

⑤ $4x+x=-10$

02
▶ 242001-0378

다음 수량 관계를 등식으로 나타낸 것 중 옳지 <u>않은</u> 것은?

① 어떤 수 x에 5배를 한 후 2를 더하면 32이다.

➡ $5x+2=32$

② 한 변의 길이가 x인 정사각형의 둘레의 길이는 24이다.

➡ $4x=24$

③ 가로의 길이가 a, 세로의 길이가 4인 직사각형의 넓이는 52이다. ➡ $4a=52$

④ 10000원을 내고 1200원짜리 공책 x권을 샀더니 거스름돈이 4000원이다. ➡ $10000-1200x=4000$

⑤ 사탕 32개를 x명의 학생들에게 3개씩 나누어 주었더니 5개가 남았다. ➡ $32-\dfrac{x}{3}=5$

03
▶ 242001-0379

다음 중 x의 값에 따라 참이 되기도 하고 거짓이 되기도 하는 등식은?

① $4x=6x-2$

② $x-1=x+3$

③ $7x-2x=5x$

④ $7-2\times3=1$

⑤ $-2(x+1)+3=1-2x$

04
▶ 242001-0380

다음 중 [ ] 안의 수가 주어진 방정식의 해인 것은?

① $-x+6=8$ $[2]$

② $x+4=-4$ $[-2]$

③ $2x-14=0$ $[-7]$

④ $3(x-2)=15$ $[-3]$

⑤ $\dfrac{7x}{6}+1=x$ $[-6]$

05
▶ 242001-0381

x가 6의 약수일 때, $3(x-2)=x$의 해를 구하시오.

06
▶ 242001-0382

x에 대한 일차방정식 $3x-10=a$의 해가 $x=2$일 때, 식 $4-2a$의 값은?

① 10

② 12

③ 15

④ 16

⑤ 18

07
▶ 242001-0383

다음 보기에서 x가 어떤 값을 가지더라도 항상 참이 되는 등식의 개수는?

> **보기**
>
> ㄱ. $x+5=2x+4$ ㄴ. $3x+6=3(x+2)$
>
> ㄷ. $4x=0$ ㄹ. $5x-3x-2x$
>
> ㅁ. $8x+3=3x+5x+3$

① 1

② 2

③ 3

④ 4

⑤ 5

08
▶ 242001-0384

다음 등식이 항등식일 때, ☐ 안에 알맞은 식은?

$$-4(x-1)=\boxed{}-x$$

① $4x-3$

② $-4x-4$

③ $-4x+4$

④ $-3x+4$

⑤ $-3x-4$

02 등식의 성질

개념 1 등식의 성질

(1) 등식의 양변에 같은 수를 더하여도 등식은 성립한다.

➡ $a=b$이면 $a+c=b+c$

(2) 등식의 양변에서 같은 수를 빼어도 등식은 성립한다.

➡ $a=b$이면 $a-c=b-c$

(3) 등식의 양변에 같은 수를 곱하여도 등식은 성립한다.

➡ $a=b$이면 $a\times c=b\times c$

(4) 등식의 양변을 0이 아닌 같은 수로 나누어도 등식은 성립한다.

➡ $a=b$이면 $\dfrac{a}{c}=\dfrac{b}{c}\,(c\neq0)$

- 등식의 양변에서 c를 빼는 것은 양변에 $-c$를 더하는 것과 같다.

- 등식의 양변을 $c\,(c\neq0)$로 나누는 것은 양변에 $\dfrac{1}{c}$을 곱하는 것과 같다.

개념 확인 문제 1

$a=b$일 때, 다음에서 옳은 것은 ○표, 옳지 않은 것은 ×표를 ( ) 안에 써넣으시오.

(1) $a+2=b+2$ (　　　)

(2) $a-5=b+5$ (　　　)

(3) $-7a=7b$ (　　　)

(4) $\dfrac{a}{4}+6=6+\dfrac{b}{4}$ (　　　)

개념 2 등식의 성질을 이용한 방정식의 풀이

등식의 성질을 이용하여 주어진 방정식을 $x=(\text{수})$의 꼴로 바꾸어 해를 구한다.

$$3x+1=7$$
$$3x+1-1=7-1 \quad \text{양변에서 1을 뺀다.}$$
$$3x=6$$
$$\dfrac{3x}{3}=\dfrac{6}{3} \quad \text{양변을 3으로 나눈다.}$$
$$x=2$$

개념 확인 문제 2

다음은 등식의 성질을 이용하여 방정식 $2x-5=-3$의 해를 구하는 과정이다. □ 안에 알맞은 수를 써넣으시오.

$$2x-5=-3$$
$$2x-5+\boxed{}=-3+\boxed{} \quad \text{양변에 } \boxed{} \text{를 더한다.}$$
$$2x=\boxed{}$$
$$\dfrac{2x}{2}=\dfrac{\boxed{}}{2} \quad \text{양변을 } \boxed{} \text{로 나눈다.}$$
$$x=\boxed{}$$

대표예제

예제 1 등식의 성질

$a=b$일 때, 다음 보기에서 옳은 것을 모두 고르시오.

보기

ㄱ. $a+4=b+4$ ㄴ. $a-5=5-b$

ㄷ. $-a+6=b+6$ ㄹ. $\dfrac{a}{2}+3=3+\dfrac{b}{2}$

| 풀이 전략 |

등식의 양변에 같은 수를 더하거나 빼거나 곱하거나 0이 아닌 같은 수로 나누어도 등식은 성립한다.

| 풀이 |

$a=b$일 때,

ㄱ. 양변에 4를 더하면 $a+4=b+4$

ㄴ. 양변에서 5를 빼면 $a-5=b-5$

ㄷ. 양변에 -1을 곱하면 $-a=-b$

　양변에 6을 더하면 $-a+6=-b+6$

ㄹ. 양변을 2로 나누면 $\dfrac{a}{2}=\dfrac{b}{2}$

　양변에 3을 더하면 $\dfrac{a}{2}+3=\dfrac{b}{2}+3=3+\dfrac{b}{2}$

따라서 옳은 것을 모두 고르면 ㄱ, ㄹ이다.　**답** ㄱ, ㄹ

예제 2 등식의 성질을 이용한 방정식의 풀이

다음은 등식의 성질을 이용하여 방정식 $-3x+5=-7$을 푸는 과정이다. ㈎, ㈏, ㈐, ㈑에 알맞은 수를 구하시오.

$$-3x+5=-7$$
$$-3x+5-\boxed{㈎}=-7-\boxed{㈎}, \quad -3x=\boxed{㈏}$$
$$\frac{-3x}{\boxed{㈐}}=\frac{-12}{\boxed{㈐}}, \quad x=\boxed{㈑}$$

| 풀이 전략 |

등식의 성질을 이용하여 주어진 방정식을 $x=(수)$의 꼴로 고친다.

| 풀이 |

$-3x+5=-7$의

양변에서 5를 빼면 $-3x+5-\boxed{5}=-7-\boxed{5}$, $-3x=\boxed{-12}$

양변을 -3으로 나누면 $\dfrac{-3x}{-3}=\dfrac{-12}{-3}$, $x=\boxed{4}$

답 ㈎ 5 ㈏ -12 ㈐ -3 ㈑ 4

유제 1 ▶ 242001-0385

다음 중 옳은 것은? (단, $a\neq0$)

① $\dfrac{a}{5}=b$이면 $5a=10b$이다.

② $\dfrac{a}{3}=\dfrac{b}{2}$이면 $3a=2b$이다.

③ $4a=2b$이면 $2a+b=0$이다.

④ $2a=b$이면 $2(a+1)=b+1$이다.

⑤ $-4+2a=-4+2b$이면 $a=b$이다.

유제 2 ▶ 242001-0386

다음 중 옳지 <u>않은</u> 것은?

① $ac=bc$이면 $a=b$이다.

② $a=b$이면 $ac=bc$이다.

③ $a=b$이면 $a-c=b-c$이다.

④ $a+c=b+c$이면 $a=b$이다.

⑤ $a=b$이면 $\dfrac{a}{c}=\dfrac{b}{c}(c\neq0)$이다.

유제 3 ▶ 242001-0387

오른쪽은 등식의 성질을 이용하여 방정식 $6x-2=-14$를 푸는 과정이다. ㈎, ㈏에서 이용한 등식의 성질을 다음 보기에서 각각 고르시오.

$$6x-2=-14 \quad ㈎$$
$$6x=-12 \quad ㈏$$
$$x=-2$$

보기

$a=b$이고 c는 자연수일 때,

ㄱ. $a+c=b+c$ ㄴ. $a-c=b-c$

ㄷ. $ac=bc$ ㄹ. $\dfrac{a}{c}=\dfrac{b}{c}$

유제 4 ▶ 242001-0388

방정식 $5x-1=14$를 풀기 위해 등식의 성질 '$a=b$이면 $a+c=b+c$이다.'를 이용하려고 한다. 이때 자연수 c의 값을 구하시오.

01
▶ 242001-0389

다음은 등식의 성질을 이용한 것이다. 상수 A, B, C의 합을 구하시오.

- $2x-6=3$의 양변에 A를 더하면 $2x=9$
- $\dfrac{1}{5}x=-4$의 양변에 B를 곱하면 $x=-20$
- $-7x=21$의 양변을 C로 나누면 $x=-3$

02
▶ 242001-0390

$a=b$일 때, 다음 중 옳지 <u>않은</u> 것은?

① $a+3=b+3$ ② $a-7=b-7$

③ $2a+1=2b+1$ ④ $\dfrac{a}{5}-3=-3+\dfrac{b}{5}$

⑤ $3(a-2)=3b-2$

03
▶ 242001-0391

다음 보기 중 등식의 성질을 바르게 이용한 것을 있는 대로 고른 것은?

> **보기**
>
> ㄱ. $a=-b$이면 $5-a=5+b$이다.
> ㄴ. $5-a=5-2b$이면 $a=2b$이다.
> ㄷ. $\dfrac{a}{2}=\dfrac{b}{5}$이면 $5a=2b$이다.
> ㄹ. $a+7=b+7$이면 $a+b=0$이다.

① ㄱ, ㄴ   ② ㄴ, ㄷ   ③ ㄱ, ㄴ, ㄷ
④ ㄴ, ㄷ, ㄹ   ⑤ ㄱ, ㄴ, ㄷ, ㄹ

04
▶ 242001-0392

등식의 성질을 이용하여 다음 등식이 성립하도록 하는 ☐ 안에 알맞은 수는?

$$4a+8=4(b-1)\text{이면 } a-2=b-\boxed{}$$

① 1   ② 2   ③ 3
④ 4   ⑤ 5

05
▶ 242001-0393

다음은 방정식 $2x-3=5x+9$를 푸는 과정이다. **틀리게** 말한 학생은?

$$
\begin{aligned}
2x-3&=5x+9 \quad &\text{㉠}\\
2x&=5x+12 \quad &\text{㉡}\\
-3x&=12 \quad &\text{㉢}\\
x&=-4
\end{aligned}
$$

① 민정 : 등식의 성질을 이용해서 풀었어.
② 동주 : ㉠에서 양변에 3을 더했어.
③ 윤희 : ㉡에서 양변에서 $5x$를 뺐어.
④ 지민 : ㉢에서 양변에서 -3을 뺐어.
⑤ 민건 : 이 방정식의 해는 -4야.

06
▶ 242001-0394

오른쪽 접시저울이 평형을 이룰 때, 큰 추의 무게 x의 값을 등식의 성질을 이용하여 구하시오.

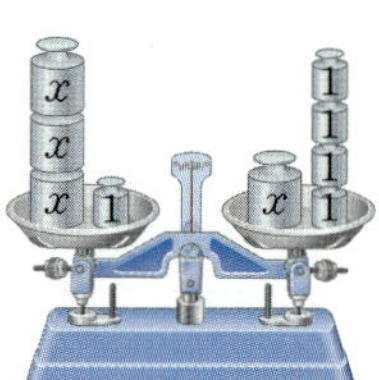

07
▶ 242001-0395

다음 중 등식의 양변에 4를 더한 후 양변에 5를 곱하면 바로 해를 구할 수 있는 것은?

① $4x+5=0$ ② $\dfrac{x}{5}-4=-2$

③ $5x-4=11$ ④ $\dfrac{x-4}{5}=1$

⑤ $4+\dfrac{x}{5}=9$

08
▶ 242001-0396

방정식 $\dfrac{5-2x}{3}=-1$의 해를 등식의 성질을 이용하여 구하시오.

03 일차방정식의 풀이

개념 1 일차방정식

(1) **이항**: 등식의 성질을 이용하여 등식의 한 변에 있는 항을 그 항의 부호를 바꾸어 다른 변으로 옮기는 것

(2) **x에 대한 일차방정식**: 방정식에서 우변의 모든 항을 좌변으로 이항하여 정리하였을 때,

$$(x에 \ 대한 \ 일차식)=0, \ 즉 \ ax+b=0 \ (a \neq 0)$$

의 꼴로 나타나는 방정식을 x에 대한 일차방정식이라고 한다.

⑩ $4x-1=3 \Rightarrow 4x-4=0$: 일차방정식이다.

　$x^2-x=3 \Rightarrow x^2-x-3=0$: 일차방정식이 아니다.

　$x^2-x(x+1)+2=0 \Rightarrow -x+2=0$: 일차방정식이다.

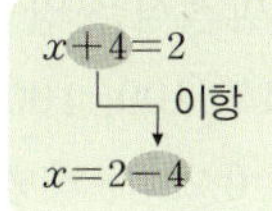

용어

이항 (옮길 移 항 項)
항을 옮기는 것

· 이항하면 부호가 바뀜을 주의한다.

개념 확인 문제 1

다음에서 밑줄 친 항을 이항한 것으로 옳은 것은 ○표, 옳지 않은 것은 ×표를 ( ) 안에 써넣으시오.

(1) $4x\underline{-1}=7 \Rightarrow 4x=7-1$　　　(　　　)

(2) $2x=6\underline{+x} \Rightarrow 2x-x=6$　　　(　　　)

(3) $-x=12\underline{+3x} \Rightarrow -x+3x=12$　　　(　　　)

(4) $5x\underline{-4}=\underline{3x} \Rightarrow 5x-3x=4$　　　(　　　)

개념 2 일차방정식의 풀이

(1) 괄호가 있으면 분배법칙을 이용하여 괄호를 푼다.

(2) 일차항은 좌변으로 상수항은 우변으로 각각 이항하여 정리한다.

(3) 양변을 x의 계수로 나누어 $x=(수)$의 꼴로 나타낸다.

(4) 구한 해가 일차방정식을 참이 되게 하는지 확인한다.

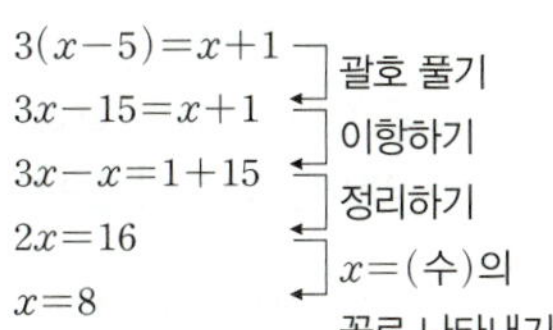

개념 확인 문제 2

다음 방정식의 풀이 과정에서 □ 안에 알맞은 수를 써넣으시오.

(1) $-4x+2=-6$ ──(2를 이항한다.)→ $-4x=\boxed{}$ ──(양변을 -4로 나눈다.)→ $x=\boxed{}$

(2) $5x+7=3x-1$ ──(7과 $3x$를 이항한다.)→ $2x=\boxed{}$ ──(양변을 □로 나눈다.)→ $x=\boxed{}$

계수가 소수 또는 분수인 일차방정식은 양변에 적당한 수를 곱하여 계수를 모두 정수로 고쳐서 푼다.

(1) **계수가 소수인 경우**: 양변에 10, 100, 1000, … 중에서 적당한 수를 곱한다.

　⑩ 일차방정식 $0.4x-0.6=0.2x$의 양변에 10을 곱하면

　　$4x-6=2x,\ 2x=6,\ x=3$

(2) **계수가 분수인 경우**: 양변에 분모의 최소공배수를 곱한다.

　$\dfrac{1}{2}x=\dfrac{2}{3}x+1$의 양변에 분모의 최소공배수 6을 곱하면

　$3x=4x+6,\ -x=6,\ x=-6$

• 양변에 적당한 수를 곱할 때는 모든 항에 똑같은 수를 빠짐없이 곱해야 한다.

개념 확인 문제 3

다음은 각각의 방정식을 푸는 과정이다. ☐ 안에 알맞은 수를 써넣으시오.

(1) $0.2x-1.4=-0.2$

양변에 ☐ 을 곱하면

$2x-14=-2,\ 2x=$ ☐

$x=$ ☐

(2) $\dfrac{1}{2}x-\dfrac{5}{3}=-\dfrac{1}{3}x$

양변에 ☐ 을 곱하면

$3x-10=-2x,\ 5x=$ ☐

$x=$ ☐

일차방정식을 활용하여 문제를 풀 때는 다음과 같은 순서로 해결한다.

(1) 문제의 뜻을 파악하고, 구하려고 하는 것을 x로 놓는다.

(2) 문제의 뜻에 맞게 일차방정식을 세운다.

(3) 일차방정식을 푼다.

(4) 구한 해가 문제의 뜻에 맞는지 확인한다.

미지수 정하기

↓

방정식 세우기

↓

방정식 풀기

↓

확인하기

개념 확인 문제 4

다음은 어떤 수의 4배에 2를 뺀 수는 어떤 수의 2배에 4를 더한 수와 같을 때, 어떤 수를 구하는 과정이다. ☐ 안에 알맞은 것을 써넣으시오.

미지수 정하기	어떤 수를 x라고 하자.
방정식 세우기	어떤 수의 4배에서 2를 뺀 수는 $4x-2$
	어떤 수의 2배에 4를 더한 수는 ☐
	방정식을 세우면 $4x-2=$ ☐
방정식 풀기	방정식을 풀면 $4x-2=$ ☐ , $2x=$ ☐ , $x=$ ☐
	따라서 어떤 수는 ☐ 이다.
확인하기	어떤 수가 ☐ 이면 $4\times$ ☐ $-2=2\times$ ☐ $+4$이므로 문제의 뜻에 맞다.

대표예제

예제 1 일차방정식

다음 보기에서 일차방정식인 것을 모두 고르시오.

보기

ㄱ. $5x-2=1$
ㄴ. $x^2-1=x(x-1)$
ㄷ. $3(x-2)=3x-6$
ㄹ. $6x-5x+x$

| 풀이 전략 |

우변의 모든 항을 좌변으로 이항하여 정리한다.

| 풀이 |

ㄱ. $5x-2=1$, $5x-2-1=0$, $5x-3=0$이므로 일차방정식이다.

ㄴ. $x^2-1=x(x-1)$, $x^2-1=x^2-x$, $x^2-1-x^2+x=0$, $x-1=0$이므로 일차방정식이다.

ㄷ. $3(x-2)=3x-6$, $3x-6=3x-6$이므로 방정식이 아니라 항등식이다.

ㄹ. $6x-5x+x$는 다항식이므로 일차방정식이 아니다.

따라서 일차방정식인 것은 ㄱ, ㄴ이다. **답** ㄱ, ㄴ

예제 2 일차방정식의 풀이

다음 일차방정식 중 해가 가장 큰 것은?

① $\frac{1}{4}x=1$
② $2x+5=0$
③ $2+3x=11$
④ $4-5x=3x+8$
⑤ $12-9x=-3(2x+1)$

| 풀이 전략 |

이항을 이용하여 주어진 식을 $ax=b(a\neq0)$의 꼴로 나타낸 후 양변을 x의 계수로 나눈다.

| 풀이 |

① $\frac{1}{4}x=1$에서 $x=4$

② $2x+5=0$에서 $2x=-5$, $x=-\frac{5}{2}$

③ $2+3x=11$에서 $3x=9$, $x=3$

④ $4-5x=3x+8$에서 $-8x=4$, $x=-\frac{1}{2}$

⑤ $12-9x=-3(2x+1)$에서 $12-9x=-6x-3$, $-9x+6x=-3-12$, $-3x=-15$, $x=5$ **답** ⑤

유제 1 ▶ 242001-0397

다음 중 $ax-2=3x+b$가 x에 대한 일차방정식이 되기 위한 상수 a, b의 조건은?

① $a=3$
② $a\neq3$
③ $a=3$, $b=-2$
④ $a\neq3$, $b\neq-2$
⑤ $a=3$, $b\neq-2$

유제 2 ▶ 242001-0398

방정식 $5x-3=-2x+1$을 이항만을 이용하여 $ax+b=0$(단, $a>0$)의 꼴로 고쳤을 때, 상수 a, b에 대하여 $a+b$의 값을 구하시오.

유제 3 ▶ 242001-0399

일차방정식 $2(3x-1)=3(x-1)+2$의 해가 $x=k$일 때, $1-3k$의 값은?

① -2
② -1
③ 0
④ 1
⑤ 2

유제 4 ▶ 242001-0400

다음 일차방정식을 푸시오.

(1) $2x-1=-2x+9$

(2) $3x=4(x-2)+6$

대표예제

예제 3 계수가 소수 또는 분수인 경우

일차방정식 $1.6x+0.8=\dfrac{6}{5}x-2$를 풀면?

① $x=-7$ ② $x=-6$ ③ $x=5$

④ $x=6$ ⑤ $x=7$

| 풀이 전략 |

양변에 적당한 수를 곱하여 계수와 상수항을 정수로 바꾼 후 일차방정식을 푼다.

| 풀이 |

$1.6x+0.8=\dfrac{6}{5}x-2$에서 양변에 10을 곱하면

$16x+8=12x-20$

$16x-12x=-20-8$

$4x=-28$

$x=-7$

답 ①

유제 5 ▶ 242001-0401

일차방정식 $0.4(x-3)=0.04x-3$의 해를 $x=a$, 일차방정식 $\dfrac{1}{2}x-\dfrac{3}{4}x=\dfrac{2x-7}{6}$의 해를 $x=b$라 할 때, $a+b$의 값은?

① -3 ② -2 ③ -1

④ 1 ⑤ 2

유제 6 ▶ 242001-0402

일차방정식 $\dfrac{3(3-x)}{4}=-\dfrac{2(x-1)}{3}+1.5$를 푸시오.

예제 4 해가 주어질 때 상수 구하기

x에 대한 일차방정식 $6(2x+3)=5x+a$의 해가 $x=-3$일 때, 상수 a의 값은?

① -3 ② -1 ③ 1

④ 2 ⑤ 3

| 풀이 전략 |

해를 방정식의 미지수에 대입하여 상수의 값을 구한다.

| 풀이 |

주어진 일차방정식에 $x=-3$을 대입하면

$6\times\{2\times(-3)+3\}=5\times(-3)+a$

$6\times(-3)=-15+a$

$-18=-15+a$

$a=-3$

답 ①

유제 7 ▶ 242001-0403

x에 대한 일차방정식 $\dfrac{x}{3}+a=\dfrac{5x-3}{4}-x$의 해가 $x=3$일 때, 상수 a의 값은?

① -2 ② -1 ③ 1

④ 2 ⑤ 3

유제 8 ▶ 242001-0404

x에 대한 두 일차방정식 $-6(x-4)+1=4+x$와 $\dfrac{x+3}{2}+a=\dfrac{3x-1}{4}$의 해가 같을 때, 상수 a의 값을 구하시오.

대표예제

예제 5 | 일차방정식의 활용(1)

연속하는 세 짝수의 합이 114일 때, 연속하는 세 짝수 중 가운데 수를 구하시오.

| 풀이 전략 |

연속하는 세 짝수 중 가운데 수를 x로 놓고 일차방정식을 세운다.

| 풀이 |

연속하는 세 짝수 중 가운데 수를 x라 하면

연속하는 세 짝수는 $x-2$, x, $x+2$이다.

세 짝수의 합은 114이므로

$(x-2)+x+(x+2)=114$

$3x=114$

$x=38$

따라서 연속하는 세 짝수 중 가운데 수는 38이다.

답 38

유제 9 ▶ 242001-0405

올해 세은이의 나이는 14세이고, 아버지의 나이는 43세이다. 아버지의 나이가 세은이의 나이의 2배가 되는 때는 몇 년 후인가?

① 12년 후 ② 13년 후 ③ 14년 후

④ 15년 후 ⑤ 16년 후

유제 10 ▶ 242001-0406

쿠키 3개와 한 개에 1200원인 과자 6개를 사고 10000원을 내었더니 거스름돈이 400원이었다. 이때 쿠키 한 개의 가격을 구하시오.

예제 6 | 일차방정식의 활용(2) — 속력, 시간, 거리

지원이는 집과 호수공원 사이를 왕복하는 데 갈 때는 시속 2 km로 걷고, 올 때는 시속 3 km로 걸어서 총 5시간이 걸렸다. 집과 호수공원 사이의 거리를 구하시오.

| 풀이 전략 |

미지수를 정하고 $(\text{시간})=\dfrac{(\text{거리})}{(\text{속력})}$임을 이용한다.

| 풀이 |

집과 호수공원 사이의 거리를 x km라 하자.

$(\text{시간})=\dfrac{(\text{거리})}{(\text{속력})}$이므로 집에서 호수공원으로 갈 때 걸린 시간은 $\dfrac{x}{2}$시간, 올 때 걸린 시간은 $\dfrac{x}{3}$시간이다.

총 걸린 시간은 5시간이므로 $\dfrac{x}{2}+\dfrac{x}{3}=5$

양변에 6을 곱하면 $3x+2x=30$

$5x=30$, $x=6$

따라서 집과 호수공원 사이의 거리는 6 km이다.

답 6 km

유제 11 ▶ 242001-0407

하람이는 등산을 하는데 올라갈 때는 시속 3 km로 걷고, 내려올 때는 올라간 거리보다 2 km 더 먼 거리를 시속 5 km로 걸어서 총 2시간이 걸렸다. 올라갈 때 걸은 거리를 구하시오.

유제 12 ▶ 242001-0408

하준이는 집에서 1.2 km 떨어진 마트를 가는데 처음에는 분속 240 m로 뛰어가다가 중간에는 분속 120 m로 걸었더니 8분 만에 마트에 도착하였다. 뛰어간 거리를 구하시오.

01

▶ 242001-0409

다음은 이항을 이용하여 일차방정식 $3+x=-2x+9$의 해를 구하는 과정이다. ㈎, ㈏에 알맞은 것은?

$$3+x=-2x+9$$
3과 $-2x$를 각각 이항하면
$$x+\boxed{\text{㈎}}=9-\boxed{\text{㈏}}$$
$$3x=6$$
$$x=2$$

	㈎	㈏			㈎	㈏
①	$2x$	3		②	$2x$	(-3)
③	$-2x$	3		④	$-2x$	(-3)
⑤	x	3				

02

▶ 242001-0410

방정식 $2x+7=6-3x$를 이항만을 이용하여 $ax+b=0$의 꼴로 나타내었을 때, 상수 a, b에 대하여 $a+b$의 값은? (단, $a>0$)

① 2　　　② 3　　　③ 4
④ 5　　　⑤ 6

03

▶ 242001-0411

다음 중 일차방정식을 모두 고르면? (정답 2개)

① $x=-x$　　　② $4x-5$
③ $x(x-2)=x^2+1$　　　④ $2(x-3)=2x-6$
⑤ $3x^2+2x=x^2-1$

04

▶ 242001-0412

방정식 $3x-7=ax+2$이 x에 대한 일차방정식이 될 때, 다음 중 상수 a의 값이 될 수 없는 것은?

① -3　　　② -1　　　③ 0
④ 1　　　⑤ 3

05

▶ 242001-0413

다음 중 일차방정식의 해가 나머지 넷과 다른 하나는?

① $2x+1=3x$　　　② $13x-6=7x$
③ $3=5x-2$　　　④ $9x+5=7x+3$
⑤ $14x+5=7+12x$

06

▶ 242001-0414

x에 대한 일차방정식 $5x+8=14-ax$의 해가 $x=-6$일 때, 상수 a의 값은?

① -6　　　② -4　　　③ 0
④ 4　　　⑤ 6

07

▶ 242001-0415

일차방정식 $-2(x-3)=4(x+4)$의 해가 $x=k$일 때, $2-3k$의 값은?

① -3　　　② 0　　　③ 2
④ 5　　　⑤ 7

08

▶ 242001-0416

일차방정식 $1.4x+2=1.25x+0.5$의 해가 $x=a$, 일차방정식 $3-\dfrac{x}{5}=10+\dfrac{x}{2}$의 해가 $x=b$일 때, $a-b$의 값은?

① -20　　　② -10　　　③ 0
④ 10　　　⑤ 20

09
▶ 242001-0417

다음 일차방정식을 푸시오.

$$-\frac{x+1}{3}+x=0.5(3x+1)$$

10
▶ 242001-0418

다음 두 일차방정식 해가 같을 때, 상수 a의 값을 구하시오.

$$1.6x-1.2=2x+1.6, \quad a-2x=ax+12$$

11
▶ 242001-0419

x에 대한 일차방정식 $2(x-6)+3=-a$의 해가 자연수가 되게 하는 모든 자연수 a의 개수는?

① 1 　　② 2 　　③ 3
④ 4 　　⑤ 5

12
▶ 242001-0420

다음 일차방정식 중에서 비례식 $(3x+2):4=2(x+1):3$을 만족시키는 x의 값을 해로 가지는 것은?

① $2x+4=0$ 　　② $3x-12=0$
③ $5-2x=-1$ 　　④ $3(2-x)=4-2x$
⑤ $3x+1=-10$

13
▶ 242001-0421

일의 자리의 숫자가 2인 두 자리 자연수가 있다. 이 자연수의 십의 자리의 숫자와 일의 자리의 숫자를 바꾼 수는 처음 수보다 27만큼 작다고 할 때, 처음 수를 구하시오.

14
▶ 242001-0422

둘레의 길이가 24 cm인 직사각형이 있다. 이 직사각형의 가로의 길이가 세로의 길이보다 2 cm 더 길 때, 이 직사각형의 넓이를 구하시오.

15
▶ 242001-0423

윤서가 학교를 출발한 지 5분 후에 준서가 윤서를 따라 나섰다. 윤서는 분속 100 m로 가고, 준서는 분속 150 m로 윤서를 따라간다면 준서가 학교를 출발한 지 몇 분 후에 윤서와 만나겠는가?

① 10분 후 　　② 15분 후 　　③ 20분 후
④ 25분 후 　　⑤ 30분 후

16
▶ 242001-0424

어떤 물건의 원가에 30 %의 이익을 붙여 정가를 정하였는데 정가에서 2000원을 할인하여 팔았더니 10 %의 이익이 생겼다. 이 물건의 원가는?

① 8000원 　　② 10000원 　　③ 12000원
④ 15000원 　　⑤ 18000원

Level 1

01
▶ 242001-0425

다음 보기에서 등식인 것을 있는 대로 고른 것은?

보기

ㄱ. $5-7=-2$ ㄴ. $3(x+1)=3x+3$
ㄷ. $x^2-4=12$ ㄹ. $x-6 \leq 5$

① ㄱ, ㄷ   ② ㄱ, ㄴ   ③ ㄱ, ㄴ, ㄷ
④ ㄴ, ㄷ, ㄹ   ⑤ ㄱ, ㄴ, ㄷ, ㄹ

02
▶ 242001-0426

다음 중 [ ] 안의 수가 주어진 방정식의 해인 것은?

① $-x+7=9$ $[2]$ ② $x+4=-4$ $[-2]$
③ $3x-24=0$ $[-8]$ ④ $3x-5=13$ $[-6]$
⑤ $\dfrac{x}{7}+1=0$ $[-7]$

03
▶ 242001-0427

다음 중 항등식인 것은?

① $x-8=0$ ② $x+5=-x+5$
③ $x+4=2x+4$ ④ $2x+x=3x$
⑤ $2(x-4)=8-2x$

04
▶ 242001-0428

$a=b$일 때, 다음 중 옳은 것은?

① $a+4=4b$ ② $-2a=b-2$
③ $3(a-1)=3b-3$ ④ $-\dfrac{a}{5}+6=\dfrac{b}{5}-6$
⑤ $\dfrac{4a-2}{4}=b-2$

05
▶ 242001-0429

다음 중 등식 $6x\underline{-7}=5$에서 밑줄 친 항을 이항한 식은?

① $6x=5+7$ ② $6x=-5+7$
③ $6x=5-7$ ④ $-7=5+6x$
⑤ $-7=5-6x$

06
▶ 242001-0430

일차방정식 $2x+5=3(5-x)$의 해를 $x=k$라 할 때, $-2k+1$의 값은?

① -5 ② -3 ③ -1
④ 2 ⑤ 3

07
▶ 242001-0431

일차방정식 $\dfrac{x-1}{3}=\dfrac{x}{4}$ 를 푸시오.

08
▶ 242001-0432

연속한 세 자연수의 합이 51일 때, 세 자연수 중에서 가장 큰 수를 구하시오.

Level ②

09
▶ 242001-0433

다음 중 문장을 등식으로 나타낸 것으로 옳지 <u>않은</u> 것은?

① x에서 18을 뺀 것은 x의 7배와 같다. ➡ $x-18=7x$

② 시속 50 km로 x시간 동안 간 거리는 200 km이다.
➡ $50x=200$

③ 5000원을 내고 x원짜리 볼펜을 5개를 샀더니 거스름돈이 2000원이었다. ➡ $5000-5x=2000$

④ 한 변의 길이가 x cm인 정사각형의 둘레의 길이는 13 cm 이다. ➡ $4x=13$

⑤ 정가가 a원인 옷을 20 % 할인하여 팔 때의 가격은 12000 원이다. ➡ $0.2a=12000$

10
▶ 242001-0434

다음 보기에서 $x=2$가 해인 방정식을 있는 대로 고른 것은?

> **보기**
>
> ㄱ. $x-4=6-2x$ ㄴ. $2(x+1)=5x-4$
>
> ㄷ. $1+2(-x+3)=5-x$ ㄹ. $\dfrac{1}{2}x+2=\dfrac{2x+5}{3}$

① ㄱ, ㄴ   ② ㄴ, ㄷ   ③ ㄱ, ㄴ, ㄷ
④ ㄴ, ㄷ, ㄹ   ⑤ ㄱ, ㄴ, ㄷ, ㄹ

11
▶ 242001-0435

등식 $-3x+b=ax-4+2x$가 x의 값에 관계없이 항상 참일 때, 상수 a, b에 대하여 ab의 값은?

① -20 ② -10 ③ -6
④ 10 ⑤ 20

12
▶ 242001-0436

다음 중 방정식 $6x-5=1$을 등식의 성질을 이용하여 변형하였을 때, 얻을 수 <u>없는</u> 식은?

① $6x=6$ ② $x=2$
③ $4x-5=-2x+1$ ④ $6x-4=2$
⑤ $2x-1=1$

13
▶ 242001-0437

방정식 $-\dfrac{x}{4}+3=2x$를 등식의 성질을 이용하여 $9x=a$로 나타낼 때, 상수 a의 값은?

① 10 ② 12 ③ 14
④ 15 ⑤ 16

14
▶ 242001-0438

방정식 $4x^2-3x+a=-ax^2-x+2$가 x에 대한 일차방정식일 때, 상수 a의 값은?

① -4 ② -2 ③ 1
④ 2 ⑤ 4

15
▶ 242001-0439

다음 일차방정식 중 해가 가장 큰 것은?

① $2x+9=7$ ② $3x+11=2x+12$
③ $10x=5(x+2)$ ④ $-5(x-2)=1-2x$
⑤ $4(x-2)=2(x-1)-5$

16

▶ 242001-0440

x에 대한 두 일차방정식 $a-3x=1-x$, $-5(x-3)=x-3b$의 해가 $x=4$일 때, $a-b$의 값은?

① 3　　　　② 6　　　　③ 9

④ 12　　　　⑤ 15

17

▶ 242001-0441

다음은 일차방정식 $\dfrac{4}{3}(x-3)=\dfrac{2+x}{2}$의 해를 구하는 과정이다. ①~⑤에 알맞은 것으로 옳지 <u>않은</u> 것은?

$$\dfrac{4}{3}(x-3)=\dfrac{2+x}{2}\text{의}$$

양변에 $\boxed{①}$을 곱하면

$$\boxed{②}(x-3)=3(2+x)$$

$$8x-\boxed{③}=6+3x$$

$$5x=\boxed{④}$$

$$x=\boxed{⑤}$$

① 6　　　　② 8　　　　③ -24

④ 30　　　　⑤ 6

18

▶ 242001-0442

일차방정식 $1.4x-0.06=2(0.8x+0.17)$의 해는?

① $x=-6$　　② $x=-4$　　③ $x=-2$

④ $x=2$　　　⑤ $x=4$

19

▶ 242001-0443

일차방정식 $\dfrac{3}{2}x-0.3x=-\dfrac{6}{5}$의 해가 $x=a$일 때, x에 대한 일차방정식 $7-2(x-2a)=4$의 해는?

① $x=-1$　　② $x=-\dfrac{1}{2}$　　③ $x=0$

④ $x=\dfrac{1}{2}$　　⑤ $x=1$

20

▶ 242001-0444

비례식 $(2x-a):3=(x-1):4$를 만족시키는 x의 값이 -3일 때, 상수 a의 값은?

① -3　　　② -1　　　③ 1

④ 2　　　　⑤ 3

21 _{중요}

▶ 242001-0445

x에 대한 일차방정식 $\dfrac{3x+a}{5}-3=-\dfrac{1-x}{3}$의 해가 $x=4$일 때, 상수 a의 값을 구하시오.

22

▶ 242001-0446

다음 두 일차방정식의 해가 같을 때, 상수 a의 값은?

$$1.6x-2.2=2(x+0.3)$$
$$4-3x=-3(x-a)$$

① $-\dfrac{4}{3}$　　② $-\dfrac{2}{3}$　　③ $\dfrac{2}{3}$

④ 1　　　　⑤ $\dfrac{4}{3}$

23

▶ 242001-0447

x에 대한 일차방정식 $2x+11=3(x+a)-2$의 해가 일차방정식 $3-0.2x=\dfrac{3x+7}{5}$의 해의 2배일 때, 상수 a의 값을 구하시오.

24

▶ 242001-0448

어느 농구 시합에서 한 선수가 2점짜리와 3점짜리 슛을 합하여 13골을 넣어 총 31점을 득점하였다. 이 선수는 3점짜리 슛을 몇 골 넣었는가?

① 1골　　　　② 2골　　　　③ 3골
④ 4골　　　　⑤ 5골

25

▶ 242001-0449

아륜이와 가륜이의 저금통에는 각각 50000원, 30000원이 있다. 아륜이는 매주 2000원씩, 가륜이는 매주 3000원씩 저금통에 저금을 한다고 할 때, 두 사람의 저금액이 같아지는 것은 몇 주 후인가?

① 20주 후　　　② 21주 후　　　③ 22주 후
④ 23주 후　　　⑤ 24주 후

26

▶ 242001-0450

지후는 학교에서 약속 장소까지 시속 $3 \, \text{km}$로 걸으면 약속 시간 4분 후에 도착하고 시속 $5 \, \text{km}$로 걸으면 약속 시간 8분 전에 도착한다고 한다. 학교에서 약속 장소까지의 거리는?

① $1.5 \, \text{km}$　　② $1.8 \, \text{km}$　　③ $2 \, \text{km}$
④ $2.1 \, \text{km}$　　⑤ $2.4 \, \text{km}$

27

▶ 242001-0451

어느 학교의 전체 학생 수가 작년에는 400명이었다. 올해에는 작년에 비하여 남학생은 5 % 증가하고, 여학생은 3 % 감소하여 전체적으로는 4명이 늘었다. 이 학교의 올해의 남학생 수를 구하시오.

Level ③

28

▶ 242001-0452

일차방정식 $8(x-1)=4x+7$에서 우변의 x의 계수를 다른 수로 잘못 보고 풀었더니 해가 $x=3$이었다. 이때 잘못 본 x의 계수는?

① -3　　　　② -2　　　　③ 2
④ 3　　　　⑤ 4

29

▶ 242001-0453

x에 대한 방정식 $6(2-x)=n-3x$의 해가 자연수가 되도록 하는 자연수 n의 값 중 두 번째로 큰 수를 구하시오.

30

▶ 242001-0454

어떤 수영장에 물을 가득 채우려면 A 호스로는 8시간, B 호스로는 12시간이 걸린다고 한다. 이 수영장을 A 호스로 2시간 동안 물을 채운 후 나머지를 B 호스로 채우려고 한다. 이 수영장에 물을 가득 채우려면 B 호스로 몇 시간을 더 채워야 하는지 구하시오.

STEP 1 서술형 예제

▶ 242001-0455

일차방정식 $\dfrac{2x-5}{3}=\dfrac{x+5}{4}$ 의 해가 일차방정식 $3(x-a)=x+4$ 의 해의 $\dfrac{1}{2}$ 배일 때, 상수 a 의 값을 구하시오.

| 풀이 |

$\dfrac{2x-5}{3}=\dfrac{x+5}{4}$ 의

양변에 $\boxed{}$ 를 곱하면

$4(2x-5)=\boxed{}(x+5)$

$8x-20=\boxed{}x+\boxed{}$

$5x=\boxed{}$

$x=\boxed{}$

$3(x-a)=x+4$ 의 해는 $x=\boxed{}$ 이므로

$\boxed{}-3a=18$

$-3a=\boxed{}$

$a=\boxed{}$

STEP 2 서술형 유제로 한 번 더!

▶ 242001-0456

x 에 대한 두 일차방정식 $\dfrac{x+8}{3}=2(x-2)$, $\dfrac{x}{2}+a=\dfrac{x+2}{3}$ 의 해의 비가 $2:3$일 때, 상수 a 의 값을 구하시오.

| 풀이 |

 **STEP 3 기출문제로 완벽하게!**

▶ 242001-0457

1. 다음에서 등식의 성질을 이용하여 (가)~(다)에 들어갈 식을 각각 구하고, 세 식의 합을 구하시오.

> - $x=4y$이면 $2x-1=$ (가) 이다.
> - $\dfrac{x}{3}=y$이면 $-x+4=$ (나) 이다.
> - $6x+3=3y-6$이면 $2x=$ (다) 이다.

| 풀이 |

▶ 242001-0458

2. 두 일차방정식 $2(5x-7)=5x+1$, $5+2(x+2)=6+x$의 해의 차를 구하시오.

| 풀이 |

▶ 242001-0459

3. x에 대한 두 일차방정식 $\dfrac{x+3}{3}=\dfrac{2x-a}{2}+4$, $5(x-1)=2(x-b)$의 해가 모두 $x=3$일 때, 상수 a, b에 대하여 $a+b$의 값을 구하시오.

| 풀이 |

▶ 242001-0460

4. 학생들에게 사탕을 나누어 주는데 한 사람에게 5개씩 나누어 주면 2개가 남고, 6개씩 나누어 주면 6개가 부족하다고 한다. 이때 사탕의 개수를 구하시오.

| 풀이 |

IV

좌표평면과 그래프

1. 좌표평면과 그래프

이전에 배운 내용

이번에 배울 내용

이후에 배울 내용

01 순서쌍과 좌표

개념 1 수직선 위의 점의 좌표

(1) **좌표**: 수직선 위의 한 점에 대응하는 수

(2) 수 a가 점 P의 좌표일 때, 이것을 기호로 $P(a)$와 같이 나타낸다.

> **참고** 수직선에서 원점은 O로 나타내고 그 좌표는 0이다. 즉 $O(0)$로 나타낸다.

> **예** 오른쪽 수직선에서 세 점 A, O, B의 좌표를 각각 기호로 나타내면 $A(-1)$, $O(0)$, $B(2)$ 이다.

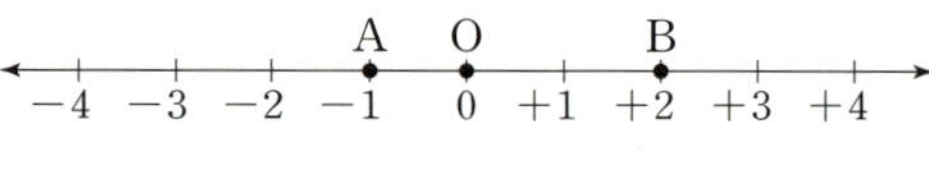

- 수직선에서 기준이 되는 점을 원점이라 하고 양수는 오른쪽에, 음수는 왼쪽에 나타낸다.

- 원점을 나타내는 기호 O는 기원, 원천을 뜻하는 영어 Origin의 첫 글자이다.

개념 확인 문제 1

다음 수직선을 보고 ☐ 안에 알맞은 것을 써넣으시오.

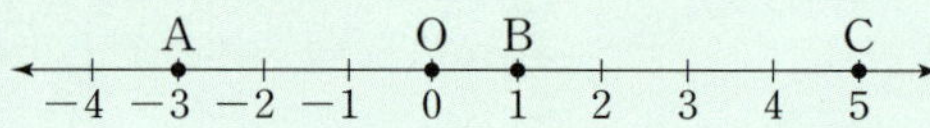

세 점 A, B, C의 좌표는 각각 -3, ☐, ☐ 이므로 이것을 기호로 나타내면 $A(-3)$, ☐, ☐ 이다.

개념 2 좌표평면

두 수직선을 점 O에서 수직으로 만나게 그릴 때

(1) x**축**: 가로의 수직선

(2) y**축**: 세로의 수직선

(3) **좌표축**: x축과 y축

(4) **원점**: 두 좌표축이 만나는 점 O

(5) **좌표평면**: 두 좌표축이 그려져 있는 평면

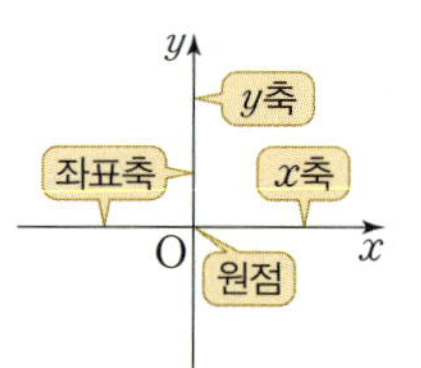

- 수직선에서의 원점은 직선 위의 점이고, 좌표평면에서의 원점은 평면 위의 점이다.

개념 확인 문제 2

다음 ☐ 안에 알맞은 것을 써넣으시오.

(1) 두 수직선이 점 O에서 서로 수직으로 만날 때, 가로의 수직선을 ☐, 세로의 수직선을 ☐ 이라 하고, 두 축을 통틀어 ☐ 이라고 한다.

(2) 두 좌표축이 만나는 점 O를 ☐ 이라고 한다.

(3) 두 좌표축이 그려져 있는 평면을 ☐ 이라고 한다.

(1) **순서쌍**: 순서를 정하여 두 수를 짝을 지어 나타낸 것

   참고 두 순서쌍 (a, b)와 (c, d)가 같다. ➡ $a=c$, $b=d$

(2) 좌표평면 위의 한 점 P에서 x축, y축에 각각 수선을 그어 이 수선과 x축, y축이 만나는 점에 대응하는 수를 각각 a, b라 할 때, 순서쌍 (a, b)를 점 P의 좌표라 하고, 이것을 기호로 $P(a, b)$와 같이 나타낸다. 이때 a를 점 P의 x좌표, b를 점 P의 y좌표라고 한다.

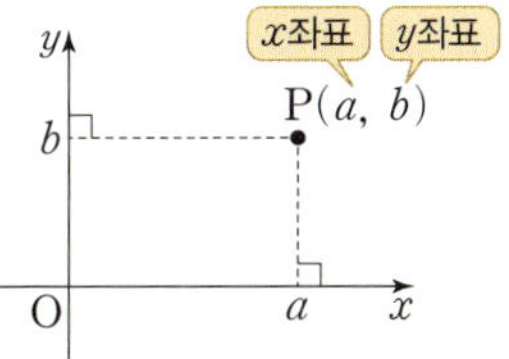

- $a \neq b$일 때, 순서쌍 (a, b)와 (b, a)는 서로 다르다.

- 좌표평면에서 원점의 좌표는 $(0, 0)$이다.

- x축 위의 점의 y좌표는 0이고, y축 위의 점의 x좌표는 0이다.

개념 확인 문제 3

오른쪽 좌표평면 위의 점 A, B, C, D의 좌표를 나타낼 때, 다음 □ 안에 알맞은 수를 써넣으시오.

(1) A$(2,$ □$)$ (2) B$($□$, 1)$

(3) C$($□$, -3)$ (4) D$($□$, $□$)$

---

(1) **사분면**: 좌표평면은 좌표축에 의해 네 부분으로 나누어진다. 이때 네 부분을 각각 제1사분면, 제2사분면, 제3사분면, 제4사분면이라고 한다.

   참고 좌표축 위의 점은 어느 사분면에도 속하지 않는다.

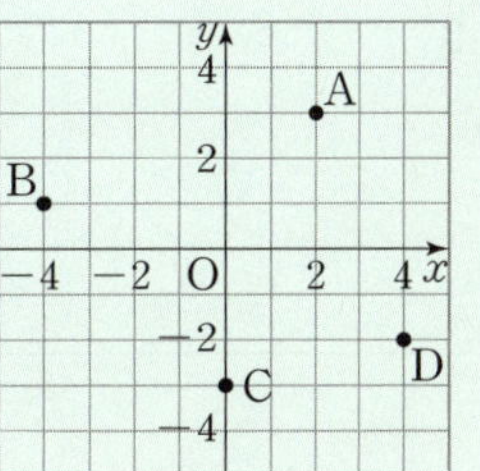

(2) **사분면에서 점의 좌표의 부호**

   각 사분면 위에 있는 점의 x좌표와 y좌표의 부호는 다음과 같다.

	제1사분면	제2사분면	제3사분면	제4사분면
x좌표의 부호	+	−	−	+
y좌표의 부호	+	+	−	−

- 수학에서는 순서를 정할 때 대부분 시계가 움직이는 반대방향으로 정한다.

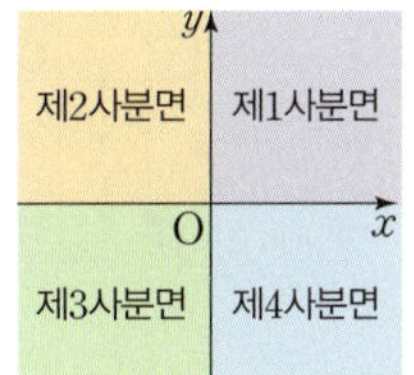

개념 확인 문제 4

다음은 좌표평면 위의 점에 대한 설명이다. □ 안에 알맞은 것을 써넣으시오.

(1) 점 $(1, -6)$의 x좌표는 양수, y좌표는 음수이므로 제□사분면 위의 점이다.

(2) 점 $(5, 2)$의 x좌표와 y좌표가 모두 □이므로 제□사분면 위의 점이다.

(3) 점 $(-4, -2)$의 x좌표와 y좌표가 모두 □이므로 제□사분면 위의 점이다.

(4) 점 $(-1, 5)$의 x좌표는 음수, y좌표는 □이므로 제□사분면 위의 점이다.

(5) 점 $(0, 4)$는 □축 위의 점이므로 어느 사분면에도 속하지 않는다.

예제 1 순서쌍

두 순서쌍 $(2m-1, -5)$, $(3, -n-2)$가 서로 같을 때, $m+n$의 값은?

① 1　　　　② 2　　　　③ 3

④ 4　　　　⑤ 5

| 풀이 전략 |

$(a, b)=(c, d)$이면 $a=c$, $b=d$이다.

| 풀이 |

$2m-1=3$이므로 $2m=4$, $m=2$

$-5=-n-2$이므로 $n=3$

따라서 $m+n=2+3=5$

답 ⑤

유제 1　▶ 242001-0461

두 순서쌍 $(-2a+1, 4b)$, $(-3, 2b+8)$이 서로 같을 때, $a-b$의 값은?

① -2　　　② -1　　　③ 0

④ 1　　　⑤ 2

유제 2　▶ 242001-0462

a의 값이 2, 3이고 b의 값이 -4, 0, 4일 때, 나타낼 수 있는 순서쌍 (a, b)의 개수를 구하시오.

예제 2 좌표평면 위의 점의 좌표

다음 중 오른쪽 좌표평면 위의 다섯 점 A, B, C, D, E의 좌표를 나타낸 것으로 옳지 <u>않은</u> 것은?

① $A(-2, 3)$

② $B(3, 1)$

③ $C(-1, 0)$

④ $D(-3, -4)$

⑤ $E(3, -3)$

| 풀이 전략 |

점 P의 x좌표가 a, y좌표가 b이면 P(a, b)로 나타낸다.

| 풀이 |

① 점 A의 x좌표는 -2, y좌표는 3이므로 $A(-2, 3)$이다.

② 점 B의 x좌표는 3, y좌표는 1이므로 $B(3, 1)$이다.

③ 점 C의 x좌표는 -1, y좌표는 0이므로 $C(-1, 0)$이다.

④ 점 D의 x좌표는 -4, y좌표는 -3이므로 $D(-4, -3)$이다.

⑤ 점 E의 x좌표는 3, y좌표는 -3이므로 $E(3, -3)$이다.

답 ④

유제 3　▶ 242001-0463

다음 중 오른쪽 좌표평면 위의 다섯 점 A, B, C, D, E의 좌표를 나타낸 것으로 옳지 <u>않은</u> 것은?

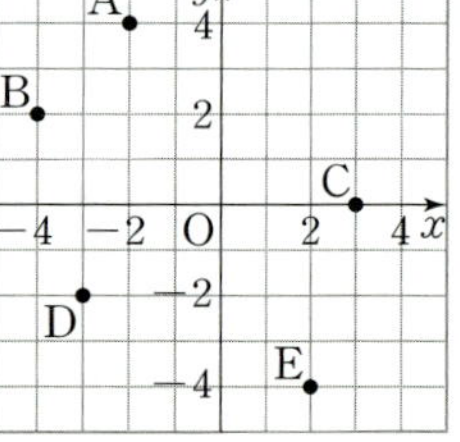

① $A(-2, 4)$　　② $B(-4, 2)$

③ $C(0, 3)$　　④ $D(-3, -2)$

⑤ $E(2, -4)$

유제 4　▶ 242001-0464

다음 중 오른쪽 좌표평면 위의 다섯 점 A, B, C, D, E의 좌표를 나타낸 것으로 옳은 것은?

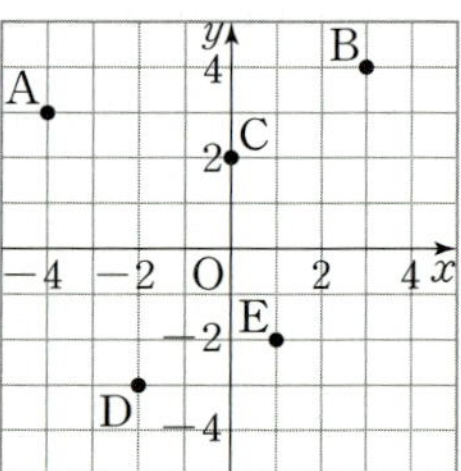

① $A(3, -4)$　　② $B(4, 3)$

③ $C(2, 0)$　　④ $D(2, -3)$

⑤ $E(1, -2)$

예제 3 — 좌표축 위의 점의 좌표

x축 위에 있고, x좌표가 -3인 점의 좌표는?

① $(3, 0)$ ② $(-3, 0)$ ③ $(0, 3)$
④ $(0, -3)$ ⑤ $(-3, -3)$

| 풀이 전략 |

x축 위에 있는 점의 y좌표는 0이다.

| 풀이 |

x축 위에 있으므로 y좌표는 0이고, x좌표가 -3이므로 구하는 점의 좌표는 $(-3, 0)$이다.

답 ②

유제 5 ▶ 242001-0465

y축 위에 있고, y좌표가 -9인 점의 좌표는?

① $(-9, 0)$ ② $(0, -9)$ ③ $(0, 9)$
④ $(9, 9)$ ⑤ $(-9, -9)$

유제 6 ▶ 242001-0466

점 $A(-5, a+3)$은 x축 위의 점이고, 점 $B(b-2, -6)$은 y축 위의 점일 때, ab의 값은?

① -6 ② -3 ③ -2
④ 3 ⑤ 6

예제 4 — 좌표평면 위의 도형의 넓이

오른쪽 좌표평면 위에 세 점 $A(3, 4)$, $B(-3, -2)$, $C(3, -2)$를 나타내고, 이 세 점을 꼭짓점으로 하는 삼각형 ABC의 넓이를 구하시오.

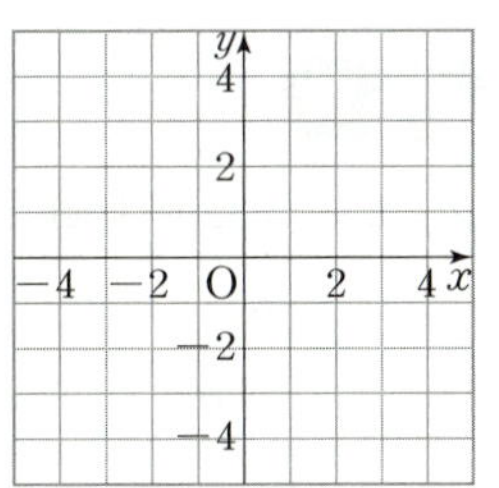

| 풀이 전략 |

(삼각형의 넓이)$=\dfrac{1}{2}\times$(밑변의 길이)$\times$(높이)

| 풀이 |

세 점 A, B, C를 좌표평면 위에 나타내면 오른쪽 그림과 같다.

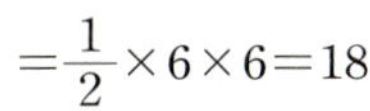

(밑변의 길이)$=3-(-3)=6$
(높이)$=4-(-2)=6$
따라서 (삼각형 ABC의 넓이)
$$=\dfrac{1}{2}\times 6\times 6=18$$

답 18

유제 7 ▶ 242001-0467

오른쪽 좌표평면 위에 네 점 $A(-2, 3)$, $B(-2, -1)$, $C(4, -1)$, $D(4, 3)$을 나타내고, 이 네 점을 꼭짓점으로 하는 사각형 ABCD의 넓이를 구하시오.

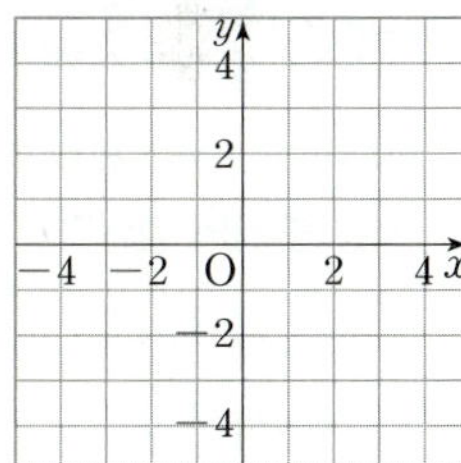

유제 8 ▶ 242001-0468

오른쪽 좌표평면 위에 세 점 $A(-2, 4)$, $B(-2, -3)$, $C(3, 4)$를 나타내고, 이 세 점을 꼭짓점으로 하는 삼각형 ABC의 넓이를 구하시오.

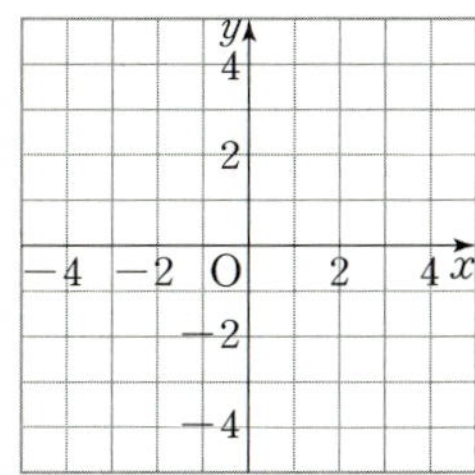

대표예제

예제 5 · 사분면 위의 점

다음 중 제2사분면 위의 점은?

① $(4, -2)$　　② $(0, 3)$　　③ $(7, 2)$

④ $(-6, 1)$　　⑤ $(-5, -4)$

| 풀이 전략 |

점 (a, b)가 제2사분면 위의 점이면 $a<0$, $b>0$이다.

| 풀이 |

① 점 $(4, -2)$는 $4>0$, $-2<0$이므로 제4사분면 위의 점이다.

② 점 $(0, 3)$은 y축 위의 점이므로 어느 사분면에도 속하지 않는다.

③ 점 $(7, 2)$는 $7>0$, $2>0$이므로 제1사분면 위의 점이다.

④ 점 $(-6, 1)$은 $-6<0$, $1>0$이므로 제2사분면 위의 점이다.

⑤ 점 $(-5, -4)$는 $-5<0$, $-4<0$이므로 제3사분면 위의 점이다.

답 ④

유제 9　▶ 242001-0469

다음 중 점의 좌표와 그 점이 속하는 사분면이 바르게 짝 지어진 것은?

① $(4, -3)$ ➡ 제2사분면

② $(5, 0)$ ➡ 제1사분면

③ $(-7, 3)$ ➡ 제4사분면

④ $(-2, -6)$ ➡ 제3사분면

⑤ $(8, 4)$ ➡ 제4사분면

유제 10　▶ 242001-0470

다음 보기에서 제3사분면 위의 점을 모두 고르시오.

보기

ㄱ. $A(-5, -2)$　　ㄴ. $B(4, -7)$

ㄷ. $C(3, 1)$　　ㄹ. $D(-1, -6)$

ㅁ. $E(-2, 5)$　　ㅂ. $F(-8, -4)$

예제 6 · 점이 속한 사분면

점 $A(a, b)$가 제1사분면 위의 점일 때, 점 $(a+b, -ab)$는 제몇 사분면 위의 점인가?

① 제1사분면　　　　② 제2사분면

③ 제3사분면　　　　④ 제4사분면

⑤ 어느 사분면에도 속하지 않는다.

| 풀이 전략 |

점 $P(a, b)$가 제1사분면 위의 점이면 $a>0$, $b>0$이다.

| 풀이 |

점 $A(a, b)$가 제1사분면 위의 점이므로 $a>0$, $b>0$

$a>0$, $b>0$이므로 $a+b>0$, $ab>0$, $-ab<0$

따라서 점 $(a+b, -ab)$는 $a+b>0$, $-ab<0$이므로 제4사분면 위의 점이다.

답 ④

유제 11　▶ 242001-0471

$a<0$, $b<0$일 때, 다음 중 제4사분면 위의 점은?

① $A(a, b)$　　② $B(b, a)$　　③ $C(-a, b)$

④ $D(a, -b)$　　⑤ $E(-b, -a)$

유제 12　▶ 242001-0472

점 $P(-a, b)$가 제3사분면 위의 점일 때, 다음 중 제1사분면 위의 점은?

① (b, a)　　② $(a, -b)$　　③ $(-a, -b)$

④ $(a-b, -a)$　　⑤ $\left(\dfrac{a}{b}, ab\right)$

01
▶ 242001-0473

다음 중 수직선 위의 점의 좌표를 나타낸 것으로 옳지 <u>않은</u> 것은?

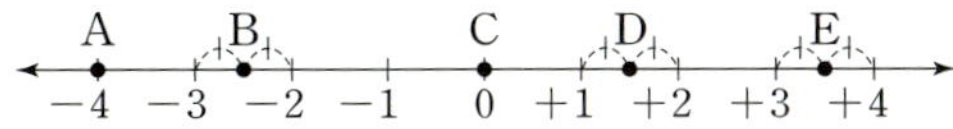

① $A(-4)$　　② $B\left(-\dfrac{5}{2}\right)$　　③ $C(0)$

④ $D\left(\dfrac{1}{2}\right)$　　⑤ $E\left(\dfrac{7}{2}\right)$

02
▶ 242001-0474

다음 수직선 위의 두 점 $A(a)$, $B(b)$에 대하여 $2a+3b$의 값은?

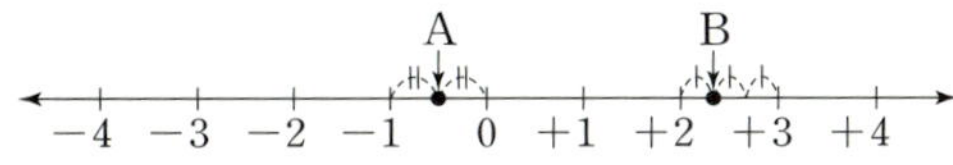

① 5　　② 6　　③ 7
④ 8　　⑤ 9

03
▶ 242001-0475

두 순서쌍 $(a+2,\ 3)$, $(-4,\ 2b-5)$가 서로 같을 때, $a+b$의 값은?

① -2　　② -1　　③ 0
④ 1　　⑤ 2

04
▶ 242001-0476

두 순서쌍 $(3a+2,\ 7-b)$, $(-4,\ 2b-5)$가 서로 같을 때, $b-a$의 값은?

① 3　　② 4　　③ 5
④ 6　　⑤ 7

05
▶ 242001-0477

다음 중 오른쪽 좌표평면 위의 다섯 점 A, B, C, D, E의 좌표를 나타낸 것으로 옳지 <u>않은</u> 것은?

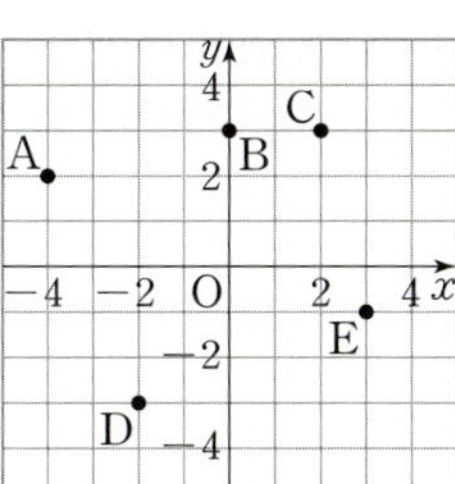

① $A(-4,\ 2)$　　② $B(0,\ 3)$
③ $C(3,\ 2)$　　④ $D(-2,\ -3)$
⑤ $E(3,\ -1)$

06
▶ 242001-0478

다음 중 오른쪽 좌표평면 위의 다섯 점 A, B, C, D, E의 좌표를 나타낸 것으로 옳은 것은?

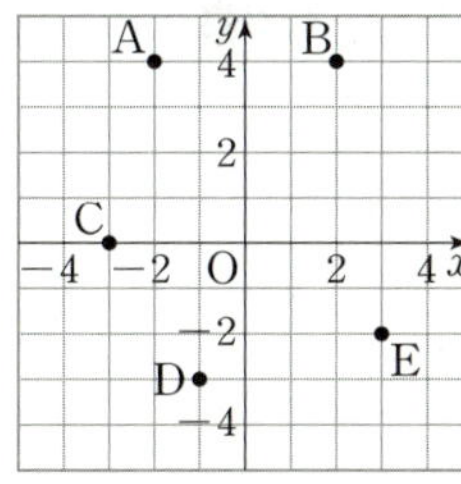

① $A(4,\ -2)$　　② $B(4,\ 2)$
③ $C(0,\ -3)$　　④ $D(-1,\ -3)$
⑤ $E(-3,\ -2)$

07
▶ 242001-0479

x축 위에 있고, x좌표가 -5인 점의 좌표는?

① $(-5,\ 0)$　　② $(0,\ -5)$　　③ $(0,\ 5)$
④ $(-5,\ -5)$　　⑤ $(5,\ 0)$

08
▶ 242001-0480

다음 점 중에서 y축 위에 있는 것은?

① $(-3,\ 0)$　　② $(0,\ -5)$　　③ $(2,\ 3)$
④ $(3,\ -3)$　　⑤ $(-4,\ -1)$

09
▶ 242001-0481

좌표평면 위의 세 점 $A(-4, 3)$, $B(-4, -3)$, $C(1, -3)$을 꼭짓점으로 하는 삼각형 ABC의 넓이는?

① 11　　　② 12　　　③ 13
④ 14　　　⑤ 15

10
▶ 242001-0482

좌표평면 위의 세 점 $A(-2, 1)$, $B(2, -4)$, $C(2, 1)$을 꼭짓점으로 하는 삼각형 ABC의 넓이는?

① 8　　　② 9　　　③ 10
④ 11　　　⑤ 12

11
▶ 242001-0483

좌표평면 위의 네 점 $A(-3, 4)$, $B(-3, -3)$, $C(2, -3)$, $D(2, 4)$를 꼭짓점으로 하는 사각형 ABCD의 넓이는?

① 35　　　② 36　　　③ 37
④ 38　　　⑤ 39

12
▶ 242001-0484

다음 중 제4사분면 위의 점은?

① $(1, 2)$　　　② $(-7, 3)$　　　③ $(-2, -8)$
④ $(6, 0)$　　　⑤ $(2, -5)$

13
▶ 242001-0485

다음 중 점 $(-4, -2)$와 같은 사분면 위의 점은?

① $(0, -7)$　　　② $(2, 5)$　　　③ $(-3, 1)$
④ $(2, -4)$　　　⑤ $(-1, -6)$

14
▶ 242001-0486

$a > 0$, $b > 0$일 때, 점 $(-ab, -b)$는 제몇 사분면 위의 점인가?

① 제1사분면　　　　② 제2사분면
③ 제3사분면　　　　④ 제4사분면
⑤ 어느 사분면에도 속하지 않는다.

15
▶ 242001-0487

점 $P(a, b)$는 제3사분면 위의 점일 때, 점 $Q\left(a+b, \dfrac{a}{b}\right)$는 제몇 사분면 위의 점인가?

① 제1사분면　　　　② 제2사분면
③ 제3사분면　　　　④ 제4사분면
⑤ 어느 사분면에도 속하지 않는다.

16
▶ 242001-0488

점 $P(a, -b)$가 제4사분면 위의 점일 때, 다음 중 제2사분면 위의 점은?

① (a, b)　　　② (b, a)　　　③ $(-b, -a)$
④ $(ab, -b)$　　　⑤ $\left(-a, \dfrac{b}{a}\right)$

02 그래프와 그 해석

개념 1 그래프

(1) **변수**: 변하는 여러 가지 값을 나타내는 문자

　참고 변수와는 달리 일정한 값을 나타내는 수나 문자를 상수라고 한다.

(2) **그래프**: 서로 관계가 있는 두 변수 x, y의 순서쌍 (x, y)를 좌표로 하는 점을 좌표평면 위에 나타낸 것

이때 그래프는 점, 직선, 곡선 등으로 나타난다.

（예）x의 값에 따른 y의 값이 다음 표와 같을 때,

x	1	2	3	4
y	2	4	3	5

위의 표를 순서쌍 (x, y)로 나타내면

$(1, 2)$, $(2, 4)$, $(3, 3)$, $(4, 5)$이고

두 변수 x, y 사이의 관계를 그래프로 나타내면 오른쪽 그림과 같다.

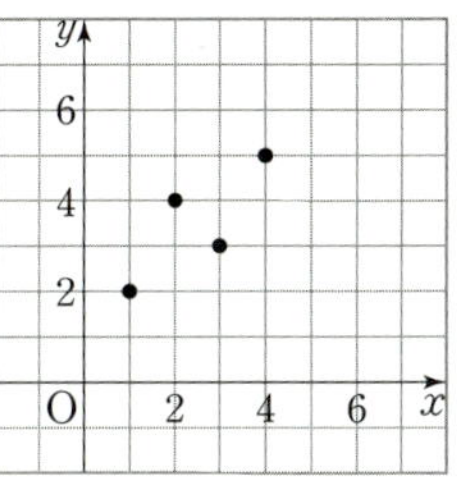

(3) **그래프의 해석**

그래프를 이용하면 두 변수의 증가와 감소, 변화의 정도, 주기적 변화 등을 쉽게 파악할 수 있다.

（예）경과 시간 x에 따라 변화하는 물의 높이 y를 해석하면

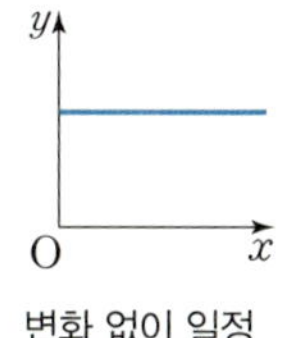

변화 없이 일정

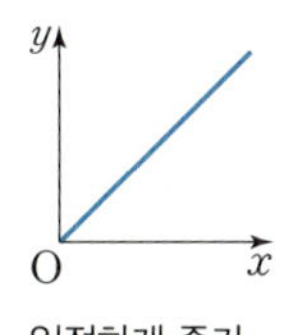

일정하게 증가

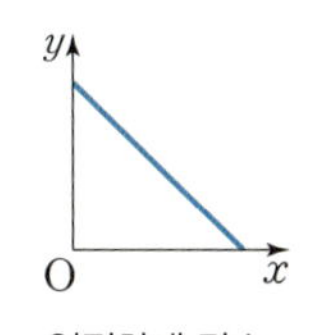

일정하게 감소

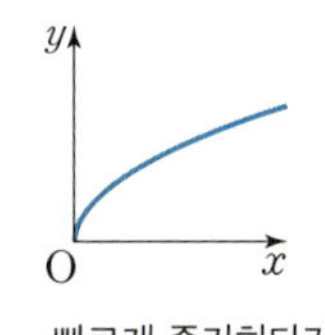

빠르게 증가하다가
점점 느리게 증가

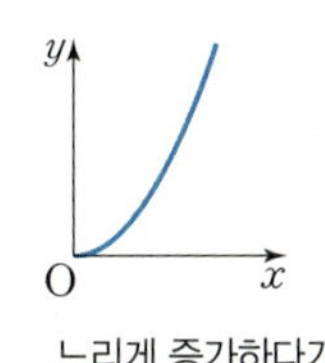

느리게 증가하다가
점점 빠르게 증가

- 순서쌍 (x, y)의 개수가 유한개이면 그래프는 유한개의 점으로 나타난다.
- x의 값이 커짐에 따른 y의 값의 변화는

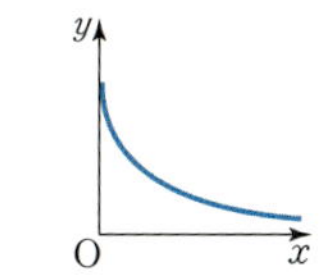

빠르게 감소하다가 점점 느리게 감소

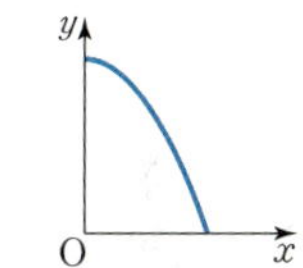

느리게 감소하다가 점점 빠르게 감소

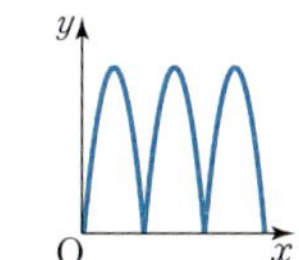

주기적으로 높아졌다가 낮아졌다를 반복

개념 확인 문제 1

(1) 다음 □ 안에 알맞은 것을 써넣으시오.

① 변하는 여러 가지 값을 나타내는 문자를 □□라고 한다.

② 두 변수의 순서쌍을 좌표로 하는 점을 좌표평면 위에 나타낸 것을 □□라고 한다.

(2) 다음은 두 변수 x와 y 사이의 관계를 나타낸 표이다. □ 안에 알맞은 것을 써넣으시오.

x	0	1	2	3	4
y	2	5	4	8	6

위의 표를 순서쌍 (x, y)로 나타내면

$(0, 2)$, $(1, \square)$, $(2, \square)$, $(\square, 8)$, $(\square, 6)$이다.

대표예제

예제 1 그래프의 이해

오른쪽 그래프는 희찬이가 자동차를 타고 집에서 출발하여 극장에 도착할 때까지 자동차의 속력을 시간에 따라 나타낸 것이다. 다음 물음에 답하시오.

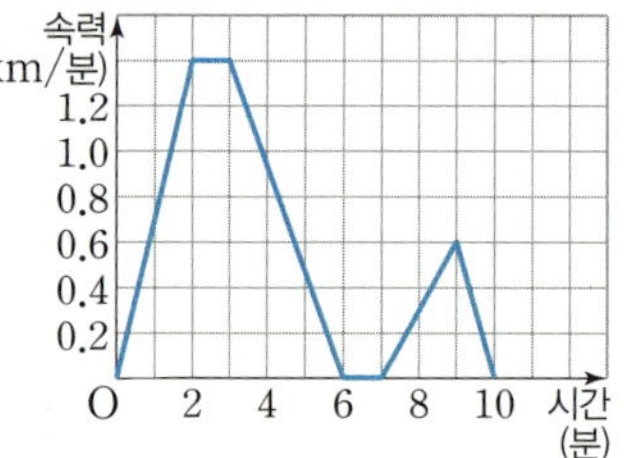

(1) 자동차가 가장 빨리 달릴 때 속력은 분속 몇 km인지 구하시오.
(2) 집에서 출발하여 극장에 도착할 때까지 자동차는 몇 분 동안 정지했는지 구하시오.

| 풀이 전략 |

시간에 따른 속력의 값을 읽고 그래프를 해석한다.

| 풀이 |

(1) 자동차가 가장 빨리 달릴 때는 출발한 지 2분 후부터 3분 후까지이고, 이때 속력은 분속 1.4 km이다.
(2) 자동차가 정지했을 때는 속력이 분속 0 km이므로 출발한 지 6분 후부터 7분 후까지 1분 동안 정지했다.

답 (1) 1.4 km (2) 1분

유제 1 ▶ 242001-0489

오른쪽 그래프는 시각 x시일 때, 집으로부터의 거리 y km 사이의 관계를 나타낸 것이다. 동진이가 집에서 9시에 출발하여 하루 동안 자전거를 타고 여행을 다녀왔을 때, 다음 물음에 답하시오.

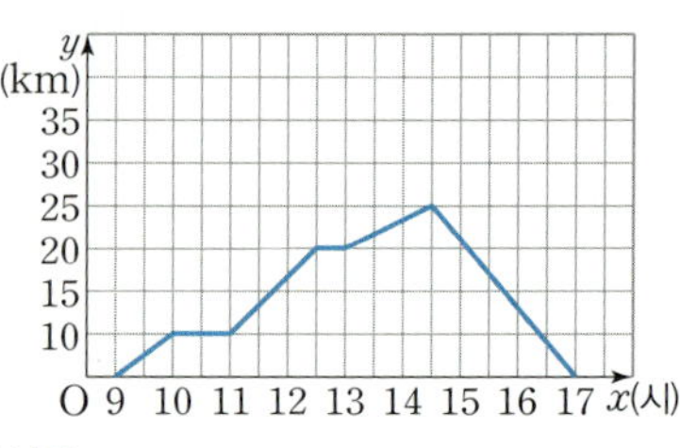

(1) 동진이가 출발한 지 4시간 후에 집에서 떨어진 거리를 구하시오.
(2) 동진이가 1시간 동안의 휴식을 시작한 시각을 구하시오.
(3) 동진이가 집으로 돌아가기 시작한 시각을 구하시오.

예제 2 그래프의 변화

오른쪽과 같은 물병에 시간당 일정한 양의 물을 넣을 때, 다음 중 경과 시간 x에 따른 물의 높이 y 사이의 그래프로 알맞은 것은?

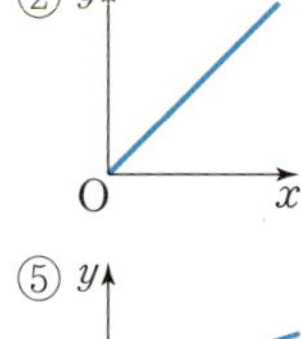 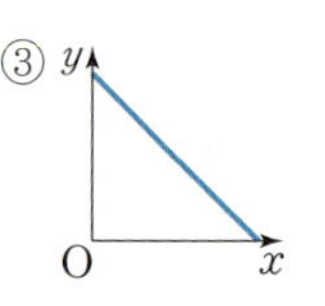

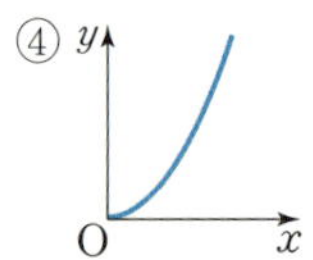 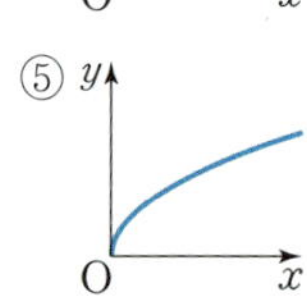

| 풀이 전략 |

물병이 위로 갈수록 폭이 어떻게 변하는지 살펴본다.

| 풀이 |

물병이 위로 갈수록 폭이 넓어지므로 물의 높이는 점점 느리게 증가한다. 따라서 알맞은 그래프는 ⑤이다.

답 ⑤

유제 2 ▶ 242001-0490

오른쪽과 같은 그릇에 시간당 일정한 양의 물을 넣을 때, 다음 중 경과 시간 x에 따른 물의 높이 y 사이의 그래프로 알맞은 것은?

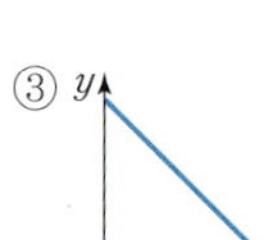

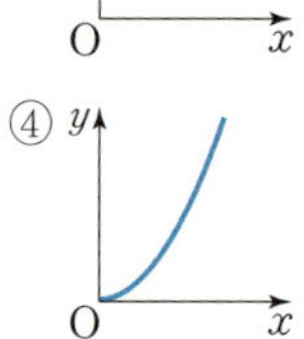 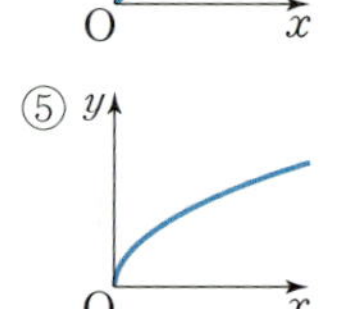

[01~02] 합이 6인 두 자연수 x와 y 사이의 관계는 다음 표와 같다.

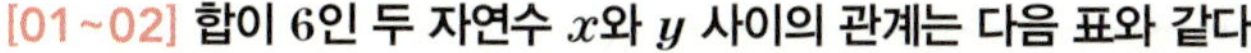

x	1	2	3	4	5
y	5	4	3	2	1

01
▶ 242001-0491

표를 이용하여 순서쌍 (x, y)를 모두 구하시오.

02
▶ 242001-0492

순서쌍 (x, y)를 오른쪽 좌표평면 위에 나타내어 그래프를 그리시오.

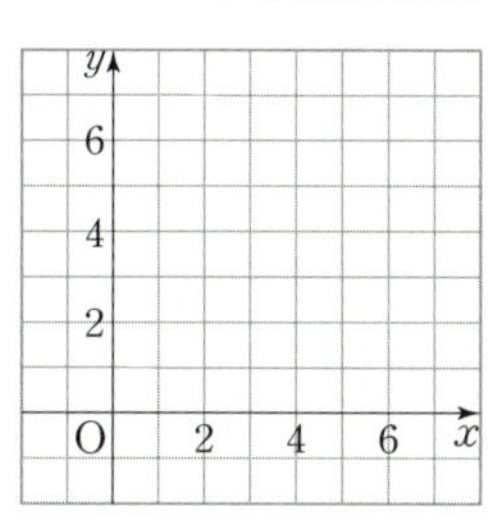

03
▶ 242001-0493

오른쪽 그림은 20 ℃의 물을 가열한 지 x분 후의 온도를 y ℃라 할 때, x와 y 사이의 관계를 그래프로 나타낸 것이다. 이때 물을 100 ℃까지 가열하는 데 걸린 시간을 구하시오.

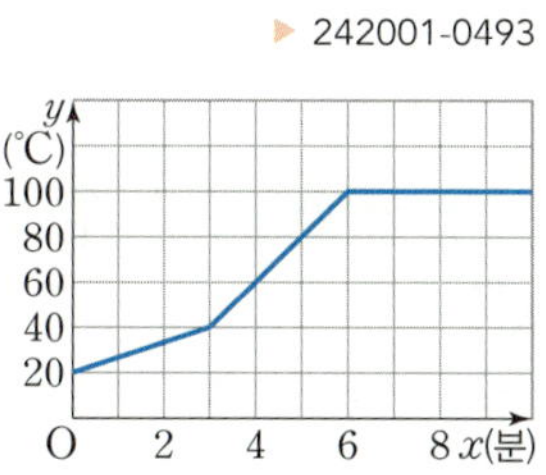

[04~05] 오른쪽 그림은 윤호가 집에서 2 km 떨어져 있는 도서관에 다녀올 때, 집으로부터의 출발 후 경과 시간 x분과 집으로부터의 거리 y km 사이의 관계를 나타낸 그래프이다. 다음 물음에 답하시오.

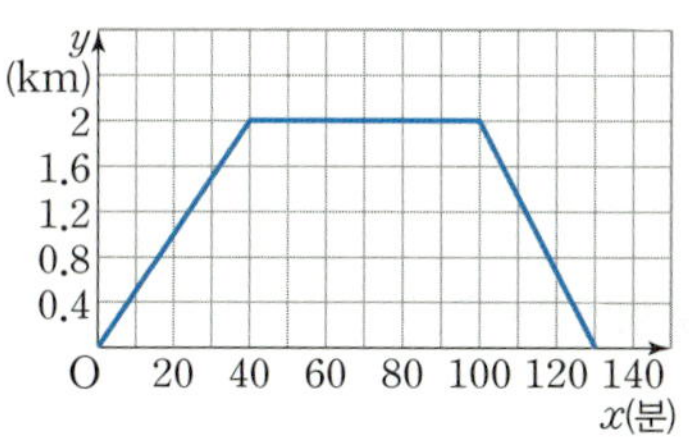

04
▶ 242001-0494

윤호가 도서관까지 다녀오는 데 걸린 시간을 구하시오.

05
▶ 242001-0495

윤호가 도서관에 머무른 시간을 구하시오.

06
▶ 242001-0496

오른쪽 그래프는 어느 자동차가 움직인 시간 x분과 속력 시속 y km 사이의 관계를 나타낸 것이다. 이 그래프를 보고, 다음 각 상황에 해당하는 시간대를 a, b, c 중에서 고르시오.

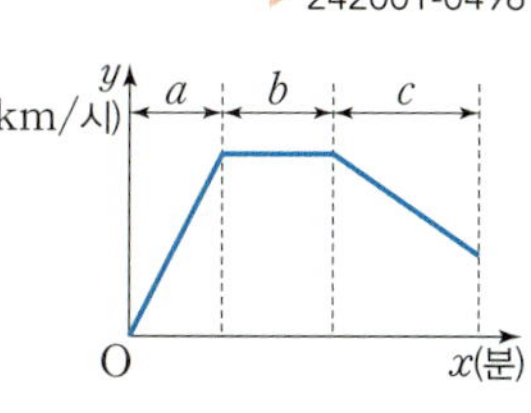

(1) 자동차의 속력을 일정하게 유지하였다.

(2) 자동차의 속력을 높였다.

(3) 자동차의 속력을 낮추었다.

07
▶ 242001-0497

다음 그림과 같은 그릇에 시간당 일정한 양으로 물을 채울 때, 경과 시간 x에 따른 물의 높이 y의 변화를 나타낸 그래프로 알맞은 것을 보기에서 찾으시오.

(1) 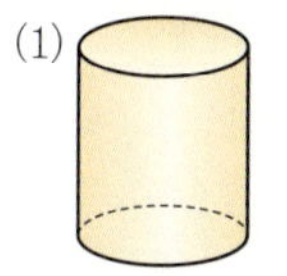　(2) 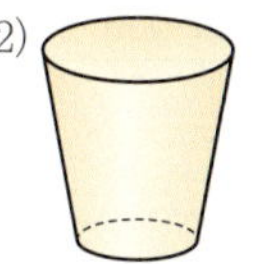　(3) 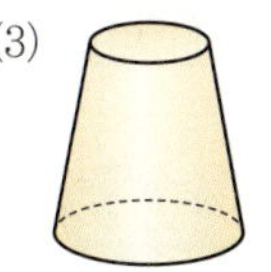

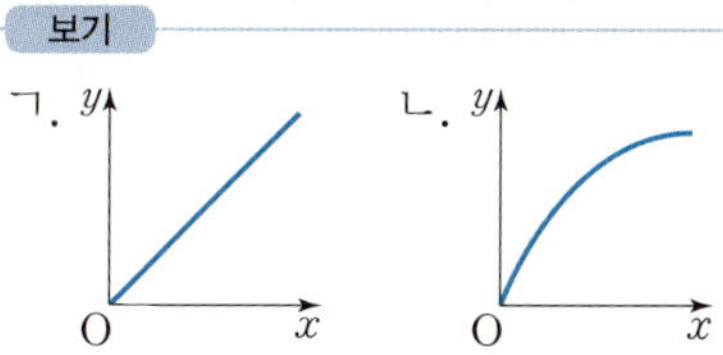

03 정비례와 그 그래프

개념 1 정비례

(1) **정비례**: 두 변수 x, y에서 x의 값이 2배, 3배, 4배, …로 변함에 따라 y의 값도 2배, 3배, 4배, …로 변하는 관계가 있으면 y가 x에 정비례한다고 한다.

(2) y가 x에 정비례하면 $y=ax\,(a\neq0)$인 관계가 성립한다.

또, x와 y 사이에 $y=ax\,(a\neq0)$인 관계가 성립하면 y가 x에 정비례한다.

⑩ 한 변의 길이가 $x\,$cm인 정사각형의 둘레의 길이를 $y\,$cm라 할 때, x와 y 사이의 관계를 표로 나타내면 오른쪽과 같다.

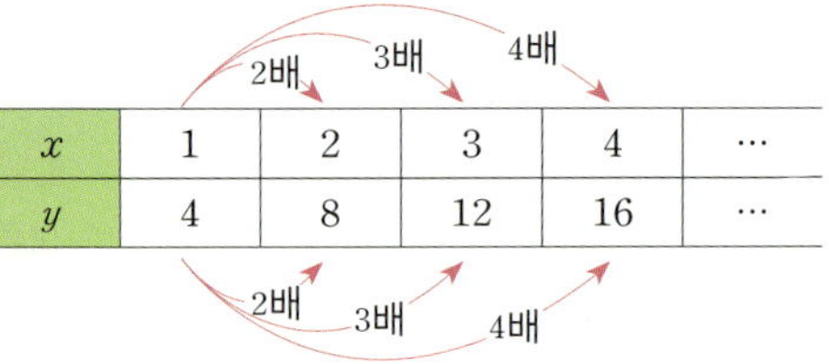

x	1	2	3	4	…
y	4	8	12	16	…

➡ y는 x에 정비례하고 x와 y 사이의 관계식은 $y=4x$이다.

> • x와 y가 정비례하면 x에 대한 y의 비율 $\dfrac{y}{x}$는 일정하다.
> 즉, $y=ax$에서 $\dfrac{y}{x}=a\,($일정$)$

개념 확인 문제 1

한 변의 길이가 $x\,$cm인 정삼각형의 둘레의 길이를 $y\,$cm라 할 때, 다음 표를 완성하고 x와 y 사이의 관계식을 구하시오.

x	1	2	3	4	…
y					…

개념 2 $y=ax\,(a\neq0)$의 그래프

$y=ax\,(a\neq0)$의 그래프는 원점을 지나는 직선이다.

수	$a>0$일 때	$a<0$일 때
그래프	오른쪽 위로 향하는 직선 (원점과 점 $(1,\,a)$를 지나는 직선)	오른쪽 아래로 향하는 직선 (원점과 점 $(1,\,a)$를 지나는 직선)
모양	오른쪽 위로 향하는 직선	오른쪽 아래로 향하는 직선
지나는 사분면	제1사분면, 제3사분면	제2사분면, 제4사분면
증가감소	x의 값이 증가하면 y의 값도 증가	x의 값이 증가하면 y의 값은 감소

> • $y=ax\,(a\neq0)$의 그래프는 원점과 점 $(1,\,a)$를 지나는 직선으로 그린다.
>
> • $y=ax\,(a\neq0)$에서 x의 값이 정해져 있지 않을 때에는 x의 값을 수 전체일 때로 생각한다.
>
> • $y=ax\,(a\neq0)$의 그래프는 a의 절댓값이 클수록 y축에 더 가깝다.

개념 확인 문제 2

다음은 정비례 관계 $y=2x$의 그래프에 대한 설명이다. ☐ 안에 알맞은 것을 써넣으시오.

(1) ☐을 지나고 오른쪽 ☐로 향하는 직선이다.

(2) 제☐사분면과 제☐사분면을 지난다.

(3) x의 값이 증가하면 y의 값도 ☐한다.

대표예제

예제 1 | 정비례 관계

다음 중 y가 x에 정비례하지 <u>않는</u> 것은?

① $y=-4x$ ② $y=\dfrac{2}{5}x$ ③ $y=-\dfrac{5}{x}$

④ $\dfrac{y}{x}=-5$ ⑤ $\dfrac{y}{x}=\dfrac{1}{2}$

| 풀이 전략 |

$y=ax\,(a\neq0)$인 관계가 성립하면 y가 x에 정비례한다.

| 풀이 |

① $y=-4x$는 $y=ax\,(a\neq0)$의 꼴이므로 y가 x에 정비례한다.

② $y=\dfrac{2}{5}x$는 $y=ax\,(a\neq0)$의 꼴이므로 y가 x에 정비례한다.

③ $y=-\dfrac{5}{x}$는 $y=ax\,(a\neq0)$의 꼴로 나타낼 수 없으므로 y가 x에 정비례하지 않는다.

④ $\dfrac{y}{x}=-5$는 $y=-5x$이고 $y=ax\,(a\neq0)$의 꼴로 나타낼 수 있으므로 y가 x에 정비례한다.

⑤ $\dfrac{y}{x}=\dfrac{1}{2}$은 $y=\dfrac{1}{2}x$이고 $y=ax\,(a\neq0)$의 꼴로 나타낼 수 있으므로 y가 x에 정비례한다.

답 ③

예제 2 | 정비례 관계의 식 구하기

y가 x에 정비례하고 $x=4$일 때, $y=16$이다. 이때 x와 y 사이의 관계를 나타내는 식은?

① $y=-4x$ ② $y=-\dfrac{4}{x}$ ③ $y=2x$

④ $y=4x$ ⑤ $y=\dfrac{4}{x}$

| 풀이 전략 |

$y=ax\,(a\neq0)$에 x, y의 값을 각각 대입하여 a의 값을 구한다.

| 풀이 |

y가 x에 정비례하므로 x와 y 사이의 관계식은 $y=ax\,(a\neq0)$와 같이 나타낼 수 있다.

$y=ax$에 $x=4$, $y=16$을 대입하면 $16=4a$, $a=4$

따라서 $y=4x$

답 ④

유제 1 ▶ 242001-0498

다음 중 x의 값이 2배, 3배, 4배, …가 될 때, y의 값도 2배, 3배, 4배, …가 되는 x와 y 사이의 관계식이 <u>아닌</u> 것은?

① $y=-\dfrac{x}{3}$ ② $y=2x$ ③ $xy=8$

④ $\dfrac{y}{x}=7$ ⑤ $\dfrac{y}{x}=-\dfrac{1}{6}$

유제 2 ▶ 242001-0499

다음 중 y가 x에 정비례하는 것을 모두 고르면? (정답 2개)

① $y=-6x$ ② $y=-\dfrac{8}{x}$ ③ $y=-\dfrac{2}{3}x$

④ $y=x-5$ ⑤ $xy=4$

유제 3 ▶ 242001-0500

y가 x에 정비례하고 $x=6$일 때, $y=-10$이다. 이때 x와 y 사이의 관계를 나타내는 식은?

① $y=-60x$ ② $y=-15x$ ③ $y=-3x$

④ $y=-\dfrac{5}{3}x$ ⑤ $y=-\dfrac{3}{5}x$

유제 4 ▶ 242001-0501

y가 x에 정비례하고 $x=5$일 때, $y=-20$이다. $x=-2$일 때, y의 값은?

① -8 ② -4 ③ 2

④ 4 ⑤ 8

대표예제

예제 3 — $y=ax\,(a\neq 0)$의 그래프 위의 점

다음 중 정비례 관계 $y=-3x$의 그래프 위의 점이 <u>아닌</u> 것은?

① $(-4,\ 12)$ ② $(-2,\ 6)$ ③ $(0,\ 0)$

④ $(3,\ -6)$ ⑤ $(5,\ -15)$

| 풀이 전략 |

$y=-3x$에 각 점의 x좌표, y좌표를 대입하여 등식이 성립하면 $y=-3x$의 그래프 위의 점이다.

| 풀이 |

$y=-3x$에 각 점의 x좌표, y좌표를 각각 대입한다.

① $x=-4$, $y=12$를 대입하면 $12=-3\times(-4)$

② $x=-2$, $y=6$을 대입하면 $6=-3\times(-2)$

③ $x=0$, $y=0$을 대입하면 $0=-3\times 0$

④ $x=3$, $y=-6$을 대입하면 $-6\neq-3\times 3$

⑤ $x=5$, $y=-15$를 대입하면 $-15=-3\times 5$

따라서 ④ $(3,\ -6)$은 그래프 위의 점이 아니다.

답 ④

유제 5 ▶ 242001-0502

다음 중 정비례 관계 $y=-\dfrac{2}{3}x$의 그래프 위의 점은?

① $(-9,\ -6)$ ② $(-6,\ -4)$ ③ $(2,\ -3)$

④ $(3,\ -2)$ ⑤ $(12,\ -9)$

유제 6 ▶ 242001-0503

정비례 관계 $y=\dfrac{3}{4}x$의 그래프가 점 $(4a,\ a-4)$를 지날 때, a의 값은?

① -3 ② -2 ③ -1

④ 1 ⑤ 2

예제 4 — 정비례 관계의 그래프의 식 구하기

오른쪽 그래프가 나타내는 식은?

① $y=x$ ② $y=\dfrac{2}{3}x$

③ $y=\dfrac{3}{2}x$ ④ $y=2x$

⑤ $y=3x$

| 풀이 전략 |

$y=ax\,(a\neq 0)$에 그래프 위의 점의 x좌표, y좌표를 대입하여 a의 값을 구한다.

| 풀이 |

원점을 지나는 직선이므로 x와 y 사이의 관계식은 $y=ax\,(a\neq 0)$와 같이 나타낼 수 있다.

$y=ax$에 $x=2$, $y=3$을 대입하면

$3=2a$, $a=\dfrac{3}{2}$

따라서 $y=\dfrac{3}{2}x$

답 ③

유제 7 ▶ 242001-0504

오른쪽 그림과 같이 점 $(-10,\ 4)$가 정비례 관계 $y=ax$의 그래프 위에 있을 때, a의 값을 구하시오.

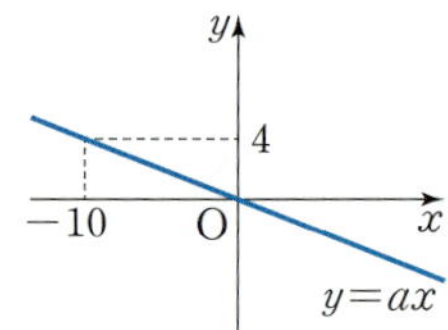

유제 8 ▶ 242001-0505

다음 중 오른쪽 그래프 위의 점은?

① $(-9,\ 12)$ ② $(-6,\ 9)$

③ $(1,\ 2)$ ④ $(3,\ 2)$

⑤ $(4,\ 3)$

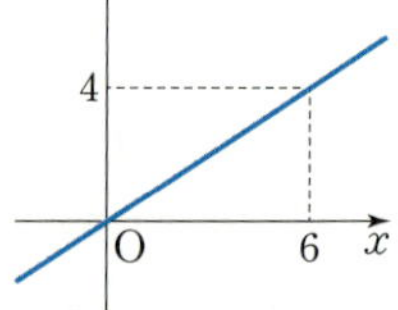

01
▶ 242001-0506

다음 중 y가 x에 정비례하는 것을 모두 고르면? (정답 2개)

① $y=-5x$ ② $y=\dfrac{3}{x}$ ③ $y=\dfrac{x}{2}$

④ $y=x+1$ ⑤ $xy=2$

02
▶ 242001-0507

y가 x에 정비례하고 $x=6$일 때, $y=2$이다. $x=-9$일 때, y의 값은?

① -5 ② -4 ③ -3

④ -2 ⑤ -1

03
▶ 242001-0508

정비례 관계 $y=-\dfrac{5}{2}x$의 그래프가 점 $(a,\ -3a-2)$를 지날 때, a의 값은?

① -4 ② -2 ③ 0

④ 2 ⑤ 4

04
▶ 242001-0509

정비례 관계 $y=ax$의 그래프가 두 점 $(6,\ 10)$, $(-9,\ b)$를 지날 때, ab의 값은?

① -25 ② -21 ③ -20

④ -18 ⑤ -15

05
▶ 242001-0510

다음 중 정비례 관계 $y=-\dfrac{3}{4}x$의 그래프는?

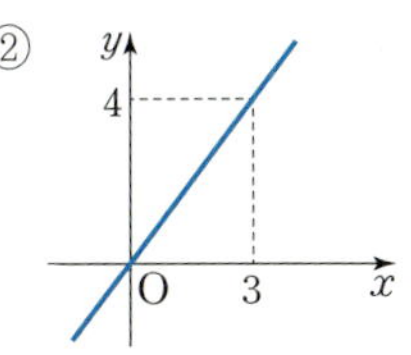

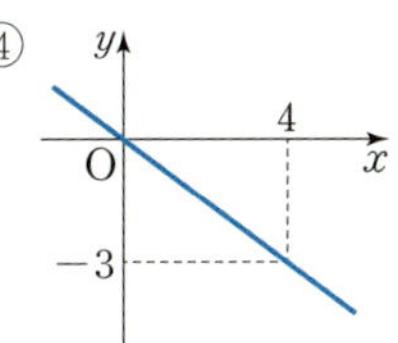

06
▶ 242001-0511

다음 중 오른쪽 그래프 위의 점은?

① $(-6,\ 12)$ ② $(-2,\ 4)$

③ $(-1,\ 3)$ ④ $(2,\ -6)$

⑤ $(6,\ -15)$

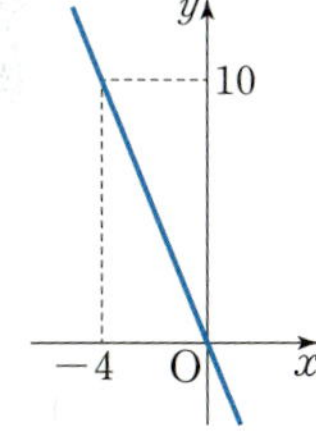

07
▶ 242001-0512

다음 중 정비례 관계 $y=-\dfrac{1}{2}x$의 그래프에 대한 설명으로 옳은 것은?

① 원점을 지나지 않는다.

② 점 $(-6,\ -3)$을 지난다.

③ 제1사분면과 제3사분면을 지난다.

④ x의 값이 증가하면 y의 값은 감소한다.

⑤ 정비례 관계 $y=-x$의 그래프보다 y축에 가깝다.

04 반비례와 그 그래프

개념 1 반비례

(1) **반비례:** 두 변수 x, y에서 x의 값이 2배, 3배, 4배, …로 변함에 따라 y의 값은 $\frac{1}{2}$배, $\frac{1}{3}$배, $\frac{1}{4}$배, …로 변하는 관계가 있으면 y가 x에 반비례한다고 한다.

(2) y가 x에 반비례하면 $y = \dfrac{a}{x}\,(a \neq 0)$인 관계가 성립한다.

또, x와 y 사이에 $y = \dfrac{a}{x}\,(a \neq 0)$인 관계가 성립하면 y가 x에 반비례한다.

> ⓔ 사탕 60개를 x개씩 y명에게 똑같이 나누어 줄 때, x와 y 사이의 관계를 표로 나타내면 오른쪽과 같다.
>
> ➡ y는 x에 반비례하고 x와 y 사이의 관계식은 $y = \dfrac{60}{x}$이다.

x	1	2	3	4	…
y	60	30	20	15	…

· x와 y가 반비례하면 x와 y의 곱 xy는 일정하다.

즉, $y = \dfrac{a}{x}$에서 $xy = a$(일정)

개념 확인 문제 1

귤 36개를 x개씩 y명에게 똑같이 나누어 줄 때, 다음 표를 완성하고 x와 y 사이의 관계식을 구하시오.

x	1	2	3	4	…
y					…

개념 2 $y = \dfrac{a}{x}\,(a \neq 0)$의 그래프

$y = \dfrac{a}{x}\,(a \neq 0)$의 그래프는 좌표축에 한없이 가까워지는 한 쌍의 매끄러운 곡선이다.

수	$a > 0$일 때	$a < 0$일 때
그래프		
지나는 사분면	제1사분면, 제3사분면	제2사분면, 제4사분면
증가감소	각 사분면 내에서 x의 값이 증가하면 y의 값은 감소	각 사분면 내에서 x의 값이 증가하면 y의 값도 증가

· $y = \dfrac{a}{x}\,(a \neq 0)$의 그래프는 점 $(1, a)$를 지나는 곡선과 점 $(-1, -a)$를 지나는 곡선이다.

· $y = \dfrac{a}{x}\,(a \neq 0)$에서 x의 값이 정해져 있지 않을 때에는 x의 값이 0을 제외한 수 전체일 때로 생각한다.

· $y = \dfrac{a}{x}\,(a \neq 0)$의 그래프는 a의 절댓값이 작을수록 좌표축에 더 가깝다.

개념 확인 문제 2

다음은 반비례 관계 $y = \dfrac{3}{x}$의 그래프에 대한 설명이다. ☐ 안에 알맞은 것을 써넣으시오.

(1) 두 좌표축에 한없이 가까워지는 한 쌍의 매끄러운 ☐이다.

(2) 제 ☐ 사분면과 제 ☐ 사분면을 지난다.

(3) 각 사분면 내에서 x의 값이 증가하면 y의 값은 ☐한다.

대표예제

예제 1 반비례 관계

다음 중 y가 x에 반비례하지 <u>않는</u> 것은?

① $y=\dfrac{5}{x}$ ② $xy=3$ ③ $\dfrac{y}{x}=-2$

④ $xy=-6$ ⑤ $y=-\dfrac{4}{x}$

| 풀이 전략 |

$y=\dfrac{a}{x}(a\neq0)$인 관계가 성립하면 y가 x에 반비례한다.

| 풀이 |

① $y=\dfrac{5}{x}$는 $y=\dfrac{a}{x}(a\neq0)$의 꼴이므로 y가 x에 반비례한다.

② $xy=3$은 $y=\dfrac{3}{x}$이고 $y=\dfrac{a}{x}(a\neq0)$의 꼴로 나타낼 수 있으므로 y가 x에 반비례한다.

③ $\dfrac{y}{x}=-2$는 $y=-2x$이고 $y=\dfrac{a}{x}(a\neq0)$의 꼴로 나타낼 수 없으므로 y가 x에 반비례하지 않는다.

④ $xy=-6$은 $y=-\dfrac{6}{x}$이고 $y=\dfrac{a}{x}(a\neq0)$의 꼴로 나타낼 수 있으므로 y가 x에 반비례한다.

⑤ $y=-\dfrac{4}{x}$는 $y=\dfrac{a}{x}(a\neq0)$의 꼴이므로 y가 x에 반비례한다.

답 ③

예제 2 반비례 관계의 식 구하기

y가 x에 반비례하고 $x=-12$일 때, $y=4$이다. 이때 x와 y 사이의 관계식을 구하시오.

| 풀이 전략 |

$y=\dfrac{a}{x}(a\neq0)$에 x, y의 값을 각각 대입하여 a의 값을 구한다.

| 풀이 |

y가 x에 반비례하므로 $y=\dfrac{a}{x}$에 $x=-12$, $y=4$를 대입하면

$4=\dfrac{a}{-12}$, $a=-48$

따라서 $y=-\dfrac{48}{x}$

답 $y=-\dfrac{48}{x}$

유제 1
▶ 242001-0513

다음 중 x의 값이 2배, 3배, 4배, …가 될 때, y의 값은 $\dfrac{1}{2}$배, $\dfrac{1}{3}$배, $\dfrac{1}{4}$배, …가 되는 x와 y 사이의 관계식이 <u>아닌</u> 것은?

① $y=\dfrac{3}{x}$ ② $xy=-7$ ③ $\dfrac{y}{x}=\dfrac{2}{3}$

④ $xy=1$ ⑤ $y=\dfrac{2}{x}$

유제 2
▶ 242001-0514

다음 중 y가 x에 반비례하는 것을 모두 고르면? (정답 2개)

① $y=-3x$ ② $y=\dfrac{3}{2}x$ ③ $y=-\dfrac{7}{x}$

④ $y=x+3$ ⑤ $xy=\dfrac{1}{3}$

유제 3
▶ 242001-0515

y가 x에 반비례하고 $x=2$일 때, $y=15$이다. 이때 x와 y 사이의 관계를 나타내는 식은?

① $y=\dfrac{2}{15}x$ ② $y=\dfrac{2}{x}$ ③ $y=\dfrac{15}{x}$

④ $y=\dfrac{30}{x}$ ⑤ $y=\dfrac{40}{x}$

유제 4
▶ 242001-0516

y가 x에 반비례하고 $x=12$일 때, $y=3$이다. $x=-4$일 때, y의 값은?

① -9 ② -6 ③ -3

④ 3 ⑤ 6

대표예제

예제 3 · $y=\dfrac{a}{x}\,(a\neq0)$의 그래프 위의 점

다음 중 반비례 관계 $y=-\dfrac{18}{x}$의 그래프 위의 점이 <u>아닌</u> 것은?

① $(-9,\ 2)$ 　② $(-2,\ -9)$ 　③ $(1,\ -18)$

④ $(2,\ -9)$ 　⑤ $(18,\ -1)$

| 풀이 전략 |

$y=-\dfrac{18}{x}$에 각 점의 x좌표, y좌표를 대입하여 등식이 성립하면 $y=-\dfrac{18}{x}$의 그래프 위의 점이다.

| 풀이 |

$y=-\dfrac{18}{x}$에 각 점의 x좌표, y좌표를 대입한다.

① $x=-9,\ y=2$를 대입하면 $2=-\dfrac{18}{-9}$

② $x=-2,\ y=-9$를 대입하면 $-9\neq-\dfrac{18}{-2}$

③ $x=1,\ y=-18$을 대입하면 $-18=-\dfrac{18}{1}$

④ $x=2,\ y=-9$를 대입하면 $-9=-\dfrac{18}{2}$

⑤ $x=18,\ y=-1$을 대입하면 $-1=-\dfrac{18}{18}$

답 ②

유제 5 　▶ 242001-0517

다음 중 반비례 관계 $y=-\dfrac{8}{x}$의 그래프 위의 점은?

① $\left(-16,\ -\dfrac{1}{2}\right)$ 　② $(-8,\ -1)$ 　③ $\left(-4,\ \dfrac{1}{2}\right)$

④ $(2,\ -4)$ 　⑤ $(6,\ -2)$

유제 6 　▶ 242001-0518

반비례 관계 $y=\dfrac{a}{x}$의 그래프가 두 점 $(4,\ -8)$, $(b,\ -16)$을 지날 때, $b-a$의 값은?

① 30 　② 32 　③ 34

④ 36 　⑤ 38

예제 4 · 반비례 관계의 그래프의 식 구하기

오른쪽 그래프가 나타내는 식은?

① $y=-20x$ 　② $y=-\dfrac{20}{x}$

③ $y=-\dfrac{10}{x}$ 　④ $y=\dfrac{20}{x}$

⑤ $y=20x$

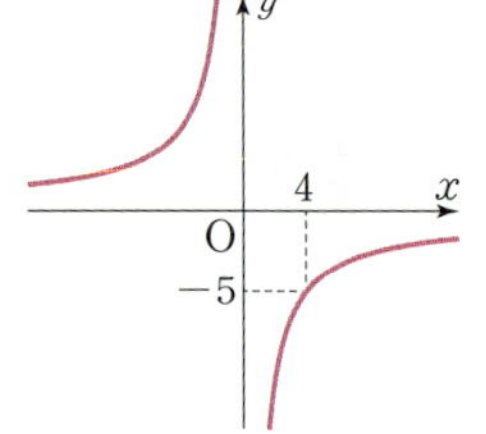

| 풀이 전략 |

$y=\dfrac{a}{x}\,(a\neq0)$에 그래프 위의 점의 x좌표, y좌표를 대입하여 a의 값을 구한다.

| 풀이 |

좌표축에 한없이 가까워지는 한 쌍의 매끄러운 곡선이므로 $y=\dfrac{a}{x}$에 $x=4,\ y=-5$를 대입하면 $-5=\dfrac{a}{4},\ a=-20$

따라서 $y=-\dfrac{20}{x}$

답 ②

유제 7 　▶ 242001-0519

오른쪽 그림과 같이 점 $(3,\ -8)$이 반비례 관계 $y=\dfrac{a}{x}$의 그래프 위의 점일 때, a의 값을 구하시오.

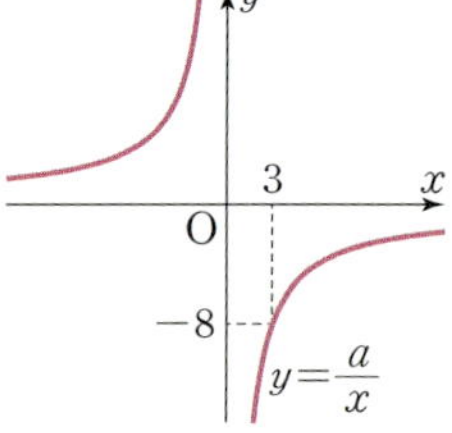

유제 8 　▶ 242001-0520

다음 중 오른쪽 그림과 같은 그래프 위의 점은?

① $(-3,\ -18)$ 　② $(-1,\ -20)$

③ $(2,\ 10)$ 　④ $(5,\ 6)$

⑤ $(6,\ 10)$

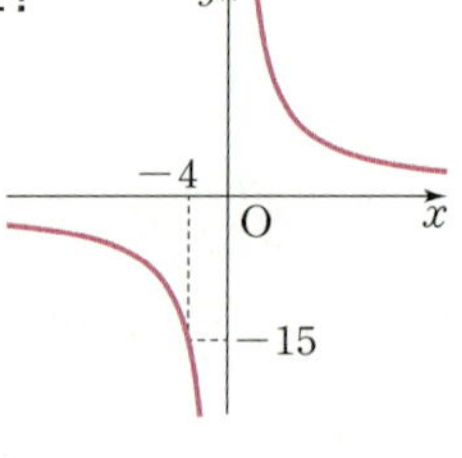

01

▶ 242001-0521

다음 중 y가 x에 반비례하는 것을 모두 고르면? (정답 2개)

① $y=-\dfrac{x}{3}$ ② $y=-\dfrac{4}{x}$ ③ $\dfrac{y}{x}=3$

④ $y-x=2$ ⑤ $xy=-5$

02

▶ 242001-0522

y가 x에 반비례하고 $x=8$일 때, $y=-8$이다. $y=32$일 때, x의 값은?

① -4 ② -2 ③ 1

④ 2 ⑤ 4

03

▶ 242001-0523

반비례 관계 $y=-\dfrac{36}{x}$의 그래프가 두 점 $(8, a)$, $(b, -9)$를 지날 때, ab의 값은?

① -36 ② -24 ③ -18

④ -16 ⑤ -12

04

▶ 242001-0524

반비례 관계 $y=\dfrac{a}{x}$의 그래프가 두 점 $(6, 10)$, $(-4, b)$를 지날 때, $a+b$의 값은?

① 41 ② 42 ③ 43

④ 44 ⑤ 45

05

▶ 242001-0525

다음 중 반비례 관계 $y=-\dfrac{12}{x}$의 그래프는?

①   ② 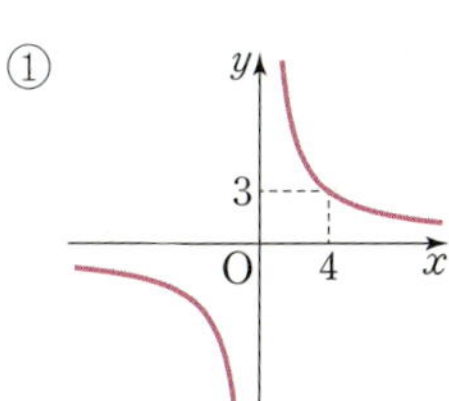

③   ④ 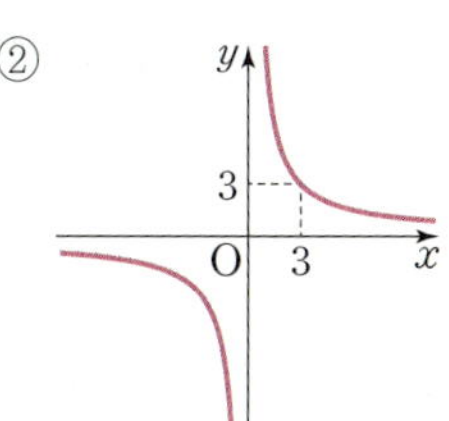

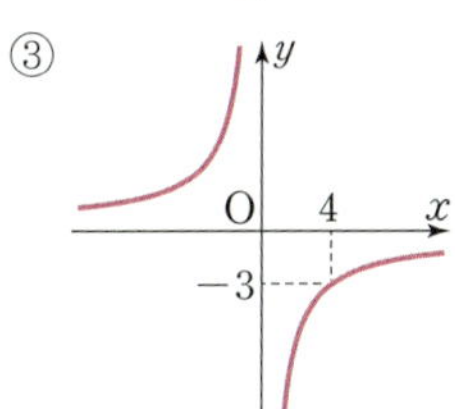
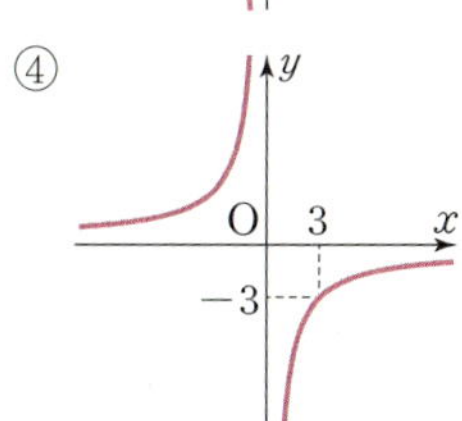

⑤ 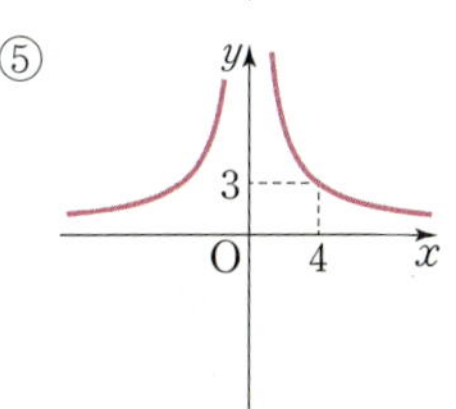

06

▶ 242001-0526

다음 중 오른쪽 그림과 같은 그래프 위의 점은?

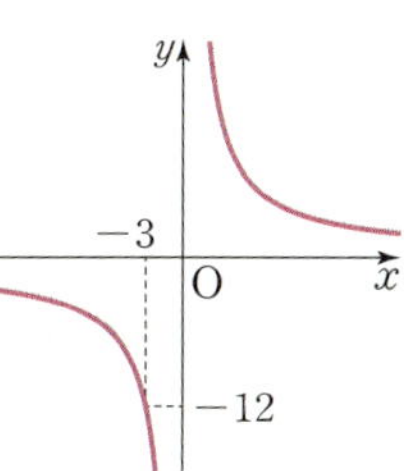

① $(-6, 6)$ ② $(-2, 19)$

③ $(-1, -32)$ ④ $(4, 9)$

⑤ $(8, 4)$

07

▶ 242001-0527

다음 중 반비례 관계 $y=\dfrac{16}{x}$의 그래프에 대한 설명으로 옳은 것은?

① 원점을 지난다.

② 점 $(-2, 8)$을 지난다.

③ 점 $(8, 0)$에서 x축과 만난다.

④ 점 $(0, 16)$에서 y축과 만난다.

⑤ 제1사분면과 제3사분면을 지난다.

Level 1

01
▶ 242001-0528

다음 수직선 위의 세 점 $A(a)$, $B(b)$, $C(c)$에 대하여 $a-b+c$의 값은?

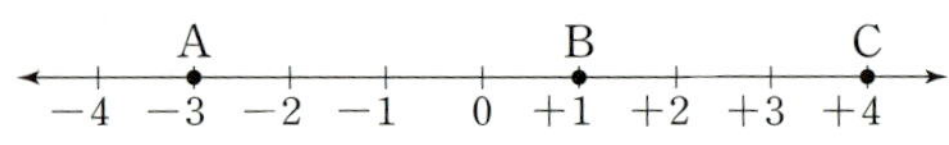

① -2 ② -1 ③ 0
④ 1 ⑤ 2

02

▶ 242001-0529

두 순서쌍 $(2a, 8)$, $(-6, 4b)$가 서로 같을 때, $b-a$의 값은?

① 1 ② 2 ③ 3
④ 4 ⑤ 5

03
▶ 242001-0530

오른쪽 좌표평면 위의 점 P의 좌표는?

① $(-3, -4)$ ② $(-4, -3)$
③ $(3, -4)$ ④ $(4, -3)$
⑤ $(3, 4)$

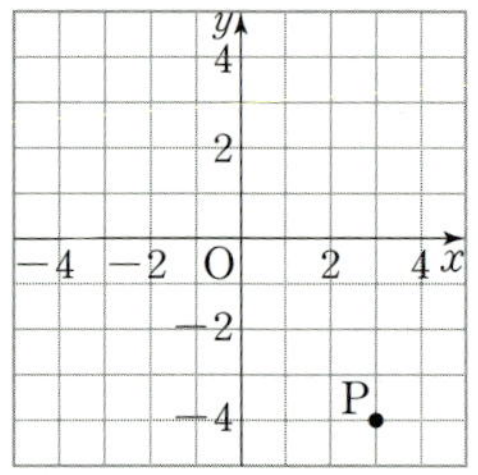

04
▶ 242001-0531

다음 중 좌표축 위의 점이 <u>아닌</u> 것은?

① $(-5, 0)$ ② $(0, 5)$ ③ $(0, 0)$
④ $(2, 0)$ ⑤ $(1, 1)$

05
▶ 242001-0532

자동차가 시속 $70\,km$로 x시간 동안 달린 거리를 $y\,km$라 할 때, 다음 물음에 답하시오.

(1) 표를 완성하시오.

x	1	2	3	4	$\cdots$
y					$\cdots$

(2) x와 y 사이의 관계식을 구하시오.

06
▶ 242001-0533

정비례 관계 $y=ax$의 그래프가 점 $(-6, 4)$를 지날 때, a의 값은?

① -6 ② $-\dfrac{3}{2}$ ③ $-\dfrac{2}{3}$
④ $\dfrac{2}{3}$ ⑤ $\dfrac{3}{2}$

07
▶ 242001-0534

넓이가 $48\,cm^2$인 직사각형의 가로의 길이를 $x\,cm$, 세로의 길이를 $y\,cm$라 할 때, 다음 물음에 답하시오.

(1) 표를 완성하시오.

x	1	2	3	4	$\cdots$
y					$\cdots$

(2) x와 y 사이의 관계식을 구하시오.

08
▶ 242001-0535

반비례 관계 $y=\dfrac{a}{x}$의 그래프가 점 $(3, -4)$를 지날 때, a의 값은?

① -12 ② -6 ③ -3
④ 6 ⑤ 12

Level ❷

09
▶ 242001-0536

두 순서쌍 $(2a+4, b+3)$, $(2+a, 3b-5)$가 서로 같을 때, $a+b$의 값은?

① 1   ② 2   ③ 3
④ 4   ⑤ 5

10
▶ 242001-0537

$|a|=2$, $|b|=7$일 때, 나타낼 수 있는 순서쌍 (a, b)의 개수는?

① 1   ② 2   ③ 3
④ 4   ⑤ 5

11
▶ 242001-0538

두 점 $A(2a-4, 5-2a)$, $B(2b+3, 1-b)$가 각각 x축, y축 위의 점일 때, $a+b$의 값은?

① -2 ② -1 ③ 0
④ 1   ⑤ 2

12
▶ 242001-0539

좌표평면에 대한 다음 설명 중 옳지 <u>않은</u> 것은?

① y축 위의 점은 x좌표가 0이다.
② x축과 y축이 만나는 점은 원점이다.
③ x축과 y축을 통틀어 좌표축이라고 한다.
④ $P(a, b)$에서 a를 점 P의 y좌표라고 한다.
⑤ 좌표축 위의 점은 어느 사분면에도 속하지 않는다.

13
▶ 242001-0540

세 점 $A(-2, 2)$, $B(4, -5)$, $C(4, 2)$를 좌표평면 위에 나타낼 때, 세 점을 꼭짓점으로 하는 삼각형 ABC의 넓이는?

① 20   ② 21   ③ 22
④ 23   ⑤ 24

14
▶ 242001-0541

점 $P(-a, b)$가 제3사분면 위의 점일 때, 다음 중 제4사분면 위의 점은?

① $A(-a, -b)$ ② $B(-b, -a)$
③ $C(-b, a)$ ④ $D(ab, b)$
⑤ $E(b, a)$

15
▶ 242001-0542

$a-b>0$, $ab<0$일 때, 다음 중 점 $P(-a, b)$와 같은 사분면 위의 점은?

① $A(-2, -5)$ ② $B(-4, 2)$
③ $C(0, 3)$ ④ $D(3, -1)$
⑤ $E(5, 1)$

16
▶ 242001-0543

일정한 속력으로 달리던 버스가 승객을 태우기 위하여 잠시 멈추었다가 출발하여 다시 일정한 속력으로 달렸다. 경과 시간 x에 따른 버스의 속력 y 사이의 그래프로 알맞은 것은?

① 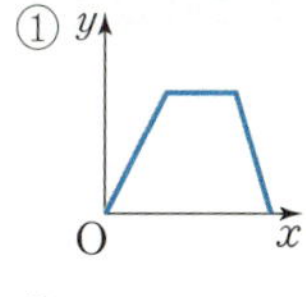
② 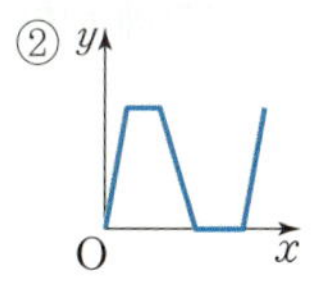
③ 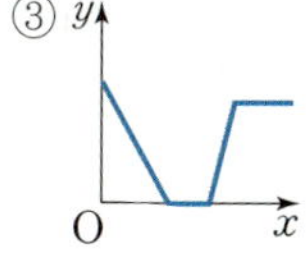
④ 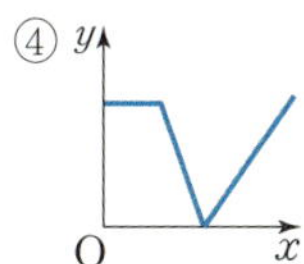
⑤ 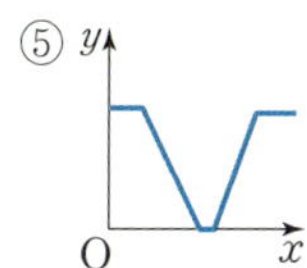

[17~18] 다음 그림은 시계 방향으로 운행하는 대관람차가 운행을 시작한 후 경과 시간 x분에 따른 대관람차 A칸의 지면으로부터의 높이 y m 사이의 관계를 나타낸 그래프이다. 물음에 답하시오

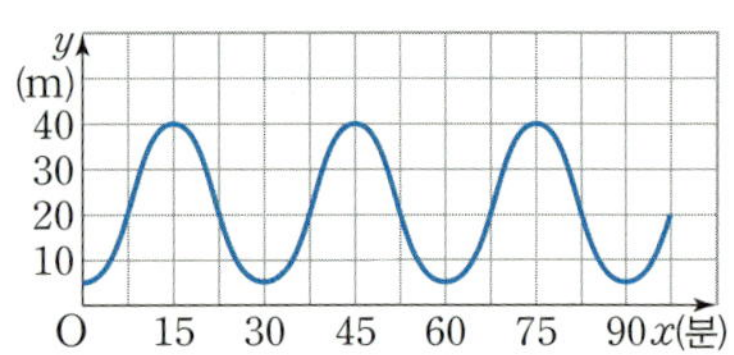

17
▶ 242001-0544

운행을 시작한 지 45분 후 A칸의 지면으로부터의 높이를 구하시오.

18
▶ 242001-0545

운행을 시작한 후 90분 동안 대관람차는 몇 바퀴 회전했는지 구하시오.

19
▶ 242001-0546

다음 보기에서 x의 값이 2배, 3배, 4배, …가 될 때, y의 값도 2배, 3배, 4배, …가 되는 x와 y 사이의 관계를 나타내는 식을 모두 고르시오.

보기

ㄱ. $y=\dfrac{1}{4}x$　　　　ㄴ. $xy=-8$

ㄷ. $y=x+3$　　　　ㄹ. $\dfrac{y}{x}=-6$

ㅁ. $y=-\dfrac{5}{x}$

20
▶ 242001-0547

다음 중 정비례 관계 $y=6x$의 그래프에 대한 설명으로 옳지 <u>않은</u> 것은?

① 원점을 지나는 직선이다.
② 점 $(-2,\ -12)$를 지난다.
③ 제1사분면과 제3사분면을 지난다.
④ x의 값이 증가하면 y의 값도 증가한다.
⑤ 정비례 관계 $y=-3x$의 그래프보다 y축에서 멀다.

21
▶ 242001-0548

5 L의 휘발유로 80 km를 가는 자동차가 있다. 이 자동차가 x L의 휘발유로 갈 수 있는 거리를 y km라 할 때, x와 y 사이의 관계식은?

① $y=20x$　　② $y=18x$　　③ $y=16x$

④ $y=14x$　　⑤ $y=12x$

22
▶ 242001-0549

정비례 관계 $y=-2x$의 그래프가 두 점 $(a,\ -3)$, $\left(-\dfrac{4}{3},\ b\right)$를 지날 때, ab의 값은?

① 1　　　　② 2　　　　③ 3
④ 4　　　　⑤ 5

23
▶ 242001-0550

오른쪽 그림과 같이 $y=ax$의 그래프가 두 점 $(-9,\ 12)$, $(b,\ -4)$를 지날 때, $6a+b$의 값은?

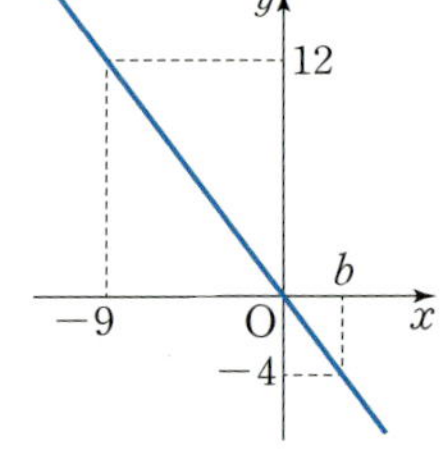

① -5　　　　② -4
③ -3　　　　④ -2
⑤ -1

24
▶ 242001-0551

오른쪽 그림과 같이 $y=\dfrac{5}{4}x$의 그래프 위의 한 점 A에서 x축에 수직인 직선을 그었을 때, x축과 만나는 점 B의 좌표는 $(10,\ 0)$이다. 이때 삼각형 AOB의 넓이는?

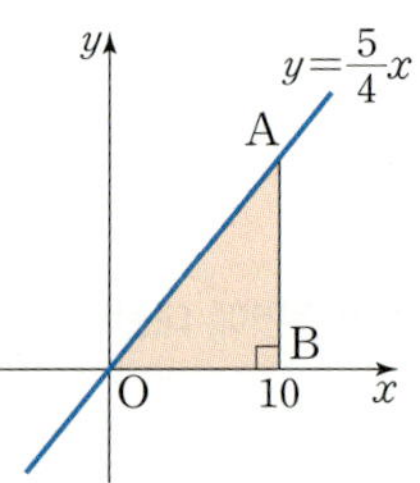

① $\dfrac{121}{2}$　　　　② 61

③ $\dfrac{123}{2}$　　　　④ 62

⑤ $\dfrac{125}{2}$

25

▶ 242001-0552

다음 중 x의 값이 2배, 3배, 4배, …가 될 때, y의 값은 $\frac{1}{2}$배, $\frac{1}{3}$배, $\frac{1}{4}$배, …가 되는 x와 y 사이의 관계를 나타내는 식은?

① $y=-3x$ ② $y=\frac{x}{7}$ ③ $\frac{y}{x}=-9$

④ $y=\frac{1}{x}+4$ ⑤ $y=-\frac{10}{x}$

26

▶ 242001-0553

반비례 관계 $y=-\dfrac{16}{x}$의 그래프 위의 점 중에서 x좌표, y좌표가 모두 정수인 점의 개수는?

① 6   ② 7   ③ 8

④ 9   ⑤ 10

27 ⭐중요

▶ 242001-0554

오른쪽 그림과 같이 두 점 $(a,\ -9)$와 $(3,\ b)$가 $y=\dfrac{18}{x}$의 그래프 위의 점일 때, $b-a$의 값은?

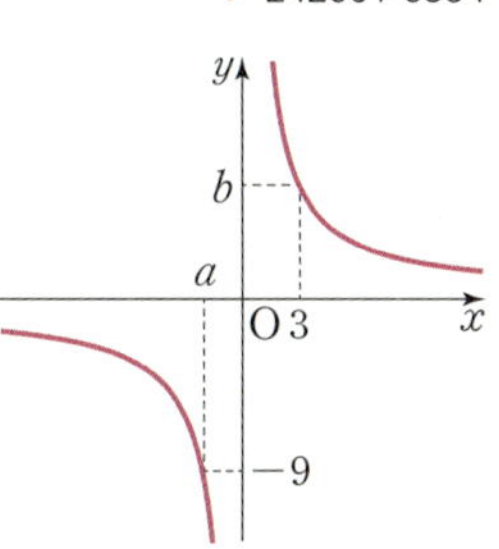

① 6   ② 7
③ 8   ④ 9
⑤ 10

28

▶ 242001-0555

오른쪽 그림은 $y=-\dfrac{3}{4}x$, $y=\dfrac{a}{x}$의 그래프이다. 두 그래프가 만나는 점 P의 x좌표가 -8일 때, a의 값은?

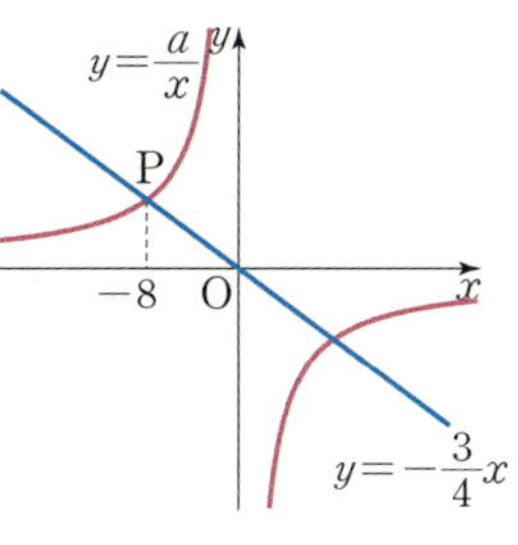

① -56 ② -48
③ -40 ④ -32
⑤ -24

29

▶ 242001-0556

세 점 $A(-4,\ 2)$, $B(2,\ -4)$, $C(4,\ 4)$를 좌표평면 위에 나타내었을 때, 삼각형 ABC의 넓이를 구하시오.

30

▶ 242001-0557

점 $A\left(\dfrac{7-2a}{3},\ 8a+6\right)$이 어느 사분면에도 속하지 않도록 하는 모든 a의 값의 합을 구하시오.

31

▶ 242001-0558

오른쪽 그림과 같이 두 점 A, C는 각각 정비례 관계 $y=2x$, $y=\dfrac{1}{3}x$의 그래프 위의 점이고 사각형 ABCD는 한 변의 길이가 5인 정사각형이다. 이때 점 D의 좌표를 구하시오. (단, 두 점 A, B의 x좌표는 같다.)

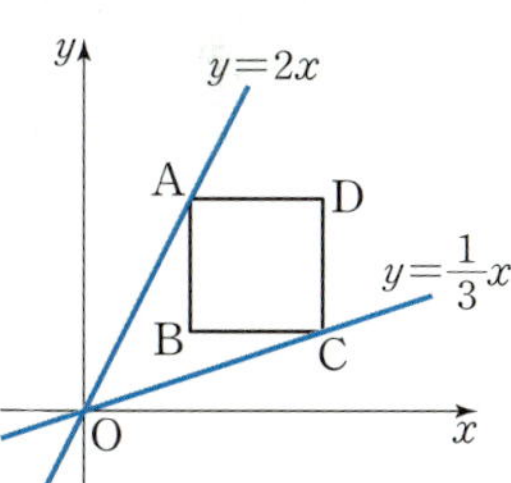

32

▶ 242001-0559

오른쪽 그림과 같이 $y=\dfrac{4}{3}x$의 그래프와 $y=\dfrac{a}{x}$의 그래프가 점 $A(b,\ 8)$에서 만난다. 점 $(12,\ c)$가 $y=\dfrac{a}{x}$의 그래프 위의 점일 때, $a-b+c$의 값을 구하시오.

 서술형으로 중단원 마무리

STEP 1 서술형 예제

242001-0560

y가 x에 정비례하고 x와 y 사이의 관계가 다음 표와 같을 때, $A+B$의 값을 구하시오.

x	-3	4	B
y	A	8	12

| 풀이 |

y가 x에 정비례하므로 x와 y 사이의 관계식은 $y=ax\,(a\neq 0)$와 같이 나타낼 수 있다.

$y=ax$에 $x=4$, $y=\boxed{}$을 대입하면

$\boxed{}=4a$, $a=\boxed{}$

이므로 $y=2x$

$y=2x$에 $x=\boxed{}$, $y=A$를 대입하면

$A=2\times(\boxed{})=\boxed{}$

$y=2x$에 $x=B$, $y=\boxed{}$를 대입하면

$\boxed{}=2B$, $B=\boxed{}$

따라서 $A+B=-6+\boxed{}=\boxed{}$

STEP 2 서술형 유제로 한 번 더!

242001-0561

y가 x에 정비례하고 x와 y 사이의 관계가 다음 표와 같을 때, $A+B$의 값을 구하시오.

x	-4	6	B
y	A	-9	-15

| 풀이 |

기출문제로 완벽하게!

▶ 242001-0562

1. 좌표평면 위의 두 점 $A(5a+15,\ 10-4a)$와 $B(16-5b,\ 3b-12)$가 각각 x축, y축 위에 있을 때, ab의 값을 구하시오.

| 풀이 |

▶ 242001-0563

2. 오른쪽 그림과 같이 점 $(-6,\ -9)$를 지나는 $y=ax$의 그래프가 점 $(b,\ 2b+2)$를 지날 때, $a+b$의 값을 구하시오.

| 풀이 |

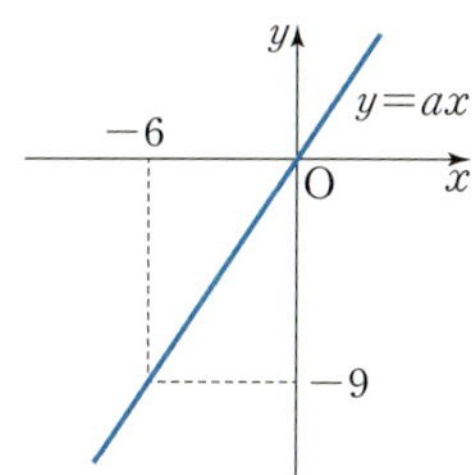

▶ 242001-0564

3. y가 x에 반비례하고 x와 y 사이의 관계가 다음 표와 같을 때, $A+B+C$의 값을 구하시오.

x	-24	-8	B	12
y	A	-3	6	C

| 풀이 |

▶ 242001-0565

4. 반비례 관계 $y=\dfrac{a}{x}$의 그래프 위에 두 점 $(3,\ -14),\ (6,\ b)$가 있을 때, $b-a$의 값을 구하시오.

| 풀이 |

중학 영어듣기능력평가 완벽대비

전국 시·도교육청 주관
영어듣기능력평가
실전 대비서
중1~중3

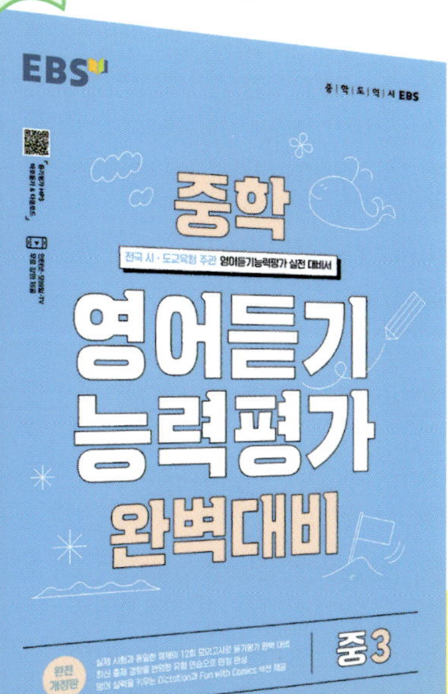

전국 시·도교육청 영어듣기능력평가 시행 방송사 EBS가 만든
중학 영어듣기능력평가 완벽대비

실제 시험과 동일한 체제로 모의고사 12회 구성 → 실전 시험 형식 완벽 적응

최신 출제 경향을 반영한 유형 연습 구성 → 영어듣기능력평가 만점 완성 가능

Dictation과 Fun with Comics 구성 → 기본 영어 실력 증진

중학

뉴런

개념책

중학 뉴런

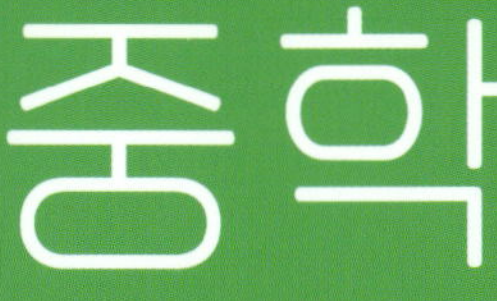

수학 1(상)

실전책

중학
뉴런
수학 1(상)
실전책

중학

뉴런

수학 1(상)

실전책

Application

'뉴런 개념책'으로 학교 진도에 따라 공부를 마쳤나요?
그렇다면 이제 '뉴런 실전책'으로 실력을 다질 차례입니다.

'뉴런 실전책'으로 공부하는 마무리 3단계

1단계 소단원 실전 테스트

개념책 학습 직후, 소단원별 핵심 문제를 통해 복습해 보세요.

2단계 중단원 실전 테스트

중단원 개념을 공부한 후, 실제 시험과 비슷하게 구성한 종합 문제를 풀어 보세요.

3단계 중단원 서술형 대비

중학교 시험에서 비중이 높은 서술형 문제는 연습이 필수!

서술형 문제를 완벽하게 대비하기 위해 개념책에 이어 실전책에서도 연습해 보세요.

★ **문제가 어렵게 느껴지거나 자신 없는 부분이 있다면?**

'뉴런 개념책'으로 돌아가 해당 부분은 다시 공부하기로 해요.

★ **혼자 공부했는데도 잘 모르는 부분이 있다면?**

뉴런 강의가 있으니 걱정 마세요. EBS 중학사이트에는
언제든지 만날 수 있는 강의가 준비되어 있습니다.

▶ EBS 중학 홈페이지: mid.ebs.co.kr

Contents

01
▶ 242001-0566

다음 중 옳은 것은?

① 소수는 모두 홀수이다.
② 두 소수의 곱은 소수이다.
③ 10 이하의 소수의 개수는 5개이다.
④ 합성수는 3개 이상의 약수를 갖는다.
⑤ 소수가 아닌 자연수는 모두 합성수이다.

02
▶ 242001-0567

108을 소인수분해 하면 $2^a \times 3^b$일 때, $a+b$의 값은?

① 3　　　　② 4　　　　③ 5
④ 6　　　　⑤ 7

03
▶ 242001-0568

다음에서 소수의 개수는?

> 1, 3, 6, 15, 17, 23, 27, 29, 35

① 3　　　　② 4　　　　③ 5
④ 6　　　　⑤ 7

04
▶ 242001-0569

다음 중 옳은 것은?

① $2 \times 2 \times 2 \times 2 \times 2 = 5^2$
② $5+5+5 = 5^3$
③ $2 \times 2 \times 2 \times 3 \times 3 = 2^3 + 3^2$
④ $7 \times 7 \times 7 \times 7 \times 7 = 5 \times 7$
⑤ $\dfrac{1}{3} \times \dfrac{1}{3} \times \dfrac{1}{3} \times \dfrac{1}{3} = \dfrac{1}{3^4}$

05
▶ 242001-0570

$2 \times 3 \times 3 \times 5 \times 5 \times 2 \times 2 \times 3$을 거듭제곱으로 나타내면 $2^a \times 3^b \times 5^c$일 때, $a+b-c$의 값은? (단, a, b, c는 자연수)

① 0　　　　② 1　　　　③ 2
④ 3　　　　⑤ 4

06
▶ 242001-0571

$\dfrac{1}{3^2} = \dfrac{1}{a}$, $5^b = 625$를 만족시키는 자연수 a, b에 대하여 $a-b$의 값은?

① 1　　　　② 3　　　　③ 5
④ 7　　　　⑤ 9

07
▶ 242001-0572

다음 중 180의 약수가 <u>아닌</u> 것은?

① 2^2　　　　② 3^2　　　　③ $2^2 \times 3 \times 5$
④ $2 \times 3^2 \times 5$　　　　⑤ $2 \times 3 \times 5^2$

08
▶ 242001-0573

$2^2 \times 5^3 \times 7$의 약수인 것을 모두 고르면? (정답 2개)

① $2 \times 5^2 \times 7$　　　　② $2 \times 5^3 \times 7^2$
③ $2^2 \times 5^2 \times 7$　　　　④ $2^3 \times 5^2 \times 7$
⑤ $2^2 \times 5^2 \times 7^2$

09
▶ 242001-0574

다음 중 396의 소인수가 <u>아닌</u> 것을 모두 고르면? (정답 2개)

① 2 　　　　② 3 　　　　③ 5
④ 7 　　　　⑤ 11

10
▶ 242001-0575

다음 중 소인수가 나머지 넷과 <u>다른</u> 하나는?

① 42 　　　　② 48 　　　　③ 72
④ 96 　　　　⑤ 108

11 서술형
▶ 242001-0576

375에 가능한 작은 자연수 a를 곱하여 어떤 자연수 b의 제곱이 되도록 할 때, 곱할 수 있는 가장 작은 자연수 a와 그때의 b에 대하여 $a+b$의 값을 구하시오.

12
▶ 242001-0577

$72 \times a$의 약수의 개수가 24일 때, a의 값이 될 수 <u>없는</u> 것은?

① 5 　　　　② 7 　　　　③ 2×3^2
④ $2^2 \times 3$ 　　　　⑤ 3^3

13
▶ 242001-0578

다음 중 약수의 개수가 나머지 넷과 <u>다른</u> 하나는?

① 60 　　　　② 90 　　　　③ 96
④ 108 　　　　⑤ 120

14
▶ 242001-0579

$\dfrac{360}{x}$이 자연수가 되도록 하는 자연수 x의 개수는?

① 10 　　　　② 12 　　　　③ 20
④ 24 　　　　⑤ 48

15
▶ 242001-0580

$2^4 \times 3^x \times 5^2$의 약수의 개수가 45일 때, 자연수 x의 값은?

① 1 　　　　② 2 　　　　③ 3
④ 4 　　　　⑤ 5

16 서술형
▶ 242001-0581

540을 가장 작은 자연수 a로 나누어 자연수 b의 제곱이 되도록 할 때, $a-b$의 값을 구하시오.

01
▶ 242001-0582

다음 중 두 수가 서로소인 것은?

① 2, 6　　　　② 3, 12　　　　③ 5, 17

④ 9, 24　　　　⑤ 12, 20

02
▶ 242001-0583

두 수 $2^2 \times 5^3 \times 7^2$, $2^3 \times 5^2 \times 7$의 최대공약수는?

① $2 \times 5 \times 7$　　　　② $2 \times 5^2 \times 7$

③ $2^2 \times 5^2 \times 7$　　　　④ $2^2 \times 5^2 \times 7^2$

⑤ $2^3 \times 5^3 \times 7^2$

03
▶ 242001-0584

두 수 $2^a \times 3^2 \times 5^3$, $2^4 \times 3^3 \times 5^2$의 최대공약수가 $2^3 \times 3^b \times 5^2$일 때, 자연수 a, b에 대하여 $a+b$의 값은?

① 1　　　　② 2　　　　③ 3

④ 4　　　　⑤ 5

04
▶ 242001-0585

두 자연수 A, B의 최대공약수가 30일 때, 다음 중 두 수의 공약수가 아닌 것은?

① 2　　　　② 3　　　　③ 4

④ 5　　　　⑤ 6

05
▶ 242001-0586

다음 중 두 수 72, 180의 공약수가 아닌 것은?

① 2^2　　　　② 2×3

③ $2^2 \times 3$　　　　④ $2 \times 3 \times 5$

⑤ $2^2 \times 3^2$

06
▶ 242001-0587

어떤 두 자연수의 최대공약수가 60일 때, 이 두 자연수의 공약수의 개수는?

① 6　　　　② 8　　　　③ 10

④ 12　　　　⑤ 14

07
▶ 242001-0588

180, 600, 720의 최대공약수는?

① 2^2　　　　② 2×5　　　　③ $2^2 \times 3$

④ $2 \times 3 \times 5$　　　　⑤ $2^2 \times 3 \times 5$

08
▶ 242001-0589

다음 중 두 수 $2^2 \times 3^2 \times 5^2$, $2^3 \times 3 \times 5$의 공약수가 아닌 것은?

① 2×5　　　　② $2^2 \times 3$

③ $2 \times 3 \times 5$　　　　④ $2^2 \times 3 \times 5$

⑤ $2 \times 3^2 \times 5$

09 ▶ 242001-0590

다음 중 12와 서로소인 수는 모두 몇 개인가?

> 1, 2, 3, 4, 5, 6, 7, 8, 9, 10

① 3 ② 4 ③ 5
④ 6 ⑤ 7

10 ▶ 242001-0591

40보다 크고 50보다 작은 자연수 중 10과 서로소인 수의 개수는?

① 2 ② 3 ③ 4
④ 5 ⑤ 6

11 서술형 ▶ 242001-0592

$A=2^3\times3\times7$, $B=2^2\times3^2\times5\times7^2$일 때, 두 수 A, B의 공약수는 모두 몇 개인지 구하시오.

12 ▶ 242001-0593

두 수 $2^3\times3^4\times5$, $2^2\times3^3\times7$의 공약수 중 어떤 자연수의 제곱이 되는 수의 개수는?

① 4 ② 5 ③ 6
④ 7 ⑤ 8

13 ▶ 242001-0594

세 자연수 15, 45, A의 최대공약수가 5일 때, 다음 중 A의 값이 될 수 <u>없는</u> 것은?

① 5 ② 10 ③ 20
④ 25 ⑤ 30

14 ▶ 242001-0595

두 수 $2^3\times3^2\times5$, $2^2\times3^3\times5^2$의 공약수 중 두 번째로 큰 수는?

① $2^2\times3^2$ ② $2\times3^2\times5$
③ $2^2\times3\times5$ ④ $2^2\times3^2\times5$
⑤ $2^3\times3^2\times5$

15 ▶ 242001-0596

$8\times a$와 $6\times a$의 최대공약수가 16일 때, 자연수 a의 값은?

① 2 ② 4 ③ 6
④ 8 ⑤ 10

16 서술형 ▶ 242001-0597

두 분수 $\dfrac{48}{n}$, $\dfrac{60}{n}$이 모두 자연수가 되게 하는 자연수 n의 값을 모두 구하시오.

01
▶ 242001-0598

두 수 $2^2 \times 3^2 \times 5$, $2^3 \times 3 \times 5^2$의 최소공배수는?

① $2^2 \times 3$ ② $2^3 \times 3^2$ ③ $2^2 \times 3 \times 5$

④ $2^3 \times 3^2 \times 5$ ⑤ $2^3 \times 3^2 \times 5^2$

02
▶ 242001-0599

어떤 두 자연수의 최소공배수가 16일 때, 이 두 자연수의 공배수 중 두 자리 자연수의 개수는?

① 3   ② 4   ③ 5

④ 6   ⑤ 7

03
▶ 242001-0600

어떤 세 자연수의 최소공배수가 15일 때, 이 세 수의 공배수 중 100에 가장 가까운 수는?

① 90   ② 95   ③ 100

④ 105   ⑤ 110

04
▶ 242001-0601

세 자연수 $2 \times x$, $3 \times x$, $4 \times x$의 최소공배수가 120일 때, 자연수 x의 값은?

① 6   ② 10   ③ 12

④ 15   ⑤ 24

05
▶ 242001-0602

두 자연수 A, B의 최소공배수가 8일 때, A, B의 공배수 중 100 이하의 수의 개수는?

① 10   ② 11   ③ 12

④ 13   ⑤ 14

06
▶ 242001-0603

다음 중 두 수 $2^2 \times 5^2 \times 7^2$, $2^3 \times 5 \times 7$의 공배수가 <u>아닌</u> 것은?

(정답 2개)

① $2^2 \times 5^2 \times 7^3$ ② $2^3 \times 5^2 \times 7^2$

③ $2^2 \times 5^3 \times 7^2$ ④ $2^3 \times 5^2 \times 7^3$

⑤ $2^3 \times 5^3 \times 7^3$

07
▶ 242001-0604

두 자연수 A, $2^4 \times 3^3$의 최대공약수가 $2^3 \times 3^3$이고 최소공배수가 $2^4 \times 3^5$일 때, A의 값은?

① $2^2 \times 3^3$ ② $2^3 \times 3^3$ ③ $2^3 \times 3^4$

④ $2^3 \times 3^5$ ⑤ $2^4 \times 3^5$

08
▶ 242001-0605

두 자연수 24, A의 최대공약수가 12이고 최소공배수가 72일 때, A의 값은?

① 12   ② 24   ③ 36

④ 48   ⑤ 60

09
▶ 242001-0606

두 자연수 A, B의 최소공배수가 40일 때, A와 B의 공배수 중 250보다 작은 자연수의 개수는?

① 4 　　② 5 　　③ 6
④ 7 　　⑤ 8

10
▶ 242001-0607

두 수 $2^a \times 5 \times 7$, 2×5^b의 최소공배수가 $2^4 \times 5^3 \times 7$일 때, 자연수 a, b에 대하여 $a+b$의 값은?

① 4 　　② 5 　　③ 6
④ 7 　　⑤ 8

11
▶ 242001-0608

360과 $2^2 \times 3^3 \times 5^2$의 최대공약수와 최소공배수를 차례로 구하면?

① $2^2 \times 3^2 \times 5$, $2^2 \times 3^2 \times 5^2$
② $2^2 \times 3^2 \times 5$, $2^2 \times 3^3 \times 5^2$
③ $2^2 \times 3^2 \times 5$, $2^3 \times 3^3 \times 5^2$
④ $2^3 \times 3^2 \times 5$, $2^3 \times 3^3 \times 5^2$
⑤ $2^3 \times 3^2 \times 5$, $2^3 \times 3^3 \times 5^3$

12 서술형
▶ 242001-0609

두 수 $2^3 \times 3^a \times 5$, $2^b \times 3^2$의 최대공약수는 24이고, 최소공배수는 720일 때, 자연수 a, b에 대하여 $a+b$의 값을 구하시오.

13
▶ 242001-0610

두 분수 $\dfrac{1}{16}$, $\dfrac{1}{40}$의 어느 것에 곱하여도 자연수가 되게 하는 가장 작은 자연수는?

① 20 　　② 40 　　③ 80
④ 160 　　⑤ 240

14
▶ 242001-0611

15, 20, 32의 공배수 중 가장 큰 세 자리 자연수는?

① 360 　　② 480 　　③ 640
④ 720 　　⑤ 960

15
▶ 242001-0612

세 자연수 A, 100, $2^3 \times 5$의 최소공배수가 $2^3 \times 5^3$일 때, 가장 작은 자연수 A의 값은?

① 100 　　② 125 　　③ 150
④ 200 　　⑤ 250

16 서술형
▶ 242001-0613

두 분수 $\dfrac{35}{18}$와 $\dfrac{42}{15}$의 어느 것에 곱해도 그 결과가 자연수가 되게 하는 분수 중에서 가장 작은 기약분수를 $\dfrac{b}{a}$라 할 때, $a+b$의 값을 구하시오.

01
▶ 242001-0614

다음 중 소인수분해를 바르게 한 것은? [3점]

① $8 = 2 \times 4$
② $24 = 2^2 \times 3$
③ $75 = 3^2 \times 5$
④ $90 = 2 \times 3^2 \times 5$
⑤ $120 = 2^3 \times 3^2 \times 5$

02
▶ 242001-0615

다음 중 $2^2 \times 3^3 \times 5$의 인수가 <u>아닌</u> 것은? [3점]

① 2^2
② 3^2
③ $2^2 \times 3 \times 5$
④ $2^2 \times 3^2 \times 5$
⑤ $2 \times 3^2 \times 5^2$

03
▶ 242001-0616

다음 중 옳은 것을 고르면? [3점]

① $4^2 = 8$
② $2 \times 2 \times 2 = 2 \times 3$
③ $4 + 4 + 4 + 4 = 4^3$
④ $3 \times 3 \times 5 \times 5 \times 5 = 3^2 \times 5^3$
⑤ $\dfrac{1}{7} \times \dfrac{1}{7} \times \dfrac{1}{7} = \dfrac{3}{7^3}$

04
▶ 242001-0617

다음 중 660의 소인수가 <u>아닌</u> 것은? [3점]

① 2
② 3
③ 5
④ 7
⑤ 11

05
▶ 242001-0618

$3^2 \times 7^3$의 약수의 개수는? [3점]

① 10
② 12
③ 14
④ 16
⑤ 18

06
▶ 242001-0619

다음 중 180의 소인수를 모두 구한 것은? [3점]

① 2, 3
② 1, 2, 3
③ 2, 3, 5
④ 1, 3, 5
⑤ 2, 3, 7

07
▶ 242001-0620

360을 자연수 x로 나누어 어떤 자연수의 제곱이 되게 하려고 한다. 이때 x의 값이 될 수 있는 가장 작은 자연수는? [4점]

① 6
② 10
③ 12
④ 15
⑤ 20

08

▶ 242001-0621

$3^a = 729$를 만족시키는 자연수 a의 값은? [3점]

① 5　　　　② 6　　　　③ 7
④ 8　　　　⑤ 9

09

▶ 242001-0622

$2^3 \times 3 \times n$의 약수의 개수가 16일 때, 다음 중 자연수 n의 값이 될 수 없는 것은? [4점]

① 4　　　　② 5　　　　③ 7
④ 9　　　　⑤ 11

10

▶ 242001-0623

두 수 $2^3 \times 3^2 \times 5$, $2^2 \times 3^3 \times 7$의 최대공약수는? [3점]

① 2^2　　　　② 3^2　　　　③ $2^2 \times 3$
④ 2×3^2　　　　⑤ $2^2 \times 3^2$

11

▶ 242001-0624

세 수 40, 60, $2^3 \times 3^2$의 최대공약수는? [3점]

① 4　　　　② 5　　　　③ 6
④ 8　　　　⑤ 10

12

▶ 242001-0625

두 자연수 A, B의 최대공약수가 24일 때, 다음 중 두 수의 공약수가 아닌 것은? [4점]

① 2　　　　② 3　　　　③ 4
④ 5　　　　⑤ 6

13

▶ 242001-0626

다음 중 옳지 않은 것은? [3점]

① 16과 23은 서로소이다.
② 12와 27은 서로소가 아니다.
③ 1은 모든 자연수와 서로소이다.
④ 서로소인 두 자연수는 모두 소수이다.
⑤ 공약수가 1뿐인 두 자연수는 서로소이다.

14
▶ 242001-0627

두 수 $2^3 \times 3 \times 5$, $2^2 \times 3^2 \times 7$의 최소공배수는? [3점]

① $2 \times 3^2 \times 5$　　　　② $2^2 \times 3 \times 7$

③ $2^3 \times 3^2 \times 5$　　　　④ $2^3 \times 3^2 \times 7$

⑤ $2^3 \times 3^2 \times 5 \times 7$

15
▶ 242001-0628

세 수 5, 12, 15의 공배수 중 500에 가장 가까운 수는? [5점]

① 460　　　　② 480　　　　③ 500

④ 520　　　　⑤ 540

16
▶ 242001-0629

두 자연수 A, B에 대하여 두 수 A, B의 곱은 490이고 최대공약수가 7일 때, 최소공배수는? [5점]

① 10　　　　② 49　　　　③ 70

④ 140　　　　⑤ 490

17
▶ 242001-0630

다음 중 세 수 $2^2 \times 3$, 2×3^2, $2^2 \times 3^2 \times 5$의 공배수가 <u>아닌</u> 것은? [4점]

① $2 \times 3^2 \times 5$　　　　② $2^2 \times 3^2 \times 5$

③ $2^3 \times 3^2 \times 5$　　　　④ $2^2 \times 3^3 \times 5$

⑤ $2^2 \times 3^3 \times 5^2$

18
▶ 242001-0631

다음 수 중에서 소수의 개수를 a, 합성수의 개수를 b라 할 때, $a-b$의 값을 구하시오. [4점]

1, 3, 6, 11, 15, 17, 23, 27, 29, 31, 35, 51

19
▶ 242001-0632

두 수 $2^5 \times 3 \times 5^2$, $2^3 \times 5^4 \times 7^2$의 공약수의 개수를 구하시오. [4점]

20 ▶ 242001-0633

$3^n \times 5^2$의 약수의 개수와 180의 약수의 개수가 서로 같을 때, 자연수 n의 값을 구하시오. [5점]

21 ▶ 242001-0634

두 자연수의 최소공배수가 30일 때, 이 두 수의 공배수 중 400보다 작은 자연수의 개수를 구하시오. [5점]

22 ▶ 242001-0635

두 수 $2^3 \times 3^5 \times 7$, $2^2 \times 3^3 \times 5^2$의 최소공배수가 $2^3 \times 3^a \times 5^b \times 7$일 때, 자연수 a, b에 대하여 $a+b$의 값을 구하시오. [5점]

23 서술형 ▶ 242001-0636

두 자연수 N, 48의 최대공약수가 16이고 최소공배수가 384일 때, N의 값을 구하시오. [6점]

24 서술형 ▶ 242001-0637

세 자연수의 비가 $3 : 5 : 9$이고 이 세 수의 최소공배수가 495일 때, 세 수의 합을 구하시오. [6점]

25 서술형 ▶ 242001-0638

$270 \times a = b^2$을 만족시키는 가장 작은 자연수 a와 이때의 자연수 b에 대하여 $a+b$의 값을 구하시오. [6점]

중단원 서술형 대비 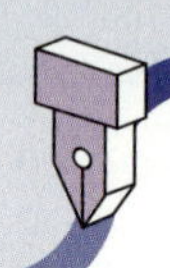

Level 1

01
▶ 242001-0639

자연수 600에 대하여 다음 물음에 답하시오.

(1) 소인수분해 하시오.
(2) 소인수를 모두 구하시오.
(3) 소인수분해 한 결과를 이용하여 약수의 개수를 구하시오.

| 풀이 과정 |

(1) 600을 소인수분해 하면

$$600 = 2^3 \times 3 \times \boxed{}$$

(2) $600 = 2^3 \times 3 \times \boxed{}$ 이므로 600의

소인수는 2, $\boxed{}$, $\boxed{}$ 이다.

(3) $600 = 2^3 \times 3 \times \boxed{}$ 이므로 600의 약수의 개수는

$$(\boxed{}+1) \times (1+1) \times (\boxed{}+1) = \boxed{}$$

02
▶ 242001-0640

90에 가장 작은 자연수 x를 곱하여 어떤 자연수 y의 제곱이 되도록 할 때, $x+y$의 값을 구하시오.

| 풀이 과정 |

$90 = 2 \times 3^2 \times 5$ 이므로

$90 \times x = 2 \times 3^2 \times 5 \times x$ 이 y^2이 되려면

$x = 2 \times \boxed{} \times (\text{자연수})^2$ 의 꼴이어야 한다.

이때 가장 작은 자연수 $x = 2 \times \boxed{} = \boxed{}$

$90 \times x = 90 \times \boxed{} = \boxed{} = \boxed{}^2$ 이므로

$y = \boxed{}$

따라서 $x+y = \boxed{}$

03
▶ 242001-0641

630의 약수의 개수와 $2^3 \times 3 \times 7^a$의 약수의 개수가 같을 때, 자연수 a의 값을 구하시오.

| 풀이 과정 |

$630 = 2 \times 3^2 \times 5 \times \boxed{}$ 이므로 약수의 개수는

$$(1+1) \times (\boxed{}+1) \times (1+1) \times (\boxed{}+1) = \boxed{}$$

또한 $2^3 \times 3 \times 7^a$의 약수의 개수는

$(\boxed{}+1) \times (1+1) \times (a+1)$ 이므로

$$(\boxed{}+1) \times (1+1) \times (a+1) = \boxed{}$$

따라서 $a+1 = \boxed{}$, $a = \boxed{}$

04
▶ 242001-0642

360을 가장 작은 자연수 a로 나누어 어떤 자연수 b의 제곱이 되도록 할 때, $a-b$의 값을 구하시오.

| 풀이 과정 |

$360 = 2^3 \times 3^2 \times \boxed{}$ 이다.

어떤 자연수의 제곱이 되려면 각 소인수의 지수가 짝수가 되어야 하므로

$\dfrac{360}{a} = \dfrac{2^3 \times 3^2 \times \boxed{}}{a} = b^2$ 이 되기 위한 가장 작은 자연수

$a = 2 \times \boxed{} = \boxed{}$

$\dfrac{360}{a} = \dfrac{2^3 \times 3^2 \times \boxed{}}{2 \times \boxed{}} = 2^2 \times \boxed{}^2 = \boxed{}^2$ 이므로

$b = \boxed{}$

따라서 $a-b = \boxed{}$

Level 2

05 ▶ 242001-0643

두 분수 $\dfrac{25}{21}$, $\dfrac{35}{12}$의 어느 것에 곱해도 그 결과가 자연수가 되게 하는 분수 중 가장 작은 기약분수를 구하시오.

06 ▶ 242001-0644

두 자연수 A, B의 최소공배수가 15일 때, A, B의 공배수 중 100 이하의 수를 모두 구하시오.

07 ▶ 242001-0645

두 자연수 N과 60의 최대공약수가 15, 최소공배수가 180일 때, 자연수 N의 값을 구하시오.

08 ▶ 242001-0646

$2^6 + 5^a = 689$를 만족시키는 자연수 a의 값을 구하시오.

09 ▶ 242001-0647

세 수 5, 10, 15의 공배수 중 가장 큰 세 자리 자연수를 구하시오.

10 ▶ 242001-0648

2^n이 $1 \times 2 \times 3 \times 4 \times 5 \times 6 \times 7 \times 8 \times 9 \times 10$의 약수일 때, 가장 큰 자연수 n의 값을 구하시오.

11
▶ 242001-0649

$2^3 \times 3^x \times 5^2$의 약수의 개수가 48일 때, 자연수 x의 값을 구하시오.

14
▶ 242001-0652

$\dfrac{540}{x}$이 자연수가 되도록 하는 자연수 x의 개수를 구하시오.

12
▶ 242001-0650

1부터 100까지의 자연수 중 약수의 개수가 3인 자연수의 개수를 구하시오.

15
▶ 242001-0653

두 분수 $\dfrac{36}{n}$, $\dfrac{54}{n}$이 모두 자연수가 되게 하는 자연수 n의 개수를 구하시오.

13
▶ 242001-0651

자연수 x의 약수의 개수를 $\langle x \rangle$라 할 때, $\langle 36 \rangle + \langle 160 \rangle$을 구하시오.

16
▶ 242001-0654

$A = 2^4 \times 3 \times 5^2$, $B = 2^3 \times 3^2 \times 5 \times 7$일 때, 두 수 A, B의 공약수의 개수를 구하시오.

Level 3

17 ▶ 242001-0655

$A=2^2\times3^3\times5$일 때, A의 약수 중 네 번째로 작은 수를 a, 세 번째로 큰 수를 b라 할 때, $a+b$의 값을 구하시오.

18 ▶ 242001-0656

두 수 $2^4\times3^3$, $2^5\times3^2\times5$의 공약수 중 어떤 자연수의 제곱이 되는 수의 개수를 구하시오.

19 ▶ 242001-0657

648과 $2^4\times\square\times5$의 최대공약수가 216일 때, $\square$ 안에 들어갈 수 있는 가장 작은 자연수와 그때의 두 수의 최소공배수를 차례로 구하시오.

20 ▶ 242001-0658

세 자연수의 비가 $2:3:10$이고 이 세 수의 최소공배수가 540일 때, 세 수의 합을 구하시오.

21 ▶ 242001-0659

330의 소인수 중 가장 큰 수를 a, 147의 소인수 중 가장 작은 수를 b라 할 때, $a+b$의 값을 구하시오.

22 ▶ 242001-0660

$1\times2\times3\times\cdots\times19\times20$을 소인수분해 했을 때, 소인수 3의 지수를 a, 소인수 5의 지수를 b라 하자. 이때 $a+b$의 값을 구하시오.

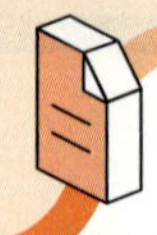

01
▶ 242001-0661

다음 중 부호 + 또는 −를 사용하여 나타낸 것으로 옳은 것은?

① 7일 후: -7일

② 영상 $8\,^{\circ}\mathrm{C}$: $-8\,^{\circ}\mathrm{C}$

③ 4000원 지출: $+4000$원

④ 해발 $250\,\mathrm{m}$: $+250\,\mathrm{m}$

⑤ 0보다 3만큼 큰 수: -3

02
▶ 242001-0662

다음 중 밑줄 친 부분을 양의 부호 + 또는 음의 부호 −를 사용하여 나타낸 것으로 옳은 것은?

① 지난 가을의 평균 기온은 영상 $12\,^{\circ}\mathrm{C}$이다. ➡ $-12\,^{\circ}\mathrm{C}$

② 영화가 상영되기 8분 전에 도착하였다. ➡ $+8$분

③ 감자 생산량이 $5\,\mathrm{t}$ 증가하였다. ➡ $-5\,\mathrm{t}$

④ 철도 요금이 $2\,\%$ 올랐다. ➡ $+2\,\%$

⑤ 영어 성적이 12점 올랐다. ➡ -12점

03
▶ 242001-0663

다음 중 정수가 아닌 것을 모두 고르면? (정답 2개)

① -10 ② 4.5

③ 0 ④ $-\dfrac{18}{8}$

⑤ 4

04
▶ 242001-0664

다음 수 중에서 양의 정수의 개수를 a, 음의 정수의 개수를 b라 할 때, $a+b$의 값을 구하시오.

$$9,\ 1.5,\ +7,\ 0,\ -2.5,\ +\dfrac{12}{2},\ -\dfrac{15}{3},\ -\dfrac{10}{4}$$

05
▶ 242001-0665

다음 중 음의 정수가 아닌 것을 모두 고르면? (정답 2개)

① -7 ② $-\dfrac{16}{4}$ ③ 0

④ -3 ⑤ $-\dfrac{22}{3}$

06
▶ 242001-0666

다음 수에 대한 설명 중 옳지 않은 것은?

$$+3,\ -\dfrac{7}{4},\ 0,\ -2,\ +0.45,\ -\dfrac{14}{4},\ \dfrac{24}{3}$$

① 정수는 3개이다.

② 자연수는 2개이다.

③ 음수는 3개이다.

④ 양수는 3개이다.

⑤ 정수가 아닌 유리수는 3개이다.

07
▶ 242001-0667

다음은 유리수의 분류를 나타낸 것이다. □에 속하는 수로 알맞은 것을 모두 고르면? (정답 2개)

$$\text{유리수}\begin{cases}\text{정수}\begin{cases}\text{양의 정수}\\ 0\\ \text{음의 정수}\end{cases}\\ \boxed{}\end{cases}$$

① $-\dfrac{15}{3}$ ② -4 ③ $-\dfrac{22}{4}$

④ $\dfrac{10}{2}$ ⑤ $\dfrac{45}{10}$

08 서술형
▶ 242001-0668

다음 수 중에서 양의 유리수의 개수를 x, 음의 유리수의 개수를 y, 정수가 아닌 유리수의 개수를 z라 할 때, $x+y-z$의 값을 구하시오.

$$-5,\ +6.4,\ +\dfrac{8}{6},\ -\dfrac{9}{4},\ 0,\ +3,\ -\dfrac{27}{3},\ -7.2$$

09
▶ 242001-0669

유리수 x에 대하여 $\langle x\rangle$는 x가 정수이면 x이고, x가 정수가 아닌 유리수이면 1이다. 이때

$$<-5.3>+\left\langle\frac{10}{5}\right\rangle+<2>+\left\langle\frac{30}{4}\right\rangle+<5.3>$$의 값을 구하시오.

10
▶ 242001-0670

다음 설명 중 옳은 것은?

① 0은 정수가 아닌 유리수이다.

② 정수는 양의 정수와 음의 정수로 이루어져 있다.

③ 모든 음의 정수는 유리수이다.

④ 정수가 아닌 유리수의 개수는 유한개이다.

⑤ 서로 다른 두 정수 사이에는 무수히 많은 정수가 있다.

11
▶ 242001-0671

수직선 위에서 $-\dfrac{14}{3}$에 가장 가까운 정수를 a, $\dfrac{9}{4}$에 가장 가까운 정수를 b라 할 때, a, b의 값을 각각 구하시오.

12
▶ 242001-0672

다음 수직선 위의 다섯 개의 점 A, B, C, D, E가 나타내는 수로 옳지 <u>않은</u> 것은?

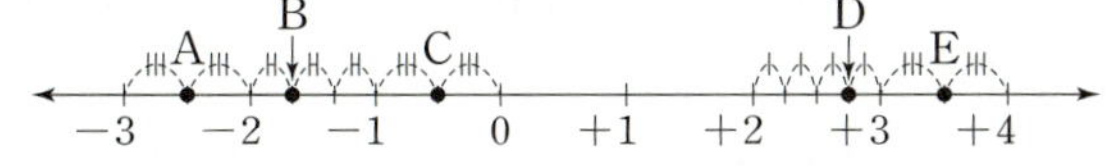

① A: -2.5

② B: $-\dfrac{5}{3}$

③ C: $-\dfrac{1}{2}$

④ D: $\dfrac{9}{4}$

⑤ E: $\dfrac{7}{2}$

13
▶ 242001-0673

다음 수를 수직선 위에 나타낼 때, 왼쪽에서 세 번째에 있는 수를 구하시오.

$$\frac{5}{2},\ -\frac{9}{4},\ 0,\ -1.5,\ -\frac{2}{3},\ \frac{3}{2}$$

14
▶ 242001-0674

다음 수직선에서 점 A가 나타내는 수는 -3이고 점 C가 나타내는 수는 7이다. 네 점 A, B, C, D 사이의 거리가 모두 같을 때, 두 점 B와 D가 나타내는 수를 각각 구하고 차례대로 쓰시오.

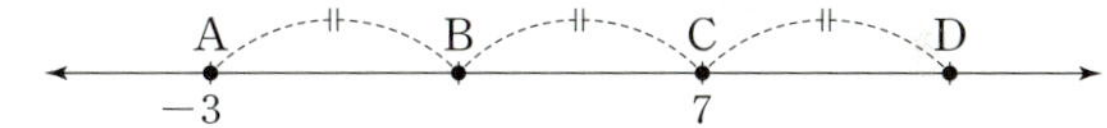

15 서술형
▶ 242001-0675

수직선에서 0을 나타내는 점으로부터 3만큼 떨어진 점이 나타내는 수 중에서 음수를 a, -2를 나타내는 점으로부터 7만큼 떨어진 점이 나타내는 수 중에서 양수를 b라 하자. 두 수 a, b를 나타내는 점으로부터 같은 거리에 있는 수를 구하시오.

16 서술형
▶ 242001-0676

수직선에서 두 정수 a, b를 나타내는 두 점을 각각 A, B라 하자. 두 점 A, B의 한가운데에 있는 점이 나타내는 수가 -2이고, 점 A는 원점으로부터 5만큼 떨어져 있다. 이때 b의 값을 구하시오. (단, $a<b$)

소단원 실전 테스트

01
▶ 242001-0677

$+\dfrac{7}{3}$의 절댓값을 a, $-\dfrac{5}{3}$의 절댓값을 b라 할 때, $a+b$의 값은?

① $\dfrac{2}{3}$ ② 2

③ $\dfrac{8}{3}$ ④ $\dfrac{10}{3}$

⑤ 4

02
▶ 242001-0678

다음 수 중에서 절댓값이 가장 작은 수를 A, 절댓값이 가장 큰 수를 B라 할 때, $|A|+|B|$의 값은?

$$-\dfrac{7}{2},\ +\dfrac{3}{2},\ 0,\ -3,\ \dfrac{1}{2},\ +2$$

① $\dfrac{3}{2}$ ② 3 ③ $\dfrac{7}{2}$

④ 4 ⑤ 5

03
▶ 242001-0679

절댓값이 같고 부호가 반대인 두 수를 수직선 위에 나타내었을 때, 두 수를 나타내는 두 점 사이의 거리가 $\dfrac{12}{5}$이다. 이때 두 수를 구하시오.

04
▶ 242001-0680

두 수 a, b는 절댓값이 같고 부호가 반대인 수이다. a가 b보다 9만큼 작을 때, b의 값은?

① -9 ② -4.5 ③ 0

④ 4.5 ⑤ 9

05
▶ 242001-0681

다음 중 옳은 것은?

① 유리수의 절댓값은 0보다 크다.
② 절댓값이 1보다 작은 정수는 없다.
③ 절댓값이 같은 유리수는 2개이다.
④ 음수의 절댓값은 0보다 크다.
⑤ 수직선에서 절댓값이 큰 수가 절댓값이 작은 수보다 0을 나타내는 점에서 더 오른쪽에 있다.

06
▶ 242001-0682

다음 보기에서 옳은 것을 있는 대로 고른 것은?

보기

ㄱ. 절댓값이 7인 수는 7, -7의 2개이다.
ㄴ. $a<0$이면 $|-a|=a$이다.
ㄷ. 절댓값이 가장 작은 수는 0이다.
ㄹ. 수직선에서 수의 절댓값이 작을수록 0을 나타내는 점에 가까이 있다.

① ㄱ, ㄴ   ② ㄱ, ㄴ, ㄷ   ③ ㄱ, ㄴ, ㄹ
④ ㄱ, ㄷ, ㄹ   ⑤ ㄴ, ㄷ, ㄹ

07
▶ 242001-0683

다음 중 옳지 <u>않은</u> 것을 모두 고르면? (정답 2개)

① 유리수의 절댓값은 항상 양수이다.
② $a>0$이면 $|a|=a$이다.
③ $a<0$이면 $|a|=-a$이다.
④ 절댓값이 클수록 수직선에서 0을 나타내는 점으로부터 멀리 떨어져 있다.
⑤ 수직선에서 절댓값이 같은 수를 나타내는 두 점은 1을 나타내는 점으로부터 떨어진 거리가 같다.

08
▶ 242001-0684

다음 수 중에서 절댓값이 가장 큰 수와 절댓값이 가장 작은 수를 차례로 쓰시오.

$$1.4,\ -\dfrac{5}{2},\ \dfrac{7}{3},\ -\dfrac{5}{4},\ 2.3$$

09 ▶ 242001-0685

$|a| \leq 6.8$을 만족시키는 정수 a의 개수는?

① 11 ② 12 ③ 13
④ 14 ⑤ 15

10 ▶ 242001-0686

다음 중 옳지 <u>않은</u> 것을 모두 고르면? (정답 2개)

① $-5 < 3$ ② $\left| -\dfrac{7}{6} \right| > \left| -\dfrac{8}{5} \right|$

③ $\dfrac{6}{5} > 1.1$ ④ $-\dfrac{14}{3} < -5$

⑤ $\dfrac{5}{4} < \dfrac{4}{3}$

11 ▶ 242001-0687

다음 수를 작은 수부터 차례로 나열할 때, 세 번째 오는 수를 구하시오.

$$-\dfrac{13}{4},\ 5,\ -\dfrac{7}{2},\ \left| -\dfrac{17}{6} \right|,\ -3,\ -\dfrac{5}{3}$$

12 ▶ 242001-0688

절댓값이 a 이하인 정수의 개수가 17일 때, 자연수 a의 값을 구하시오.

13 서술형 ▶ 242001-0689

$\dfrac{13}{5}$, -2, $-\dfrac{5}{4}$, $\dfrac{8}{3}$, $+2.3$, $-\dfrac{10}{7}$ 중에서 다음 조건을 만족시키는 수를 구하시오.

⑺ 수직선에서 원점으로부터 거리가 2 이상인 점이 나타내는 수이다.
⑻ 조건 ⑺를 만족시키는 수들을 큰 수부터 차례로 나열할 때, 두 번째의 수이다.

14 서술형 ▶ 242001-0690

두 수 a, b에 대하여 $\mathrm{T}(a, b)$는 $|a|$와 $|b|$ 중에서 큰 값이다. 이때 $\mathrm{T}(2, -8) - \mathrm{T}(-4, 5)$의 값을 구하시오.

15 ▶ 242001-0691

오른쪽 그림은 정육면체의 전개도이다. 이 전개도를 접었을 때, 마주 보는 면에 있는 두 수는 절댓값이 같고, 부호가 반대이다. 이때 세 수 A, B, C를 작은 수부터 차례로 나열하시오.

16 ▶ 242001-0692

두 수 a, b에 대하여 $b < a < 0$일 때, 다음 중 옳은 것은?

① $|-a| < 0$ ② $|a| = a$
③ $|a| > |b|$ ④ $|b| < a$
⑤ $|b| - |a| > 0$

중단원 실전 테스트

01
▶ 242001-0693

다음 중 밑줄 친 부분을 양의 부호 + 또는 음의 부호 −를 사용하여 나타낸 것으로 옳은 것은? [3점]

① 한라산의 높이는 해발 1950 m이다. ➡ -1950 m
② 약속 시간보다 8분 후에 도착하였다. ➡ -8분
③ 오늘 낮 최저 기온은 영하 5 ℃이다. ➡ $+5$ ℃
④ 고구마의 수확량이 작년보다 20 kg 줄었다. ➡ $+20$ kg
⑤ 저축액이 지날 달보다 15만원 감소하였다. ➡ -15만원

02
▶ 242001-0694

다음 수 중에서 양의 유리수의 개수를 a, 정수의 개수를 b라 할 때, $a+b$의 값은? [3점]

$$+5, \ -\frac{9}{2}, \ +\frac{28}{4}, \ +3.2, \ 0, \ +\frac{4}{3}, \ \frac{30}{5}$$

① 7　　　　② 8　　　　③ 9
④ 10　　　　⑤ 11

03
▶ 242001-0695

다음 중 정수가 아닌 유리수를 모두 고르면? (정답 2개) [3점]

① -7　　　　② 2.4　　　　③ 0
④ $-\dfrac{18}{3}$　　　　⑤ $-\dfrac{27}{6}$

04
▶ 242001-0696

다음 설명 중 옳지 <u>않은</u> 것은? [3점]

① 0은 양수도 아니고 음수도 아니다.
② 정수 중에는 자연수가 아닌 수도 있다.
③ 모든 정수는 유리수이다.
④ 0과 1 사이에는 무수히 많은 유리수가 있다.
⑤ 양의 유리수가 아닌 유리수는 모두 음의 유리수이다.

05
▶ 242001-0697

다음 수에 대한 설명 중 옳은 것을 모두 고르면? (정답 2개) [3점]

$$-1, \ +\frac{15}{5}, \ +4.2, \ -\frac{56}{8}, \ 0, \ -\frac{18}{4}, \ +7$$

① 자연수는 2개이다.
② 양의 유리수는 3개이다.
③ 정수는 4개이다.
④ 유리수는 6개이다.
⑤ 정수가 아닌 유리수는 3개이다.

06
▶ 242001-0698

두 수 -11과 3을 수직선 위에 나타내었을 때, 두 수를 나타내는 두 점의 한가운데에 있는 점이 나타내는 수는? [4점]

① -5　　　　② -4　　　　③ -3
④ -2　　　　⑤ -1

07
▶ 242001-0699

다음 중 수직선 위의 점 A, B, C, D, E가 나타내는 수로 옳지 <u>않은</u> 것을 모두 고르면? (정답 2개) [3점]

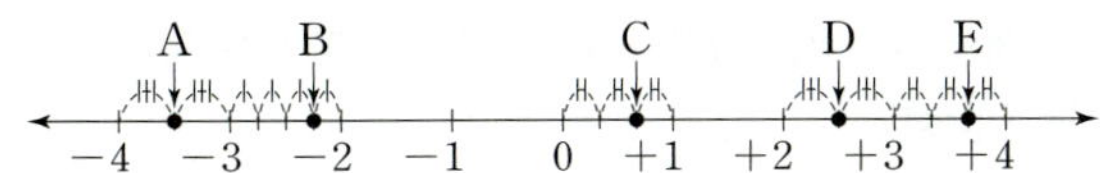

① A: -3.5　　② B: $-\dfrac{7}{4}$　　③ C: $\dfrac{2}{3}$

④ D: $\dfrac{5}{3}$　　⑤ E: $\dfrac{11}{3}$

08
▶ 242001-0700

$+\dfrac{7}{2}$의 절댓값을 a, $-\dfrac{4}{3}$의 절댓값을 b라 할 때, $a-b$의 값은? [4점]

① $\dfrac{11}{6}$　　② 2　　③ $\dfrac{13}{6}$

④ $\dfrac{7}{3}$　　⑤ $\dfrac{5}{2}$

09
▶ 242001-0701

다음 수 중 절댓값이 가장 작은 것은? [3점]

① -2.8　　② $-\dfrac{7}{2}$　　③ $+4$

④ $+\dfrac{9}{4}$　　⑤ $-\dfrac{10}{3}$

10
▶ 242001-0702

다음 수를 수직선 위에 나타내었을 때, 원점에서 두 번째로 멀리 떨어진 것은? [4점]

① $\dfrac{13}{4}$　　② $+3.5$　　③ $-\dfrac{11}{3}$

④ $+\dfrac{13}{6}$　　⑤ $\dfrac{5}{2}$

11
▶ 242001-0703

절댓값이 $\dfrac{23}{5}$ 이하인 정수의 개수는? [3점]

① 6　　② 7　　③ 8

④ 9　　⑤ 10

12
▶ 242001-0704

두 유리수 $-\dfrac{27}{8}$과 8 사이에 있는 정수 중 음의 정수의 개수를 a, 절댓값이 가장 큰 수를 b라 할 때, $a+b$의 값은? [4점]

① 8　　② 9　　③ 10

④ 11　　⑤ 12

13
▶ 242001-0705

수직선에서 원점과 수 a를 나타내는 점 사이의 거리가 4보다 작을 때, 다음 중 a의 값이 될 수 <u>없는</u> 것은? [5점]

① -5.1 ② -3.9 ③ 1.2
④ 2.8 ⑤ 3.4

14
▶ 242001-0706

다음 수에 대한 설명으로 옳은 것은? [4점]

$$|-4|, \ -\frac{8}{5}, \ 2, \ \frac{12}{7}, \ -2.4, \ 3.5$$

① 가장 큰 수는 3.5이다.

② 가장 작은 수는 $-\dfrac{8}{5}$이다.

③ 절댓값이 2 이상인 수는 3개이다.

④ 절댓값이 가장 작은 수는 $-\dfrac{8}{5}$이다.

⑤ -1보다 큰 정수가 아닌 유리수는 3개이다.

15
▶ 242001-0707

다음 중 □ 안에 알맞은 부등호가 나머지 넷과 <u>다른</u> 하나는? [3점]

① $-\dfrac{1}{5} \ \square \ -\dfrac{1}{4}$ ② $\dfrac{3}{4} \ \square \ \dfrac{7}{12}$

③ $\left|\dfrac{4}{5}\right| \ \square \ \left|-\dfrac{5}{6}\right|$ ④ $-\dfrac{11}{3} \ \square \ -4$

⑤ $-6.2 \ \square \ -6.5$

16
▶ 242001-0708

다음 보기에서 부등호를 사용하여 나타낸 것으로 옳은 것을 있는 대로 고른 것은? [3점]

> **보기**
>
> ㄱ. x는 3보다 크지 않다. ➡ $x \leq 3$
>
> ㄴ. x는 -4보다 크거나 같다. ➡ $x \leq -4$
>
> ㄷ. x는 -3 초과 7 이하이다. ➡ $-3 < x \leq 7$
>
> ㄹ. x는 -5 초과이고 2보다 크지 않다. ➡ $-5 \leq x \leq 2$

① ㄱ, ㄴ ② ㄱ, ㄷ ③ ㄱ, ㄴ, ㄹ
④ ㄱ, ㄷ, ㄹ ⑤ ㄴ, ㄷ, ㄹ

17
▶ 242001-0709

다음 보기에서 옳은 것을 모두 고른 것은? [4점]

> **보기**
>
> ㄱ. $\dfrac{2}{3}$와 $-\dfrac{3}{2}$의 절댓값이 같다.
>
> ㄴ. 수직선에서 오른쪽에 있는 수일수록 그 절댓값이 크다.
>
> ㄷ. $|a| = a$이면 a는 양수이다.
>
> ㄹ. 절댓값이 가장 작은 유리수는 0이다.
>
> ㅁ. 두 수의 절댓값이 같으면 두 수를 나타내는 점에서 원점까지의 거리는 서로 같다.

① ㄱ, ㄷ ② ㄴ, ㄹ ③ ㄴ, ㅁ
④ ㄷ, ㄹ ⑤ ㄹ, ㅁ

18
▶ 242001-0710

다음 수 중에서 음의 정수의 개수를 a, 정수가 아닌 유리수의 개수를 b라 할 때, $a+b$의 값을 구하시오. [3점]

$$+7, \ -2.3, \ 0, \ -\frac{16}{2}, \ +\frac{22}{4}, \ -\frac{21}{6}$$

19
▶ 242001-0711

수직선에서 -7과 3을 나타내는 두 점으로부터 같은 거리에 있는 점이 나타내는 수를 a라 하자. a와 6을 나타내는 두 점으로부터 같은 거리에 있는 점이 나타내는 수를 b라 할 때, b의 값을 구하시오. [5점]

20
▶ 242001-0712

$\dfrac{n}{6}$의 절댓값이 2보다 작게 되는 정수 n의 개수를 구하시오. [5점]

21
▶ 242001-0713

두 수 $-\dfrac{2}{3}$와 $\dfrac{3}{4}$ 사이에 있는 정수가 아닌 유리수 중에서 분모가 12인 기약분수의 개수를 구하시오. [5점]

22
▶ 242001-0714

$\dfrac{22}{3}$보다 크지 않은 자연수의 개수를 a, $-\dfrac{11}{4}$보다 크고 3 이하인 정수의 개수를 b라 할 때, $a+b$의 값을 구하시오. [5점]

23 서술형
▶ 242001-0715

다음 그림과 같이 수직선 위에서 -14, 2, 6을 나타내는 세 점을 각각 A, B, C라 하자. 두 점 A, B로부터 같은 거리에 있는 점을 M, 두 점 B, C로부터 같은 거리에 있는 점을 N이라 할 때, 두 점 M과 N 사이의 거리를 구하시오. [6점]

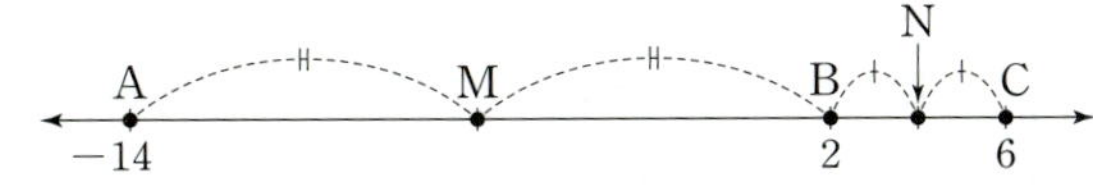

24 서술형
▶ 242001-0716

다음 조건을 모두 만족시키는 정수 a, b의 값을 각각 구하시오. [6점]

⑺ $a<0$, $b>0$이다.
⑷ b의 절댓값은 4이다.
⑸ a, b의 절댓값의 합이 13이다.

25 서술형
▶ 242001-0717

두 수 a, b의 절댓값이 같고, 수직선에서 a, b를 나타내는 두 점 사이의 거리가 $\dfrac{18}{5}$일 때, $5\times|a|+10\times|b|$의 값을 구하시오. [6점]

중단원 서술형 대비 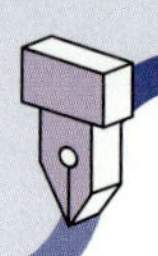

Level 1

01
▶ 242001-0718

$+\dfrac{20}{3}$, $\dfrac{5}{7}$, -11, $+2.5$, $+\dfrac{16}{4}$, $-\dfrac{30}{6}$ 중에서 음의 정수의 개수를 a, 정수가 아닌 유리수의 개수를 b라 할 때, $a+b$의 값을 구하시오.

| 풀이 과정 |

$+\dfrac{16}{4}=\boxed{}$, $-\dfrac{30}{6}=\boxed{}$

음의 정수는 -11, $\boxed{}$의 2개이므로 $a=\boxed{}$

정수가 아닌 유리수는 $+\dfrac{20}{3}$, $\boxed{}$, $+2.5$의 3개이므로

$b=\boxed{}$

따라서 $a+b=2+\boxed{}=\boxed{}$

02
▶ 242001-0719

$-\dfrac{13}{4}$에 가장 가까운 정수를 a, $\dfrac{17}{5}$에 가장 가까운 정수를 b라 할 때, $|a|+|b|$의 값을 구하시오.

| 풀이 과정 |

$-\dfrac{12}{4}=\boxed{}$, $-\dfrac{16}{4}=\boxed{}$

$-\dfrac{13}{4}$에 가장 가까운 정수는 $\boxed{}$이므로 $a=\boxed{}$

$\dfrac{15}{5}=\boxed{}$, $\dfrac{20}{5}=\boxed{}$

$\dfrac{17}{5}$에 가장 가까운 정수는 $\boxed{}$이므로 $b=\boxed{}$

따라서 $|a|+|b|=|-3|+|\boxed{}|=3+\boxed{}=\boxed{}$

03
▶ 242001-0720

절댓값이 9인 수 중에서 큰 수를 a, -2와 절댓값이 같은 양수를 b라 할 때, $a-b$의 값을 구하시오.

| 풀이 과정 |

절댓값이 9인 수는 9, $\boxed{}$

이 중에서 큰 수는 $\boxed{}$이므로 $a=\boxed{}$

-2와 절댓값이 같은 양수는 $\boxed{}$이므로 $b=\boxed{}$

따라서 $a-b=9-\boxed{}=\boxed{}$

04
▶ 242001-0721

다음 조건을 모두 만족하는 정수 a의 개수를 구하시오.

> (가) $-11 < a \le 4$
> (나) a의 절댓값이 6 이하이다.

| 풀이 과정 |

(가) 정수 a는 -10, -9, -8, $\cdots$, $\boxed{}$

(나) (가)에서 구한 수 중에서 절댓값이 6 이하인 수는 $\boxed{}$, $\boxed{}$, -4, $\cdots$, $\boxed{}$이므로

구하는 정수 a의 개수는 $\boxed{}$이다.

Level 2

05
▶ 242001-0722

다음 수 중에서 양의 정수의 개수를 a, 음의 유리수의 개수를 b라 할 때, $a+b$의 값을 구하시오.

$$-2.1, \ +4, \ 0, \ \frac{25}{10}, \ -\frac{8}{4}, \ +\frac{35}{7}, \ +\frac{24}{3}$$

06
▶ 242001-0723

다음 수 중에서 정수가 아닌 유리수의 개수를 a개, 음수의 개수를 b개라 할 때, $a-b$의 값을 구하시오.

$$-4, \ +\frac{20}{6}, \ \frac{18}{4}, \ -\frac{15}{5}, \ +3.8, \ +\frac{32}{8}$$

07
▶ 242001-0724

수직선 위에서 두 수 a, b를 나타내는 두 점 사이의 거리가 14이고, 두 점의 한 가운데에 있는 점이 나타내는 수가 4일 때, a, b의 값을 수직선을 이용하여 각각 구하시오. (단, $a>b$)

08
▶ 242001-0725

다음 수직선에서 점 A가 나타내는 수는 -8이고 점 D가 나타내는 수는 7이다. 네 점 A, B, C, D 사이의 거리가 모두 같을 때, 두 점 B, C가 나타내는 수를 각각 구하시오.

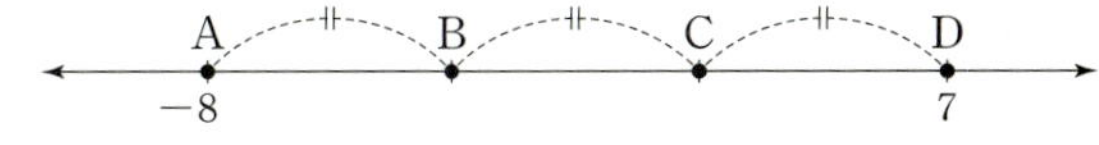

09
▶ 242001-0726

$-\dfrac{7}{6}$의 절댓값을 a, 절댓값이 $\dfrac{10}{3}$인 양수를 b라 할 때, $a+b$의 값을 구하시오.

10
▶ 242001-0727

절댓값이 5인 양수를 a, 절댓값이 12인 음수를 b라 할 때, 수직선에서 a, b가 나타내는 두 점 사이의 거리를 구하시오.

11
▶ 242001-0728

다음 수를 절댓값이 작은 수부터 차례로 나열할 때, 네 번째에 오는 수를 구하시오.

$$-6,\ 0,\ \frac{17}{3},\ 4,\ -\frac{15}{4},\ -3,\ \frac{28}{5}$$

12
▶ 242001-0729

다음 조건을 모두 만족시키는 두 유리수 a, b를 각각 구하시오.

(단, $a<b$)

(개) 두 수 a, b를 나타내는 두 점으로부터 원점까지의 거리는 같다.

(내) 두 수 a, b의 절댓값의 합은 $\dfrac{6}{7}$이다.

13
▶ 242001-0730

다음 조건을 모두 만족시키는 정수 x의 값을 모두 구하시오.

(개) x는 -7 이상이고 5보다 크지 않다.

(내) $|x|>5$

14
▶ 242001-0731

두 수 x, y에 대하여 $<x,\ y>$는 두 수 중에서 작지 않은 수를 나타낸다. $\left\langle \left\langle -\dfrac{5}{3},\ \dfrac{11}{7} \right\rangle,\ \dfrac{13}{8} \right\rangle$의 값을 구하시오.

15
▶ 242001-0732

두 수 a, b에 대하여 $\mathrm{S}(a,\ b)$는 $|a|$와 $|b|$ 중에서 작은 값이다. 이때 $\mathrm{S}(-5,\ 10)+\mathrm{S}(2,\ -4)$의 값을 구하시오.

16
▶ 242001-0733

다음을 부등호를 사용하여 나타내고, 이를 만족시키는 정수 x의 절댓값의 합을 구하시오.

$$x\text{는 } -\frac{15}{4} \text{보다 작지 않고 양수가 아니다.}$$

Level 3

17
▶ 242001-0734

수직선에서 0을 나타내는 점으로부터 6만큼 떨어진 점을 A, -3을 나타내는 점으로부터 5만큼 떨어진 점을 B라 하자. 두 점 A, B로부터 같은 거리에 있는 점이 나타내는 수 중에서 가장 큰 수를 구하시오.

18
▶ 242001-0735

수직선 위의 점 A는 0을 나타내는 점으로부터 4만큼 떨어져 있고, 점 B는 6을 나타내는 점으로부터 8만큼 떨어져 있다. 이때 두 점 A, B 사이의 거리 중에서 가장 작은 값을 구하시오.

19
▶ 242001-0736

다음 조건을 모두 만족시키는 유리수 a, b의 값을 각각 구하시오.

> ㈎ a는 b보다 크다.
> ㈏ 두 수 a, b의 절댓값이 같다.
> ㈐ 수직선 위에서 a, b를 나타내는 두 점 사이의 거리가 24이다.

20
▶ 242001-0737

서율이는 다음 그림의 갈림길에서 가장 큰 수를 따라가려고 한다. 이때 서율이가 도착하는 장소를 구하시오.

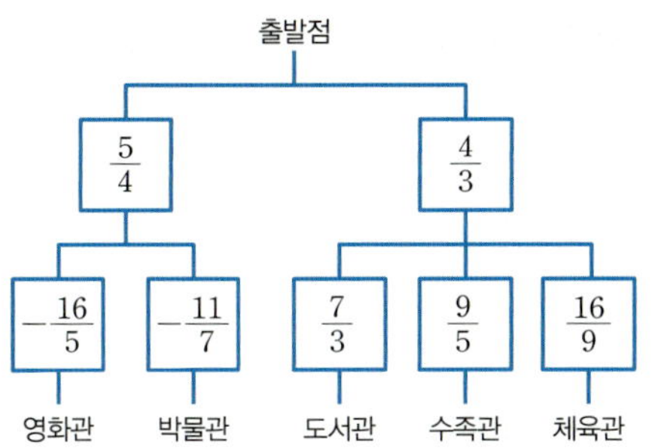

21
▶ 242001-0738

다음 조건을 모두 만족시키는 서로 다른 세 정수 a, b, c의 대소 관계를 부등호를 사용하여 나타내시오.

> ㈎ b와 c는 -5보다 크고 a는 5보다 크다.
> ㈏ b의 절댓값은 -5의 절댓값과 같다.
> ㈐ 수직선에서 a는 c보다 -5에 더 가깝다.

22
▶ 242001-0739

다음 조건을 모두 만족시키는 서로 다른 네 정수 a, b, c, d를 큰 것부터 차례로 나열하시오.

> ㈎ $|a| < |c|$ ㈏ $a < 0$
> ㈐ $a < d$ ㈑ $|b| = |c|$
> ㈒ 수직선에서 가장 오른쪽에 있는 수는 b이다.

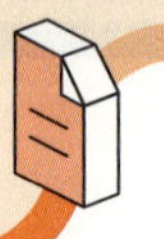

01
▶ 242001-0740

다음 계산 결과가 옳지 <u>않은</u> 것은?

① $(+8)+(+5)=+13$

② $\left(-\dfrac{1}{6}\right)+\left(-\dfrac{5}{9}\right)=-\dfrac{7}{18}$

③ $\left(-\dfrac{3}{2}\right)+(+1.2)=-\dfrac{3}{10}$

④ $\left(+\dfrac{3}{8}\right)+\left(-\dfrac{5}{6}\right)=-\dfrac{11}{24}$

⑤ $(+4.6)+(-7.4)=-2.8$

02
▶ 242001-0741

다음 계산 결과의 부호가 <u>다른</u> 하나는?

① $\left(+\dfrac{3}{8}\right)+\left(-\dfrac{11}{8}\right)$ ② $\left(+\dfrac{2}{3}\right)+\left(-\dfrac{1}{2}\right)$

③ $\left(-\dfrac{5}{2}\right)+\left(-\dfrac{1}{6}\right)$ ④ $\left(+\dfrac{1}{4}\right)+\left(-\dfrac{5}{2}\right)$

⑤ $(-3.5)+(+1.6)$

03
▶ 242001-0742

다음 중 옳지 <u>않은</u> 것은?

① -3보다 $+6$만큼 큰 수 ➡ $(-3)+(+6)=3$

② -5보다 -2만큼 작은 수 ➡ $(-5)-(-2)=-3$

③ 0보다 -4만큼 작은 수 ➡ $0+(-4)=-4$

④ $+2$보다 -3만큼 큰 수 ➡ $(+2)+(-3)=-1$

⑤ $+5$보다 $+2$만큼 작은 수 ➡ $(+5)-(+2)=3$

04
▶ 242001-0743

다음은 수직선을 이용하여 정수의 계산을 한 것이다. 그림에 알맞은 계산식을 모두 고르면? (정답 2개)

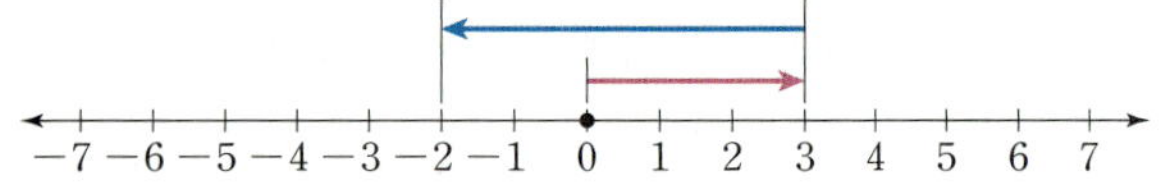

① $(-2)+(+5)=+3$

② $(+2)+(-4)=-2$

③ $(-2)-(+5)=-7$

④ $(+3)-(+5)=-2$

⑤ $(+3)+(-5)=-2$

05
▶ 242001-0744

다음 식의 ☐ 안에 알맞은 수는?

$$(+2.4)+\boxed{}=-\dfrac{18}{5}$$

① -6 ② $-\dfrac{6}{5}$ ③ $\dfrac{6}{5}$

④ $-\dfrac{42}{5}$ ⑤ $-\dfrac{21}{5}$

06
▶ 242001-0745

다음 계산 과정 ㉠, ㉡에서 이용한 덧셈의 계산 법칙을 각각 말하시오.

$$
\begin{aligned}
&(+1)+(-3)+(+9)\\
&=(-3)+(+1)+(+9)\\
&=(-3)+\{(+1)+(+9)\}\\
&=(-3)+(+10)\\
&=7
\end{aligned}
$$

㉠ : ___________ 법칙

㉡ : ___________ 법칙

07 서술형
▶ 242001-0746

어떤 수에서 13을 빼야 할 것을 잘못하여 더하였더니 -5가 되었다. 바르게 계산한 값을 구하시오.

08
▶ 242001-0747

-6보다 -2만큼 작은 수를 a, $\dfrac{1}{2}$보다 $\dfrac{7}{4}$만큼 큰 수를 b라 할 때, $b-a$의 값은?

① 12 ② 8 ③ $\dfrac{41}{4}$

④ $\dfrac{25}{4}$ ⑤ $\dfrac{16}{3}$

09
▶ 242001-0748

오른쪽 표에서 가로, 세로에 있는 세 수의 합이 모두 같을 때, $b-a$의 값은?

	$\dfrac{4}{7}$	$-\dfrac{8}{7}$
	a	b
$\dfrac{1}{7}$	$-\dfrac{5}{7}$	$\dfrac{2}{7}$

① $-\dfrac{1}{7}$ ② $\dfrac{1}{7}$

③ $\dfrac{3}{7}$ ④ $\dfrac{5}{7}$

⑤ 1

10
▶ 242001-0749

다음 조건을 만족하는 두 정수 a, b에 대하여 $a+b$의 최댓값은?

$$|a| \le \frac{13}{5} \qquad -4 \le b < 8$$

① 7 ② 8 ③ 9

④ 10 ⑤ 11

11
▶ 242001-0750

두 수 a, b에 대하여 $|a|=\dfrac{3}{5}$, $|b|=1.7$일 때, $a+b$의 값 중 가장 작은 값을 구하시오.

12
▶ 242001-0751

다음 중 계산 결과가 옳은 것은?

① $(-9)-(-5)+(-3)=+7$

② $(+1.7)+(-1.3)-(-3.4)=-3$

③ $\left(-\dfrac{1}{7}\right)+\left(+\dfrac{2}{3}\right)-(+1)=-\dfrac{9}{21}$

④ $3.4-\dfrac{4}{5}+(-2)=\dfrac{3}{5}$

⑤ $(-0.7)-(+6)+(+5.7)=+1$

13
▶ 242001-0752

다음 중 계산 결과가 나머지 넷과 <u>다른</u> 하나는?

① $3+2-4$

② $-2+7-4$

③ $-8+3+6$

④ $-\dfrac{2}{3}+\dfrac{7}{12}+\dfrac{3}{4}$

⑤ $0.5-2.2+2.7$

14
▶ 242001-0753

$\dfrac{3}{7}-\dfrac{3}{4}+\dfrac{3}{14}-\dfrac{1}{2}$을 계산하면?

① $-\dfrac{17}{14}$ ② $-\dfrac{13}{14}$ ③ $-\dfrac{17}{28}$

④ $-\dfrac{13}{28}$ ⑤ $-\dfrac{11}{28}$

15 서술형
▶ 242001-0754

a는 -2로부터 거리가 5인 수이고, b의 절댓값은 3일 때, $a-b$의 값 중 가장 작은 값을 구하시오.

16
▶ 242001-0755

$A=\left(-\dfrac{1}{3}\right)-\left(-\dfrac{3}{4}\right)$, $B=\left(+\dfrac{5}{8}\right)-\left(-\dfrac{1}{4}\right)$일 때, $A-B$의 값은?

① $-\dfrac{35}{24}$ ② $-\dfrac{31}{24}$ ③ $-\dfrac{17}{24}$

④ $-\dfrac{11}{24}$ ⑤ $\dfrac{1}{24}$

 소단원 실전 테스트

01 ▶ 242001-0756

다음 중 계산 결과가 옳지 <u>않은</u> 것은?

① $(+5) \times (-8) = -40$

② $(+7) \times (+3) = +21$

③ $\left(-\dfrac{5}{6}\right) \times \left(-\dfrac{3}{5}\right) = -\dfrac{1}{2}$

④ $(-2.5) \times \left(+\dfrac{2}{5}\right) = -1$

⑤ $\left(+\dfrac{8}{13}\right) \times \left(-\dfrac{3}{4}\right) = -\dfrac{6}{13}$

02 ▶ 242001-0757

$+\dfrac{5}{4}$보다 $-\dfrac{1}{2}$만큼 큰 수를 a, $-\dfrac{7}{3}$보다 $-\dfrac{5}{2}$만큼 작은 수를 b라고 할 때, $a \times b$의 값은?

① $-\dfrac{29}{8}$

② $-\dfrac{29}{24}$

③ $\dfrac{1}{8}$

④ $\dfrac{7}{24}$

⑤ $\dfrac{21}{16}$

03 ▶ 242001-0758

다음 계산 과정에서 곱셈의 교환법칙과 결합법칙이 이용된 곳을 차례대로 고른 것은?

$$\left(-\dfrac{3}{7}\right) \times (-3) \times \left(+\dfrac{28}{9}\right)$$

$$= (-3) \times \left(-\dfrac{3}{7}\right) \times \left(+\dfrac{28}{9}\right) \quad ┐$$

$$= (-3) \times \left\{ \left(-\dfrac{3}{7}\right) \times \left(+\dfrac{28}{9}\right) \right\} \quad ㄴ$$

$$= (-3) \times \left(-\dfrac{4}{3}\right) \quad ㄷ$$

$$= 4 \quad ㄹ$$

① ㉠, ㉡　　② ㉠, ㉢　　③ ㉠, ㉣

④ ㉡, ㉢　　⑤ ㉡, ㉣

04 ▶ 242001-0759

다음 수 중에서 두 수를 뽑아 곱한 값 중 가장 큰 수를 구하시오.

$$-\dfrac{7}{3} \qquad +\dfrac{9}{4} \qquad -\dfrac{9}{2} \qquad +\dfrac{5}{8}$$

05 ▶ 242001-0760

$\left(-\dfrac{1}{6}\right) \times (+3.6) \times \left(+\dfrac{5}{8}\right) \times (-1.2)$를 계산하면?

① $-\dfrac{9}{2}$

② $-\dfrac{9}{20}$

③ $\dfrac{9}{20}$

④ $\dfrac{9}{2}$

⑤ 45

06 ▶ 242001-0761

다음 중 가장 큰 수는?

① $(-2)^3$

② $-(-2)^3$

③ -2^3

④ $(-3)^2$

⑤ $-(-3)^2$

07 서술형 ▶ 242001-0762

n이 양의 정수일 때, $(-1)^n + (-1)^{n+1} - (-1)^{2 \times n + 1}$의 값을 구하시오.

08 ▶ 242001-0763

3의 역수를 a, $-\dfrac{4}{3}$의 역수를 b라 할 때, $a \times b$의 값은?

① $-\dfrac{4}{9}$

② -4

③ $-\dfrac{1}{4}$

④ $\dfrac{1}{4}$

⑤ 4

09
▶ 242001-0764

어떤 수 a에 $+\dfrac{3}{5}$으로 곱해야 할 것을 잘못하여 나누었더니 $-\dfrac{5}{9}$가 되었다. 바르게 계산한 것은?

① $-\dfrac{9}{5}$　　② $-\dfrac{1}{4}$　　③ $-\dfrac{1}{5}$

④ $\dfrac{1}{3}$　　⑤ 4

10
▶ 242001-0765

다음 중 계산 결과가 나머지 넷과 다른 하나는?

① $\left(+\dfrac{7}{5}\right)\div\left(-\dfrac{1}{2}\right)$

② $\left(-\dfrac{4}{3}\right)\div\left(+\dfrac{10}{21}\right)$

③ $\left(+\dfrac{4}{15}\right)\div\left(-\dfrac{2}{21}\right)$

④ $\left(-\dfrac{5}{4}\right)\div\left(+\dfrac{1}{8}\right)\times(+5)$

⑤ $\left(-\dfrac{7}{4}\right)\times\left(-\dfrac{2}{5}\right)\div\left(-\dfrac{1}{4}\right)$

11 서술형
▶ 242001-0766

절댓값이 $\dfrac{6}{7}$인 양수를 a, 절댓값이 $\dfrac{2}{21}$인 음수를 b라 할 때, $a\div b$의 값을 구하시오.

12
▶ 242001-0767

$a=\left(-\dfrac{3}{2}\right)^{3}\times\left(+\dfrac{14}{3}\right)$, $b=\left(-\dfrac{7}{6}\right)\div\left(+\dfrac{1}{18}\right)\times\left(+\dfrac{15}{4}\right)$일 때, $a\div b$의 값은?

① -5　　② $-\dfrac{1}{5}$　　③ $\dfrac{1}{7}$

④ $\dfrac{1}{5}$　　⑤ 5

13
▶ 242001-0768

다음 계산 과정에서 틀린 부분을 찾고 바르게 계산한 값은?

$$\left(-\dfrac{3}{2}\right)\times 2.8-\left(-\dfrac{3}{17}\right)\times 1.7 \;\Big]\;ㄱ$$
$$=\left(-\dfrac{21}{5}\right)+\left(-\dfrac{3}{10}\right)\;\Big]\;ㄴ$$
$$=-\dfrac{9}{2}$$

	틀린 부분	바르게 계산한 값
①	ㄱ	$-\dfrac{42}{5}$
②	ㄱ	$-\dfrac{27}{2}$
③	ㄱ	$-\dfrac{39}{10}$
④	ㄴ	$\dfrac{27}{2}$
⑤	ㄴ	$\dfrac{51}{10}$

14
▶ 242001-0769

$(-2)^{2}+\left(\dfrac{3}{2}\right)^{2}\div\left(-\dfrac{9}{14}\right)\times 7-\left|-\dfrac{3}{2}\right|$의 값은?

① -28　　② -26　　③ -24

④ -22　　⑤ -20

15
▶ 242001-0770

$-1<a<0$일 때, 다음 보기에서 두 번째로 큰 수는?

보기

ㄱ. $\dfrac{1}{a}$　　ㄴ. $-\dfrac{1}{a}$　　ㄷ. $-a^{2}$

ㄹ. $(-a)^{2}$　　ㅁ. $\left(\dfrac{1}{a}\right)^{2}$

① ㄱ　　② ㄴ　　③ ㄷ

④ ㄹ　　⑤ ㅁ

16
▶ 242001-0771

세 유리수 a, b, c에 대하여 $a\div b<0$, $b>c$, $b\times c<0$일 때, 다음 중 부호가 다른 하나는?

① $a\times c$　　② $b-c$　　③ $\dfrac{a}{c}$

④ $b-a$　　⑤ $b\times(a+c)$

중단원 실전 테스트

01
▶ 242001-0772

다음 중 계산 결과가 옳지 <u>않은</u> 것은? [3점]

① $\left(-\dfrac{5}{3}\right)+\left(+\dfrac{10}{9}\right)=-\dfrac{5}{9}$

② $\left(+\dfrac{7}{4}\right)+\left(-\dfrac{5}{6}\right)=+\dfrac{11}{12}$

③ $(+1.2)-\left(+\dfrac{3}{4}\right)=+\dfrac{9}{10}$

④ $\left(+\dfrac{6}{7}\right)-\left(-\dfrac{2}{3}\right)=\dfrac{32}{21}$

⑤ $\left(-\dfrac{5}{2}\right)-(+1.5)=-4$

02
▶ 242001-0773

$\left(+\dfrac{3}{2}\right)-\left(-\dfrac{3}{4}\right)+\left(+\dfrac{7}{8}\right)-\left(+\dfrac{5}{2}\right)$를 계산하면? [3점]

① $-\dfrac{13}{8}$ 　　② $-\dfrac{7}{8}$ 　　③ $\dfrac{5}{8}$

④ $\dfrac{3}{4}$ 　　⑤ 1

03
▶ 242001-0774

어떤 유리수 a, b에 대하여 $a-\left(-\dfrac{2}{3}\right)=\dfrac{4}{9}$, $\left(+\dfrac{1}{2}\right)-b=-\dfrac{5}{6}$일 때, $a+b$의 값은? [3점]

① $-\dfrac{5}{9}$ 　　② $\dfrac{2}{3}$ 　　③ $\dfrac{8}{9}$

④ $\dfrac{10}{9}$ 　　⑤ 2

04
▶ 242001-0775

다음 중 절댓값이 가장 큰 수를 a, 절댓값이 가장 작은 수를 b라 할 때, $a-b$의 값은? [3점]

$$+3 \qquad -\dfrac{11}{3} \qquad +2.4 \qquad -\dfrac{3}{4}$$

① $-\dfrac{35}{12}$ 　　② $-\dfrac{15}{4}$ 　　③ $-\dfrac{2}{3}$

④ $\dfrac{35}{12}$ 　　⑤ $\dfrac{15}{4}$

05
▶ 242001-0776

어떤 수에 $\dfrac{2}{5}$를 빼야 할 것을 잘못하여 더하였더니 그 결과가 $-\dfrac{3}{4}$이 되었다. 이때 바르게 계산한 값은? [4점]

① $-\dfrac{31}{20}$ 　　② $-\dfrac{23}{20}$ 　　③ $-\dfrac{3}{4}$

④ $\dfrac{1}{20}$ 　　⑤ $\dfrac{1}{10}$

06
▶ 242001-0777

$\left(+\dfrac{3}{2}\right)-3+\dfrac{5}{8}-\left(-\dfrac{5}{4}\right)+(+4)$를 계산하면? [4점]

① $\dfrac{11}{8}$ 　　② $\dfrac{15}{8}$ 　　③ $\dfrac{17}{8}$

④ $\dfrac{23}{8}$ 　　⑤ $\dfrac{35}{8}$

07

▶ 242001-0778

두 수 A, B에 대하여 다음과 같은 식이 성립할 때, $A \div B$의 값은?

[4점]

- $A - (-3) \times \dfrac{2}{7} = 2$
- $B \times 15 - B \times 4 \div \left(-\dfrac{2}{3} \right) = 4$

① $\dfrac{16}{21}$ ② $\dfrac{18}{7}$ ③ 6

④ $\dfrac{45}{7}$ ⑤ 15

08

▶ 242001-0779

서로 다른 정수 a, b, c에 대하여 다음 조건을 만족시키는 a, b, c의 값을 (a, b, c)로 나타낼 때, 서로 다른 (a, b, c)는 몇 가지인가?

[4점]

- (가) $a \times b \times c = 0$ (나) $b + c < 0$
- (다) $b > 0$ (라) $|b| \leq 3$, $|c| \leq 3$

① 0가지 ② 1가지 ③ 2가지
④ 3가지 ⑤ 4가지

09

▶ 242001-0780

□ 안의 수를 각 가로줄과 세로줄에서 하나씩 지우면 나머지 두 수의 합이 ▨ 안의 수가 될 때, $b - a$의 값은? [3점]

$-\dfrac{1}{9}$	$-\dfrac{11}{18}$	$+\dfrac{1}{2}$	$-\dfrac{13}{18}$
$+\dfrac{5}{6}$	$-\dfrac{13}{12}$	$+\dfrac{11}{8}$	$\dfrac{7}{24}$
$+\dfrac{4}{9}$	$+\dfrac{13}{18}$	$-\dfrac{1}{6}$	$\dfrac{5}{18}$
a		b	

① $-\dfrac{1}{15}$ ② $\dfrac{37}{24}$ ③ $\dfrac{83}{72}$

④ $\dfrac{7}{8}$ ⑤ $\dfrac{5}{24}$

10

▶ 242001-0781

수직선 위에서 $-\dfrac{11}{4}$과 가장 가까운 정수와 $+\dfrac{5}{3}$와 가장 가까운 정수의 합은? [3점]

① -2 ② -1 ③ 0
④ 1 ⑤ 2

11

▶ 242001-0782

다음 중 계산 결과가 가장 큰 것은? [3점]

① $(+4) \div \left(+\dfrac{2}{3} \right)$

② $\left(-\dfrac{8}{3} \right) \times \left(-\dfrac{9}{4} \right)$

③ $(-3)^2 \div \left(+\dfrac{3}{4} \right)$

④ $(-8) \times \left(+\dfrac{1}{6} \right) \div \left(-\dfrac{4}{3} \right)$

⑤ $\left(-\dfrac{3}{4} \right) \div \left(-\dfrac{3}{4} \right)^2 \times (+3)$

12

▶ 242001-0783

다음 보기 중 계산 결과가 음수인 것의 개수는? [3점]

보기

ㄱ. $(+3) \times (+4)$

ㄴ. $(-15) \div (-3)$

ㄷ. $(+12) \div (-4)$

ㄹ. $(+4) \times (-3) \times (+2)$

ㅁ. $\left(-\dfrac{7}{8} \right) \div \dfrac{14}{5} \times (-4)^2$

ㅂ. $(+9) \div \left(-\dfrac{3}{5} \right) \times \left(-\dfrac{1}{3} \right)$

① 1 ② 2 ③ 3
④ 4 ⑤ 5

13

▶ 242001-0784

어떤 수를 $-\dfrac{3}{2}$로 나누어야 할 것을 잘못하여 곱하였더니 $+\dfrac{3}{5}$이 되었다. 바르게 계산한 값은? [4점]

① $-\dfrac{2}{3}$　　② $-\dfrac{2}{5}$　　③ $-\dfrac{4}{15}$

④ $\dfrac{4}{15}$　　⑤ $\dfrac{2}{5}$

14

▶ 242001-0785

다음 중 계산 결과가 나머지 넷과 다른 하나는? [3점]

① $\dfrac{4}{5} \div (-4)^2 \times 15$

② $(-18) \div 0.25 \div (-6)$

③ $\left(-\dfrac{3}{5}\right) \div \dfrac{4}{5} \times (-1)^3$

④ $\left(+\dfrac{3}{2}\right) \times (-0.75)^2 \div \dfrac{9}{8}$

⑤ $\left(-\dfrac{3}{4}\right)^2 \times 6 \div \dfrac{9}{2}$

15

▶ 242001-0786

$|a|+|b|=3$을 만족시키는 두 정수 a, b에 대하여 $a \times b$의 최댓값은? [3점]

① 1　　② 2　　③ 3

④ 4　　⑤ 5

16

▶ 242001-0787

그림에서 세 수 $\dfrac{1}{3}$, 1.2, $-\dfrac{1}{4}$ 중에서 하나를 선택하여 사다리를 타서 순서대로 연산을 거쳐 나온 수를 A, B, C라 할 때, $(A-C) \div B$의 값은? [3점]

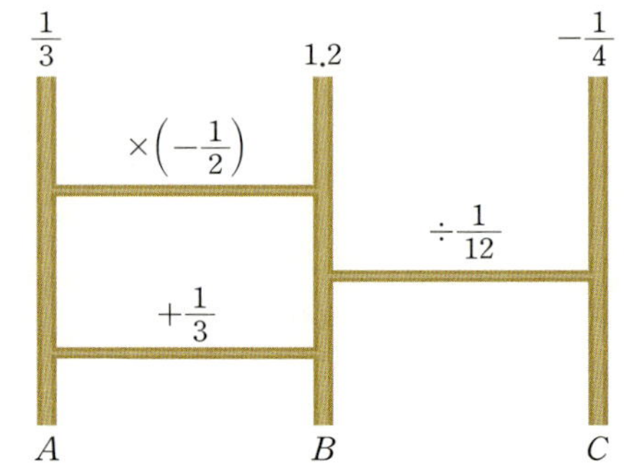

① $-\dfrac{24}{5}$　　② $-\dfrac{5}{2}$　　③ $\dfrac{32}{45}$

④ $\dfrac{5}{2}$　　⑤ $\dfrac{24}{5}$

17

▶ 242001-0788

다음 중 덧셈에 대한 곱셈의 분배법칙을 바르게 이용한 것은? [4점]

① $104 \times 19 = 100 \times 20 + 4 \times (-1)$

② $99 \times 0.1 + 1 \times 0.9 = (9+1) \times (0.1+0.9)$

③ $5.23 \times 102 - 5.23 \times (-2) = 5.23 \times 100$

④ $15 \times 97 = 15 \times 100 + 15 \times 3$

⑤ $(-3.2) \times (-7) + (-2.8) \times (-7)$
　$= (-3.2 - 2.8) \times (-7)$

18

▶ 242001-0789

아래 조건을 모두 만족시키는 0이 아닌 서로 다른 세 유리수 a, b, c에 대하여 다음 중 옳지 않은 것은? [5점]

> ㉮ $a+b=0$
> ㉯ b와 c는 서로 역수이다.
> ㉰ $c > 1$

① $b \times c = 1$　　② $a \times c = -1$

③ $|a| < |c|$　　④ $a+c > 1$

⑤ $b - a > 0$

19 ▶ 242001-0790

$\left[\left(-\dfrac{4}{3}\right)-(-2)^3\div\left\{\dfrac{8}{5}\times(-2)+2\right\}\right]\div\dfrac{1}{6}$ 을 계산하시오. [5점]

20 ▶ 242001-0791

두 유리수 a, b가 $|12\times a|=4$, $|b\div 2|=9$를 만족시킬 때, $a+b$ 의 값 중 가장 큰 값을 구하시오. [5점]

21 ▶ 242001-0792

$\left(\dfrac{1}{2}-1\right)\times\left(\dfrac{1}{3}-1\right)\times\left(\dfrac{1}{4}-1\right)\times\cdots\times\left(\dfrac{1}{2024}-1\right)$ 을 계산하시오.

[5점]

22 ▶ 242001-0793

두 유리수 a, b에 대하여

$a\triangle b=(a-b^2)\div\dfrac{1}{6}$, $a\triangledown b=(a^2+b)\div\dfrac{1}{9}$ 일 때,

$\left\{\dfrac{2}{3}\triangle\left(-\dfrac{1}{2}\right)\right\}+\left(\dfrac{2}{3}\triangledown\dfrac{1}{2}\right)$ 의 값을 구하시오. [5점]

23 서술형 ▶ 242001-0794

부호가 서로 다른 두 유리수 a, b에 대하여 $3\times|a|=|b|$ 이고, 두 수의 차가 8일 때, $a\times b$의 값을 모두 구하시오. [6점]

24 서술형 ▶ 242001-0795

두 유리수 a, b에 대하여

$a\odot b=$(수직선에서 두 수 a, b를 나타내는 점으로부터 같은 거리에 있는 점에 대응하는 수)라 할 때,

$\left(-\dfrac{2}{3}\odot 2.4\right)\odot\dfrac{7}{5}$ 의 값을 구하시오. [6점]

25 서술형 ▶ 242001-0796

세 유리수 a, b, c가 다음 조건을 모두 만족할 때, 세 수 $\dfrac{1}{|a|}$, $\dfrac{1}{|b|}$,

$\dfrac{1}{|c|}$ 을 작은 것부터 차례대로 나열하시오. [6점]

> (가) $a\times b>0$
> (나) $a+b>0$
> (다) $b+c<0$
> (라) $|a|>1>|c|$

Level 1

01
▶ 242001-0797

두 유리수 a, b에 대하여 $|a|=2$, $|b|=4$일 때, $a+b$의 값 중 가장 큰 값을 구하시오.

| 풀이 과정 |

$|a|=2$이므로 $a=\boxed{}$, $\boxed{}$

$|b|=4$이므로 $b=\boxed{}$, $\boxed{}$

따라서 $a+b=\boxed{}$, $\boxed{}$, $\boxed{}$, $\boxed{}$이(가) 될 수 있으므로

가장 큰 값은 $\boxed{}$이다.

02
▶ 242001-0798

어떤 수에 $\dfrac{5}{7}$를 빼야 할 것을 잘못하여 더했더니 $-\dfrac{1}{2}$이 되었다. 바르게 계산한 값을 구하시오.

| 풀이 과정 |

어떤 수를 A라 하면

$A+\boxed{}=-\dfrac{1}{2}$

$A=-\dfrac{1}{2}-\boxed{}=\boxed{}$

따라서 바르게 계산한 값은

$A-\left(+\dfrac{5}{7}\right)=\boxed{}-\left(+\dfrac{5}{7}\right)=\boxed{}$

03
▶ 242001-0799

다음은 정육면체의 전개도이다. 서로 마주 보는 면에 있는 수들의 합이 같을 때, $b-a$의 값을 구하시오.

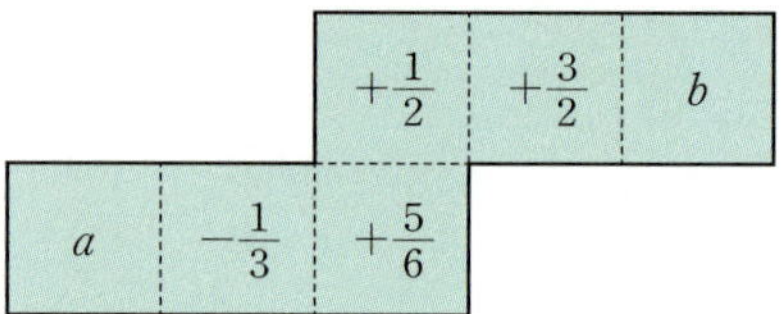

| 풀이 과정 |

서로 마주 보는 면에 있는 수들은

$+\dfrac{3}{2}$과 $\boxed{}$, a와 $\boxed{}$, b와 $\boxed{}$이다.

따라서 서로 마주 보는 면에 있는 두 수의 합은 $\boxed{}$이고,

$a=\boxed{}$, $b=\boxed{}$이므로

$b-a=\boxed{}$

04
▶ 242001-0800

$a=\left(+\dfrac{7}{4}\right)+\left(-\dfrac{5}{6}\right)$, $b=\left(-\dfrac{6}{7}\right)-\left(-\dfrac{2}{3}\right)$일 때, $4\times a-7\times b$의 값을 구하시오.

| 풀이 과정 |

$a=\left(+\dfrac{7}{4}\right)+\left(-\dfrac{5}{6}\right)=\boxed{}$

$b=\left(-\dfrac{6}{7}\right)-\left(-\dfrac{2}{3}\right)=\boxed{}$

따라서

$4\times a-7\times b=4\times\boxed{}-7\times\left(\boxed{}\right)$

$\qquad\qquad\qquad=\boxed{}$

Level 2

05
▶ 242001-0801

수직선 위에 두 수 $-\dfrac{13}{2}$, 1.4에 대응하는 점을 각각 A, B라 할 때, 두 점 A, B 사이의 거리를 구하시오.

06
▶ 242001-0802

다음 수 중에서 절댓값이 가장 큰 수를 A, 절댓값이 가장 작은 수를 B라 할 때, $A-B$의 값을 구하시오.

$$-\dfrac{3}{4} \qquad +\dfrac{5}{3} \qquad -1.6 \qquad +\dfrac{2}{15} \qquad -\dfrac{1}{2}$$

07
▶ 242001-0803

어떤 수를 $-\dfrac{6}{5}$으로 나누어야 할 것을 잘못하여 곱하였더니 $+\dfrac{2}{15}$가 되었다. 바르게 계산한 값을 구하시오.

08
▶ 242001-0804

다음을 계산하시오.

$$\left(+\dfrac{1}{6}\right)+\left(-\dfrac{3}{6}\right)+\left(+\dfrac{5}{6}\right)+\left(-\dfrac{7}{6}\right)+$$
$$\cdots+\left(+\dfrac{21}{6}\right)+\left(-\dfrac{23}{6}\right)$$

09
▶ 242001-0805

두 유리수 a, b에 대하여 $\left(+\dfrac{1}{3}\right)\times a=-\dfrac{7}{6}$, $b\times(-9)=\dfrac{14}{5}$일 때, $a\times b$의 값을 구하시오.

10
▶ 242001-0806

세 유리수 a, b, c에 대하여 $a\times c=+\dfrac{5}{6}$, $b\times c=-\dfrac{7}{3}$일 때, $(a-b)\div\dfrac{1}{c}$의 값을 구하시오.

중단원 서술형 대비

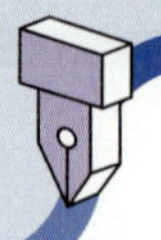

11
▶ 242001-0807

0이 아닌 두 유리수 a, b에 대하여
$a \diamond b = a^2 - a \times b$, $a \blacklozenge b = a - 1 + b - a \times b$라 할 때,
$\dfrac{1}{2} \diamond \left\{ \dfrac{5}{6} \blacklozenge \left(-\dfrac{1}{3} \right) \right\}$의 값을 구하시오.

12
▶ 242001-0808

n이 홀수일 때,
$-(-1)^{2 \times n} + (-1)^{n+1} - (-1)^{n+2} + (-1)^{n+3} - (-1)^{n+4}$
을 구하시오.

13
▶ 242001-0809

$A = \left(-\dfrac{3}{2} \right)^3 \div (-13 + 4) - (-2)^3 \times \left(+\dfrac{5}{8} \right)$라 할 때, A보다 크지 않은 자연수의 개수를 구하시오.

14
▶ 242001-0810

다음과 같은 규칙으로 계산하는 장치가 있다.

> 장치 A: 입력한 수를 제곱한 후 -2를 곱한 다음 2를 더한다.
>
> 장치 B: 입력한 수를 3으로 나눈 후 $-\dfrac{5}{2}$를 뺀다.

장치 A에 $-\dfrac{1}{2}$을 입력하여 나온 수를 다시 장치 B에 입력할 때, 최종으로 나오는 수를 구하시오.

15
▶ 242001-0811

한 변의 길이가 10 cm인 정사각형에서 가로의 길이를 10 % 늘리고, 세로의 길이를 30 % 줄여서 만든 직사각형의 넓이를 구하시오.

16
▶ 242001-0812

서로 다른 두 수 a, b에 대해 두 수의 차는 7이고 절댓값의 차는 3일 때 두 수의 곱을 구하시오. (단, $a < b$)

Level 3

17

▶ 242001-0813

크기순으로 나열한 네 수 $-\dfrac{1}{3}$, x, y, $+\dfrac{5}{3}$에 대응하는 점이 수직선 위에 일정한 간격으로 차례대로 놓여 있을 때, $y \div x$의 값을 구하시오.

18

▶ 242001-0814

다음은 수학자 가우스가 열 살 때 1부터 100까지의 합을 구한 방법이다.

$$1+2+3+\cdots+99+100$$
$$=(1+100)+(2+99)+\cdots+(50+51)$$
$$=101+\cdots+101$$
$$=101 \times 50 = 5050$$

위 과정 중에 쓰인 덧셈에 대한 교환법칙과 결합법칙을 이용하여
$(-1)+(-3)+(-5)+\cdots+(-197)+(-199)+(-201)$
을 계산하시오.

19

▶ 242001-0815

세 유리수 a, b, c가 다음 조건을 모두 만족한다. $\dfrac{1}{b}$, b, b^2, b^3을 큰 것부터 나열 할 때, 두 번째에 오는 것을 구하시오.

㈎ $a+c<0$
㈏ b와 c는 서로 역수이다.
㈐ $a>1$

20

▶ 242001-0816

서율, 다현, 상호가 게임을 하고 있다. 매 게임마다 1등은 2점, 2등은 1점, 3등은 -3점을 얻는다고 할 때, 모든 게임이 끝난 후 서율이와 상호의 점수의 평균이 2점이었다. 이때 다현이는 몇 점을 얻었는지 구하시오.

21

▶ 242001-0817

-4보다 $-\dfrac{5}{3}$만큼 작은 수와 -3보다 $\dfrac{14}{3}$만큼 큰 수를 수직선 위에 나타낼 때, 두 수 사이에 있는 모든 정수들의 합을 구하시오.

22

▶ 242001-0818

네 수 $\dfrac{1}{2}$, $-\dfrac{1}{3}$, 4, $-\dfrac{7}{4}$ 중에서 서로 다른 세 수를 뽑아 각각 A, B, C라 할 때, $A \times B \div C$의 값 중 가장 큰 값과 가장 작은 값의 곱을 구하시오.

소단원 실전 테스트

01
▶ 242001-0819

정가가 a원인 청바지를 30 % 할인하여 샀을 때, 지불한 금액을 문자를 사용한 식으로 나타내면?

① $\left(\dfrac{1}{100}\times a\right)$원

② $\left(a-\dfrac{30}{100}\right)$원

③ $\left(a+\dfrac{30}{100}\right)$원

④ $\left(a-\dfrac{30}{100}\times a\right)$원

⑤ $\left(a+\dfrac{30}{100}\times a\right)$원

02
▶ 242001-0820

다음 중 옳지 <u>않은</u> 것은?

① $0.2\times x\times x=0.2x^2$

② $y\times x\times(-1)=-xy$

③ $(a-b)\times 2\times x=a-2bx$

④ $a\times 5\times b\times b\times 4=20ab^2$

⑤ $(-6)\times(-a)\times(-b)=-6ab$

03
▶ 242001-0821

$(-4)\times a\times a\times b\times a\times b\times b$를 곱셈 기호를 생략하여 나타내면?

① $4a^3b^3$

② $-4a^3b^3$

③ $-4a^2b+ab^2$

④ $4a^2b-ab^2$

⑤ a^3b^3

04
▶ 242001-0822

다음 중 옳은 것은?

① $a\div 3+b=3a+b$

② $4\div x\div y=\dfrac{4y}{x}$

③ $a\div\dfrac{1}{2}\div b=\dfrac{a}{2b}$

④ $a\div b-5=\dfrac{a}{b-5}$

⑤ $a\div b\div 6=\dfrac{a}{6b}$

05
▶ 242001-0823

다음 중 기호 $\times$, $\div$를 생략했을 때, 나머지 넷과 <u>다른</u> 하나는?

① $a\div b\times c$

② $a\times\dfrac{1}{b}\div c$

③ $a\div(b\div c)$

④ $a\times\left(\dfrac{1}{b}\div\dfrac{1}{c}\right)$

⑤ $a\div\left(b\times\dfrac{1}{c}\right)$

06
▶ 242001-0824

다음 보기에서 옳은 것을 있는 대로 고른 것은?

> **보기**
>
> ㄱ. $x\div 7-6\times y\times 4=\dfrac{1}{7}x-24y$
>
> ㄴ. $b\times a\times(-0.1)\times x\times b=-0.1ab^2x$
>
> ㄷ. $x-y\div\dfrac{2}{3}=\dfrac{3(x-y)}{2}$
>
> ㄹ. $x\div\dfrac{5}{6}y\times(-1)=-\dfrac{6y}{5x}$
>
> ㅁ. $(-3)\times(x+y)\div 5=\dfrac{-3x+y}{5}$

① ㄱ, ㄴ

② ㄱ, ㄷ

③ ㄱ, ㄴ, ㄷ

④ ㄴ, ㄷ, ㄹ

⑤ ㄷ, ㄹ, ㅁ

07 서술형
▶ 242001-0825

다음은 기호 $\times$, $\div$를 생략하여 나타내는 과정이다. 옳지 않은 부분을 찾고 기호 $\times$, $\div$를 생략하여 바르게 나타내시오.

$$x+7\div y\div z=x+7\times\dfrac{1}{y}\times\dfrac{1}{z}=\dfrac{x+7}{yz}$$

08
▶ 242001-0826

$\dfrac{5a^3b}{4x-y}$ 를 곱셈 기호와 나눗셈 기호를 사용하여 나타내면?

① $5\times a\times a\times b\times b\times(4\times x-y)$
② $5\times a\times a\times a\times b\times(4\times x-y)$
③ $5\times a\times a\times a\times b\div(4\times x-y)$
④ $5\times a\times b\times b\times b\div(4\times x-y)$
⑤ $5\times a\times b\times b\times b\div 4\times x-y$

09
▶ 242001-0827

다음 중 옳은 것을 모두 고르면? (정답 2개)

① $a-3b^2=a-3\times b\times b$ ② $\dfrac{a}{4b}=a\div 4\times b$
③ $\dfrac{y}{x-y}=(x-y)\div y$ ④ $\dfrac{5}{x+y}=5\div x+y$
⑤ $\dfrac{a-b}{2x}=(a-b)\div 2\div x$

10
▶ 242001-0828

다음 중 백의 자리의 숫자가 5, 십의 자리의 숫자가 x, 일의 자리의 숫자가 y인 세 자리 자연수를 문자를 사용한 식으로 나타내면?

① $5xy$　　　　② $500+10x+y$
③ $5000xy$　　　④ $x+5+y$
⑤ $5+10x+100y$

11
▶ 242001-0829

오른쪽 그림과 같은 사각형의 넓이를 문자를 사용한 식으로 나타내시오.

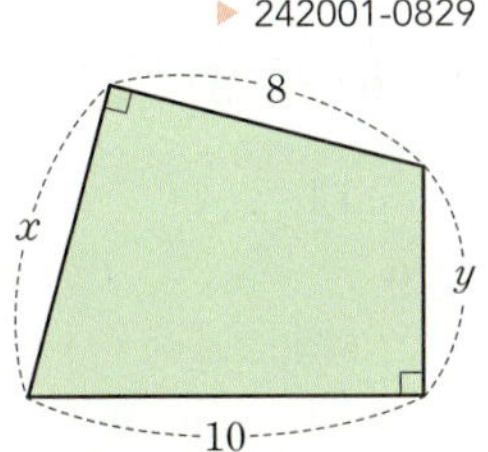

12
▶ 242001-0830

다음 중 옳은 것은?

① 가로의 길이가 x cm, 세로의 길이가 y cm인 직사각형의 둘레의 길이는 xy cm이다.
② 한 변의 길이가 a cm인 정육면체의 부피는 a^2 cm^{3}이다.
③ 10개에 x원인 사탕 1개의 가격은 $10x$원이다.
④ 100점 만점의 시험에서 4점짜리 문제를 a개 틀렸을 때, 얻은 점수는 $(100-4a)$점이다.
⑤ 한 개에 a원인 사과 5개와 2 kg에 b원인 딸기 6 kg의 가격은 $(5a+6b)$원이다.

13 서술형
▶ 242001-0831

다음을 문자를 사용한 식으로 나타내시오.

> A 지점을 출발하여 150 km만큼 떨어진 B 지점을 향하여 시속 60 km로 a시간 동안 갔을 때, 남은 거리

14
▶ 242001-0832

집에서 출발하여 x km떨어진 강변공원까지 자전거를 타고 시속 20 km로 갔다. 자전거를 타고 가던 중 30분을 쉬었다고 할 때, 집에서 출발하여 강변공원에 도착할 때까지 걸린 시간은?

① $\left(\dfrac{x}{20}+\dfrac{1}{2}\right)$시간　　② $\left(\dfrac{x}{20}+30\right)$시간
③ $\left(20x+\dfrac{1}{2}\right)$시간　　④ $\left(\dfrac{20}{x}+\dfrac{1}{2}\right)$시간
⑤ $(20x+30)$시간

15
▶ 242001-0833

어느 학교의 올해의 여학생의 수는 작년에 비하여 4 % 감소하였다. 작년의 전체 학생 수는 600명이고, 작년의 남학생의 수는 x명일 때, 올해의 여학생의 수를 문자를 사용한 식으로 나타내면?

① $600-4x$　　　　② $x+\dfrac{1}{25}x$
③ $x-\dfrac{1}{25}x$　　　④ $(600-x)+\dfrac{1}{25}(600-x)$
⑤ $(600-x)-\dfrac{1}{25}(600-x)$

소단원 실전 테스트

01
▶ 242001-0834

$x=2$일 때, 식의 값을 구한 것으로 옳지 <u>않은</u> 것은?

① $4x=8$ ② $6-x=4$

③ $\dfrac{12}{x}=6$ ④ $-x^2-1=-3$

⑤ $x^3-2=6$

02
▶ 242001-0835

$a=-3$일 때, 나머지 넷과 그 값이 <u>다른</u> 하나는?

① $6+a$ ② $-3a$ ③ a^2

④ $(-a)^2$ ⑤ $18-a^2$

03
▶ 242001-0836

$a=2$, $b=-3$일 때, a^2-3b^2-2ab의 값을 구하시오.

04
▶ 242001-0837

$a=-3$, $b=3$일 때, 식의 값이 가장 큰 것은?

① $ab+b^2$ ② a^2-b^2 ③ $\dfrac{3ab}{a-b}$

④ $3a(b-a)$ ⑤ $(a-2)(b+1)$

05
▶ 242001-0838

$a=-2$, $b=3$, $c=4$일 때, 다음 식의 값을 구하시오.

$$\dfrac{b}{a}-\dfrac{2ab-a}{-c}$$

06
▶ 242001-0839

$x=-\dfrac{1}{3}$일 때, 식의 값이 가장 작은 것은?

① $-x$ ② x^2 ③ $-x^2$

④ $\dfrac{1}{x}$ ⑤ $\dfrac{3}{x}$

07 서술형
▶ 242001-0840

$a=\dfrac{1}{2}$, $b=-\dfrac{1}{3}$일 때, $\dfrac{a-b}{2ab}$의 값을 구하시오.

08
▶ 242001-0841

$x=\dfrac{1}{9}$, $y=\dfrac{1}{3}$, $z=-\dfrac{1}{2}$일 때, $\dfrac{1}{x}-\dfrac{3}{y}-\dfrac{2}{z}$의 값은?

① -14 ② -4 ③ 4

④ 9 ⑤ 14

09

▶ 242001-0842

$1\dfrac{2}{3}$의 역수를 a, -0.8의 역수를 b라 할 때, $-5a^2b$의 값을 구하시오.

10

▶ 242001-0843

키가 $h\,\mathrm{cm}$인 사람의 표준 몸무게를 구하는 식 중 가장 일반적으로 사용하는 식은 $0.9(h-100)\,\mathrm{kg}$이다. 이 식에 따르면 키가 $170\,\mathrm{cm}$인 사람의 표준 몸무게는 몇 kg인가?

① 63 kg　　② 67 kg　　③ 72 kg
④ 75 kg　　⑤ 81 kg

11

▶ 242001-0844

기온이 $x\,^{\circ}\mathrm{C}$일 때, 소리의 속력은 초속 $(331+0.6x)\,\mathrm{m}$이다. 기온이 $20\,^{\circ}\mathrm{C}$일 때, 소리의 속력은?

① 초속 337 m　　② 초속 343 m　　③ 초속 351 m
④ 초속 391 m　　⑤ 초속 420 m

12

▶ 242001-0845

3권에 x원 하는 공책 2권과 4개에 y원 하는 볼펜 5개를 샀을 때, 다음 물음에 답하시오.

⑴ 전체 가격을 문자를 사용한 식으로 나타내시오.
⑵ $x=3600$, $y=3200$일 때, 전체 가격을 구하시오.

13

▶ 242001-0846

지표면에서 약 $11\,\mathrm{km}$까지는 지표면에서 $1\,\mathrm{km}$ 높아질 때마다 기온이 $6\,^{\circ}\mathrm{C}$씩 낮아진다고 한다. 다음 물음에 답하시오.

⑴ 지표면의 온도가 $a\,^{\circ}\mathrm{C}$일 때, $b\,\mathrm{km}$ 높이에서의 기온은 몇 $^{\circ}\mathrm{C}$인지 문자를 사용한 식으로 나타내시오. (단, $b\leq11$)
⑵ $a=15$, $b=1.5$일 때, 기온을 구하시오.

14 서술형

▶ 242001-0847

오른쪽 그림과 같은 직사각형에서 색칠한 부분의 넓이를 문자를 사용한 식으로 나타내고, $a=12$, $b=5$일 때, 색칠한 부분의 넓이를 구하시오.

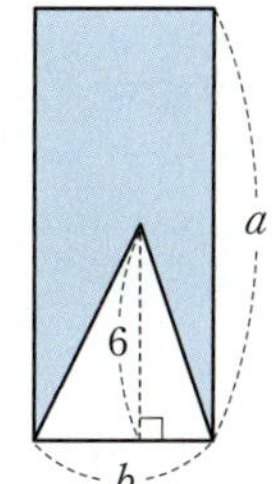

15

▶ 242001-0848

아래 그림과 같이 바둑돌을 사용하여 정사각형을 만들어 나갈 때, 다음 물음에 답하시오.

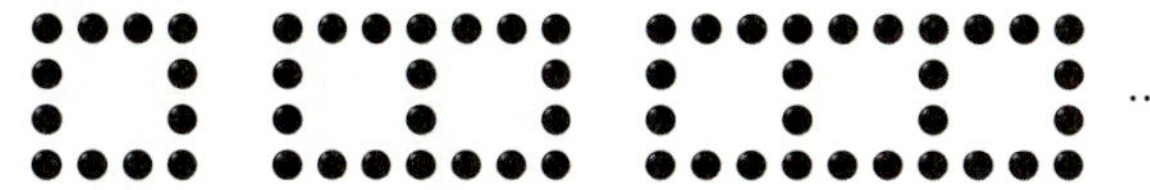

⑴ 정사각형이 x개일 때, 사용한 바둑돌의 개수를 문자를 사용한 식으로 나타내시오.
⑵ 정사각형이 30개일 때, 사용한 바둑돌의 개수의 구하시오.

소단원 실전 테스트

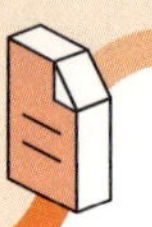

01
▶ 242001-0849

다음 중 다항식 x^2-4x-9에 대한 설명으로 옳지 <u>않은</u> 것은?

① x의 계수는 -4이다.
② x에 대한 일차식이 아니다.
③ x^2의 차수는 2이다.
④ 항은 x^2, $4x$, 9의 3개이다.
⑤ 상수항은 -9이다.

02
▶ 242001-0850

다음 표의 ㉠~㉤에 알맞은 수는?

다항식	항의 개수	x^2의 계수	x의 계수	상수항	다항식의 차수
$4x^2-x+5$	㉠	㉡	㉢	5	2
$-2x-9$	2	0	-2	㉣	㉤

① ㉠: 2
② ㉡: 2
③ ㉢: -1
④ ㉣: 9
⑤ ㉤: 2

03
▶ 242001-0851

다음에서 단항식의 개수는?

$$x+y, \ 3xy, \ 1-y, \ \frac{1}{4}, \ 2abx, \ \frac{2}{x}$$

① 1
② 2
③ 3
④ 4
⑤ 5

04
▶ 242001-0852

다음 중 옳지 <u>않은</u> 것을 모두 고르면? (정답 2개)

① x^2-2x+4에서 x의 계수는 2이다.
② $-2x+3y+1$의 차수는 1이다.
③ $-x^2-x+5$에서 항은 $-x^2$, $-x$, 5이다.
④ $3x^2-2x-4$에서 x의 계수와 상수항의 곱은 8이다.
⑤ $\frac{x-3}{2}$의 항은 2개이고, 상수항은 -3이다.

05 서술형
▶ 242001-0853

다항식 $x^2-\frac{5}{3}x+\frac{2}{3}$에서 x의 계수를 A, 상수항을 B, 다항식의 차수를 C라 할 때, $A+B+C$의 값을 구하시오.

06
▶ 242001-0854

다음 보기에서 일차식인 것을 있는 대로 고른 것은?

> 보기
>
> ㄱ. $3x-9$　　ㄴ. $x-1+x^2$　　ㄷ. $-\frac{3}{4}y+\frac{1}{5}$
>
> ㄹ. $-\frac{1}{3}$　　ㅁ. $-2+\frac{1}{5}x$　　ㅂ. $2y^2-3$

① ㄱ, ㄷ
② ㄴ, ㅁ
③ ㄱ, ㄷ, ㅁ
④ ㄱ, ㄷ, ㄹ, ㅁ
⑤ ㄱ, ㄴ, ㄷ, ㄹ

07
▶ 242001-0855

$x-5+ax-8$을 간단히 하였을 때, x에 대한 일차식이 된다. 이때 상수 a의 값이 될 수 <u>없는</u> 것은?

① -2
② -1
③ 0
④ 1
⑤ 2

08
▶ 242001-0856

다음 $\square$ 안에 들어갈 수들의 합은?

> • $2a \times (-7) = 2 \times (-7) \times a = \square\, a$
>
> • $6x \div \frac{3}{2} = 6x \times \frac{2}{3} = 6 \times \frac{2}{3} \times x = \square\, x$

① -10
② -8
③ -6
④ 8
⑤ 10

09
▶ 242001-0857

다음 중 옳은 것은?

① $5 \times (-6a) = -a$

② $12b \times \left(-\dfrac{1}{3}\right) = -36b$

③ $(-32x) \div (-4) = -8x$

④ $(-8x) \div \dfrac{1}{2} = -4x$

⑤ $(-12y) \div \left(-\dfrac{2}{5}\right) = 30y$

10
▶ 242001-0858

다음 중 옳지 <u>않은</u> 것은?

① $2x \times 5 = 10x$

② $(-20x) \div (-5) = 4x$

③ $4(3x+1) = 12x+4$

④ $\left(5x - \dfrac{1}{3}\right) \div \dfrac{1}{6} = 30x - 3$

⑤ $(-4x+8) \div 2 = -2x+4$

11
▶ 242001-0859

$\left(-\dfrac{1}{3}x + \dfrac{3}{4}\right) \times (-12) = ax + b$일 때, $b-a$의 값은?

① -13
② -6
③ -4

④ 6
⑤ 13

12
▶ 242001-0860

$(4x-12) \div \left(-\dfrac{4}{3}\right)$를 계산하면?

① $-3x-9$
② $-3x+9$
③ $3x-9$

④ $\dfrac{1}{3}x - 12$
⑤ $-\dfrac{1}{3}x + 12$

13
▶ 242001-0861

다음 중 식을 간단히 한 결과가 $-6(2x-1)$과 같은 것은?

① $(2x+1) \div 6$

② $(-2x+1) \div \left(-\dfrac{1}{6}\right)$

③ $(2x-1) \div \dfrac{1}{6}$

④ $(-2x+1) \div \dfrac{1}{6}$

⑤ $(-2x+1) \times (-6)$

14
▶ 242001-0862

$\dfrac{4}{3}\left(6x - \dfrac{1}{2}\right)$을 계산했을 때 x의 계수를 a라 하고, $\left(\dfrac{3}{2}x - \dfrac{6}{5}\right) \div \left(-\dfrac{3}{5}\right)$을 계산했을 때 상수항을 b라고 하자. 이때 $a-b$의 값을 구하시오.

15 서술형
▶ 242001-0863

일차식 $-6x+24$를 어떤 수로 나누어야 할 것을 곱하였더니 $4x-16$이 되었다. 이때 바르게 계산한 식을 구하시오.

16
▶ 242001-0864

$(-5x+b) \div \dfrac{5}{6}$를 계산했을 때, 상수항이 12이다. $-5x+b$에 $x=2$를 대입한 식의 값은?

① -10
② -5
③ 0

④ 5
⑤ 10

01
▶ 242001-0865

다음 중 $-4a$와 동류항인 것은?

① -4　　　② $-4a^2$　　　③ $-4b$

④ $-\dfrac{1}{4}a$　　　⑤ $-\dfrac{1}{4}a^2$

02
▶ 242001-0866

다음 중 동류항끼리 짝지어진 것은? (정답 2개)

① $1, -9$　　　② $5a, \dfrac{1}{5}a^2$　　　③ $\dfrac{4}{y}, 4y$

④ $7x, 7y$　　　⑤ $0.1y, -y$

03
▶ 242001-0867

다음에서 $3x$와 같은 식을 있는 대로 고른 것은?

> ㄱ. $x \times x \times x$　　　ㄴ. $3 \div \dfrac{1}{x}$　　　ㄷ. $x \div 3$
>
> ㄹ. $x+x+x$　　　ㅁ. $7x-4x$

① ㄱ, ㄴ　　　② ㄴ, ㄷ　　　③ ㄹ, ㅁ

④ ㄱ, ㄴ, ㄹ　　　⑤ ㄴ, ㄹ, ㅁ

04
▶ 242001-0868

$-3x+2-x-3$을 계산하면?

① $-4x-1$　　　② $-4x+1$　　　③ $4x-1$

④ $2x+1$　　　⑤ $2x-5$

05
▶ 242001-0869

$(2a+3)-(3a-5)$를 계산했을 때, a의 계수와 상수항의 합은?

① 4　　　② 5　　　③ 6

④ 7　　　⑤ 8

06
▶ 242001-0870

$4(2x+3)-3(x+2)=ax+b$일 때, $b-a$의 값은?

① -11　　　② -1　　　③ 0

④ 1　　　⑤ 11

07
▶ 242001-0871

다음 식을 계산하시오.

$$(18a-6) \div \left(-\dfrac{3}{2}\right) - 15\left(\dfrac{5}{3}a - \dfrac{4}{15}\right)$$

08
▶ 242001-0872

$\dfrac{3}{4}(8x-4)-(3x+9) \div 3 = ax+b$일 때, ab의 값은?

(단, a, b는 상수)

① -30　　　② -15　　　③ -1

④ 15　　　⑤ 30

09 서술형
▶ 242001-0873

다음 표에서 가로, 세로, 대각선의 합이 모두 같도록 ㉠에 알맞은 식을 구하시오.

㉠		$5x-2$
	$x-1$	$-3(x-1)$
$-3x$		

10
▶ 242001-0874

$\dfrac{x+2}{6}-\dfrac{2x-3}{4}$ 을 계산했을 때, x의 계수와 상수항의 합은?

① $-\dfrac{3}{4}$　　② 0　　③ $\dfrac{2}{3}$

④ $\dfrac{3}{4}$　　⑤ $\dfrac{5}{6}$

11
▶ 242001-0875

$\dfrac{2x+3}{4}-\dfrac{3x-4}{6}+\dfrac{2x-1}{3}$ 을 간단히 하면?

① $\dfrac{4x+13}{12}$　　② $\dfrac{4x-21}{12}$　　③ $\dfrac{8x+13}{12}$

④ $\dfrac{8x+15}{12}$　　⑤ $\dfrac{8x-21}{12}$

12
▶ 242001-0876

$-5x-[6x-3+\{-x-(4x-2)\}]$ 를 계산하면?

① $-6x-5$　　② $-6x+1$　　③ $6x-5$

④ $6x-1$　　⑤ $6x+1$

13
▶ 242001-0877

다음 □ 안에 알맞은 식을 구하시오.

$$\boxed{}-(7-5x)=2x-1$$

14
▶ 242001-0878

$A=3x-2$, $B=-5x+4$일 때, $-A-5B+3(A+2B)$를 x를 사용하여 나타내면 $ax+b$이다. 이때 $a+b$의 값은? (단, a, b는 상수)

① -5　　② -1　　③ 0

④ 1　　⑤ 5

15
▶ 242001-0879

어떤 식에서 $-4a+1$을 빼야 할 것을 잘못하여 더하였더니 $3(a-1)$이 되었다. 어떤 식을 구하고, 바르게 계산한 값을 구하시오.

16
▶ 242001-0880

다음 그림과 같은 도형의 넓이를 문자를 사용한 식으로 나타내시오.

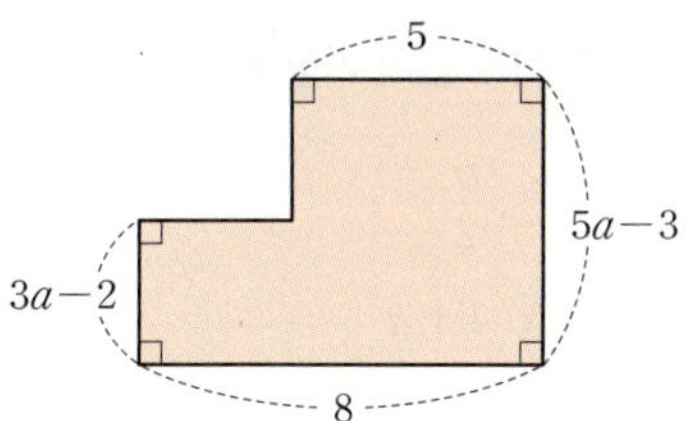

01
▶ 242001-0881

다음 중 곱셈 기호, 나눗셈 기호를 생략한 식으로 옳지 <u>않은</u> 것은?
[3점]

① $b \times \dfrac{1}{2} \times a = \dfrac{1}{2}ab$

② $-1 \times x \times x = -x^2$

③ $x + y \div 3 = \dfrac{1}{3}(x+y)$

④ $x \div 5 \div 2 \times y = \dfrac{xy}{10}$

⑤ $(x+y) \times h \div 2 = \dfrac{h}{2}(x+y)$

02
▶ 242001-0882

A 지점에서 출발하여 80 km 떨어진 B 지점을 향하여 시속 50 km의 속력으로 x시간 동안 갔을 때, 남은 거리를 문자를 사용한 식으로 나타내면? [3점]

① $\left(80 - \dfrac{50}{x}\right) \text{ km}$

② $\left(80 - \dfrac{x}{50}\right) \text{ km}$

③ $(80 - 5x) \text{ km}$

④ $(80 - 50x) \text{ km}$

⑤ $(80 + 5x) \text{ km}$

03
▶ 242001-0883

$a = -2$일 때, 다음 중 식의 값이 가장 큰 것은? [3점]

① $2a + 9$

② $\dfrac{a}{2} - 1$

③ $\dfrac{6}{a} + 7$

④ $-2a^2$

⑤ $4 + a^3$

04
▶ 242001-0884

$x = 3$, $y = -4$일 때, $\dfrac{6y}{x} - \dfrac{xy^2}{8}$의 값은? [3점]

① -14

② -8

③ -2

④ 2

⑤ 14

05
▶ 242001-0885

$3 - 2x$에 대한 다음 보기의 설명 중 옳은 것을 있는 대로 고른 것은?
[3점]

> **보기**
> ㄱ. 단항식이다.
> ㄴ. 상수항은 3이다.
> ㄷ. x의 계수는 -2이다.
> ㄹ. 항은 3과 $2x$이다.
> ㅁ. x에 대한 일차식이다.

① ㄱ, ㄴ

② ㄱ, ㄷ

③ ㄴ, ㄷ

④ ㄴ, ㄷ, ㅁ

⑤ ㄷ, ㄹ, ㅁ

06
▶ 242001-0886

다음 중 일차식인 것은? [3점]

① $5 - 2x^2$

② $\dfrac{x-1}{2}$

③ $\dfrac{1}{x}$

④ $0 \times x - 6$

⑤ $x(x-1)$

07

▶ 242001-0887

다음 중 옳지 <u>않은</u> 것은? [3점]

① $-6x \times \dfrac{1}{2} = -3x$

② $5x \div \left(-\dfrac{5}{4}\right) = -4x$

③ $(3x-1) \times (-2) = 6x-2$

④ $(3x-12) \div \left(-\dfrac{3}{4}\right) = 16-4x$

⑤ $(-4x+8) \div 2 = -2x+4$

08

▶ 242001-0888

$(6x-4) \times \dfrac{5}{2}$를 계산한 식에 대한 다음 설명 중 옳은 것은? [3점]

① 단항식이다.

② 상수항은 10이다.

③ x의 계수는 -15이다.

④ $(-6x+4) \div \left(-\dfrac{2}{5}\right)$를 계산한 결과와 같다.

⑤ $-3(2-5x)$를 계산한 결과와 상수항이 같다.

09

▶ 242001-0889

다음 중 $6x$와 동류항인 것은? [3점]

① $\dfrac{6}{x}$　　　② x^2　　　③ $\dfrac{xy}{6}$

④ $6a$　　　⑤ $-\dfrac{x}{12}$

10

▶ 242001-0890

$-(5x-6)-2(3x+2)$를 간단히 하였을 때, x의 계수를 a, 상수항을 b라 하자. 이때 $a-b$의 값은? [3점]

① -13　　　② -9　　　③ -2

④ 9　　　⑤ 13

11

▶ 242001-0891

$\dfrac{2x+1}{4} - \dfrac{3x-1}{3} = \dfrac{ax+b}{12}$일 때, $a+b$의 값은? (단, a, b는 상수)

[3점]

① $-\dfrac{1}{12}$　　　② -1　　　③ 0

④ $\dfrac{1}{12}$　　　⑤ 1

12

▶ 242001-0892

다음 $\square$ 안에 알맞은 식은? [4점]

$$\boxed{} - (-2x+4) = -x+2$$

① $-3x-2$　　　② $-3x+6$　　　③ $3x+2$

④ $x-2$　　　⑤ $x+6$

13
▶ 242001-0893

어느 학급의 남학생 12명의 수학 점수의 평균은 a점이고, 여학생 13명의 수학 점수의 평균은 b점이다. 이 학급 전체 학생의 수학 점수의 평균을 문자를 사용한 식으로 나타내면? [4점]

① $\dfrac{a+b}{2}$ 점

② $\dfrac{12a+13b}{25}$ 점

③ $\dfrac{13a+12b}{25}$ 점

④ $\dfrac{12a+13b}{a+b}$ 점

⑤ $\dfrac{13a+12b}{a+b}$ 점

14
▶ 242001-0894

$p=-\dfrac{1}{5},\ q=\dfrac{1}{3}$ 일 때, $\dfrac{2}{p}+\dfrac{6}{q}$ 의 값은? [4점]

① -8 ② -6 ③ 2

④ 6 ⑤ 8

15
▶ 242001-0895

다항식 $\dfrac{2}{3}x^2-x+\dfrac{3}{2}$ 에서 x의 계수를 A, 상수항을 B, 다항식의 차수를 C라 할 때, $A-B+C$의 값은? [4점]

① -1 ② $-\dfrac{1}{2}$ ③ 0

④ $\dfrac{1}{2}$ ⑤ $\dfrac{5}{2}$

16
▶ 242001-0896

$\dfrac{x-3}{2}-\dfrac{x-2}{4}+\dfrac{2x+4}{3}$ 를 계산했을 때, x의 계수를 a, 상수항을 b라 하자. 이때 $a-b$의 값은? [4점]

① $\dfrac{1}{3}$ ② $\dfrac{5}{12}$ ③ $\dfrac{1}{2}$

④ $\dfrac{7}{12}$ ⑤ $\dfrac{2}{3}$

17
▶ 242001-0897

$4x-\{3x-5-2(x-4)\}$ 를 계산하면? [4점]

① $3x+9$ ② $3x-9$ ③ $3x+3$

④ $3x-3$ ⑤ $2x-3$

18
▶ 242001-0898

$\dfrac{5}{2}$ 의 역수를 a, -0.75의 역수를 b라 할 때, $\dfrac{4}{a}-\dfrac{8}{b}$ 의 값을 구하시오. [5점]

19
▶ 242001-0899

$-\dfrac{2}{3}(-9x+15)$를 계산했을 때 x의 계수를 a, $\left(x-\dfrac{4}{3}\right)\div\left(-\dfrac{1}{6}\right)$을 계산했을 때 상수항을 b라 하자. 이때 $a-b$의 값을 구하시오.

[5점]

20
▶ 242001-0900

$A=x-2$, $B=-3x+5$일 때,
$5(A-B)+4B-3A$를 간단히 하시오. [5점]

21
▶ 242001-0901

$a:b=2:3$일 때, $\dfrac{3a-b}{6a+2b}$의 값을 구하시오. [5점]

22
▶ 242001-0902

x의 계수가 3인 일차식이 있다. 이 일차식의 $x=-2$일 때의 식의 값을 a, $x=4$일 때의 식의 값을 b라 할 때, $a-b$의 값을 구하시오.

[5점]

23 서술형
▶ 242001-0903

아래 그림은 한 변의 길이가 $4\ \mathrm{cm}$인 정사각형 모양의 종이 x장을 겹쳐 놓은 것이다. 한 꼭짓점이 정사각형의 두 대각선의 교점에 오도록 할 때, 다음 물음에 답하시오. [6점]

(1) 보이는 부분의 넓이를 x를 사용한 식으로 나타내시오.
(2) 정사각형 모양의 종이 12장을 겹쳐 놓았을 때, 보이는 부분의 넓이를 구하시오.

24 서술형
▶ 242001-0904

어떤 다항식에서 $6x-5$를 빼야 할 것을 잘못하여 더하였더니 $-2x+9$가 되었다. 이때 바르게 계산한 식을 구하시오. [6점]

25 서술형
▶ 242001-0905

$-2(x+1)+(9-2x)=-mx+n$이라 할 때, $(-1)^m(2a+3)+(-1)^n(3a-2)$를 간단히 하시오.

(단, m, n은 상수이다.) [6점]

중단원 서술형 대비 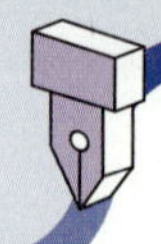

Level 1

01
▶ 242001-0906

공기 중에서 기온이 x ℃일 때, 소리의 속력은 초속 $(331+0.6x)$ m 라고 한다. 동하는 번개가 친 후 4초 후에 천둥소리를 들었다. 기온이 25 ℃일 때, 동하가 있는 곳에서 번개가 친 곳까지의 거리를 구하시오.

| 풀이 과정 |

기온이 25 ℃일 때, 소리의 속력은
$x=25$를 $(331+0.6x)$ m에 대입하면
$$331+0.6x=331+0.6\times\boxed{}$$
$$=\boxed{}\,(\text{m/s})$$

번개가 친 곳에서부터 동하가 있는 곳은 소리가 4초 동안 이 동해 온 거리이므로

(번개가 친 곳까지의 거리)＝(소리의 속력)×(시간)
$$=\boxed{}\times4$$
$$=\boxed{}\,(\text{m})$$

02
▶ 242001-0907

오른쪽 그림과 같은 삼각형의 넓이를 x를 사용한 식으로 나타내고 $x=4$일 때, 삼각형의 넓이를 구하시오.

| 풀이 과정 |

(삼각형의 넓이)
$$=\boxed{}\times(\text{밑변의 길이})\times(\text{높이})\text{이므로}$$

(주어진 삼각형의 넓이)
$$=\boxed{}\times(12x-8)\times\boxed{}$$
$$=\boxed{}x-28$$

$x=4$를 $\boxed{}x-28$에 대입하면
$$\boxed{}x-28=\boxed{}\times4-28=\boxed{}$$

03
▶ 242001-0908

어떤 일차식을 $-\dfrac{1}{4}$로 나누어야 할 것을 잘못하여 곱하였더니 $3x-\dfrac{1}{2}$이 되었다. 바르게 계산한 식을 구하시오.

| 풀이 과정 |

어떤 일차식을 A라 하면
$$A\times\left(\boxed{}\right)=3x-\dfrac{1}{2}$$
$$A=\left(3x-\dfrac{1}{2}\right)\times\left(\boxed{}\right)=-12x+\boxed{}$$

따라서 바르게 계산하면
$$(-12x+\boxed{})\div\left(-\dfrac{1}{4}\right)=(-12x+\boxed{})\times(\boxed{})$$
$$=\boxed{}$$

04
▶ 242001-0909

다음 그림은 한 변의 길이가 12 cm인 정사각형에서 가로의 길이와 세로의 길이를 각각 x cm, $(x+3)$ cm 줄여서 만든 직사각형이다. 이 직사각형의 둘레의 길이를 문자를 사용한 식으로 나타내시오.

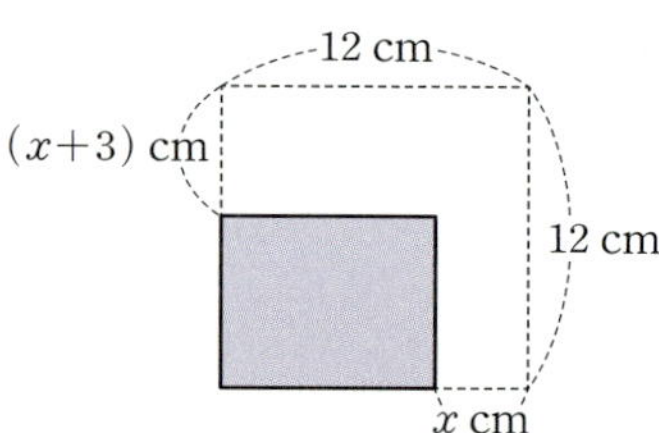

| 풀이 과정 |

색칠한 직사각형의 가로의 길이는 $(12-x)$ cm, 세로의 길이는 $(\boxed{}-x)$ cm이다.

(색칠한 직사각형의 둘레의 길이)
$$=2(\boxed{}-x)+2(12-x)$$
$$=\boxed{}-2x+24-2x$$
$$=\boxed{}-\boxed{}x$$

Level 2

05

▶ 242001-0910

진희가 집에서 출발하여 x km만큼 떨어진 할머니 댁까지 가는데 시속 4 km로 가다가 도중에 12분 동안 쉬고 다시 같은 속력으로 갔다. 진희가 집에서 출발하여 할머니 댁에 도착할 때까지 걸린 시간을 문자를 사용한 식으로 나타내시오.

06

▶ 242001-0911

한 벌에 15000원인 바지를 a % 할인된 가격으로 1벌을 사고, 한 쌍에 2000원인 양말을 b % 할인된 가격으로 4쌍을 샀다. $a=10$, $b=15$일 때, 지불해야 할 전체 가격을 구하시오.

07

▶ 242001-0912

x의 계수가 -3, 상수항이 5인 일차식이 있다. $x=4$일 때의 식의 값을 a, $x=-5$일 때, 식의 값을 b라 할 때, $b-a$의 값을 구하시오.

08

▶ 242001-0913

다음은 다항식에 대한 설명이다. 상수 A, B, C에 대하여 $5A-B+C$의 값을 구하시오.

- $\dfrac{3x-4}{5}$에서 상수항은 A이다.
- $2x^2-x+5$에서 x의 계수는 B이다.
- $\dfrac{x}{2}-5$의 차수는 C이다.

09

▶ 242001-0914

$(15x-0.3)\times\left(-\dfrac{4}{3}\right)=ax+b$,

$(6x-3)\div\left(-\dfrac{3}{4}\right)=cx+d$일 때, $ab-c+d$의 값을 구하시오.

(단, a, b, c, d는 상수)

10

▶ 242001-0915

$2(3x+1)-(ax+b)$의 계산 결과에서 x의 계수는 4, 상수항은 -1이다. 이때 $a+b$의 값을 구하시오. (단, a, b는 상수)

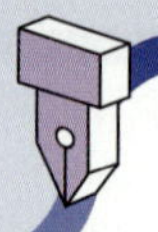

11

▶ 242001-0916

다음 식을 계산했을 때, x의 계수를 a, 상수항을 b라 하자. 이때 $a-b$의 값을 구하시오.

$$3x-8-\{5x-1-2(2x+3)\}$$

12

▶ 242001-0917

다음 주어진 식을 계산하면 네 식 사이에는 일정한 규칙이 있다. A에 알맞은 식을 $ax+b$의 꼴로 나타내시오. (단, a, b는 상수)

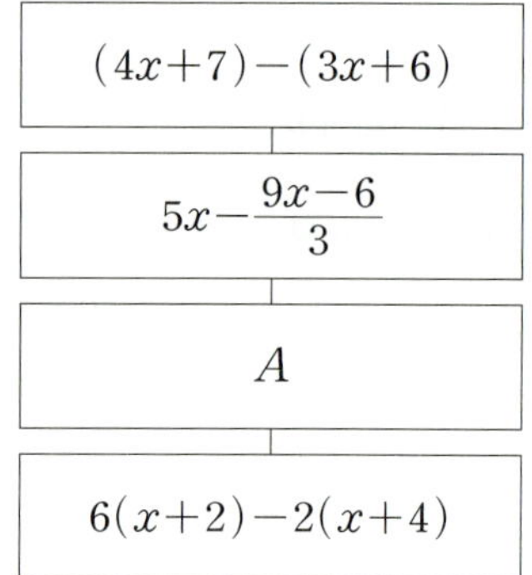

$$(4x+7)-(3x+6)$$

$$5x-\frac{9x-6}{3}$$

$$A$$

$$6(x+2)-2(x+4)$$

13

▶ 242001-0918

$0.2(2x-3)-\dfrac{5x-2}{4}-1$을 계산했을 때, x의 계수와 상수항의 합을 구하시오.

14

▶ 242001-0919

다음 그림과 같이 가로의 길이가 15 m, 세로의 길이가 10 m인 직사각형 모양의 땅에 폭이 일정한 길이 나 있다. 길을 제외한 땅의 넓이를 x를 사용한 식으로 나타내시오.

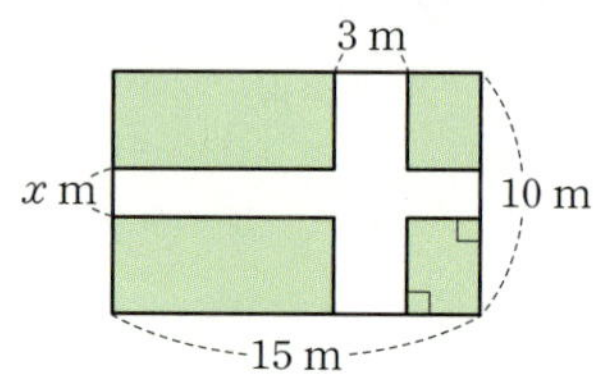

15

▶ 242001-0920

$A=2a-1$, $B=3a-2$일 때, $3A-2(B-2A)$를 a를 사용하여 간단히 나타내시오.

16

▶ 242001-0921

어떤 일차식에서 $4x-9$를 빼야 할 것을 잘못하여 더하였더니 $-3x+1$이 되었다. 바르게 계산한 식을 구하시오.

Level 3

17
▶ 242001-0922

작년에 2000원 했던 음료수와 4000원 했던 버거가 올해에는 각각 $a\,\%$, $b\,\%$ 인상되었다. 음료수와 버거를 한 세트로 볼 때, 한 세트의 인상률은 몇 $\%$인지 구하시오.

18
▶ 242001-0923

둘레의 길이가 같은 직사각형과 정사각형이 있다. 직사각형의 가로와 세로의 길이의 비가 $3 : 1$일 때, 직사각형과 정사각형의 넓이의 비를 구하시오.

19
▶ 242001-0924

상수항이 -3인 x에 대한 일차식이 있다. $x=4$일 때의 식의 값을 A, $x=5$일 때의 식의 값을 B라 할 때, $5A-4B$의 값을 구하시오.

20
▶ 242001-0925

다음 식을 계산했을 때, x의 계수와 상수항의 합을 구하시오.

(단, n은 자연수)

$$(-1)^{2n+1}\frac{2x-3}{2}-(-1)^{2n}\frac{2x+5}{3}$$

21
▶ 242001-0926

$A=-0.3\left(2x-\dfrac{2}{3}\right)$, $B=\dfrac{x-1}{2}-\dfrac{2x+1}{3}$일 때, $5(A-B)-2(A+2B)+3B$를 x를 사용하여 간단히 나타내시오.

22
▶ 242001-0927

다음 그림과 같이 성냥개비를 사용하여 정삼각형의 개수를 하나씩 계속 늘려나가 정삼각형을 50개 만들었을 때, 사용한 성냥개비의 수를 구하시오.

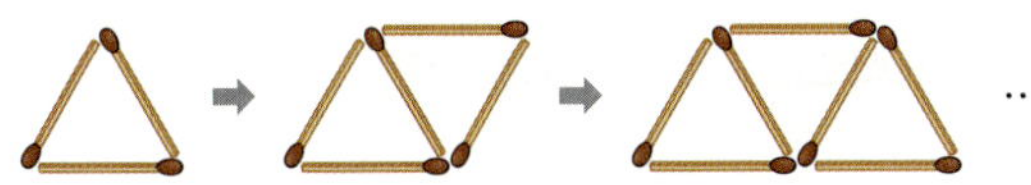

소단원 실전 테스트

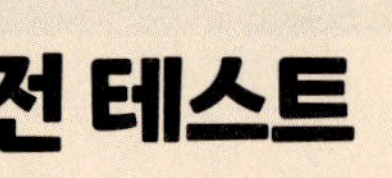

01
▶ 242001-0928

다음 중 등식이 <u>아닌</u> 것은?

① $10+2=12$ ② $3x+5>9$ ③ $x=0$
④ $x=4x$ ⑤ $x+1=-1$

02
▶ 242001-0929

다음 보기에서 등식인 것은 모두 몇 개인가?

> **보기**
> ㄱ. $7x-3$ ㄴ. $9-4=5$
> ㄷ. $-2x+6<8$ ㄹ. $5x-4=6$
> ㅁ. $9x-5x=4x$ ㅂ. $5(x-1)=5x-5$

① 1 ② 2 ③ 3
④ 4 ⑤ 5

03
▶ 242001-0930

'어떤 수 x를 4배 한 수는 x의 2배보다 8만큼 작다.'를 등식으로 나타내면?

① $4x=x+2$ ② $4x=x+8$
③ $4x=2x-8$ ④ $4x=2x+8$
⑤ $4x=8x-2$

04
▶ 242001-0931

다음 문장을 등식으로 바르게 나타낸 것은?

> 47개의 사탕을 x명의 학생들에게 3개씩 나누어 주었더니 5개가 남았다.

① $3x+5=47$ ② $3x-5=47$
③ $47-3x=-5$ ④ $5x+3=47$
⑤ $5x-3=47$

05
▶ 242001-0932

다음 문장을 등식으로 나타낸 것 중 옳지 <u>않은</u> 것은?

① x에서 5를 뺀 것은 x의 6배와 같다. ➡ $x-5=6x$
② 시속 15 km로 x시간 동안 간 거리는 60 km이다.
➡ $15x=60$
③ 5000원을 내고 x원짜리 볼펜을 3개를 샀더니 거스름돈이 2000원이었다. ➡ $5000-3x=2000$
④ 한 변의 길이가 x cm인 정삼각형의 둘레의 길이는 24 cm이다. ➡ $3x=24$
⑤ 정가가 a원인 옷을 30 % 할인하여 팔 때의 가격은 14000원이다. ➡ $0.3a=14000$

06
▶ 242001-0933

다음 방정식 중 해가 $x=3$인 것은?

① $x-2=5$ ② $-4x=12$
③ $x+6=2(x+2)$ ④ $3-5x=x-1$
⑤ $-2x+5=-1$

07
▶ 242001-0934

x에 대한 일차방정식 $4x-1=a$의 해가 $x=-1$일 때, 상수 a의 값은?

① -5 ② -3 ③ 1
④ 3 ⑤ 5

08
▶ 242001-0935

다음 방정식 중 해가 $x=-2$가 <u>아닌</u> 것은?

① $x+8=6$ 　　　　② $7x+4=-5x$

③ $x=-(x+4)$ 　　　④ $4-x=x+8$

⑤ $x+7=-2\left(x-\dfrac{1}{2}\right)$

09
▶ 242001-0936

다음 중 [ ] 안의 수가 주어진 방정식의 해가 되는 것은?

① $-x+6=8$ 　$[2]$ 　　　② $x+4=-4$ 　$[-2]$

③ $2x-15=1$ 　$[-8]$ 　　④ $3(x-2)=15$ 　$[-7]$

⑤ $\dfrac{x}{6}+2=1$ 　$[-6]$

10
▶ 242001-0937

x의 값이 -1, 0, 1, 2, 3일 때, 다음 방정식 중 해가 <u>없는</u> 것은?

① $-x-6=2x-3$ 　　　② $2x+5=x-1$

③ $\dfrac{x+4}{3}=2$ 　　　　④ $9x-6=3(x+2)$

⑤ $0.2x+0.4=1$

11 서술형
▶ 242001-0938

x의 값이 $|x|\leq2$인 정수일 때, 방정식 $6x+3=2x-5$의 해를 구하시오.

12
▶ 242001-0939

다음 보기에서 방정식은 모두 몇 개인가?

> **보기**
>
> ㄱ. $2x-5$ 　　　　　ㄴ. $x-3=3-x$
>
> ㄷ. $x+x=x$ 　　　　ㄹ. $3(x-2)=3x-6$
>
> ㅁ. $6+5>7$ 　　　　ㅂ. $3x=5-2x$

① 1 　　　　② 2 　　　　③ 3

④ 4 　　　　⑤ 5

13
▶ 242001-0940

다음 중 항등식인 것은?

① $x-5=0$ 　　　　② $x+2=-x+2$

③ $x+7=2x+7$ 　　　④ $2x+3=2x$

⑤ $2(x-3)=-6+2x$

14
▶ 242001-0941

등식 $3(x-2)=x+\boxed{}$가 x에 대한 항등식일 때, ☐ 안에 알맞은 식은?

① $2x-2$ 　　　② $2x-6$ 　　　③ $3x-6$

④ $3x$ 　　　　⑤ $3x+6$

15 서술형
▶ 242001-0942

등식 $8x+5=a(1+2x)+b$가 x의 값에 관계없이 항상 성립할 때, 상수 a, b에 대하여 $a-b$의 값을 구하시오.

01
▶ 242001-0943

$x=y$일 때, 다음 중 옳지 <u>않은</u> 것은?

① $x+4=y+4$　　② $x-6=y-6$　　③ $3x=3y$

④ $\dfrac{x}{5}=\dfrac{y}{5}$　　　　　⑤ $x+y=0$

02
▶ 242001-0944

$a=b$일 때, 다음 중 옳지 <u>않은</u> 것은?

① $a+4=b+4$　　　　　② $-3a=-3b$

③ $6a-1=6b-1$　　　　④ $\dfrac{a-5}{5}=\dfrac{b}{5}-5$

⑤ $\dfrac{a}{-9}=\dfrac{b}{-9}$

03
▶ 242001-0945

$x=3y$일 때, 다음 중 옳은 것은?

① $x+5=3y-5$　　　　② $3x=6y$

③ $x+3=3(y+1)$　　　④ $\dfrac{x}{3}+1=\dfrac{y+1}{3}$

⑤ $\dfrac{x-6}{3}=y-3$

04
▶ 242001-0946

다음 중 옳지 <u>않은</u> 것은?

① $a=b$이면 $ac=bc$이다.
② $ac=bc$이면 $a=b$이다.
③ $a+c=b+c$이면 $a=b$이다.
④ $a=b$이면 $a-c=b-c$이다.
⑤ $a=b$이면 $\dfrac{a}{c}=\dfrac{b}{c}\,(c\neq0)$이다.

05
▶ 242001-0947

다음 중 옳은 것을 모두 고르면? (정답 2개)

① $10a=5b$이면 $2a=b$이다.

② $\dfrac{a}{4}=\dfrac{b}{3}$이면 $4a=3b$이다.

③ $3a=b$이면 $3(a+1)=b+1$이다.

④ $\dfrac{a}{5}=b$이면 $5a=10b$이다.

⑤ $4+3a=4+3b$이면 $a=b$이다.

06
▶ 242001-0948

다음 중 등식의 성질 「$a=b$이면 $ac=bc$이다.」를 이용한 것은?

(단, c는 자연수)

① $2-x=7$이면 $-x=5$이다.

② $\dfrac{1}{4}x=-2$이면 $x=-8$이다.

③ $5x-4=-9$이면 $5x=-5$이다.

④ $2x+7=-5$이면 $2x=-12$이다.

⑤ $x=4x+9$이면 $-3x=9$이다.

07 서술형
▶ 242001-0949

다음에서 ⑦, ⑭에 들어갈 식에 대하여 ⑦-⑭를 구하시오.

- $a=3b$이면 $3a+1=\boxed{⑦}$이다.
- $6a-3=3b+6$이면 $2a=\boxed{⑭}$이다.

08

▶ 242001-0950

다음은 일차방정식 $-9x+4=22$를 등식의 성질을 이용하여 푸는 과정이다. ㉠+㉡+㉢의 값은?

$$-9x+4=22$$
$$-9x+4-\boxed{㉠}=22-\boxed{㉠}$$
$$-9x=18$$
$$\frac{-9x}{\boxed{㉡}}=\frac{18}{\boxed{㉡}}$$
$$x=\boxed{㉢}$$

① -7　　　② -5　　　③ 5

④ 7　　　⑤ 13

09

▶ 242001-0951

등식의 성질 '$a=b$이면 $a+c=b+c$이다.'를 이용하여 방정식 $x+3=-3$의 해를 구하려고 한다. 이때 c의 값은?

① -3　　　② -2　　　③ 0

④ 2　　　⑤ 3

10

▶ 242001-0952

다음은 등식의 성질을 이용하여 방정식의 해를 구하는 과정이다. 이때 ㈎, ㈏에서 사용된 등식의 성질을 보기에서 찾아 차례로 나열한 것은?

$$6x-5=7 \xrightarrow{\;㈎\;} 6x=12 \xrightarrow{\;㈏\;} x=2$$

보기

$a=b$이고 c가 자연수일 때,

ㄱ. $a+c=b+c$　　　ㄴ. $a-c=b-c$

ㄷ. $ac=bc$　　　ㄹ. $\dfrac{a}{c}=\dfrac{b}{c}$

① ㄱ, ㄷ　　　② ㄱ, ㄹ　　　③ ㄴ, ㄷ

④ ㄴ, ㄹ　　　⑤ ㄷ, ㄹ

11

▶ 242001-0953

다음 중 등식의 성질 '$a=b$이면 $ac=bc$이다.'를 이용하여 방정식을 푼 것은? (단, c는 정수)

① $x-2=-3 \Rightarrow x=-1$

② $x+6=3 \Rightarrow x=-3$

③ $9-3x=0 \Rightarrow x=3$

④ $2x=18 \Rightarrow x=9$

⑤ $\dfrac{1}{3}x-1=1 \Rightarrow x=6$

12

▶ 242001-0954

방정식 $-\dfrac{x}{4}+3=x$를 등식의 성질을 이용하여 $5x=a$로 나타내었을 때, 상수 a의 값은?

① 10　　　② 11　　　③ 12

④ 13　　　⑤ 14

13

▶ 242001-0955

오른쪽은 방정식 $0.4x-1.6=0.4$의 해를 구하는 과정이다. ㈎~㈐에서 이용된 등식의 성질을 보기에서 각각 찾아 차례로 나열하시오.

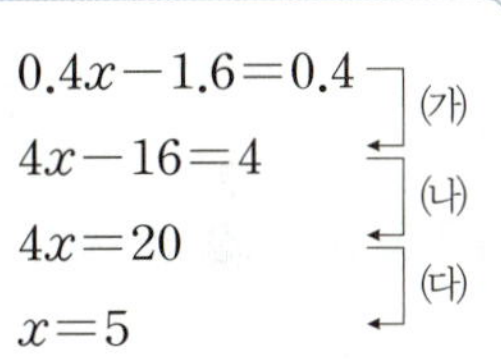

보기

$a=b$이고 c가 자연수일 때,

ㄱ. $a+c=b+c$　　　ㄴ. $a-c=b-c$

ㄷ. $ac=bc$　　　ㄹ. $\dfrac{a}{c}=\dfrac{b}{c}$

14 서술형

▶ 242001-0956

등식의 성질을 이용하여 다음 방정식을 푸시오.

$$4x-6=2(x-1)$$

소단원 실전 테스트

01
▶ 242001-0957

방정식 $7x-4=10$에서 좌변의 -4를 이항한 것과 같은 의미인 것은?

① 양변에서 4를 뺀다.　　② 양변에 4를 곱한다.

③ 양변에 4를 더한다.　　④ 양변에 -4를 더한다.

⑤ 양변을 -4로 나눈다.

02
▶ 242001-0958

다음 중 이항을 바르게 한 것을 모두 고르면? (정답 2개)

① $-x-8=4 \Rightarrow -x=4-8$

② $4x=2x+3 \Rightarrow 4x-2x=3$

③ $3-x=x+4 \Rightarrow -x-x=4-3$

④ $4x-4=3x+5 \Rightarrow 4x-3x=5-4$

⑤ $5+7x=2-x \Rightarrow 7x-x=2-5$

03
▶ 242001-0959

다음 중 일차방정식인 것은?

① $x=3x$　　　　　② $3-7x$

③ $2x+4=2(x+2)$　　④ $x(x+1)=3$

⑤ $2x^2+x=x^2-1$

04
▶ 242001-0960

다음 중 방정식 $5x+b=ax-3$이 x에 대한 일차방정식이 되기 위한 조건은? (단, a, b는 상수)

① $a=5$, $b=-3$　　② $a=5$

③ $a\neq5$, $b\neq-3$　　④ $a\neq5$

⑤ $a\neq-5$

05
▶ 242001-0961

다음 일차방정식 중 해가 나머지 넷과 <u>다른</u> 하나는?

① $\dfrac{2}{3}x=\dfrac{10}{3}$　　　　② $4x+7=6x+25$

③ $6x-7=4x+3$　　　④ $2x=3x-5$

⑤ $11+6x=26+3x$

06
▶ 242001-0962

일차방정식 $6(x-2)+5=3x+8$을 풀면?

① $x=-5$　　② $x=-3$　　③ $x=1$

④ $x=3$　　　⑤ $x=5$

07
▶ 242001-0963

일차방정식 $3x+4=10+x$의 해를 $x=a$, 일차방정식 $4(2x+3)=3(x-1)$의 해를 $x=b$라 할 때, $a-b$의 값은?

① -6　　② -3　　③ 3

④ 6　　　⑤ 9

08 서술형
▶ 242001-0964

일차방정식 $3+x=-2x+9$의 해가 $x=a$일 때, x에 대한 일차방정식 $a(x-5)=4x-7$의 해를 구하시오.

09 ▶ 242001-0965

일차방정식 $\dfrac{x+2}{3}-3=\dfrac{3x-4}{2}$ 를 풀면?

① $x=-2$ ② $x=-\dfrac{2}{7}$ ③ $x=\dfrac{1}{7}$

④ $x=\dfrac{4}{7}$ ⑤ $x=2$

10 ▶ 242001-0966

일차방정식 $0.4x-0.06=2(0.3x+0.17)$의 해가 $x=a$일 때, $-a^2+2a$의 값은?

① -8 ② -4 ③ -2

④ 4 ⑤ 8

11 ▶ 242001-0967

x에 대한 일차방정식 $\dfrac{x-a}{4}=\dfrac{2}{5}x$의 해가 $x=-10$일 때, 상수 a의 값은?

① -6 ② -4 ③ -2

④ 4 ⑤ 6

12 ▶ 242001-0968

두 일차방정식 $\dfrac{x}{2}-\dfrac{x-a}{4}=1$, $2x+3.2=0.8(x-2)$의 해가 서로 같을 때, 상수 a의 값은?

① -8 ② -4 ③ -2

④ 4 ⑤ 8

13 ▶ 242001-0969

x에 대한 일차방정식 $2(13-3x)=a$의 해가 자연수일 때, 만족하는 자연수 a의 값 중 두 번째로 작은 값은?

① 20 ② 14 ③ 8

④ 2 ⑤ 1

14 ▶ 242001-0970

일의 자리의 숫자가 4인 두 자리 자연수가 있다. 십의 자리의 숫자와 일의 자리의 숫자를 바꾼 수는 처음 수의 2배보다 6만큼 작다고 할 때, 처음 자연수를 구하시오.

15 ▶ 242001-0971

현재 아버지의 나이는 48세이다. 12년 후 아버지의 나이는 은찬이의 나이의 2배보다 4세 더 많다고 한다. 현재 은찬이의 나이를 구하시오.

16 서술형 ▶ 242001-0972

서연이는 등산을 하는데 올라갈 때는 시속 3 km로 걷고, 내려올 때는 올라갈 때와 같은 길을 시속 5 km로 걸었더니 총 4시간이 걸렸다. 서연이가 올라간 거리를 구하시오.

01

▶ 242001-0973

다음 중 등식인 것을 모두 고르면? (정답 2개) [3점]

① $-x+7$ ② $1-x=8$ ③ $9-7=2$

④ $-2\geq-5$ ⑤ $5-x<2x+1$

02

▶ 242001-0974

다음 방정식 중 그 해가 $x=4$인 것은? [3점]

① $x+4=7$ ② $-4x-3=1$

③ $2x=x-4$ ④ $2(x-1)=x+2$

⑤ $-3(x+1)+7=4$

03

▶ 242001-0975

다음 보기에서 x가 어떤 값을 가지더라도 항상 참이 되는 등식은 모두 몇 개인가? [3점]

> **보기**
>
> ㄱ. $4x+1=3x+2$ ㄴ. $4(x+2)=4x+8$
>
> ㄷ. $5x=0$ ㄹ. $3x+1+2x$
>
> ㅁ. $7x+3=(2x-5)+(5x+8)$

① 1   ② 2   ③ 3

④ 4   ⑤ 5

04

▶ 242001-0976

$a=b$일 때, 다음 중 옳지 <u>않은</u> 것은? (단, $b\neq0$) [3점]

① $a+6=b+6$ ② $a-1=b-1$

③ $a\div2=2\div b$ ④ $5a=5b$

⑤ $2(a+1)-4=2(b+1)-4$

05

▶ 242001-0977

다음은 등식의 성질을 이용하여 방정식 $-3x-5=13$을 푸는 과정이다. ㈎, ㈏에 알맞은 수를 차례로 나열한 것은? [3점]

$$-3x-5=13$$
$$-3x-5+\boxed{㈎}=13+\boxed{㈎}$$
$$-3x=18$$
$$(-3x)\div(\boxed{㈏})=18\div(\boxed{㈏})$$
$$x=-6$$

① 5, -3 ② 3, 5   ③ 3, -5

④ -5, 3   ⑤ -5, -3

06

▶ 242001-0978

다음은 방정식 $5x-7(x-1)=3$을 푸는 과정이다. 처음으로 <u>틀린</u> 부분은? [3점]

$$5x-7(x-1)=3 \quad ①$$
$$5x-7x+7=3 \quad ②$$
$$-2x+7=3 \quad ③$$
$$-2x=3+7 \quad ④$$
$$-2x=10 \quad ⑤$$
$$x=-5$$

07
▶ 242001-0979

일차방정식 $5x-7=2x+8$의 해를 $x=a$라 할 때, a^2-2a의 값은? [3점]

① -10 ② -5 ③ 5
④ 10 ⑤ 15

08
▶ 242001-0980

다음 보기에서 해가 같은 것끼리 짝지어진 것은? [3점]

> **보기**
>
> ㄱ. $10(x-1)=5(x+1)$ ㄴ. $6x=4(x+1)-7$
> ㄷ. $1+3(x+2)=2(x+2)$ ㄹ. $2(x-5)=4x-7$

① ㄱ, ㄴ   ② ㄱ, ㄷ   ③ ㄱ, ㄹ
④ ㄴ, ㄷ   ⑤ ㄴ, ㄹ

09
▶ 242001-0981

일차방정식 $\dfrac{1}{2}x+1=\dfrac{2x-5}{6}$를 풀면? [3점]

① $x=-11$ ② $x=-7$ ③ $x=3$
④ $x=7$ ⑤ $x=11$

10
▶ 242001-0982

두 일차방정식 $0.5x-0.3=0.2x+1.2$, $5x-1=ax+9$의 해가 같을 때, 상수 a의 값은? [3점]

① -5 ② -3 ③ 1
④ 3 ⑤ 5

11
▶ 242001-0983

어느 농구시합에서 한 선수가 2점짜리와 3점짜리 슛을 합하여 10골을 넣어 총 24점을 득점하였다. 이 선수는 3점짜리 슛을 몇 골 넣었는가? [3점]

① 1골   ② 2골   ③ 3골
④ 4골   ⑤ 5골

12
▶ 242001-0984

등식 $a(x-2)=b-4x$가 x에 대한 항등식일 때, 상수 a, b에 대하여 $a+b$의 값은? [4점]

① -8 ② -4 ③ 4
④ 6 ⑤ 8

13
▶ 242001-0985

x에 대한 일차방정식 $0.2x+0.5=\dfrac{x+a}{4}$의 해가 $x=5$일 때, 상수 a의 값은? [4점]

① -2 ② -1 ③ 1
④ 2 ⑤ 3

14 ▶ 242001-0986

두 일차방정식 $1.2x-0.7(x+1)=0.3$, $\dfrac{x+4}{2}=\dfrac{ax-1}{3}$의 해가 같을 때, 상수 a의 값은? [4점]

① -5 ② -1 ③ 1
④ 5 ⑤ 6

15 ▶ 242001-0987

일차방정식 $\dfrac{2x-5}{3}=1.25x-4$의 해를 $x=a$라 할 때, $-a^2+3a$의 값은? [4점]

① -4 ② -2 ③ 0
④ 2 ⑤ 4

16 ▶ 242001-0988

다음 중 x에 대한 일차방정식 $3x+a+1=8$의 해가 자연수가 되도록 하는 자연수 a의 값의 개수는? [4점]

① 1 ② 2 ③ 3
④ 4 ⑤ 5

17 ▶ 242001-0989

어떤 물탱크에 물을 가득 채우는 데 A 호스로는 20분, B 호스로는 30분이 걸린다고 한다. A, B 두 호스를 모두 사용하여 이 물탱크에 물을 가득 채우는 데 걸리는 시간은? [4점]

① 10분 ② 12분 ③ 14분
④ 16분 ⑤ 18분

18 ▶ 242001-0990

등식 $4a+8=4(b+1)$이면 $a-3=\square$가 성립할 때, $\square$ 안에 알맞은 식을 구하시오. [5점]

19 ▶ 242001-0991

일차방정식 $5x-4=3x-2$에서 3을 잘못 보고 풀어 $x=-2$를 해로 얻었다. 3을 어떤 수로 잘못 보았는지 구하시오. [5점]

20
▶ 242001-0992

일차방정식 $3-\{1-(4x+1)\}=3x$의 해를 $x=a$라 할 때, 일차방정식 $6-(3x+a)=2x-1$의 해를 구하시오. [5점]

21
▶ 242001-0993

비례식 $(x-2):3=2(x-3):3$을 만족하는 x의 값과 x에 대한 일차방정식 $\dfrac{5x-3}{9}=4-a$의 해의 비가 $2:3$일 때, 상수 a의 값을 구하시오. [5점]

22
▶ 242001-0994

아랫변의 길이가 $11\ \text{cm}$이고 높이가 $7\ \text{cm}$인 사다리꼴의 넓이가 $56\ \text{cm}^2$일 때, 이 사다리꼴의 윗변의 길이를 구하시오. [5점]

23 서술형
▶ 242001-0995

다음 그림에서 □ 안의 식은 바로 위 양 옆의 두 식의 합이다. 이때 x의 값을 구하시오. [6점]

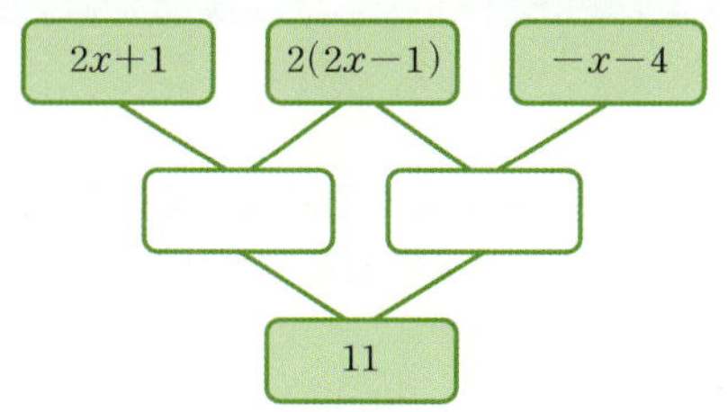

24 서술형
▶ 242001-0996

x에 대한 일차방정식 $\dfrac{x+3}{4}-\dfrac{a-3}{2}=2$의 해와 $\dfrac{x+4-2a}{3}=\dfrac{a+2}{6}$의 해의 비가 $2:3$일 때, 상수 a의 값을 구하시오. [6점]

25 서술형
▶ 242001-0997

어떤 티셔츠의 원가에 $5\,\%$의 이익을 붙여 정가를 정하였다. 이 정가에서 3000원을 할인한 금액이 7500원일 때, 이 티셔츠의 원가를 구하시오. [6점]

Level 1

01
▶ 242001-0998

방정식 $-3x+2=-7$을 다음과 같은 등식의 성질을 차례로 이용하여 해를 구하였다. 이때 $m+n$의 값을 구하시오. (단, m, n은 상수)

> $a=b$이면 $a-m=b-m$이다.
>
> $a=b$이면 $\dfrac{a}{n}=\dfrac{b}{n}$이다. (단, $n\neq0$)

| 풀이 과정 |

$-3x+2=-7$에서

양변에서 $\square$를 빼면

$-3x=\square$

양변을 $\square$으로 나누면

$x=3$

따라서 $m=\square$, $n=\square$이므로

$m+n=\square$

02
▶ 242001-0999

방정식 $3(x-2)=2(-x+3)$의 해를 $x=a$라 할 때, $5a-2$의 값을 구하시오.

| 풀이 과정 |

$3(x-2)=2(-x+3)$에서 괄호를 풀면

$3x-\square=-2x+\square$

$5x=\square$

$x=\square$

$a=\square$이므로

$5a-2=5\times\square-2=\square$

03
▶ 242001-1000

두 일차방정식 $\dfrac{3x+1}{8}=\dfrac{x+7}{6}$, $x+9=3(x+1)+a$의 해가 같을 때, 상수 a의 값을 구하시오.

| 풀이 과정 |

$\dfrac{3x+1}{8}=\dfrac{x+7}{6}$

양변에 $\square$를 곱하면

$\square(3x+1)=\square(x+7)$

$\square x+3=\square x+\square$

$\square x=\square$

$x=\square$

$x=\square$를 $x+9=3(x+1)+a$에 대입하면

$\square+9=3\times(\square+1)+a$

$\square=\square+a$

$a=\square$

04
▶ 242001-1001

연속하는 세 홀수의 합이 111일 때, 세 홀수 중 두 번째로 큰 수를 구하시오.

| 풀이 과정 |

연속하는 세 홀수 중 두 번째로 큰 수를 x라 하면

연속하는 세 홀수는 $x-\square$, x, $x+\square$

세 홀수의 합이 111이므로

$(x-\square)+x+(x+\square)=111$

$\square x=111$

$x=\square$

따라서 세 홀수 중 두 번째로 큰 수는 $\square$이다.

Level 2

05
▶ 242001-1002

등식 $-x+b-3=2ax-1$이 x에 대한 항등식일 때, 상수 a, b에 대하여 $b-a$의 값을 구하시오.

06
▶ 242001-1003

x에 대한 두 일차방정식 $\dfrac{5x-4}{3}=\dfrac{x-5}{6}+a$,

$3.2=0.2(x+b)+1.8$의 해가 모두 $x=1$일 때, 상수 a, b에 대하여 $a+b$의 값을 구하시오.

07
▶ 242001-1004

다음 조건을 만족하는 두 수 a, b에 대하여 ab의 값을 구하시오.

> (가) $\dfrac{x}{3}=-2$이면 $2x+7=a$이다.
>
> (나) $x-7=3$이면 $\dfrac{x}{5}+3=b$이다.

08
▶ 242001-1005

다음 두 일차방정식의 해의 차를 구하시오.

$$5x-7=3(x+1),\quad 4x+1=2(x-4)+5$$

09
▶ 242001-1006

x에 대한 두 일차방정식

$x-[x+3\{4x-(5x-1)\}]=2(2x+1)$,

$0.5x-0.4=a+0.3x$의 해가 같을 때, 상수 a의 값을 구하시오.

10
▶ 242001-1007

$\dfrac{2(x-1)}{3}=-\dfrac{3(3-x)}{4}+0.5$의 해를 $x=a$라 할 때, 일차방정식

$\dfrac{x-a}{3}-\dfrac{2x-7}{2}=1$의 해를 구하시오.

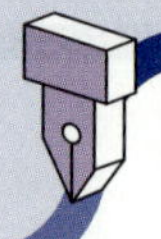

11

▶ 242001-1008

일차방정식 $\dfrac{x+1}{2}=\dfrac{5x}{7}+a$의 해는 비례식

$\dfrac{1}{5}(x-3):2=0.3(x+2):5$를 만족하는 x의 값의 2배일 때, 상수 a의 값을 구하시오.

12

▶ 242001-1009

x에 대한 일차방정식 $4(0.6x-1)=\dfrac{8x-a}{5}$의 해가 자연수가 되도록 하는 자연수 a의 개수를 구하시오.

13

▶ 242001-1010

두 일차방정식 $0.7-0.4x=0.2(x+6)+0.1$,

$\dfrac{3x-m}{2}=\dfrac{m+2x}{3}$의 해가 모두 $x=n$일 때, $m+n$의 값을 구하시오. (단, m, n은 상수)

14

▶ 242001-1011

한 개에 1200원인 쿠키와 한 개에 2000원인 마카롱을 합하여 모두 12개를 사고 1000원짜리 상자에 담아 포장하여 총 21000원이 되도록 하려고 한다. 쿠키의 개수를 구하시오.

15

▶ 242001-1012

예현이가 학교를 출발한 지 10분 후에 성현이가 예현이를 따라 나섰다. 예현이는 매분 60 m의 속력으로 걷고 성현이는 매분 100 m의 속력으로 따라 간다면 성현이가 학교를 출발한 지 몇 분 후에 예현이를 만나는지 구하시오.

16

▶ 242001-1013

다음은 고대 그리스 시대의 수학자 피타고라스의 제자에 관한 시이다. 이때 피타고라스의 제자는 몇 명인지 구하시오.

> 내 제자의 $\dfrac{1}{2}$은 수의 아름다움을 탐구하고, $\dfrac{1}{4}$은 자연의 이치를 연구하며, $\dfrac{1}{7}$의 제자들은 굳게 입을 다물고 깊은 사색에 잠겨 있다. 그 밖에 여자인 제자가 세 사람 있고 그들이 제자의 전부이다.

Level 3

17
▶ 242001-1014

$a:b=2:3$일 때, $a(x+2)=b(-x+3)$을 만족하는 x의 값을 구하시오. (단, $a\neq0$, $b\neq0$)

18
▶ 242001-1015

x에 대한 일차방정식 $3(x+5)+8=-a-7x$에서 상수 a의 부호를 잘못 보고 풀었더니 해가 $x=-1$이었다. 올바른 해를 구하시오.

19
▶ 242001-1016

x에 대한 두 일차방정식의 해가 각각 자연수가 되도록 하는 자연수 a, b가 있다. 이때 $a+b$의 값을 구하시오.

$$1.4x+\frac{a}{10}=1.1x+0.6$$
$$(3-2x):1=(b-1):2$$

20
▶ 242001-1017

2시와 3시 사이에 시계의 시침과 분침이 서로 직각을 이루는 시각을 구하시오.

21
▶ 242001-1018

둘레의 길이가 1.5 km인 공원 산책로를 해린이와 서아가 같은 곳에서 동시에 출발하여 서로 반대 방향으로 걸었다. 해린이는 매분 90 m의 속력으로, 서아는 매분 60 m의 속력으로 걸었다면 둘은 몇 분 후에 다시 만나는지 구하시오.

22
▶ 242001-1019

어느 떡볶이 가게에서 가격을 20 % 인상하였더니 손님의 수는 감소하였으나 수입은 전보다 10 % 증가하였다고 한다. 손님의 수는 가격 인상 전보다 몇 % 감소하였지 구하시오.

소단원 실전 테스트

01
▶ 242001-1020

다음 수직선 위의 두 점 $A(a)$, $B(b)$에 대하여 $3a+4b$의 값은?

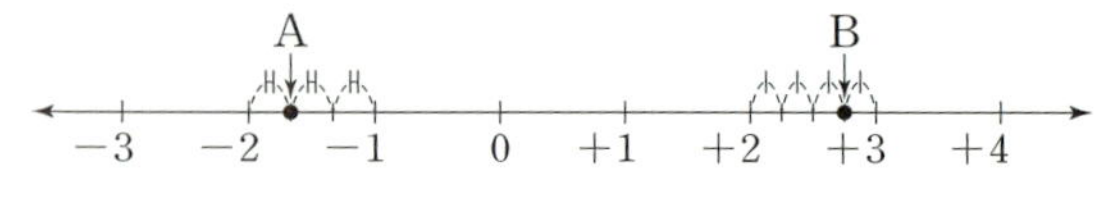

① 4   ② 5   ③ 6

④ 7   ⑤ 8

02
▶ 242001-1021

두 정수 a, b에 대하여 $ab=6$일 때, 순서쌍 (a, b)의 개수는?

① 4   ② 6   ③ 8

④ 10   ⑤ 12

03
▶ 242001-1022

두 순서쌍 $(5+a, 5)$, $(4, 2b-3)$이 서로 같을 때, $a+b$의 값은?

① 3   ② 4   ③ 5

④ 6   ⑤ 7

04 서술형
▶ 242001-1023

두 순서쌍 $(a-1, 2b-4)$, $(2a+4, -b+5)$가 서로 같을 때, ab의 값을 구하시오.

05
▶ 242001-1024

다음 중 오른쪽 좌표평면 위에 있는 각 점의 좌표를 나타낸 것으로 옳지 <u>않은</u> 것은?

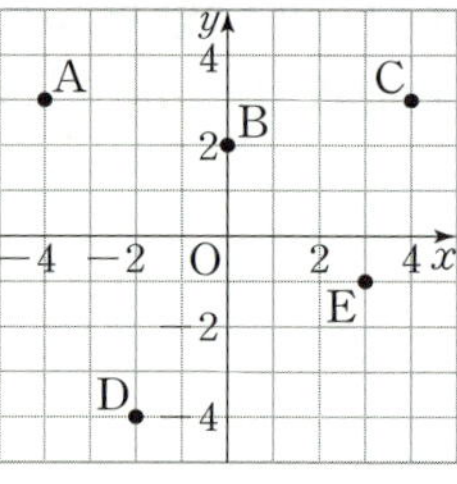

① $A(-4, 3)$ ② $B(0, 2)$

③ $C(4, 3)$ ④ $D(-2, 4)$

⑤ $E(3, -1)$

06
▶ 242001-1025

다음 중 오른쪽 좌표평면 위에 있는 각 점의 좌표를 나타낸 것으로 옳은 것은?

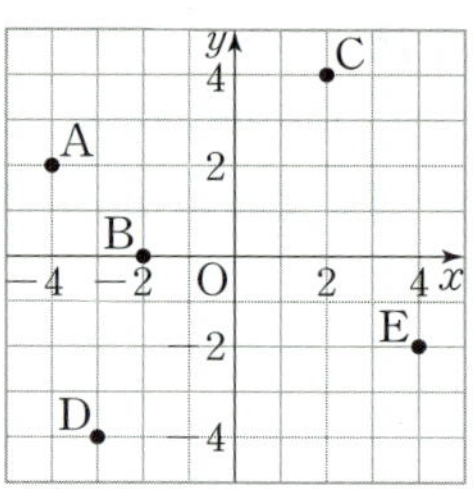

① $A(2, -4)$

② $B(2, 0)$

③ $C(4, 2)$

④ $D(-4, -3)$

⑤ $E(4, -2)$

07
▶ 242001-1026

x축 위에 있고, x좌표가 6인 점의 좌표는?

① $(-6, 0)$ ② $(0, -6)$ ③ $(6, 0)$

④ $(0, 6)$ ⑤ $(6, 6)$

08
▶ 242001-1027

x축 위에 있고 x좌표가 4인 점 P의 좌표가 (a, b), y축 위에 있고 y좌표가 -3인 점 Q의 좌표가 (c, d)일 때, $a-b+c-d$의 값은?

① 7   ② 8   ③ 9

④ 10   ⑤ 11

09

▶ 242001-1028

세 점 A$(2, 4)$, B$(-4, -2)$, C$(3, -2)$를 좌표평면 위에 나타내었을 때, 세 점을 꼭짓점으로 하는 삼각형 ABC의 넓이는?

① 21　　　　② 22　　　　③ 23

④ 24　　　　⑤ 25

10

▶ 242001-1029

세 점 A$(-4, -3)$, B$(3, -3)$, C$(4, 5)$를 좌표평면 위에 나타내었을 때, 세 점을 꼭짓점으로 하는 삼각형 ABC의 넓이는?

① 26　　　　② 27　　　　③ 28

④ 29　　　　⑤ 30

11

▶ 242001-1030

네 점 A$(-1, 4)$, B$(-1, -2)$, C$(5, -2)$, D$(5, 2)$를 좌표평면 위에 나타내었을 때, 네 점을 꼭짓점으로 하는 사각형 ABCD의 넓이는?

① 22　　　　② 24　　　　③ 26

④ 28　　　　⑤ 30

12

▶ 242001-1031

다음 중 제4사분면 위의 점은?

① A$(3, 6)$　　② B$(-4, 1)$　　③ C$(0, 5)$

④ D$(2, -7)$　　⑤ E$(-5, -3)$

13

▶ 242001-1032

다음 중 점 $(-8, 3)$과 같은 사분면 위의 점은?

① A$(-4, 0)$　　② B$(3, 9)$　　③ C$(4, -6)$

④ D$(-7, -3)$　　⑤ E$(-4, 8)$

14

▶ 242001-1033

점 P$(a, -b)$가 제2사분면 위의 점일 때, 다음 중 제4사분면 위의 점은?

① $(-b, -a)$　　② $(-a, b)$　　③ $(ab, -a)$

④ $(a+b, b)$　　⑤ $\left(b, -\dfrac{a}{b}\right)$

15

▶ 242001-1034

두 순서쌍 $(6, 3+2a)$, $(4-a, b-2)$가 서로 같을 때, 점 (a, b)는 제몇 사분면 위의 점인가?

① 제1사분면　　　　② 제2사분면

③ 제3사분면　　　　④ 제4사분면

⑤ 어느 사분면에도 속하지 않는다.

16 서술형

▶ 242001-1035

점 $(b-a, ab)$가 제4사분면 위의 점일 때, 점 $\left(-\dfrac{2}{5}a, -\dfrac{b}{a}\right)$는 제몇 사분면 위의 점인지 구하시오.

[01~02] 오른쪽 그림은 현준이가 x분 동안 운동할 때 소모되는 열량을 y kcal라 할 때, x와 y 사이의 관계를 나타낸 그래프이다. 다음 물음에 답하시오.

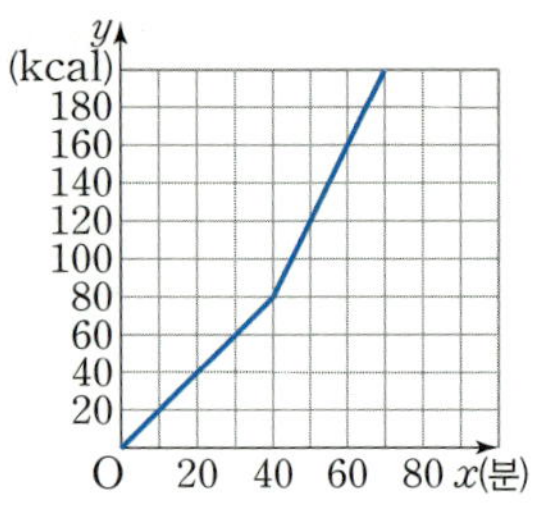

01
▶ 242001-1036

처음 30분 동안 소모되는 열량을 구하시오.

02
▶ 242001-1037

120 kcal의 열량을 소모한 것은 운동을 시작한 지 몇 분 후인지 구하시오.

03
▶ 242001-1038

아래 그림은 어떤 열차가 운행을 시작한 후 x초 후의 열차의 속력을 초속 y m라 할 때, x와 y 사이의 관계를 나타낸 그래프이다. 다음 보기에서 옳은 것을 있는 대로 고른 것은?

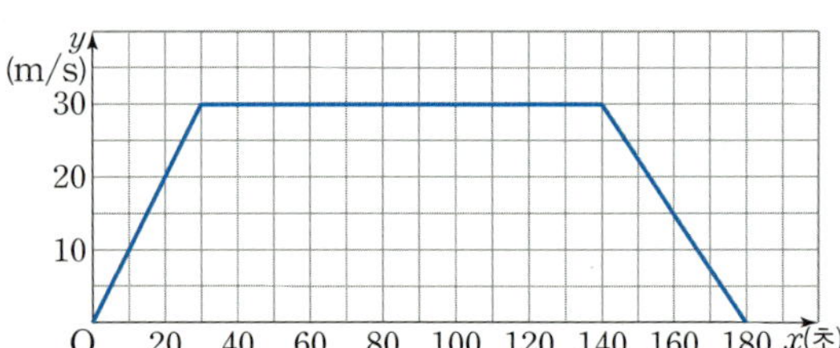

> **보기**
>
> ㄱ. 운행을 시작한 지 30초 후 속력은 초속 30 m이다.
> ㄴ. 총 70초 동안 운행했다.
> ㄷ. 운행을 시작한 지 30초 후부터 140초 후까지의 속력은 일정하다.

① ㄱ ② ㄱ, ㄴ ③ ㄱ, ㄷ
④ ㄴ, ㄷ ⑤ ㄱ, ㄴ, ㄷ

[04~05] 아래 그래프는 어느 버스가 종점을 출발하여 다시 종점으로 돌아올 때까지 시간에 따른 버스와 종점 사이의 거리를 나타낸 것이다. 1회 운행할 때까지의 그래프의 모양이 계속해서 반복된다고 할 때, 다음 물음에 답하시오.

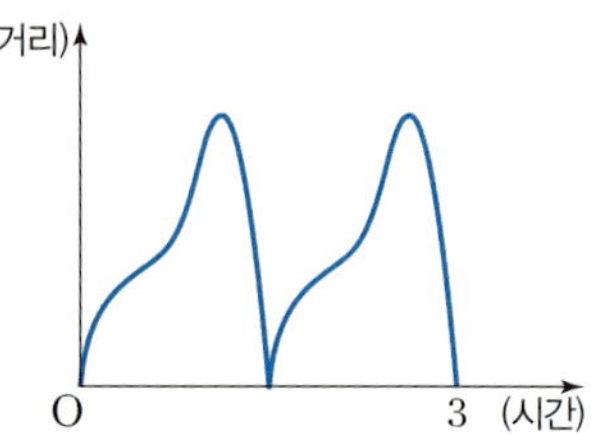

04
▶ 242001-1039

이 버스가 노선을 1회 운행하는 데 걸리는 시간을 구하시오.

05
▶ 242001-1040

이 버스가 하루에 18시간을 운행한다고 할 때, 하루 동안 운행하는 횟수를 구하시오.

[06~08] 오른쪽 그림은 어느 자동차가 움직일 때 시간에 따른 속력의 변화를 나타낸 그래프이다. 다음 물음에 답하시오.

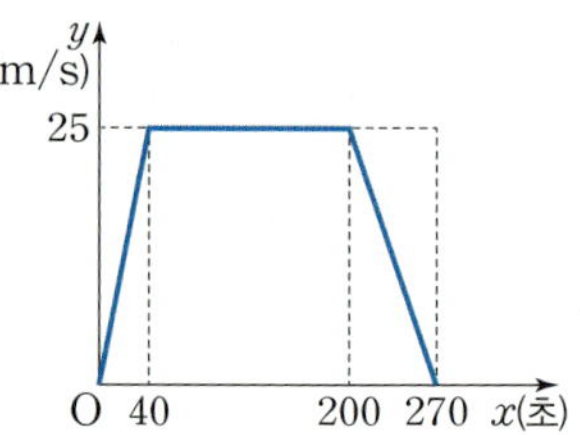

06
▶ 242001-1041

자동차가 가장 빨리 움직일 때의 속력을 구하시오.

07
▶ 242001-1042

자동차가 일정한 속력으로 움직인 시간을 구하시오.

08
▶ 242001-1043

자동차가 움직이기 시작해서 정지할 때까지 걸린 시간을 구하시오.

[09~10] 채건이가 자전거를 타고 출발한 지 x분이 지났을 때, 출발점으로부터 떨어진 거리를 y km라 하자. x와 y 사이의 관계를 그래프로 나타내면 오른쪽과 같을 때, 다음 물음에 답하시오. (단, 자전거는 직선 도로로만 이동한다.)

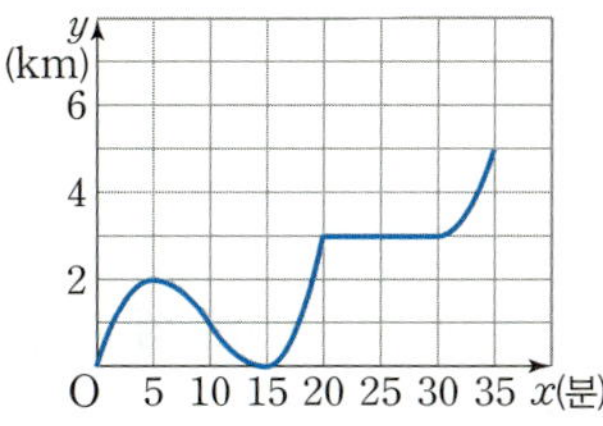

09
▶ 242001-1044

출발한 지 5분이 지났을 때 채건이는 출발점으로부터 몇 km만큼 떨어져 있는지 구하시오.

10
▶ 242001-1045

자전거를 타고 가는 도중에 몇 분 동안 멈추어 있었는지 구하시오.

11
▶ 242001-1046

길이가 20 cm인 양초에 불을 붙인 지 x분 후의 양초의 길이를 y cm라 할 때, 다음 상황에 맞는 그래프는?

기원이는 양초에 불을 붙였다가 5분 뒤에 껐다. 그리고 10분 있다가 다시 불을 붙이고 양초가 처음 길이의 절반이 되었을 때 불을 껐다.

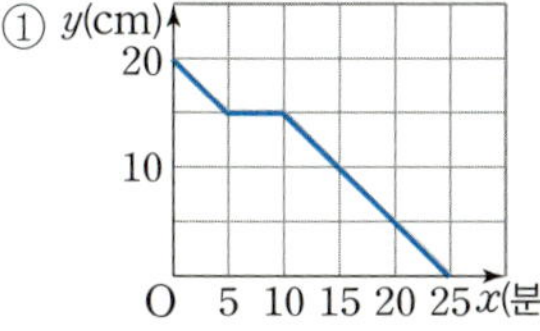
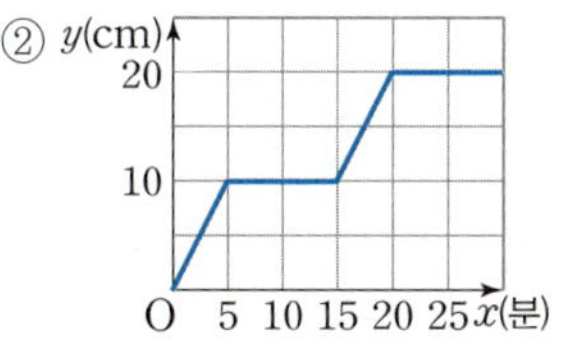
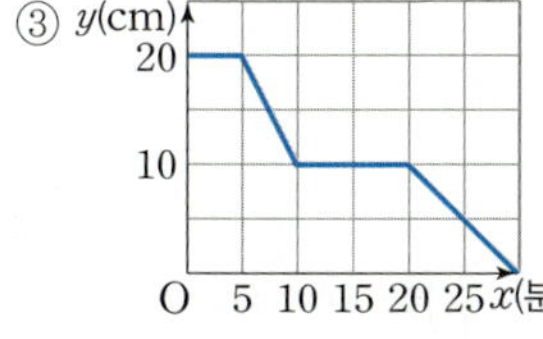
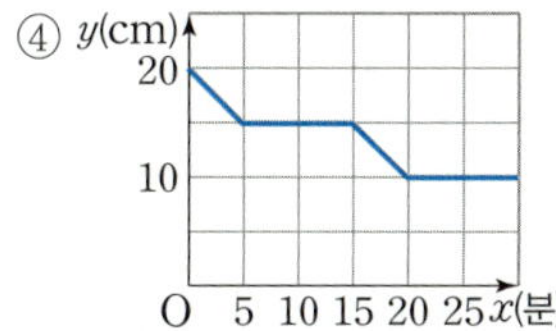
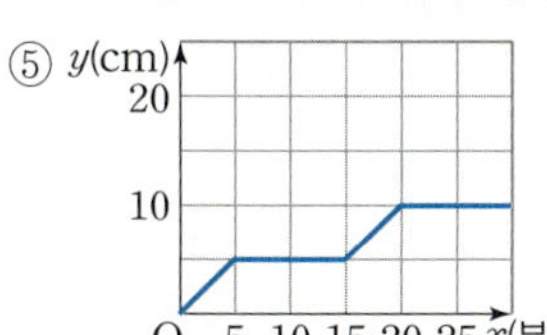

12
▶ 242001-1047

오른쪽 그림과 같은 모양의 물병에 시간당 일정한 양의 물을 담을 때, 다음 중 경과 시간 x에 따른 물의 높이 y의 변화를 나타낸 그래프로 알맞은 것은?

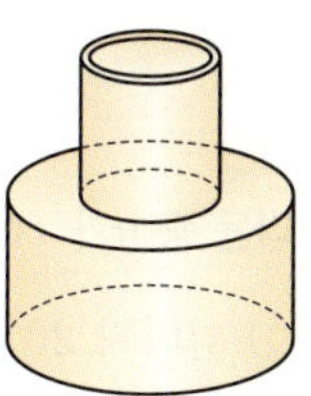

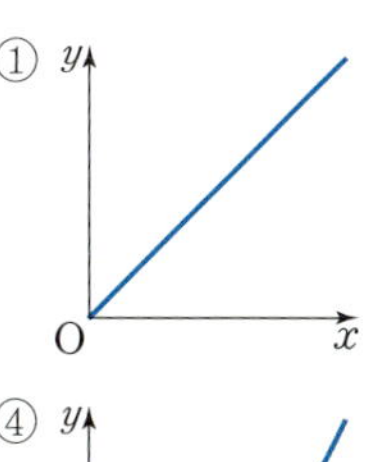
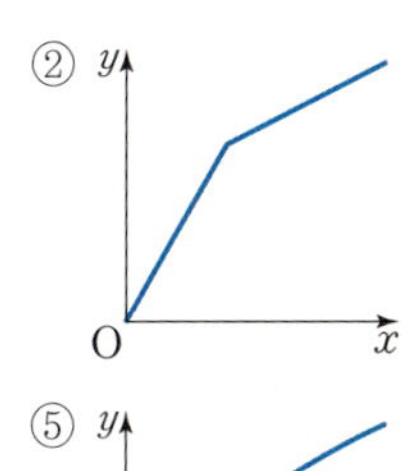
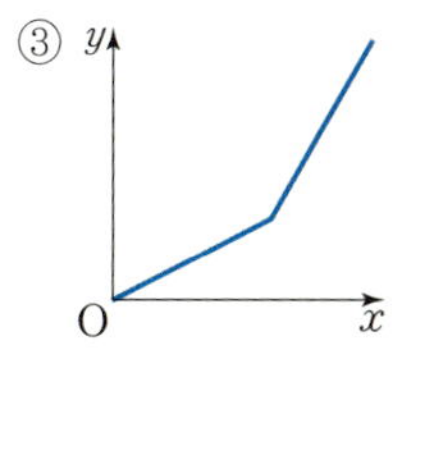

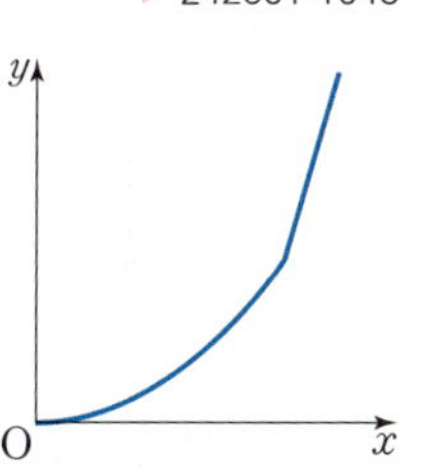

13
▶ 242001-1048

오른쪽 그림은 어떤 물병에 시간당 일정한 양의 물을 담을 때, 경과 시간 x에 따른 물의 높이 y 사이의 관계를 그래프로 나타낸 것이다. 다음 중 물병의 모양으로 알맞은 것은?

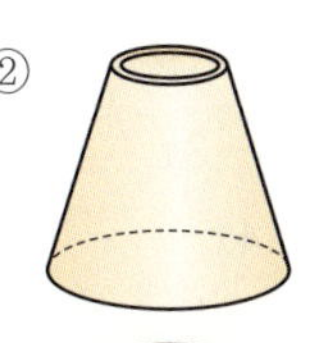
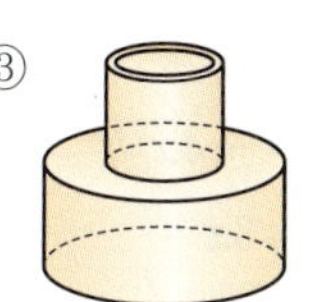

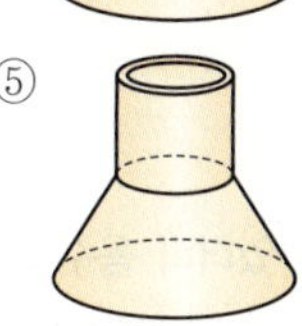

소단원 실전 테스트 

01
▶ 242001-1049

다음 중 y가 x에 정비례하지 <u>않는</u> 것을 모두 고르면? (정답 2개)

① 넓이가 20 cm²인 직사각형의 가로의 길이 x cm와 세로의 길이 y cm
② 시속 3 km로 x km를 걸을 때 걸리는 시간 y시간
③ 60개의 사탕을 x명에게 나누어 줄 때, 한 명이 받는 사탕의 개수 y개
④ 한 변의 길이가 x cm인 정사각형의 둘레의 길이 y cm
⑤ 닭 x마리의 총 다리의 수 y개

02
▶ 242001-1050

다음 보기에서 x의 값이 2배, 3배, 4배, …가 될 때, y의 값도 2배, 3배, 4배, …가 되는 x와 y 사이의 관계를 나타내는 식을 모두 고른 것은?

> **보기**
>
> ㄱ. $y=-6x$ ㄴ. $xy=9$ ㄷ. $y=-\dfrac{7}{x}$
>
> ㄹ. $\dfrac{y}{x}=4$ ㅁ. $y=x-5$

① ㄱ, ㄷ   ② ㄱ, ㄹ   ③ ㄴ, ㄷ
④ ㄴ, ㄹ   ⑤ ㄴ, ㅁ

03
▶ 242001-1051

y가 x에 정비례하고 $x=3$일 때, $y=-12$이다. 이때 x와 y 사이의 관계식은?

① $y=-4x$ ② $y=-3x$ ③ $y=-2x$
④ $y=3x$ ⑤ $y=4x$

04
▶ 242001-1052

용수철에 18 g짜리 추를 매달았더니 용수철의 길이가 6 cm 늘었다고 한다. x g짜리 추를 매달았을 때 늘어난 용수철의 길이를 y cm라 할 때, x와 y 사이의 관계를 나타내는 식은? (단, 용수철의 늘어난 길이는 추의 무게에 정비례한다.)

① $y=\dfrac{1}{6}x$ ② $y=\dfrac{1}{3}x$ ③ $y=3x$
④ $y=6x$ ⑤ $y=9x$

05
▶ 242001-1053

x의 값이 -6, 0, 6일 때, 다음 중 정비례 관계 $y=-\dfrac{2}{3}x$의 그래프는?

① 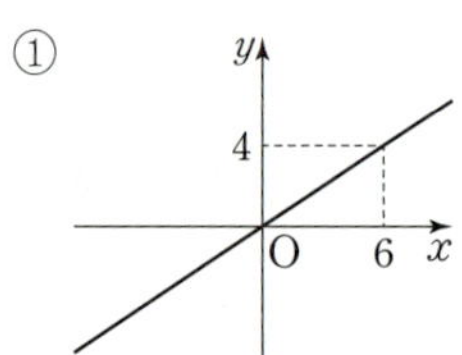 ② 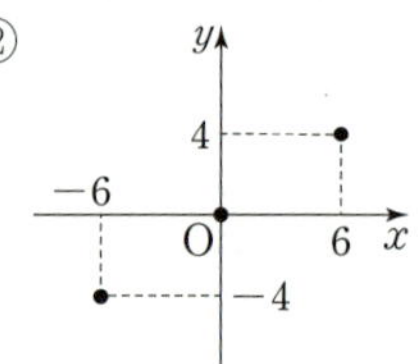

③ 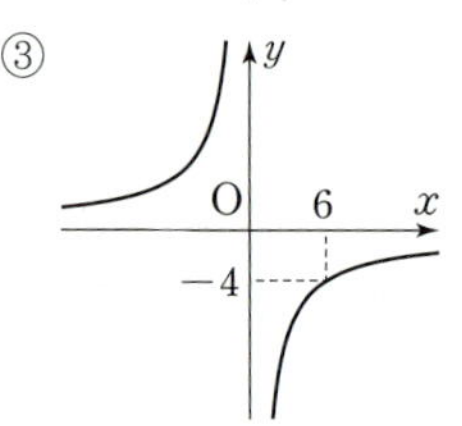 ④ 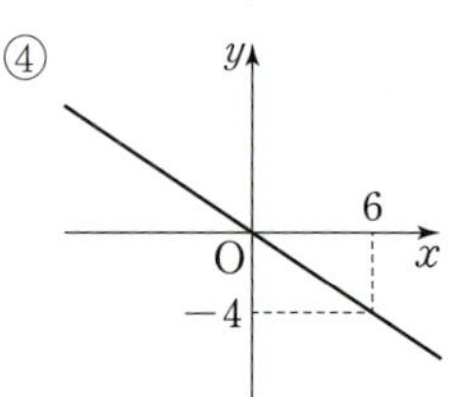

⑤ 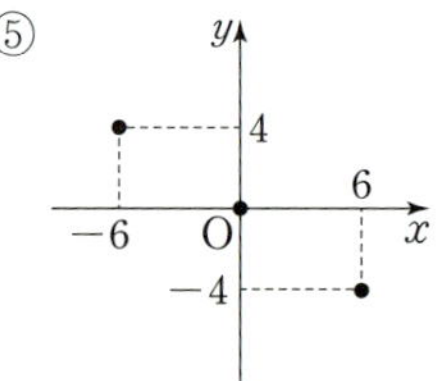

06
▶ 242001-1054

다음 중 정비례 관계 $y=-\dfrac{5}{4}x$의 그래프 위의 점이 <u>아닌</u> 것은?

① $(-20,\ 25)$ ② $(-16,\ 20)$ ③ $\left(\dfrac{2}{5},\ -\dfrac{1}{2}\right)$
④ $(4,\ -5)$ ⑤ $(5,\ -4)$

07
▶ 242001-1055

정비례 관계 $y=ax$의 그래프가 점 $\left(2,\ -\dfrac{3}{4}\right)$을 지날 때, 다음 중 이 그래프 위에 있지 <u>않은</u> 점은?

① $(-16,\ 6)$ ② $\left(-\dfrac{2}{3},\ \dfrac{1}{4}\right)$ ③ $\left(-2,\ \dfrac{3}{4}\right)$
④ $\left(6,\ -\dfrac{1}{4}\right)$ ⑤ $\left(12,\ -\dfrac{9}{2}\right)$

08
▶ 242001-1056

정비례 관계 $y=\dfrac{3}{2}x$의 그래프가 두 점 $(4, a)$, $(b, -9)$를 지날 때, $a+b$의 값은?

① -2 ② -1 ③ 0
④ 1 ⑤ 2

09
▶ 242001-1057

다음 중 정비례 관계 $y=\dfrac{2}{5}x$의 그래프에 대한 설명으로 옳지 <u>않은</u> 것은?

① 원점을 지난다.
② 오른쪽 위로 향하는 직선이다.
③ 점 $(5, 2)$를 지난다.
④ 제1사분면과 제3사분면을 지난다.
⑤ x의 값이 증가하면 y의 값은 감소한다.

10
▶ 242001-1058

다음 중 $y=ax(a\neq0)$의 그래프에 대한 설명으로 옳지 <u>않은</u> 것을 모두 고르면? (정답 2개)

① y는 x에 정비례한다.
② 원점을 지나는 직선이다.
③ $a<0$이면 점 $(1, -a)$를 지난다.
④ a의 절댓값이 클수록 y축에 가까워진다.
⑤ $a>0$이면 제2사분면과 제4사분면을 지난다.

11
▶ 242001-1059

정비례 관계 $y=\dfrac{5}{2}x$의 그래프와 직선 l이 오른쪽 그림과 같을 때, 다음 중 그 그래프가 직선 l이 될 수 있는 것은?

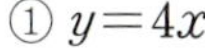

① $y=4x$ ② $y=-x$
③ $y=-2x$ ④ $y=\dfrac{4}{3}x$
⑤ $y=3x$

12 서술형
▶ 242001-1060

오른쪽 그림과 같이 그래프가 두 점 $\left(3, \dfrac{5}{2}\right)$, $\left(k, -\dfrac{1}{4}\right)$을 지날 때, k의 값을 구하시오.

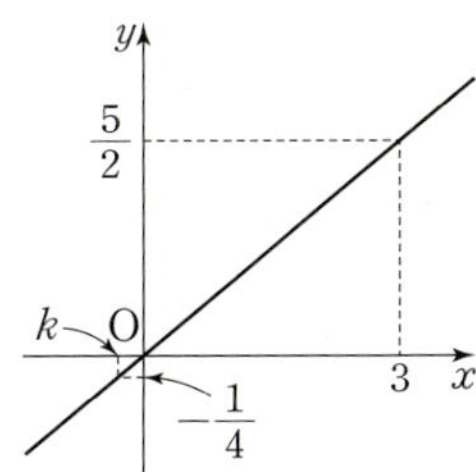

13
▶ 242001-1061

오른쪽 그림과 같이 직각삼각형 ABC에서 점 P는 변 BC 위를 움직인다. 선분 BP의 길이를 x cm, 삼각형 ABP의 넓이를 y cm^{2}라 하면 $x=3$일 때, $y=24$이다. 삼각형 ABP의 넓이가 96 cm^{2}일 때, 선분 BP의 길이를 구하시오.

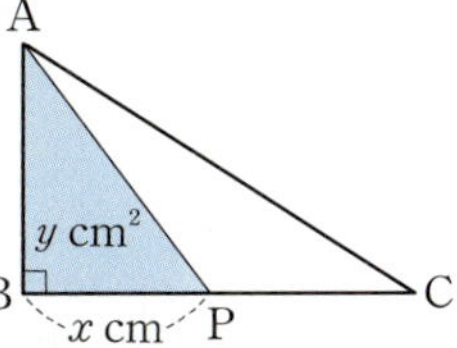

14
▶ 242001-1062

오른쪽 그림에서 정비례 관계 $y=ax$의 그래프가 점 P를 지나고, 점 P에서 x축에 그은 수선이 x축과 만나는 점 Q의 좌표는 $(-9, 0)$이다. 삼각형 PQO의 넓이가 27일 때, a의 값을 구하시오.

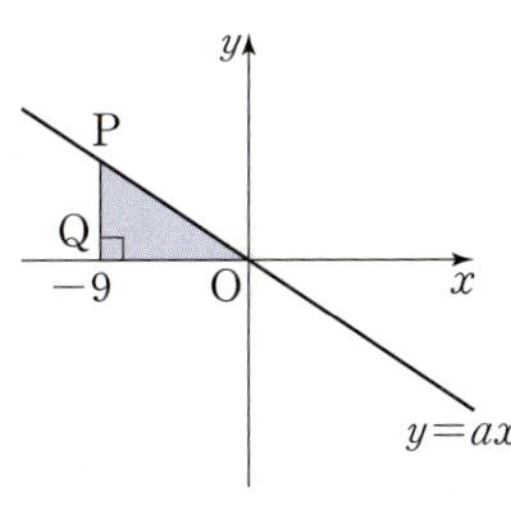

15 서술형
▶ 242001-1063

오른쪽 그림에서 두 점 A, B는 각각 정비례 관계 $y=-\dfrac{3}{2}x$, $y=\dfrac{3}{4}x$의 그래프가 지나는 점이다. 두 점의 y좌표가 모두 12일 때, 삼각형 AOB의 넓이를 구하시오.

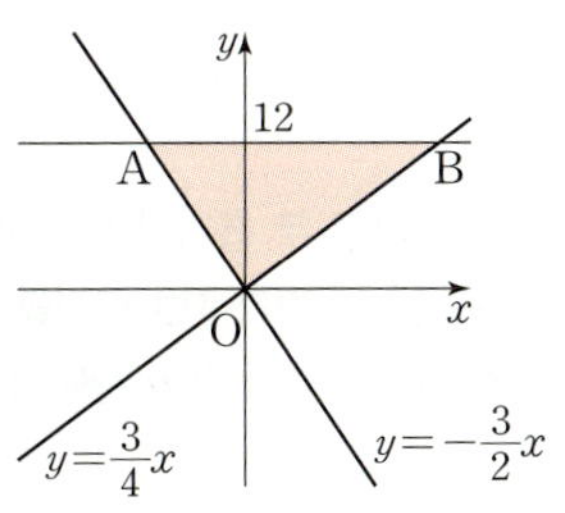

01
▶ 242001-1064

다음 중 y가 x에 반비례하는 것은?

① 밑변의 길이가 6 cm이고 높이가 x cm인 삼각형의 넓이 y cm^2

② 시속 x km로 2시간 동안 이동한 거리 y km

③ 한 권의 대여료가 1000원인 책 x권의 대여료 y원

④ 넓이가 40 cm^{2}인 삼각형의 밑변의 길이가 x cm일 때, 높이 y cm

⑤ 가로의 길이가 10 cm이고 세로의 길이가 x cm인 직사각형의 둘레의 길이 y cm

02
▶ 242001-1065

다음 보기에서 x의 값이 2배, 3배, 4배, …가 될 때, y의 값은 $\frac{1}{2}$배, $\frac{1}{3}$배, $\frac{1}{4}$배, …가 되는 관계가 있는 것을 모두 고르시오.

> **보기**
>
> ㄱ. $y=-7x$ ㄴ. $y=\frac{3}{x}+1$ ㄷ. $xy=-4$
>
> ㄹ. $y=\frac{x}{4}$ ㅁ. $y=-\frac{3}{x}$

03
▶ 242001-1066

y가 x에 반비례하고 $x=2$일 때, $y=-10$이다. 이때 x와 y 사이의 관계식은?

① $y=-20x$ ② $y=-5x$ ③ $y=-\frac{1}{5x}$

④ $y=-\frac{5}{x}$ ⑤ $y=-\frac{20}{x}$

04
▶ 242001-1067

크기가 다른 두 톱니바퀴가 서로 맞물려 회전하고 있다. 톱니가 20개인 큰 톱니바퀴가 4번 회전할 때, 톱니가 x개인 작은 톱니바퀴는 y번 회전한다. 이때 x와 y 사이의 관계식은?

① $y=\frac{5}{x}$ ② $y=\frac{20}{x}$ ③ $y=\frac{80}{x}$

④ $y=5x$ ⑤ $y=20x$

05
▶ 242001-1068

x의 값이 -3, -2, 2, 3일 때, 다음 중 반비례 관계 $y=-\frac{6}{x}$의 그래프는?

① 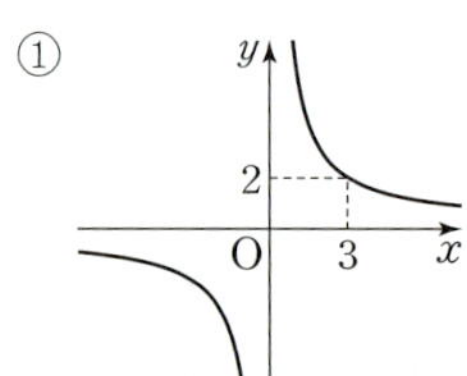   ② 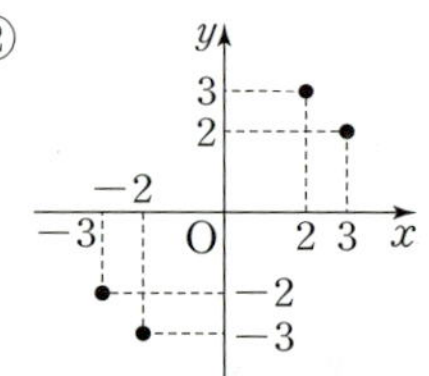

③ 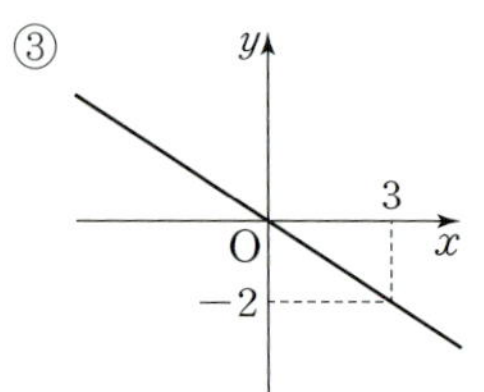   ④ 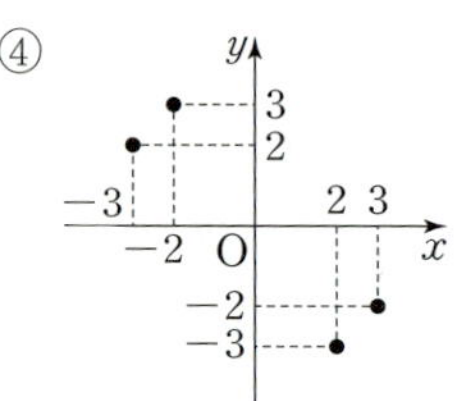

⑤ 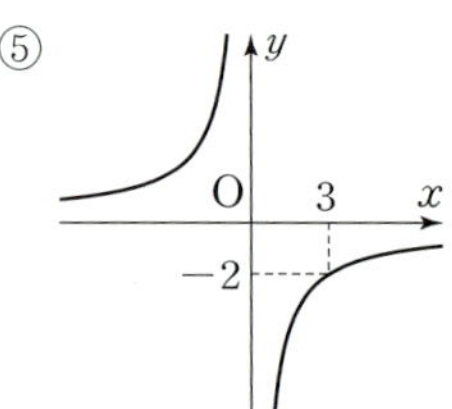

06
▶ 242001-1069

다음 중 반비례 관계 $y=-\frac{18}{x}$의 그래프 위의 점이 <u>아닌</u> 것은?

① $(-2,\ 9)$ ② $(3,\ -6)$ ③ $(18,\ -1)$

④ $\left(-4,\ \frac{9}{2}\right)$ ⑤ $\left(10,\ -\frac{8}{5}\right)$

07
▶ 242001-1070

반비례 관계 $y=\frac{a}{x}$의 그래프가 점 $\left(16,\ -\frac{3}{4}\right)$을 지날 때, 다음 중 이 그래프 위에 있지 <u>않은</u> 점은?

① $(-12,\ 1)$ ② $\left(-10,\ \frac{5}{6}\right)$ ③ $(-3,\ 4)$

④ $(6,\ -2)$ ⑤ $\left(8,\ -\frac{3}{2}\right)$

08
▶ 242001-1071

반비례 관계 $y=\dfrac{24}{x}$의 그래프가 두 점 $(a, -8)$, $(b, 2)$를 지날 때, $a+b$의 값은?

① 9 ② 10 ③ 11
④ 12 ⑤ 13

09
▶ 242001-1072

다음 중 반비례 관계 $y=-\dfrac{4}{x}$의 그래프에 대한 설명으로 옳은 것은?

① 점 $(-2, -2)$를 지난다.
② 원점을 지나는 직선이다.
③ 제1사분면과 제3사분면을 지난다.
④ 제2사분면과 제4사분면에서 각각 x의 값이 증가하면 y의 값은 증가한다.
⑤ x축과 만나는 점은 2개 있다.

10
▶ 242001-1073

다음 중 반비례 관계 $y=\dfrac{a}{x}$의 그래프에 대한 설명으로 옳지 <u>않은</u> 것을 모두 고르면? (정답 2개)

① 원점을 지나는 직선이다.
② 점 $(1, a)$를 지난다.
③ $a<0$이면 제2사분면과 제4사분면을 지난다.
④ x의 값이 2배, 3배, 4배, …가 되면 y의 값도 2배, 3배, 4배, …가 된다.
⑤ 좌표축에 점점 가까워지는 한 쌍의 곡선이다.

11
▶ 242001-1074

다음 반비례 관계의 그래프 중 좌표축에 가장 가까운 것은?

① $y=-\dfrac{8}{x}$ ② $y=-\dfrac{6}{x}$ ③ $y=-\dfrac{3}{x}$
④ $y=\dfrac{4}{x}$ ⑤ $y=\dfrac{5}{x}$

12 서술형
▶ 242001-1075

오른쪽 그림과 같이 반비례 관계 $y=\dfrac{a}{x}$의 그래프가 두 점 $(8, -2)$, $(k, 4)$를 지날 때, k의 값을 구하시오.

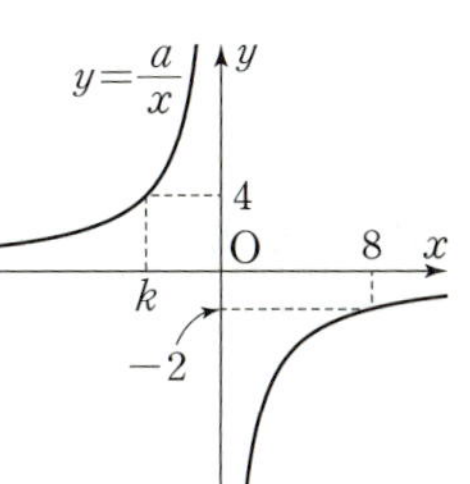

13
▶ 242001-1076

오른쪽 그림은 반비례 관계 $y=\dfrac{10}{x}$의 그래프이다. 색칠한 직사각형의 넓이의 합을 구하시오.

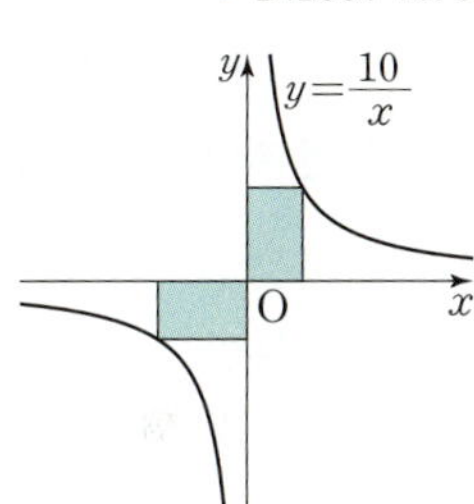

14
▶ 242001-1077

전압이 일정할 때, 전류의 세기와 저항값은 서로 반비례한다. 오른쪽 그림은 전압이 일정한 회로에서 전류의 세기를 x A(암페어), 저항값을 y Ω(옴)이라 할 때, 전류의 세기와 저항값 사이의 관계를 나타낸 것이다. 이때 이 회로에서 전류의 세기가 10 A일 때, 저항값을 구하시오.

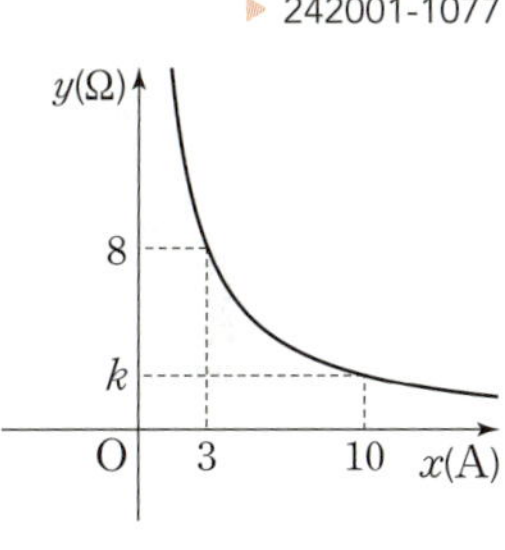

15 서술형
▶ 242001-1078

오른쪽 그림은 반비례 관계 $y=\dfrac{a}{x}$의 그래프의 일부이다. 점 P와 점 Q의 y좌표의 차가 6일 때, a의 값을 구하시오.

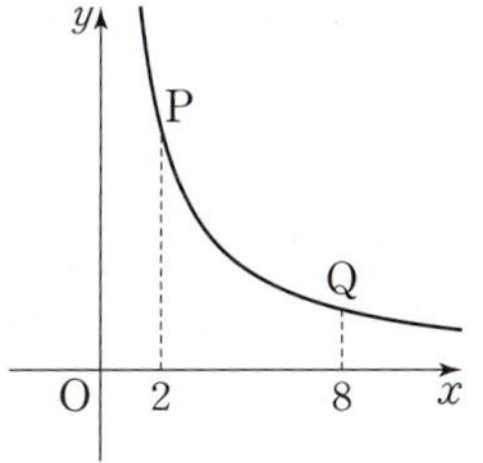

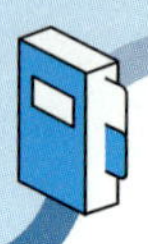

01
▶ 242001-1079

점 $(a+1,\ 3+a)$가 x축 위의 점이고, 점 $(b-2,\ 6-b)$가 y축 위의 점일 때, $a+b$의 값은? [3점]

① -3 ② -1 ③ 1

④ 3 ⑤ 5

02
▶ 242001-1080

점 $P(-a,\ b)$가 제4사분면 위의 점일 때, 점 $A\left(a+b,\ -\dfrac{b}{a}\right)$는 제 몇 사분면 위의 점인가? [3점]

① 제1사분면 ② 제2사분면

③ 제3사분면 ④ 제4사분면

⑤ 어느 사분면에도 속하지 않는다.

03
▶ 242001-1081

다음 각 상황에 알맞은 그래프를 찾아 연결한 것은? [3점]

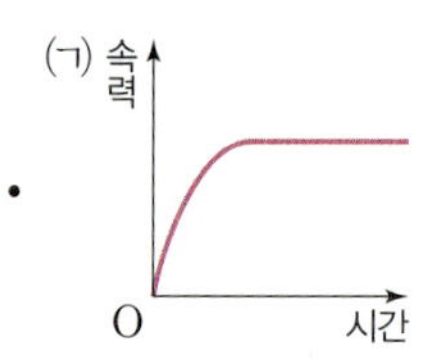

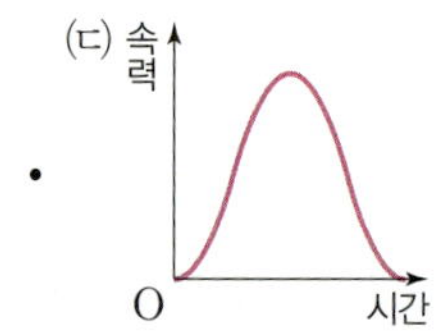

(1) 리사는 속력을 높였다 낮췄다를 반복하면서 뛰고 있다.

(2) 유나는 속력을 높이며 뛰다가 일정하게 속력을 유지하며 뛰고 있다.

(3) 라희는 속력을 높이며 뛰다가 도중에 속력을 낮춰 뛴 후 멈추었다.

① (1)—(ㄱ), (2)—(ㄴ), (3)—(ㄷ)
② (1)—(ㄱ), (2)—(ㄷ), (3)—(ㄴ)
③ (1)—(ㄴ), (2)—(ㄱ), (3)—(ㄷ)
④ (1)—(ㄴ), (2)—(ㄷ), (3)—(ㄱ)
⑤ (1)—(ㄷ), (2)—(ㄱ), (3)—(ㄴ)

04
▶ 242001-1082

다음 그림과 같이 서로 다른 모양의 그릇에 매초 일정한 양의 물을 x초 동안 채울 때, 그릇에 담긴 물의 높이를 y cm라 하자. 다음에서 시간에 따른 각 그릇의 물의 높이 변화를 나타내는 그래프를 바르게 연결한 것은? [3점]

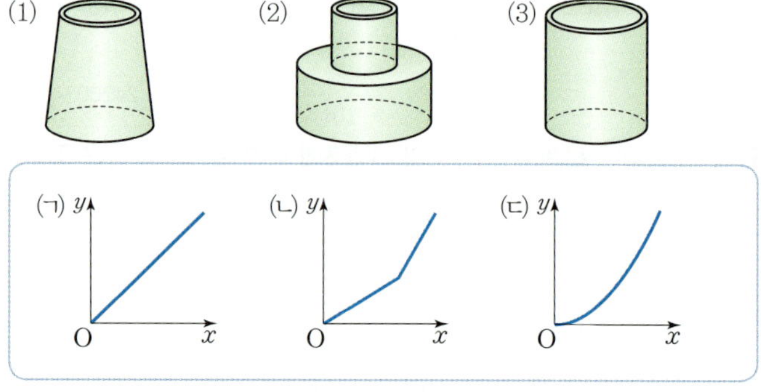

① (1)—(ㄱ), (2)—(ㄷ), (3)—(ㄴ)
② (1)—(ㄴ), (2)—(ㄱ), (3)—(ㄷ)
③ (1)—(ㄴ), (2)—(ㄷ), (3)—(ㄱ)
④ (1)—(ㄷ), (2)—(ㄱ), (3)—(ㄴ)
⑤ (1)—(ㄷ), (2)—(ㄴ), (3)—(ㄱ)

05
▶ 242001-1083

아래는 직선 도로를 달리는 자동차의 시간에 따른 속력의 변화를 나타낸 그래프이다. x초일 때의 속력을 초속 y m라 할 때, 다음 중 옳지 <u>않은</u> 것은? [4점]

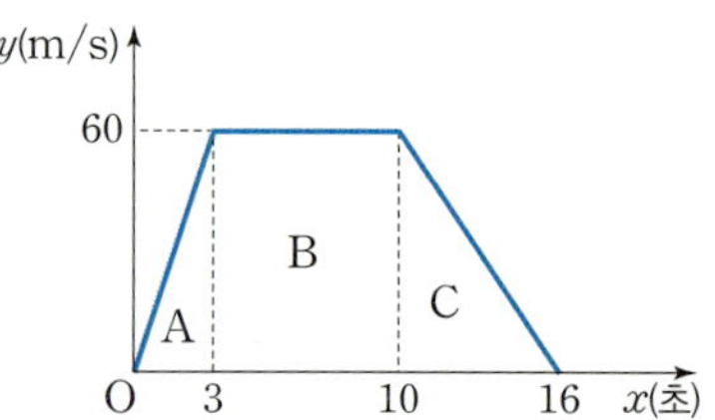

① A 구간에서 자동차의 속력은 점점 증가하였다.
② B 구간에서 자동차의 속력은 일정하였다.
③ B 구간에서 자동차가 이동한 거리는 $40\,\text{m}$이다.
④ C 구간에서 자동차의 속력은 점점 감소하였다.
⑤ 자동차는 C 구간을 6초 동안 달렸다.

06
▶ 242001-1084

두 변수 x, y에 대하여 y가 x에 정비례할 때, x와 y 사이의 관계를 표로 나타내면 다음과 같다. $a+b+c$의 값은? [3점]

x	-3	-1	2	a
y	b	c	-4	-12

① 2　　　　　② 6　　　　　③ 8

④ 10　　　　⑤ 14

07
▶ 242001-1085

정비례 관계 $y=-\dfrac{4}{3}x$의 그래프에 대한 설명으로 옳지 <u>않은</u> 것은?

[3점]

① 원점을 지난다.

② 점 $(12,\ -16)$을 지난다.

③ 제2사분면과 제4사분면을 지난다.

④ x의 값이 증가하면 y의 값도 증가한다.

⑤ $y=\dfrac{2}{3}x$의 그래프보다 y축에 가깝다.

08
▶ 242001-1086

정비례 관계 $y=-\dfrac{4}{3}x$,

$y=ax(a\neq0)$의 그래프가 오른쪽 그림과 같을 때, 다음 중에서 a의 값이 될 수 있는 것은? [3점]

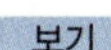

① $-\dfrac{5}{4}$　　　　② -2

③ $\dfrac{2}{3}$　　　　④ $-\dfrac{3}{2}$

⑤ 1

09
▶ 242001-1087

125장에 1000 g인 종이가 있다. 종이 전체의 무게가 1.2 kg일 때, 종이는 모두 몇 장인가? [3점]

① 110장　　　② 120장　　　③ 130장

④ 140장　　　⑤ 150장

10
▶ 242001-1088

길이가 30 cm인 양초에 불을 붙여 양초의 길이가 20 cm가 될 때 불을 끄려고 한다. 양초의 길이가 1분에 0.5 cm씩 줄어든다고 할 때, 불을 붙인 지 몇 분 후에 불을 꺼야 하는가? [3점]

① 20분 후　　　② 25분 후　　　③ 30분 후

④ 35분 후　　　⑤ 40분 후

11
▶ 242001-1089

$y=\dfrac{x}{a}(a\neq0)$의 그래프에 대한 설명으로 옳은 것을 모두 고르면?

(정답 2개) [4점]

① 좌표축에 한없이 가까워지는 한 쌍의 매끄러운 곡선이다.

② 점 $(4a,\ 4)$를 지난다.

③ x와 y는 반비례 관계이다.

④ $a<0$이면 제2사분면과 제4사분면을 지난다.

⑤ 점 $(1,\ a)$를 지난다.

12
▶ 242001-1090

다음 보기에서 x와 y 사이의 관계식의 그래프가 제1사분면과 제3사분면을 지나는 것의 개수를 구하시오. [3점]

> **보기**
>
> ㄱ. $y=9x$　　　ㄴ. $y=\dfrac{6}{5}x$　　　ㄷ. $y=-\dfrac{5}{7}x$
>
> ㄹ. $y=\dfrac{4}{3x}$　　　ㅁ. $y=-\dfrac{8}{x}$　　　ㅂ. $y=\dfrac{3}{x}$

13
▶ 242001-1091

반비례 관계 $y=\dfrac{20}{x}$의 그래프 위의 점 중에서 x좌표와 y좌표가 모두 정수인 점의 개수는? [4점]

① 4　　　　　② 6　　　　　③ 8

④ 10　　　　⑤ 12

14

▶ 242001-1092

다음 중 오른쪽 (1)~(4)의 그래프와 보기의 x와 y 사이의 관계식을 알맞게 연결한 것은? [3점]

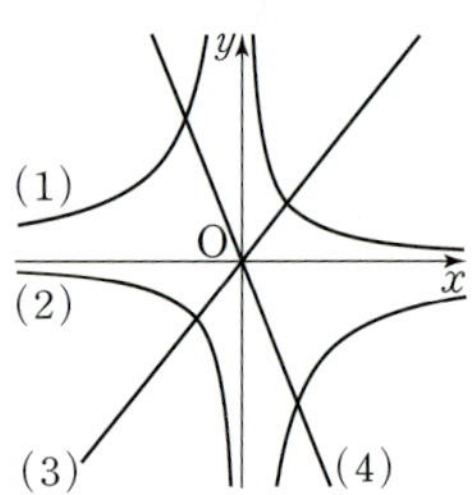

ㄱ. $y = \dfrac{5}{4}x$

ㄴ. $y = -\dfrac{5}{2}x$

ㄷ. $y = -\dfrac{9}{x}$

ㄹ. $y = \dfrac{3}{x}$

① (1)—ㄴ (2)—ㄱ (3)—ㄹ (4)—ㄷ

② (1)—ㄷ (2)—ㄹ (3)—ㄱ (4)—ㄴ

③ (1)—ㄷ (2)—ㄹ (3)—ㄴ (4)—ㄱ

④ (1)—ㄹ (2)—ㄷ (3)—ㄱ (4)—ㄴ

⑤ (1)—ㄹ (2)—ㄷ (3)—ㄴ (4)—ㄱ

15

▶ 242001-1093

반비례 관계 $y = \dfrac{a}{x}$ 의 그래프가 오른쪽 그림과 같을 때, 다음 중 이 그래프 위에 있는 점의 좌표는? [4점]

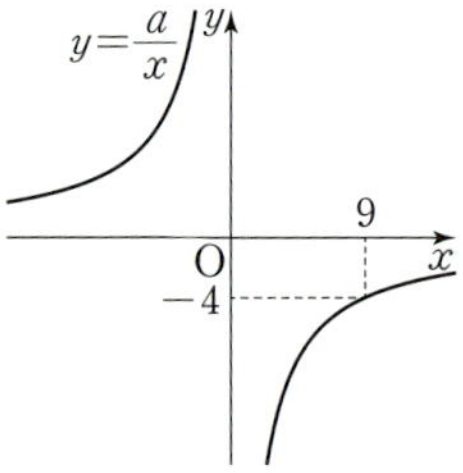

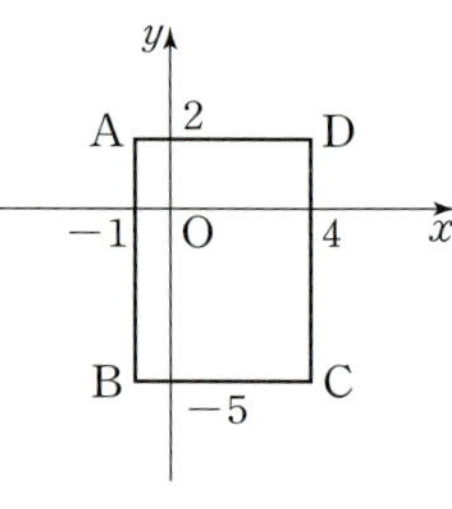

① $(4, -8)$

② $(3, -15)$

③ $(-6, 5)$

④ $\left(-8, \dfrac{9}{2}\right)$

⑤ $\left(-10, \dfrac{16}{5}\right)$

16

▶ 242001-1094

속력이 일정한 음파의 진동수는 파장에 반비례한다. 파장이 4 m인 음파의 진동수가 160 Hz일 때, 파장이 5 m인 음파의 진동수는? [4점]

① 120 Hz

② 122 Hz

③ 124 Hz

④ 126 Hz

⑤ 128 Hz

17

▶ 242001-1095

똑같은 기계 20대로 30시간을 작업해야 끝나는 일이 있다. 이 일을 6시간 만에 끝내려면 몇 대의 기계가 필요한가? [4점]

① 100대

② 110대

③ 120대

④ 130대

⑤ 140대

18

▶ 242001-1096

오른쪽 그림과 같이 좌표평면 위에 사각형 ABCD가 있다. 점 $P(a, b)$가 사각형 ABCD의 변 위를 움직일 때, $a-b$의 값 중에서 가장 큰 값을 구하시오. (단, 사각형 ABCD의 네 변은 좌표축과 평행하다.) [5점]

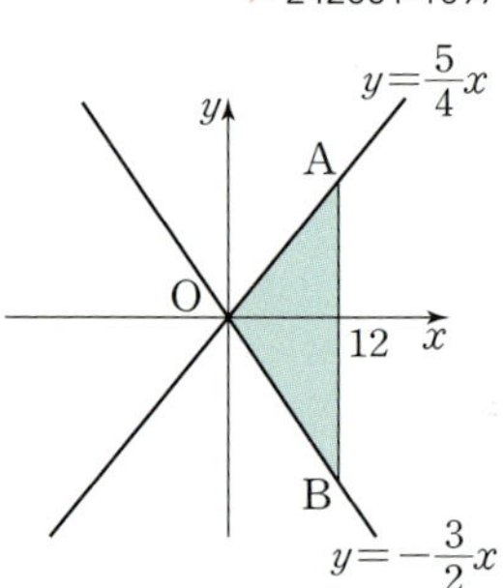

19

▶ 242001-1097

오른쪽 그림은 $y = \dfrac{5}{4}x$, $y = -\dfrac{3}{2}x$의 그래프를 나타낸 것이다. 두 점 A, B의 x좌표가 12일 때, 삼각형 AOB의 넓이를 구하시오. [5점]

20

▶ 242001-1098

엘이디(LED) 등은 백열전구에 비하여 1시간에 20 Wh를 절약할 수 있다고 한다. 백열전구 대신 엘이디 등을 x시간 동안 사용할 때, 절약할 수 있는 전력량을 y Wh라 하자. 다음 물음에 답하시오. [5점]

(1) x와 y 사이의 관계식을 구하시오.

(2) 백열전구 대신 엘이디 등을 40시간 동안 사용할 때 절약할 수 있는 전력량을 구하시오.

21

▶ 242001-1099

우리나라에서 2400 km 떨어진 지점에서 발생한 태풍이 시속 x km 로 이동하여 우리나라로 오는 데 y시간 걸린다고 한다. 다음 물음에 답하시오. (단, 태풍은 직선으로 움직인다.) [5점]

(1) x와 y 사이의 관계를 식으로 나타내시오.

(2) 태풍이 시속 120 km의 속력으로 이동한다면 우리나라에 는 몇 시간 만에 도착하겠는지 구하시오.

22

▶ 242001-1100

오른쪽 그림과 같이 정비례 관계 $y=ax$의 그래프와 반비례 관계 $y=\dfrac{8}{x}$의 그래프가 만나는 점 A의 x 좌표가 3일 때, a의 값을 구하시오.

[5점]

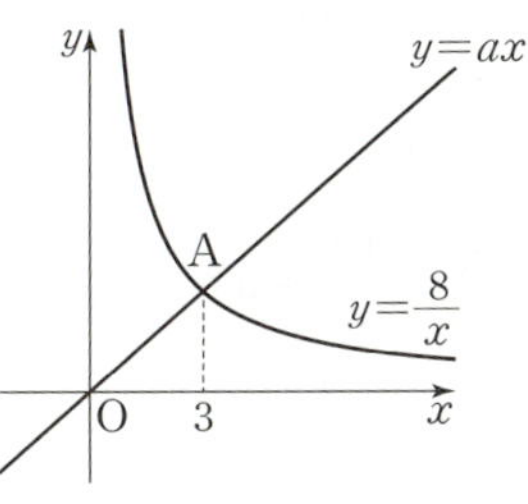

23 서술형

▶ 242001-1101

오른쪽 그림과 같이 $y=3x$의 그래프와 $y=\dfrac{1}{2}x$의 그래프에서 x좌표가 8인 점을 각각 A, B라 하자. 이때 삼각형 AOB의 넓이를 구하시오.

[6점]

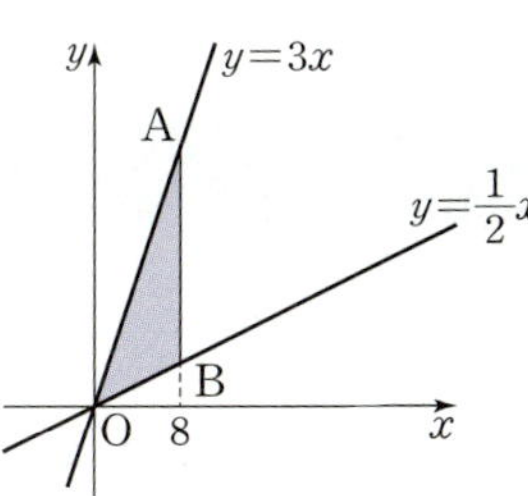

24 서술형

▶ 242001-1102

오른쪽 그래프는 훌라후프와 줄넘기를 할 때, 운동 시간 x분과 소모되는 열량 y kcal 사이의 관계를 각각 나타낸 것이다. 훌라후프와 줄넘기를 각각 30분 동안 할 때, 소모되는 열량의 차를 구하시오. [6점]

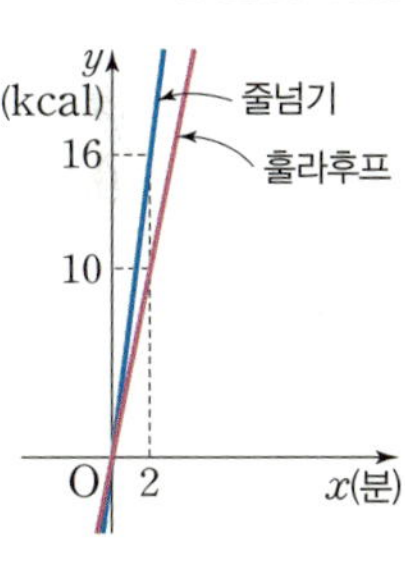

25 서술형

▶ 242001-1103

오른쪽 그림과 같이 x좌표가 각각 4, -4인 두 점 A, C가 반비례 관계 $y=\dfrac{a}{x}$의 그래프 위에 있다. 직사각형 ABCD의 넓이가 80일 때, a의 값을 구하시오. (단, 직사각형 ABCD의 모든 변은 각각 좌표축과 평행하다.) [6점]

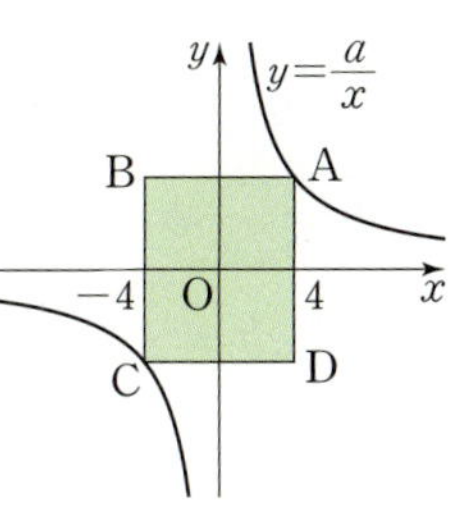

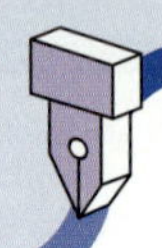

Level 1

01

▶ 242001-1104

$a-b>0$, $\dfrac{a}{b}<0$일 때, 점 (a, b)는 제몇 사분면 위에 있는 점인지 구하시오.

| 풀이 과정 |

$a-b>0$이므로 $a\ \boxed{}\ b$이다.

$\dfrac{a}{b}<0$이므로 a, b는 서로 $\boxed{}$ 부호이고

$a>b$이므로 $a\ \boxed{}\ 0$, $b\ \boxed{}\ 0$이다.

따라서 점 (a, b)는 제$\boxed{}$사분면 위의 점이다.

02

▶ 242001-1105

점$(a-3, 2a+5)$는 x축 위의 점이고, 점 $(4-b, 3b-4)$는 y축 위의 점일 때, 두 수 a, b에 대하여 ab의 값을 구하시오.

| 풀이 과정 |

x축 위의 점은 y좌표가 $\boxed{}$이므로

$2a+5=\boxed{}$, $a=\boxed{}$

y축 위의 점은 x좌표가 $\boxed{}$이므로

$4-b=\boxed{}$, $b=\boxed{}$

따라서 $ab=-\dfrac{5}{2}\times\boxed{}=\boxed{}$

03

▶ 242001-1106

정비례 관계 $y=ax$의 그래프가 두 점 $(-6, 2)$, $(9, b)$를 지날 때, $a-b$의 값을 구하시오.

| 풀이 과정 |

$y=ax$에 $x=-6$, $y=\boxed{}$를 대입하면

$\boxed{}=-6a$, $a=\boxed{}$

이므로 $y=-\dfrac{1}{3}x$

$y=-\dfrac{1}{3}x$에 $x=\boxed{}$, $y=b$를 대입하면

$b=-\dfrac{1}{3}\times\boxed{}=\boxed{}$

따라서 $a-b=-\dfrac{1}{3}-(\boxed{})=\boxed{}$

04

▶ 242001-1107

반비례 관계 $y=\dfrac{a}{x}$의 그래프가 두 점 $(-4, 3)$, $(6, b)$를 지날 때, $\dfrac{a}{b}$의 값을 구하시오.

| 풀이 과정 |

$y=\dfrac{a}{x}$에 $x=-4$, $y=\boxed{}$을 대입하면

$\boxed{}=\dfrac{a}{-4}$, $a=\boxed{}$

이므로 $y=-\dfrac{12}{x}$

$y=-\dfrac{12}{x}$에 $x=\boxed{}$, $y=b$를 대입하면

$b=-\dfrac{12}{\boxed{}}=\boxed{}$

따라서 $\dfrac{a}{b}=\dfrac{-12}{\boxed{}}=\boxed{}$

Level 2

05
▶ 242001-1108

좌표평면 위의 세 점 $A(-1, 1)$, $B(3, 1)$, $C(5, c)$에 대하여 삼각형 ABC의 넓이가 6이 되도록 하는 모든 c의 값의 합을 구하시오.

06
▶ 242001-1109

오른쪽 그림은 정비례 관계 $y=ax$의 그래프이다. $a+k$의 값을 구하시오.

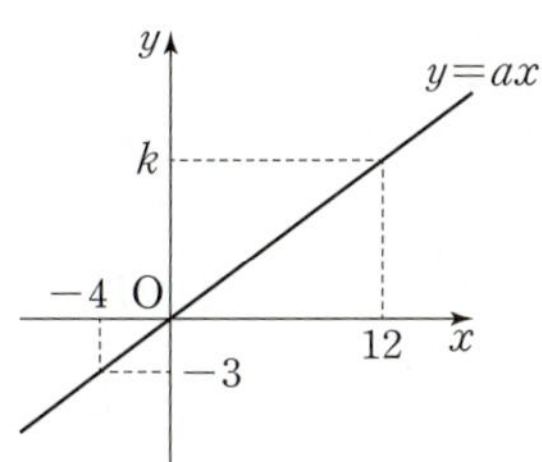

07
▶ 242001-1110

오른쪽 그림과 같이 정비례 관계 $y=\dfrac{3}{5}x$의 그래프 위에 점 $A(a, 6)$이 있다. 원점 O와 점 $B(a, 0)$에 대하여 삼각형 AOB의 넓이를 구하시오.

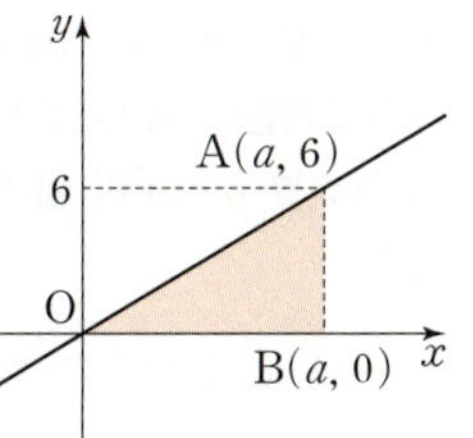

08
▶ 242001-1111

오른쪽 그림과 같이 두 점 A, B가 각각 정비례 관계 $y=\dfrac{1}{2}x$, $y=-2x$의 그래프 위의 점이고 두 점의 y좌표가 모두 -8일 때, 삼각형 OAB의 넓이를 구하시오.

09
▶ 242001-1112

어느 과자 $40\,\text{g}$의 열량이 $240\,\text{kcal}$이다. 이 과자 $x\,\text{g}$의 열량을 $y\,\text{kcal}$라 할 때, 다음 물음에 답하시오.

(1) x와 y 사이의 관계식을 구하시오.

(2) 이 과자를 $70\,\text{g}$ 먹었을 때, 얻을 수 있는 열량을 구하시오.

10
▶ 242001-1113

어떤 자동차가 연료 $2\,\text{L}$로 $36\,\text{km}$를 달린다고 한다. 연료 $x\,\text{L}$로 달릴 수 있는 거리를 $y\,\text{km}$라 할 때, 물음에 답하시오.

(1) x와 y 사이의 관계식을 구하시오.

(2) $540\,\text{km}$를 달리려면 연료는 몇 L가 필요한지 구하시오.

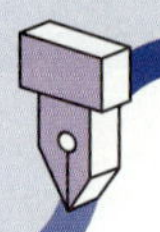

11

▶ 242001-1114

물체의 무게를 측정할 때, 지구에서 측정한 무게를 x kg, 달에서 측정한 무게를 y kg이라 하면 y는 x에 정비례한다. 우주복을 입었을 때의 몸무게가 지구에서 300 kg이면 달에서는 50 kg이라고 한다. 달에서 무게가 15 kg인 물건을 지구에서 측정했을 때의 무게를 구하시오.

12

▶ 242001-1115

반비례 관계 $y=-\dfrac{36}{x}$의 그래프가 오른쪽 그림과 같을 때, $a+b$의 값을 구하시오.

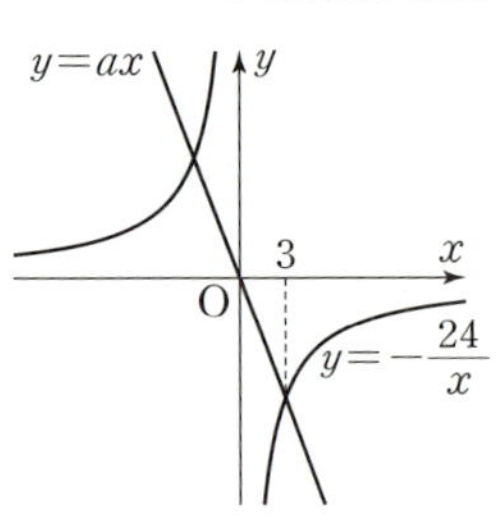

13

▶ 242001-1116

오른쪽 그림은 정비례 관계 $y=ax$와 반비례 관계 $y=-\dfrac{24}{x}$의 그래프이다. a의 값을 구하시오.

14

▶ 242001-1117

넓이가 48 cm^{2}인 삼각형의 밑변의 길이를 x cm, 높이를 y cm라 할 때, 다음 물음에 답하시오.

(1) x와 y 사이의 관계식을 구하시오.

(2) 높이가 12 cm일 때, 밑변의 길이를 구하시오.

15

▶ 242001-1118

톱니가 각각 72개, x개인 두 톱니바퀴 A, B가 맞물려 돌아가고 있다. 톱니바퀴 A가 1번 회전하는 동안 톱니바퀴 B는 y번 회전한다고 한다. 다음 물음에 답하시오.

(1) x와 y 사이의 관계식을 구하시오.

(2) 톱니바퀴 A가 1번 회전하는 동안 톱니바퀴 B는 4번 회전한다고 할 때, 톱니바퀴 B의 톱니의 개수를 구하시오.

16

▶ 242001-1119

온도가 일정할 때, 기체의 부피는 압력에 반비례한다. 어떤 기체는 압력이 2기압일 때 부피가 435 cm^{3}이다. 압력이 x기압일 때의 이 기체의 부피를 y cm^{3}라 할 때, 다음 물음에 답하시오. (단, 온도는 일정하다.)

(1) x와 y 사이의 관계식을 구하시오.

(2) 이 기체의 부피가 290 cm^{3}일 때, 압력은 몇 기압인지 구하시오.

Level 3

17
▶ 242001-1120

점 $\left(\dfrac{a}{b},\ a+b\right)$가 제2사분면 위의 점이고 $|a|<|b|$일 때, 점 $(a-b,\ -a)$는 어느 사분면 위에 있는지 말하시오.

18
▶ 242001-1121

집에서 $6\ \mathrm{km}$ 떨어진 학교 운동장까지 은우는 자전거를 타고 가고, 미수는 걸어 가기로 하였다. 오른쪽 그림은 두 사람이 동시에 출발하여 x분 동안 이동한 거리를 $y\ \mathrm{m}$라 할 때, x와 y 사이의 관계를 나타낸 그래프이다. 은우가 학교 운동장에 도착한 지 몇 분 후에 미수가 도착하는지 구하시오.

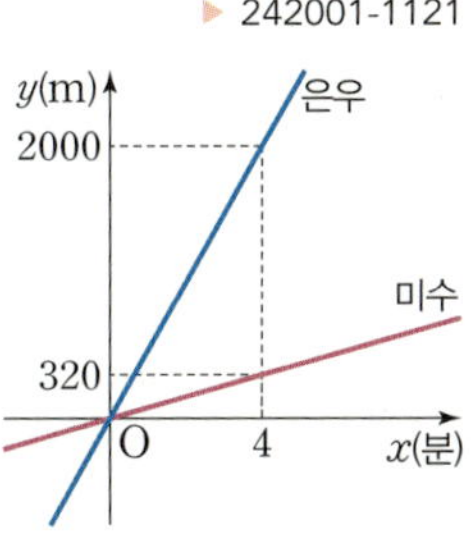

19
▶ 242001-1122

주연이가 빈 욕조에 1분에 $8\ \mathrm{L}$씩 나오도록 수도를 틀었더니 물을 가득 채우는 데 30분이 걸렸다고 한다. 1분에 $x\ \mathrm{L}$씩 나오도록 수도를 틀어 이 욕조에 물을 가득 채우는 데 걸리는 시간을 y분이라 할 때, 다음 물음에 답하시오.

(1) x와 y 사이의 관계식을 구하시오.

(2) 1분에 $5\ \mathrm{L}$씩 나오도록 수도를 틀면 욕조에 물을 가득 채우는 데 몇 분이 걸리는지 구하시오.

20
▶ 242001-1123

오른쪽 그림과 같이 두 점 P, Q가 반비례 관계 $y=\dfrac{24}{x}$의 그래프 위에 있다. 직사각형 ABCP의 넓이가 16일 때, 직사각형 CDEQ의 넓이를 구하시오.

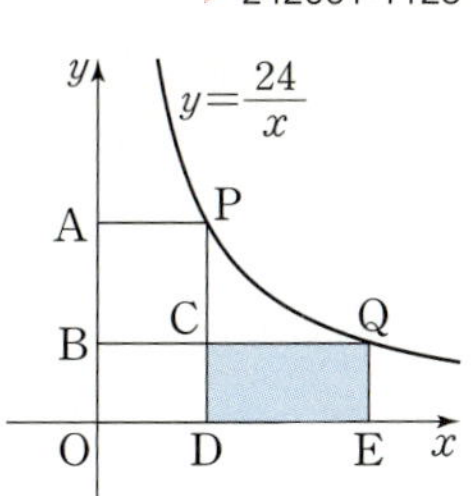

21
▶ 242001-1124

정사각형 ABCD의 꼭짓점 A는 정비례 관계 $y=3x$의 그래프 위에 있고, 꼭짓점 D는 반비례 관계 $y=\dfrac{a}{x}$의 그래프 위에 있다. 점 B의 x좌표가 1일 때, a의 값을 구하시오.

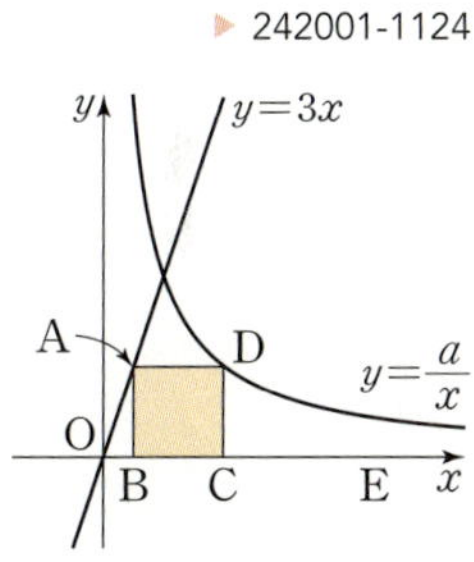

22
▶ 242001-1125

오른쪽 그림에서 두 점 A, C는 각각 정비례 관계 $y=4x$, $y=\dfrac{1}{4}x$의 그래프 위의 점이고, 사각형 ABCD는 한 변의 길이가 6인 정사각형이다. 이때 점 A의 좌표를 구하시오. (단, 두 점 A, B의 x좌표는 같다.)

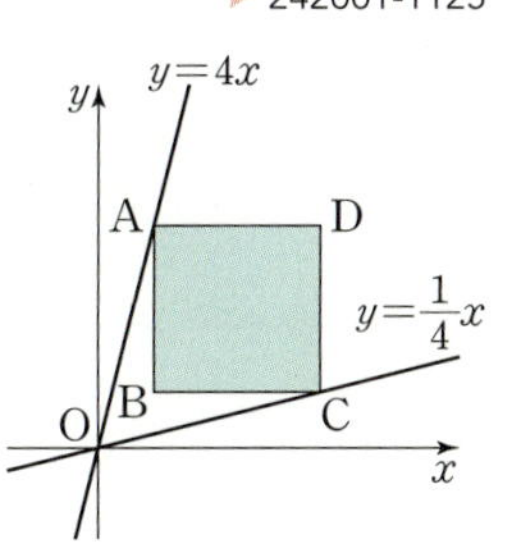

memo

중학

뉴런

한 권으로 끝내는 자기주도 학습
공부 세포를 깨우는 새로운 배움의 시작

수학 1(상)

정답과 풀이

중학 뉴런

실전책

하루 10분
나를 위한 콘텐츠

EBS play+

Knowledge Becomes Routine

EBS play+

EBS 구독이 후원입니다.
www.ebs.co.kr/package/support

중학 뉴런

수학 1(상)

정답과 풀이

Ⅰ. 소인수분해

1. 소인수분해

01 소수와 합성수

개념책 08~10쪽

개념 확인 문제

1 풀이 참조

2 (1) 3^4 (2) $5^3 \times 7^3$ (3) $\left(\dfrac{1}{2}\right)^4$ (4) $\dfrac{1}{2^2 \times 3^3 \times 5}$

1

기준	수
약수의 개수가 1개	1
약수의 개수가 2개	2, 3, 5, 7, 11, 13, 17, 19
약수의 개수가 3개 이상	4, 6, 8, 9, 10, 12, 14, 15, 16, 18, 20

유제 ❶

약수의 개수가 2개인 자연수는 소수, 약수가 3개 이상인 자연수는 합성수이다.

그러므로 주어진 수 중 7, 17, 37, 47, 67은 소수이며 그 외의 수는 합성수이다.

답

수	7	17	27	37	47	57	67	77
소/합	소	소	합	소	소	합	소	합

유제 ❷

20 이상 30 이하의 자연수 중에서 가장 큰 합성수는 30이며, 가장 작은 소수는 23이다.

따라서 두 수의 차는 $30 - 23 = 7$

답 ⑤

유제 ❸

(1) 자연수는 1, 소수, 합성수로 이루어져 있다.

(2) 2는 짝수이지만 소수이다.

(3) 소수이면서 합성수인 자연수는 없다.

답 (1) × (2) × (3) ◯

유제 ❹

ㄴ. 20 이하의 소수는 2, 3, 5, 7, 11, 13, 17, 19의 8개이다.

ㄷ. 예를 들어 두 소수 2, 3의 곱 6은 1, 2, 3, 6을 약수로 갖는다. 약수의 개수가 4개이므로 합성수이다.

답 ③

유제 ❺

② $3 \times 3 \times 3 = 3^3$

④ $\dfrac{1}{2 \times 2 \times 2 \times 3 \times 3 \times 3} = \dfrac{1}{2^3 \times 3^3}$

답 ②, ④

유제 ❻

$5 \times 7 \times 11 \times 7 \times 5 \times 11 \times 5$
$= 5 \times 5 \times 5 \times 7 \times 7 \times 11 \times 11$
$= 5^3 \times 7^2 \times 11^2$

이므로
$a = 3$, $b = 2$, $c = 2$

따라서 $a - b + c = 3 - 2 + 2 = 3$

답 3

유제 ❼

(1) $32 = 2 \times 2 \times 2 \times 2 \times 2$

(2) $81 = 3 \times 3 \times 3 \times 3$

(3) $64 = 4 \times 4 \times 4$

(4) $125 = 5 \times 5 \times 5$

답 (1) 2^5 (2) 3^4 (3) 4^3 (4) 5^3

유제 ❽

$49 \times 256 = 7^2 \times 2^8$이므로 $a = 8$, $b = 2$

따라서 $a - b = 8 - 2 = 6$

답 6

02 소인수분해

개념책 11~14쪽

개념 확인 문제

1 풀이 참조

2 [방법 1] 7, 3, 3 [방법2] 7, 3, 3, $3^2 \times 7$

3 풀이 참조

1

수	소인수	소인수분해
9	3	$9 = 3 \times 3 = 3^2$
12	2, 3	$12 = 2 \times 2 \times 3 = 2^2 \times 3$
20	2, 5	$20 = 2 \times 2 \times 5 = 2^2 \times 5$

3

50을 소인수분해 하면 $50= \boxed{2} \times \boxed{5^2}$이므로

50의 약수는
오른쪽 표와 같이 2의 약
수인 $\boxed{1}$, $\boxed{2}$와

×	1	5	5^2
1	1	5	25
2	2	10	50

5^2의 약수인 $\boxed{1}$, $\boxed{5}$, $\boxed{25}$ 을(를) 각각 곱한 것과 같다.

따라서 50의 약수는 $\boxed{1}$, $\boxed{2}$, $\boxed{5}$, $\boxed{10}$, $\boxed{25}$, $\boxed{50}$ 이다.

유제 ❶

$126=2\times3^2\times7$이므로 소인수는 2, 3, 7이다.

따라서 모든 소인수의 합은 $2+3+7=12$

답 12

유제 ❷

$400=2^4\times5^2$이므로 $a=4$, $b=2$

$a\times b=4\times2=8$

답 8

유제 ❸

곱할 수 있는 자연수를 x라 하자.

$600\times x=2^3\times3\times5^2\times x$이고, 어떤 자연수의 제곱이 되기 위해서는 거듭제곱의 지수가 모두 짝수가 되어야 하므로

$600\times x$가 어떤 자연수의 제곱이 되기 위해서는 $x=2\times3\times($자연수$)^2$ 이어야 한다.

따라서 곱할 수 있는 가장 작은 자연수는 6이다.

답 ①

유제 ❹

나눌 수 있는 자연수를 x라 하면

$$\frac{120}{x}=\frac{2^3\times3\times5}{x}$$

어떤 자연수의 제곱이 되기 위해서는 거듭제곱의 지수가 모두 짝수가 되어야 하므로

x는 $2\times3\times5$ 또는 $2^3\times3\times5$이다.

따라서 나눌 수 있는 가장 작은 자연수는 30이다.

답 30

유제 ❺

$3^2\times5^3\times7$의 약수가 되기 위해서는 소인수분해 결과에서 3의 지수가 2 이하의 자연수이거나 3의 거듭제곱이 없어야 한다.

따라서 ④ $3^3\times5^2\times7$은 3^3 때문에 $3^2\times5^3\times7$의 약수가 될 수 없다.

답 ④

유제 ❻

105를 소인수분해 하면 $105=3\times5\times7$

따라서 가장 큰 약수는 자기 자신이고, 두 번째로 큰 약수는 두 개의 큰 소인수의 곱이므로 $5\times7=35$

답 35

유제 ❼

① $72=2^3\times3^2$이므로 약수의 개수는
$(3+1)\times(2+1)=12$

② $80=2^4\times5$이므로 약수의 개수는
$(4+1)\times(1+1)=10$

③ $288=2^5\times3^2$이므로 약수의 개수는
$(5+1)\times(2+1)=18$

④ $375=3\times5^3$이므로 약수의 개수는
$(1+1)\times(3+1)=8$

⑤ $675=3^3\times5^2$이므로 약수의 개수는
$(3+1)\times(2+1)=12$

답 ③

유제 ❽

$12\times46=2^3\times3\times23$이므로

약수의 개수는 $(3+1)\times(1+1)\times(1+1)=16$

답 16

연습문제　　　　　　개념책 15쪽

01 ②	02 ③, ④	03 ③	04 ②	05 ④
06 ①	07 ①	08 ③		

01

1보다 큰 자연수 중에서 1과 자기 자신만을 약수로 갖는 수를 소수라 하므로 주어진 수들 중 소수는 7, 11, 37, 59이다.

답 ②

02

① 2는 짝수이지만 소수이다.

② 1은 소수도 합성수도 아니다.

③ 10 이하의 소수는 2, 3, 5, 7이다.

④ $a\times b(a, b$는 서로 다른 소수)의 약수는 1, a, b, $a\times b$로 4개이다. 그러므로 합성수이다.

⑤ 합성수는 약수가 3개 이상인 자연수이다.

답 ③, ④

03

$\dfrac{1}{16}=\dfrac{1}{2}\times\dfrac{1}{2}\times\dfrac{1}{2}\times\dfrac{1}{2}=\left(\dfrac{1}{2}\right)^4$이므로 $a=4$

$\dfrac{27}{125}=\dfrac{3}{5}\times\dfrac{3}{5}\times\dfrac{3}{5}=\left(\dfrac{3}{5}\right)^3$이므로 $b=3$

따라서 $a+b=4+3=7$

답 ③

04

$72=2^3\times3^2$이므로 72의 소인수는 2, 3이다.

① $21=3\times7$이므로 소인수는 3, 7이다.

② $24=2^3\times3$이므로 소인수는 2, 3이다.

③ $30=2\times3\times5$이므로 소인수는 2, 3, 5이다.

④ $32=2^5$이므로 소인수는 2이다.

⑤ $38=2\times19$이므로 소인수는 2, 19이다.

따라서 24만 2, 3을 소인수로 갖는다.

답 ②

05

$396=2^2\times3^2\times11$이므로 $a=2$, $b=2$, $c=11$이다.

따라서 $a+b+c=2+2+11$

답 ④

06

$60\times x=2^2\times3\times5\times x$가 어떤 자연수의 제곱이 되기 위해서는 거듭제곱의 지수가 모두 짝수이어야 한다.

① $60\times15=2^2\times3^2\times5^2=(2\times3\times5)^2=30^2$

② $60\times20=2^2\times3\times5\times2^2\times5=2^4\times3\times5^2$

③ $60\times30=2^2\times3\times5\times2\times3\times5=2^3\times3^2\times5^2$

④ $60\times72=2^2\times3\times5\times2^3\times3^2=2^5\times3^3\times5$

⑤ $60\times100=2^2\times3\times5\times2^2\times5^2=2^4\times3\times5^3$

답 ①

07

$3\times4\times5\times6\times7\times8=2^6\times3^2\times5\times7$이므로 3^n에서 n은 2 이하의 자연수이어야 한다.

답 ①

08

① $30\times11=2\times3\times5\times11$이므로

약수의 개수는 $(1+1)\times(1+1)\times(1+1)\times(1+1)=16$

② $30\times12=2^3\times3^2\times5$이므로

약수의 개수는 $(3+1)\times(2+1)\times(1+1)=24$

③ $30\times15=2\times3^2\times5^2$이므로

약수의 개수는 $(1+1)\times(2+1)\times(2+1)=18$

④ $30\times16=2^5\times3\times5$이므로

약수의 개수는 $(5+1)\times(1+1)\times(1+1)=24$

⑤ $30\times18=2^2\times3^3\times5$이므로

약수의 개수는 $(2+1)\times(3+1)\times(1+1)=24$

따라서 □ 안에 들어갈 수 있는 수는 ③ 15이다.

답 ③

03 최대공약수

개념 확인 문제

1 풀이 참조

2 (1) 3 (2) 15

1

수	공약수	최대공약수	서로소($\circ/\times$)
8, 12	1, 2, 4	4	$\times$
4, 15	1	1	$\circ$
9, 21	1, 3	3	$\times$

유제 1

공약수는 최대공약수의 약수이므로 A, B의 공약수는 30의 약수이다. 30의 약수는 1, 2, 3, 5, 6, 10, 15, 30이므로 세 번째로 큰 수는 10이다.

답 ②

유제 2

공약수는 최대공약수의 약수이므로 최대공약수 12의 약수의 개수가 두 자연수 A, B의 공약수의 개수이다.

$12=2^2\times3$이므로 A, B의 공약수의 개수는 6이다.

답 ③

유제 3

18과 7의 최대공약수는 1이다.

답 ②

유제 4

$10=2\times5$이므로 2를 약수로 갖는 2의 배수와 5를 약수로 갖는 5의 배수는 10과 서로소가 아니다.

20 이하의 자연수 중

2의 배수는 2, 4, 6, 8, 10, 12, 14, 16, 18, 20의 10개,

5의 배수는 5, 10, 15, 20의 4개,

2의 배수이고 5의 배수인 수는 10의 배수이므로 10, 20의 2개이다.

따라서 20 이하의 자연수 중에서

(10과 서로소인 자연수의 개수)

$=20-(10$과 서로소가 아닌 자연수의 개수)

$=20-(10+4-2)$

$=20-12$

$=8$

답 ⑤

유제 5

세 수 $2^2 \times 3^3$, $3^4 \times 5^3$, $3 \times 7^3 \times 11$의 최대공약수는 공통인 소인수의 거듭제곱에서 지수가 작거나 같은 것을 택하여 곱한다. 따라서 최대공약수는 3이다.

目 ①

유제 6

$56 = 2^3 \times 7$, $84 = 2^2 \times 3 \times 7$이므로 공통인 소인수 2의 지수에서 작거나 같은 것은 2, 공통인 소인수 7의 지수에서 작거나 같은 것은 1이므로 최대공약수는 $2^2 \times 7$이다.

目 ④

유제 7

두 수 $3^3 \times 5^2$, $3^4 \times 7^2$의 공통인 소인수 3의 지수에서 작은 지수는 3이므로 두 수의 최대공약수는 3^3이다. 따라서 3^3의 약수는 1, 3, 9, 27이므로 두 번째로 큰 공약수는 9이다.

目 ②

유제 8

$60 = 2^2 \times 3 \times 5$, $495 = 3^2 \times 5 \times 11$이므로 세 수의 최대공약수는 3×5이다. 따라서 세 수의 공약수의 개수는 최대공약수 15의 약수의 개수와 같으므로 1, 3, 5, 15의 4이다.

目 ③

유제 9

최대공약수가 2×3^2이므로 두 수의 3의 거듭제곱 3^a, 3^3의 지수 중 작거나 같은 값이 2이어야 한다. 따라서 $a = 2$

目 ①

유제 10

① $a = 12$이면 두 수는 $2^4 \times 3$, $2^4 \times 3^2 \times 5$이므로 최대공약수는 $2^4 \times 3$

② $a = 18$이면 두 수는 $2^3 \times 3^2$, $2^4 \times 3^2 \times 5$이므로 최대공약수는 $2^3 \times 3^2$

③ $a = 27$이면 두 수는 $2^2 \times 3^3$, $2^4 \times 3^2 \times 5$이므로 최대공약수는 $2^2 \times 3^2$

④ $a = 36$이면 두 수는 $2^4 \times 3^2$, $2^4 \times 3^2 \times 5$이므로 최대공약수는 $2^4 \times 3^2$

⑤ $a = 45$이면 두 수는 $2^2 \times 3^2 \times 5$, $2^4 \times 3^2 \times 5$이므로 최대공약수는 $2^2 \times 3^2 \times 5$

目 ③

유제 11

A가 될 수 있는 두 자리 자연수를 a라 하면 $a = 8 \times b$(단, b는 자연수)의 꼴로 나타낼 수 있다. $72 = 8 \times 9$이므로 b는 9와 서로소인 자연수이어야 한다. a가 두 자리 자연수이어야 하므로 b는 2, 4, 5, 7, 8, 10, 11이다.

따라서 A가 될 수 있는 두 자리 자연수는 16, 32, 40, 56, 64, 80, 88이다.

目 ②

유제 12

두 수의 최대공약수가 25이므로 $A = a \times 25$(a는 자연수)의 꼴로 나타낼 수 있다. $200 = 8 \times 25$이므로 a는 8과 서로소인 자연수이어야 한다. A가 200 이하의 자연수이어야 하므로 $a = 1$, 3, 5, 7이고 A가 될 수 있는 200 이하의 자연수는 25, 75, 125, 175이다.

目 ②

연습문제 개념책 20쪽

01 ③	02 ③, ④	03 ③	04 ①	05 ⑤
06 ③	07 ③	08 ③		

01

12, 27의 최대공약수는 3이므로 서로소가 아니다.

目 ③

02

① 서로 다른 두 소수는 공약수가 1뿐이므로 서로소이다.

② 1은 약수가 1뿐이므로 1과 1이 아닌 자연수는 서로소이다.

③ 4와 15는 서로소이지만 두 수는 소수가 아니다.

④ 3, 9는 모두 홀수이지만 최대공약수가 3이므로 서로소가 아니다.

⑤ 서로 다른 두 짝수는 2를 공약수로 가지므로 서로소가 아니다.

目 ③, ④

03

최대공약수는 공통인 소인수의 거듭제곱에서 지수가 작거나 같은 것을 택하여 곱한 결과와 같다. 따라서 두 수 $2^3 \times 3^4 \times 5^2$, $2^2 \times 3^2 \times 11$의 최대공약수는 $2^2 \times 3^2 = 36$이다.

目 ③

04

최대공약수는 공통인 소인수의 거듭제곱에서 지수가 작거나 같은 것을 택하여 곱한 결과와 같다. 그러므로 세 수의 최대공약수는 $2 \times 3 \times 7$이다.

目 ①

05

두 수의 최대공약수는 $3^2 \times 5^2$이며 공약수는 최대공약수의 약수이므로 두 수의 공약수가 아닌 것은 $3^3 \times 5^2$이다.

답 ⑤

06

세 수 48, 64, 80의 최대공약수는 16이며 공약수는 최대공약수의 약수이므로 공약수의 개수는 16의 약수의 개수와 같다. 16의 약수는 5개이므로 세 수의 공약수는 5개이다.

답 ③

07

최대공약수는 공통인 소인수의 거듭제곱에서 지수가 작거나 같은 것을 택하여 곱한 결과와 같으므로 세 수 $2^a \times 3^3 \times 5^3$, $2^3 \times 3^b \times 5^2$, $2^4 \times 3^3 \times 5^3$과 최대공약수 $2^2 \times 3^2 \times 5^c$에서 같은 밑을 갖는 거듭제곱의 지수를 비교한다. 따라서 $a=2$, $b=2$, $c=2$이다.

답 ③

08

$2^2 \times 5^3$의 약수 중 가장 큰 수는 $2^2 \times 5^3$, 두 번째로 큰 수는 2×5^3, 세 번째로 큰 수는 5^3, 네 번째로 큰 수는 $2^2 \times 5^2$이다.

답 ③

04 최소공배수

개념책 21~24쪽

개념 확인 문제

1 (1) 10, 20, 30, 40, 50, 60, …

(2) 15, 30, 45, 60, …

(3) 30, 60, …

(4) 30

2 (1) 36　(2) 210

유제 1

A, B의 공배수는 최소공배수 12의 배수이므로 100에 가장 가까운 수는 $12 \times 8 = 96$

답 ①

유제 2

A, B의 공배수는 최소공배수 48의 배수이므로 500보다 작은 공배수는 48, 96, 144, 192, 240, 288, 336, 384, 432, 480이다.

답 ②

유제 3

$60 = 2^2 \times 3 \times 5$이므로 $2 \times 3 \times 7$과의 최소공배수는 $2^2 \times 3 \times 5 \times 7 = 420$

답 ③

유제 4

$40 = 2^3 \times 5$, $72 = 2^3 \times 3^2$이므로 최소공배수는 $2^3 \times 3^2 \times 5 = 360$

답 ①

유제 5

세 수 3×7^2, 2×3^2, $108 = 2^2 \times 3^3$의 공통인 소인수의 거듭제곱에서 지수가 크거나 같은 것을 택하고 공통이 아닌 소인수의 거듭제곱도 모두 택하여 곱한다. 따라서 최소공배수는 $2^2 \times 3^3 \times 7^2$이다.

답 ⑤

유제 6

네 수 5×7^3, $3^2 \times 11$, $3^2 \times 7 \times 11$, $2 \times 5^2 \times 7^2 \times 11$의 최소공배수는 공통인 소인수의 거듭제곱에서 지수가 크거나 같은 것을 택하고 공통이 아닌 소인수의 거듭제곱도 모두 택하여 곱한다. 따라서 네 수의 최소공배수는 $2 \times 3^2 \times 5^2 \times 7^3 \times 11$이다.

답 ⑤

유제 7

세 수 2×7, $3^2 \times 7$, $2^2 \times 3 \times 7$의 최소공배수는 $2^2 \times 3^2 \times 7 = 252$이므로 공배수 중 세 자리 자연수의 개수는 252, 504, 756의 3개이다.

답 ②

유제 8

$12 = 2^2 \times 3$이므로 두 수의 최소공배수는 $2^2 \times 3^2 \times 5 = 180$이다. 공배수는 최소공배수의 배수이므로 500 이하의 자연수 중 공배수의 개수는 180, 360의 2개이다.

답 ②

유제 9

최대공약수는 공통인 소인수의 거듭제곱에서 지수가 작거나 같은 것을 택하여 곱한 것이므로 3의 거듭제곱에서 $a=1$
또한 최소공배수는 공통인 소인수의 거듭제곱에서 지수가 크거나 같은 것을 택하고 공통이 아닌 소인수의 거듭제곱도 모두 택하여 곱한 것이므로 2의 거듭제곱에서 $b=4$
따라서 $b-a=4-1=3$

답 ④

유제 10

세 수의 최소공배수는

$$\begin{array}{r|ccc} x & 2 \times x & 3 \times x & 5 \times x \\ \hline & 2 & 3 & 5 \end{array}$$

$2 \times 3 \times 5 \times x$이다.
$2 \times 3 \times 5 \times x = 90$, $x = 3$

답 ①

 유제 **11**

두 자연수의 최대공약수가 6이므로
$A=6\times a$, $B=6\times b$ (a, b는 서로소)라 하자.
$A\times B=6\times a\times 6\times b=36\times a\times b=360$이므로
$a\times b=10$
따라서 두 수의 최소공배수는

$$6\ )\ \underline{6\times a\quad 6\times b}$$
$$\quad\quad a\qquad b\quad \leftarrow 서로소$$

$6\times a\times b$이므로 $6\times(a\times b)=6\times 10=60$

답 ③

유제 **12**

두 수의 최대공약수가 16이고, $80=5\times 16$이므로 $A=a\times 16$, $80=5\times 16$ (a, 5는 서로소)라 하자. 이때 최소공배수는 $a\times 5\times 16$이므로 $a\times 5\times 16=240$, $a=3$
따라서 $A=a\times 16=3\times 16=48$

답 ②

연습문제 　　　　　　　　　　개념책 25쪽

| 01 ③ | 02 ⑤ | 03 ③ | 04 ⑤ | 05 ④ |
| 06 ③ | 07 ⑤ | 08 ② | | |

01

A, B의 공배수는 최소공배수 18의 배수이므로 36, 72, 90의 3개이다.

답 ③

02

두 수의 최소공배수는 공통인 소인수의 거듭제곱에서 지수가 크거나 같은 것을 택하고 공통이 아닌 소인수의 거듭제곱도 모두 택하여 곱한 결과와 같다.
따라서 최소공배수는 $2^3\times 3^3\times 5^2\times 7^2$이다.

답 ⑤

03

두 수가 서로소이면 두 수의 곱과 두 수의 최소공배수는 같다. 보기 중 두 수가 서로소인 것은 12, 19이다.

답 ③

04

$72=2^3\times 3^2$, $2\times 3^3\times 7$의 최소공배수는 $2^3\times 3^3\times 7$이므로 공배수는 최소공배수의 배수인 ⑤ $2^3\times 3^3\times 7^2$이다.

답 ⑤

05

두 수의 공배수는 두 수의 최소공배수 22의 배수와 같다. 22의 배수 중 200 이상 300 이하인 수는 220, 242, 264, 286이다.

답 ④

06

$2^2\times 3\times 5$, $350=2\times 5^2\times 7$의 최소공배수는 $2^2\times 3\times 5^2\times 7$이므로 $a=2$, $b=1$, $c=2$
따라서 $a+b+c=2+1+2=5$

답 ③

07

$3\times x$, $4\times x$, $5\times x$의 최소공배수는 $3\times 4\times 5\times x$이다.
$60\times x=420$에서 $x=7$
따라서 세 자연수는 21, 28, 35이고
그 합은 $21+28+35=84$

답 ⑤

08

최대공약수가 7이므로 두 자연수를 $7\times a$, $7\times b$ (a, b는 서로소, $a<b$)라 하면 최소공배수가 140이므로
$7\times a\times b=140$, $a\times b=20$
a, b가 서로소이므로
$a=1$, $b=20$ 또는 $a=4$, $b=5$이어야 한다.
　i) $a=1$, $b=20$일 때, 두 수가 7, 140이므로 두 자리 자연수라는 조건에 맞지 않는다.
　ii) $a=4$, $b=5$일 때, 두 자연수는 28, 35이다.
따라서 두 수의 합은 $28+35=63$

답 ②

01 ①	**02** ③	**03** ③	**04** ④	**05** ③
06 ⑤	**07** ③	**08** ③	**09** ②	**10** ②
11 ③	**12** ②	**13** ④	**14** ②	**15** ①
16 ⑤	**17** ③	**18** ①	**19** ③	**20** ⑤
21 ③	**22** ④	**23** ①	**24** ④	**25** ⑤
26 ①	**27** ④	**28** ③	**29** 6	**30** 30
31 44	**32** 31			

01

② 2는 짝수이며 소수이다.

③ 가장 작은 합성수는 4이다.

④ 20 이하의 소수는 2, 3, 5, 7, 11, 13, 17, 19이다.

⑤ 소수이면서 합성수인 자연수는 없다.

답 ①

02

$2^3=8$에서 $a=3$, $3^3=27$에서 $b=3$

따라서 $a+b=3+3=6$

답 ③

03

$147=3\times7^2$이므로 147의 소인수는 3, 7이다.

따라서 147의 소인수의 합은 $3+7=10$

답 ③

04

① $12=2^2\times3$

② $20=2^2\times5$

③ $60=2^2\times3\times5$

⑤ $180=2^2\times3^2\times5$

답 ④

05

① 11은 소수이므로 약수의 개수는 1, 11의 2

② $24=2^3\times3$이므로 약수의 개수는

$\quad(3+1)\times(1+1)=8$

③ $36=2^2\times3^2$이므로 약수의 개수는

$\quad(2+1)\times(2+1)=9$

④ $42=2\times3\times7$이므로 약수의 개수는

$\quad(1+1)\times(1+1)\times(1+1)=8$

⑤ $50=2\times5^2$이므로 약수의 개수는

$\quad(1+1)\times(2+1)=6$

답 ③

06

두 수의 공약수는 최대공약수 24의 약수이다.

따라서 두 수의 공약수는 1, 2, 3, 4, 6, 8, 12, 24이므로 공약수가 될 수 없는 것은 ⑤ 16이다.

답 ⑤

07

세 수 $2^2\times3^2\times5$, $3^2\times5$, $3^3\times5\times7$의 최대공약수는 공통인 소인수의 거듭제곱에서 지수가 작거나 같은 것을 택하여 곱한 것과 같으므로 $3^2\times5$이다. 또한 최소공배수는 공통인 소인수의 거듭제곱에서 지수가 크거나 같은 것을 택하고 공통이 아닌 소인수의 거듭제곱도 모두 택하여 곱한 것으로 $2^2\times3^3\times5\times7$이다.

답 ③

08

두 수의 최소공배수는 $2^3\times3^2\times5^2\times11$이다. 공배수는 최소공배수의 배수이므로

$2^3\times3^2\times5^2\times11\times(어떤\ 자연수)$의 꼴이어야 한다.

따라서 공배수가 아닌 것은 ③ $2^3\times3^2\times5\times11^2$이다.

답 ③

09

소수가 있는 칸을 선택하여 색칠하면 다음과 같다.

1	2	3	5	6
8	9	10	11	12
14	17	19	23	24
27	29	30	32	33
35	37	41	43	44

따라서 색을 칠할 때 나타나는 한글 자음은 ② ㄹ이다.

답 ②

10

$125\times35\times49$

$=5^3\times5\times7\times7^2$

$=5^4\times7^3$

이므로 $a=4$, $b=3$

따라서 $a+b=4+3=7$

답 ②

11

$B^2=360\times A=2^3\times3^2\times5\times A$이고 거듭제곱의 지수가 짝수이어야 하므로 $A=2\times5\times k^2(k$은 자연수)의 꼴이어야 한다.

ⅰ) $k=1$이면 $A=2\times5\times1=10$

ⅱ) $k=2$이면 $A=2\times5\times2^2=40$

이므로 두 수의 합은 $10+40=50$

답 ③

12

$\dfrac{600}{x}=\dfrac{2^3\times3\times5^2}{x}$가 1이 아닌 어떤 자연수의 제곱이 되기 위해서는 거듭제곱의 지수가 짝수이어야 하므로 x가 될 수 있는 수는 $2\times3=6$, $2^3\times3=24$, $2\times3\times5^2=150$이다.

답 ②

13

$315=3^2\times5\times7$이므로 315의 약수의 개수는
$(2+1)\times(1+1)\times(1+1)=12$

답 ④

14

$2^a\times7\times25=2^a\times5^2\times7$이므로 약수의 개수는
$(a+1)\times(2+1)\times(1+1)$
따라서 약수의 개수가 30개이므로
$6\times(a+1)=30$에서 $a=4$

답 ②

15

$24=2^3\times3$이므로 2의 배수와 3의 배수는 24와 서로소가 아니다. 따라서 30 이하의 자연수 중
(24와 서로소인 자연수의 개수)
$=$(30 이하의 자연수의 개수)$-$(2의 배수의 개수)
$\quad-$(3의 배수의 개수)$+$(6의 배수의 개수)
$=30-15-10+5=10$

답 ①

16

$392=2^3\times7^2$이므로 392의 약수를 구하기 위해 표를 그리면 다음과 같다.

	1	2	2^2	2^3
1	1	2	2^2	2^3
7	7	2×7	$2^2\times7$	$2^3\times7$
7^2	7^2	2×7^2	$2^2\times7^2$	$2^3\times7^2$

색칠한 칸에 있는 수는 $7\times$(자연수)의 꼴로 7의 배수이다.
따라서 392의 약수 중 7의 배수의 개수는 8이다.

답 ⑤

17

$A=24$이면 세 수 12, $2^4\times3^2$, 24의 최대공약수는 12이다.

답 ③

18

최대공약수는 공통인 소인수의 거듭제곱에서 지수가 작거나 같은 것을 택하여 곱한 것으로
최대공약수 $2^2\times3^2\times5^2$에서 $a=2$, $c=2$이다.
최소공배수는 공통인 소인수의 거듭제곱에서 지수가 크거나 같은 것을 택하고 공통이 아닌 소인수의 거듭제곱도 모두 택하여 곱한 것으로
$2^3\times3^3\times5^4\times7^2$에서 $b=3$, $d=2$이다.
따라서 $a+b+c+d=2+3+2+2=9$

답 ①

19

어떤 수를 나누어떨어지게 하는 수를 그 수의 약수라 한다. 따라서 어떤 자연수 중에서 가장 큰 수는 두 수 48과 84의 최대공약수 12이다.

답 ③

20

① 19와 31은 최대공약수가 1이므로 서로소이다.
② 서로 다른 두 소수는 최대공약수가 1이므로 서로소이다.
③ 서로 다른 두 짝수는 2를 공약수로 가지므로 서로소가 아니다.
④ 짝수의 배수는 2의 배수이므로 서로 다른 두 짝수의 최소공배수는 2의 배수이다.
⑤ 서로 다른 두 자연수 2, 4의 최소공배수는 4이지만 $2\times4\neq4$이다.

답 ⑤

21

$20=2^2\times5$, $24=2^3\times3$, $30=2\times3\times5$이므로 최소공배수는
$2^3\times3\times5=120$
공배수는 최소공배수의 배수이므로 1000에 가장 가까운 120의 배수는 $120\times8=960$

답 ③

22

④ $2\times3^3\times5\times7^2\times11$이면 세 수의 최소공배수는
$\quad2^3\times3^3\times5\times7^2\times11$이 된다.

답 ④

23

세 자연수를 $2\times x$, $3\times x$, $4\times x$(x는 자연수)라 하면
세 수의 최소공배수는

$$
\begin{array}{r|ccc}
x & 2\times x & 3\times x & 4\times x \\
2 & 2 & 3 & 4 \\
\hline
 & 1 & 3 & 2
\end{array}
$$

$2^2\times3\times x=12\times x$이고 $x=7$이다.
따라서 세 수는 14, 21, 28이므로
그 합은 $14+21+28=63$

답 ①

24

A는 14와 30의 공배수 중 하나이므로 A는 14와 30의 최소공배수인 210의 배수 중 하나이다.
따라서 A가 될 수 있는 1000 이하의 자연수의 개수는 210의 배수인 210, 420, 630, 840의 4이다.

답 ④

25

$2^1=2$, $2^2=4$, $2^3=8$, $2^4=16$, $2^5=32$, …이므로 2의 거듭제곱
의 일의 자리의 숫자는 2, 4, 8, 6이 순서대로 반복된다.
이때 $1004=4\times251$이므로 2^{1004}의 일의 자리의 숫자는 6이다.
$3^1=3$, $3^2=9$, $3^3=27$, $3^4=81$, $3^5=243$, …이므로 3의 거듭제
곱의 일의 자리의 숫자는 3, 9, 7, 1이 순서대로 반복된다.
이때 $2025=4\times506+1$이므로 3^{2025}의 일의 자리의 숫자는 3이
다.
따라서 $2^{1004}\times3^{2025}$의 일의 자리의 숫자는 각 거듭제곱의 일의 자
리 수끼리의 곱의 일의 자리의 숫자와 같으므로 $6\times3=18$에서
의 일의 자리의 숫자 8과 같다.

답 ⑤

26

분수가 자연수가 되기 위해서는 분수에 적당한 수를 곱하여 분모
를 1로 약분시킬 수 있어야 한다. 즉, 분모의 배수를 곱해야 한
다. 주어진 분수의 분모 4, 16, 12의 최소공배수가 48이므로 48
의 배수를 곱하면 된다. 따라서 구하고자 하는 수는 48의 배수
중 두 자리 수인 48, 96이다.

답 ①

27

$A=8\times a$, $B=8\times b$ (a, b는 서로소인 자연수)라 하면
$A\times B=64\times a\times b=960$이다.
$a\times b=15$이므로 A, B가 두 자리 수가 되게 하는 a, b는
$a=3$, $b=5$
따라서 $A=24$, $B=40$이므로 $A+B=24+40=64$

답 ④

28

24, 30의 공배수는 최소공배수 120의 배수이므로 가장 작은 공
배수는 120이다.
따라서 $10\times a=120$이므로 $a=12$

답 ③

29

조건 ㈏에서 구하고자 하는 자연수를 a, 몫을 b, 나머지를 r이라
하면 $a=9\times b+r$ (b, r은 소수, $0\le r<9$)이다.
조건 ㈎를 만족시키는 b와 r을 구하면
 i) $b=2$, $r=2$이면 $a=20$
 ii) $b=2$, $r=3$이면 $a=21$
 iii) $b=2$, $r=5$이면 $a=23$
 iv) $b=2$, $r=7$이면 $a=25$
 v) $b=3$, $r=2$이면 $a=29$
 vi) $b=3$, $r=3$이면 $a=30$
따라서 두 조건을 만족하는 자연수의 개수는 6이다.

답 6

30

어떤 자연수를 소인수분해한 결과가 $p^m\times q^n$일 때, 이 자연수의
약수의 개수는 $(m+1)\times(n+1)$이다.
$8\times a=2^3\times a$의 약수의 개수가 20인 경우는
① $20=19+1$에서
 $2^3\times a=2^{19}$이므로 $a=2^{16}$
② $20=10\times2=(9+1)\times(1+1)$에서
 $2^3\times a=2^3\times2^6\times(2$가 아닌 소수$)$이므로
 $a=2^6\times3$, $2^6\times5$, …
③ $20=5\times4=(4+1)\times(3+1)$에서
 $2^3\times a=2^3\times2\times(2$가 아닌 소수$)^3$이므로
 $a=2\times3^3$, 2×5^3, …
 또는 $2^3\times a=2^3\times(2$가 아닌 소수$)^4$이므로
 $a=3^4$, 5^4, …
④ $20=5\times2\times2=(4+1)\times(1+1)\times(1+1)$에서
 $2^3\times a=2^3\times2\times(2$가 아닌 두 소수의 곱$)$이므로
 $a=2\times3\times5$, $2\times3\times7$, …
이 중 가장 작은 자연수 a는 $2\times3\times5=30$

답 30

31

두 수의 최대공약수가 4이므로
$A=4\times a$, $B=4\times b$ (a, b는 서로소)라 하자.
A, B의 최소공배수는 $4\times a\times b$이므로
$96=4\times a\times b$, $a\times b=24$이다.
 i) $a=24$, $b=1$이면 $A=96$, $B=4$이며 조건 ㈐를 만족하지 않
  는다.
 ii) $a=8$, $b=3$이면 $A=32$, $B=12$이며 조건 ㈐를 만족한다.
따라서 $A+B=32+12=44$

답 44

32

두 분수가 자연수가 되려면 분모 8과 12를 모두 약분시킬 수 있
어야 하므로 b는 8과 12의 공배수이어야 한다. 또한 a는 21, 35
를 약분시킬 수 있어야 하므로 21, 35의 공약수이어야 한다. $\dfrac{b}{a}$
가 가장 작은 기약분수가 되려면
a는 21과 35의 최대공약수이고, b는 8과 12의 최소공배수이어
야 한다.
따라서 $a=7$, $b=24$이므로 $a+b=7+24=31$

답 31

서술형으로 중단원 마무리

STEP 1 풀이 참조

STEP 2 4

STEP 3 **1.** 14   **2.** 12   **3.** $a=2$, $b=2$, $c=2$

4. 119

STEP 1

약수가 3개인 자연수는 소인수분해 했을 때, 소수의 $\boxed{제곱}$ 이어야 한다. $\cdots$ 1단계

작은 소수부터 차례대로 제곱하면

$2^2=4$, $3^2=9$, $5^2=25$, $7^2=49$, $11^2=121$,

$\boxed{13^2=169}$, $\boxed{17^2=289}$, $19^2=361$, $\cdots$이다. $\cdots$ 2단계

따라서 300 이하의 자연수 중 약수의 개수가 3인 수의 개수는

$\boxed{7}$이다. $\cdots$ 3단계

단계	채점 기준	비율
1단계	소수의 제곱이어야 함을 표현한 경우	30 %
2단계	조건에 맞는 소수의 제곱 값을 구한 경우	40 %
3단계	구하고자 하는 수의 개수를 구한 경우	30 %

🖉 풀이 참조

STEP 2

32×3^a을 소인수분해 하면 $2^5 \times 3^a$이며 $\cdots$ 1단계

$2^5 \times 3^a$의 약수의 개수는

$(5+1) \times (a+1)$이다. $\cdots$ 2단계

따라서 $6 \times (a+1)=30$이므로 $a=4$ $\cdots$ 3단계

단계	채점 기준	비율
1단계	$2^5 \times 3^a$으로 소인수분해 한 경우	30 %
2단계	약수의 개수 구하는 식을 구한 경우	30 %
3단계	a의 값을 구한 경우	40 %

🖉 4

STEP 3

1

어떤 자연수의 제곱이 되는 수는 소인수분해 했을 때, 모든 소인수의 지수가 짝수이어야 한다.

126을 소인수분해 하면

$126=2 \times 3^2 \times 7$ $\cdots$ 1단계

따라서 곱할 수 있는 수 중에서 가장 작은 자연수는

$2 \times 7=14$ $\cdots$ 2단계

단계	채점 기준	비율
1단계	126을 소인수분해 한 경우	50 %
2단계	곱할 수 있는 가장 작은 자연수를 구한 경우	50 %

🖉 14

2

600을 소인수분해 하면

$600=2^3 \times 3 \times 5^2=3 \times (2^3 \times 5^2)$ $\cdots$ 1단계

3의 배수는 $3 \times ($자연수$)$ 꼴이므로 600의 약수 중 3의 배수의 개수는 $2^3 \times 5^2$의 약수의 개수와 같다. $\cdots$ 2단계

따라서 600의 약수 중 3의 배수의 개수는

$(3+1) \times (2+1)=4 \times 3=12$ $\cdots$ 3단계

단계	채점 기준	비율
1단계	600을 소인수분해 한 경우	20 %
2단계	$2^3 \times 5^2$의 약수의 개수와 같음을 구한 경우	40 %
3단계	600의 약수 중 3의 배수를 구한 경우	40 %

🖉 12

3

최대공약수는 공통인 소인수의 거듭제곱에서 지수가 작거나 같은 것을 택하여 곱한 것이다.

최대공약수가 $2^2 \times 5$이므로 $b=2$ $\cdots$ 1단계

최소공배수는 공통인 소인수의 거듭제곱에서 지수가 크거나 같은 것을 택하고 공통이 아닌 소인수의 거듭제곱도 모두 택하여 곱한 것이다.

최소공배수가 $2^4 \times 3^2 \times 5^c$이므로 $a=2$ $\cdots$ 2단계

따라서 세 수 $2^3 \times 3^2 \times 5$, $2^2 \times 5$, $2^4 \times 5^2$의 최소공배수는

$2^4 \times 3^2 \times 5^2$이므로 $c=2$ $\cdots$ 3단계

단계	채점 기준	비율
1단계	최대공약수로부터 b의 값을 구한 경우	30 %
2단계	최소공배수로부터 a의 값을 구한 경우	30 %
3단계	세 수의 최소공배수에서 c의 값을 구한 경우	40 %

🖉 $a=2$, $b=2$, $c=2$

4

구하고자 하는 수를 x라 하면 $x+1$은 4, 6, 8로 나누었을 때 나누어떨어진다. $\cdots$ 1단계

$x+1$은 4, 6, 8의 공배수이므로 세 수의 최소공배수인 24의 배수이다. $\cdots$ 2단계

따라서 $x+1=120$, $x=119$ $\cdots$ 3단계

단계	채점 기준	비율
1단계	구하고자 하는 수에 1을 더한 수가 4, 6, 8로 나누어떨어짐을 구한 경우	30 %
2단계	구하고자 하는 수에 1을 더한 수가 24의 배수임을 구한 경우	30 %
3단계	가장 작은 세 자리 자연수를 구한 경우	40 %

🖉 119

1. 정수와 유리수

 **정수와 유리수**

개념책 34~37쪽

개념 확인 문제

1 (1) $+5\,℃$　(2) -3000원

2 (1) $+4$, $+8$　(2) -9, -5

3 (1) $+3$, $+\dfrac{6}{3}$　(2) $-\dfrac{5}{2}$, -0.7, -2　(3) $-\dfrac{5}{2}$, -0.7

4 A: -3, B: -1, C: 0, D: $+4$

유제 ❶

① $8\,\mathrm{kg}$ 감소 ➡ $-8\,\mathrm{kg}$

② 출발 10일 후 ➡ $+10$일

③ 영하 $5\,℃$ ➡ $-5\,℃$

⑤ 4득점 ➡ $+4$점

답 ④

유제 ❷

ㄴ. $30\,\mathrm{m}$ 하강 ➡ $-30\,\mathrm{m}$

ㄷ. 7명 증원 ➡ $+7$명

답 ㄱ, ㄹ

유제 ❸

정수의 개수는 -7, 0, $+9$, -5의 4이다.

답 ③

유제 ❹

양의 정수가 아닌 정수는 음의 정수, 0이다.

① -4는 음의 정수이다.

② $-\dfrac{5}{2}$는 정수가 아닌 음의 유리수이다.

④ 2는 양의 정수이다.

⑤ 3.4는 정수가 아닌 양의 유리수이다.

답 ①, ③

유제 ❺

정수가 아닌 유리수의 개수는

-2.5, $+\dfrac{7}{4}$, $+\dfrac{11}{2}$의 3이다.

답 ②

유제 ❻

$-\dfrac{24}{6}=-4$는 음의 정수이다.

-3은 음의 정수이다.

$-2\dfrac{2}{3}=-\dfrac{8}{3}$은 정수가 아닌 음의 유리수이다.

$+1.5$는 정수가 아닌 양의 유리수이다.

$\dfrac{21}{7}=3$은 양의 정수이다.

따라서 정수가 아닌 유리수는 $-2\dfrac{2}{3}$, $+1.5$이다.

답 $-2\dfrac{2}{3}$, $+1.5$

유제 ❼

① $-3=-\dfrac{9}{3}$, $-2=-\dfrac{6}{3}$이므로 점 A가 나타내는 수는 $-\dfrac{7}{3}$이다.

② 점 B가 나타내는 수는 -1이다.

③ $0=\dfrac{0}{2}$, $+1=+\dfrac{2}{2}$이므로 점 C가 나타내는 수는 $+\dfrac{1}{2}$이다.

④ $+1=+\dfrac{3}{3}$, $+2=+\dfrac{6}{3}$이므로 점 D가 나타내는 수는 $+\dfrac{5}{3}$이다.

⑤ $+3=+\dfrac{6}{2}$, $+4=+\dfrac{8}{2}$이므로 점 E가 나타내는 수는 $+\dfrac{7}{2}$이다.

답 ④

유제 ❽

$-4=-\dfrac{16}{4}$, $-5=-\dfrac{20}{4}$이므로 $-\dfrac{17}{4}$에 가장 가까운 정수는 -4이다.

$3=\dfrac{9}{3}$, $4=\dfrac{12}{3}$이므로 $\dfrac{10}{3}$에 가장 가까운 정수는 3이다.

따라서 $a=-4$, $b=3$

답 $a=-4$, $b=3$

연습문제

개념책 38쪽

01 ①	**02** ③	**03** ②	**04** ④	**05** ③, ⑤
06 ④	**07** ③	**08** 4		

01

② 수입 8000원: $+8000$원

③ $25\,\%$ 감소: $-25\,\%$

④ 출발 5시간 전: -5시간

⑤ 영하 $6\,℃$: $-6\,℃$

답 ①

02

-4는 음의 정수이다.

$-\dfrac{4}{2}=-2$는 음의 정수이다.

-1.9는 정수가 아닌 음의 유리수이다.

$\dfrac{5}{2}$는 정수가 아닌 양의 유리수이다.

$\dfrac{9}{3}=3$은 양의 정수이다.

$\dfrac{24}{5}$는 정수가 아닌 양의 유리수이다.

따라서 정수의 개수는 -4, $-\dfrac{4}{2}$, $\dfrac{9}{3}$의 3이다.

답 ③

03

자연수는 양의 정수이므로 자연수가 아닌 정수는 음의 정수, 0이다.

8은 양의 정수이다.

-12는 음의 정수이다.

$-\dfrac{5}{8}$는 정수가 아닌 음의 유리수이다.

$+\dfrac{1}{2}$은 정수가 아닌 양의 유리수이다.

-3.6은 정수가 아닌 음의 유리수이다.

$+\dfrac{28}{4}=+7$은 양의 정수이다.

따라서 자연수가 아닌 정수의 개수는 -12, 0의 2이다.

답 ②

04

① -5, 0, 1은 모두 정수이다.

② -4, $-\dfrac{15}{5}=-3$, 2는 모두 정수이다.

③ -3은 정수이다.

⑤ $-\dfrac{56}{7}=-8$은 정수이다.

답 ④

05

음의 유리수가 아닌 유리수는 양의 유리수, 0이다.

① $-\dfrac{4}{3}$는 음의 유리수이다.

② -6은 음의 유리수이다.

④ $-\dfrac{1}{2}$은 음의 유리수이다.

⑤ 2.4는 양의 유리수이다.

따라서 음의 유리수가 아닌 것은 ③ 0, ⑤ 2.4이다.

답 ③, ⑤

06

① $-3=-\dfrac{12}{4}$, $-2=-\dfrac{8}{4}$이므로 점 A가 나타내는 수는

$-\dfrac{11}{4}$이다.

② $-2=-\dfrac{4}{2}$, $-1=-\dfrac{2}{2}$이므로 점 B가 나타내는 수는

$-\dfrac{3}{2}=-1.5$이다.

③ $0=\dfrac{0}{3}$, $+1=+\dfrac{3}{3}$이므로 점 C가 나타내는 수는 $+\dfrac{2}{3}$이다.

④ $+2=+\dfrac{8}{4}$, $+3=+\dfrac{12}{4}$이므로 점 D가 나타내는 수는

$+\dfrac{9}{4}$이다.

⑤ 점 E가 나타내는 수는 3이다.

따라서 옳지 않은 것은 ④이다.

답 ④

07

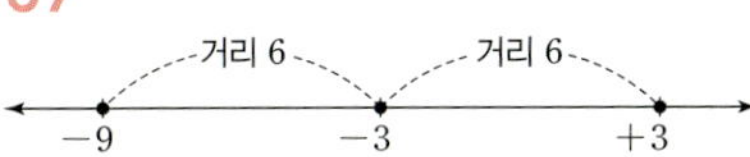

-3을 나타내는 점으로부터 거리가 6인 두 점이 나타내는 수는
-9, 3이다.

답 ③

08

$-1=-\dfrac{4}{4}$, $-2=-\dfrac{8}{4}$이므로 $-\dfrac{5}{4}$에 가장 가까운 정수는 -1

이다.

$\dfrac{15}{3}=5$, $\dfrac{12}{3}=4$이므로 $\dfrac{14}{3}$에 가장 가까운 정수는 5이다.

따라서 $a=-1$, $b=5$이므로 $a+b=-1+5=4$

답 4

02 수의 대소 관계

개념책 39~42쪽

개념 확인 문제

1 (1) 5　(2) 5　(3) $\dfrac{1}{4}$　(4) $\dfrac{1}{4}$

2 (1) $>$　(2) $<$　(3) $<$　(4) $>$

유제 1

$$\left|+\dfrac{8}{3}\right|<|+3.5|<|+4|<|-5|<\left|-\dfrac{11}{2}\right|$$

이므로 절댓값이 가장 큰 수는 ④ $-\dfrac{11}{2}$이다.

답 ④

유제 2

$a=|-6|=6$

절댓값이 $\dfrac{5}{2}$인 수는 $\dfrac{5}{2}$, $-\dfrac{5}{2}$이므로 $b=\dfrac{5}{2}$

따라서 $a-b=6-\dfrac{5}{2}=\dfrac{7}{2}$

답 $\dfrac{7}{2}$

유제 3

원점으로부터 가장 멀리 떨어진 수는 절댓값이 가장 큰 수이다.

$\dfrac{3}{2}=1.5$, $\dfrac{5}{3}=1.66\cdots$, $\dfrac{7}{4}=1.75$이고

$\left|-\dfrac{3}{2}\right|=|+1.5|<\left|\dfrac{5}{3}\right|<\left|-\dfrac{7}{4}\right|<|2.1|$이므로 구하는 수는
2.1이다.

답 ③

유제 4

원점으로부터 가장 가까운 수는 절댓값이 가장 작은 수이다.

$\dfrac{4}{3}=1.33\cdots$, $\dfrac{11}{6}=1.833\cdots$, $\dfrac{9}{5}=1.8$이고

$\left|-\dfrac{4}{3}\right|<\left|-\dfrac{9}{5}\right|<\left|-\dfrac{11}{6}\right|<|2|<|3.5|$이므로 구하는 수는

$-\dfrac{4}{3}$이다.

답 ③

유제 5

절댓값이 12인 수는 $+12$, -12이므로
구하는 거리는 $12\times 2=24$

답 ④

유제 6

두 점 사이의 거리가 6이므로 두 수 a, b의 절댓값은 $6\times\dfrac{1}{2}=3$

절댓값이 3인 수는 $+3$, -3이다.
$a<b$이므로 $a=-3$, $b=+3$

답 $a=-3$, $b=+3$

유제 7

① $|-1.8|=1.8$이고, 양수끼리는 절댓값이 클수록 크므로
　$|-1.8|>1.6$

② $\dfrac{5}{2}=\dfrac{15}{6}$, $\dfrac{8}{3}=\dfrac{16}{6}$이고, 양수끼리는 절댓값이 클수록 크므로
　$\dfrac{5}{2}<\dfrac{8}{3}$

③ $-4=-\dfrac{8}{2}$이고, 음수끼리는 절댓값이 클수록 작으므로
　$-4>-\dfrac{9}{2}$

④ 음수끼리는 절댓값이 클수록 작으므로 $-5>-5.3$

⑤ $\left|-\dfrac{3}{4}\right|=\dfrac{3}{4}=\dfrac{6}{8}$, $\left|-\dfrac{5}{8}\right|=\dfrac{5}{8}$이고, 양수끼리는 절댓값이 클
　수록 크므로 $\left|-\dfrac{3}{4}\right|>\left|-\dfrac{5}{8}\right|$

답 ②

유제 8

① $-\dfrac{13}{4}=-3.25$이고 음수끼리는 절댓값이 클수록 작으므로
　$-3.5<-\dfrac{13}{4}$

② $\dfrac{6}{7}=\dfrac{36}{42}$, $\dfrac{5}{6}=\dfrac{35}{42}$이므로 $\dfrac{6}{7}>\dfrac{5}{6}$

③ $|-4|=4$이고 (양수)>0이므로 $|-4|>0$

④ $\left|-\dfrac{3}{4}\right|=\dfrac{3}{4}$, $\left|-\dfrac{2}{3}\right|=\dfrac{2}{3}$이고 $\dfrac{3}{4}=\dfrac{9}{12}$, $\dfrac{2}{3}=\dfrac{8}{12}$이므로
　$\left|-\dfrac{3}{4}\right|>\left|-\dfrac{2}{3}\right|$

⑤ $-\dfrac{1}{5}=-0.2$이고 음수끼리는 절댓값이 클수록 작으므로
　$-0.4<-\dfrac{1}{5}$

답 ⑤

유제 9

'이상이다.'는 '크거나 같다.'와 의미가 같고, '크지 않다.'는 '작거
나 같다.'와 의미가 같으므로
④ $-2\leq x\leq 5$

답 ④

유제 10

⑤ x는 8보다 작지 않고 10 미만이다. ➡ $8\leq x<10$

답 ⑤

유제 11

$-\dfrac{1}{3}=-\dfrac{2}{6}$, $\dfrac{3}{2}=\dfrac{9}{6}$이므로 두 수 사이에 있고 분모가 6인

유리수의 개수는 $-\dfrac{1}{6}$, $\dfrac{0}{6}$, $\dfrac{1}{6}$, $\cdots$, $\dfrac{8}{6}$의 10이고, 이 중 정수

의 개수는 $\dfrac{0}{6}$, $\dfrac{6}{6}$의 2이다.

따라서 구하는 정수가 아닌 유리수의 개수는 $10-2=8$

답 ②

유제 12

$-\dfrac{10}{3}=-3.33\cdots$이므로 구하는 정수 x의 개수는

-3, -2, -1, $\cdots$, 4의 8이다.

답 ②

연습문제　개념책 **43**쪽

01 4　　**02** ④　　**03** ①

04 $a=-\dfrac{13}{2}$, $b=+\dfrac{13}{2}$　　　**05** ②　　**06** ⑤

07 ③　　**08** ②

01

$a=\left|+\dfrac{13}{7}\right|=\dfrac{13}{7}$, $b=\left|-\dfrac{15}{7}\right|=\dfrac{15}{7}$이므로

$a+b=\dfrac{13}{7}+\dfrac{15}{7}=\dfrac{28}{7}=4$

답 4

02

① 절댓값이 1인 수는 $+1$, -1의 2개이다.

② 절댓값이 0인 수는 0이다.

③ -4의 절댓값은 4이다.

④ 절댓값이 2보다 작은 정수는 $+1$, -1, 0의 3개이다.

⑤ 6의 절댓값은 6이고, -9의 절댓값은 9이므로 6의 절댓값이 -9의 절댓값보다 작다.

답 ④

03

원점으로부터 가장 가까운 수는 절댓값이 가장 작은 수이다.

$\dfrac{3}{2}=1.5$, $\dfrac{7}{4}=1.75$이고

$\left|-\dfrac{3}{2}\right|<|1.6|<\left|-\dfrac{7}{4}\right|<|-2.8|<|3|$이므로

구하는 수는 $-\dfrac{3}{2}$이다.

답 ①

04

두 점 사이의 거리가 13이므로 두 수 a, b의 절댓값은

$13\times\dfrac{1}{2}=\dfrac{13}{2}$

절댓값이 $\dfrac{13}{2}$인 수는 $+\dfrac{13}{2}$, $-\dfrac{13}{2}$

$a<b$이므로 $a=-\dfrac{13}{2}$, $b=+\dfrac{13}{2}$

답 $a=-\dfrac{13}{2}$, $b=+\dfrac{13}{2}$

05

두 점 사이의 거리가 $\dfrac{12}{7}$이므로 두 수의 절댓값은 $\dfrac{12}{7}\times\dfrac{1}{2}=\dfrac{6}{7}$

절댓값이 $\dfrac{6}{7}$인 수는 $\dfrac{6}{7}$, $-\dfrac{6}{7}$

따라서 구하는 두 수는 ② $\dfrac{6}{7}$, $-\dfrac{6}{7}$

답 ②

06

① (음수)$<$(양수)이므로 $-\dfrac{1}{5}<\dfrac{1}{2}$

② $0>$(음수)이므로 $0>-\dfrac{3}{4}$

③ $-\dfrac{10}{2}=-5$이고 음수끼리는 절댓값이 클수록 작으므로

$-3.5>-\dfrac{10}{2}$

④ $\left|-\dfrac{5}{7}\right|=\dfrac{5}{7}$이고 $\dfrac{3}{4}=\dfrac{21}{28}$, $\dfrac{5}{7}=\dfrac{20}{28}$이므로 $\dfrac{3}{4}>\left|-\dfrac{5}{7}\right|$

⑤ $\left|-\dfrac{4}{6}\right|=\dfrac{4}{6}=\dfrac{2}{3}$, $\left|-\dfrac{4}{5}\right|=\dfrac{4}{5}$이고 $\dfrac{2}{3}=\dfrac{10}{15}$, $\dfrac{4}{5}=\dfrac{12}{15}$이므로 $\left|-\dfrac{4}{6}\right|<\left|-\dfrac{4}{5}\right|$

답 ⑤

07

① x는 8 미만이다. ➡ $x<8$

② x는 3 초과이고 10 이하이다. ➡ $3<x\leq10$

④ x는 -5 이상이고 4보다 크지 않다. ➡ $-5\leq x\leq4$

⑤ x는 -10보다 작지 않고 3보다 작거나 같다. ➡ $-10\leq x\leq3$

답 ③

08

$\dfrac{5}{2}=2.5$, $-\dfrac{5}{3}=-1.66\cdots$이므로 x가 될 수 없는 것은 ㄱ. -4, ㄹ. 2.5이다.

답 ②

01 ④	02 ⑤	03 ②, ③	04 ④	05 ③
06 ②	07 ⑤	08 ④	09 ⑤	10 ㄴ, ㅁ
11 3	12 ⑤	13 ①, ④	14 ②, ⑤	15 ①
16 ②	17 ⑤	18 ②	19 ⑤	20 ④
21 ①	22 ②	23 ③	24 11	25 ②
26 ④	27 ①	28 ④	29 12	
30 $a=7$, $b=-3$		31 ㄷ, ㄹ	32 A	

01

④ $-\dfrac{20}{5}$은 음수이다.

⑤ -0.2의 절댓값은 0.2이므로 양수이다.

답 ④

02

① -8은 음의 정수이다.

② 4는 양의 정수이다.

③ -3은 음의 정수이다.

⑤ $\dfrac{10}{4}=\dfrac{5}{2}$는 정수가 아닌 유리수이다.

답 ⑤

03

음의 유리수가 아닌 유리수는 양의 유리수, 0이다.

② 5.4는 양의 유리수이다.

답 ②, ③

04

① 점 A가 나타내는 수는 -3이다.

② $-2=-\dfrac{4}{2}$, $-1=-\dfrac{2}{2}$이므로 점 B가 나타내는 수는 $-\dfrac{3}{2}$이다.

③ $0=\dfrac{0}{2}$, $1=\dfrac{2}{2}$이므로 점 C가 나타내는 수는 $\dfrac{1}{2}$이다.

④ $2=\dfrac{4}{2}$, $3=\dfrac{6}{2}$이므로 점 D가 나타내는 수는 $\dfrac{5}{2}$이다.

⑤ 점 E가 나타내는 수는 4이다.

🖫 ④

05

절댓값이 4인 두 수는 $+4$, -4이므로 두 수 사이의 거리는
$4 \times 2 = 8$

🖫 ③

06

원점으로부터 가장 가까운 수는 절댓값이 가장 작은 수이다.
$|3| < |3.5| < |-4.5| < |-5| < |-6|$이므로 원점으로부터
가장 가까운 수는 ② 3이다.

🖫 ②

07

① $0 <$ (양수)이므로 $0 < 1$
② $0 >$ (음수)이므로 $0 > -2$
③ (음수) $<$ (양수)이므로 $-3 < 2$
④ 양수끼리는 절댓값이 클수록 크므로 $7 > 4$
⑤ 음수끼리는 절댓값이 클수록 작으므로 $-5 > -8$

🖫 ⑤

08

'이상이다.'는 '크거나 같다.'와 의미가 같고, '크지 않다.'는 '작거나 같다.'와 의미가 같으므로
$-6 \leq x \leq 4$

🖫 ④

09

ㄱ. 4시간 전: -4시간
ㄴ. 해발 1915 m: $+1915$ m
ㄹ. 7000원 하락: -7000원
따라서 옳은 것은 ⑤ ㄷ, ㅁ이다.

🖫 ⑤

10

자연수는 양의 정수이므로 자연수가 아닌 정수는 음의 정수, 0이다.
ㄱ. -4.5는 정수가 아닌 유리수이다.
ㄴ. -3은 음의 정수이다.
ㄷ. $+\dfrac{4}{2} = +2$는 양의 정수이다.

ㄹ. $\dfrac{42}{7} = 6$은 양의 정수이다.

ㅁ. $-\dfrac{8}{2} = -4$는 음의 정수이다.

따라서 자연수가 아닌 정수를 모두 고르면 ㄴ, ㅁ이다.

🖫 ㄴ, ㅁ

11

$-6\dfrac{3}{4} = -\dfrac{27}{4}$, $-\dfrac{21}{3} = -7$, $-\dfrac{30}{4} = -\dfrac{15}{2}$, $\dfrac{45}{9} = 5$

양의 정수는 $+5$, $\dfrac{45}{9}$의 2개이므로 $a=2$

음의 정수는 $-\dfrac{21}{3}$의 1개이므로 $b=1$

따라서 $a+b = 2+1 = 3$

🖫 3

12

$-\dfrac{16}{8} = -2$, $\dfrac{28}{4} = 7$

① 양수는 4, $\dfrac{5}{3}$, $\dfrac{28}{4}$의 3개이다.

② 자연수는 4, $\dfrac{28}{4}$의 2개이다.

③ 음의 정수는 -9, $-\dfrac{16}{8}$, -1의 3개이다.

④ 음의 유리수는 -5.7, -9, $-\dfrac{16}{8}$, -1의 4개이다.

⑤ 정수가 아닌 유리수는 -5.7, $\dfrac{5}{3}$의 2개이다.

따라서 옳지 않은 것은 ⑤이다.

🖫 ⑤

13

□ 안에 해당하는 수는 정수가 아닌 유리수이다.
$+\dfrac{15}{5} = +3$, $\dfrac{16}{6} = \dfrac{8}{3}$, $-\dfrac{24}{4} = -6$이므로 □에 속하는 수는

① -3.8, ④ $\dfrac{16}{6}$이다.

🖫 ①, ④

14

① 0은 정수인 유리수이다.

② $\dfrac{1}{2}$, $\dfrac{1}{3}$, $\dfrac{1}{4}$, … 등 정수가 아닌 유리수는 무수히 많다.

③ 0은 양의 정수가 아니고 가장 작은 양의 정수는 1이다.

④ 양의 유리수와 음의 유리수 그리고 0을 통틀어 유리수라고 한다.

⑤ 수직선에서 서로 다른 두 유리수를 나타내는 두 점과 거리가 같은 점이 나타내는 수는 항상 유리수이므로 서로 다른 두 유리수 사이에는 무수히 많은 유리수가 존재한다.

따라서 옳은 것을 모두 고르면 ②, ⑤이다.

🖫 ②, ⑤

15

$-\dfrac{4}{3}=-\dfrac{8}{6}$, $\dfrac{5}{2}=\dfrac{15}{6}$ 이므로

두 수 사이에 있는 분모가 6인 유리수는

$-\dfrac{7}{6}$, $-\dfrac{6}{6}$, $-\dfrac{5}{6}$, $\cdots$, $\dfrac{14}{6}$ 의 22개이고,

이 중 정수는 $-\dfrac{6}{6}$, $\dfrac{0}{6}$, $\dfrac{6}{6}$, $\dfrac{12}{6}$ 의 4개이다.

따라서 구하는 정수가 아닌 유리수의 개수는

$22-4=18$(개)

답 ①

16

$\dfrac{14}{7}=2$, $\dfrac{7}{7}=1$

$\dfrac{11}{7}$ 에 가장 가까운 정수는 2이므로 $a=2$

$\dfrac{12}{3}=4$, $\dfrac{15}{3}=5$

$\dfrac{13}{3}$ 에 가장 가까운 정수는 4이므로 $b=4$

따라서 $a+b=2+4=6$

답 ②

17

① $-3=-\dfrac{9}{3}$, $-2=-\dfrac{6}{3}$ 이므로 점 A가 나타내는 수는 $-\dfrac{7}{3}$ 이다.

② $-1=-\dfrac{4}{4}$, $0=\dfrac{0}{4}$ 이므로 점 B가 나타내는 수는 $-\dfrac{1}{4}$ 이다.

③ $0=\dfrac{0}{2}$, $1=\dfrac{2}{2}$ 이므로 점 C가 나타내는 수는 $\dfrac{1}{2}$ 이다.

④ $2=\dfrac{8}{4}$, $3=\dfrac{12}{4}$ 이므로 점 D가 나타내는 수는 $\dfrac{11}{4}$ 이다.

⑤ $3=\dfrac{9}{3}$, $4=\dfrac{12}{3}$ 이므로 점 E가 나타내는 수는 $\dfrac{10}{3}$ 이다.

따라서 옳지 않은 것은 ⑤ E: $\dfrac{11}{3}$ 이다.

답 ⑤

18

수직선 위에서 -5를 나타내는 점으로부터 거리가 8인 점을 나타내면 다음과 같다.

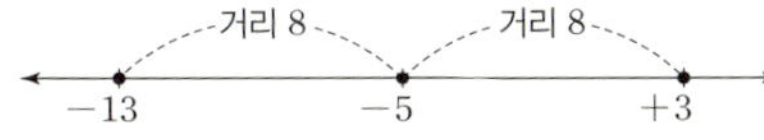

따라서 두 수는 ② -13, $+3$이다.

답 ②

19

두 점 사이의 거리가 $\dfrac{14}{5}$ 이므로

두 수의 절댓값은 $\dfrac{14}{5}\times\dfrac{1}{2}=\dfrac{7}{5}$ 이고,

절댓값이 $\dfrac{7}{5}$ 인 수는 $+\dfrac{7}{5}$, $-\dfrac{7}{5}$ 이다.

따라서 두 수 중 큰 수는 ⑤ $\dfrac{7}{5}$ 이다.

답 ⑤

20

① $|a|\geq 0$이다.

② $|2|=|-2|$이지만 $2\neq -2$이다.

③ 절댓값이 가장 작은 수는 0이다.

④ 절댓값이 3 이하인 정수는 $+3$, -3, $+2$, -2, $+1$, -1, 0 의 7개이다.

⑤ $|-3|>|2|$이지만 $-3<2$이다.

따라서 옳은 것은 ④이다.

답 ④

21

$a=\left|+\dfrac{2}{3}\right|=\dfrac{2}{3}$, $b=\left|-\dfrac{3}{2}\right|=\dfrac{3}{2}$, $c=|-1|=1$

따라서 $a+b+c=\dfrac{2}{3}+\dfrac{3}{2}+1=\dfrac{4}{6}+\dfrac{9}{6}+\dfrac{6}{6}=\dfrac{19}{6}$

답 ①

22

원점으로부터 가장 멀리 떨어진 수는 절댓값이 가장 큰 수이다.

$\left|-\dfrac{4}{5}\right|=0.8$, $\left|\dfrac{13}{3}\right|=4.33\cdots$

$\left|-\dfrac{4}{5}\right|<|2|<|-3|<|-4.2|<\left|\dfrac{13}{3}\right|$ 이므로

구하는 수는 ② $\dfrac{13}{3}$ 이다.

답 ②

23

$a=|-5|=5$

절댓값이 9인 수는 $+9$, -9이므로 $b=-9$

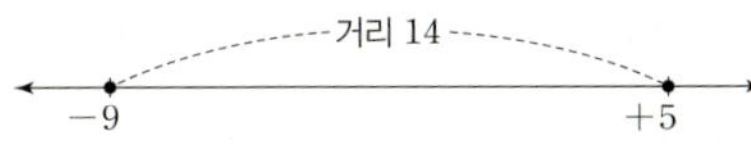

따라서 구하는 두 점 사이의 거리는 $9+5=14$

답 ③

24

구하는 a는 3, -3, 2, -2, 1, -1, 0의 7개이므로 $m=7$

구하는 b는 5, -5, 4, -4의 4개이므로 $n=4$

따라서 $m+n=7+4=11$

답 11

25

① 음수끼리는 절댓값이 클수록 작으므로 $-3>-4$

② $-\dfrac{3}{4}=-0.75$이고 음수끼리는 절댓값이 클수록 작으므로

$-0.7>-\dfrac{3}{4}$

③ $\dfrac{11}{12}=\dfrac{121}{132}$, $\dfrac{10}{11}=\dfrac{120}{132}$이므로 $\dfrac{11}{12}>\dfrac{10}{11}$

④ $\left|-\dfrac{1}{10}\right|=\dfrac{1}{10}$이므로 $\left|-\dfrac{1}{10}\right|>0$

⑤ $|-2.5|=2.5$, $\left|+\dfrac{5}{2}\right|=\dfrac{5}{2}=2.5$이므로

$\quad |-2.5|=\left|+\dfrac{5}{2}\right|$

따라서 옳은 것은 ②이다.

답 ②

26

$\dfrac{5}{2}=2.5$, $\dfrac{11}{3}=3.66\cdots$, $-\dfrac{19}{5}=-3.8$

① 0보다 작은 수는 -1.2, -3, $-\dfrac{19}{5}$의 3개이다.

② 가장 큰 수는 $\dfrac{11}{3}$이다.

③ 가장 작은 수는 $-\dfrac{19}{5}$이다.

④ $|0|<|-1.2|<\left|\dfrac{5}{2}\right|<|-3|<\left|\dfrac{11}{3}\right|<\left|-\dfrac{19}{5}\right|$이므로 절

$\quad$ 댓값이 가장 큰 수는 $-\dfrac{19}{5}$이다.

⑤ 절댓값이 가장 작은 수는 0이다.
따라서 옳은 것은 ④이다.

답 ④

27

$-\dfrac{13}{3}=-4.33\cdots$, $\dfrac{9}{4}=2.25$이므로 구하는 정수 a의 개수는

-4, -3, -2, $\cdots$, 2의 7이다.

답 ①

28

① x는 -8보다 작거나 같다. ➡ $x\leq-8$

② x는 -2 초과이고 $\dfrac{4}{9}$ 이하이다. ➡ $-2<x\leq\dfrac{4}{9}$

③ x는 9보다 작지 않다. ➡ $x\geq9$

⑤ x는 -6 이상이고 -3보다 작거나 같다. ➡ $-6\leq x\leq-3$
따라서 옳은 것은 ④이다.

답 ④

29

수직선 위에 점 A를 나타내면 다음과 같다.

점 A가 나타내는 수는 -5 또는 5이다.
수직선 위에 점 B를 나타내면 다음과 같다.

점 B가 나타내는 수는 -1 또는 7이다.

두 점 A, B 사이의 거리는 다음과 같다.

i) 점 A가 나타내는 수가 -5, 점 B가 나타내는 수가 -1인 경우

두 점 A, B 사이의 거리는 4이다.

ii) 점 A가 나타내는 수가 -5, 점 B가 나타내는 수가 7인 경우

두 점 A, B 사이의 거리는 12이다.

iii) 점 A가 나타내는 수가 5, 점 B가 나타내는 수가 -1인 경우

두 점 A, B 사이의 거리는 6이다.

iv) 점 A가 나타내는 수가 5, 점 B가 나타내는 수가 7인 경우

두 점 A, B 사이의 거리는 2이다.
따라서 구하는 가장 큰 값은 12이다.

답 12

30

(나)에서 $|b|=3$
(다)에서 $|a|+|b|=10$이므로 $|a|=7$
(가)에서 $|a|=7$이고 $a>0$이므로 $a=7$
$|b|=3$이고 $b<0$이므로 $b=-3$

답 $a=7$, $b=-3$

31

ㄱ. $a=-2$, $b=-4$이면 $|a|<|b|$이지만 b는 a보다 작다.

ㄴ. $a=0$일 때, $b=-3$이면 $|0|<|-3|$이지만 b는 음수이다.

ㄷ. 어떤 수의 절댓값은 그 수를 나타내는 점으로부터 원점까지의 거리이므로 a를 나타내는 점은 b를 나타내는 점보다 원점에 더 가깝다.

ㄹ. a, b가 모두 음수이면 수직선에서 b를 나타내는 점이 a를 나타내는 점보다 원점에서 더 멀리 떨어져 있으므로 b를 나타내는 점이 a를 나타내는 점보다 왼쪽에 있다.

따라서 옳은 것은 ㄷ, ㄹ이다.

답 ㄷ, ㄹ

32

$\left|-\dfrac{7}{3}\right|=\dfrac{7}{3}=2.33\cdots$, $\left|\dfrac{9}{4}\right|=2.25$이므로 $\left|-\dfrac{7}{3}\right|>\left|\dfrac{9}{4}\right|$

$\left|-\dfrac{7}{5}\right|=\dfrac{7}{5}$, $\left|\dfrac{9}{7}\right|=\dfrac{9}{7}$이고 $\dfrac{7}{5}=\dfrac{49}{35}$, $\dfrac{9}{7}=\dfrac{45}{35}$이므로

$\left|-\dfrac{7}{5}\right|>\left|\dfrac{9}{7}\right|$

따라서 구하는 도착점은 A이다.

답 A

STEP 1 풀이 참조

STEP 2 5

STEP 3 **1.** 6   **2.** $a=-2,\ b=3$ **3.** 5

       4. -6

STEP 1

$-\dfrac{24}{9}=\boxed{-\dfrac{8}{3}}$, $+\dfrac{24}{4}=\boxed{+6}$, $-\dfrac{12}{6}=\boxed{-2}$

음의 정수는 -8, $\boxed{-\dfrac{12}{6}}$의 2개이므로

$a=\boxed{2}$ ··· 1단계

정수가 아닌 유리수는 $+\dfrac{3}{5}$, $\boxed{-\dfrac{24}{9}}$, -4.7의 3개이므로

$b=\boxed{3}$ ··· 2단계

따라서 $a+b=2+\boxed{3}=\boxed{5}$ ··· 3단계

단계	채점 기준	비율
1단계	a의 값을 구한 경우	40 %
2단계	b의 값을 구한 경우	40 %
3단계	$a+b$의 값을 구한 경우	20 %

🖹 풀이 참조

STEP 2

$-\dfrac{18}{3}=-6$, $+\dfrac{25}{10}=+\dfrac{5}{2}$, $+\dfrac{35}{7}=+5$, $+\dfrac{36}{4}=+9$

양의 정수는 $+4$, $+\dfrac{35}{7}$, $+\dfrac{36}{4}$의 3개이므로

$a=3$ ··· 1단계

정수가 아닌 유리수는 $+\dfrac{25}{10}$, -2.3의 2개이므로

$b=2$ ··· 2단계

따라서 $a+b=3+2=5$ ··· 3단계

단계	채점 기준	비율
1단계	a의 값을 구한 경우	40 %
2단계	b의 값을 구한 경우	40 %
3단계	$a+b$의 값을 구한 경우	20 %

🖹 5

STEP 3

1

양수는 $\dfrac{8}{4}$, $+\dfrac{5}{3}$, $+2.6$의 3개이므로

$a=3$ ··· 1단계

자연수가 아닌 정수는 -1, 0의 2개이므로

$b=2$ ··· 2단계

따라서 $a\times b=3\times2=6$ ··· 3단계

단계	채점 기준	비율
1단계	a의 값을 구한 경우	40 %
2단계	b의 값을 구한 경우	40 %
3단계	$a\times b$의 값을 구한 경우	20 %

🖹 6

2

$-\dfrac{8}{4}=-2$, $-\dfrac{12}{4}=-3$

$-\dfrac{9}{4}$에 가장 가까운 정수는 -2이므로

$a=-2$ ··· 1단계

$\dfrac{9}{3}=3$, $\dfrac{6}{3}=2$

$\dfrac{8}{3}$에 가장 가까운 정수는 3이므로 $b=3$ ··· 2단계

단계	채점 기준	비율
1단계	a의 값을 구한 경우	50 %
2단계	b의 값을 구한 경우	50 %

🖹 $a=-2,\ b=3$

3

$-\dfrac{15}{5}=-3$, $\dfrac{20}{4}=5$

$-\dfrac{17}{5}$과 $\dfrac{23}{4}$ 사이에 있는 정수는

-3, -2, -1, $\cdots$, 5 ··· 1단계

따라서 구하는 절댓값이 가장 큰 정수는 5이다.   ··· 2단계

단계	채점 기준	비율
1단계	두 분수 사이의 정수를 모두 구한 경우	60 %
2단계	절댓값이 가장 큰 정수를 구한 경우	40 %

🖹 5

4

수직선 위에 점 A를 나타내면 다음과 같다.

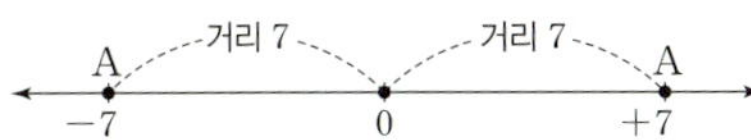

점 A가 나타내는 수는 -7 또는 7이다.   ··· 1단계

수직선 위에 점 B를 나타내면 다음과 같다.

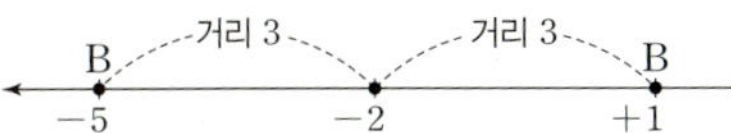

점 B가 나타내는 수는 -5 또는 1이다.   ··· 2단계

두 점 A, B로부터 같은 거리에 있는 점이 나타내는 수는 다음과 같다.

i) 점 A가 나타내는 수가 -7, 점 B가 나타내는 수가 -5인 경우

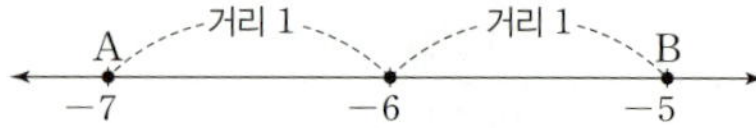

두 점 A, B로부터 같은 거리에 있는 점이 나타내는 수는 -6
이다.

ii) 점 A가 나타내는 수가 -7, 점 B가 나타내는 수가 1인 경우
두 점 A, B로부터 같은 거리에 있는 점이 나타내는 수는 -3
이다.

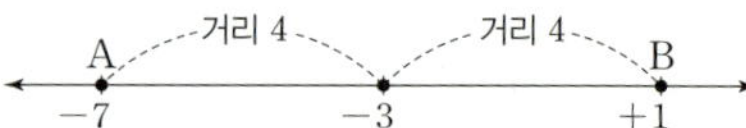

iii) 점 A가 나타내는 수가 7, 점 B가 나타내는 수가 -5인 경우
두 점 A, B로부터 같은 거리에 있는 점이 나타내는 수는 1이
다.

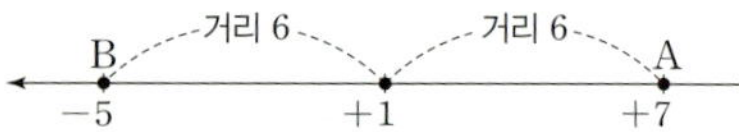

iv) 점 A가 나타내는 수가 7, 점 B가 나타내는 수가 1인 경우
두 점 A, B로부터 같은 거리에 있는 점이 나타내는 수는 4이
다.

따라서 두 점 A, B로부터 같은 거리에 있는 점이 나타내는 수
중 가장 작은 수는 -6이다.　　　　　　　　　　**··· 3단계**

단계	채점 기준	비율
1단계	점 A가 나타내는 수를 구한 경우	30 %
2단계	점 B가 나타내는 수를 구한 경우	30 %
3단계	두 점 A, B로부터 같은 거리에 있는 점이 나타내는 수 중 가장 작은 수를 구한 경우	40 %

답 -6

---

2. 정수와 유리수의 계산

01 유리수의 덧셈

개념책 50~51쪽

개념 확인 문제

1 (1) $+,2,4,+,6$　(2) $-,3,2,-,5$
(3) $-,5,3,-,2$　(4) $+,8,4,+,4$

2 $-\dfrac{5}{2}, -\dfrac{5}{2}, 0, -8,$ 교환, 결합

유제 1

④ $\left(-\dfrac{3}{2}\right)+\left(+\dfrac{3}{2}\right)=0$

답 ④

유제 2

① $(+2)+(+2)=+4$　　② $(+6)+(-2)=+4$
③ $(-1)+(+5)=+4$　　④ $(-3)+(-1)=-4$
⑤ $(-3)+(+7)=+4$

답 ④

유제 3

㉠은 -2와 $-\dfrac{2}{3}$의 더하는 순서를 바꾼 것이므로 덧셈의 교환법
칙이 이용되었고, ㉡은 두 수 $+\dfrac{2}{3}$, $-\dfrac{2}{3}$를 괄호로 묶어 먼저 계
산하는 것으로 덧셈의 결합법칙이 이용되었다.

답 $-\dfrac{2}{3}, -\dfrac{2}{3}, 0, -2,$
㉠: 덧셈의 교환법칙, ㉡: 덧셈의 결합법칙

유제 4

(1) $(-4)+(+5)+(-6)$
$=(-4)+(-6)+(+5)$
$=\{(-4)+(-6)\}+(+5)$
$=(-10)+(+5)$
$=-5$

(2) $\left(-\dfrac{1}{3}\right)+\left(-\dfrac{3}{2}\right)+\left(+\dfrac{1}{3}\right)+\left(-\dfrac{1}{2}\right)$
$=\left(-\dfrac{1}{3}\right)+\left(+\dfrac{1}{3}\right)+\left(-\dfrac{3}{2}\right)+\left(-\dfrac{1}{2}\right)$
$=\left\{\left(-\dfrac{1}{3}\right)+\left(+\dfrac{1}{3}\right)\right\}+\left\{\left(-\dfrac{3}{2}\right)+\left(-\dfrac{1}{2}\right)\right\}$
$=0+(-2)$
$=-2$

답 (1) -5　(2) -2

02 유리수의 뺄셈

개념 확인 문제

1 (1) $-5, -2$ (2) $-\dfrac{2}{7}, -1$

2 (1) $+4, +3$ (2) $+3, +4, -3, -4, -5$

유제 1

⑤ $0-\left(+\dfrac{3}{7}\right)=-\dfrac{3}{7}$

답 ⑤

유제 2

① $(-3)-(-5)=+2$

② $(-1)-(-3.1)=+2.1$

③ $\left(-\dfrac{8}{7}\right)-(+1)=-\dfrac{15}{7}$

④ $(+2)-\left(-\dfrac{1}{5}\right)=+\dfrac{11}{5}$

⑤ $\left(+\dfrac{1}{3}\right)-(-2)=+\dfrac{7}{3}$

답 ③

유제 3

① $(-3)+(-1)-(-5)=+1$

② $(+4)-(+3)+(-4)=-3$

③ $0-(+2)+(-1)=-3$

④ $(-5)+(-2)-(-9)=+2$

⑤ $(+1)-(+2)+(-3)=-4$

답 ⑤

유제 4

$\left(-\dfrac{2}{3}\right)-(-2.8)+\left(-\dfrac{7}{3}\right)+(+3.2)$

$=\left(-\dfrac{2}{3}\right)+\left(-\dfrac{7}{3}\right)+(+2.8)+(+3.2)$

$=\left\{\left(-\dfrac{2}{3}\right)+\left(-\dfrac{7}{3}\right)\right\}+\{(+2.8)+(+3.2)\}$

$=-3+6$

$=3$

답 3

유제 5

$-1.2-\dfrac{18}{5}+\dfrac{13}{5}-3.5$

$=-1.2-3.6+2.6-3.5$

$=-1.2-3.6-3.5+2.6$

$=-8.3+2.6$

$=-5.7$

답 -5.7

유제 6

$a=-0.2+3.2-4.5=-1.5$

$b=\dfrac{1}{2}-\dfrac{1}{4}-\dfrac{11}{4}=\dfrac{2-1-11}{4}=-2.5$

따라서 $a-b=-1.5-(-2.5)=1$

답 1

유제 7

① $-4+7=3$

② $-1-(-4)=3$

③ $0.7+2.3=3$

④ $\dfrac{3}{7}-\left(-\dfrac{11}{7}\right)=2$

⑤ $-\dfrac{5}{2}+\dfrac{11}{2}=\dfrac{6}{2}=3$

답 ④

유제 8

$a=\dfrac{1}{3}+(-2)=-\dfrac{5}{3}$

$b=-\dfrac{2}{5}+\dfrac{12}{5}=\dfrac{10}{5}=2$

따라서 $a+b=-\dfrac{5}{3}+2=\dfrac{1}{3}$

답 ④

유제 9

$a=-\dfrac{5}{2}-\dfrac{1}{2}=-3$

$b=3.6-0.3=3.3$

따라서 $a+b=-3+3.3=0.3$

답 0.3

유제 10

$a-(-2)=-4$에서 $a=-4-2=-6$

$b+4=-1$에서 $b=-5$

따라서 $a-b=-6-(-5)=-1$

답 ②

유제 11

어떤 수를 $\square$라 하면

$\square-\dfrac{1}{2}=-\dfrac{9}{2}$에서 $\square=-\dfrac{9}{2}+\dfrac{1}{2}=-\dfrac{8}{2}=-4$

따라서 바르게 계산하면

$\square+\dfrac{1}{2}=-4+\dfrac{1}{2}=-\dfrac{7}{2}$

답 ①

유제 12

어떤 수를 $\square$라 하면

$-3-\square=2$에서 $\square=-3-2=-5$

따라서 바르게 계산하면

$(-3)+\square=(-3)+(-5)=-8$

답 ①

01 ⑤	**02** ①	**03** ⑤	**04** ②	**05** 0.7
06 ④	**07** ③	**08** ①		

01

① $(-8)+(+3)=-5$

② $(-3.1)-(+1.9)=-5$

③ $0-(+5)=-5$

④ $\left(-\dfrac{9}{2}\right)+(-0.5)=-5$

⑤ $\left(+\dfrac{3}{2}\right)-\left(-\dfrac{7}{2}\right)=5$

답 ⑤

02

㉠은 (-3)과 (-2)의 더하는 순서를 바꾼 것이므로 덧셈의 교환법칙이다.

㉡$=(-10)+(-3)=-13$

답 ①

03

$a=-\dfrac{9}{2}$, $b=+0.5$이므로

$b-a=0.5-\left(-\dfrac{9}{2}\right)=5$

답 ⑤

04

1월 평균기온의 차는 2023년 기온($℃$)에서 1980년 기온($℃$)을 빼면 된다.

도시	①	②	③	④	⑤
1980년 기온($℃$)	1.6	-7	5.5	18.3	21.4
2023년 기온($℃$)	2.8	-4.2	7.8	20	23.5
기온 차	1.2	2.8	2.3	1.7	2.1

답 ②

05

$-\dfrac{3}{5}-\dfrac{1}{5}-0.4+1.9$

$=-0.6-0.2-0.4+1.9$

$=-1.2+1.9$

$=0.7$

답 0.7

06

ㄱ. $3+(-2)=1$

ㄴ. $-1+(-2)=-3$

ㄷ. $-4-(-3)=-1$

ㄹ. $-1-2=-3$

답 ④

07

어떤 수를 □라 하면

$□+\dfrac{2}{3}=1$에서 $□=1-\dfrac{2}{3}=\dfrac{1}{3}$

따라서 바르게 계산하면

$□-\dfrac{2}{3}=\dfrac{1}{3}-\dfrac{2}{3}=-\dfrac{1}{3}$

답 ③

08

$(-4)+(-1)+2=-3$이므로 한 변에 놓인 세 수의 합은 -3이다.

$a+(-3)+2=-3$에서 $a=-2$

$-2+b+(-4)=-3$에서 $b=3$

따라서 $a-b=-2-3=-5$

답 ①

03   유리수의 곱셈

개념 확인 문제

1 (1) $+$, 5, 3, $+$, 15   (2) $+$, 5, 3, $+$, 15

     (3) $-$, 5, 3, $-$, 15   (4) $-$, 5, 3, $-$, 15

2 $-\dfrac{4}{3}$, $-\dfrac{4}{3}$, -6, 42, 교환, 결합

유제 ①

① $(+3)\times(+2)=+6$ ② $(-1)\times(-6)=+6$

③ $\left(-\dfrac{4}{3}\right)\times\left(-\dfrac{9}{2}\right)=+6$ ④ $(+1.2)\times(+5)=+6$

⑤ $\left(-\dfrac{5}{4}\right)\times\left(-\dfrac{24}{15}\right)=+2$

답 ⑤

유제 ②

① $(-2)\times(-1.2)=+2.4$

② $(+3)\times(+0.3)=+0.9$

③ $(-3)\times\left(+\dfrac{1}{2}\right)=-\dfrac{3}{2}$

④ $0\times\left(-\dfrac{12}{5}\right)=0$

⑤ $\left(-\dfrac{7}{2}\right)\times\left(-\dfrac{10}{7}\right)=5$

답 ⑤

㉠은 $-\dfrac{3}{2}$과 -5를 곱하는 순서를 바꾼 것이므로 곱셈의 교환법

칙이 이용되었고, ㉡은 $-\dfrac{3}{2}$과 $+\dfrac{8}{15}$을 먼저 곱하기 위해 괄호

로 묶었으므로 곱셈의 결합법칙이 이용되었다.

답 $-\dfrac{3}{2},\ -\dfrac{3}{2},\ -\dfrac{4}{5},\ 4,$

㉠: 곱셈의 교환법칙, ㉡: 곱셈의 결합법칙

유제 ❹

$(1)\ (-2)\times(-3.63)\times(-50)$

$\quad=(-2)\times(-50)\times(-3.63)$

$\quad=\{(-2)\times(-50)\}\times(-3.63)$

$\quad=100\times(-3.63)$

$\quad=-363$

$(2)\ \left(-\dfrac{4}{7}\right)\times(-9)\times\left(+\dfrac{35}{12}\right)$

$\quad=(-9)\times\left(-\dfrac{4}{7}\right)\times\left(+\dfrac{35}{12}\right)$

$\quad=(-9)\times\left\{\left(-\dfrac{4}{7}\right)\times\left(+\dfrac{35}{12}\right)\right\}$

$\quad=(-9)\times\left(-\dfrac{5}{3}\right)$

$\quad=15$

답 $(1)\ -363$ $(2)\ 15$

유제 ❺

① $\left(-\dfrac{1}{2}\right)^2=\dfrac{1}{4}$

② $\left(-\dfrac{1}{2}\right)^3=-\dfrac{1}{8}$

③ $-\dfrac{1}{2^2}=-\dfrac{1}{4}$

④ $\left(-\dfrac{1}{3}\right)^2=\dfrac{1}{9}$

⑤ $-\left(-\dfrac{1}{3}\right)^2=-\dfrac{1}{9}$

답 ③

유제 ❻

$(-3)^3\times\left(-\dfrac{2}{3}\right)^3\times\dfrac{5}{2^3}$

$=-27\times\left(-\dfrac{8}{27}\right)\times\dfrac{5}{8}$

$=5$

답 5

유제 ❼

$(-1)+(-1)^2+(-1)^3+(-1)^4$

$=-1+1-1+1$

$=0$

답 ③

유제 ❽

$(-1)^{50}-(-1)^{51}\times(-1)^{52}+(-1)^{53}$

$=1-(-1)\times1-1$

$=1$

답 1

04 유리수의 나눗셈

개념 확인 문제

1 (1) $+,\ 12,\ 4,\ +,\ 3$　(2) $+,\ 12,\ 4,\ +,\ 3$

　(3) $-,\ 12,\ 4,\ -,\ 3$　(4) $-,\ 12,\ 4,\ -,\ 3$

2 (1) $\dfrac{9}{4}$　(2) $-\dfrac{5}{2}$　(3) $-\dfrac{1}{3}$　(4) $\dfrac{5}{3}$

3 (1) -10　(2) 0

4 $12,\ 12,\ 5,\ 1$

유제 ❶

① $(+8)\div(-2)=-4$　　② $(-16)\div(+4)=-4$

③ $(-20)\div(+5)=-4$　　④ $(-36)\div(-3)^2=-4$

⑤ $(+4)\div(-1)^2=+4$

답 ⑤

유제 ❷

① $(-12)\div(-3)=4$　　② $0\div(-3)=0$

③ $(-4.5)\div(+5)=-0.9$　　④ $(-1.8)\div(+0.3)=-6$

⑤ $(-5.5)\div(+1.1)=-5$

답 ④

유제 ❸

① $(+6)\div\left(-\dfrac{1}{2}\right)=-12$

② $\left(-\dfrac{3}{2}\right)\div\left(+\dfrac{6}{5}\right)=-\dfrac{5}{4}$

③ $\left(-\dfrac{2}{9}\right)\div\left(-\dfrac{1}{3}\right)=\dfrac{2}{3}$

④ $\left(-\dfrac{4}{5}\right)\div(+4)=-\dfrac{1}{5}$

⑤ $\left(+\dfrac{8}{3}\right)\div(-6)=-\dfrac{4}{9}$

답 ④

유제 ❹

$a=\left(+\dfrac{1}{7}\right)\div\left(-\dfrac{5}{14}\right)=\left(+\dfrac{1}{7}\right)\times\left(-\dfrac{14}{5}\right)=-\dfrac{2}{5},$

$b=\left(-\dfrac{14}{5}\right)\div\left(+\dfrac{7}{10}\right)=\left(-\dfrac{14}{5}\right)\times\left(+\dfrac{10}{7}\right)=-4$

따라서 $a\div b=-\dfrac{2}{5}\div(-4)=-\dfrac{2}{5}\times\left(-\dfrac{1}{4}\right)=\dfrac{1}{10}$

답 $\dfrac{1}{10}$

$$\left(-\frac{5}{8}\right)\times\left(-\frac{4}{5}\right)\div(-2)^2$$
$$=\left(-\frac{5}{8}\right)\times\left(-\frac{4}{5}\right)\times\frac{1}{4}$$
$$=\frac{1}{8}$$

답 ③

유제 **6**

$$(-2)^3\div\left(-\frac{1}{2}\right)^2\div\frac{16}{3}$$
$$=-8\div\frac{1}{4}\div\frac{16}{3}$$
$$=-8\times4\times\frac{3}{16}$$
$$=-6$$

답 −6

유제 **7**

ⓒ 먼저 거듭제곱을 계산
ⓔ 중괄호 속 곱셈 계산
ⓛ 중괄호 속 뺄셈 계산
ⓜ 나눗셈 계산
ⓝ 덧셈 계산

답 ⓒ, ⓔ, ⓛ, ⓜ, ⓝ

유제 **8**

$$-\frac{3}{2}-\left[-0.8\times\left\{-\frac{1}{2}+(-0.5)^2\right\}+0.3\right]$$
$$=-\frac{3}{2}-\left\{-0.8\times\left(-\frac{1}{2}+\frac{1}{4}\right)+0.3\right\}$$
$$=-\frac{3}{2}-\left\{-0.8\times\left(-\frac{1}{4}\right)+0.3\right\}$$
$$=-\frac{3}{2}-\left(\frac{1}{5}+0.3\right)$$
$$=-\frac{3}{2}-\frac{1}{2}$$
$$=-2$$

답 −2

유제 **9**

$\left(-\frac{4}{9}\right)\times\square=-\frac{2}{3}$ 에서

$$\square=\left(-\frac{2}{3}\right)\times\left(-\frac{9}{4}\right)=\frac{3}{2}$$

$\triangle\div\frac{2}{5}=10$ 에서

$$\triangle=10\times\frac{2}{5}=4$$

따라서 $\square\times\triangle=\frac{3}{2}\times4=6$

답 6

유제 **10**

어떤 수를 $\square$라 하면

$$\square\times\frac{2}{3}=\frac{7}{6},\ \square=\frac{7}{6}\times\frac{3}{2}=\frac{7}{4}$$

따라서 바르게 계산하면

$$\square\div\frac{2}{3}=\frac{7}{4}\times\frac{3}{2}=\frac{21}{8}$$

답 $\frac{21}{8}$

유제 **11**

분배법칙을 이용하여 계산하면
$$(-11)\times0.17+(-11)\times0.83$$
$$=(-11)\times(0.17+0.83)$$
$$=(-11)\times1$$
$$=-11$$

답 −11

유제 **12**

$$a\times(b+c)$$
$$=a\times b+a\times c$$
$$=4+5$$
$$=9$$

답 ①

연습문제   개념책 65쪽

01 ④	02 ②	03 ④	04 ①	05 ④
06 ④	07 −5	08 ⑤		

01

$$④\ \left(+\frac{15}{7}\right)\times\left(-\frac{4}{5}\right)=-\frac{12}{7}$$

답 ④

02

두 수 -0.25와 $+40$을 괄호로 묶어 먼저 곱하고자 하였으므로 ②에서 곱셈의 결합법칙이 이용되었다.

답 ②

03

① -2

② $(-2)^2=4$

③ $-(-2)^2=-4$

④ $\left(-\dfrac{1}{2}\right)^2=\dfrac{1}{4}$

⑤ $-\dfrac{1}{2^2}=-\dfrac{1}{4}$

답 ④

04

$-1^{200}+(-1)^{201}\div(-1)^{202}$

$=-1+(-1)\div(+1)$

$=-2$

답 ①

05

④ $\left(-\dfrac{3}{4}\right)\times\left(-\dfrac{4}{3}\right)=1$이므로 두 수는 서로 역수이다.

답 ④

06

① $(-10)\div(+5)=-2$

② $(+4)\div(-6)=-\dfrac{2}{3}$

③ $\left(-\dfrac{1}{2}\right)\div\left(-\dfrac{1}{8}\right)=+4$

④ $\left(+\dfrac{5}{3}\right)\div\left(-\dfrac{4}{9}\right)=-\dfrac{15}{4}$

⑤ $(-1.2)\div(-3)=+0.4$

답 ④

07

$\left\{7+(-1)^3\div\left(-\dfrac{1}{2}\right)^2\right\}\div\left(-\dfrac{3}{5}\right)$

$=\left\{7+(-1)\div\dfrac{1}{4}\right\}\div\left(-\dfrac{3}{5}\right)$

$=(7-4)\div\left(-\dfrac{3}{5}\right)$

$=3\times\left(-\dfrac{5}{3}\right)$

$=-5$

답 -5

08

$a\times(b-c)=a\times b-a\times c$이므로

$16=20-a\times c,\ a\times c=4$

답 ⑤

---

01 ①	02 ②	03 ④	04 ③	05 ⑤
06 ②	07 ③	08 분배	09 ④	10 $\dfrac{1}{6}$
11 월요일 오후 9시		12 ⑤	13 ⑤	14 ④
15 ③	16 ①	17 ⑤	18 $-\dfrac{17}{6}$	19 ⑤
20 $-\dfrac{1}{100}$	21 ④	22 ①	23 ③	24 ⑤
25 ①	26 ②	27 -1	28 $\dfrac{11}{9}$	
29 $a=-12,\ b=3$		30 1	31 $\dfrac{3}{10}$	32 $-a$

01

원점에서 출발해 왼쪽으로 4만큼 이동한 후, 오른쪽으로 6만큼 이동하였으므로

$(-4)+(+6)=+2$

답 ①

02

① $(-7)+(+8)=+1$

② $(+1.2)+\left(-\dfrac{4}{3}\right)=\left(+\dfrac{6}{5}\right)+\left(-\dfrac{4}{3}\right)=-\dfrac{2}{15}$

③ $\left(-\dfrac{1}{2}\right)-\left(-\dfrac{5}{8}\right)=\left(-\dfrac{1}{2}\right)+\left(+\dfrac{5}{8}\right)=\dfrac{1}{8}$

④ $\left(-\dfrac{1}{3}\right)-\left(-\dfrac{4}{9}\right)=\left(-\dfrac{1}{3}\right)+\left(+\dfrac{4}{9}\right)=\dfrac{1}{9}$

⑤ $(+3.5)+\left(-\dfrac{7}{2}\right)=0$

답 ②

03

① $1+(-3)=-2$

② $-3-(-6)=3$

③ $-1+\left(-\dfrac{1}{3}\right)=-\dfrac{4}{3}$

④ $\dfrac{1}{2}-(-3)=\dfrac{7}{2}$

⑤ $9+(-10)=-1$

답 ④

04

① $1-\dfrac{3}{4}=\dfrac{1}{4}$

② $-\dfrac{2}{3}+\dfrac{4}{5}=\dfrac{2}{15}$

③ $2-5+\dfrac{3}{4}=-\dfrac{9}{4}$

④ $\dfrac{1}{3}-2+\dfrac{1}{2}=-\dfrac{7}{6}$

⑤ $-0.5-\dfrac{1}{3}=-\dfrac{5}{6}$

답 ③

05

⑤ $(-1.2) \times (-0.3) \times (-5)$

$= -\left(\dfrac{6}{5} \times \dfrac{3}{10} \times 5 \right)$

$= -\dfrac{9}{5}$

답 ⑤

06

① $\left(-\dfrac{1}{2} \right)^2 = \dfrac{1}{4}$

② $-\left(-\dfrac{1}{2} \right)^2 = -\dfrac{1}{4}$

③ $\dfrac{1}{2^2} = \dfrac{1}{4}$

④ $\left(-\dfrac{1}{2} \right)^3 = -\dfrac{1}{8}$

⑤ $-\dfrac{1}{2^3} = -\dfrac{1}{8}$

답 ②

07

③ $-3 \times \dfrac{1}{3} = -1$이므로 서로 역수가 아니다.

답 ③

08

$a \times (b+c) = a \times b + a \times c$의 꼴로 분배법칙이 이용되었다.

답 분배

09

일요일에 운동한 시간이 45분이므로

$45 + (-15) + (+10) + (+5) + (-10) + (+20)$

$= 45 + (+10)$

$= 55(분)$

답 ④

10

$a = 1 - \left(-\dfrac{1}{3} \right) = \dfrac{4}{3}$

$b = -\dfrac{3}{2} + \dfrac{1}{3} = -\left(\dfrac{3}{2} - \dfrac{1}{3} \right) = -\dfrac{7}{6}$

따라서 $a + b = \dfrac{4}{3} + \left(-\dfrac{7}{6} \right) = \dfrac{1}{6}$

답 $\dfrac{1}{6}$

11

뉴욕의 시각은 두바이의 시각보다 $-5 - (+4) = -9(시간)$만큼의 차가 있으므로 두바이의 시각보다 9시간 느리다.

답 월요일 오후 9시

12

$\dfrac{1}{3} + \dfrac{1}{4} - \dfrac{1}{2} + 1$

$= \dfrac{4 + 3 - 6 + 12}{12}$

$= \dfrac{13}{12}$

답 ⑤

13

$\dfrac{11}{3} = 3\dfrac{2}{3}$이므로 -3보다 크고 $\dfrac{11}{3}$보다 작은 정수는

$-2, -1, 0, 1, 2, 3$이다.

따라서 모든 정수의 합은 3이다.

답 ⑤

14

④ 수직선 위에서 점 A는 -2와 대응하고,

점 C는 $\dfrac{5}{3}$에 대응하므로

점 A와 점 C 사이의 거리는 $\dfrac{5}{3} - (-2) = \dfrac{11}{3}$

답 ④

15

$b < 0$이고 절댓값이 2이므로 $b = -2$

$a = -2 + 8 = 6$

따라서 $a + b = -2 + 6 = 4$

답 ③

16

$a = 2$ 또는 -2, $b = \dfrac{2}{3}$ 또는 $-\dfrac{2}{3}$

$a+b$가 될 수 있는 가장 큰 값은 양수끼리의 합이므로

$2 + \dfrac{2}{3} = \dfrac{8}{3}$

$a+b$가 될 수 있는 가장 작은 값은 음수끼리의 합이므로

$(-2) + \left(-\dfrac{2}{3} \right) = -\dfrac{8}{3}$

따라서 $\dfrac{8}{3} \times \left(-\dfrac{8}{3} \right) = -\dfrac{64}{9}$

답 ①

17

$(-3) \times \square \div \dfrac{4}{5} = -6$에서

$\square = (-6) \div (-3) \times \dfrac{4}{5} = \dfrac{8}{5}$

답 ⑤

18

$a+2=-\dfrac{4}{3}$에서 $a=-\dfrac{4}{3}-2=-\dfrac{10}{3}$

$b+\left(-\dfrac{11}{6}\right)=-\dfrac{4}{3}$에서 $b=-\dfrac{4}{3}-\left(-\dfrac{11}{6}\right)=\dfrac{1}{2}$

$c+\left(-\dfrac{1}{3}\right)=-\dfrac{4}{3}$에서 $c=-\dfrac{4}{3}-\left(-\dfrac{1}{3}\right)=-1$

따라서

$$a-b-c=-\dfrac{10}{3}-\dfrac{1}{2}-(-1)$$
$$=\dfrac{-20-3+6}{6}$$
$$=-\dfrac{17}{6}$$

답 $-\dfrac{17}{6}$

19

⑤ 두 유리수의 나눗셈은 교환법칙이 성립하지 않는다.

답 ⑤

20

$$\left(\dfrac{1}{2}-1\right)\times\left(\dfrac{1}{3}-1\right)\times\left(\dfrac{1}{4}-1\right)\times\cdots\times\left(\dfrac{1}{100}-1\right)$$
$$=\left(-\dfrac{1}{2}\right)\times\left(-\dfrac{2}{3}\right)\times\left(-\dfrac{3}{4}\right)\times\cdots\times\left(-\dfrac{99}{100}\right)$$
$$=-\dfrac{1}{100}$$

답 $-\dfrac{1}{100}$

21

$52\times(-1.23)+(-1.23)\times(-32)+(-1.23)\times80$ ⎤ 곱셈의 교환법칙

$=(-1.23)\times52+(-1.23)\times(-32)+(-1.23)\times80$ ⎤ 분배법칙

$=-1.23\times\{52+(-32)+80\}$ ⎤ 덧셈의 교환법칙

$=-1.23\times\{(-32)+52+80\}$ ⎤ 덧셈의 결합법칙

$=-1.23\times\{-32+(52+80)\}$

$=-1.23\times(-32+132)$

$=-1.23\times100$

$=-123$

답 ④

22

① $(-1)^{99}=-1$

② $(-2)^2=4$

③ $-2^2=-4$

④ $\left(-\dfrac{1}{3}\right)^2=\dfrac{1}{9}$

⑤ $-\dfrac{1}{3^2}=-\dfrac{1}{9}$

답 ①

23

$a>0$, $b<0$일 때,

① a, b 중 절댓값이 큰 수의 부호를 갖는다.

② $-b>0$이므로 $a-b>0$이다.

③ $-a<0$이므로 $b-a<0$이다.

④ $-b>0$이므로 $a\div(-b)>0$이다.

⑤ $-a<0$이므로 $(-a)\times b>0$이다.

답 ③

24

$a-b<0$이므로 $a<b$,

$a\div b<0$, 두 수의 부호가 다르므로 $a<0$, $b>0$

① $|a|<|b|$이므로 두 수의 합은 b의 부호를 갖는다. 따라서
  $a+b>0$

② $-a>0$이므로 $-a+b>0$

③ 두 수의 부호가 다르므로 $a\times b<0$

④ $-a>0$, $-b<0$, $|-a|<|-b|$이므로 두 수의 합은 $-b$의
  부호를 갖는다. 따라서 $-a-b<0$

⑤ $|a|-b=|a|+(-b)$이고 $|a|<|-b|$이므로 두 수의 합
  은 $-b$의 부호를 갖는다.
  따라서 $|a|-b<0$

답 ⑤

25

분배법칙을 이용하면

$$A=0.78\times25+0.22\times25$$
$$=(0.78+0.22)\times25$$
$$=1\times25$$
$$=25$$

따라서 25보다 작은 짝수의 개수는 2, 4, 6, $\cdots$, 24의 12이다.

답 ①

26

$$B=\left(-\dfrac{1}{2}\right)^2\div\left(-\dfrac{1}{8}\right)\times\left(-\dfrac{13}{2^3}\right)$$
$$=\dfrac{1}{4}\times(-8)\times\left(-\dfrac{13}{8}\right)$$
$$=\dfrac{13}{4}$$

$-\dfrac{13}{4}$과 $\dfrac{13}{4}$ 사이의 정수의 개수는 -3, -2, -1, 0, 1, 2, 3
의 7이다.

답 ②

27

$$(-1)+(-1)^2+(-1)^3+\cdots+(-1)^{2025}$$
$$=\{(-1)+(+1)\}+\cdots+\{(-1)+(+1)\}+(-1)$$
$$=-1$$

답 -1

28

$$\frac{1}{9} \times \{(-1)^2 \times 3 - (-2)^2\} - \left(-\frac{2}{7}\right) \div \frac{3}{14}$$

$$= \frac{1}{9} \times (1 \times 3 - 4) - \left(-\frac{2}{7}\right) \div \frac{3}{14}$$

$$= \frac{1}{9} \times (3 - 4) - \left(-\frac{2}{7}\right) \times \frac{14}{3}$$

$$= \frac{1}{9} \times (-1) + \frac{4}{3}$$

$$= -\frac{1}{9} + \frac{4}{3}$$

$$= \frac{11}{9}$$

🖺 $\dfrac{11}{9}$

29

㉮ $a-b<0$, $a \times b < 0$이므로 $a<0$, $b>0$

㉯에서 $|b| = \dfrac{1}{4} \times |a|$이므로 a, b를 수직선에 나타내면 다음 그림과 같다.

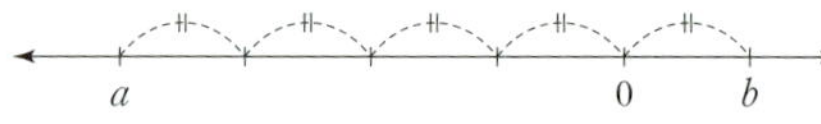

㉰에서 $5 \times |b| = 15$, $|b| = 3$

따라서 $a = -12$, $b = 3$

🖺 $a=-12$, $b=3$

30

n이 홀수이므로

$$(-1)^n - (-1)^{n+1} \times (-1)^{n+2} + (-1)^{2 \times n}$$

$$= (-1) - (+1) \times (-1) + (+1)$$

$$= (-1) - (-1) + (+1)$$

$$= 1$$

🖺 1

31

점 B와 점 C 사이의 거리는

$$\frac{12}{5} - \left(-\frac{5}{2}\right) = \frac{24+25}{10} = \frac{49}{10}$$

점 A가 두 점 B, C를 $4:3$으로 나누는 점이므로
점 B와 점 A 사이의 거리는

$$\frac{49}{10} \times \frac{4}{7} = \frac{14}{5}$$

따라서 점 A가 나타내는 수는

$$-\frac{5}{2} + \frac{14}{5} = \frac{-25+28}{10} = \frac{3}{10}$$

🖺 $\dfrac{3}{10}$

32

$a<0$, $b>0$이므로 $-a>0$, $-b<0$

$|a| > |b|$이므로 $a+b<0$

$a<0$, $-b<0$이므로 $a-b = a+(-b)<0$

$b>0$, $-a>0$이므로 $b-a = b+(-a)>0$

따라서 양수인 b, $-a$, $b-a$ 중 두 번째로 큰 수를 찾으면 된다.

$b>0$, $-a>0$이므로 $b-a = b+(-a)$가 가장 크다.

또한 $|-a| > |b|$이므로 $-a>b$이다.

🖺 $-a$

서술형으로 중단원 마무리 개념책 **70~71쪽**

- **STEP 1** 풀이 참조
- **STEP 2** $-\dfrac{29}{20}$
- **STEP 3** 1. $\dfrac{7}{6}$ 　 2. $\dfrac{7}{12}$ 　 3. $\dfrac{23}{6}$ 　 4. $-\dfrac{9}{2}$

STEP 1

$$a = \frac{1}{3} \boxed{+} \left(-\frac{5}{2}\right) = \boxed{-\frac{13}{6}}$$ 　 ⋯ 1단계

$$b = -\frac{1}{2} \boxed{-} \left(-\frac{7}{3}\right) = \boxed{\frac{11}{6}}$$ 　 ⋯ 2단계

따라서

$$a - b = \boxed{-\frac{13}{6}} - \boxed{\frac{11}{6}} = \boxed{-4}$$ 　 ⋯ 3단계

단계	채점 기준	비율
1단계	a의 값을 구한 경우	30 %
2단계	b의 값을 구한 경우	40 %
3단계	$a-b$의 값을 구한 경우	30 %

🖺 풀이 참조

$a=\dfrac{2}{5}+\left(-\dfrac{3}{4}\right)=-\dfrac{7}{20}$ … 1단계

$b=-\dfrac{3}{5}-\dfrac{1}{2}=-\dfrac{11}{10}$ … 2단계

따라서

$a+b=-\dfrac{7}{20}+\left(-\dfrac{11}{10}\right)=-\dfrac{29}{20}$ … 3단계

단계	채점 기준	비율
1단계	a의 값을 구한 경우	30 %
2단계	b의 값을 구한 경우	30 %
3단계	$a+b$의 값을 구한 경우	40 %

답 $-\dfrac{29}{20}$

1

$\dfrac{1}{3}$의 역수는 3, -2의 역수는 $-\dfrac{1}{2}$, $-\dfrac{3}{4}$의 역수는 $-\dfrac{4}{3}$ … 1단계

따라서 세 역수의 합을 구하면

$3+\left(-\dfrac{1}{2}\right)+\left(-\dfrac{4}{3}\right)=\dfrac{7}{6}$ … 2단계

단계	채점 기준	비율
1단계	세 수의 역수를 모두 구한 경우	50 %
2단계	세 역수의 합을 구한 경우	50 %

답 $\dfrac{7}{6}$

2

어떤 수를 □라 하면

$□\times\dfrac{5}{4}=-\dfrac{5}{6}$에서 $□=-\dfrac{5}{6}\times\dfrac{4}{5}=-\dfrac{2}{3}$ … 1단계

따라서 바르게 계산하면

$□+\dfrac{5}{4}=-\dfrac{2}{3}+\dfrac{5}{4}=\dfrac{7}{12}$ … 2단계

단계	채점 기준	비율
1단계	어떤 수를 구한 경우	50 %
2단계	바르게 계산한 답을 구한 경우	50 %

답 $\dfrac{7}{12}$

3

a가 될 수 있는 수는 $\dfrac{1}{4}$, $-\dfrac{1}{4}$

b가 될 수 있는 수는 $\dfrac{5}{3}$, $-\dfrac{5}{3}$

따라서 가장 큰 값은 양수끼리의 합

$M=\dfrac{1}{4}+\dfrac{5}{3}=\dfrac{23}{12}$ … 1단계

가장 작은 값은 음수끼리의 합

$m=\left(-\dfrac{1}{4}\right)+\left(-\dfrac{5}{3}\right)=-\dfrac{23}{12}$ … 2단계

따라서

$M-m=\dfrac{23}{12}-\left(-\dfrac{23}{12}\right)=\dfrac{23}{6}$ … 3단계

단계	채점 기준	비율
1단계	가장 큰 값 M을 구한 경우	30 %
2단계	가장 작은 값 m을 구한 경우	30 %
3단계	$M-m$의 값을 구한 경우	40 %

답 $\dfrac{23}{6}$

4

$A=(-10)\times\dfrac{5}{6}\times\left(-\dfrac{4}{5}\right)^2$

$=(-10)\times\dfrac{5}{6}\times\dfrac{16}{25}$

$=-\dfrac{16}{3}$ … 1단계

$B=(-2)\div\left(-\dfrac{3}{5}\right)\times\left(-\dfrac{1}{2}\right)^2$

$=-2\div\left(-\dfrac{3}{5}\right)\times\left(+\dfrac{1}{4}\right)$

$=-2\times\left(-\dfrac{5}{3}\right)\times\left(+\dfrac{1}{4}\right)$

$=\dfrac{5}{6}$ … 2단계

따라서

$A+B=-\dfrac{16}{3}+\dfrac{5}{6}=-\dfrac{9}{2}$ … 3단계

단계	채점 기준	비율
1단계	A의 값을 구한 경우	30 %
2단계	B의 값을 구한 경우	30 %
3단계	$A+B$의 값을 구한 경우	40 %

답 $-\dfrac{9}{2}$

개념책

1. 문자의 사용과 식

01 문자를 사용한 식

개념책 **74~77**쪽

개념 확인 문제

1 (1) $10 \times a + 3$　(2) $(8000 - 1200 \times x)$원

　(3) $(3 \times x)$ cm 또는 $(x + x + x)$ cm

　(4) $(60 \times a)$ km

2 (1) $-5x$　(2) ax^2　(3) $0.1y$　(4) $5(3a - b)$

3 (1) $-\dfrac{a}{6}$　(2) $\dfrac{5}{3}x$　(3) $\dfrac{a+b}{2}$　(4) $\dfrac{ab}{4}$

1

(1) 십의 자리의 숫자가 a, 일의 자리의 숫자가 3인 두 자리 자연

수는 $a \times 10 + 3 \times 1 = 10 \times a + 3$

(2) 한 개에 1200원인 과자 x개의 가격은 $(1200 \times x)$원이고,

(거스름돈)＝(지불 금액)－(물건 가격)이므로

(거스름돈)＝$(8000 - 1200 \times x)$원

(3) 정삼각형의 세 변의 길이는 모두 같으므로 한 변의 길이가

x cm인 정삼각형의 둘레의 길이는

$(3 \times x)$ cm 또는 $(x + x + x)$ cm

(4) (이동한 거리)＝(속력)×(거리)이므로 자동차로 시속

60 km로 a시간 동안 달린 거리는 $(60 \times a)$ km

2

(1) $x \times (-5) = (-5) \times x = -5x$

(2) $x \times x \times a = a \times x \times x = ax^2$

(3) $0.1 \times y = 0.1y$

(4) $(3a - b) \times 5 = 5 \times (3a - b) = 5(3a - b)$

3

(1) $a \div (-6) = \dfrac{a}{-6} = -\dfrac{a}{6}$

(2) $x \div \dfrac{3}{5} = x \times \dfrac{5}{3} = \dfrac{5}{3} \times x = \dfrac{5}{3}x$

(3) $(a + b) \div 2 = (a + b) \times \dfrac{1}{2} = \dfrac{a+b}{2}$

(4) $a \times b \div 4 = a \times b \times \dfrac{1}{4} = \dfrac{1}{4} \times a \times b = \dfrac{ab}{4}$

유제 1

② (시간)＝$\dfrac{(거리)}{(속력)}$이므로 x km의 거리를 시속 3 km로 걸을

때 걸리는 시간은 $\dfrac{x}{3}$ 시간이다.

답 ②

유제 2

(자연수)를 7로 나누었을 때, 몫이 p이고 나머지가 2이므로

(자연수)＝$7 \times p + 2$

답 $7 \times p + 2$

유제 3

① $0.01 \times x = 0.01x$

② $(a - b) \div 2 = (a - b) \times \dfrac{1}{2} = \dfrac{1}{2} \times (a - b)$

$\qquad = \dfrac{1}{2}(a - b)$

③ $y \div (-5) = y \times \left(-\dfrac{1}{5}\right) = -\dfrac{1}{5}y$

④ $x \times 2 \times y \times x = 2 \times x \times x \times y = 2x^2 y$

⑤ $x \div (-1) + y \times 3 = \dfrac{x}{-1} + 3 \times y = -x + 3y$

따라서 옳은 것을 모두 고르면 ④, ⑤이다.

답 ④, ⑤

유제 4

$a \times (-1) \times a + a \div \left(-\dfrac{1}{5}\right) \times b$

$= (-1) \times a \times a + a \times (-5) \times b$

$= (-1) \times a \times a + (-5) \times a \times b$

$= -a^2 + (-5ab)$

$= -a^2 - 5ab$

답 $-a^2 - 5ab$

유제 5

(1) $a \div (b \times c) = a \div bc = a \times \dfrac{1}{bc} = \dfrac{a}{bc}$

(2) $c \div (a \div b) = c \div \left(a \times \dfrac{1}{b}\right) = c \div \dfrac{a}{b} = c \times \dfrac{b}{a}$

$\qquad = \dfrac{bc}{a}$

답 (1) $\dfrac{a}{bc}$　(2) $\dfrac{bc}{a}$

유제 6

① $a \div b \div c = a \times \dfrac{1}{b} \times \dfrac{1}{c} = \dfrac{a}{bc}$

② $b \div a \times c = b \times \dfrac{1}{a} \times c = \dfrac{bc}{a}$

③ $a \times (b \div c) = a \times \left(b \times \dfrac{1}{c}\right) = a \times \dfrac{b}{c} = \dfrac{ab}{c}$

④ $b \times a \div c = b \times a \times \dfrac{1}{c} = \dfrac{ab}{c}$

⑤ $a \div (b \div c) = a \div \left(b \times \dfrac{1}{c}\right) = a \div \dfrac{b}{c} = a \times \dfrac{c}{b}$

$\qquad = \dfrac{ac}{b}$

답 ⑤

(1) (삼각형의 넓이)=(밑변의 길이)×(높이)÷2이므로 밑변의 길이가 a cm, 높이가 b cm인 삼각형의 넓이는

$$a \times b \div 2 = a \times b \times \frac{1}{2} = \frac{ab}{2}(\text{cm}^2)$$

(2) (평균)=(전체 자료의 합)÷(자료의 개수)이므로 두 점수의 평균은 $(x+y) \div 2 = \dfrac{x+y}{2}$ (점)

目 (1) $\dfrac{ab}{2}$ cm² (2) $\dfrac{x+y}{2}$ 점

(거리)=(속력)×(시간)이므로 시속 60 km의 속력으로 a시간 동안 이동한 거리는

$$60 \times a = 60a(\text{km})$$

따라서 총 거리 200 km의 거리에서 남은 거리는

$$(200-60a)\ \text{km}$$

目 $(200-60a)$ km

연습문제　　　　개념책 **78**쪽

01 ②　　**02** ⑤　　**03** ③　　**04** ④　　**05** ②, ③
06 ②　　**07** ②
08 $\dfrac{a}{10} + \dfrac{b}{100}$ 또는 $0.1a + 0.01b$

01

전교생 320명 중에서 여학생의 수는

$\left(320 \times \dfrac{a}{100}\right)$명이므로 남학생의 수는

$\left(320 - 320 \times \dfrac{a}{100}\right)$명

目 ②

02

① $x \times 0.3 = 0.3x$

② $x \times 4 \times y \times x = 4 \times x \times x \times y = 4x^2 y$

③ $b \times (-2) \times a = (-2) \times a \times b = -2ab$

④ $a \times c \times (-1) \times b = (-1) \times a \times b \times c = -abc$

⑤ $(x-6) \times (-1) \times a = (-1) \times a \times (x-6)$

$$= -a(x-6)$$

目 ⑤

03

① $4 \div a - b = \dfrac{4}{a} - b$

② $-2 \div a + b \times 3 = -2 \times \dfrac{1}{a} + 3 \times b$

$$= -\dfrac{2}{a} + 3b$$

③ $x + y \times z \div 4 = x + y \times z \times \dfrac{1}{4}$

$$= x + \dfrac{yz}{4}$$

④ $a \times (-1) + b \div 5 = (-1) \times a + b \times \dfrac{1}{5}$

$$= -a + \dfrac{b}{5}$$

⑤ $x \div 2 - y = \dfrac{x}{2} - y$

目 ③

04

$$\dfrac{x-y}{3z} = (x-y) \times \dfrac{1}{3z}$$

$$= (x-y) \times \dfrac{1}{3} \times \dfrac{1}{z}$$

$$= (x-y) \div 3 \div z$$

目 ④

05

① $b \times a \div 4 = b \times a \times \dfrac{1}{4} = \dfrac{ab}{4}$

② $b \div (4 \times a) = b \times \dfrac{1}{4a} = \dfrac{b}{4a}$

③ $b \div a \times \dfrac{1}{4} = b \times \dfrac{1}{a} \times \dfrac{1}{4} = \dfrac{b}{4a}$

④ $b \div 4 \times a = b \times \dfrac{1}{4} \times a = \dfrac{ab}{4}$

⑤ $4 \times a \div b = 4 \times a \times \dfrac{1}{b} = \dfrac{4a}{b}$

目 ②, ③

06

ㄴ. $a \div \dfrac{2}{3}b = a \times \dfrac{3}{2b} = \dfrac{3a}{2b}$

ㄷ. $x \div (-1) = \dfrac{x}{-1} = -x$

따라서 곱셈 기호를 바르게 생략한 것을 모두 고르면 ② ㄱ, ㄹ이다.

目 ②

07

① 5000원의 $x \%$는 $5000 \times \dfrac{x}{100} = 50x$(원)

② 10자루에 a원인 연필 한 자루의 가격은

$a \div 10 = \dfrac{a}{10}$(원)

③ 동생의 나이는 형의 나이 x살 보다 3살 적으므로 동생의 나이는 $(x-3)$살

④ 한 모서리의 길이가 x cm인 정육면체의 부피는

$x \times x \times x = x^3(\text{cm}^3)$

⑤ (속력)$= \dfrac{(거리)}{(시간)}$이므로 2시간 동안 x km를 이동했을 때의

속력은 시속 $\dfrac{x}{2}$ km

目 ②

08

소수점 아래 첫째 자리의 자릿값은 $\dfrac{1}{10}$(또는 0.1), 소수점 아래

둘째 자리의 자릿값은 $\dfrac{1}{100}$(또는 0.01)이므로 소수점 아래 첫째

자리의 숫자가 a, 소수점 아래 둘째 자리의 숫자가 b인 소수는

$a \times \dfrac{1}{10} + b \times \dfrac{1}{100} = \dfrac{a}{10} + \dfrac{b}{100}$

또는 $a \times 0.1 + b \times 0.01 = 0.1a + 0.01b$

目 $\dfrac{a}{10} + \dfrac{b}{100}$ 또는 $0.1a + 0.01b$

02 식의 값

개념책 79~80쪽

개념 확인 문제

1 (1) 6 (2) 5 (3) -1

2 (1) 1, 1 (2) 2, 7 (3) $\dfrac{1}{2}$, -2 (4) -2, -17

1

(1) $a=2$를 $a+4$에 대입하면

$a+4 = 2+4 = 6$

(2) $x=-3$을 $2-x$에 대입하면

$2-x = 2-(-3) = 5$

(3) $x=2$, $y=-4$를 $x-y-7$에 대입하면

$x-y-7 = 2-(-4)-7 = 2+4-7 = -1$

2

(1) $x=1$일 때, $6 \times \boxed{1} - 5 = \boxed{1}$

(2) $x=2$일 때, $6 \times \boxed{2} - 5 = \boxed{7}$

(3) $x=\dfrac{1}{2}$일 때, $6 \times \boxed{\dfrac{1}{2}} - 5 = \boxed{-2}$

(4) $x=-2$일 때, $6 \times (\boxed{-2}) - 5 = \boxed{-17}$

유제 ❶

$a=-2$, $b=3$을 각각의 식에 대입하면

① $b-a = 3-(-2) = 5$

② $2a+5b = 2 \times (-2) + 5 \times 3 = -4 + 15 = 11$

③ $-4ab-12 = -4 \times (-2) \times 3 - 12 = 24 - 12 = 12$

④ $-\dfrac{4}{a} + b = -\dfrac{4}{-2} + 3 = 2 + 3 = 5$

⑤ $3a-ab = 3 \times (-2) - (-2) \times 3 = -6 + 6 = 0$

目 ③

유제 ❷

$x=-3$, $y=4$를 $2x^2 - \dfrac{6y}{x} - 5$에 대입하면

$2x^2 - \dfrac{6y}{x} - 5 = 2 \times (-3)^2 - \dfrac{6 \times 4}{-3} - 5$

$= 2 \times 9 + 8 - 5 = 18 + 8 - 5 = 21$

目 21

유제 ❸

$x=\dfrac{2}{3}$, $y=-\dfrac{4}{5}$ 를 $\dfrac{3}{x} + \dfrac{2}{y}$에 대입하면

$\dfrac{3}{x} + \dfrac{2}{y} = 3 \div x + 2 \div y$

$= 3 \div \dfrac{2}{3} + 2 \div \left(-\dfrac{4}{5}\right)$

$= 3 \times \dfrac{3}{2} + 2 \times \left(-\dfrac{5}{4}\right)$

$= \dfrac{9}{2} + \left(-\dfrac{5}{2}\right) = \dfrac{4}{2} = 2$

目 ②

유제 ❹

$a=\dfrac{1}{3}$, $b=-\dfrac{1}{4}$, $c=\dfrac{1}{5}$을 주어진 식에 대입하면

$\dfrac{1}{a} - \dfrac{1}{b} - \dfrac{2}{c} = 1 \div a - 1 \div b - 2 \div c$

$= 1 \div \dfrac{1}{3} - 1 \div \left(-\dfrac{1}{4}\right) - 2 \div \dfrac{1}{5}$

$= 1 \times 3 - 1 \times (-4) - 2 \times 5$

$= 3 + 4 - 10$

$= -3$

目 -3

개념책 **81**쪽

01 6	**02** ③	**03** ③	**04** ③	**05** ④
06 ⑤	**07** (1) $\dfrac{(a+b)h}{2}$ cm² (2) 36 cm²		**08** 10 m	

01

$x=4$를 $3x-\dfrac{24}{x}$에 대입하면

$$3x-\dfrac{24}{x}=3\times4-\dfrac{24}{4}=12-6=6$$

답 6

02

$a=-2$, $b=5$를 $\dfrac{b^2-a^2-7}{ab}$에 대입하면

$$\dfrac{b^2-a^2-7}{ab}=\dfrac{5^2-(-2)^2-7}{(-2)\times5}$$
$$=\dfrac{25-4-7}{-10}$$
$$=-\dfrac{14}{10}=-\dfrac{7}{5}$$

답 ③

03

$a=-3$일 때, $a^2=(-3)^2=9$

$a=-3$을 각각의 식에 대입하면

① $-a^2=-(-3)^2=-9$

② $3a=3\times(-3)=-9$

③ $\dfrac{81}{a^2}=\dfrac{81}{(-3)^2}=\dfrac{81}{9}=9$

④ $-\dfrac{1}{a}=-\dfrac{1}{-3}=\dfrac{1}{3}$

⑤ $\left(-\dfrac{1}{a}\right)^2=\left(-\dfrac{1}{-3}\right)^2=\left(\dfrac{1}{3}\right)^2=\dfrac{1}{9}$

따라서 a^2과 식의 값이 같은 것은 ③이다.

답 ③

04

$x=-\dfrac{1}{2}$, $y=-4$를 각각의 식에 대입하면

① $x-y=-\dfrac{1}{2}-(-4)=-\dfrac{1}{2}+4=\dfrac{7}{2}$

② $y-2x=(-4)-2\times\left(-\dfrac{1}{2}\right)=-4+1=-3$

③ $x^2-y=\left(-\dfrac{1}{2}\right)^2-(-4)=\dfrac{1}{4}+4=\dfrac{17}{4}$

④ $2xy=2\times\left(-\dfrac{1}{2}\right)\times(-4)=4$

⑤ $x^3-\dfrac{y}{2}=\left(-\dfrac{1}{2}\right)^3-\dfrac{-4}{2}=-\dfrac{1}{8}+2=\dfrac{15}{8}$

답 ③

05

$x=-3$, $y=2$를 $3x+2y$에 대입하면

$3x+2y=3\times(-3)+2\times2=-9+4=-5$

$x=-3$, $y=2$를 각각의 식에 대입하면

ㄱ. $x+4y=(-3)+4\times2=-3+8=5$

ㄴ. $x^2-7y=(-3)^2-7\times2=9-14=-5$

ㄷ. $\dfrac{5(x-2)}{y-x}=\dfrac{5\times\{(-3)-2\}}{2-(-3)}$
$$=\dfrac{5\times(-5)}{5}=\dfrac{-25}{5}=-5$$

ㄹ. $\dfrac{x^2-y^2}{xy}=\dfrac{(-3)^2-2^2}{(-3)\times2}=\dfrac{9-4}{-6}=-\dfrac{5}{6}$

따라서 식의 값이 $3x+2y$와 같은 것은 ④ ㄴ, ㄷ이다.

답 ④

06

$a=\dfrac{1}{2}$, $b=-\dfrac{1}{3}$, $c=\dfrac{3}{4}$을

$\dfrac{2}{a}-\dfrac{6}{b}-\dfrac{12}{c}$에 대입하면

$$\dfrac{2}{a}-\dfrac{6}{b}-\dfrac{12}{c}=2\div a-6\div b-12\div c$$
$$=2\div\dfrac{1}{2}-6\div\left(-\dfrac{1}{3}\right)-12\div\dfrac{3}{4}$$
$$=2\times2-6\times(-3)-12\times\dfrac{4}{3}$$
$$=4+18-16$$
$$=6$$

답 ⑤

07

(1) (사다리꼴의 넓이)$=\{($윗변의 길이$)+($아랫변의 길이$)\}$
$$\times($높이$)\div2$

이므로 주어진 사다리꼴의 넓이를 문자 a, b, h를 사용한 식으로 나타내면

(사다리꼴의 넓이)$=(a+b)\times h\div2=\dfrac{(a+b)h}{2}$ (cm²)

(2) $a=5$, $b=7$, $h=6$을 $\dfrac{(a+b)h}{2}$에 대입하면

$$\dfrac{(a+b)h}{2}=\dfrac{(5+7)\times6}{2}=6\times6=36\,(\text{cm}^2)$$

답 (1) $\dfrac{(a+b)h}{2}$ cm² (2) 36 cm²

08

$t=2$를 $15t-5t^2$에 대입하면

$15t-5t^2=15\times2-5\times2^2=30-20=10$

따라서 이 물체의 2초 후의 높이는 10 m이다.

답 10 m

개념 확인 문제

1 (1) $-4y$, -3　(2) -3　(3) 1, -4

2 (1) 1, 일차식이다.　(2) 1, 일차식이다.　(3) 2, 일차식이 아니다.
　　(4) 2, 일차식이 아니다.

1

(1) 항은 x, $\boxed{-4y}$, $\boxed{-3}$이다.

(2) 상수항은 $\boxed{-3}$이다.

(3) x의 계수는 $\boxed{1}$이고, y의 계수는 $\boxed{-4}$이다.

2

(1) $2x$의 차수가 1이므로 일차식이다.

(2) $\dfrac{a}{3}=\dfrac{1}{3}a$의 차수가 1이므로 일차식이다.

(3) x^2의 차수가 2이므로 일차식이 아니다.

(4) $3a^2$의 차수가 2이므로 일차식이 아니다.

유제 1

⑤ 항은 $-x$, $\dfrac{1}{2}y$, -5의 3개이다.

답 ⑤

유제 2

다항식 $2x-y+5$에서 항은 $2x$, $-y$, 5이므로 항의 개수는 3,
즉 $a=3$
수만으로 이루어진 항은 5이므로 상수항은 5, 즉 $b=5$
항 $-y$에서 y의 계수는 -1, 즉 $c=-1$
따라서 $a+b+c=3+5+(-1)=7$

답 7

유제 3

① x^2-x는 차수가 2이므로 일차식이 아니다.

② $0\times a+5=5$이므로 일차식이 아니다.

⑤ 분모에 문자가 있는 식은 다항식이 아니므로 일차식이 아니다.

답 ③, ④

유제 4

ㄱ. $\dfrac{x}{2}=\dfrac{1}{2}x$이므로 일차식이다.

ㄴ. $5-x=-x+5$이므로 일차식이다.

ㄷ. 분모에 문자가 있는 식은 다항식이 아니므로 일차식이 아니다.

ㄹ. $\dfrac{x}{2}+8=\dfrac{1}{2}x+8$이므로 일차식이다.

ㅁ. $0\times x-3=-3$이므로 일차식이 아니다.

ㅂ. x^2+x의 차수는 2이므로 일차식이 아니다.
따라서 일차식을 모두 고르면 ㄱ, ㄴ, ㄹ이다.

답 ㄱ, ㄴ, ㄹ

개념 확인 문제

1 (1) $21a$　(2) $-2b$　(3) $-7x$　(4) $-24y$

2 (1) $6x+2$　(2) $2a-1$　(3) $2y-4$　(4) $2b-10$

1

(1) $3a\times7=(3\times7)\times a=21a$

(2) $(-4b)\times\dfrac{1}{2}=\left(-4\times\dfrac{1}{2}\right)\times b=-2b$

(3) $42x\div(-6)=42x\times\left(-\dfrac{1}{6}\right)$
$\qquad\qquad\quad=\left\{42\times\left(-\dfrac{1}{6}\right)\right\}\times x$
$\qquad\qquad\quad=-7x$

(4) $(-32y)\div\dfrac{4}{3}=(-32y)\times\dfrac{3}{4}$
$\qquad\qquad\qquad=\left\{(-32)\times\dfrac{3}{4}\right\}\times y$
$\qquad\qquad\qquad=-24y$

2

(1) $2(3x+1)=2\times3x+2\times1$
$\qquad\qquad\;=6x+2$

(2) $(6a-3)\times\dfrac{1}{3}=6a\times\dfrac{1}{3}-3\times\dfrac{1}{3}$
$\qquad\qquad\qquad\;=2a-1$

(3) $(-14y+28)\div(-7)$
$\quad=(-14y+28)\times\left(-\dfrac{1}{7}\right)$
$\quad=(-14y)\times\left(-\dfrac{1}{7}\right)+28\times\left(-\dfrac{1}{7}\right)$
$\quad=2y-4$

(4) $(b-5)\div\dfrac{1}{2}=(b-5)\times2$
$\qquad\qquad\quad=b\times2-5\times2$
$\qquad\qquad\quad=2b-10$

(1) $5a \times (-3) = \{5 \times (-3)\} \times a = -15a$

(2) $(-18x) \times \left(-\dfrac{2}{3}\right) = \left\{-18 \times \left(-\dfrac{2}{3}\right)\right\} \times x$
$$= 12x$$

(3) $\left(-\dfrac{6}{5}y\right) \times \dfrac{10}{3} = \left\{\left(-\dfrac{6}{5}\right) \times \dfrac{10}{3}\right\} \times y$
$$= -4y$$

답 (1) $-15a$　(2) $12x$　(3) $-4y$

유제 ②

ㄱ. $-a \times (-1) = \{(-1) \times (-1)\} \times a = a$

ㄴ. $(-5b) \times \left(-\dfrac{3}{4}\right) = \left\{-5 \times \left(-\dfrac{3}{4}\right)\right\} \times b = \dfrac{15}{4}b$

ㄷ. $\dfrac{8}{5}x \times \dfrac{3}{4} = \left(\dfrac{8}{5} \times \dfrac{3}{4}\right) \times x = \dfrac{6}{5}x$

ㄹ. $\left(-\dfrac{5}{3}y\right) \times \left(-\dfrac{3}{2}\right) = \left\{\left(-\dfrac{5}{3}\right) \times \left(-\dfrac{3}{2}\right)\right\} \times y = \dfrac{5}{2}y$

따라서 옳은 것을 모두 고르면 ㄷ, ㄹ이다.

답 ㄷ, ㄹ

유제 ③

(1) $(-18a) \div 9 = (-18a) \times \dfrac{1}{9} = -2a$

(2) $27b \div \left(-\dfrac{3}{4}\right) = 27b \times \left(-\dfrac{4}{3}\right) = -36b$

(3) $\left(-\dfrac{2}{5}x\right) \div \left(-\dfrac{4}{15}\right) = \left(-\dfrac{2}{5}x\right) \times \left(-\dfrac{15}{4}\right) = \dfrac{3}{2}x$

답 (1) $-2a$　(2) $-36b$　(3) $\dfrac{3}{2}x$

유제 ④

$ax \times \left(-\dfrac{1}{5}\right) = -\dfrac{a}{5}x = -2x$에서

$-\dfrac{a}{5} = -2$, $a = 10$

따라서 바르게 계산하면

$10x \div \left(-\dfrac{1}{5}\right) = 10x \times (-5) = -50x$

답 $-50x$

유제 ⑤

(1) $4(2x+3) = 4 \times 2x + 4 \times 3 = 8x+12$

(2) $\left(\dfrac{1}{10}x + 1\right) \times (-5) = \dfrac{1}{10}x \times (-5) + 1 \times (-5)$
$$= -\dfrac{1}{2}x - 5$$

(3) $-\dfrac{5}{3}(6x-9) = -\dfrac{5}{3} \times 6x - \left(-\dfrac{5}{3}\right) \times 9$
$$= -10x + 15$$

답 (1) $8x+12$　(2) $-\dfrac{1}{2}x-5$　(3) $-10x+15$

유제 ⑥

$(15-5x) \times \left(-\dfrac{2}{5}\right) = 15 \times \left(-\dfrac{2}{5}\right) - 5x \times \left(-\dfrac{2}{5}\right)$
$$= -6 + 2x$$

x의 계수는 2, 즉 $a=2$

상수항은 -6, 즉 $b=-6$

따라서 $a-b = 2-(-6) = 8$

답 ⑤

유제 ⑦

(1) $(3x-6) \div (-2) = (3x-6) \times \left(-\dfrac{1}{2}\right)$
$$= 3x \times \left(-\dfrac{1}{2}\right) - 6 \times \left(-\dfrac{1}{2}\right)$$
$$= -\dfrac{3}{2}x + 3$$

(2) $(2x-1) \div \dfrac{1}{5} = (2x-1) \times 5 = 2x \times 5 - 1 \times 5$
$$= 10x - 5$$

(3) $(5x+10) \div \left(-\dfrac{5}{6}\right) = (5x+10) \times \left(-\dfrac{6}{5}\right)$
$$= 5x \times \left(-\dfrac{6}{5}\right) + 10 \times \left(-\dfrac{6}{5}\right)$$
$$= -6x - 12$$

답 (1) $-\dfrac{3}{2}x+3$　(2) $10x-5$　(3) $-6x-12$

유제 ⑧

$-2(3x+1) = -2 \times 3x + (-2) \times 1 = -6x-2$

① $(-3x+1) \times 2 = -3x \times 2 + 1 \times 2 = -6x+2$

② $\left(x + \dfrac{1}{3}\right) \div \left(-\dfrac{1}{6}\right) = \left(x + \dfrac{1}{3}\right) \times (-6)$
$$= x \times (-6) + \dfrac{1}{3} \times (-6)$$
$$= -6x - 2$$

③ $-2(3x-1) = -2 \times 3x - (-2) \times 1 = -6x+2$

④ $(3x-1) \div \dfrac{1}{6} = (3x-1) \times 6$
$$= 3x \times 6 - 1 \times 6$$
$$= 18x - 6$$

⑤ $(2x-6) \div (-3) = (2x-6) \times \left(-\dfrac{1}{3}\right)$
$$= 2x \times \left(-\dfrac{1}{3}\right) - 6 \times \left(-\dfrac{1}{3}\right)$$
$$= -\dfrac{2}{3}x + 2$$

따라서 $-2(3x+1)$과 계산 결과가 같은 것은 ②이다.

답 ②

01

③ 항 $\dfrac{x}{3}=\dfrac{1}{3}x$이므로 x의 계수는 $\dfrac{1}{3}$이다.

답 ③

02

다항식 $3x^2-x+5$에서 항 $3x^2$의 차수가 2이므로 다항식의 차수는 2, 즉 $a=2$

항 $-x$에서 x의 계수는 -1, 즉 $b=-1$

상수항 $c=5$

따라서 $a-b+c=2-(-1)+5=8$

답 8

03

① $7x-5$는 차수가 1이므로 일차식이다.

② 분모에 문자가 있는 식은 다항식이 아니므로 일차식이 아니다.

③, ⑤ 차수가 2이므로 일차식이 아니다.

④ $3x-3(x+1)=3x-3x-3=-3$이므로 일차식이 아니다.

답 ①

04

① $-6\times(-3a)=-6\times(-3)\times a=18a$

② $10b\div\left(-\dfrac{2}{3}\right)=10b\times\left(-\dfrac{3}{2}\right)=-15b$

③ $8x\div\dfrac{1}{2}=8x\times2=16x$

④ $(3x-1)\times(-5)=3x\times(-5)-1\times(-5)$
$\qquad\qquad\qquad\quad=-15x+5$

⑤ $(-6x+4)\div\dfrac{1}{2}=(-6x+4)\times2$
$\qquad\qquad\qquad\qquad=-6x\times2+4\times2$
$\qquad\qquad\qquad\qquad=-12x+8$

답 ③

05

ㄱ. $5(3-4x)=5\times3-5\times4x=15-20x$

ㄴ. $(x+20)\div5=(x+20)\times\dfrac{1}{5}=\dfrac{1}{5}x+4$

ㄷ. $(8x-4)\times\left(-\dfrac{3}{4}\right)=8x\times\left(-\dfrac{3}{4}\right)-4\times\left(-\dfrac{3}{4}\right)$
$\qquad\qquad\qquad\qquad\qquad=-6x+3$

ㄹ. $\left(\dfrac{2}{3}x-\dfrac{1}{2}\right)\div\dfrac{1}{6}=\left(\dfrac{2}{3}x-\dfrac{1}{2}\right)\times6$
$\qquad\qquad\qquad\qquad\quad=\dfrac{2}{3}x\times6-\dfrac{1}{2}\times6$
$\qquad\qquad\qquad\qquad\quad=4x-3$

따라서 바르게 계산한 것은 ② ㄱ, ㄹ이다.

답 ②

06

$6\left(-x+\dfrac{1}{2}\right)=-6x+3$에서 상수항은 3이고,

$(8x-12)\div\left(-\dfrac{4}{3}\right)=(8x-12)\times\left(-\dfrac{3}{4}\right)$
$\qquad\qquad\qquad\qquad\qquad=-6x+9$

에서 상수항은 9이다.

따라서 두 식의 상수항의 합은 $3+9=12$

답 12

07

$(ax+b)\times\left(-\dfrac{2}{5}\right)=-2x+4$에서

$ax\times\left(-\dfrac{2}{5}\right)+b\times\left(-\dfrac{2}{5}\right)=-2x+4$

$a\times\left(-\dfrac{2}{5}\right)=-2$이므로

$a=-2\times\left(-\dfrac{5}{2}\right)=5$

$b\times\left(-\dfrac{2}{5}\right)=4$이므로

$b=4\times\left(-\dfrac{5}{2}\right)=-10$

따라서 $a-b=5-(-10)=15$

답 15

08

$(삼각형의 넓이)=(밑변의 길이)\times(높이)\div2$이므로

$(주어진 삼각형의 넓이)=(4x-8)\times5\div2$
$\qquad\qquad\qquad\qquad\quad=(4x-8)\times\dfrac{5}{2}$
$\qquad\qquad\qquad\qquad\quad=10x-20$

따라서 $a=10$, $b=-20$이므로

$b-a=-20-10=-30$

답 ①

05 일차식의 덧셈과 뺄셈

1 (1) $-5x$, $-y$, 1

  (2) ① $4a$ ② $2b$ ③ $6x-3$ ④ $-7x+2y$

2 (1) $5x-3$ (2) $-x-5$

1

(1) 문자와 차수가 각각 같은 항은 동류항이고 상수항끼리는 모두 동류항이다.

　따라서 $x+3y-2-5x-y+1$에서 x와 $\boxed{-5x}$, $3y$와 $\boxed{-y}$, -2와 $\boxed{1}$은 동류항이다.

(2) ① $a+3a=(1+3)a=4a$

　② $6b-4b=(6-4)b=2b$

　③ $x-4+5x+1=(1+5)x+(-4+1)=6x-3$

　④ $-5x+3y-2x-y=(-5-2)x+(3-1)y$
$$=-7x+2y$$

2

(1) $(4x+2)+(x-5)=4x+2+x-5$
$$=4x+x+2-5$$
$$=5x-3$$

(2) $2(x-2)-(3x+1)=2x-4-3x-1$
$$=2x-3x-4-1$$
$$=-x-5$$

유제 ①

$-x$와 $-4x$는 문자가 x로 같고 차수가 1로 같으므로 동류항이고, $3y$와 $\dfrac{y}{2}$는 문자가 y로 같고 차수가 1로 같으므로 동류항이다. 또, 2와 -1은 상수항이므로 동류항이다.

답 $-x$와 $-4x$, $3y$와 $\dfrac{y}{2}$, 2와 -1

유제 ②

문자와 차수가 각각 같은 항은 동류항이고 상수항끼리는 모두 동류항이다. 동류항끼리 짝지어진 것은 ② ㄴ, ㄷ이다.

답 ②

유제 ③

(1) $4x+1+2x+5=4x+2x+1+5$
$$=6x+6$$

(2) $-2a+7+5a-4=-2a+5a+7-4$
$$=3a+3$$

(3) $2-6x-8-3x=-6x-3x+2-8$
$$=-9x-6$$

답 (1) $6x+6$ (2) $3a+3$ (3) $-9x-6$

유제 ④

$\dfrac{1}{4}x-6-\dfrac{2}{3}x+2+x=\dfrac{1}{4}x-\dfrac{2}{3}x+x-6+2$
$$=\left(\dfrac{1}{4}-\dfrac{2}{3}+1\right)x-4$$
$$=\dfrac{7}{12}x-4$$

따라서 $A=\dfrac{7}{12}$, $B=-4$이므로

$3AB=3\times\dfrac{7}{12}\times(-4)=-7$

답 ①

유제 ⑤

(1) $(4a+1)+(-2a+7)=4a+1-2a+7$
$$=4a-2a+1+7$$
$$=2a+8$$

(2) $5(-x+3)-(-3x+4)=-5x+15+3x-4$
$$=-5x+3x+15-4$$
$$=-2x+11$$

(3) $-2(5x-3)+4(x-2)=-10x+6+4x-8$
$$=-10x+4x+6-8$$
$$=-6x-2$$

답 (1) $2a+8$ (2) $-2x+11$ (3) $-6x-2$

유제 ⑥

$2(-5x+4)-3(3x-2)=-10x+8-9x+6$
$$=-10x-9x+8+6$$
$$=-19x+14$$

x의 계수는 -19, 상수항은 14이므로

그 합은 $-19+14=-5$

답 -5

유제 ⑦

(1) $\dfrac{x+2}{2}+\dfrac{3x-6}{4}=\dfrac{2(x+2)+(3x-6)}{4}$
$$=\dfrac{2x+4+3x-6}{4}$$
$$=\dfrac{5x-2}{4}$$

(2) $\dfrac{3x-4}{6}+\dfrac{2x-7}{3}=\dfrac{(3x-4)+2(2x-7)}{6}$
$$=\dfrac{3x-4+4x-14}{6}$$
$$=\dfrac{7x-18}{6}$$

(3) $\dfrac{3x-1}{4}-\dfrac{4x-3}{6}=\dfrac{3(3x-1)-2(4x-3)}{12}$
$$=\dfrac{9x-3-8x+6}{12}$$
$$=\dfrac{x+3}{12}$$

답 (1) $\dfrac{5x-2}{4}$ (2) $\dfrac{7x-18}{6}$ (3) $\dfrac{x+3}{12}$

$A=3x-4$, $B=2x-1$을 $\dfrac{A}{2}-\dfrac{B}{3}$에 대입하면

$$\dfrac{A}{2}-\dfrac{B}{3}=\dfrac{3x-4}{2}-\dfrac{2x-1}{3}$$
$$=\dfrac{3(3x-4)-2(2x-1)}{6}$$
$$=\dfrac{9x-12-4x+2}{6}$$
$$=\dfrac{5x-10}{6}$$
$$=\dfrac{5}{6}x-\dfrac{5}{3}$$

따라서 $a=\dfrac{5}{6}$, $b=-\dfrac{5}{3}$이므로

$$a-b=\dfrac{5}{6}-\left(-\dfrac{5}{3}\right)=\dfrac{15}{6}=\dfrac{5}{2}$$

답 ⑤

연습문제

개념책 **91**쪽

01 ①, ⑤ **02** ② **03** ⑤ **04** ④ **05** ④
06 $\dfrac{7x-19}{6}$ **07** ① **08** $5x+27$

01

① a와 b는 문자가 같지 않으므로 동류항이 아니다.

② $\dfrac{a^2}{2}$과 $-6a^2$은 문자가 a로 같고 차수가 2로 같으므로 동류항이다.

③ $2x$와 $-\dfrac{x}{2}$는 문자가 x로 같고 차수가 1로 같으므로 동류항이다.

④ 상수항끼리는 모두 동류항이다.

⑤ $3y$와 $\dfrac{y^2}{3}$은 문자가 y로 같지만 차수가 같지 않으므로 동류항이 아니다.

따라서 동류항끼리 짝지어지지 않은 것은 ①, ⑤이다.

답 ①, ⑤

02

$\dfrac{2x}{3}$와 문자가 x로 같고 차수가 1인 항은 $\dfrac{x}{2}$, $6x$이므로 동류항인 것의 개수는 2이다.

답 ②

03

$4x-3-x+2=4x-x-3+2=3x-1$이므로
$a=3$, $b=-1$
따라서 $a-b=3-(-1)=4$

답 ⑤

04

$$2(x+3)-(12x-15)\div(-3)$$
$$=2(x+3)-(12x-15)\times\left(-\dfrac{1}{3}\right)$$
$$=2x+6-(-4x+5)$$
$$=2x+6+4x-5$$
$$=6x+1$$

답 ④

05

① $(3x+7)+(2x-4)=3x+7+2x-4=5x+3$

② $(3x+1)-(2x-5)=3x+1-2x+5=x+6$

③ $2(x+4)-3(2x-5)=2x+8-6x+15=-4x+23$

④ $8\left(6x-\dfrac{3}{4}\right)-9\left(\dfrac{2}{3}x-2\right)=48x-6-6x+18=42x+12$

⑤ $\dfrac{1}{2}(2x-4)+\dfrac{1}{4}(4x-12)=x-2+x-3=2x-5$

답 ④

06

$$\dfrac{2(x-4)}{3}-\dfrac{1-x}{2}=\dfrac{4(x-4)}{6}-\dfrac{3(1-x)}{6}$$
$$=\dfrac{4x-16-3+3x}{6}$$
$$=\dfrac{7x-19}{6}$$

답 $\dfrac{7x-19}{6}$

07

$3A-(B+A)-2B=3A-B-A-2B=2A-3B$
$A=2x+5$, $B=3-x$를 $2A-3B$에 대입하면
$$2A-3B=2(2x+5)-3(3-x)$$
$$=4x+10-9+3x$$
$$=7x+1$$

답 ①

08

(색칠한 부분의 넓이)=(큰 직사각형의 넓이)
－(작은 직사각형의 넓이)

이므로
(색칠한 부분의 넓이)$=8(x+3)-3(x-1)$
$$=8x+24-3x+3$$
$$=5x+27$$

답 $5x+27$

중단원 마무리

01 ②	02 ③	03 ⑤	04 ⑤	05 ②, ③
06 ③	07 ①	08 ④	09 ①, ②	10 ③
11 ④	12 ④	13 ③	14 ⑤	15 ⑤
16 ①	17 ③	18 $\frac{4}{3}$	19 ①, ⑤	20 ①
21 ⑤	22 ⑤	23 ②	24 ④	25 ④
26 ①	27 $2x-1$	28 ②	29 시속 $\frac{20a}{a+10}$ km	
30 ⑤	31 ②	32 4		

01

사탕을 5명에게 a개씩 나누어 준 개수는
$(5 \times a)$개이고, 사탕 3개가 남았으므로
처음 사탕의 수는 $(5 \times a + 3)$개이다.

답 ②

02

③ $a \times 3 \div b = a \times 3 \times \dfrac{1}{b} = 3 \times a \times \dfrac{1}{b} = \dfrac{3a}{b}$

답 ③

03

$a=6$, $b=-3$을 각각의 식에 대입하면

ㄱ. $\dfrac{1}{2}a+b = \dfrac{1}{2} \times 6 + (-3) = 3 + (-3) = 0$

ㄴ. $a+3b = 6 + 3 \times (-3) = 6 + (-9) = -3$

ㄷ. $a-b^2 = 6 - (-3)^2 = 6 - 9 = -3$

ㄹ. $\dfrac{ab}{a+b} = \dfrac{6 \times (-3)}{6 + (-3)} = \dfrac{-18}{3} = -6$

따라서 옳은 것을 모두 고르면 ⑤ ㄷ, ㄹ이다.

답 ⑤

04

① 항 $3x$에서 x의 계수는 3이다.
② $3x$와 $-y$는 문자가 다르므로 동류항이 아니다.
③ 차수가 1인 다항식이다.
④ 항은 $3x$, $-y$, 4로 모두 3개이다.
⑤ y의 계수는 -1, 상수항은 4이므로 그 합은 $(-1)+4=3$

답 ⑤

05

① 상수항만 있는 항은 일차식이 아니다.
④ 차수가 2이므로 일차식이 아니다.
⑤ 분모에 문자가 있는 식은 다항식이 아니므로 일차식이 아니다.

답 ②, ③

06

① $4 \times (-2a) = \{4 \times (-2)\} \times a = -8a$

② $(-10a) \div \left(-\dfrac{2}{5}\right) = (-10a) \times \left(-\dfrac{5}{2}\right) = 25a$

③ $(-8x+6) \div (-2) = (-8x+6) \times \left(-\dfrac{1}{2}\right)$
$\qquad\qquad = 4x - 3$

④ $2x-1-x-2 = 2x-x-1-2 = x-3$

⑤ $(2y-3)-(y+1) = 2y-3-y-1 = y-4$

답 ③

07

$\dfrac{1}{2}(-x+6) - \dfrac{1}{4}(2x+16) = -\dfrac{1}{2}x + 3 - \dfrac{1}{2}x - 4$
$\qquad\qquad\qquad = -x - 1$

x의 계수는 -1, 상수항은 -1이므로 그 합은
$-1 + (-1) = -2$

답 ①

08

$\dfrac{x}{2} + \dfrac{x-2}{3} = \dfrac{3x}{6} + \dfrac{2(x-2)}{6} = \dfrac{3x+2x-4}{6}$
$\qquad\qquad = \dfrac{5x-4}{6} = \dfrac{5}{6}x - \dfrac{2}{3}$

답 ④

09

③ $x - y \div 7 = x - \dfrac{y}{7}$

④ $x \div \dfrac{6}{7}y = x \times \dfrac{7}{6y} = \dfrac{7x}{6y}$

⑤ $2 \times (x+y) \div 5 = 2 \times (x+y) \times \dfrac{1}{5}$
$\qquad\qquad = \dfrac{2}{5} \times (x+y) = \dfrac{2x+2y}{5}$

따라서 옳은 것을 모두 고르면 ①, ②이다.

답 ①, ②

10

① $a \div b \div \dfrac{1}{c} = a \times \dfrac{1}{b} \times c = \dfrac{ac}{b}$

② $a \div (b \div c) = a \div \left(b \times \dfrac{1}{c}\right)$
$\qquad\qquad = a \div \dfrac{b}{c} = a \times \dfrac{c}{b}$
$\qquad\qquad = \dfrac{ac}{b}$

③ $a \times b \div c = a \times b \times \dfrac{1}{c} = \dfrac{ab}{c}$

④ $a \div \left(b \times \dfrac{1}{c}\right) = a \div \dfrac{b}{c} = a \times \dfrac{c}{b} = \dfrac{ac}{b}$

⑤ $a \times \left(\dfrac{1}{b} \div \dfrac{1}{c}\right) = a \times \left(\dfrac{1}{b} \times c\right) = a \times \dfrac{c}{b} = \dfrac{ac}{b}$

답 ③

11

① (지불한 금액)=(정가)−(할인한 금액)이고,

$(할인한 금액)=15000 \times \dfrac{a}{100}=150a(원)$이므로

$(지불한 금액)=15000-150a(원)$

② $(2a+b) \times 2=4a+2b(\text{cm})$

③ 틀린 5점 짜리 문제 x개의 점수는 $5 \times x=5x(점)$이므로 얻은 점수는 $(100-5x)$점

④ 십의 자리의 숫자가 3, 일의 자리의 숫자가 a인 두 자리 자연수는 $3 \times 10+a=30+a$

⑤ 5명이 a원씩 낸 금액은 $5 \times a=5a(원)$이므로 선물을 사고 남은 돈은 $(5a-b)$원

답 ④

12

$a=-4$, $b=3$을 $\dfrac{ab}{2a^2-4b}$에 대입하면

$$\dfrac{ab}{2a^2-4b}=\dfrac{(-4) \times 3}{2 \times (-4)^2-4 \times 3}$$
$$=\dfrac{-12}{32-12}$$
$$=-\dfrac{12}{20}$$
$$=-\dfrac{3}{5}$$

답 ④

13

$$x-y=-\dfrac{1}{2}-\dfrac{1}{3}=-\dfrac{5}{6}$$
$$xy=-\dfrac{1}{2} \times \dfrac{1}{3}=-\dfrac{1}{6}$$
$$\dfrac{x-y}{2xy}=(x-y) \div 2xy$$
$$=-\dfrac{5}{6} \div \left\{2 \times \left(-\dfrac{1}{6}\right)\right\}$$
$$=-\dfrac{5}{6} \times (-3)$$
$$=\dfrac{5}{2}$$

답 ③

14

$a=20$, $x=250$을 $a-\dfrac{3}{500}x$에 대입하면

$$a-\dfrac{3}{500}x=20-\dfrac{3}{500} \times 250$$
$$=20-\dfrac{3}{2}$$
$$=20-1.5$$
$$=18.5(\text{℃})$$

답 ⑤

15

① $1-x$의 항은 1, $-x$이므로 모두 2개이다.

② $x-2y+7$의 차수는 1이다.

③ $3x^2-2x-1$의 상수항은 -1이다.

④ $x^2-\dfrac{x}{2}+1$의 x의 계수는 $-\dfrac{1}{2}$이다.

⑤ $-x+4y+6$의 x의 계수는 -1, 상수항은 6이므로 그 합은 5이다.

답 ⑤

16

x의 계수가 -2, 상수항이 3인 x에 대한 일차식은 $-2x+3$이므로

$x=5$를 대입하면

$-2 \times 5+3=-7$, 즉 $a=-7$

$x=-2$를 대입하면

$-2 \times (-2)+3=7$, 즉 $b=7$

따라서 $a-b=-7-7=-14$

답 ①

17

$$A=\dfrac{5}{4}a \times \left(-\dfrac{8}{15}\right)=\left\{\dfrac{5}{4} \times \left(-\dfrac{8}{15}\right)\right\} \times a=-\dfrac{2}{3}a$$
$$B=\left(-\dfrac{9}{4}a\right) \div \left(-\dfrac{3}{2}\right)=\left(-\dfrac{9}{4}a\right) \times \left(-\dfrac{2}{3}\right)$$
$$=\left\{\left(-\dfrac{9}{4}\right) \times \left(-\dfrac{2}{3}\right)\right\} \times a=\dfrac{3}{2}a$$

따라서

$$A+B=-\dfrac{2}{3}a+\dfrac{3}{2}a=-\dfrac{4}{6}a+\dfrac{9}{6}a=\dfrac{5}{6}a$$

답 ③

18

$$\left(\dfrac{3x-1}{2}\right) \div \left(-\dfrac{3}{2}\right)=\left(\dfrac{3x}{2}-\dfrac{1}{2}\right) \times \left(-\dfrac{2}{3}\right)$$
$$=\dfrac{3x}{2} \times \left(-\dfrac{2}{3}\right)-\dfrac{1}{2} \times \left(-\dfrac{2}{3}\right)$$
$$=-x+\dfrac{1}{3}$$

x의 계수 $a=-1$, 상수항 $b=\dfrac{1}{3}$

따라서 $b-a=\dfrac{1}{3}-(-1)=\dfrac{4}{3}$

답 $\dfrac{4}{3}$

19

①, ⑤ 문자와 차수가 서로 같으므로 동류항이다.

② 문자와 차수가 모두 같지 않으므로 동류항이 아니다.

③ 문자는 같지만 차수가 같지 않으므로 동류항이 아니다.

④ 문자가 같지 않으므로 동류항이 아니다.

답 ①, ⑤

20

규칙에 따르면

$B=2a+a=3a$

$A=-4a+B=-4a+3a=-a$

따라서 $A-B=-a-3a=-4a$

답 ①

21

① $(x+1)+(3x+2)=x+1+3x+2=4x+3$

② $2(2x-3)-(x-6)=4x-6-x+6=3x$

③ $(2a+3)+4(a-1)=2a+3+4a-4=6a-1$

④ $(x+3)-3(2x-1)=x+3-6x+3$
$$=-5x+6$$

⑤ $2(2a-3)+3(-a+1)=4a-6-3a+3$
$$=a-3$$

답 ⑤

22

$(ax-5)-(3x+b)=ax-5-3x-b$
$$=(a-3)x-5-b$$

$a-3=-4,\ a=-1$

$-5-b=3,\ b=-8$

따라서 $ab=(-1)\times(-8)=8$

답 ⑤

23

$(주어진\ 식)=(8a-3)-(2a-3+1)$
$$=(8a-3)-(2a-2)$$
$$=8a-3-2a+2$$
$$=8a-2a-3+2$$
$$=6a-1$$

답 ②

24

$\dfrac{x-3}{6}+\dfrac{2x-1}{2}-\dfrac{3x-2}{4}$

$=\dfrac{2(x-3)}{12}+\dfrac{6(2x-1)}{12}-\dfrac{3(3x-2)}{12}$

$=\dfrac{2x-6+12x-6-9x+6}{12}$

$=\dfrac{5x-6}{12}=\dfrac{5}{12}x-\dfrac{1}{2}$

따라서 $a=\dfrac{5}{12},\ b=-\dfrac{1}{2}$이므로

$a-b=\dfrac{5}{12}-\left(-\dfrac{1}{2}\right)=\dfrac{11}{12}$

답 ④

25

$2x-[x+3\{4x-(5x-1)\}]$

$=2x-\{x+3(4x-5x+1)\}$

$=2x-\{x+3(-x+1)\}$

$=2x-(x-3x+3)$

$=2x-(-2x+3)$

$=2x+2x-3$

$=4x-3$

일차항의 계수는 4, 상수항은 -3이므로

그 합은 $4+(-3)=1$

답 ④

26

$-(A-5B)+3(A-2B)=-A+5B+3A-6B$
$$=2A-B$$

이므로 $A=2a+3,\ B=-4a-1$을

$2A-B$에 대입하면

$2A-B=2(2a+3)-(-4a-1)$
$$=4a+6+4a+1$$
$$=8a+7$$

답 ①

27

$(어떤\ 일차식)-(3x+1)=-4x-3$이므로

$(어떤\ 일차식)=-4x-3+(3x+1)$
$$=-4x-3+3x+1$$
$$=-x-2$$

따라서 바르게 계산하면

$(-x-2)+(3x+1)=-x-2+3x+1$
$$=2x-1$$

답 $2x-1$

28

$(색칠한\ 부분의\ 넓이)=(직사각형의\ 넓이)$
$$-(세\ 삼각형의\ 넓이의\ 합)$$

이고 직사각형의 가로의 길이는 $x+6$, 세로의 길이는 10이므로

$(색칠한\ 부분의\ 넓이)$

$=10\times(x+6)-\left\{\dfrac{1}{2}\times x\times10+\dfrac{1}{2}\times6\times8+\dfrac{1}{2}\times2\times(x+6)\right\}$

$=10(x+6)-(5x+24+x+6)$

$=10x+60-6x-30$

$=4x+30$

답 ②

29

(이동한 거리)$=20+20=40(\text{km})$

(걸린 시간)$=($갈 때 걸린 시간$)+($올 때 걸린 시간$)$

$$=\frac{20}{10}+\frac{20}{a}=2+\frac{20}{a}(\text{시간})$$

(평균 속력)$=\dfrac{(\text{이동한 거리})}{(\text{걸린 시간})}$

$$=40\div\left(2+\frac{20}{a}\right)=40\div\frac{2a+20}{a}$$

$$=40\times\frac{a}{2a+20}=\frac{40a}{2a+20}$$

$$=\frac{40a}{2(a+10)}=\frac{20a}{a+10}(\text{km/시})$$

달 시속 $\dfrac{20a}{a+10}$ km

30

$a:b=3:2$이므로 $2a=3b$

$2a=3b$를 $\dfrac{2a+5b}{4a-4b}$에 대입하면

$$\frac{2a+5b}{4a-4b}=\frac{3b+5b}{2\times3b-4b}=\frac{8b}{6b-4b}=\frac{8b}{2b}=4$$

달 ⑤

31

n이 홀수일 때, $n+1$은 짝수이므로

$(-1)^n=-1,\ (-1)^{n+1}=1$

$(-1)^n\left(\dfrac{x+2}{2}\right)-(-1)^{n+1}\left(\dfrac{2x-1}{3}\right)$

$$=(-1)\times\left(\frac{x+2}{2}\right)-1\times\left(\frac{2x-1}{3}\right)$$

$$=\frac{-x-2}{2}-\frac{2x-1}{3}$$

$$=\frac{-3x-6-4x+2}{6}$$

$$=\frac{-7x-4}{6}$$

$$=-\frac{7}{6}x-\frac{2}{3}$$

따라서 $a=-\dfrac{7}{6},\ b=-\dfrac{2}{3}$이므로

$$a-b=-\frac{7}{6}-\left(-\frac{2}{3}\right)=-\frac{7}{6}+\frac{4}{6}=-\frac{3}{6}=-\frac{1}{2}$$

달 ②

32

사용한 성냥개비의 수는 다음 표와 같다.

정사각형의 수	1	2	3	…
사용한 성냥개비의 수(개)	4	$4+3\times1$	$4+3\times2$	…

따라서 정사각형이 x개 만들어졌을 때 사용한 성냥개비의 수는

$4+3(x-1)=4+3x-3=3x+1(\text{개})$

$a=3,\ b=1$이므로 $a+b=3+1=4$

달 4

> **STEP 1** 풀이 참조
> **STEP 2** $9x+2$
> **STEP 3** 1. $x-15$　　2. $-\dfrac{2}{3}$　　3. $x+6$　　4. 79개

STEP 1

$\boxed{6}\times A=12x-3$이므로

$A=(12x-3)\div6=(12x-3)\times\dfrac{1}{\boxed{6}}=\boxed{2}\,x-\dfrac{1}{2}$ ··· 1단계

$-7x+4+B=\boxed{-5x-1}$이므로

$B=-5x-1-(\boxed{-7}x+4)$

$\quad=-5x-1+7x-4=2x-\boxed{5}$ ··· 2단계

$2A-B=2\left(\boxed{2}\,x-\dfrac{1}{2}\right)-(2x-\boxed{5})=4x-1-2x+5$

$\qquad=\boxed{2x+4}$ ··· 3단계

단계	채점 기준	비율
1단계	일차식 A를 구한 경우	40 %
2단계	일차식 B를 구한 경우	40 %
3단계	$2A-B$를 계산한 경우	20 %

달 풀이 참조

STEP 2

$A\div3=x-2$이므로

$A=(x-2)\times3=3x-6$ ··· 1단계

$B-(-5x-3)=2x-1$이므로

$B=2x-1+(-5x-3)$

$\quad=2x-1-5x-3$

$\quad=-3x-4$ ··· 2단계

$A-2B=(3x-6)-2(-3x-4)$

$\qquad=3x-6+6x+8$

$\qquad=9x+2$ ··· 3단계

단계	채점 기준	비율
1단계	일차식 A를 구한 경우	40 %
2단계	일차식 B를 구한 경우	40 %
3단계	$A-2B$를 계산한 경우	20 %

달 $9x+2$

STEP 3

1

(어떤 일차식)$\times\left(-\dfrac{1}{3}\right)=\dfrac{x}{9}-\dfrac{5}{3}$이므로

$$(\text{어떤 일차식}) = \left(\frac{x}{9} - \frac{5}{3}\right) \div \left(-\frac{1}{3}\right)$$

$$= \left(\frac{x}{9} - \frac{5}{3}\right) \times (-3)$$

$$= -\frac{x}{3} + 5 \qquad \cdots \text{1단계}$$

따라서 바르게 계산하면

$$\left(-\frac{x}{3} + 5\right) \div \left(-\frac{1}{3}\right) = \left(-\frac{x}{3} + 5\right) \times (-3)$$

$$= x - 15 \qquad \cdots \text{2단계}$$

단계	채점 기준	비율
1단계	어떤 일차식을 구한 경우	50 %
2단계	바르게 계산한 식을 구한 경우	50 %

답 $x-15$

2

$$(\text{주어진 식}) = \frac{5}{2}x - \frac{5}{3} - \frac{15}{2}x + 6$$

$$= \left(\frac{5}{2} - \frac{15}{2}\right)x + \left(-\frac{5}{3} + 6\right)$$

$$= -5x + \frac{13}{3} \qquad \cdots \text{1단계}$$

x의 계수는 -5, 상수항은 $\dfrac{13}{3}$이므로 $\qquad \cdots$ 2단계

x의 계수와 상수항의 합은

$$-5 + \frac{13}{3} = -\frac{2}{3} \qquad \cdots \text{3단계}$$

단계	채점 기준	비율
1단계	주어진 식을 계산한 경우	60 %
2단계	x의 계수와 상수항을 구한 경우	20 %
3단계	x의 계수와 상수항의 합을 구한 경우	20 %

답 $-\dfrac{2}{3}$

3

점 A에서 점 D까지의 거리는

$$(16x+3) + (4x+6) = 16x + 3 + 4x + 6$$

$$= 20x + 9 \qquad \cdots \text{1단계}$$

점 B에서 점 D까지의 거리는 $19x+3$이므로
점 A에서 점 B까지의 거리는

$$(20x+9) - (19x+3) = 20x + 9 - 19x - 3$$

$$= x + 6 \qquad \cdots \text{2단계}$$

단계	채점 기준	비율
1단계	점 A에서 점 D까지의 거리를 구한 경우	50 %
2단계	점 A에서 점 B까지의 거리를 구한 경우	50 %

답 $x+6$

4

각 단계에서 사용된 막대의 개수는 다음과 같다.

단계	사용된 막대의 개수
[1단계]	3×1
[2단계]	$3 \times 2 + 1$
[3단계]	$3 \times 3 + 2$
[4단계]	$3 \times 4 + 3$
⋮	⋮

$\qquad \cdots$ 1단계

[n단계]에서 사용된 막대의 개수는

$$3 \times n + (n-1) = 3n + n - 1 = 4n - 1 (\text{개}) \qquad \cdots \text{2단계}$$

따라서 [20단계]에서 사용된 막대의 개수는

$$4 \times 20 - 1 = 80 - 1 = 79 (\text{개}) \qquad \cdots \text{3단계}$$

단계	채점 기준	비율
1단계	각 단계에서 사용된 막대의 개수를 구한 경우	20 %
2단계	[n단계]에서 사용된 막대의 개수를 구한 경우	50 %
3단계	[20단계]에서 사용된 막대의 개수를 구한 경우	30 %

답 79개

01 방정식과 그 해

개념 확인 문제

1 (1) ◯ (2) × (3) × (4) ◯

2 (1) 풀이 참조 (2) 2

1

(1), (4)는 등호가 있으므로 등식이다.

(2), (3)은 등호가 없으므로 등식이 아니다.

2

(1)

x의 값	좌변 $4x-2$의 값	우변 $3x$의 값	참/거짓
0	$4\times0-2=-2$	$3\times0=0$	거짓
1	$4\times1-2=2$	$3\times1=3$	거짓
2	$4\times2-2=6$	$3\times2=6$	참
3	$4\times3-2=10$	$3\times3=9$	거짓

(2) 주어진 등식을 참이 되게 하는 x의 값은 2이다.

유제 1

ㄴ. $a-5<1$은 부등호를 사용했으므로 등식이 아니다.

ㄷ. $4x+7$은 등호가 없으므로 등식이 아니다.

ㄱ, ㄹ. 등호를 사용한 식이므로 등식이다.

따라서 등식인 것을 모두 고르면 ㄱ, ㄹ이다.

답 ㄱ, ㄹ

유제 2

④ $5x-3$은 등호가 없으므로 등식이 아니다.

답 ④

유제 3

'아하'를 x라 하면

아하와 아하의 $\dfrac{1}{7}$을 더하면 $x+\dfrac{1}{7}x$

따라서 등식은 $x+\dfrac{1}{7}x=19$

답 $x+\dfrac{1}{7}x=19$

유제 4

(1) 어떤 수 x에서 4를 뺀 후 3배를 하면 $3(x-4)$

(좌변)$=3(x-4)$

x를 2로 나눈 것은 $\dfrac{x}{2}$이므로 (우변)$=\dfrac{x}{2}$

따라서 구하는 등식은 $3(x-4)=\dfrac{x}{2}$

(2) 500원짜리 사탕 x개의 가격은 $500x$원이므로 3000원을 냈을 때, 거스름돈은 $(3000-500x)$원

따라서 구하는 등식은 $3000-500x=500$

답 (1) $3(x-4)=\dfrac{x}{2}$ (2) $3000-500x=500$

유제 5

$x=3$을 각각의 방정식에 대입해 보자.

① $2\times3-3\neq1$

② $-2\times3+5\neq7$

③ $3\times3-5\neq3-2$

④ $5\times3-5=3\times3+1$

⑤ $2(3-1)\neq4(3-1)$

따라서 해가 $x=3$인 방정식은 ④이다.

답 ④

유제 6

$7-x=2(x+5)$에

$x=-2$를 대입하면 $7-(-2)\neq2\times(-2+5)$

$x=-1$을 대입하면 $7-(-1)=2\times(-1+5)$

$x=0$을 대입하면 $7-0\neq2\times(0+5)$

$x=1$을 대입하면 $7-1\neq2\times(1+5)$

따라서 주어진 방정식의 해는 $x=-1$이다.

답 $x=-1$

유제 7

① (좌변)$=$(우변)이므로 항등식이다.

②, ④, ⑤ 주어진 식은 모두 방정식이다.

③ (좌변)$=-(4-x)+3=-4+x+3=-1+x$
　(우변)$=x-1=-1+x$

따라서 (좌변)$=$(우변)이므로 항등식이다.

답 ③

유제 8

(좌변)$=4(2x-1)+3=8x-4+3=8x-1$

이때 주어진 등식이 항등식이므로 □ 안에 알맞은 수는 -1이다.

답 ②

연습문제

| 01 ②, ⑤ | 02 ⑤ | 03 ① | 04 ⑤ | 05 $x=3$ |
| 06 ② | 07 ② | 08 ④ |

01

①, ③ 등호가 없으므로 등식이 아니다.

④ 부등호가 있으므로 등식이 아니다.

답 ②, ⑤

02

⑤ x명의 학생들에게 사탕을 3개씩 나누어 줄 때,
나누어 준 사탕의 개수는 $3x$개
사탕 32개를 $3x$개만큼 나누어주고 5개가 남았으므로
$32-3x=5$

답 ⑤

03

② 항상 거짓인 식
③, ④, ⑤ (좌변)＝(우변)이므로 x의 값에 관계 없이 항상 참이 되는 식이다.

답 ①

04

① $x=2$를 대입하면 $-2+6\neq8$
② $x=-2$를 대입하면 $-2+4\neq=-4$
③ $x=-7$을 대입하면 $2\times(-7)-14\neq0$
④ $x=-3$을 대입하면 $3\times(-3-2)\neq15$
⑤ $x=-6$을 대입하면 $\dfrac{7}{6}\times(-6)+1=-6$

답 ⑤

05

x가 6의 약수이므로 $x=1, 2, 3, 6$

x의 값	좌변의 값	우변의 값	참/거짓
1	$3\times(1-2)=-3$	1	거짓
2	$3\times(2-2)=0$	2	거짓
3	$3\times(3-2)=3$	3	참
6	$3\times(6-2)=12$	6	거짓

따라서 해는 $x=3$

답 $x=3$

06

$x=2$를 $3x-10=a$에 대입하면
$3\times2-10=a$, $-4=a$
$a=-4$를 $4-2a$에 대입하면
$4-2a=4-2\times(-4)=4+8=12$

답 ②

07

ㄱ. $x=1$일 때만 참이다.
ㄴ. (우변)$=3(x+2)=3x+6$
   즉, (좌변)＝(우변)이므로 x가 어떤 값을 가지더라도 항상 참이다.
ㄷ. $x=0$일 때만 참이다.
ㄹ. 등식이 아니다.
ㅁ. (우변)$=3x+5x+3=8x+3$
   즉, (좌변)＝(우변)이므로 x가 어떤 값을 가지더라도 항상 참이다.

따라서 x가 어떤 값을 가지더라도 항상 참이 되는 등식의 개수는 ㄴ, ㅁ의 2개이다.

답 ②

08

$-4(x-1)=\square-x$가 항등식이 되려면
(좌변)＝(우변)이어야 하므로
(좌변)$=-4(x-1)=-4x+4$
(우변)$=\square-x$
따라서 $\square=-3x+4$

답 ④

02 등식의 성질

개념책 102~103쪽

개념 확인 문제

1 (1) ○ (2) × (3) × (4) ○
2 5, 5, 5, 2, 2, 2, 1

1

$a=b$일 때,
(1) 양변에 2를 더하면 $a+2=b+2$
(2) 양변에서 5를 빼면 $a-5=b-5$
(3) 양변에 -7을 곱하면 $-7a=-7b$
(4) 양변을 4로 나누면 $\dfrac{a}{4}=\dfrac{b}{4}$,

   양변에 6을 더하면 $\dfrac{a}{4}+6=\dfrac{b}{4}+6=6+\dfrac{b}{4}$

2

$$2x-5=-3$$
$$2x-5+\boxed{5}=-3+\boxed{5}$$
양변에 $\boxed{5}$ 를 더한다.
$$2x=\boxed{2}$$
$$\dfrac{2x}{2}=\dfrac{\boxed{2}}{2}$$
양변을 $\boxed{2}$ 로 나눈다.
$$x=\boxed{1}$$

유제 ❶

① $\dfrac{a}{5}=b$의 양변에 25를 곱하면

   $\dfrac{a}{5}\times25=b\times25$, $5a=25b$

② $\dfrac{a}{3}=\dfrac{b}{2}$의 양변에 9를 곱하면

   $\dfrac{a}{3}\times9=\dfrac{b}{2}\times9$, $3a=\dfrac{9}{2}b$

③ $4a=2b$의 양변을 2로 나누면

$\dfrac{4a}{2}=\dfrac{2b}{2}$, $2a=b$

양변에서 b를 빼면 $2a-b=b-b$, $2a-b=0$

④ $2a=b$의 양변에 2를 더하면

$2a+2=b+2$, $2(a+1)=b+2$

⑤ $-4+2a=-4+2b$의 양변에 4를 더하면

$-4+2a+4=-4+2b+4$, $2a=2b$

양변을 2로 나누면 $\dfrac{2a}{2}=\dfrac{2b}{2}$, $a=b$

따라서 옳은 것은 ⑤이다.

답 ⑤

유제 2

① $1\times0=2\times0$이지만 $1\neq2$이다.

'$ac=bc$이면 $a=b$이다.'는 $c\neq0$일 때만 성립한다.

답 ①

유제 3

$6x-2=-14$의

양변에 2를 더하면

$6x-2+2=-14+2$, $6x=-12$

양변을 6으로 나누면

$\dfrac{6x}{6}=\dfrac{-12}{6}$, $x=-2$

따라서 ㈎, ㈏에서 사용한 등식의 성질은 각각 $a=b$이고 c는 자연수일 때,

ㄱ. $a+c=b+c$, ㄹ. $\dfrac{a}{c}=\dfrac{b}{c}$이다.

답 ㄱ, ㄹ

유제 4

$5x-1=14$에서

양변에 1을 더하면 $5x-1+1=14+1$

양변을 정리하면 $5x=15$

양변을 5로 나누면 $\dfrac{5x}{5}=\dfrac{15}{5}$, $x=3$

따라서 c의 값은 1이다.

답 1

연습문제   개념책 104쪽

01 4	**02** ⑤	**03** ③	**04** ⑤	**05** ④
06 $\dfrac{3}{2}$	**07** ②	**08** $x=4$		

01

$2x-6=3$의 양변에 6을 더하면

$2x-6+6=3+6$, $2x=9$이므로 $A=6$

$\dfrac{1}{5}x=-4$의 양변에 5를 곱하면

$\dfrac{1}{5}x\times5=-4\times5$, $x=-20$이므로 $B=5$

$-7x=21$의 양변을 -7로 나누면

$\dfrac{-7x}{-7}=\dfrac{21}{-7}$, $x=-3$이므로 $C=-7$

따라서 $A+B+C=6+5+(-7)=4$

답 4

02

⑤ $a=b$의 양변에서 2를 빼면

$a-2=b-2$

양변에 3을 곱하면

$3(a-2)=3(b-2)=3b-6$

답 ⑤

03

ㄱ. $a=-b$의 양변에 -1을 곱하면

$-a=b$

양변에 5를 더하면

$5-a=5+b$

ㄴ. $5-a=5-2b$의 양변에서 5를 빼면

$5-a-5=5-2b-5$, $-a=-2b$

양변에 -1을 곱하면

$a=2b$

ㄷ. $\dfrac{a}{2}=\dfrac{b}{5}$의 양변에 10을 곱하면

$\dfrac{a}{2}\times10=\dfrac{b}{5}\times10$, $5a=2b$

ㄹ. $a+7=b+7$의 양변에서 7을 빼면

$a+7-7=b+7-7$, $a=b$

양변에서 b를 빼면 $a-b=b-b$, $a-b=0$

따라서 옳은 것을 모두 고르면 ㄱ, ㄴ, ㄷ이다.

답 ③

04

$4a+8=4(b-1)$의 양변을 4로 나누면

$\dfrac{4a+8}{4}=\dfrac{4(b-1)}{4}$, $a+2=b-1$

양변에서 4를 빼면

$a+2-4=b-1-4$

$a-2=b-5$

따라서 $\square$ 안에 알맞은 수는 5이다.

답 ⑤

05

등식의 성질을 이용하여

방정식 $2x-3=5x+9$를 풀면

$2x-3=5x+9$

$\quad$ ㉠ 양변에 3을 더하면

$2x=5x+12$

$\quad$ ㉡ 양변에서 $5x$를 빼면

$-3x=12$

$\quad$ ㉢ 양변을 -3으로 나누면

$x=-4$

㉢에서 양변을 -3으로 나누었으므로 틀리게 말한 학생은 지민이다.

$\qquad$ 답 ④

06

평행을 이루고 있는 접시저울의 상황을 등식으로 나타내면

$3x+1=x+4$

양변에서 1를 빼면

$3x+1-1=x+4-1$, $3x=x+3$

양변에서 x를 빼면

$3x-x=x+3-x$, $2x=3$

양변을 2로 나누면

$\dfrac{2x}{2}=\dfrac{3}{2}$, $x=\dfrac{3}{2}$

따라서 큰 추의 무게는 $\dfrac{3}{2}$이다.

$\qquad$ 답 $\dfrac{3}{2}$

07

② $\dfrac{x}{5}-4=-2$의 양변에 4를 더하면

$\dfrac{x}{5}-4+4=-2+4$, $\dfrac{x}{5}=2$

양변에 5를 곱하면

$\dfrac{x}{5}\times5=2\times5$, $x=10$

$\qquad$ 답 ②

08

$\dfrac{5-2x}{3}=-1$의 양변에 3을 곱하면

$3\times\dfrac{5-2x}{3}=3\times(-1)$, $5-2x=-3$

양변에서 5를 빼면

$5-2x-5=-3-5$, $-2x=-8$

양변을 -2로 나누면

$\dfrac{-2x}{-2}=\dfrac{-8}{-2}$, $x=4$

따라서 주어진 방정식의 해는 $x=4$이다.

$\qquad$ 답 $x=4$

---

03 일차방정식의 풀이

개념책 105~109쪽

개념 확인 문제

1 (1) × (2) ○ (3) × (4) ○

2 (1) -8, 2 (2) -8, 2, -4

3 (1) 10, 12, 6 (2) 6, 10, 2

4 $2x+4$, $2x+4$, $2x+4$, 6, 3, 3, 3, 3, 3

1

(1) $4x-1=7$에서 좌변의 -1을 우변으로 이항하면 $4x=7+1$

(3) $-x=12+3x$에서 우변의 $3x$를 좌변으로 이항하면

$\quad -x-3x=12$

2

(1) $-4x+2=-6$에서

$\quad$ 좌변의 2를 우변으로 이항하면

$\quad -4x=-6-2$

$\quad -4x=\boxed{-8}$

$\quad$ 양변을 -4로 나누면

$\quad \dfrac{-4x}{-4}=\dfrac{-8}{-4}$

$\quad x=\boxed{2}$

(2) $5x+7=3x-1$에서

$\quad$ 좌변의 7, 우변의 $3x$를 이항하면

$\quad 5x-3x=-1-7$

$\quad 2x=\boxed{-8}$

$\quad$ 양변을 $\boxed{2}$로 나누면

$\quad \dfrac{2x}{2}=\dfrac{-8}{2}$

$\quad x=\boxed{-4}$

3

(1) $0.2x-1.4=-0.2$의

$\quad$ 양변에 $\boxed{10}$을 곱하면 $2x-14=-2$

$\quad -14$를 이항하면 $2x=-2+14$, $2x=\boxed{12}$

$\quad$ 양변을 2로 나누면 $\dfrac{2x}{2}=\dfrac{12}{2}$, $x=\boxed{6}$

(2) $\dfrac{1}{2}x-\dfrac{5}{3}=-\dfrac{1}{3}x$에서

$\quad$ 양변에 분모의 최소공배수 $\boxed{6}$을 곱하면

$\quad 3x-10=-2x$

$\quad -10$, $-2x$를 각각 이항하면

$\quad 3x+2x=10$, $5x=\boxed{10}$

$\quad$ 양변을 5로 나누면 $\dfrac{5x}{5}=\dfrac{10}{5}$, $x=\boxed{2}$

4

미지수 정하기	어떤 수를 x라 하자.
방정식 세우기	어떤 수의 4배에서 2를 뺀 수는 $4x-2$
	어떤 수의 2배에 4를 더한 수는 $\boxed{2x+4}$
	방정식을 세우면 $4x-2=\boxed{2x+4}$
방정식 풀기	$4x-2=\boxed{2x+4}$
	$2x=\boxed{6}$, $x=\boxed{3}$
	따라서 어떤 수는 $\boxed{3}$ 이다.
확인하기	어떤 수가 $\boxed{3}$ 이면
	$4\times\boxed{3}-2=2\times\boxed{3}+4$
	이므로 문제의 뜻에 맞다.

유제 ❶

$ax-2=3x+b$에서

$3x$와 b를 각각 좌변으로 이항하면

$ax-2-3x-b=0$

$(a-3)x+(-2-b)=0$

x에 대한 일차방정식이 되기 위한 조건은

$a-3\neq0$이어야 하므로 $a\neq3$

답 ②

유제 ❷

$5x-3=-2x+1$에서

$-2x$와 1을 각각 좌변으로 이항하면

$5x-3+2x-1=0$, $7x-4=0$

따라서 $a=7$, $b=-4$이므로 $a+b=7+(-4)=3$

답 3

유제 ❸

$2(3x-1)=3(x-1)+2$에서

$6x-2=3x-3+2$, $6x-3x=-1+2$

$3x=1$, $x=\dfrac{1}{3}$

따라서 $k=\dfrac{1}{3}$이므로

$1-3k=1-3\times\dfrac{1}{3}=1-1=0$

답 ③

유제 ❹

(1) $2x-1=-2x+9$에서 $2x+2x=9+1$

$\quad 4x=10$, $x=\dfrac{5}{2}$

(2) $3x=4(x-2)+6$에서 $3x=4x-8+6$

$\quad 3x-4x=-8+6$, $-x=-2$, $x=2$

답 (1) $x=\dfrac{5}{2}$ (2) $x=2$

유제 ❺

$0.4(x-3)=0.04x-3$의 양변에 100을 곱하면

$40(x-3)=4x-300$, $40x-120=4x-300$

$36x=-180$, $x=-5$

$\dfrac{1}{2}x-\dfrac{3}{4}x=\dfrac{2x-7}{6}$의 양변에 12를 곱하면

$6x-9x=4x-14$, $-7x=-14$

$x=2$

따라서 $a=-5$, $b=2$이므로 $a+b=-5+2=-3$

답 ①

유제 ❻

$\dfrac{3(3-x)}{4}=-\dfrac{2(x-1)}{3}+1.5$에서

소수를 분수로 고치면

$\dfrac{3(3-x)}{4}=-\dfrac{2(x-1)}{3}+\dfrac{3}{2}$

양변에 12를 곱하면

$9(3-x)=-8(x-1)+18$

$27-9x=-8x+8+18$

$-9x+8x=8+18-27$

$-x=-1$

$x=1$

답 $x=1$

유제 ❼

주어진 일차방정식에 $x=3$을 대입하면

$\dfrac{3}{3}+a=\dfrac{5\times3-3}{4}-3$

$1+a=3-3$

$a=-1$

답 ②

유제 ❽

$-6(x-4)+1=4+x$에서

$-6x+24+1=4+x$, $-7x=-21$, $x=3$

$x=3$을 $\dfrac{x+3}{2}+a=\dfrac{3x-1}{4}$에 대입하면

$\dfrac{3+3}{2}+a=\dfrac{3\times3-1}{4}$, $3+a=2$

$a=-1$

답 -1

유제 ❾

x년 후에 아버지의 나이가 세은이의 나이의 2배가 된다고 하면

$43+x=2(14+x)$

$43+x=28+2x$, $-x=-15$, $x=15$

따라서 아버지의 나이가 세은이의 나이의 2배가 되는 때는 15년
후이다.

답 ④

유제 ⑩

쿠키 한 개의 가격을 x원이라 하면
$10000-(3x+1200\times6)=400$
$10000-3x-7200=400$
$-3x+2800=400$
$-3x=-2400$
$x=800$
따라서 쿠키 한 개의 가격은 800원이다.

답 800원

유제 ⑪

올라갈 때 걸은 거리를 x km라 하면
$\dfrac{x}{3}+\dfrac{x+2}{5}=2$
$5x+3(x+2)=30$, $5x+3x+6=30$
$8x=24$, $x=3$
따라서 올라갈 때 걸은 거리는 3 km이다.

답 3 km

유제 ⑫

뛰어간 거리를 x m라 하면
걸어간 거리는 $(1200-x)$ m
(뛰어가는 데 걸린 시간)$=\dfrac{x}{240}$ (분)
(걸어가는 데 걸린 시간)$=\dfrac{1200-x}{120}$ (분)
이므로 $\dfrac{x}{240}+\dfrac{1200-x}{120}=8$
$x+2(1200-x)=1920$, $x+2400-2x=1920$
$-x=-480$, $x=480$
따라서 뛰어간 거리는 480 m이다.

답 480 m

---

01 ①	**02** ⑤	**03** ①, ③	**04** ⑤	**05** ④
06 ①	**07** ⑤	**08** ③	**09** $x=-1$	**10** $-\dfrac{1}{4}$
11 ④	**12** ④	**13** 52	**14** 35 cm²	**15** ①
16 ②				

01

$3+x=-2x+9$
3과 $-2x$를 각각 이항하면
$x+\boxed{2x}=9-\boxed{3}$
$3x=6$
$x=2$
따라서 ㈎, ㈏에 알맞은 것은 각각 $2x$, 3이다.

답 ①

02

$2x+7=6-3x$에서
6, $-3x$를 좌변으로 이항하면
$2x+7+3x-6=0$
$5x+1=0$
따라서 $a=5$, $b=1$이므로 $a+b=5+1=6$

답 ⑤

03

① $x=-x$에서 $x+x=0$, $2x=0$이므로 일차방정식이다.
② $4x-5$는 다항식이므로 일차방정식이 아니다.
③ $x(x-2)=x^2+1$, $x^2-2x=x^2+1$
   $-2x-1=0$이므로 일차방정식이다.
④ $2(x-3)=2x-6$, $2x-6=2x-6$이므로 항등식이다. 따라서 일차방정식이 아니다.
⑤ $3x^2+2x=x^2-1$, $2x^2+2x+1=0$이므로 일차방정식이 아니다.

답 ①, ③

04

$3x-7=ax+2$에서
ax와 2를 각각 좌변으로 이항하면
$3x-7-ax-2=0$
$(3-a)x+(-7-2)=0$
$(3-a)x-9=0$
x에 대한 일차방정식이 되기 위한 조건은
$3-a\neq0$이어야 하므로 $a\neq3$
따라서 상수 a의 값이 될 수 없는 것은 3이다.

답 ⑤

05

① $2x+1=3x$에서 $2x-3x=-1$

   $-x=-1$, $x=1$

② $13x-6=7x$에서 $13x-7x=6$

   $6x=6$, $x=1$

③ $3=5x-2$에서 $-5x=-2-3$

   $-5x=-5$, $x=1$

④ $9x+5=7x+3$에서 $9x-7x=3-5$

   $2x=-2$, $x=-1$

⑤ $14x+5=7+12x$에서 $14x-12x=7-5$

   $2x=2$, $x=1$

따라서 일차방정식의 해가 나머지 넷과 다른 것은 ④이다.

🔑 ④

06

$x=-6$을 $5x+8=14-ax$에 대입하면

$5\times(-6)+8=14-a\times(-6)$

$-22=14+6a$, $-6a=14+22$, $-6a=36$

$a=-6$

🔑 ①

07

$-2(x-3)=4(x+4)$에서

$-2x+6=4x+16$, $-2x-4x=16-6$

$-6x=10$, $x=-\dfrac{5}{3}$

따라서 $k=-\dfrac{5}{3}$이므로

$2-3k=2-3\times\left(-\dfrac{5}{3}\right)=2+5=7$

🔑 ⑤

08

$1.4x+2=1.25x+0.5$의 양변에 100을 곱하면

$140x+200=125x+50$

$140x-125x=50-200$

$15x=-150$

$x=-10$

$3-\dfrac{x}{5}=10+\dfrac{x}{2}$의 양변에 10을 곱하면

$30-2x=100+5x$

$-2x-5x=100-30$

$-7x=70$

$x=-10$

따라서 $a=-10$, $b=-10$이므로

$a-b=(-10)-(-10)=0$

🔑 ③

09

$$-\dfrac{x+1}{3}+x=0.5(3x+1)$$

$-\dfrac{x+1}{3}+x=\dfrac{1}{2}(3x+1)$의 양변에 6을 곱하면

$-2(x+1)+6x=3(3x+1)$

$-2x-2+6x=9x+3$

$-2x+6x-9x=3+2$

$-5x=5$

$x=-1$

🔑 $x=-1$

10

$1.6x-1.2=2x+1.6$의 양변에 10을 곱하면

$16x-12=20x+16$

$-4x=28$

$x=-7$

$x=-7$을 $a-2x=ax+12$에 대입하면

$a-2\times(-7)=a\times(-7)+12$

$a+14=-7a+12$

$a+7a=12-14$

$8a=-2$

$a=-\dfrac{1}{4}$

🔑 $-\dfrac{1}{4}$

11

$2(x-6)+3=-a$에서

$2x-12+3=-a$

$2x=9-a$

$x=\dfrac{9-a}{2}$

$\dfrac{9-a}{2}$가 자연수가 되려면 $9-a$가 2의 배수이어야 하므로 구하는 자연수 a는 1, 3, 5, 7의 4개이다.

🔑 ④

12

$(3x+2):4=2(x+1):3$에서

$3(3x+2)=8(x+1)$, $9x+6=8x+8$

$x=2$

$x=2$를 각각의 보기에 대입하면

① $2\times2+4\neq0$

② $3\times2-12\neq0$

③ $5-2\times2\neq-1$

④ $3\times(2-2)=4-2\times2$

⑤ $3\times2+1\neq-10$

따라서 $x=2$를 각 방정식에 대입하였을 때, 등식이 성립하는 것은 ④이다.

답 ④

13

처음 수의 십의 자리의 숫자를 x라 하면

$(처음 수)=10x+2$

처음 수의 십의 자리의 숫자와 일의 자리의 숫자를 바꾼 수는 십의 자리의 숫자가 2, 일의 자리의 숫자가 x이므로

$10\times2+x=20+x$

식을 세우면

$(10x+2)-27=20+x$

$10x-25=20+x$, $9x=45$, $x=5$

따라서 처음 수는 52이다.

답 52

14

세로의 길이를 x cm라 하면

가로의 길이는 $(x+2)$ cm이므로

$2\{x+(x+2)\}=24$

$4x+4=24$, $4x=20$, $x=5$

따라서 세로의 길이는 5 cm, 가로의 길이는 7 cm이므로

이 직사각형의 넓이는 $5\times7=35\,(\text{cm}^2)$

답 $35\ \text{cm}^2$

15

준서가 학교를 출발한 지 x분 후에 윤서와 만난다고 하면 준서가 x분 동안 이동한 거리는 윤서가 $(x+5)$분 동안 이동한 거리와 같으므로

$100(x+5)=150x$, $100x+500=150x$

$-50x=-500$, $x=10$

따라서 준서가 출발한 지 10분 후에 윤서와 만난다.

답 ①

16

원가를 x원이라 하면

$(정가)=x+0.3x=1.3x\,(원)$

$(판매가)=1.3x-2000\,(원)$

$(이익금)=(판매가)-(원가)$

$\qquad\quad =(1.3x-2000)-x$

$\qquad\quad =0.3x-2000\,(원)$

원가에 대한 10 %의 이익금은 $0.1x$원이므로

$0.3x-2000=0.1x$

$3x-20000=x$

$2x=20000$

$x=10000$

따라서 이 물건의 원가는 10000원이다.

답 ②

중단원 마무리

01 ③	02 ⑤	03 ④	04 ③	05 ①
06 ②	07 $x=4$	08 18	09 ⑤	10 ④
11 ⑤	12 ②	13 ②	14 ①	15 ④
16 ②	17 ③	18 ③	19 ②	20 ①
21 8	22 ⑤	23 3	24 ⑤	25 ①
26 ①	27 210명	28 ④	29 6	30 9시간

01

ㄱ, ㄴ, ㄷ. 등호가 있는 식이므로 등식이다.

ㄹ. 부등호가 있는 식이므로 등식이 아니다.

답 ③

02

① $x=2$를 대입하면 $-2+7\neq9$

② $x=-2$를 대입하면 $-2+4\neq-4$

③ $x=-8$을 대입하면 $3\times(-8)-24\neq0$

④ $x=-6$을 대입하면 $3\times(-6)-5\neq13$

⑤ $x=-7$을 대입하면 $\dfrac{-7}{7}+1=0$

답 ⑤

03

① $x=8$일 때만 참이므로 방정식이다.

② $x=0$일 때만 참이므로 방정식이다.

③ $x=0$일 때만 참이므로 방정식이다.

④ x의 값에 관계없이 항상 참이므로 항등식이다.

⑤ $2(x-4)=8-2x$, $2x-8=8-2x$

$x=4$일 때만 참이므로 방정식이다.

답 ④

04

$a=b$일 때,

① 양변에 4를 더하면 $a+4=b+4\neq4b$

② 양변에 -2를 곱하면 $-2a=-2b\neq b-2$

③ 양변에서 1을 빼면 $a-1=b-1$

　양변에 3을 곱하면 $3(a-1)=3(b-1)=3b-3$

④ 양변을 -5로 나누면 $-\dfrac{a}{5}=-\dfrac{b}{5}$

　양변에 6을 더하면 $-\dfrac{a}{5}+6=-\dfrac{b}{5}+6\neq\dfrac{b}{5}-6$

⑤ 양변에 4를 곱하면 $4a=4b$

　양변에서 2를 빼면 $4a-2=4b-2$

　양변을 4로 나누면

　$\dfrac{4a-2}{4}=\dfrac{4b-2}{4}=b-\dfrac{1}{2}\neq b-2$

답 ③

05

① $6x\underline{-7}=5$에서 밑줄 친 항을 이항하면

$\quad 6x=5+7$

답 ①

06

$2x+5=3(5-x)$에서 괄호를 풀면

$2x+5=15-3x$, $2x+3x=15-5$

$5x=10$, $x=2$

따라서 $k=2$이므로 $-2k+1=-2\times2+1=-3$

답 ②

07

$\dfrac{x-1}{3}=\dfrac{x}{4}$의 양변에 분모의 최소공배수 12를 곱하면

$4(x-1)=3x$

$4x-4=3x$

$4x-3x=4$

$x=4$

답 $x=4$

08

연속한 세 자연수 중 가장 큰 수를 x라 하면

연속한 세 자연수는 $x-2$, $x-1$, x이므로

$(x-2)+(x-1)+x=51$

$3x-3=51$

$3x=54$

$x=18$

따라서 세 자연수 중 가장 큰 수는 18이다.

답 18

09

⑤ 정가가 a원인 옷을 20 % 할인한 금액은 $0.2a$원이므로 판매가격은 $a-0.2a=0.8a$

따라서 주어진 문장을 등식으로 나타내면

$0.8a=12000$

답 ⑤

10

$x=2$를 각각의 방정식에 대입하면

ㄱ. $2-4\neq6-2\times2$

ㄴ. $2\times(2+1)=5\times2-4$

ㄷ. $1+2\times(-2+3)=5-2$

ㄹ. $\dfrac{1}{2}\times2+2=\dfrac{2\times2+5}{3}$

따라서 옳은 것을 있는 대로 고르면 ㄴ, ㄷ, ㄹ이다.

답 ④

11

$-3x+b=ax-4+2x$에서

$-3x+b=(a+2)x-4$

이 등식이 x에 대한 항등식이므로

$-3=a+2$에서 $a=-5$, $b=-4$

따라서 $ab=(-5)\times(-4)=20$

답 ⑤

12

① $6x-5=1$의 양변에 5를 더하면

$\quad 6x-5+5=1+5$, $6x=6$

② $6x=6$의 양변을 6으로 나누면 $x=1$

③ $6x-5=1$의 양변에서 $2x$를 빼면

$\quad 6x-5-2x=1-2x$

$\quad 4x-5=-2x+1$

④ $6x-5=1$의 양변에 1을 더하면

$\quad 6x-5+1=1+1$

$\quad 6x-4=2$

⑤ $x=1$의 양변에 2를 곱하면 $2x=2$

$\quad 2x=2$의 양변에서 1을 빼면

$\quad 2x-1=2-1$, $2x-1=1$

따라서 얻을 수 없는 식은 ②이다.

답 ②

13

$-\dfrac{x}{4}+3=2x$의 양변에 -4를 곱하면

$\left(-\dfrac{x}{4}+3\right)\times(-4)=2x\times(-4)$

$x-12=-8x$

양변에 $8x$를 더하면

$x-12+8x=-8x+8x$, $9x-12=0$

양변에 12를 더하면

$9x-12+12=12$, $9x=12$

따라서 $a=12$

답 ②

14

$4x^2-3x+a=-ax^2-x+2$에서

$(4+a)x^2-2x+a-2=0$

이 방정식이 x에 대한 일차방정식이려면

x^2의 계수가 0이어야 하므로

$4+a=0$

$a=-4$

답 ①

15

① $2x+9=7$에서 $2x=7-9$

$\quad 2x=-2$, $x=-1$

② $3x+11=2x+12$에서 $3x-2x=12-11$

$\quad x=1$

③ $10x=5(x+2)$에서 $10x=5x+10$
　　$10x-5x=10$, $5x=10$, $x=2$
④ $-5(x-2)=1-2x$에서 $-5x+10=1-2x$
　　$-5x+2x=1-10$, $-3x=-9$, $x=3$
⑤ $4(x-2)=2(x-1)-5$에서
　　$4x-8=2x-2-5$, $4x-2x=-2-5+8$
　　$2x=1$, $x=\dfrac{1}{2}$
따라서 일차방정식 중 해가 가장 큰 것은 ④이다.

답 ④

16

$x=4$를 $a-3x=1-x$에 대입하면
$a-3\times4=1-4$, $a-12=-3$
$a=9$
$x=4$를 $-5(x-3)=x-3b$에 대입하면
$-5\times(4-3)=4-3b$, $-5=4-3b$
$3b=9$, $b=3$
따라서 $a-b=9-3=6$

답 ②

17

$\dfrac{4}{3}(x-3)=\dfrac{2+x}{2}$의

양변에 $\boxed{6}$ 을 곱하면
$\boxed{8}(x-3)=3(2+x)$
$8x-\boxed{24}=6+3x$
$5x=\boxed{30}$
$x=\boxed{6}$

답 ③

18

$1.4x-0.06=2(0.8x+0.17)$의
양변에 100을 곱하면
$140x-6=200(0.8x+0.17)$
$140x-6=160x+34$
$-20x=40$
$x=-2$

답 ③

19

$\dfrac{3}{2}x-0.3x=-\dfrac{6}{5}$에서 $\dfrac{3}{2}x-\dfrac{3}{10}x=-\dfrac{6}{5}$

양변에 10을 곱하면
$15x-3x=-12$
$12x=-12$
$x=-1$
따라서 $a=-1$

$a=-1$을 $7-2(x-2a)=4$에 대입하면
$7-2(x+2)=4$
$7-2x-4=4$
$-2x=1$
$x=-\dfrac{1}{2}$

답 ②

20

$(2x-a):3=(x-1):4$에서
$4(2x-a)=3(x-1)$의 해가 $x=-3$이므로
$x=-3$을 $4(2x-a)=3(x-1)$에 대입하면
$4\times\{2\times(-3)-a\}=3\times\{(-3)-1\}$
$-24-4a=-12$
$-4a=12$
$a=-3$

답 ①

21

$x=4$를 $\dfrac{3x+a}{5}-3=-\dfrac{1-x}{3}$에 대입하면

$\dfrac{12+a}{5}-3=-\dfrac{1-4}{3}$

양변에 15를 곱하면
$36+3a-45=15$
$3a=24$
$a=8$

답 8

22

$1.6x-2.2=2(x+0.3)$의 양변에 10을 곱하면
$16x-22=20(x+0.3)$
$16x-22=20x+6$
$-4x=28$
$x=-7$
$x=-7$을 $4-3x=-3(x-a)$에 대입하면
$4-3\times(-7)=-3(-7-a)$
$4+21=21+3a$
$a=\dfrac{4}{3}$

답 ⑤

23

$3-0.2x=\dfrac{3x+7}{5}$의 양변에 5를 곱하면

$15-x=3x+7$, $-x-3x=7-15$
$-4x=-8$, $x=2$
따라서 $2x+11=3(x+a)-2$의 해는 $x=4$이므로
$x=4$를 $2x+11=3(x+a)-2$에 대입하면

$2 \times 4 + 11 = 3(4+a) - 2$

$19 = 12 + 3a - 2$

$-3a = -9$, $a = 3$

달 3

24

3점짜리 슛을 x골 넣었다고 하면 2점짜리 슛은 $(13-x)$골 넣었으므로

$3x + 2(13-x) = 31$

$3x + 26 - 2x = 31$

$x = 5$

따라서 3점짜리 슛을 5골 넣었다.

답 ⑤

25

x주 후 아룬이와 가룬이의 저금액은 각각 $(50000+2000x)$원, $(30000+3000x)$원이다.

x주 후에 두 사람의 저금액이 같아진다고 하면

$50000 + 2000x = 30000 + 3000x$

$-1000x = -20000$

$x = 20$

따라서 20주 후에 두 사람의 예금액이 같아진다.

답 ①

26

학교에서 약속 장소까지의 거리를 x km라 하면

(시속 3 km로 갈 때 걸리는 시간)

$\qquad -$ (시속 5 km로 갈 때 걸리는 시간)

$= \dfrac{4}{60} + \dfrac{8}{60} = \dfrac{12}{60}$ (시간)

이므로 $\dfrac{x}{3} - \dfrac{x}{5} = \dfrac{12}{60}$

$5x - 3x = 3$

$2x = 3$

$x = 1.5$

따라서 학교에서 약속 장소까지의 거리는 1.5 km이다.

답 ①

27

작년의 남학생 수를 x명이라 하면 작년의 여학생 수는 $(400-x)$명이다.

올해 증가한 남학생 수는 $0.05x$명, 올해 줄어든 여학생 수는 $0.03(400-x)$명이므로

$0.05x - 0.03(400-x) = 4$

양변에 100을 곱하면

$5x - 3(400-x) = 400$

$5x - 1200 + 3x = 400$

$8x = 1600$

$x = 200$

따라서 올해의 남학생 수는

$200 + 0.05 \times 200 = 210$(명)

답 210명

28

우변의 x의 계수 4를 a로 잘못 보았다고 하면 $8(x-1) = ax + 7$

$x = 3$을 $8(x-1) = ax + 7$에 대입하면

$8 \times (3-1) = 3a + 7$, $16 = 3a + 7$

$-3a = -9$, $a = 3$

따라서 x의 계수를 3으로 잘못 본 것이다.

답 ④

29

$6(2-x) = n - 3x$에서

$12 - 6x = n - 3x$

$-3x = n - 12$

$x = \dfrac{12-n}{3}$

해가 자연수가 되기 위해서는 $12-n$이 3의 배수이어야 하므로

$12 - n = 3$일 때, $n = 9$

$12 - n = 6$일 때, $n = 6$

$12 - n = 9$일 때, $n = 3$

$12 - n = 12$일 때, $n = 0$

$\cdots$

n은 자연수이므로 주어진 방정식의 해가 자연수가 되도록 하는 자연수 n의 값은 3, 6, 9이다.

따라서 조건을 만족하는 자연수 n의 값 중 두 번째로 큰 수는 6이다.

답 6

30

채워야 할 수영장 전체의 물의 양을 1이라 하면

A 호스, B 호스로 한 시간 동안 각각 $\dfrac{1}{8}$, $\dfrac{1}{12}$의 물을 채운다.

B 호스로 물을 x시간 더 채워야 한다고 하면

$\dfrac{1}{8} \times 2 + \dfrac{1}{12} \times x = 1$

$\dfrac{1}{4} + \dfrac{1}{12}x = 1$, $3 + x = 12$

$x = 9$

따라서 B 호스로 9시간을 더 채워야 한다.

답 9시간

서술형으로 중단원 마무리

STEP 1 풀이 참조

STEP 2 $-\dfrac{1}{3}$

STEP 3 **1.** $6y$　　**2.** 6　　**3.** 8　　**4.** 42개

STEP 1

$\dfrac{2x-5}{3}=\dfrac{x+5}{4}$ 의

양변에 $\boxed{12}$ 를 곱하면

$4(2x-5)=\boxed{3}(x+5)$

$8x-20=\boxed{3}x+\boxed{15}$

$5x=\boxed{35}$

$x=\boxed{7}$ … 1단계

$3(x-a)=x+4$ 의 해는 $x=\boxed{14}$ 이므로 … 2단계

$3\times(14-a)=14+4$

$\boxed{42}-3a=18$

$-3a=\boxed{-24}$

$a=\boxed{8}$ … 3단계

단계	채점 기준	비율
1단계	$\dfrac{2x-5}{3}=\dfrac{x+5}{4}$ 의 해를 구한 경우	40 %
2단계	$3(x-a)=x+4$ 의 해를 구한 경우	20 %
3단계	a의 값을 구한 경우	40 %

🄰 풀이 참조

STEP 2

$\dfrac{x+8}{3}=2(x-2)$ 의

양변에 3을 곱하면

$x+8=6(x-2)$

$x+8=6x-12$

$-5x=-20$

$x=4$ … 1단계

두 방정식의 해의 비가 $2:3$이므로

$\dfrac{x}{2}+a=\dfrac{x+2}{3}$ 의 해는 $x=6$ … 2단계

$\dfrac{6}{2}+a=\dfrac{6+2}{3}$, $3+a=\dfrac{8}{3}$

$a=-\dfrac{1}{3}$ … 3단계

단계	채점 기준	비율
1단계	$\dfrac{x+8}{3}=2(x-2)$ 의 해를 구한 경우	40 %
2단계	$\dfrac{x}{2}+a=\dfrac{x+2}{3}$ 의 해를 구한 경우	20 %
3단계	a의 값을 구한 경우	40 %

🄰 $-\dfrac{1}{3}$

STEP 3

1

$x=4y$의 양변에 2를 곱하면 $2x=8y$

양변에서 1을 빼면 $2x-1=8y-1$

㈎$=8y-1$ … 1단계

$\dfrac{x}{3}=y$의 양변에 -3을 곱하면 $-x=-3y$

양변에 4를 더하면 $-x+4=-3y+4$

㈏$=-3y+4$ … 2단계

$6x+3=3y-6$의 양변에서 3을 빼면

$6x+3-3=3y-6-3$, $6x=3y-9$

양변을 3으로 나누면 $2x=y-3$

㈐$=y-3$ … 3단계

따라서 ㈎+㈏+㈐

$=(8y-1)+(-3y+4)+(y-3)$

$=6y$ … 4단계

단계	채점 기준	비율
1단계	㈎의 식을 구한 경우	30 %
2단계	㈏의 식을 구한 경우	30 %
3단계	㈐의 식을 구한 경우	30 %
4단계	㈎+㈏+㈐의 식을 구한 경우	10 %

🄰 $6y$

2

$2(5x-7)=5x+1$에서 괄호를 풀면

$10x-14=5x+1$

$10x-5x=1+14$

$5x=15$

$x=3$ … 1단계

$5+2(x+2)=6+x$에서 괄호를 풀면

$5+2x+4=6+x$

$2x-x=6-5-4$

$x=-3$ … 2단계

따라서 두 일차방정식의 해의 차는

$3-(-3)=6$ … 3단계

02

점 A의 좌표가 $-\dfrac{1}{2}$이므로 $A\left(-\dfrac{1}{2}\right)$이다. 즉, $a=-\dfrac{1}{2}$

점 B의 좌표가 $\dfrac{7}{3}$이므로 $B\left(\dfrac{7}{3}\right)$이다. 즉, $b=\dfrac{7}{3}$

따라서 $2a+3b=2\times\left(-\dfrac{1}{2}\right)+3\times\dfrac{7}{3}=-1+7=6$

답 ②

03

$a+2=-4$이므로 $a=-6$

$3=2b-5$이므로 $-2b=-8$, $b=4$

따라서 $a+b=-6+4=-2$

답 ①

04

$3a+2=-4$, $3a=-6$, $a=-2$

$7-b=2b-5$, $-3b=-12$, $b=4$

따라서 $b-a=4-(-2)=6$

답 ④

05

① 점 A의 x좌표는 -4, y좌표는 2이므로 $A(-4,\ 2)$

② 점 B의 x좌표는 0, y좌표는 3이므로 $B(0,\ 3)$

③ 점 C의 x좌표는 2, y좌표는 3이므로 $C(2,\ 3)$

④ 점 D의 x좌표는 -2, y좌표는 -3이므로 $D(-2,\ -3)$

⑤ 점 E의 x좌표는 3, y좌표는 -1이므로 $E(3,\ -1)$

답 ③

06

① 점 A의 x좌표는 -2, y좌표는 4이므로 $A(-2,\ 4)$

② 점 B의 x좌표는 2, y좌표는 4이므로 $B(2,\ 4)$

③ 점 C의 x좌표는 -3, y좌표는 0이므로 $C(-3,\ 0)$

④ 점 D의 x좌표는 -1, y좌표는 -3이므로 $D(-1,\ -3)$

⑤ 점 E의 x좌표는 3, y좌표는 -2이므로 $E(3,\ -2)$

답 ④

07

x축 위에 있으므로 y좌표는 0이고, x좌표가 -5이므로 구하는
점의 좌표는 $(-5,\ 0)$

답 ①

08

점의 x좌표가 0이면 y축 위에 있다.

① 점 $(-3,\ 0)$은 x축 위에 있다.

② 점 $(0,\ -5)$는 y축 위에 있다.

③ 점 $(2,\ 3)$은 제1사분면 위에 있다.

④ 점 $(3,\ -3)$은 제4사분면 위에 있다.

⑤ 점 $(-4,\ -1)$은 제3사분면 위에 있다.

답 ②

09

세 점 A, B, C를 좌표평면 위에 나타내
면 오른쪽 그림과 같다.

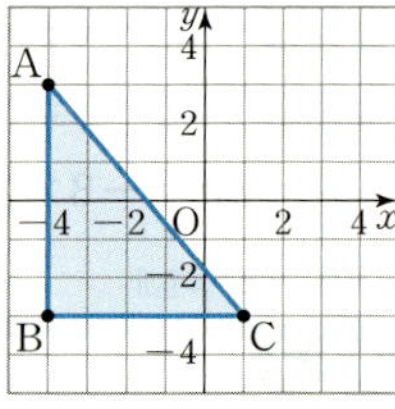

(밑변의 길이)$=1-(-4)=5$

(높이)$=3-(-3)=6$

따라서 (삼각형 ABC의 넓이)

$\qquad=\dfrac{1}{2}\times5\times6=15$

답 ⑤

10

세 점 A, B, C를 좌표평면 위에 나타내
면 오른쪽 그림과 같다.

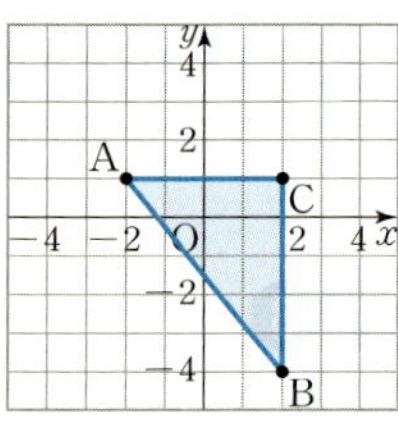

(밑변의 길이)$=2-(-2)=4$

(높이)$=1-(-4)=5$

따라서 (삼각형 ABC의 넓이)

$\qquad=\dfrac{1}{2}\times4\times5=10$

답 ③

11

네 점 A, B, C, D를 좌표평면 위에 나타
내면 오른쪽 그림과 같다.

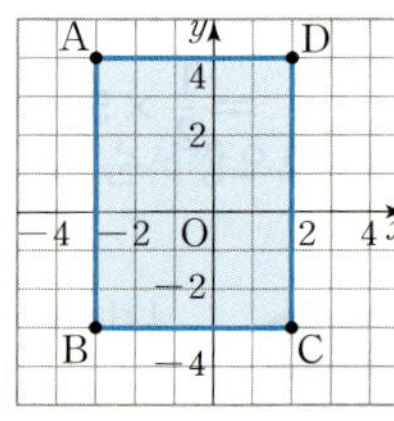

(가로의 길이)$=2-(-3)=5$

(세로의 길이)$=4-(-3)=7$

따라서 (사각형 ABCD의 넓이)

$\qquad=5\times7=35$

답 ①

12

점의 x좌표가 양수, y좌표가 음수이면 제4사분면 위에 있다.

① 점 $(1,\ 2)$는 제1사분면 위에 있다.

② 점 $(-7,\ 3)$은 제2사분면 위에 있다.

③ 점 $(-2,\ -8)$은 제3사분면 위에 있다.

④ 점 $(6,\ 0)$은 x축 위에 있다.

⑤ 점 $(2,\ -5)$는 제4사분면 위에 있다.

답 ⑤

13

점 $(-4,\ -2)$는 $-4<0$, $-2<0$이므로 제3사분면 위에 있다.

① 점 $(0,\ -7)$은 y축 위에 있다.

② 점 $(2,\ 5)$는 제1사분면 위에 있다.

③ 점 $(-3,\ 1)$은 제2사분면 위에 있다.

④ 점 $(2,\ -4)$는 제4사분면 위에 있다.

⑤ 점 $(-1,\ -6)$은 제3사분면 위에 있다.

답 ⑤

14

$a>0$, $b>0$이므로 $-ab<0$, $-b<0$이다.

따라서 점 $(-ab, -b)$는 제3사분면 위의 점이다.

답 ③

15

점 $P(a, b)$는 제3사분면 위의 점이므로 $a<0$, $b<0$이다.

$a<0$, $b<0$이므로 $a+b<0$, $\dfrac{a}{b}>0$이다.

따라서 점 $Q\left(a+b, \dfrac{a}{b}\right)$는 제2사분면 위의 점이다.

답 ②

16

점 $P(a, -b)$가 제4사분면 위의 점이므로 $a>0$, $-b<0$이다.

즉, $a>0$, $b>0$이다.

① 점 (a, b)는 $a>0$, $b>0$이므로 제1사분면 위의 점이다.

② 점 (b, a)는 $b>0$, $a>0$이므로 제1사분면 위의 점이다.

③ 점 $(-b, -a)$는 $-b<0$, $-a<0$이므로 제3사분면 위의 점이다.

④ 점 $(ab, -b)$는 $ab>0$, $-b<0$이므로 제4사분면 위의 점이다.

⑤ 점 $\left(-a, \dfrac{b}{a}\right)$는 $-a<0$, $\dfrac{b}{a}>0$이므로 제2사분면 위의 점이다.

답 ⑤

02 그래프와 그 해석

개념책 127~128쪽

1 (1) ① 변수 ② 그래프
(2) 5, 4, 3, 4

유제 ①

(1) 출발한 지 4시간 후는 13시일 때이다.

　$x=13$일 때, $y=20$이므로 출발한 지 4시간 후에 집에서 떨어진 거리는 20 km이다.

(2) $x=10$일 때부터 $x=11$일 때까지 y의 값은 10으로 일정하므로 동진이가 1시간 동안의 휴식을 시작한 시각은 10시이다.

(3) $x=14.5$일 때부터 y의 값이 작아지다가 0이 되므로 동진이가 집으로 돌아가기 시작한 시각은 14시 30분이다.

답 (1) 20 km　(2) 10시　(3) 14시 30분

유제 ②

물병이 위로 갈수록 폭이 좁아지므로 물의 높이는 점점 빠르게 증가한다. 따라서 알맞은 그래프는 ④이다.

답 ④

 개념책 129쪽

01 $(1, 5)$, $(2, 4)$, $(3, 3)$, $(4, 2)$, $(5, 1)$
02 풀이 참조　　**03** 6분　**04** 130분　**05** 60분
06 (1) b 시간대　(2) a 시간대　(3) c 시간대
07 (1) ㄱ　(2) ㄴ　(3) ㄷ

01

순서쌍을 모두 구하면

$(1, 5)$, $(2, 4)$, $(3, 3)$, $(4, 2)$, $(5, 1)$이다.

답 $(1, 5)$, $(2, 4)$, $(3, 3)$, $(4, 2)$, $(5, 1)$

02

5개의 순서쌍 (x, y)를 좌표평면 위에 나타낸 그래프는 오른쪽 그림과 같다.

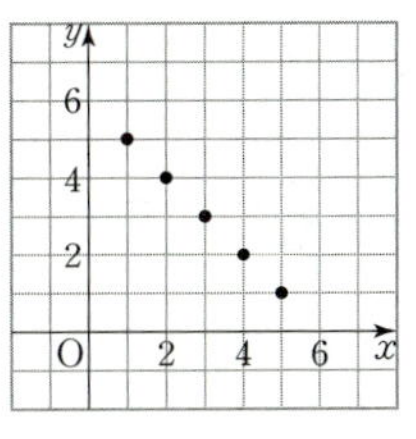

답 풀이 참조

03

$x=6$일 때부터 $y=100$으로 일정하므로 물을 100 ℃까지 가열하는 데 걸린 시간은 6분이다.

답 6분

04

$x=130$일 때, $y=0$이므로 윤호가 도서관까지 다녀오는 데 걸린 시간은 130분이다.

답 130분

05

$x=40$일 때부터 $x=100$일 때까지 $y=2$이므로 윤호가 도서관에 머무른 시간은 $100-40=60$(분)이다.

답 60분

06

(1) 자동차의 속력을 일정하게 유지하면 y의 값이 일정하므로 b 시간대이다.

(2) 자동차의 속력을 높이면 y의 값이 점점 증가하므로 a 시간대이다.

(3) 자동차의 속력을 낮추면 y의 값이 점점 감소하므로 c 시간대이다.

답 (1) b 시간대　(2) a 시간대　(3) c 시간대

07

(1) 그릇의 폭이 일정하므로 물의 높이가 일정하게 증가한다. 따라서 알맞은 그래프는 ㄱ이다.

(2) 그릇이 위로 갈수록 폭이 점점 넓어지므로 물의 높이가 점점 느리게 증가한다. 따라서 알맞은 그래프는 ㄴ이다.

(3) 그릇이 위로 갈수록 폭이 점점 좁아지므로 물의 높이가 점점 빠르게 증가한다. 따라서 알맞은 그래프는 ㄷ이다.

답 (1) ㄱ (2) ㄴ (3) ㄷ

03 정비례와 그 그래프

개념책 130~132쪽

개념 확인 문제

1

x	1	2	3	4	$\cdots$
y	3	6	9	12	$\cdots$

, $y=3x$

2 (1) 원점, 위 (2) 1, 3 (3) 증가

유제 1

① $y=-\dfrac{x}{3}$는 $y=ax(a\neq0)$의 꼴이므로 y가 x에 정비례한다.

② $y=2x$는 $y=ax(a\neq0)$의 꼴이므로 y가 x에 정비례한다.

③ $xy=8$은 $y=\dfrac{8}{x}$이고 $y=ax(a\neq0)$의 꼴로 나타낼 수 없으므로 y가 x에 정비례하지 않는다.

④ $\dfrac{y}{x}=7$은 $y=7x$이고 $y=ax(a\neq0)$의 꼴로 나타낼 수 있으므로 y가 x에 정비례한다.

⑤ $\dfrac{y}{x}=-\dfrac{1}{6}$은 $y=-\dfrac{1}{6}x$이고 $y=ax(a\neq0)$의 꼴로 나타낼 수 있으므로 y가 x에 정비례한다.

답 ③

유제 2

① $y=-6x$는 $y=ax(a\neq0)$의 꼴이므로 y가 x에 정비례한다.

② $y=-\dfrac{8}{x}$은 $y=ax(a\neq0)$의 꼴로 나타낼 수 없으므로 y가 x에 정비례하지 않는다.

③ $y=-\dfrac{2}{3}x$는 $y=ax(a\neq0)$의 꼴이므로 y가 x에 정비례한다.

④ $y=x-5$는 $y=ax(a\neq0)$의 꼴로 나타낼 수 없으므로 y가 x에 정비례하지 않는다.

⑤ $xy=4$는 $y=\dfrac{4}{x}$이고 $y=ax(a\neq0)$의 꼴로 나타낼 수 없으므로 y가 x에 정비례하지 않는다.

답 ①, ③

유제 3

y가 x에 정비례하므로 x와 y 사이의 관계식은 $y=ax(a\neq0)$와 같이 나타낼 수 있다.

$y=ax$에 $x=6$, $y=-10$을 대입하면

$-10=6a$, $a=-\dfrac{5}{3}$

따라서 $y=-\dfrac{5}{3}x$

답 ④

유제 4

y가 x에 정비례하므로 x와 y 사이의 관계식은 $y=ax(a\neq0)$와 같이 나타낼 수 있다.

$y=ax$에 $x=5$, $y=-20$을 대입하면

$-20=5a$, $a=-4$

이므로 $y=-4x$

$y=-4x$에 $x=-2$를 대입하면 $y=-4\times(-2)=8$

답 ⑤

유제 5

$y=-\dfrac{2}{3}x$에 각 점의 x좌표, y좌표를 대입한다.

① $x=-9$, $y=-6$을 대입하면 $-6\neq-\dfrac{2}{3}\times(-9)$

② $x=-6$, $y=-4$를 대입하면 $-4\neq-\dfrac{2}{3}\times(-6)$

③ $x=2$, $y=-3$을 대입하면 $-3\neq-\dfrac{2}{3}\times2$

④ $x=3$, $y=-2$를 대입하면 $-2=-\dfrac{2}{3}\times3$

⑤ $x=12$, $y=-9$를 대입하면 $-9\neq-\dfrac{2}{3}\times12$

따라서 ④ $(3,\ -2)$는 그래프 위의 점이다.

답 ④

유제 6

$y=\dfrac{3}{4}x$에 $x=4a$, $y=a-4$를 대입하면

$a-4=\dfrac{3}{4}\times4a$

$a-4=3a$, $-2a=4$, $a=-2$

답 ②

유제 7

$y=ax$에 $x=-10$, $y=4$를 대입하면

$4=a\times(-10)$, $a=-\dfrac{2}{5}$

답 $-\dfrac{2}{5}$

유제 8

원점을 지나는 직선이므로 x와 y 사이의 관계식은 $y=ax(a\neq0)$와 같이 나타낼 수 있다.

$y=ax$에 $x=6$, $y=4$를 대입하면

$4=6a$, $a=\dfrac{2}{3}$

이므로 $y=\dfrac{2}{3}x$

$y=\dfrac{2}{3}x$에 각 점의 x좌표, y좌표를 대입한다.

① $x=-9$, $y=12$를 대입하면 $12\neq\dfrac{2}{3}\times(-9)$

② $x=-6$, $y=9$를 대입하면 $9\neq\dfrac{2}{3}\times(-6)$

③ $x=1$, $y=2$를 대입하면 $2\neq\dfrac{2}{3}\times1$

④ $x=3$, $y=2$를 대입하면 $2=\dfrac{2}{3}\times3$

⑤ $x=4$, $y=3$을 대입하면 $3\neq\dfrac{2}{3}\times4$

따라서 ④ $(3, 2)$는 그래프 위의 점이다.

답 ④

01 ①, ③　　02 ③　　03 ①　　04 ①　　05 ④

06 ⑤　　07 ④

01

① $y=-5x$는 $y=ax\,(a\neq0)$의 꼴이므로 y가 x에 정비례한다.

② $y=\dfrac{3}{x}$은 $y=ax\,(a\neq0)$의 꼴로 나타낼 수 없으므로 y가 x에 정비례하지 않는다.

③ $y=\dfrac{x}{2}$는 $y=\dfrac{1}{2}x$이고 $y=ax\,(a\neq0)$의 꼴이므로 y가 x에 정비례한다.

④ $y=x+1$은 $y=ax\,(a\neq0)$의 꼴로 나타낼 수 없으므로 y가 x에 정비례하지 않는다.

⑤ $xy=2$는 $y=\dfrac{2}{x}$이고 $y=ax\,(a\neq0)$의 꼴로 나타낼 수 없으므로 y가 x에 정비례하지 않는다.

답 ①, ③

02

y가 x에 정비례하므로 x와 y 사이의 관계식은 $y=ax\,(a\neq0)$와 같이 나타낼 수 있다.

$y=ax$에 $x=6$, $y=2$를 대입하면

$2=6a$, $a=\dfrac{1}{3}$

이므로 $y=\dfrac{1}{3}x$

$y=\dfrac{1}{3}x$에 $x=-9$를 대입하면 $y=\dfrac{1}{3}\times(-9)=-3$

답 ③

03

$y=-\dfrac{5}{2}x$에 $x=a$, $y=-3a-2$를 대입하면

$-3a-2=-\dfrac{5}{2}a$

$-\dfrac{1}{2}a=2$, $a=-4$

답 ①

04

$y=ax$에 $x=6$, $y=10$을 대입하면

$10=6a$, $a=\dfrac{5}{3}$

이므로 $y=\dfrac{5}{3}x$

$y=\dfrac{5}{3}x$에 $x=-9$, $y=b$를 대입하면

$b=\dfrac{5}{3}\times(-9)=-15$

따라서 $ab=\dfrac{5}{3}\times(-15)=-25$

답 ①

05

$y=-\dfrac{3}{4}x$에 $x=4$를 대입하면 $y=-\dfrac{3}{4}\times4=-3$이므로

점 $(4, -3)$을 지난다.

정비례 관계의 그래프는 원점을 지나므로 원점과 점 $(4, -3)$을 지나는 직선이다.

따라서 구하는 그래프는 ④이다.

답 ④

06

원점을 지나는 직선이므로 x와 y 사이의 관계식은 $y=ax\,(a\neq0)$와 같이 나타낼 수 있다.

$y=ax$에 $x=-4$, $y=10$을 대입하면

$10=-4a$, $a=-\dfrac{5}{2}$

이므로 $y=-\dfrac{5}{2}x$

$y=-\dfrac{5}{2}x$에 각 점의 x좌표, y좌표를 대입한다.

① $x=-6$, $y=12$를 대입하면 $12\neq-\dfrac{5}{2}\times(-6)$

② $x=-2$, $y=4$를 대입하면 $4\neq-\dfrac{5}{2}\times(-2)$

③ $x=-1$, $y=3$을 대입하면 $3\neq-\dfrac{5}{2}\times(-1)$

④ $x=2$, $y=-6$을 대입하면 $-6\neq-\dfrac{5}{2}\times2$

⑤ $x=6$, $y=-15$를 대입하면 $-15=-\dfrac{5}{2}\times6$

따라서 ⑤ $(6, -15)$는 그래프 위의 점이다.

답 ⑤

① $y=-\dfrac{1}{2}x$에 $x=0$, $y=0$을 대입하면 $0=-\dfrac{1}{2}\times0$이므로 원점을 지난다.

② $y=-\dfrac{1}{2}x$에 $x=-6$, $y=-3$을 대입하면

$\qquad -3\neq-\dfrac{1}{2}\times(-6)$이므로 점 $(-6,\ -3)$을 지나지 않는다.

③ $-\dfrac{1}{2}<0$이므로 제2사분면과 제4사분면을 지난다.

④ $-\dfrac{1}{2}<0$이므로 x의 값이 증가하면 y의 값은 감소한다.

⑤ $\left|-\dfrac{1}{2}\right|<|-1|$이므로 $y=x$의 그래프가 $y=-\dfrac{1}{2}x$의 그래프보다 y축에 가깝다.

$\qquad\qquad\qquad\qquad\qquad\qquad\qquad\qquad$ 답 ④

04 반비례와 그 그래프

개념책 134~136쪽

개념 확인 문제

1

x	1	2	3	4	$\cdots$
y	36	18	12	9	$\cdots$

$,\ y=\dfrac{36}{x}$

2 (1) 곡선 (2) 1, 3 (3) 감소

유제 1

① $y=\dfrac{3}{x}$은 $y=\dfrac{a}{x}\,(a\neq0)$의 꼴이므로 y가 x에 반비례한다.

② $xy=-7$은 $y=-\dfrac{7}{x}$이고 $y=\dfrac{a}{x}\,(a\neq0)$의 꼴로 나타낼 수 있으므로 y가 x에 반비례한다.

③ $\dfrac{y}{x}=\dfrac{2}{3}$는 $y=\dfrac{2}{3}x$이고 $y=\dfrac{a}{x}\,(a\neq0)$의 꼴로 나타낼 수 없으므로 y가 x에 반비례하지 않는다.

④ $xy=1$은 $y=\dfrac{1}{x}$이고 $y=\dfrac{a}{x}\,(a\neq0)$의 꼴로 나타낼 수 있으므로 y가 x에 반비례한다.

⑤ $y=\dfrac{2}{x}$는 $y=\dfrac{a}{x}\,(a\neq0)$의 꼴이므로 y가 x에 반비례한다.

$\qquad\qquad\qquad\qquad\qquad\qquad\qquad\qquad$ 답 ③

유제 2

① $y=-3x$는 $y=\dfrac{a}{x}\,(a\neq0)$의 꼴로 나타낼 수 없으므로 y가 x에 반비례하지 않는다.

② $y=\dfrac{3}{2}x$는 $y=\dfrac{a}{x}\,(a\neq0)$의 꼴로 나타낼 수 없으므로 y가 x에 반비례하지 않는다.

③ $y=-\dfrac{7}{x}$은 $y=\dfrac{a}{x}\,(a\neq0)$의 꼴이므로 y가 x에 반비례한다.

④ $y=x+3$은 $y=\dfrac{a}{x}\,(a\neq0)$의 꼴로 나타낼 수 없으므로 y가 x에 반비례하지 않는다.

⑤ $xy=\dfrac{1}{3}$은 $y=\dfrac{1}{3}\times\dfrac{1}{x}$이고 $a=\dfrac{1}{3}$인 $y=\dfrac{a}{x}\,(a\neq0)$의 꼴이므로 y가 x에 반비례한다.

$\qquad\qquad\qquad\qquad\qquad\qquad\qquad\qquad$ 답 ③, ⑤

유제 3

y가 x에 반비례하므로 x와 y 사이의 관계식은 $y=\dfrac{a}{x}\,(a\neq0)$와 같이 나타낼 수 있다.

$y=\dfrac{a}{x}$에 $x=2$, $y=15$를 대입하면

$15=\dfrac{a}{2}$, $a=30$

따라서 $y=\dfrac{30}{x}$

$\qquad\qquad\qquad\qquad\qquad\qquad\qquad\qquad$ 답 ④

유제 4

y가 x에 반비례하므로 x와 y 사이의 관계식은 $y=\dfrac{a}{x}\,(a\neq0)$와 같이 나타낼 수 있다.

$y=\dfrac{a}{x}$에 $x=12$, $y=3$을 대입하면

$3=\dfrac{a}{12}$, $a=36$

이므로 $y=\dfrac{36}{x}$

$y=\dfrac{36}{x}$에 $x=-4$를 대입하면 $y=\dfrac{36}{-4}=-9$

$\qquad\qquad\qquad\qquad\qquad\qquad\qquad\qquad$ 답 ①

유제 5

$y=-\dfrac{8}{x}$에 각 점의 x좌표, y좌표를 대입한다.

① $x=-16$, $y=-\dfrac{1}{2}$을 대입하면 $-\dfrac{1}{2}\neq-\dfrac{8}{-16}$

② $x=-8$, $y=-1$을 대입하면 $-1\neq-\dfrac{8}{-8}$

③ $x=-4$, $y=\dfrac{1}{2}$을 대입하면 $\dfrac{1}{2}\neq-\dfrac{8}{-4}$

④ $x=2$, $y=-4$를 대입하면 $-4=-\dfrac{8}{2}$

⑤ $x=6$, $y=-2$를 대입하면 $-2\neq-\dfrac{8}{6}$

따라서 ④ $(2,\,-4)$는 그래프 위의 점이다.

답 ④

유제 6

$y=\dfrac{a}{x}$에 $x=4$, $y=-8$을 대입하면

$-8=\dfrac{a}{4}$, $a=-32$

이므로 $y=-\dfrac{32}{x}$

$y=-\dfrac{32}{x}$에 $x=b$, $y=-16$을 대입하면

$-16=-\dfrac{32}{b}$, $b=2$

따라서 $b-a=2-(-32)=34$

답 ③

유제 7

$y=\dfrac{a}{x}$에 $x=3$, $y=-8$을 대입하면

$-8=\dfrac{a}{3}$, $a=-24$

답 -24

유제 8

좌표축에 한없이 가까워지는 한 쌍의 매끄러운 곡선이므로 x와 y 사이의 관계식은 $y=\dfrac{a}{x}\,(a\neq0)$와 같이 나타낼 수 있다.

$y=\dfrac{a}{x}$에 $x=-4$, $y=-15$를 대입하면

$-15=\dfrac{a}{-4}$, $a=60$

이므로 $y=\dfrac{60}{x}$

$y=\dfrac{60}{x}$에 각 점의 x좌표, y좌표를 대입한다.

① $x=-3$, $y=-18$을 대입하면 $-18\neq\dfrac{60}{-3}$

② $x=-1$, $y=-20$을 대입하면 $-20\neq\dfrac{60}{-1}$

③ $x=2$, $y=10$을 대입하면 $10\neq\dfrac{60}{2}$

④ $x=5$, $y=6$을 대입하면 $6\neq\dfrac{60}{5}$

⑤ $x=6$, $y=10$을 대입하면 $10=\dfrac{60}{6}$

따라서 ⑤ $(6,\,10)$은 그래프 위의 점이다.

답 ⑤

01 ②, ⑤	02 ②	03 ③	04 ⑤	05 ③
06 ④	07 ⑤			

01

① $y=-\dfrac{x}{3}$는 $y=\dfrac{a}{x}\,(a\neq0)$의 꼴로 나타낼 수 없으므로 y가 x에 반비례하지 않는다.

② $y=-\dfrac{4}{x}$는 $y=\dfrac{a}{x}\,(a\neq0)$의 꼴이므로 y가 x에 반비례한다.

③ $\dfrac{y}{x}=3$은 $y=3x$이고 $y=\dfrac{a}{x}\,(a\neq0)$의 꼴로 나타낼 수 없으므로 y가 x에 반비례하지 않는다.

④ $y-x=2$는 $y=\dfrac{a}{x}\,(a\neq0)$의 꼴로 나타낼 수 없으므로 y가 x에 반비례하지 않는다.

⑤ $xy=-5$는 $y=-\dfrac{5}{x}$이고 $y=\dfrac{a}{x}\,(a\neq0)$의 꼴로 나타낼 수 있으므로 y가 x에 반비례한다.

답 ②, ⑤

02

y가 x에 반비례하므로 x와 y 사이의 관계식은 $y=\dfrac{a}{x}\,(a\neq0)$와 같이 나타낼 수 있다.

$y=\dfrac{a}{x}$에 $x=8$, $y=-8$을 대입하면

$-8=\dfrac{a}{8}$, $a=-64$

이므로 $y=-\dfrac{64}{x}$

$y=-\dfrac{64}{x}$에 $y=32$를 대입하면 $32=-\dfrac{64}{x}$, $x=-2$

답 ②

03

$y=-\dfrac{36}{x}$에 $x=8$, $y=a$를 대입하면

$a=-\dfrac{36}{8}=-\dfrac{9}{2}$

$y=-\dfrac{36}{x}$에 $x=b$, $y=-9$를 대입하면

$-9=-\dfrac{36}{b}$, $b=4$

따라서 $ab=-\dfrac{9}{2}\times4=-18$

답 ③

04

$y=\dfrac{a}{x}$에 $x=6$, $y=10$을 대입하면

$10=\dfrac{a}{6}$, $a=60$

이므로 $y=\dfrac{60}{x}$

$y=\dfrac{60}{x}$ 에 $x=-4$, $y=b$를 대입하면

$b=\dfrac{60}{-4}=-15$

따라서 $a+b=60+(-15)=45$

달 ⑤

05

$y=-\dfrac{12}{x}$ 에 $x=4$를 대입하면

$y=-\dfrac{12}{4}=-3$이므로 점 $(4,\ -3)$을 지난다.

$-12<0$이므로 제2사분면과 제4사분면을 지난다.
따라서 구하는 그래프는 ③이다.

달 ③

06

좌표축에 한없이 가까워지는 한 쌍의 매끄러운 곡선이므로 x와
y 사이의 관계식은 $y=\dfrac{a}{x}\,(a\neq0)$와 같이 나타낼 수 있다.

$y=\dfrac{a}{x}$ 에 $x=-3$, $y=-12$를 대입하면

$-12=\dfrac{a}{-3}$, $a=36$

이므로 $y=\dfrac{36}{x}$

$y=\dfrac{36}{x}$ 에 각 점의 x좌표, y좌표를 대입한다.

① $x=-6$, $y=6$을 대입하면 $6\neq\dfrac{36}{-6}$

② $x=-2$, $y=19$를 대입하면 $19\neq\dfrac{36}{-2}$

③ $x=-1$, $y=-32$를 대입하면 $-32\neq\dfrac{36}{-1}$

④ $x=4$, $y=9$를 대입하면 $9=\dfrac{36}{4}$

⑤ $x=8$, $y=4$를 대입하면 $4\neq\dfrac{36}{8}$

따라서 ④ $(4,\ 9)$는 그래프 위의 점이다.

달 ④

07

① 좌표축에 한없이 가까워질 뿐 좌표축과 만나지 않는다.

② $y=\dfrac{16}{x}$ 에 $x=-2$, $y=8$을 대입하면 $8\neq\dfrac{16}{-2}$이므로
　 점 $(-2,\ 8)$을 지나지 않는다.

③ 좌표축에 한없이 가까워질 뿐 좌표축과 만나지 않는다.

④ 좌표축에 한없이 가까워질 뿐 좌표축과 만나지 않는다.

⑤ $16>0$이므로 제1사분면과 제3사분면을 지난다.

달 ⑤

---

01 ③	02 ⑤	03 ③	04 ⑤
05 (1) 풀이 참조　(2) $y=70x$		06 ③	
07 (1) 풀이 참조　(2) $y=\dfrac{48}{x}$		08 ①	09 ②
10 ④	11 ④	12 ④	13 ②	14 ②
15 ①	16 ⑤	17 40 m	18 3바퀴	19 ㄱ, ㄹ
20 ⑤	21 ④	22 ④	23 ①	24 ⑤
25 ⑤	26 ⑤	27 ③	28 ②	29 30
30 $\dfrac{11}{4}$	31 $(9,\ 8)$	32 46		

01

점 A의 좌표가 -3이므로 $A(-3)$이다. 즉 $a=-3$
점 B의 좌표가 1이므로 $B(1)$이다. 즉 $b=1$
점 C의 좌표가 4이므로 $C(4)$이다. 즉 $c=4$
따라서 $a-b+c=-3-1+4=0$

달 ③

02

$2a=-6$이므로 $a=-3$
$8=4b$이므로 $b=2$
따라서 $b-a=2-(-3)=5$

달 ⑤

03

점 P의 x좌표는 3, y좌표는 -4이므로 점 P의 좌표는 $(3,\ -4)$
이다.

달 ③

04

x좌표가 0 또는 y좌표가 0이면 좌표축 위의 점이다.
① $(-5,\ 0)$은 x축 위의 점이다.
② $(0,\ 5)$는 y축 위의 점이다.
③ $(0,\ 0)$은 x축 위의 점이기도 하고 y축 위의 점이기도 하다.
④ $(2,\ 0)$은 x축 위의 점이다.
⑤ $(1,\ 1)$은 제1사분면 위의 점이다.

달 ⑤

05

(1)

x	1	2	3	4	…
y	70	140	210	280	…

(2) x의 값이 2배, 3배, 4배, …가 됨에 따라 y의 값도 2배, 3배,
4배, …가 되므로 y가 x에 정비례한다.
　$y=ax$에 $x=1$, $y=70$을 대입하면
　$70=a\times1$, $a=70$
　따라서 $y=70x$

달 (1) 풀이 참조　(2) $y=70x$

06

$y=ax$에 $x=-6$, $y=4$를 대입하면

$4=-6a$, $a=-\dfrac{2}{3}$

답 ③

07

(1)

x	1	2	3	4	…
y	48	24	16	12	…

(2) x의 값이 2배, 3배, 4배, …가 됨에 따라 y의 값이 $\dfrac{1}{2}$배,

$\dfrac{1}{3}$배, $\dfrac{1}{4}$배, …가 되므로 y가 x에 반비례한다.

$y=\dfrac{a}{x}$에 $x=1$, $y=48$을 대입하면

$48=\dfrac{a}{1}$, $a=48$

따라서 $y=\dfrac{48}{x}$

답 (1) 풀이 참조 (2) $y=\dfrac{48}{x}$

08

$y=\dfrac{a}{x}$에 $x=3$, $y=-4$를 대입하면

$-4=\dfrac{a}{3}$, $a=-12$

답 ①

09

$2a+4=2+a$이므로 $a=-2$
$b+3=3b-5$이므로 $-2b=-8$, $b=4$
따라서 $a+b=-2+4=2$

답 ②

10

$|a|=2$이므로 $a=-2$ 또는 $a=2$
$|b|=7$이므로 $b=-7$ 또는 $b=7$
따라서 구하는 순서쌍 (a, b)의 개수는
$(-2, -7)$, $(-2, 7)$, $(2, -7)$, $(2, 7)$의 4이다.

답 ④

11

점 A가 x축 위의 점이므로 y좌표가 0이다.

즉 $5-2a=0$에서 $a=\dfrac{5}{2}$

점 B가 y축 위의 점이므로 x좌표가 0이다.

즉 $2b+3=0$에서 $b=-\dfrac{3}{2}$

따라서 $a+b=\dfrac{5}{2}+\left(-\dfrac{3}{2}\right)=1$

답 ④

12

④ P(a, b)에서 a를 점 P의 x좌표라고 한다.

답 ④

13

세 점 A, B, C를 좌표평면 위에 나타내
면 오른쪽 그림과 같다.
(밑변의 길이)$=4-(-2)=6$
(높이)$=2-(-5)=7$
따라서 (삼각형 ABC의 넓이)

$$=\dfrac{1}{2}\times 6\times 7=21$$

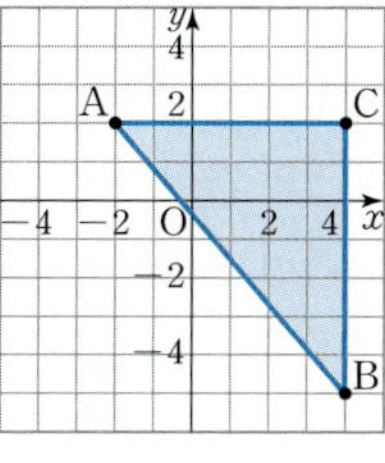

답 ②

14

점 P$(-a, b)$가 제3사분면 위의 점이므로 $-a<0$, $b<0$
즉, $a>0$, $b<0$이다.
① 점 A$(-a, -b)$는 $-a<0$, $-b>0$이므로 제2사분면 위의
점이다.
② 점 B$(-b, -a)$는 $-b>0$, $-a<0$이므로 제4사분면 위의
점이다.
③ 점 C$(-b, a)$는 $-b>0$, $a>0$이므로 제1사분면 위의 점이
다.
④ 점 D(ab, b)는 $ab<0$, $b<0$이므로 제3사분면 위의 점이다.
⑤ 점 E(b, a)는 $b<0$, $a>0$이므로 제2사분면 위의 점이다.

답 ②

15

$a-b>0$이므로 $a>b$이다.
$a>b$이고 $ab<0$이므로 $a>0$, $b<0$이다.
점 P$(-a, b)$는 $-a<0$, $b<0$이므로 제3사분면 위의 점이다.
① 점 A$(-2, -5)$는 제3사분면 위의 점이다.
② 점 B$(-4, 2)$는 제2사분면 위의 점이다.
③ 점 C$(0, 3)$은 y축 위의 점이다.
④ 점 D$(3, -1)$은 제4사분면 위의 점이다.
⑤ 점 E$(5, 1)$은 제1사분면 위의 점이다.

답 ①

16

일정한 속력으로 달리므로 처음부터 한동안 y의 값이 0보다 크면
서 일정해야 한다.
잠시 멈추었으므로 그 시간 동안 y의 값은 0이어야 한다.
출발하여 다시 일정한 속력으로 달리므로 y의 값이 점점 증가하
다가 일정하여야 한다.
따라서 알맞은 그래프는 ⑤이다.

답 ⑤

17

$x=45$일 때, $y=40$이므로 운행을 시작한 지 45분 후 A 칸의 지면으로부터의 높이는 40 m이다.

달 40 m

18

x의 값이 증가할 때 y의 값은 점점 증가하다 감소하여 $x=30$일 때 y의 값이 운행을 시작할 때의 값과 같아진다.
따라서 운행을 시작한 후 90분 동안 대관람차는
$90 \div 30 = 3$(바퀴) 회전했다.

달 3바퀴

19

x의 값이 2배, 3배, 4배, …가 될 때, y의 값도 2배, 3배, 4배, … 가 되는 x와 y 사이의 관계는 정비례 관계이다.

ㄱ. $y=\dfrac{1}{4}x$는 $y=ax(a\neq0)$의 꼴이므로 정비례 관계이다.

ㄴ. $xy=-8$은 $y=-\dfrac{8}{x}$이고 $y=\dfrac{a}{x}(a\neq0)$의 꼴로 나타낼 수 있으므로 반비례 관계이다.

ㄷ. $y=x+3$은 $y=ax(a\neq0)$의 꼴로도 나타낼 수 없고, $y=\dfrac{a}{x}(a\neq0)$의 꼴로도 나타낼 수 없으므로 정비례 관계도 아니고 반비례 관계도 아니다.

ㄹ. $\dfrac{y}{x}=-6$은 $y=-6x$이고 $y=ax(a\neq0)$의 꼴로 나타낼 수 있으므로 정비례 관계이다.

ㅁ. $y=-\dfrac{5}{x}$는 $y=\dfrac{a}{x}(a\neq0)$의 꼴이므로 반비례 관계이다.

달 ㄱ, ㄹ

20

① $y=6x$에 $x=0$, $y=0$을 대입하면 $0=6\times0$이므로 원점을 지나는 직선이다.

② $y=6x$에 $x=-2$, $y=-12$를 대입하면 $-12=6\times(-2)$이므로 점 $(-2,\ -12)$를 지난다.

③ $6>0$이므로 제1사분면과 제3사분면을 지난다.

④ $6>0$이므로 x의 값이 증가하면 y의 값도 증가한다.

⑤ $|6|>|-3|$이므로 $y=-3x$의 그래프보다 y축에서 가깝다.

달 ⑤

21

5 L의 휘발유로 80 km를 가므로 1 L의 휘발유로는 $\dfrac{80}{5}=16$(km)를 간다.

1 L의 휘발유로 16 km를 가므로 x L의 휘발유로는 $16x$ km를 간다. 따라서 $y=16x$

달 ③

22

$y=-2x$에 $x=a$, $y=-3$을 대입하면
$-3=-2a,\ a=\dfrac{3}{2}$

$y=-2x$에 $x=-\dfrac{4}{3}$, $y=b$를 대입하면
$b=-2\times\left(-\dfrac{4}{3}\right)=\dfrac{8}{3}$

따라서 $ab=\dfrac{3}{2}\times\dfrac{8}{3}=4$

달 ④

23

$y=ax$에 $x=-9$, $y=12$를 대입하면
$12=-9a,\ a=-\dfrac{4}{3}$

이므로 $y=-\dfrac{4}{3}x$

$y=-\dfrac{4}{3}x$에 $x=b$, $y=-4$를 대입하면
$-4=-\dfrac{4}{3}b,\ b=3$

따라서 $6a+b=6\times\left(-\dfrac{4}{3}\right)+3=-5$

달 ①

24

$y=\dfrac{5}{4}x$에 $x=10$을 대입하면
$y=\dfrac{5}{4}\times10=\dfrac{25}{2}$이므로
점 A의 좌표는 $\left(10,\ \dfrac{25}{2}\right)$이다.

삼각형 AOB에서 밑변의 길이는 10이고, 높이는 $\dfrac{25}{2}$이므로
(삼각형 AOB의 넓이)$=\dfrac{1}{2}\times10\times\dfrac{25}{2}=\dfrac{125}{2}$

달 ⑤

25

x의 값이 2배, 3배, 4배, …가 될 때, y의 값도 $\dfrac{1}{2}$ 배, $\dfrac{1}{3}$ 배, $\dfrac{1}{4}$ 배, …가 되는 x와 y 사이의 관계는 반비례 관계이다.

① $y=-3x$는 $y=ax(a\neq0)$의 꼴이므로 정비례 관계이다.

② $y=\dfrac{x}{7}$ 은 $y=\dfrac{1}{7}x$이고 $y=ax(a\neq0)$의 꼴이므로 정비례 관계이다.

③ $\dfrac{y}{x}=-9$는 $y=-9x$이고 $y=ax(a\neq0)$의 꼴이므로 정비례 관계이다.

④ $y=\dfrac{1}{x}+4$는 $y=ax\,(a\neq0)$의 꼴로도 나타낼 수 없고,

$y=\dfrac{a}{x}\,(a\neq0)$의 꼴로도 나타낼 수 없으므로 정비례 관계도

아니고 반비례 관계도 아니다.

⑤ $y=-\dfrac{10}{x}$ 은 $y=\dfrac{a}{x}\,(a\neq0)$의 꼴이므로 반비례 관계이다.

답 ⑤

26

구하는 점은 x좌표와 y좌표가 16의 약수 또는 16의 약수에 음의 부호를 붙인 수이어야 한다.

따라서 구하는 점의 개수는

$(1,\,-16),\ (2,\,-8),\ (4,\,-4),\ (8,\,-2),\ (16,\,-1),$
$(-1,\,16),\ (-2,\,8),\ (-4,\,4),\ (-8,\,2),\ (-16,\,1)$의 10이다.

답 ⑤

27

$y=\dfrac{18}{x}$에 $x=a,\ y=-9$를 대입하면

$-9=\dfrac{18}{a},\ a=-2$

$y=\dfrac{18}{x}$에 $x=3,\ y=b$를 대입하면

$b=\dfrac{18}{3}=6$

따라서 $b-a=6-(-2)=8$

답 ③

28

$y=-\dfrac{3}{4}x$에 $x=-8$을 대입하면 $y=-\dfrac{3}{4}\times(-8)=6$

이므로 점 P의 좌표는 $(-8,\,6)$이다.

$y=\dfrac{a}{x}$에 $x=-8,\ y=6$을 대입하면

$6=\dfrac{a}{-8},\ a=-48$

답 ②

29

세 점 A, B, C를 좌표평면 위에 나타내면 오른쪽 그림과 같다.

(삼각형 ABC의 넓이)

$=$(사각형 DEFC의 넓이)

　$-$(삼각형 DAC의 넓이)

　$-$(삼각형 AEB의 넓이)

　$-$(삼각형 CBF의 넓이)

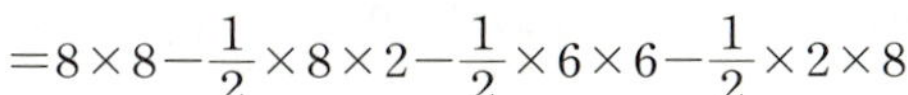

$=8\times8-\dfrac{1}{2}\times8\times2-\dfrac{1}{2}\times6\times6-\dfrac{1}{2}\times2\times8$

$=64-8-18-8$

$=30$

답 30

30

점 A가 어느 사분면에도 속하지 않으려면 x축 또는 y축 위에 있으면 된다.

(ⅰ) 점 A가 x축 위에 있는 경우

　점 A의 y좌표가 0이므로 $8a+6=0$

　$a=-\dfrac{3}{4}$

(ⅱ) 점 A가 y축 위에 있는 경우

　점 A의 x좌표가 0이므로 $\dfrac{7-2a}{3}=0$

　$a=\dfrac{7}{2}$

따라서 모든 a의 값의 합은 $-\dfrac{3}{4}+\dfrac{7}{2}=\dfrac{11}{4}$

답 $\dfrac{11}{4}$

31

점 A의 x좌표를 m이라 하면 y좌표는 $2m$이다.

정사각형 ABCD의 한 변의 길이가 5이므로 점 C의 좌표는 $(m+5,\,2m-5)$이다.

$y=\dfrac{1}{3}x$에 $x=m+5,\ y=2m-5$를 대입하면

$2m-5=\dfrac{1}{3}(m+5)$

$6m-15=m+5$

$5m=20,\ m=4$

이므로 점 C의 좌표는 $(4+5,\,2\times4-5)=(9,\,3)$이다.

따라서 점 D의 좌표는 $(9,\,8)$이다.

답 $(9,\,8)$

32

$y=\dfrac{4}{3}x$에 $x=b,\ y=8$을 대입하면

$8=\dfrac{4}{3}b,\ b=6$

$y=\dfrac{a}{x}$에 $x=6,\ y=8$을 대입하면

$8=\dfrac{a}{6},\ a=48$

$y=\dfrac{48}{x}$에 $x=12,\ y=c$를 대입하면

$c=\dfrac{48}{12}=4$

따라서 $a-b+c=48-6+4=46$

답 46

STEP 1 풀이 참조

STEP 2 16

STEP 3 **1.** 8 **2.** $-\dfrac{5}{2}$ **3.** 5 **4.** 35

단계	채점 기준	비율
1단계	x와 y 사이의 관계식을 구한 경우	30 %
2단계	A의 값을 구한 경우	30 %
3단계	B의 값을 구한 경우	30 %
4단계	$A+B$의 값을 구한 경우	10 %

目 16

STEP 1

y가 x에 정비례하므로 x와 y 사이의 관계식은 $y=ax(a\neq0)$와 같이 나타낼 수 있다.

$y=ax$에 $x=4$, $y=\boxed{8}$을 대입하면

$\boxed{8}=4a$, $a=\boxed{2}$

이므로 $y=2x$　　　　　　　　　　… 1단계

$y=2x$에 $x=\boxed{-3}$, $y=A$를 대입하면

$A=2\times(\boxed{-3})=\boxed{-6}$　　　… 2단계

$y=2x$에 $x=B$, $y=\boxed{12}$를 대입하면

$\boxed{12}=2B$, $B=\boxed{6}$　　　　　… 3단계

따라서 $A+B=-6+\boxed{6}=\boxed{0}$　… 4단계

단계	채점 기준	비율
1단계	x와 y 사이의 관계식을 구한 경우	30 %
2단계	A의 값을 구한 경우	30 %
3단계	B의 값을 구한 경우	30 %
4단계	$A+B$의 값을 구한 경우	10 %

目 풀이 참조

STEP 2

y가 x에 정비례하므로 x와 y 사이의 관계식은 $y=ax(a\neq0)$와 같이 나타낼 수 있다.

$y=ax$에 $x=6$, $y=-9$를 대입하면

$-9=6a$, $a=-\dfrac{3}{2}$

이므로 $y=-\dfrac{3}{2}x$　　　　　　… 1단계

$y=-\dfrac{3}{2}x$에 $x=-4$, $y=A$를 대입하면

$A=-\dfrac{3}{2}\times(-4)=6$　　　… 2단계

$y=-\dfrac{3}{2}x$에 $x=B$, $y=-15$를 대입하면

$-15=-\dfrac{3}{2}B$, $B=10$　　　… 3단계

따라서 $A+B=6+10=16$　　　… 4단계

STEP 3

1

점 A가 x축 위에 있으므로 점 A의 y좌표는 0이다.

$10-4a=0$이므로 $a=\dfrac{5}{2}$　　　… 1단계

점 B가 y축 위에 있으므로 점 B의 x좌표는 0이다.

$16-5b=0$이므로 $b=\dfrac{16}{5}$　　　… 2단계

따라서 $ab=\dfrac{5}{2}\times\dfrac{16}{5}=8$　　　… 3단계

단계	채점 기준	비율
1단계	a의 값을 구한 경우	40 %
2단계	b의 값을 구한 경우	40 %
3단계	ab의 값을 구한 경우	20 %

目 8

2

$y=ax$에 $x=-6$, $y=-9$를 대입하면

$-9=-6a$, $a=\dfrac{3}{2}$　　　　… 1단계

이므로 $y=\dfrac{3}{2}x$

$y=\dfrac{3}{2}x$에 $x=b$, $y=2b+2$를 대입하면

$2b+2=\dfrac{3}{2}b$

$\dfrac{1}{2}b=-2$, $b=-4$　　　　… 2단계

따라서 $a+b=\dfrac{3}{2}+(-4)=-\dfrac{5}{2}$　… 3단계

단계	채점 기준	비율
1단계	a의 값을 구한 경우	40 %
2단계	b의 값을 구한 경우	40 %
3단계	$a+b$의 값을 구한 경우	20 %

目 $-\dfrac{5}{2}$

3

y가 x에 반비례하므로 x와 y 사이의 관계식은 $y=\dfrac{a}{x}(a\neq0)$와 같이 나타낼 수 있다.

$y=\dfrac{a}{x}$에 $x=-8$, $y=-3$을 대입하면

$-3 = \dfrac{a}{-8}$, $a = 24$

이므로 $y = \dfrac{24}{x}$ … 1단계

$y = \dfrac{24}{x}$에 $x = -24$, $y = A$를 대입하면

$A = \dfrac{24}{-24} = -1$ … 2단계

$y = \dfrac{24}{x}$에 $x = B$, $y = 6$을 대입하면

$6 = \dfrac{24}{B}$, $B = 4$ … 3단계

$y = \dfrac{24}{x}$에 $x = 12$, $y = C$를 대입하면

$C = \dfrac{24}{12} = 2$ … 4단계

따라서 $A + B + C = -1 + 4 + 2 = 5$ … 5단계

단계	채점 기준	비율
1단계	x와 y 사이의 관계식을 구한 경우	20 %
2단계	A의 값을 구한 경우	20 %
3단계	B의 값을 구한 경우	20 %
4단계	C의 값을 구한 경우	20 %
5단계	$A + B + C$의 값을 구한 경우	20 %

답 5

4

$y = \dfrac{a}{x}$에 $x = 3$, $y = -14$를 대입하면

$-14 = \dfrac{a}{3}$, $a = -42$ … 1단계

이므로 $y = -\dfrac{42}{x}$

$y = -\dfrac{42}{x}$에 $x = 6$, $y = b$를 대입하면

$b = -\dfrac{42}{6} = -7$ … 2단계

따라서 $b - a = -7 - (-42) = 35$ … 3단계

단계	채점 기준	비율
1단계	a의 값을 구한 경우	40 %
2단계	b의 값을 구한 경우	40 %
3단계	$b - a$의 값을 구한 경우	20 %

답 35

Ⅰ. 소인수분해

1. 소인수분해

01~02 소수와 합성수 / 소인수분해

소단원 실전 테스트   실전책 04~05쪽

01 ④	02 ③	03 ②	04 ⑤	05 ⑤
06 ③	07 ⑤	08 ①, ③	09 ③, ④	10 ①
11 90	12 ③	13 ⑤	14 ④	15 ②
16 9				

01

① 2는 짝수인 소수이다.

② 두 소수의 곱은 합성수이다.

③ 10 이하의 소수는 2, 3, 5, 7이다.

⑤ 소수가 아닌 자연수는 1과 합성수이다.

답 ④

02

$108=2^2 \times 3^3$이므로 $a=2$, $b=3$

따라서 $a+b=5$

답 ③

03

주어진 수 중 소수의 개수는 모두

3, 17, 23, 29의 4이다.

답 ②

04

① $2 \times 2 \times 2 \times 2 \times 2 = 2^5$

② $5+5+5=5 \times 3$

③ $2 \times 2 \times 2 \times 3 \times 3 = 2^3 \times 3^2$

④ $7 \times 7 \times 7 \times 7 \times 7 = 7^5$

답 ⑤

05

$2 \times 3 \times 3 \times 5 \times 5 \times 2 \times 2 \times 3 = 2^3 \times 3^3 \times 5^2$이므로

$a=3$, $b=3$, $c=2$

따라서 $a+b-c=3+3-2=4$

답 ⑤

06

$\dfrac{1}{3^2}=\dfrac{1}{9}$이므로 $a=9$이고 $5^4=625$이므로 $b=4$

따라서 $a-b=9-4=5$

답 ③

07

$180=2^2 \times 3^2 \times 5$

⑤ $2 \times 3 \times 5^2$은 180의 약수가 아니다.

답 ⑤

08

$2^2 \times 5^3 \times 7$의 약수는

$(2^2$의 약수$) \times (5^3$의 약수$) \times (7$의 약수$)$의 꼴이다.

① $2 \times 5^2 \times 7$은 약수이다.

② $2 \times 5^3 \times 7^2$은 약수가 아니다.

③ $2^2 \times 5^2 \times 7$은 약수이다.

④ $2^3 \times 5^2 \times 7$은 약수가 아니다.

⑤ $2^2 \times 5^2 \times 7^2$은 약수가 아니다.

답 ①, ③

09

$396=2^2 \times 3^2 \times 11$이므로 396의 소인수는

2, 3, 11이다.

답 ③, ④

10

① $42=2 \times 3 \times 7$이므로 소인수는 2, 3, 7이다.

② $48=2^4 \times 3$이므로 소인수는 2, 3이다.

③ $72=2^3 \times 3^2$이므로 소인수는 2, 3이다.

④ $96=2^5 \times 3$이므로 소인수는 2, 3이다.

⑤ $108=2^2 \times 3^3$이므로 소인수는 2, 3이다.

답 ①

11

$375=3 \times 5^3$이므로 곱할 수 있는 자연수는

$3 \times 5 \times ($자연수$)^2$의 꼴이어야 한다.

따라서 곱할 수 있는 가장 작은 자연수 $a=3 \times 5=15$ ··· 1단계

또한 $375 \times 3 \times 5 = 3 \times 5^3 \times 3 \times 5 = 3^2 \times 5^4$이므로

$b=3 \times 5^2=75$ ··· 2단계

따라서 $a+b=90$ ··· 3단계

단계	채점 기준	비율
1단계	a의 값 구하기	40 %
2단계	b의 값 구하기	40 %
3단계	$a+b$의 값 구하기	20 %

답 90

12

$72 \times a = 2^3 \times 3^2 \times a$에서

① $a=5$이면 $72 \times 5 = 2^3 \times 3^2 \times 5$이므로

약수의 개수는 $(3+1) \times (2+1) \times (1+1)=24$

② $a=7$이면 $72 \times 7 = 2^3 \times 3^2 \times 7$이므로

약수의 개수는 $(3+1) \times (2+1) \times (1+1)=24$

③ $a=2 \times 3^2$이면 $72 \times 2 \times 3^2 = 2^4 \times 3^4$이므로

약수의 개수는 $(4+1) \times (4+1)=25$

④ $a=2^2\times3$이면 $72\times2^2\times3=2^5\times3^3$이므로
　약수의 개수는 $(5+1)\times(3+1)=24$
⑤ $a=3^3$이면 $72\times3^3=2^3\times3^5$이므로
　약수의 개수는 $(3+1)\times(5+1)=24$

$\qquad\qquad\qquad\qquad\qquad\qquad\qquad\qquad$ 답 ③

13

① $60=2^2\times3\times5$이므로 약수의 개수는
　$(2+1)\times(1+1)\times(1+1)=12$
② $90=2\times3^2\times5$이므로 약수의 개수는
　$(1+1)\times(2+1)\times(1+1)=12$
③ $96=2^5\times3$이므로 약수의 개수는
　$(5+1)\times(1+1)=12$
④ $108=2^2\times3^3$이므로 약수의 개수는
　$(2+1)\times(3+1)=12$
⑤ $120=2^3\times3\times5$이므로 약수의 개수는
　$(3+1)\times(1+1)\times(1+1)=16$

$\qquad\qquad\qquad\qquad\qquad\qquad\qquad\qquad$ 답 ⑤

14

$\dfrac{360}{x}$이 자연수가 되기 위해서는 x는 360의 약수이어야 한다.

$360=2^3\times3^2\times5$이므로 360의 약수의 개수는
$(3+1)\times(2+1)\times(1+1)=24$
따라서 x의 개수는 24이다.

$\qquad\qquad\qquad\qquad\qquad\qquad\qquad\qquad$ 답 ④

15

$2^4\times3^x\times5^2$의 약수의 개수가 45이므로
$(4+1)\times(x+1)\times(2+1)=45$
$5\times(x+1)\times3=45$, $x+1=3$, $x=2$

$\qquad\qquad\qquad\qquad\qquad\qquad\qquad\qquad$ 답 ②

16

$540=2^2\times3^3\times5$이고

$\dfrac{540}{a}=\dfrac{2^2\times3^3\times5}{a}=b^2$이 되기 위한 가장 작은 자연수

$a=3\times5=15$　　　　　　　　　　　　　　… 1단계

이때 $\dfrac{540}{a}=\dfrac{2^2\times3^3\times5}{3\times5}=2^2\times3^2=6^2$이므로

$b=6$　　　　　　　　　　　　　　　　　… 2단계

따라서 $a-b=15-6=9$　　　　　　　　… 3단계

단계	채점 기준	비율
1단계	a의 값 구하기	40 %
2단계	b의 값 구하기	40 %
3단계	$a-b$의 값 구하기	20 %

$\qquad\qquad\qquad\qquad\qquad\qquad\qquad\qquad$ 답 9

03 최대공약수

01 ③	02 ③	03 ⑤	04 ③	05 ④
06 ④	07 ⑤	08 ⑤	09 ①	10 ③
11 12	12 ①	13 ⑤	14 ②	15 ④
16 1, 2, 3, 4, 6, 12				

01

① 2, 6의 공약수는 1, 2이므로 서로소가 아니다.
② 3, 12의 공약수는 1, 3이므로 서로소가 아니다.
③ 5, 17의 공약수는 1뿐이므로 서로소이다.
④ 9, 24의 공약수는 1, 3이므로 서로소가 아니다.
⑤ 12, 20의 공약수는 1, 2, 4이므로 서로소가 아니다.

$\qquad\qquad\qquad\qquad\qquad\qquad\qquad\qquad$ 답 ③

02

두 수 $2^2\times5^3\times7^2$, $2^3\times5^2\times7$의 최대공약수는
$2^2\times5^2\times7$이다.

$\qquad\qquad\qquad\qquad\qquad\qquad\qquad\qquad$ 답 ③

03

두 수 $2^a\times3^2\times5^3$, $2^4\times3^3\times5^2$의 최대공약수가 $2^3\times3^b\times5^2$이므로
$a=3$, $b=2$
따라서 $a+b=3+2=5$

$\qquad\qquad\qquad\qquad\qquad\qquad\qquad\qquad$ 답 ⑤

04

두 수의 최대공약수가 30이므로 공약수는 최대공약수인 30의 약수이다.
따라서 두 수의 공약수는 1, 2, 3, 5, 6, 10, 15, 30이다.
③ 4는 30의 약수가 아니므로 공약수가 아니다.

$\qquad\qquad\qquad\qquad\qquad\qquad\qquad\qquad$ 답 ③

05

두 수 $72=2^3\times3^2$, $180=2^2\times3^2\times5$이고
최대공약수는 $2^2\times3^2$이므로
두 수의 공약수는 $2^2\times3^2$의 약수이다.
④ $2\times3\times5$는 $2^2\times3^2$의 약수가 아니다.

$\qquad\qquad\qquad\qquad\qquad\qquad\qquad\qquad$ 답 ④

06

두 자연수의 공약수는 최대공약수의 약수이다.
$60=2^2\times3\times5$이므로 60의 약수의 개수는
$(2+1)\times(1+1)\times(1+1)=12$
따라서 두 자연수의 공약수의 개수는 12이다.

$\qquad\qquad\qquad\qquad\qquad\qquad\qquad\qquad$ 답 ④

07

세 수 $180=2^2\times3^2\times5$, $600=2^3\times3\times5^2$, $720=2^4\times3^2\times5$이므로 최대공약수는 $2^2\times3\times5$이다.

답 ⑤

08

두 수 $2^2\times3^2\times5^2$, $2^3\times3\times5$의 최대공약수는 $2^2\times3\times5$이고 공약수는 최대공약수의 약수이다.

⑤ $2\times3^2\times5$는 공약수가 아니다.

답 ⑤

09

서로소인 수는 공약수가 1뿐이므로

12와 서로소인 수의 개수는 1, 5, 7의 3이다.

답 ①

10

서로소인 수는 공약수가 1뿐이므로

40보다 크고 50보다 작은 자연수 중에서 10과 서로소인 수의 개수는 41, 43, 47, 49의 4이다.

답 ③

11

$A=2^3\times3\times7$, $B=2^2\times3^2\times5\times7^2$의 최대공약수는 $2^2\times3\times7$이다.　　　… 1단계

두 수 A, B의 공약수는 최대공약수의 약수이므로

구하는 공약수의 개수는 $3\times2\times2=12$　　　… 2단계

단계	채점 기준	비율
1단계	두 수의 최대공약수 구하기	50 %
2단계	공약수의 개수 구하기	50 %

답 12

12

두 수 $2^3\times3^4\times5$, $2^2\times3^3\times7$의 최대공약수는 $2^2\times3^3$이므로 공약수는 $2^2\times3^3$의 약수이다.

따라서 두 수의 공약수 중 어떤 자연수의 제곱이 되는 수의 개수는 1^2, 2^2, 3^2, $(2\times3)^2$의 4이다.

답 ①

13

15, 45, A에서

⑤ A의 값이 30이면 세 자연수의 최대공약수는 15이므로 A의 값이 될 수 없다.

답 ⑤

14

두 수 $2^3\times3^2\times5$, $2^2\times3^3\times5^2$의 최대공약수는 $2^2\times3^2\times5$이므로 두 수의 공약수는 최대공약수 $2^2\times3^2\times5$의 약수이다.

따라서 공약수 중 두 번째로 큰 수는 ② $2\times3^2\times5$이다.

답 ②

15

$8\times a=2^3\times a$, $6\times a=2\times3\times a$이므로

$8\times a$와 $6\times a$의 최대공약수는 $2\times a$이다.

따라서 $2\times a=16$이므로 $a=8$

답 ④

16

두 분수 $\dfrac{48}{n}$, $\dfrac{60}{n}$이 모두 자연수가 되기 위해서는 자연수 n이 48과 60의 공약수이어야 한다.　　　… 1단계

$48=2^4\times3$과 $60=2^2\times3\times5$의 최대공약수는

$12=2^2\times3$이다.　　　… 2단계

따라서 자연수 n의 값이 될 수 있는 수는

1, 2, 3, 4, 6, 12이다.　　　… 3단계

단계	채점 기준	비율
1단계	두 분수가 자연수가 되는 조건	40 %
2단계	최대공약수 구하기	30 %
3단계	자연수 n의 값 구하기	30 %

답 1, 2, 3, 4, 6, 12

04 최소공배수

소단원 실전 테스트　　　실전책 08~09쪽

01 ⑤	02 ④	03 ④	04 ②	05 ③
06 ①, ③	07 ④	08 ③	09 ③	10 ④
11 ③	12 5	13 ③	14 ⑤	15 ②
16 97				

01

두 수 $2^2\times3^2\times5$, $2^3\times3\times5^2$의 최소공배수는

$2^3\times3^2\times5^2$이다.

답 ⑤

02

두 자연수의 최소공배수가 16이므로 공배수는 16의 배수이다.

따라서 두 자리 자연수인 공배수는

16, 32, 48, 64, 80, 96이다.

답 ④

03

어떤 세 자연수의 최소공배수가 15이므로 공배수는 15의 배수이다.

즉, 공배수는 15, 30, 45, 60, 75, 90, 105, …이다. 이 중 100에 가장 가까운 수는 105이다.

답 ④

04

$4 \times x = 2^2 \times x$이므로

세 자연수 $2 \times x$, $3 \times x$, $2^2 \times x$의

최소공배수는 $2^2 \times 3 \times x$이다.

따라서 $2^2 \times 3 \times x = 120$, $12x = 120$, $x = 10$

답 ②

05

두 자연수 A, B의 최소공배수가 8이므로

A, B의 공배수는 8의 배수이다.

따라서 100 이하의 공배수의 개수는

8, 16, 24, 32, 40, 48, 56, 64, 72, 80, 88, 96의 12이다.

답 ③

06

두 수 $2^2 \times 5^2 \times 7^2$, $2^3 \times 5 \times 7$의 최소공배수는

$2^3 \times 5^2 \times 7^2$이므로 공배수는 $2^3 \times 5^2 \times 7^2$의 배수이다.

① $2^2 \times 5^2 \times 7^3$은 $2^3 \times 5^2 \times 7^2$의 배수가 아니므로 공배수가 아니다.

③ $2^2 \times 5^3 \times 7^2$은 $2^3 \times 5^2 \times 7^2$의 배수가 아니므로 공배수가 아니다.

답 ①, ③

07

$A = 2^a \times 3^b$라 하면 두 자연수 A, $2^4 \times 3^3$의 최대공약수는 $2^3 \times 3^3$이므로 $a = 3$

또한 최소공배수가 $2^4 \times 3^5$이므로 $b = 5$

따라서 $A = 2^3 \times 3^5$

답 ④

08

$24 = 12 \times 2$이므로 $A = 12 \times a$라 하면(단, a와 2는 서로소) 두 자연수 24, A의 최소공배수는

$12 \times 2 \times a = 72$

$24a = 72$, $a = 3$

따라서 $A = 12 \times 3 = 36$

답 ③

09

두 자연수 A, B의 최소공배수가 40이므로 두 수의 공배수는 40의 배수이다. 따라서 250보다 작은 자연수의 개수는 40, 80, 120, 160, 200, 240의 6이다.

답 ③

10

$2^a \times 5 \times 7$, 2×5^b의 최소공배수가 $2^4 \times 5^3 \times 7$이므로 $a = 4$, $b = 3$

따라서 $a + b = 7$

답 ④

11

$360 = 2^3 \times 3^2 \times 5$이므로 360과 $2^2 \times 3^3 \times 5^2$의 최대공약수는 $2^2 \times 3^2 \times 5$이고, 최소공배수는 $2^3 \times 3^3 \times 5^2$이다.

답 ③

12

$2^3 \times 3^a \times 5$, $2^b \times 3^2$의 최대공약수가 $24 = 2^3 \times 3$이므로 $a = 1$

⋯ 1단계

또한 최소공배수가 $720 = 2^4 \times 3^2 \times 5$이므로

$b = 4$

⋯ 2단계

따라서 $a + b = 1 + 4 = 5$

⋯ 3단계

단계	채점 기준	비율
1단계	a의 값 구하기	40 %
2단계	b의 값 구하기	40 %
3단계	$a+b$의 값 구하기	20 %

답 5

13

$\dfrac{1}{16}$, $\dfrac{1}{40}$의 어느 것에 곱하여도 자연수가 되게 하는 수는 16, 40의 공배수이어야 한다. 따라서 이 중 가장 작은 수는 16, 40의 최소공배수인 80이다.

답 ③

14

$15 = 3 \times 5$, $20 = 2^2 \times 5$, $32 = 2^5$이므로

15, 20, 32의 최소공배수는 $2^5 \times 3 \times 5 = 480$

따라서 15, 20, 32의 공배수는 480, 960, 1440, …이고, 가장 큰 세 자리 자연수는 960이다.

답 ⑤

15

$100 = 2^2 \times 5^2$이고 세 자연수 A, 100, $2^3 \times 5$의 최소공배수가 $2^3 \times 5^3$이므로 A는 5^3의 배수이면서 $2^3 \times 5^3$의 약수이어야 한다.

따라서 가장 작은 자연수 A의 값은 125이다.

답 ②

16

두 분수 $\dfrac{35}{18}$와 $\dfrac{42}{15}$의 어느 것에 곱해도 그 결과가 자연수가 되게 하려면 분모는 35, 42의 공약수이어야 한다. 이때 가장 작은 분수가 되려면 분모는 최대공약수인 7이어야 하므로 $a = 7$ ⋯ 1단계

또한 분자는 18, 15의 공배수이어야 한다.

이때 가장 작은 분수가 되려면 분자는 최소공배수인 90이므로

$b = 90$

⋯ 2단계

따라서 구하는 가장 작은 기약분수 $\dfrac{b}{a}$ 는 $\dfrac{90}{7}$ 이고 $a=7$, $b=90$

이므로 $a+b=7+90=97$ **… 3단계**

단계	채점 기준	비율
1단계	a의 값 구하기	40 %
2단계	b의 값 구하기	40 %
3단계	$a+b$의 값 구하기	20 %

답 97

중단원 실전 테스트

실전책 10~13쪽

01 ④	**02** ⑤	**03** ④	**04** ④	**05** ②
06 ③	**07** ②	**08** ②	**09** ①	**10** ⑤
11 ①	**12** ④	**13** ④	**14** ⑤	**15** ②
16 ③	**17** ①	**18** 1	**19** 12	**20** 5
21 13	**22** 7	**23** 128	**24** 187	**25** 120

01
① $8=2^3$
② $24=2^3\times3$
③ $75=3\times5^2$
⑤ $120=2^3\times3\times5$

답 ④

02
⑤ $2\times3^2\times5^2$은 5의 지수가 $2^2\times3^3\times5$에서 5의 지수보다 크므로 인수가 아니다.

답 ⑤

03
① $4^2=16$
② $2\times2\times2=2^3$
③ $4+4+4+4=4\times4=4^2$
⑤ $\dfrac{1}{7}\times\dfrac{1}{7}\times\dfrac{1}{7}=\dfrac{1}{7^3}$

답 ④

04
$660=2^2\times3\times5\times11$이므로 660의 소인수인 수는 2, 3, 5, 11이다.
④ 7은 660의 소인수가 아니다.

답 ④

05
$3^2\times7^3$의 약수의 개수는 $(2+1)\times(3+1)=12$

답 ②

06
$180=2^2\times3^2\times5$이므로 소인수는 2, 3, 5이다.

답 ③

07
$360=2^3\times3^2\times5$이므로 x는 360의 약수이면서
$2\times5\times($자연수$)^2$의 꼴이어야 한다.
따라서 가장 작은 자연수는 10이므로 $x=10$

답 ②

08
$729=3^6$이므로 $a=6$

답 ②

09
① $n=4$이면 $2^3\times3\times n=2^3\times3\times4=2^5\times3$이므로 약수의 개수는 $(5+1)\times(1+1)=12$
② $n=5$이면 $2^3\times3\times n=2^3\times3\times5$이므로 약수의 개수는 $(3+1)\times(1+1)\times(1+1)=16$
③ $n=7$이면 $2^3\times3\times n=2^3\times3\times7$이므로 약수의 개수는 $(3+1)\times(1+1)\times(1+1)=16$
④ $n=9$이면 $2^3\times3\times n=2^3\times3\times9=2^3\times3^3$이므로 약수의 개수는 $(3+1)\times(3+1)=16$
⑤ $n=11$이면 $2^3\times3\times n=2^3\times3\times11$이므로 약수의 개수는 $(3+1)\times(1+1)\times(1+1)=16$

답 ①

10
$2^3\times3^2\times5$, $2^2\times3^3\times7$의 공통인 소인수는 2, 3이고 지수가 둘 중 작은 것을 택하면 최대공약수는 $2^2\times3^2$이다.

답 ⑤

11
$40=2^3\times5$, $60=2^2\times3\times5$이므로
세 수 40, 60, $2^3\times3^2$의 최대공약수는 $2^2=4$이다.

답 ①

12
두 자연수 A, B의 최대공약수가 24이므로 공약수는 24의 약수인 1, 2, 3, 4, 6, 8, 12, 24이다.
④ 5는 공약수가 아니다.

답 ④

13
④ 서로소인 두 자연수는 모두 소수가 아닐 수도 있다.
예 6, 13은 서로소이지만 6은 소수가 아니다.

답 ④

14
두 수 $2^3\times3\times5$, $2^2\times3^2\times7$에 각각 들어있는 소인수는 2, 3, 5, 7이고 지수 중 큰 것을 택하면 최소공배수는 $2^3\times3^2\times5\times7$이다.

답 ⑤

15

세 수 5, 12, 15의 최소공배수는 60이므로 공배수는 60의 배수이다. 따라서 공배수는 60, 120, 180, 240, 300, 360, 420, 480, 540, …이므로 500에 가장 가까운 수는 480이다.

📘 ②

16

두 수 A, B의 최대공약수가 7이므로
$A=7\times a$, $B=7\times b$(단, a, b는 서로소)라 하면
$A\times B=7\times a\times 7\times b=49\times a\times b=490$이므로
$7\times a\times b=70$
따라서 최소공배수는 $7\times a\times b=7\times 10=70$

📘 ③

17

세 수 $2^2\times 3$, 2×3^2, $2^2\times 3^2\times 5$의 최소공배수는 $2^2\times 3^2\times 5$이므로 공배수는 $2^2\times 3^2\times 5$의 배수이다.
① $2\times 3^2\times 5$는 $2^2\times 3^2\times 5$의 배수가 아니다.

📘 ①

18

1은 소수도 합성수도 아니다.
약수의 개수가 2개인 소수는 3, 11, 17, 23, 29, 31의 6개이므로
$a=6$
약수의 개수가 3개 이상인 합성수는
6, 15, 27, 35, 51의 5개이므로 $b=5$
따라서 $a-b=6-5=1$

📘 1

19

두 수 $2^5\times 3\times 5^2$, $2^3\times 5^4\times 7^2$의 최대공약수는 $2^3\times 5^2$이다.
공약수는 최대공약수의 약수이므로
공약수의 개수는 $(3+1)\times(2+1)=12$

📘 12

20

$180=2^2\times 3^2\times 5$이므로 약수의 개수는
$(2+1)\times(2+1)\times(1+1)=18$
$3^n\times 5^2$의 약수의 개수는 $(n+1)\times(2+1)$이므로
$(n+1)\times(2+1)=18$
$n+1=6$, $n=5$

📘 5

21

두 자연수의 최소공배수가 30이므로 공배수는 30의 배수이다.
따라서 공배수는
30, 60, 90, 120, 150, 180, 210, 240, 270, 300, 330, 360, 390, 420, …
이므로 400보다 작은 자연수의 개수는 13이다.

📘 13

22

두 수 $2^3\times 3^5\times 7$, $2^2\times 3^3\times 5^2$에 각각 들어있는 소인수는 2, 3, 5, 7이고 지수 중 큰 것을 택하면 최소공배수는 $2^3\times 3^5\times 5^2\times 7$이다.
따라서 $a=5$, $b=2$이므로 $a+b=5+2=7$

📘 7

23

두 자연수 N, 48의 최대공약수가 16이고, $48=16\times 3$이므로
$N=16\times a$로 나타낼 수 있다.(단, a와 3은 서로소)
최소공배수는 $16\times a\times 3=384$이므로 $a=8$ … 1단계
따라서 $N=16\times a=16\times 8=128$ … 2단계

단계	채점 기준	비율
1단계	a의 값 구하기	60 %
2단계	N의 값 구하기	40 %

📘 128

24

세 자연수의 비가 3 : 5 : 9이므로
각각 $3\times a$, $5\times a$, $9\times a$라 하면 $9\times a=3^2\times a$이므로
세 자연수 $3\times a$, $5\times a$, $9\times a$의 최소공배수는 $3^2\times 5\times a$이다.   … 1단계
$3^2\times 5\times a=495$에서 $a=11$ … 2단계
따라서 세 수는 $3\times 11=33$, $5\times 11=55$, $9\times 11=99$이므로
세 수의 합은 $33+55+99=187$ … 3단계

단계	채점 기준	비율
1단계	세 수의 최소공배수 구하기	40 %
2단계	a의 값 구하기	40 %
3단계	세 수의 합 구하기	20 %

📘 187

25

$270=2\times 3^3\times 5$이므로 $270\times a=2\times 3^3\times 5\times a$가 b^2이 되려면 $a=2\times 3\times 5\times(자연수)^2$의 꼴이어야 한다. 이때 가장 작은 자연수 $a=2\times 3\times 5=30$ … 1단계
$270\times a=270\times 30=8100=90^2$이므로
$b=90$ … 2단계
따라서 $a+b=120$ … 3단계

단계	채점 기준	비율
1단계	a의 값 구하기	40 %
2단계	b의 값 구하기	40 %
3단계	$a+b$의 값 구하기	20 %

📘 120

Level 1	**01** 풀이 참조	**02** 풀이 참조	**03** 풀이 참조
	04 풀이 참조		
Level 2	**05** $\dfrac{84}{5}$	**06** 풀이 참조	**07** 45
	08 4	**09** 990	**10** 8
	11 3	**12** 4	**13** 21
	14 24	**15** 6	**16** 16
	17 184	**18** 6	**19** 27, 6480
	20 270	**21** 14	**22** 12

01

(1) 600을 소인수분해 하면

$600=2^3\times3\times\boxed{5}^{\boxed{2}}$ … **1단계**

(2) $600=2^3\times3\times\boxed{5}^{\boxed{2}}$이므로 600의 소인수는

2, $\boxed{3}$, $\boxed{5}$이다. … **2단계**

(3) $600=2^3\times3\times\boxed{5}^{\boxed{2}}$이므로 600의 약수의 개수는

$(\boxed{3}+1)\times(1+1)\times(\boxed{2}+1)=\boxed{24}$ … **3단계**

단계	채점 기준	비율
1단계	소인수분해 하기	30 %
2단계	소인수 구하기	30 %
3단계	약수의 개수 구하기	40 %

📋 풀이 참조

02

$90=2\times3^2\times5$이므로 $90\times x=2\times3^2\times5\times x$가 y^2이 되려면

$x=2\times\boxed{5}\times$(자연수)^{2}의 꼴이어야 한다.

이때 가장 작은 자연수 $x=2\times\boxed{5}=\boxed{10}$ … **1단계**

따라서 $90\times x=90\times\boxed{10}=\boxed{900}=\boxed{30}^2$이므로

$y=\boxed{30}$ … **2단계**

따라서 $x+y=\boxed{40}$ … **3단계**

단계	채점 기준	비율
1단계	가장 작은 자연수 x의 값 구하기	40 %
2단계	가장 작은 자연수 y의 값 구하기	40 %
3단계	$x+y$의 값 구하기	20 %

📋 풀이 참조

03

$630=2\times3^2\times5\times\boxed{7}$이므로 약수의 개수는

$(1+1)\times(\boxed{2}+1)\times(1+1)\times(\boxed{1}+1)=\boxed{24}$ … **1단계**

$2^3\times3\times7^a$의 약수의 개수는 $(\boxed{3}+1)\times(1+1)\times(a+1)$이므로

$(\boxed{3}+1)\times(1+1)\times(a+1)=\boxed{24}$

따라서 $a+1=\boxed{3}$, $a=\boxed{2}$ … **2단계**

단계	채점 기준	비율
1단계	약수의 개수 구하기	50 %
2단계	a의 값 구하기	50 %

📋 풀이 참조

04

$360=2^3\times3^2\times\boxed{5}$이다.

어떤 자연수의 제곱이 되려면 각 소인수의 지수가 짝수가 되어야 하므로

$\dfrac{360}{a}=\dfrac{2^3\times3^2\times\boxed{5}}{a}=b^2$이 되기 위한 가장 작은 자연수

$a=2\times\boxed{5}=\boxed{10}$ … **1단계**

$\dfrac{360}{a}=\dfrac{2^3\times3^2\times\boxed{5}}{2\times\boxed{5}}=2^2\times\boxed{3}^2=\boxed{6}^2$이므로

$b=\boxed{6}$ … **2단계**

따라서 $a-b=\boxed{4}$ … **3단계**

단계	채점 기준	비율
1단계	a의 값 구하기	40 %
2단계	b의 값 구하기	40 %
3단계	$a-b$의 값 구하기	20 %

📋 풀이 참조

05

두 분수 $\dfrac{25}{21}$와 $\dfrac{35}{12}$의 어느 것에 곱해도 그 결과가 자연수가 되게

하는 분수 중 가장 작은 수의 분모는 25, 35의 최대공약수가 되어야 하므로 5이다. … **1단계**

또한 분자는 21, 12의 최소공배수가 되어야 하므로 84이다. … **2단계**

따라서 구하는 가장 작은 기약분수는 $\dfrac{84}{5}$이다. … **3단계**

단계	채점 기준	비율
1단계	곱하는 분수의 분모 구하기	40 %
2단계	곱하는 분수의 분자 구하기	40 %
3단계	곱할 수 있는 가장 작은 기약분수 구하기	20 %

📋 $\dfrac{84}{5}$

06

두 자연수 A, B의 최소공배수가 15이므로

A, B의 공배수는 최소공배수인 15의 배수이다. … **1단계**

따라서 두 자연수 A, B의 100 이하의 공배수는

15, 30, 45, 60, 75, 90이다. … **2단계**

단계	채점 기준	비율
1단계	최소공배수와 공배수의 관계	40 %
2단계	공배수 구하기	60 %

📋 풀이 참조

07

두 자연수 N, 60의 최대공약수가 15이고, $60=15\times4$이므로
$N=15\times a$로 나타낼 수 있다. (단, a와 4는 서로소) ··· 1단계
최소공배수는 $15\times a\times4=180$이므로 $a=3$ ··· 2단계
따라서 $N=15\times a=15\times3=45$ ··· 3단계

단계	채점 기준	비율
1단계	$N=15\times a$로 표현하기	30 %
2단계	a의 값 구하기	40 %
3단계	N의 값 구하기	30 %

目 45

08

$2^6=64$이므로 $2^6+5^a=689$
$5^a+64=689$에서 $5^a=625$ ··· 1단계
따라서 $5^4=625$이므로 $a=4$ ··· 2단계

단계	채점 기준	비율
1단계	식 $5^a=625$ 구하기	50 %
2단계	a의 값 구하기	50 %

目 4

09

세 수 5, 10, 15의 최소공배수는 30이므로 세 수의 공배수는 30
의 배수이다. ··· 1단계
30의 배수는 30, 60, 90, …, 960, 990, 1020, …이므로
가장 큰 세 자리 자연수는 990이다. ··· 2단계

단계	채점 기준	비율
1단계	최소공배수 구하기	50 %
2단계	가장 큰 세 자리 자연수 구하기	50 %

目 990

10

1부터 10까지의 자연수를 각각 소인수분해 했을 때, 2를 소인수
로 갖는 수는 2, 4, 6, 8, 10이다. ··· 1단계
$2\times4\times6\times8\times10=2\times2^2\times(2\times3)\times2^3\times(2\times5)$이므로
$1\times2\times3\times4\times5\times6\times7\times8\times9\times10=2^8\times k$
로 나타낼 수 있다. (단, k는 자연수) ··· 2단계
따라서 $1\times2\times3\times4\times5\times6\times7\times8\times9\times10$의 약수 중 2^n의 꼴
인 경우 가장 큰 자연수 $n=8$ ··· 3단계

단계	채점 기준	비율
1단계	소인수 2가 포함된 경우 구하기	30 %
2단계	2의 거듭제곱으로 나타내기	50 %
3단계	가장 큰 자연수 n의 값 구하기	20 %

目 8

11

$2^3\times3^x\times5^2$의 약수의 개수는
$(3+1)\times(x+1)\times(2+1)$ ··· 1단계
따라서 $(3+1)\times(x+1)\times(2+1)=48$이므로

$x+1=4$, $x=3$ ··· 2단계

단계	채점 기준	비율
1단계	약수의 개수 구하기	50 %
2단계	x의 값 구하기	50 %

目 3

12

어떤 자연수의 약수의 개수가 3이면 소인수분해 한 결과가
$(소수)^2$의 꼴이어야 한다.
즉, 2^2, 3^2, 5^2, 7^2, 11^2, …은 약수의 개수가 3이다. ··· 1단계
1부터 100까지의 자연수 중 약수의 개수가 3인 자연수의 개수는
2^2, 3^2, 5^2, 7^2의 4이다. ··· 2단계

단계	채점 기준	비율
1단계	약수의 개수가 3일 때 $(소수)^2$의 꼴임을 알기	50 %
2단계	약수의 개수가 3인 자연수의 개수 구하기	50 %

目 4

13

$\langle x\rangle$은 자연수 x의 약수의 개수이고
$36=2^2\times3^2$, $160=2^5\times5$이므로
$\langle36\rangle=(2+1)\times(2+1)=9$ ··· 1단계
$\langle160\rangle=(5+1)\times(1+1)=12$ ··· 2단계
따라서 $\langle36\rangle+\langle160\rangle=9+12=21$ ··· 3단계

단계	채점 기준	비율
1단계	$\langle36\rangle$의 값 구하기	40 %
2단계	$\langle160\rangle$의 값 구하기	40 %
3단계	$\langle36\rangle+\langle160\rangle$의 값 구하기	20 %

目 21

14

$\dfrac{540}{x}$이 자연수가 되기 위해서는 x는 540의 약수이어야 한다.
··· 1단계
540을 소인수분해 하면 $540=2^2\times3^3\times5$이므로
540의 약수의 개수는 $(2+1)\times(3+1)\times(1+1)=24$ ··· 2단계
따라서 x의 개수는 24다. ··· 3단계

단계	채점 기준	비율
1단계	$\dfrac{540}{x}$이 자연수가 되는 조건 알기	30 %
2단계	540의 약수의 개수 구하기	40 %
3단계	x의 개수 구하기	30 %

目 24

15

두 분수 $\dfrac{36}{n}$, $\dfrac{54}{n}$가 모두 자연수가 되기 위해서는 자연수 n이 36
과 54의 공약수이어야 한다. ··· 1단계
$36=2^2\times3^2$과 $54=2\times3^3$의 최대공약수는
$2\times3^2=18$ ··· 2단계

따라서 자연수 n의 값이 될 수 있는 수의 개수는
1, 2, 3, 6, 9, 18의 6이다. ··· **3단계**

단계	채점 기준	비율
1단계	두 분수가 자연수가 되는 조건	40 %
2단계	최대공약수 구하기	40 %
3단계	자연수 n의 개수 구하기	20 %

🖹 6

16
두 수 $A=2^4 \times 3 \times 5^2$, $B=2^3 \times 3^2 \times 5 \times 7$의 최대공약수는
$2^3 \times 3 \times 5$ ··· **1단계**
두 수 A, B의 공약수는 최대공약수의 약수이므로 공약수의 개
수는 $(3+1) \times (1+1) \times (1+1)=16$ ··· **2단계**

단계	채점 기준	비율
1단계	최대공약수 구하기	50 %
2단계	공약수의 개수 구하기	50 %

🖹 16

17
$A=2^2 \times 3^3 \times 5$의 약수를 작은 수부터 차례대로 나열하면 1, 2,
3, 2^2, 5, 2×3, …이므로 네 번째로 작은 수 $a=2^2=4$ ··· **1단계**
$A=2^2 \times 3^3 \times 5$의 약수를 큰 수부터 차례대로 나열하면
$2^2 \times 3^3 \times 5$, $2 \times 3^3 \times 5$, $2^2 \times 3^2 \times 5$, $3^3 \times 5$, …
이므로 세 번째로 큰 수 $b=2^2 \times 3^2 \times 5=180$ ··· **2단계**
따라서 $a+b=184$ ··· **3단계**

단계	채점 기준	비율
1단계	a의 값 구하기	40 %
2단계	b의 값 구하기	40 %
3단계	$a+b$의 값 구하기	20 %

🖹 184

18
두 수 $2^4 \times 3^3$, $2^5 \times 3^2 \times 5$의 최대공약수는
$2^4 \times 3^2$이므로 두 수의 공약수는 $2^4 \times 3^2$의 약수이다. ··· **1단계**
이 중에서 어떤 자연수의 제곱이 되는 수의 개수는
1^2, 2^2, 3^2, $(2^2)^2$, $(2 \times 3)^2$, $(2^2 \times 3)^2$
의 6이다. ··· **2단계**

단계	채점 기준	비율
1단계	최대공약수 구하기	40 %
2단계	제곱이 되는 수의 개수 구하기	60 %

🖹 6

19
$648=2^3 \times 3^4$이고 $2^4 \times \square \times 5$와 최대공약수가 $216=2^3 \times 3^3$이 되
려면 $\square=3^3 \times (3$의 배수가 아닌 자연수)의 꼴이어야 하므로 $\square$
안에 들어갈 가장 작은 수는 $3^3=27$이다. ··· **1단계**
따라서 $648=2^3 \times 3^4$과 $2^4 \times 3^3 \times 5$의 최소공배수는
$2^4 \times 3^4 \times 5=6480$ ··· **2단계**

단계	채점 기준	비율
1단계	$\square$ 안에 들어갈 수 있는 가장 작은 자연수 구하기	50 %
2단계	최소공배수 구하기	50 %

🖹 27, 6480

20
세 자연수의 비가 $2 : 3 : 10$이므로
각각 $2 \times a$, $3 \times a$, $10 \times a$라 하면 $10a=2 \times 5 \times a$이므로
세 자연수 $2 \times a$, $3 \times a$, $10 \times a$의 최소공배수는
$2 \times 3 \times 5 \times a=30 \times a$ ··· **1단계**
세 수의 최소공배수가 540이므로
$30 \times a=540$, $a=18$ ··· **2단계**
따라서 세 수는 $2 \times 18=36$, $3 \times 18=54$, $10 \times 18=180$이므로
세 수의 합은 $36+54+180=270$ ··· **3단계**

단계	채점 기준	비율
1단계	세 수의 최소공배수 구하기	40 %
2단계	a의 값 구하기	40 %
3단계	세 수의 합 구하기	20 %

🖹 270

21
330을 소인수분해 하면 $330=2 \times 3 \times 5 \times 11$이므로
$a=11$ ··· **1단계**
147을 소인수분해 하면 $147=3 \times 7^2$이므로
$b=3$ ··· **2단계**
따라서 $a+b=11+3=14$ ··· **3단계**

단계	채점 기준	비율
1단계	a의 값 구하기	40 %
2단계	b의 값 구하기	40 %
3단계	$a+b$의 값 구하기	20 %

🖹 14

22
$1 \times 2 \times 3 \times \cdots \times 19 \times 20$을 소인수분해 했을 때, 소인수 3을 가지
고 있는 수 있는 수는 3, 6, 9, 12, 15, 18이다.
3, $6=2 \times 3$, $9=3^2$, $12=2^2 \times 3$, $15=3 \times 5$, $18=2 \times 3^2$이고
소인수 3의 지수는 8, 즉 $a=8$ ··· **1단계**
또한 소인수 5를 가지고 있는 수는 5, 10, 15, 20이다.
5, $10=2 \times 5$, $15=3 \times 5$, $20=2^2 \times 5$이므로
소인수 5의 지수는 4이므로 $b=4$ ··· **2단계**
따라서 $a+b=8+4=12$ ··· **3단계**

단계	채점 기준	비율
1단계	a의 값 구하기	40 %
2단계	b의 값 구하기	40 %
3단계	$a+b$의 값 구하기	20 %

🖹 12

01 정수와 유리수

소단원 실전 테스트　　실전책 18~19쪽

01 ④	02 ④	03 ②, ④	04 4	05 ③, ⑤
06 ①	07 ③, ⑤	08 3	09 7	10 ③
11 $a=-5,\ b=2$		12 ④	13 $-\dfrac{2}{3}$	14 2, 12
15 1	16 1			

01
① 7일 후: $+7$일
② 영상 $8\,℃$: $+8\,℃$
③ 4000원 지출: -4000원
⑤ 0보다 3만큼 큰 수: $+3$

답 ④

02
① 영상 $12\,℃$이다. ➡ $+12\,℃$
② 8분 전에 도착하였다. ➡ -8분
③ 감자 생산량이 $5\,t$ 증가하였다. ➡ $+5\,t$
⑤ 영어 성적이 12점 올랐다. ➡ $+12$점

답 ④

03
정수는 양의 정수, 0, 음의 정수로 이루어져 있다.
① -10은 음의 정수이다.
② 4.5는 정수가 아닌 유리수이다.
④ $-\dfrac{18}{8}=-\dfrac{9}{4}$는 정수가 아닌 유리수이다.
⑤ 4는 양의 정수이다.

답 ②, ④

04
$+\dfrac{12}{2}=+6,\ -\dfrac{15}{3}=-5,\ -\dfrac{10}{4}=-\dfrac{5}{2}$

양의 정수는 9, $+7$, $+\dfrac{12}{2}$의 3개이므로 $a=3$

음의 정수는 $-\dfrac{15}{3}$의 1개이므로 $b=1$

따라서 $a+b=3+1=4$

답 4

05
② $-\dfrac{16}{4}=-4$이므로 음의 정수이다.
③ 0은 양의 정수도 음의 정수도 아니다.

05
⑤ $-\dfrac{22}{3}$는 정수가 아니다.

답 ③, ⑤

06
$-\dfrac{14}{4}=-\dfrac{7}{2},\ \dfrac{24}{3}=8$

① 정수는 $+3$, 0, -2, $\dfrac{24}{3}$의 4개이다.

② 자연수는 $+3$, $\dfrac{24}{3}$의 2개이다.

③ 음수는 $-\dfrac{7}{4}$, -2, $-\dfrac{14}{4}$의 3개이다.

④ 양수는 $+3$, $+0.45$, $\dfrac{24}{3}$의 3개이다.

⑤ 정수가 아닌 유리수는 $-\dfrac{7}{4}$, $+0.45$, $-\dfrac{14}{4}$의 3개이다.

답 ①

07
□ 안에 해당하는 수는 정수가 아닌 유리수이다.

$-\dfrac{15}{3}=-5,\ -\dfrac{22}{4}=-\dfrac{11}{2},\ \dfrac{10}{2}=5,\ \dfrac{45}{10}=\dfrac{9}{2}$이므로

□에 속하는 수는 ③ $-\dfrac{22}{4}$, ⑤ $\dfrac{45}{10}$이다.

답 ③, ⑤

08
$+\dfrac{8}{6}=+\dfrac{4}{3},\ -\dfrac{27}{3}=-9$

양의 유리수는 $+6.4$, $+\dfrac{8}{6}$, $+3$의 3개이므로 $x=3$　　… 1단계

음의 유리수는 -5, $-\dfrac{9}{4}$, $-\dfrac{27}{3}$, -7.2의 4개이므로 $y=4$

… 2단계

정수가 아닌 유리수는 $+6.4$, $+\dfrac{8}{6}$, $-\dfrac{9}{4}$, -7.2의 4개이므로

$z=4$　　… 3단계
따라서 $x+y-z=3+4-4=3$　　… 4단계

단계	채점 기준	비율
1단계	x의 값을 구한 경우	30 %
2단계	y의 값을 구한 경우	30 %
3단계	z의 값을 구한 경우	30 %
4단계	$x+y-z$의 값을 구한 경우	10 %

답 3

09
$\dfrac{10}{5}=2,\ \dfrac{30}{4}=\dfrac{15}{2}$

$\langle -5.3 \rangle + \left\langle \dfrac{10}{5} \right\rangle + \langle 2 \rangle + \left\langle \dfrac{30}{4} \right\rangle + \langle 5.3 \rangle$

$=1+2+2+1+1$

$=7$

답 7

10

① 0은 정수인 유리수이다.

② 정수는 양의 정수와 음의 정수 그리고 0으로 이루어져 있다.

④ 정수가 아닌 유리수는 $\frac{1}{2}$, $\frac{1}{3}$, $\frac{1}{4}$, $\cdots$ 등 무수히 많다.

⑤ 서로 다른 두 정수 사이에 있는 정수의 개수는 유한개이다.

目 ③

11

$-\frac{15}{3}=-5$, $-\frac{12}{3}=-4$이고

$-\frac{14}{3}$에 가장 가까운 정수는 -5이므로 $a=-5$

$\frac{8}{4}=2$, $\frac{12}{4}=3$이고

$\frac{9}{4}$에 가장 가까운 정수는 2이므로 $b=2$

目 $a=-5$, $b=2$

12

① $-3=-\frac{6}{2}$, $-2=-\frac{4}{2}$이므로

점 A가 나타내는 수는 $-\frac{5}{2}$

② $-2=-\frac{6}{3}$, $-1=-\frac{3}{3}$이므로

점 B가 나타내는 수는 $-\frac{5}{3}$

③ $-1=-\frac{2}{2}$, $0=\frac{0}{2}$이므로

점 C가 나타내는 수는 $-\frac{1}{2}$

④ $2=\frac{8}{4}$, $3=\frac{12}{4}$이므로

점 D가 나타내는 수는 $\frac{11}{4}$

⑤ $3=\frac{6}{2}$, $4=\frac{8}{2}$이므로

점 E가 나타내는 수는 $\frac{7}{2}$

目 ④

13

$-\frac{9}{4}=-2.25$, $-\frac{2}{3}=-0.66\cdots$

$-\frac{9}{4}<-1.5<-\frac{2}{3}<0<\frac{3}{2}<\frac{5}{2}$

따라서 구하는 왼쪽에서 세 번째에 있는 수는 $-\frac{2}{3}$이다.

目 $-\frac{2}{3}$

14

두 점 A, C 사이의 거리가 $3+7=10$이므로 네 점 A, B, C, D

사이의 거리는 $10 \times \frac{1}{2}=5$

따라서 점 B가 나타내는 수는 2이고, 점 D가 나타내는 수는 12
이다.

目 2, 12

15

0을 나타내는 점으로부터 3만큼 떨어진 점이 나타내는 수는
$+3$, -3이고, 이 중에서 음수는 -3이므로 $a=-3$　　… 1단계

-2를 나타내는 점으로부터 7만큼 떨어진 점이 나타내는 수는
5, -9이고 이 중에서 양수는 5이므로 $b=5$　　… 2단계

따라서 두 수 -3, 5를 나타내는 점으로부터 같은 거리에 있는
수는 1이다.　　… 3단계

단계	채점 기준	비율
1단계	a의 값을 구한 경우	40 %
2단계	b의 값을 구한 경우	40 %
3단계	두 수 a, b를 나타내는 점으로부터 같은 거리에 있는 수를 구한 경우	20 %

目 1

16

원점으로부터 5만큼 떨어져 있는 수는
$+5$, -5이므로 a는 $+5$ 또는 -5

두 점 A, B의 한가운데에 있는 점이 나타내는 수가 -2이고
$a<b$이므로 $a<-2<b$

$a<-2$이므로 $a=-5$

b는 -2보다 3만큼 큰 수이므로 $b=1$

目 1

02 수의 대소 관계

소단원 실전 테스트
실전책 20~21쪽

01 ⑤	02 ③	03 $+\frac{6}{5}$, $-\frac{6}{5}$	04 ④
05 ④	06 ④	07 ①, ⑤	08 $-\frac{5}{2}$, $-\frac{5}{4}$
09 ③	10 ②, ④	11 -3	12 8	13 $\frac{13}{5}$
14 3	15 $-\frac{7}{4}$, $-\frac{3}{5}$, $\frac{8}{5}$	16 ⑤

01

$a=\left|+\frac{7}{3}\right|=\frac{7}{3}$, $b=\left|-\frac{5}{3}\right|=\frac{5}{3}$이므로

$a+b=\frac{7}{3}+\frac{5}{3}=\frac{12}{3}=4$

目 ⑤

02

$|0|<\left|\dfrac{1}{2}\right|<\left|+\dfrac{3}{2}\right|<|+2|<|-3|<\left|-\dfrac{7}{2}\right|$ 이므로

$|A|+|B|=|0|+\left|-\dfrac{7}{2}\right|=0+\dfrac{7}{2}=\dfrac{7}{2}$

답 ③

03

두 점 사이의 거리가 $\dfrac{12}{5}$ 이므로 두 수의 절댓값은

$\dfrac{12}{5}\times\dfrac{1}{2}=\dfrac{6}{5}$ 이고,

절댓값이 $\dfrac{6}{5}$ 인 수는 $+\dfrac{6}{5}$, $-\dfrac{6}{5}$ 이다.

따라서 구하는 두 수는 $+\dfrac{6}{5}$, $-\dfrac{6}{5}$ 이다.

답 $+\dfrac{6}{5}$, $-\dfrac{6}{5}$

04

두 점 사이의 거리가 9이므로 두 수 a, b의 절댓값은

$9\times\dfrac{1}{2}=\dfrac{9}{2}=4.5$

절댓값이 4.5인 수는 $+4.5$, -4.5이다.
$a<b$이므로 $a=-4.5$, $b=+4.5$

답 ④

05

① 유리수의 절댓값은 0보다 크거나 같다.
② 0의 절댓값은 0이다.
③ 절댓값이 0인 유리수는 0뿐이다.
⑤ 수직선에서 절댓값이 큰 수가 절댓값이 작은 수보다 0을 나타
 내는 점에서 더 멀리 떨어져 있다.

답 ④

06

ㄴ. $a<0$이면 $|-a|=-a$이다.

답 ④

07

① 0의 절댓값은 0이다.
⑤ 수직선에서 절댓값이 같은 수를 나타내는 두 점은 0을 나타내
 는 점으로부터 떨어진 거리가 같다.

답 ①, ⑤

08

$-\dfrac{5}{2}=-2.5$, $\dfrac{7}{3}=2.33\cdots$, $-\dfrac{5}{4}=-1.25$이므로

$\left|-\dfrac{5}{4}\right|<|1.4|<|2.3|<\left|\dfrac{7}{3}\right|<\left|-\dfrac{5}{2}\right|$

따라서 구하는 두 수를 차례로 쓰면 $-\dfrac{5}{2}$, $-\dfrac{5}{4}$

답 $-\dfrac{5}{2}$, $-\dfrac{5}{4}$

09

$|a|=6$, 5, 4, $\cdots$, 0이므로 구하는 정수 a의 개수는 6, -6, 5,
-5, 4, -4, $\cdots$, 0의 13이다.

답 ③

10

① (음수)$<$(양수)이므로 $-5<3$

② $\left|-\dfrac{7}{6}\right|=\dfrac{7}{6}$, $\left|-\dfrac{8}{5}\right|=\dfrac{8}{5}$ 이고 $\dfrac{7}{6}=\dfrac{35}{30}$, $\dfrac{8}{5}=\dfrac{48}{30}$ 이므로

 $\left|-\dfrac{7}{6}\right|<\left|-\dfrac{8}{5}\right|$

③ $\dfrac{6}{5}=1.2$이므로 $\dfrac{6}{5}>1.1$

④ $-\dfrac{14}{3}=-4.66\cdots$이고 음수끼리는 절댓값이 클수록 작은 수

 이므로 $-\dfrac{14}{3}>-5$

⑤ $\dfrac{5}{4}=\dfrac{15}{12}$, $\dfrac{4}{3}=\dfrac{16}{12}$이므로 $\dfrac{5}{4}<\dfrac{4}{3}$

답 ②, ④

11

$-\dfrac{13}{4}=-3.25$, $-\dfrac{7}{2}=-3.5$, $-\dfrac{17}{6}=-2.833\cdots$,

$-\dfrac{5}{3}=-1.666\cdots$

$-\dfrac{7}{2}<-\dfrac{13}{4}<-3<-\dfrac{5}{3}<\left|-\dfrac{17}{6}\right|<5$이므로

작은 수부터 차례로 나열할 때, 세 번째 오는 수는 -3이다.

답 -3

12

절댓값이 0인 수는 0
절댓값이 1인 수는 $+1$, -1
절댓값이 2인 수는 $+2$, -2
$\vdots$
절댓값이 a인 수는 $+a$, $-a$
절댓값이 a 이하인 정수의 개수가 17이므로 이 중 0을 제외한 정
수의 개수는 16이다.

따라서 $a=\dfrac{16}{2}=8$

답 8

13

$\dfrac{13}{5}=2.6$, $-\dfrac{5}{4}=-1.25$, $\dfrac{8}{3}=2.66\cdots$,

$-\dfrac{10}{7}=-1.42\cdots$

절댓값이 2 이상인 수는 $\dfrac{13}{5}$, -2, $\dfrac{8}{3}$, $+2.3$ … 1단계

$\dfrac{8}{3}>\dfrac{13}{5}>+2.3>-2$이므로 구하는 수는 $\dfrac{13}{5}$이다.   … 2단계

단계	채점 기준	비율
1단계	절댓값이 2 이상인 수를 구한 경우	50 %
2단계	조건을 만족시키는 수를 구한 경우	50 %

답 $\dfrac{13}{5}$

14

$|2|<|-8|$이므로 $T(2,\,-8)=|-8|=8$ … 1단계

$|-4|<|5|$이므로 $T(-4,\,5)=|5|=5$ … 2단계

따라서 $T(2,\,-8)-T(-4,\,5)=8-5=3$ … 3단계

단계	채점 기준	비율
1단계	$T(2,\,-8)$의 값을 구한 경우	40 %
2단계	$T(-4,\,5)$의 값을 구한 경우	40 %
3단계	$T(2,\,-8)-T(-4,\,5)$의 값을 구한 경우	20 %

답 3

15

$A=\dfrac{8}{5}$, $B=-\dfrac{3}{5}$, $C=-\dfrac{7}{4}$

$-\dfrac{3}{5}=-\dfrac{12}{20}$, $-\dfrac{7}{4}=-\dfrac{35}{20}$이므로

$-\dfrac{7}{4}<-\dfrac{3}{5}<\dfrac{8}{5}$

답 $-\dfrac{7}{4}$, $-\dfrac{3}{5}$, $\dfrac{8}{5}$

16

① $a<0$이므로 $|-a|>0$

② $a<0$이므로 $|a|=-a$

③ $b<a<0$이므로 b를 나타내는 점이 a를 나타내는 점보다 원점으로부터 멀리 떨어져 있다.

따라서 $|a|<|b|$

④ $|b|>0$이고 $a<0$이므로 $|b|>a$

⑤ $|b|>|a|$이므로 $|b|-|a|>0$

답 ⑤

01 ⑤	**02** ③	**03** ②, ⑤	**04** ⑤	**05** ①, ②
06 ②	**07** ②, ④	**08** ③	**09** ④	**10** ②
11 ④	**12** ③	**13** ①	**14** ④	**15** ③
16 ②	**17** ⑤	**18** 4	**19** 2	**20** 23
21 6	**22** 13	**23** 10	**24** $a=-9$, $b=4$	
25 27				

01

① 해발 1950 m ➡ $+1950$ m

② 8분 후 ➡ $+8$분

③ 영하 5 ℃ ➡ -5 ℃

④ 20 kg 줄었다. ➡ -20 kg

답 ⑤

02

$+\dfrac{28}{4}=+7$, $\dfrac{30}{5}=6$

양의 유리수는 $+5$, $+\dfrac{28}{4}$, $+3.2$, $+\dfrac{4}{3}$, $\dfrac{30}{5}$의 5개이므로

$a=5$

정수는 $+5$, $+\dfrac{28}{4}$, 0, $\dfrac{30}{5}$의 4개이므로 $b=4$

따라서 $a+b=5+4=9$

답 ③

03

정수는 양의 정수, 0, 음의 정수로 이루어져 있다.

① -7은 음의 정수이다.

④ $-\dfrac{18}{3}=-6$은 음의 정수이다.

⑤ $-\dfrac{27}{6}=-\dfrac{9}{2}$이므로 정수가 아닌 유리수이다.

답 ②, ⑤

04

② 자연수가 아닌 정수는 0, 음의 정수가 있다.

④ 0과 1 사이에는 $\dfrac{1}{2}$, $\dfrac{1}{3}$, $\dfrac{1}{4}$, … 등 무수히 많은 유리수가 있다.

⑤ 양의 유리수가 아닌 유리수는 음의 유리수와 0이 있다.

답 ⑤

05

$+\dfrac{15}{5}=+3$, $-\dfrac{56}{8}=-7$, $-\dfrac{18}{4}=-\dfrac{9}{2}$

① 자연수는 $+\dfrac{15}{5}$, $+7$의 2개이다.

② 양의 유리수는 $+\dfrac{15}{5}$, $+4.2$, $+7$의 3개이다.

③ 정수는 -1, $+\dfrac{15}{5}$, $-\dfrac{56}{8}$, 0, $+7$의 5개이다.

④ 모두 유리수이므로 유리수는 7개이다.

⑤ 정수가 아닌 유리수는 $+4.2$, $-\dfrac{18}{4}$의 2개이다.

답 ①, ②

06

-11과 3을 나타내는 두 점 사이의 거리는 $11+3=14$이므로 구하는 점은 두 점으로부터 $14\times\dfrac{1}{2}=7$만큼 떨어진 점이다.

거리 7   거리 7
-11 -4 $+3$

따라서 구하는 수는 -4이다.

답 ②

07

① $-4=-\dfrac{8}{2}$, $-3=-\dfrac{6}{2}$이므로

점 A가 나타내는 수는 $-\dfrac{7}{2}$

② $-3=-\dfrac{12}{4}$, $-2=-\dfrac{8}{4}$이므로

점 B가 나타내는 수는 $-\dfrac{9}{4}$

③ $0=\dfrac{0}{3}$, $1=\dfrac{3}{3}$이므로

점 C가 나타내는 수는 $\dfrac{2}{3}$

④ $2=\dfrac{4}{2}$, $3=\dfrac{6}{2}$이므로

점 D가 나타내는 수는 $\dfrac{5}{2}$

⑤ $3=\dfrac{9}{3}$, $4=\dfrac{12}{3}$이므로

점 E가 나타내는 수는 $\dfrac{11}{3}$

답 ②, ④

08

$a=\left|+\dfrac{7}{2}\right|=\dfrac{7}{2}$, $b=\left|-\dfrac{4}{3}\right|=\dfrac{4}{3}$이므로

$a-b=\dfrac{7}{2}-\dfrac{4}{3}=\dfrac{21}{6}-\dfrac{8}{6}=\dfrac{13}{6}$

답 ③

09

$-\dfrac{7}{2}=-3.5$, $+\dfrac{9}{4}=+2.25$, $-\dfrac{10}{3}=-3.33\cdots$

$\left|+\dfrac{9}{4}\right|<|-2.8|<\left|-\dfrac{10}{3}\right|<\left|-\dfrac{7}{2}\right|<|+4|$

따라서 절댓값이 가장 작은 수는 $+\dfrac{9}{4}$이다.

답 ④

10

원점에서 멀리 떨어질수록 절댓값이 큰 수이다.

$\dfrac{13}{4}=3.25$, $-\dfrac{11}{3}=-3.66\cdots$, $+\dfrac{13}{6}=2.16\cdots$, $\dfrac{5}{2}=2.5$이므로

$\left|+\dfrac{13}{6}\right|<\left|\dfrac{5}{2}\right|<\left|\dfrac{13}{4}\right|<|+3.5|<\left|-\dfrac{11}{3}\right|$

따라서 원점에서 두 번째로 멀리 떨어진 수는

② $+3.5$이다.

답 ②

11

$\dfrac{23}{5}=4.6$이므로 절댓값이 4 이하인 정수의 개수를 구하면 된다.

절댓값이 0인 수는 0의 1개

절댓값이 1인 수는 $+1$, -1의 2개

절댓값이 2인 수는 $+2$, -2의 2개

절댓값이 3인 수는 $+3$, -3의 2개

절댓값이 4인 수는 $+4$, -4의 2개

따라서 구하는 정수의 개수는 9이다.

답 ④

12

$-\dfrac{27}{8}=-3.375$이므로 $-\dfrac{27}{8}$과 8 사이에 있는 정수는 -3, -2, -1, $\cdots$, 7이다.

이 중 음의 정수는 -3, -2, -1의 3개이므로 $a=3$이고, 절댓값이 가장 큰 수는 7이므로 $b=7$

따라서 $a+b=3+7=10$

답 ③

13

원점과 수 a를 나타내는 점 사이의 거리가 4보다 작으므로 $|a|<4$이다.

따라서 a의 값이 될 수 없는 것은 ① -5.1이다.

답 ①

14

$|-4|=4$, $-\dfrac{8}{5}=-1.6$, $\dfrac{12}{7}=1.71\cdots$

$-2.4<-\dfrac{8}{5}<\dfrac{12}{7}<2<3.5<|-4|$,

$\left|-\dfrac{8}{5}\right|<\left|\dfrac{12}{7}\right|<|2|<|-2.4|<|3.5|<|4|$

① 가장 큰 수는 $|-4|$이다.

② 가장 작은 수는 -2.4이다.

③ 절댓값이 2 이상인 수는 -2.4, 2, 3.5, $|-4|$의 4개이다.

⑤ -1보다 큰 정수가 아닌 유리수는 $\dfrac{12}{7}$, 3.5의 2개이다.

답 ④

15

① $-\dfrac{1}{5}=-\dfrac{4}{20}$, $-\dfrac{1}{4}=-\dfrac{5}{20}$ 이고 음수끼리는 절댓값이 클수록 작으므로 $-\dfrac{1}{5}>-\dfrac{1}{4}$

② $\dfrac{3}{4}=\dfrac{9}{12}$ 이므로 $\dfrac{3}{4}>\dfrac{7}{12}$

③ $\left|\dfrac{4}{5}\right|=\dfrac{4}{5}$, $\left|-\dfrac{5}{6}\right|=\dfrac{5}{6}$ 이고 $\dfrac{4}{5}=\dfrac{24}{30}$, $\dfrac{5}{6}=\dfrac{25}{30}$ 이므로 $\left|\dfrac{4}{5}\right|<\left|-\dfrac{5}{6}\right|$

④ $-4=-\dfrac{12}{3}$ 이고 음수끼리는 절댓값이 클수록 작으므로 $-\dfrac{11}{3}>-4$

⑤ 음수끼리는 절댓값이 클수록 작으므로 $-6.2>-6.5$

답 ③

16

ㄴ. x는 -4보다 크거나 같다. ➡ $x\geq-4$

ㄹ. x는 -5 초과이고 2보다 크지 않다. ➡ $-5<x\leq2$

답 ②

17

ㄱ. $\dfrac{2}{3}$의 절댓값은 $\dfrac{2}{3}$이고 $-\dfrac{3}{2}$의 절댓값은 $\dfrac{3}{2}$이므로 두 수의 절댓값은 다르다.

ㄴ. 수직선에서 -3보다 1은 오른쪽에 있는 수이지만 1의 절댓값이 -3의 절댓값보다 작다.

ㄷ. $|a|=a$이면 a는 양수 또는 0이다.
즉, $|0|=0$이지만 0은 양수가 아니다.

답 ⑤

18

$-\dfrac{16}{2}=-8$, $+\dfrac{22}{4}=+\dfrac{11}{2}$, $-\dfrac{21}{6}=-\dfrac{7}{2}$

음의 정수는 $-\dfrac{16}{2}$의 1개이므로 $a=1$

정수가 아닌 유리수는 -2.3, $+\dfrac{22}{4}$, $-\dfrac{21}{6}$의 3개이므로 $b=3$

따라서 $a+b=1+3=4$

답 4

19

-7과 3을 나타내는 두 점 사이의 거리는 $7+3=10$

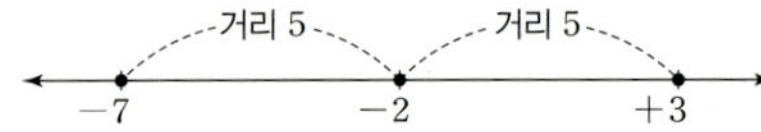

두 점으로부터 같은 거리에 있는 점은 두 점으로부터 $10\times\dfrac{1}{2}=5$ 만큼 떨어진 점이므로 $a=-2$

-2와 6을 나타내는 두 점 사이의 거리는 $2+6=8$

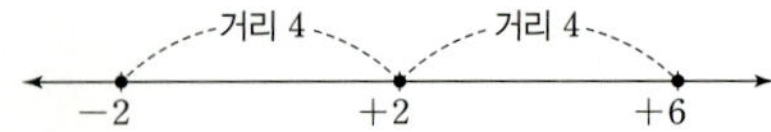

두 점으로부터 같은 거리에 있는 점은 두 점으로부터 $8\times\dfrac{1}{2}=4$ 만큼 떨어진 점이므로 $b=2$

답 2

20

$\dfrac{n}{6}$의 절댓값이 2보다 작으려면 n의 절댓값이 12보다 작으면 된다.

따라서 구하는 정수 n의 개수는
-11, -10, -9, $\cdots$, 11의 23이다.

답 23

21

$-\dfrac{2}{3}=-\dfrac{8}{12}$, $\dfrac{3}{4}=\dfrac{9}{12}$ 이므로 두 수 사이에 있는 분모가 12인 유리수는

$-\dfrac{7}{12}$, $-\dfrac{6}{12}$, $-\dfrac{5}{12}$, $\cdots$, $\dfrac{8}{12}$ 이고,

이 중 기약분수로 나타내었을 때 분모가 12인 수의 개수는

$-\dfrac{7}{12}$, $-\dfrac{5}{12}$, $-\dfrac{1}{12}$, $\dfrac{1}{12}$, $\dfrac{5}{12}$, $\dfrac{7}{12}$ 의 6이다.

답 6

22

$\dfrac{22}{3}=7.33\cdots$

$\dfrac{22}{3}$ 보다 크지 않은 자연수는

7, 6, 5, $\cdots$, 1의 7개이므로 $a=7$

$-\dfrac{11}{4}=-2.75$

$-\dfrac{11}{4}$ 보다 크고 3 이하인 정수는

-2, -1, 0, 1, 2, 3의 6개이므로 $b=6$

따라서 $a+b=7+6=13$

답 13

23

두 점 A, B 사이의 거리는 $14+2=16$

두 점 A, B로부터 같은 거리에 있는 점은 두 점으로부터
$16\times\dfrac{1}{2}=8$만큼 떨어진 점이므로 점 M이 나타내는 수는 -6

··· 1단계

두 점 B, C 사이의 거리는 $6-2=4$
두 점 B, C로부터 같은 거리에 있는 점은 두 점으로부터

$4\times\dfrac{1}{2}=2$만큼 떨어진 점이므로 점 N이 나타내는 수는 4

··· 2단계

따라서 구하는 두 점 M과 N 사이의 거리는

$6+4=10$ ··· 3단계

단계	채점 기준	비율
1단계	점 M이 나타내는 수를 구한 경우	40 %
2단계	점 N이 나타내는 수를 구한 경우	40 %
3단계	두 점 M과 N 사이의 거리를 구한 경우	20 %

📖 10

24

㈏에서 $|b|=4$

㈐에서 $|a|+|b|=13$이므로 $|a|=9$ ··· 1단계

㈎에서 $|a|=9$이고 $a<0$이므로 $a=-9$ ··· 2단계

따라서 $|b|=4$이고 $b>0$이므로 $b=4$ ··· 3단계

단계	채점 기준	비율
1단계	a의 절댓값을 구한 경우	30 %
2단계	a의 값을 구한 경우	35 %
3단계	b의 값을 구한 경우	35 %

📖 $a=-9,\ b=4$

25

두 점 사이의 거리가 $\dfrac{18}{5}$이므로 두 수 a, b의 절댓값은

$\dfrac{18}{5}\times\dfrac{1}{2}=\dfrac{9}{5}$ ··· 1단계

$|a|=|b|=\dfrac{9}{5}$이므로

$5\times|a|+10\times|b|=5\times\dfrac{9}{5}+10\times\dfrac{9}{5}=9+18=27$ ··· 2단계

단계	채점 기준	비율
1단계	a, b의 절댓값을 각각 구한 경우	70 %
2단계	$5\times|a|+10\times|b|$의 값을 구한 경우	30 %

📖 27

Level 1	01 풀이 참조	02 풀이 참조	03 풀이 참조
	04 풀이 참조		

Level 2	05 5	06 1	
	07 $a=11, b=-3$		
	08 점 B: -3, 점 C: 2		
	09 $\dfrac{9}{2}$	10 17	11 4
	12 $a=-\dfrac{3}{7}, b=\dfrac{3}{7}$		13 $-7, -6$
	14 $\dfrac{13}{8}$	15 7	16 6

Level 3	17 4	18 2	
	19 $a=12, b=-12$		20 도서관
	21 $b<a<c$	22 b, d, a, c	

01

$+\dfrac{16}{4}=\boxed{+4}$, $-\dfrac{30}{6}=\boxed{-5}$

음의 정수는 -11, $\boxed{-\dfrac{30}{6}}$의 2개이므로 $a=\boxed{2}$ ··· 1단계

정수가 아닌 유리수는 $+\dfrac{20}{3}$, $\boxed{\dfrac{5}{7}}$, $+2.5$의 3개이므로

$b=\boxed{3}$ ··· 2단계

따라서 $a+b=2+\boxed{3}=\boxed{5}$ ··· 3단계

단계	채점 기준	비율
1단계	a의 값을 구한 경우	40 %
2단계	b의 값을 구한 경우	40 %
3단계	$a+b$의 값을 구한 경우	20 %

📖 풀이 참조

02

$-\dfrac{12}{4}=\boxed{-3}$, $-\dfrac{16}{4}=\boxed{-4}$이고

$-\dfrac{13}{4}$에 가장 가까운 정수는 $\boxed{-3}$이므로 $a=\boxed{-3}$ ··· 1단계

$\dfrac{15}{5}=\boxed{3}$, $\dfrac{20}{5}=\boxed{4}$이고

$\dfrac{17}{5}$에 가장 가까운 정수는 $\boxed{3}$이므로 $b=\boxed{3}$ ··· 2단계

따라서 $|a|+|b|=|-3|+|\boxed{3}|=3+\boxed{3}=\boxed{6}$ ··· 3단계

단계	채점 기준	비율
1단계	a의 값을 구한 경우	40 %
2단계	b의 값을 구한 경우	40 %
3단계	$|a|+|b|$의 값을 구한 경우	20 %

📖 풀이 참조

03

절댓값이 9인 수는 9, $\boxed{-9}$

이 중에서 큰 수는 $\boxed{9}$이므로 $a=\boxed{9}$ ··· 1단계

-2와 절댓값이 같은 양수는 $\boxed{2}$이므로 $b=\boxed{2}$ ··· 2단계

따라서 $a-b=9-\boxed{2}=\boxed{7}$ ··· 3단계

단계	채점 기준	비율
1단계	a의 값을 구한 경우	40 %
2단계	b의 값을 구한 경우	40 %
3단계	$a-b$의 값을 구한 경우	20 %

답 풀이 참조

04

㈎ 정수 a는 -10, -9, -8, $\cdots$, $\boxed{4}$ ··· 1단계

㈏ ㈎에서 구한 수 중에서 절댓값이 6 이하인 수 a는 $\boxed{-6}$, $\boxed{-5}$,

    -4, $\cdots$, $\boxed{4}$이므로   ··· 2단계

구하는 정수 a의 개수는 $\boxed{11}$이다.   ··· 3단계

단계	채점 기준	비율
1단계	㈎에서 정수 a를 구한 경우	40 %
2단계	㈏에서 정수 a를 구한 경우	40 %
3단계	정수 a의 개수를 구한 경우	20 %

답 풀이 참조

05

$\dfrac{25}{10}=\dfrac{5}{2}$, $-\dfrac{8}{4}=-2$, $+\dfrac{35}{7}=+5$, $+\dfrac{24}{3}=+8$

양의 정수는 $+4$, $+\dfrac{35}{7}$, $+\dfrac{24}{3}$ 의 3개이므로

$a=3$ ··· 1단계

음의 유리수는 -2.1, $-\dfrac{8}{4}$의 2개이므로 $b=2$ ··· 2단계

따라서 $a+b=3+2=5$ ··· 3단계

단계	채점 기준	비율
1단계	a의 값을 구한 경우	40 %
2단계	b의 값을 구한 경우	40 %
3단계	$a+b$의 값을 구한 경우	20 %

답 5

06

정수가 아닌 유리수는

$+\dfrac{20}{6}$, $\dfrac{18}{4}$, $+3.8$의 3개이므로 $a=3$ ··· 1단계

음수는 -4, $-\dfrac{15}{5}$의 2개이므로 $b=2$ ··· 2단계

따라서 $a-b=3-2=1$ ··· 3단계

단계	채점 기준	비율
1단계	a의 값을 구한 경우	40 %
2단계	b의 값을 구한 경우	40 %
3단계	$a-b$의 값을 구한 경우	20 %

답 1

07

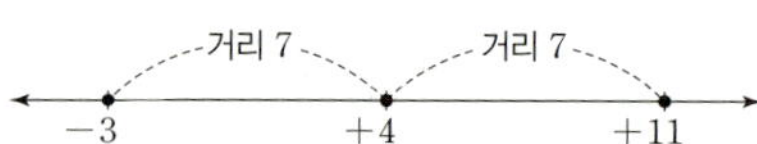

4를 나타내는 점으로부터 7만큼 떨어진 점이 나타내는 수는

-3, 11이다.   ··· 1단계

$a>b$이므로 $a=11$, $b=-3$ ··· 2단계

단계	채점 기준	비율
1단계	4를 나타내는 점으로부터 7만큼 떨어진 점이 나타내는 수를 구한 경우	60 %
2단계	a, b의 값을 각각 구한 경우	40 %

답 $a=11$, $b=-3$

08

두 점 A, D 사이의 거리가 $8+7=15$이므로 네 점 A, B, C, D

사이의 거리는 $15\times\dfrac{1}{3}=5$ ··· 1단계

따라서 점 B가 나타내는 수는 -3이고, 점 C가 나타내는 수는 2

이다.   ··· 2단계

단계	채점 기준	비율
1단계	네 점 A, B, C, D 사이의 거리를 구한 경우	50 %
2단계	두 점 B, C가 나타내는 수를 구한 경우	50 %

답 점 B: -3, 점 C: 2

09

$a=\left|-\dfrac{7}{6}\right|=\dfrac{7}{6}$ ··· 1단계

절댓값이 $\dfrac{10}{3}$인 수는 $\dfrac{10}{3}$, $-\dfrac{10}{3}$이고,

이 중에서 양수는 $\dfrac{10}{3}$이므로 $b=\dfrac{10}{3}$ ··· 2단계

따라서 $a+b=\dfrac{7}{6}+\dfrac{10}{3}=\dfrac{7}{6}+\dfrac{20}{6}=\dfrac{27}{6}=\dfrac{9}{2}$ ··· 3단계

단계	채점 기준	비율
1단계	a의 값을 구한 경우	40 %
2단계	b의 값을 구한 경우	40 %
3단계	$a+b$의 값을 구한 경우	20 %

답 $\dfrac{9}{2}$

10

절댓값이 5인 수는 5, -5이고,

이 중에서 양수는 5이므로 $a=5$ ··· 1단계

절댓값이 12인 수는 12, -12이고,
이 중에서 음수는 -12이므로 $b=-12$ … 2단계
따라서 수직선에서 5와 -12가 나타내는 두 점 사이의 거리는
$5+12=17$ … 3단계

단계	채점 기준	비율
1단계	a의 값을 구한 경우	40 %
2단계	b의 값을 구한 경우	40 %
3단계	a, b가 나타내는 두 점 사이의 거리를 구한 경우	20 %

$\boxdot$ 17

11

$\dfrac{17}{3}=5.66\cdots$, $-\dfrac{15}{4}=-3.75$, $\dfrac{28}{5}=5.6$

$|0|<|-3|<\left|-\dfrac{15}{4}\right|<|4|<\left|\dfrac{28}{5}\right|<\left|\dfrac{17}{3}\right|<|-6|$ … 1단계

따라서 구하는 네 번째에 오는 수는 4이다.   … 2단계

단계	채점 기준	비율
1단계	절댓값이 작은 수부터 차례로 나열한 경우	70 %
2단계	네 번째에 오는 수를 구한 경우	30 %

$\boxdot$ 4

12

두 수 a, b를 나타내는 두 점으로부터 원점까지의 거리는 같으므로 $|a|=|b|$이다.   … 1단계

두 수 a, b의 절댓값의 합은 $\dfrac{6}{7}$이므로

$|a|+|b|=\dfrac{6}{7}$

$|a|=|b|=\dfrac{6}{7}\times\dfrac{1}{2}=\dfrac{3}{7}$ … 2단계

따라서 $a<b$이므로 $a=-\dfrac{3}{7}$, $b=\dfrac{3}{7}$ … 3단계

단계	채점 기준	비율
1단계	$|a|=|b|$임을 구한 경우	30 %
2단계	$|a|$, $|b|$의 값을 각각 구한 경우	40 %
3단계	a, b의 값을 각각 구한 경우	30 %

$\boxdot$ $a=-\dfrac{3}{7}$, $b=\dfrac{3}{7}$

13

㈎ $-7\leq x\leq5$이므로

   정수 x는 -7, -6, -5, $\cdots$, 5   … 1단계

㈏ ㈎에서 구한 수 중에서

   $|x|>5$인 x는 -7, -6 … 2단계

단계	채점 기준	비율
1단계	㈎에서 정수 x를 구한 경우	50 %
2단계	㈏에서 정수 x를 구한 경우	50 %

$\boxdot$ -7, -6

14

$-\dfrac{5}{3}<\dfrac{11}{7}$이므로 $\left\langle -\dfrac{5}{3},\ \dfrac{11}{7}\right\rangle=\dfrac{11}{7}$ … 1단계

$\dfrac{11}{7}=\dfrac{88}{56}$, $\dfrac{13}{8}=\dfrac{91}{56}$이고 $\dfrac{11}{7}<\dfrac{13}{8}$이므로

$\left\langle \dfrac{11}{7},\ \dfrac{13}{8}\right\rangle=\dfrac{13}{8}$

따라서 $\left\langle \left\langle -\dfrac{5}{3},\ \dfrac{11}{7}\right\rangle,\ \dfrac{13}{8}\right\rangle=\dfrac{13}{8}$ … 2단계

단계	채점 기준	비율
1단계	$\left\langle -\dfrac{5}{3},\ \dfrac{11}{7}\right\rangle$의 값을 구한 경우	50 %
2단계	$\left\langle \left\langle -\dfrac{5}{3},\ \dfrac{11}{7}\right\rangle,\ \dfrac{13}{8}\right\rangle$의 값을 구한 경우	50 %

$\boxdot$ $\dfrac{13}{8}$

15

$|-5|<|10|$이므로 $S(-5, 10)=|-5|=5$ … 1단계
$|2|<|-4|$이므로 $S(2, -4)=|2|=2$ … 2단계
따라서 $S(-5, 10)+S(2, -4)=5+2=7$ … 3단계

단계	채점 기준	비율
1단계	$S(-5, 10)$의 값을 구한 경우	40 %
2단계	$S(2, -4)$의 값을 구한 경우	40 %
3단계	$S(-5, 10)+S(2, -4)$의 값을 구한 경우	20 %

$\boxdot$ 7

16

'x는 $-\dfrac{15}{4}$보다 작지 않다.'는 $x\geq-\dfrac{15}{4}$이고 'x는 양수가 아니다.'는 $x\leq0$이므로

$-\dfrac{15}{4}\leq x\leq0$ … 1단계

이를 만족시키는 정수 x의 값은 -3, -2, -1, 0   … 2단계
따라서 구하는 절댓값의 합은
$|-3|+|-2|+|-1|+|0|=3+2+1+0=6$ … 3단계

단계	채점 기준	비율
1단계	부등호를 사용하여 나타낸 경우	30 %
2단계	정수 x의 값을 구한 경우	30 %
3단계	정수 x의 절댓값의 합을 구한 경우	40 %

$\boxdot$ 6

17

수직선 위에 점 A를 나타내면 다음과 같다.

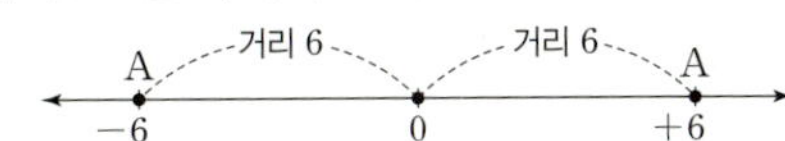

점 A가 나타내는 수는 -6 또는 6이다.   … 1단계

수직선 위에 점 B를 나타내면 다음과 같다.

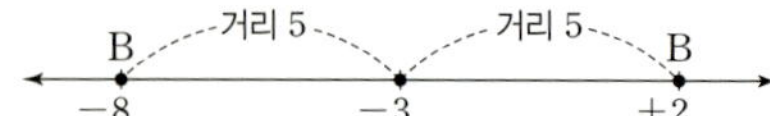

점 B가 나타내는 수는 -8 또는 2이다.   ··· 2단계

두 점 A, B로부터 같은 거리에 있는 점이 나타내는 수는 다음과 같다.

ⅰ) 점 A가 나타내는 수가 -6, 점 B가 나타내는 수가 -8인 경우

두 점 A, B로부터 같은 거리에 있는 점이 나타내는 수는 -7이다.

ⅱ) 점 A가 나타내는 수가 -6, 점 B가 나타내는 수가 2인 경우

두 점 A, B로부터 같은 거리에 있는 점이 나타내는 수는 -2이다.

ⅲ) 점 A가 나타내는 수가 6, 점 B가 나타내는 수가 -8인 경우

두 점 A, B로부터 같은 거리에 있는 점이 나타내는 수는 -1이다.

ⅳ) 점 A가 나타내는 수가 6, 점 B가 나타내는 수가 2인 경우

두 점 A, B로부터 같은 거리에 있는 점이 나타내는 수는 4이다.

따라서 두 점 A, B로부터 같은 거리에 있는 점이 나타내는 수 중 가장 큰 수는 4이다.   ··· 3단계

단계	채점 기준	비율
1단계	점 A가 나타내는 수를 구한 경우	30 %
2단계	점 B가 나타내는 수를 구한 경우	30 %
3단계	두 점 A, B로부터 같은 거리에 있는 점이 나타내는 수 중 가장 큰 수를 구한 경우	40 %

🔑 4

18

수직선 위에 점 A를 나타내면 다음과 같다.

점 A가 나타내는 수는 -4 또는 4이다.   ··· 1단계

수직선 위에 점 B를 나타내면 다음과 같다.

점 B가 나타내는 수는 -2 또는 14이다.   ··· 2단계

두 점 A, B로부터 같은 거리에 있는 점이 나타내는 수는 다음과 같다.

ⅰ) 점 A가 나타내는 수가 -4, 점 B가 나타내는 수가 -2인 경우

두 점 A, B 사이의 거리는 $4-2=2$

ⅱ) 점 A가 나타내는 수가 -4, 점 B가 나타내는 수가 14인 경우

두 점 A, B 사이의 거리는 $14+4=18$

ⅲ) 점 A가 나타내는 수가 4, 점 B가 나타내는 수가 -2인 경우

두 점 A, B 사이의 거리는 $4+2=6$

ⅳ) 점 A가 나타내는 수가 4, 점 B가 나타내는 수가 14인 경우

두 점 A, B 사이의 거리는 $14-4=10$

따라서 두 점 A, B 사이의 거리 중 가장 작은 값은 2이다.   ··· 3단계

단계	채점 기준	비율
1단계	점 A가 나타내는 수를 구한 경우	30 %
2단계	점 B가 나타내는 수를 구한 경우	30 %
3단계	두 점 A, B 사이의 거리 중 가장 작은 값을 구한 경우	40 %

🔑 2

19

(내) 두 수 a, b의 절댓값이 같으므로 $|a|=|b|$

(대) 두 수 a, b를 나타내는 두 점 사이의 거리가 24이므로

$$|a|=|b|=24\times\frac{1}{2}=12$$ ··· 1단계

절댓값 12인 두 수 12, -12

(가) $a>b$이므로 $a=12$, $b=-12$ ··· 2단계

단계	채점 기준	비율
1단계	$|a|$, $|b|$의 값을 각각 구한 경우	50 %
2단계	a, b의 값을 각각 구한 경우	50 %

🔑 $a=12$, $b=-12$

20

$\dfrac{5}{4}=\dfrac{15}{12}$, $\dfrac{4}{3}=\dfrac{16}{12}$이므로 $\dfrac{5}{4}<\dfrac{4}{3}$이다.   ··· 1단계

$\dfrac{7}{3}=\dfrac{105}{45}$, $\dfrac{9}{5}=\dfrac{81}{45}$, $\dfrac{16}{9}=\dfrac{80}{45}$이므로

$\dfrac{7}{3}>\dfrac{9}{5}>\dfrac{16}{9}$이다.   ··· 2단계

따라서 서율이가 도착하는 장소는 도서관이다.   ··· 3단계

단계	채점 기준	비율
1단계	$\frac{5}{4}<\frac{4}{3}$임을 구한 경우	40 %
2단계	$\frac{7}{3}>\frac{9}{5}>\frac{16}{9}$임을 구한 경우	40 %
3단계	도착하는 장소를 구한 경우	20 %

🖺 도서관

21

㈏ $|b|=|-5|=5$

㈐ $c>-5$, $a>5$

$|b|=5$이고 $b>-5$이므로 $b=5$

$a>5$이고 $b=5$이므로 $a>b$ ⋯ 1단계

㈑ $c>-5$이고 a는 c보다 -5에 더 가까우므로 $c>a>5$ ⋯ 2단계

따라서 a, b, c의 대소 관계를 부등호를 사용하여 나타내면

$b<a<c$이다. ⋯ 3단계

단계	채점 기준	비율
1단계	$a>b$임을 구한 경우	40 %
2단계	$c>a$임을 구한 경우	40 %
3단계	$b<a<c$임을 구한 경우	20 %

🖺 $b<a<c$

22

㈐ 수직선에서 가장 오른쪽에 있는 수가 b이므로 b가 가장 큰 수이다. ⋯ 1단계

㈒ $|b|=|c|$이고 $b\neq c$이므로 $b>0$, $c<0$

㈏, ㈐ $a<0$, $c<0$이고 $|a|<|c|$이므로 $a>c$ ⋯ 2단계

㈑ $a<d$이므로 $c<a<d<b$ ⋯ 3단계

따라서 큰 것부터 차례로 나열하면 b, d, a, c이다. ⋯⋯4단계

단계	채점 기준	비율
1단계	b가 가장 큰 수임을 구한 경우	30 %
2단계	$a>c$임을 구한 경우	30 %
3단계	$c<a<d<b$임을 구한 경우	30 %
4단계	큰 것부터 차례로 나열한 경우	10 %

🖺 b, d, a, c

01~02 유리수의 덧셈 / 유리수의 뺄셈

소단원 실전 테스트
실전책 30~31쪽

01 ②	02 ②	03 ③	04 ④, ⑤	05 ①
06 교환, 결합		07 -31	08 ④	09 ④
10 ③	11 $-\frac{23}{10}$	12 ④	13 ④	14 ③
15 -10	16 ④			

01

② $\left(-\frac{1}{6}\right)+\left(-\frac{5}{9}\right)=-\frac{13}{18}$

🖺 ②

02

① $\left(+\frac{3}{8}\right)+\left(-\frac{11}{8}\right)=-1$

② $\left(+\frac{2}{3}\right)+\left(-\frac{1}{2}\right)=+\frac{1}{6}$

③ $\left(-\frac{5}{2}\right)+\left(-\frac{1}{6}\right)=-\frac{8}{3}$

④ $\left(+\frac{1}{4}\right)+\left(-\frac{5}{2}\right)=-\frac{9}{4}$

⑤ $(-3.5)+(+1.6)=-1.9$

🖺 ②

03

0보다 -4만큼 작은 수 ➡ $0-(-4)=+4$

🖺 ③

04

주어진 그림은 0에서 $+3$만큼 오른쪽 간 후 5만큼 왼쪽으로 이동한 점이 -2라는 것을 나타낸다.

이를 알맞게 나타낸 식은

$(+3)-(+5)=-2$,

$(+3)+(-5)=-2$

🖺 ④, ⑤

05

$\square=-\frac{18}{5}-(+2.4)=-\frac{18}{5}+\left(-\frac{12}{5}\right)$이므로

$\square=-\frac{30}{5}=-6$

🖺 ①

06

㉠ : 교환법칙, ㉡ : 결합법칙

🖺 교환, 결합

07

어떤 수를 a라 할 때, $a+(+13)=-5$이므로

$a=(-5)-(+13)=-18$ ··· 1단계

따라서 $(-18)-(+13)=-31$ ··· 2단계

단계	채점 기준	비율
1단계	어떤 수 구하기	60 %
2단계	바르게 계산한 값 구하기	40 %

답 -31

08

$a=(-6)-(-2)=-4$, $b=\dfrac{1}{2}+\dfrac{7}{4}=\dfrac{9}{4}$

따라서 $b-a=\dfrac{9}{4}-(-4)=\dfrac{25}{4}$

답 ④

09

$\dfrac{1}{7}+\left(-\dfrac{5}{7}\right)+\dfrac{2}{7}=-\dfrac{2}{7}$

$\dfrac{4}{7}+a+\left(-\dfrac{5}{7}\right)=-\dfrac{2}{7}$

$a=\left(-\dfrac{2}{7}\right)+\left(+\dfrac{1}{7}\right)=-\dfrac{1}{7}$

$\left(-\dfrac{8}{7}\right)+b+\dfrac{2}{7}=-\dfrac{2}{7}$

$b=\left(-\dfrac{2}{7}\right)+\left(+\dfrac{6}{7}\right)=\dfrac{4}{7}$

따라서 $b-a=\dfrac{4}{7}-\left(-\dfrac{1}{7}\right)=\dfrac{5}{7}$

답 ④

10

$-\dfrac{13}{5}\leq a\leq\dfrac{13}{5}$이므로 이를 만족하는 정수

$a=-2,\ -1,\ 0,\ 1,\ 2$

$-4\leq b<8$이므로 이를 만족하는 정수

$b=-4,\ -3,\ \cdots,\ 6,\ 7$

$a+b$가 최대가 되기 위해서는 양의 부호를 가지고 절댓값이 큰 것을 선택해야 한다. 따라서 최댓값은 $2+7=9$

답 ③

11

$|a|=\dfrac{3}{5}$이므로 $a=-\dfrac{3}{5},\ +\dfrac{3}{5}$

$|b|=1.7$이므로 $b=-1.7,\ +1.7$

따라서 $a+b$의 가장 작은 값은

$\left(-\dfrac{3}{5}\right)+(-1.7)=\left(-\dfrac{6}{10}\right)+\left(-\dfrac{17}{10}\right)=-\dfrac{23}{10}$

답 $-\dfrac{23}{10}$

12

① $(-9)-(-5)+(-3)=-7$

② $(+1.7)+(-1.3)-(-3.4)=3.8$

③ $\left(-\dfrac{1}{7}\right)+\left(+\dfrac{2}{3}\right)-(+1)=-\dfrac{10}{21}$

⑤ $(-0.7)-(+6)+(+5.7)=-1$

답 ④

13

① $3+2-4=1$

② $-2+7-4=1$

③ $-8+3+6=1$

④ $-\dfrac{2}{3}+\dfrac{7}{12}+\dfrac{3}{4}=\dfrac{-8+7+9}{12}=\dfrac{8}{12}=\dfrac{2}{3}$

⑤ $0.5-2.2+2.7=1$

답 ④

14

$\dfrac{3}{7}-\dfrac{3}{4}+\dfrac{3}{14}-\dfrac{1}{2}=\left(\dfrac{3}{7}+\dfrac{3}{14}\right)-\left(\dfrac{3}{4}+\dfrac{1}{2}\right)$

$=\dfrac{9}{14}-\dfrac{5}{4}=-\dfrac{17}{28}$

답 ③

15

$a=-2-5=-7$ 또는 $a=-2+5=+3$ ··· 1단계

$b=-3$ 또는 $b=+3$ ··· 2단계

따라서 $a-b$의 값 중 가장 작은 값은

$(-7)-(+3)=-10$ ··· 3단계

단계	채점 기준	비율
1단계	a의 값 구하기	40 %
2단계	b의 값 구하기	40 %
3단계	$a-b$의 값 중 가장 작은 값 구하기	20 %

답 -10

16

$A=\left(-\dfrac{1}{3}\right)+\left(+\dfrac{3}{4}\right)=\dfrac{-4+9}{12}=\dfrac{5}{12}$

$B=\left(+\dfrac{5}{8}\right)+\left(+\dfrac{1}{4}\right)=\dfrac{5+2}{8}=\dfrac{7}{8}$

따라서 $A-B=\dfrac{5}{12}-\dfrac{7}{8}=\dfrac{10-21}{24}=-\dfrac{11}{24}$

답 ④

유리수의 곱셈 / 유리수의 나눗셈

소단원 실전 테스트

실전책 32~33쪽

01 ③	02 ③	03 ①	04 $\dfrac{21}{2}$	05 ③
06 ④	07 $+1$	08 ③	09 ③	10 ④
11 -9	12 ④	13 ③	14 ④	15 ②
16 ⑤				

01

③ $\left(-\dfrac{5}{6}\right) \times \left(-\dfrac{3}{5}\right) = +\dfrac{1}{2}$

답 ③

02

$a = \left(+\dfrac{5}{4}\right) + \left(-\dfrac{1}{2}\right) = \dfrac{5-2}{4} = \dfrac{3}{4}$

$b = \left(-\dfrac{7}{3}\right) - \left(-\dfrac{5}{2}\right) = \dfrac{-14+15}{6} = \dfrac{1}{6}$

따라서 $a \times b = \dfrac{3}{4} \times \dfrac{1}{6} = \dfrac{1}{8}$

답 ③

03

㉠: 곱셈의 교환법칙, ㉡: 곱셈의 결합법칙

답 ①

04

두 수를 곱해서 큰 수를 찾기 위해서는 양수가 되어야 하므로

$\left(-\dfrac{7}{3}\right) \times \left(-\dfrac{9}{2}\right) = \dfrac{21}{2}$ 과 $\left(+\dfrac{9}{4}\right) \times \left(+\dfrac{5}{8}\right) = \dfrac{45}{32}$ 중에서 큰 수를 찾으면 된다.

따라서 두 수를 곱한 값 중 가장 큰 수는 $\dfrac{21}{2}$ 이다.

답 $\dfrac{21}{2}$

05

$\left(-\dfrac{1}{6}\right) \times (+3.6) \times \left(+\dfrac{5}{8}\right) \times (-1.2)$ 는 음수가 짝수개 있으므로 양수가 된다.

$\left(-\dfrac{1}{6}\right) \times (+3.6) \times \left(+\dfrac{5}{8}\right) \times (-1.2)$

$= + \left(\dfrac{1}{6} \times \dfrac{36}{10} \times \dfrac{5}{8} \times \dfrac{12}{10}\right)$

$= + \dfrac{9}{20}$

답 ③

06

① $(-2)^3 = -8$

② $-(-2)^3 = 8$

③ $-2^3 = -8$

④ $(-3)^2 = 9$

⑤ $-(-3)^2 = -9$

답 ④

07

n이 양의 정수이므로

ⅰ) n이 짝수일 때

$(-1)^n + (-1)^{n+1} - (-1)^{2 \times n+1}$

$= (+1) + (-1) - (-1) = +1$ … 1단계

ⅱ) n이 홀수일 때

$(-1)^n + (-1)^{n+1} - (-1)^{2 \times n+1}$

$= (-1) + (+1) - (-1) = +1$ … 2단계

따라서 $(-1)^n + (-1)^{n+1} - (-1)^{2 \times n+1} = +1$ … 3단계

단계	채점 기준	비율
1단계	n이 짝수인 경우 구하기	40 %
2단계	n이 홀수인 경우 구하기	40 %
3단계	계산 결과 구하기	20 %

답 $+1$

08

3의 역수는 $\dfrac{1}{3}$, 즉 $a = \dfrac{1}{3}$

$-\dfrac{4}{3}$ 의 역수는 $-\dfrac{3}{4}$, 즉 $b = -\dfrac{3}{4}$

따라서 $a \times b = \dfrac{1}{3} \times \left(-\dfrac{3}{4}\right) = -\dfrac{1}{4}$

답 ③

09

어떤 수를 a라 할 때,

$a \div \left(+\dfrac{3}{5}\right) = -\dfrac{5}{9}$ 이므로 $a = \left(-\dfrac{5}{9}\right) \times \left(+\dfrac{3}{5}\right) = -\dfrac{1}{3}$

따라서 $\left(-\dfrac{1}{3}\right) \times \left(+\dfrac{3}{5}\right) = -\dfrac{1}{5}$

답 ③

10

① $\left(+\dfrac{7}{5}\right) \div \left(-\dfrac{1}{2}\right) = \dfrac{7}{5} \times (-2) = -\dfrac{14}{5}$

② $\left(-\dfrac{4}{3}\right) \div \left(+\dfrac{10}{21}\right) = \left(-\dfrac{4}{3}\right) \times \dfrac{21}{10} = -\dfrac{14}{5}$

③ $\left(+\dfrac{4}{15}\right) \div \left(-\dfrac{2}{21}\right) = \dfrac{4}{15} \times \left(-\dfrac{21}{2}\right) = -\dfrac{14}{5}$

④ $\left(-\dfrac{5}{4}\right) \div \left(+\dfrac{1}{8}\right) \times (+5) = \left(-\dfrac{5}{4}\right) \times 8 \times 5 = -50$

⑤ $\left(-\dfrac{7}{4}\right) \times \left(-\dfrac{2}{5}\right) \div \left(-\dfrac{1}{4}\right) = \left(-\dfrac{7}{4}\right) \times \left(-\dfrac{2}{5}\right) \times (-4)$

$= -\dfrac{14}{5}$

답 ④

11

절댓값이 $\dfrac{6}{7}$ 인 양수는 $\dfrac{6}{7}$, 즉 $a=+\dfrac{6}{7}$ ··· 1단계

절댓값이 $\dfrac{2}{21}$ 인 음수는 $-\dfrac{2}{21}$, 즉 $b=-\dfrac{2}{21}$ ··· 2단계

따라서 $a\div b=\dfrac{6}{7}\div\left(-\dfrac{2}{21}\right)=\dfrac{6}{7}\times\left(-\dfrac{21}{2}\right)=-9$ ··· 3단계

단계	채점 기준	비율
1단계	a의 값 구하기	40 %
2단계	b의 값 구하기	40 %
3단계	$a\div b$의 값 구하기	20 %

답 -9

12

$a=-\left(\dfrac{3^3}{2^3}\times\dfrac{14}{3}\right)=-\dfrac{63}{4}$

$b=-\left(\dfrac{7}{6}\times 18\times\dfrac{15}{4}\right)=-\dfrac{7\times3\times15}{4}$

따라서 $a\div b=\left(-\dfrac{63}{4}\right)\times\left(-\dfrac{4}{7\times3\times15}\right)=\dfrac{1}{5}$

답 ④

13

틀린 부분은 ㉠으로

$\left(-\dfrac{3}{2}\right)\times 2.8-\left(-\dfrac{3}{17}\right)\times 1.7$

$=\left(-\dfrac{3}{2}\right)\times\dfrac{14}{5}-\left(-\dfrac{3}{17}\right)\times\dfrac{17}{10}$

$=\left(-\dfrac{21}{5}\right)+\left(+\dfrac{3}{10}\right)$

$=\left(-\dfrac{42}{10}\right)+\left(+\dfrac{3}{10}\right)$

$=-\dfrac{39}{10}$

답 ③

14

$(-2)^2+\left(\dfrac{3}{2}\right)^2\div\left(-\dfrac{9}{14}\right)\times 7-\left|-\dfrac{3}{2}\right|$

$=4+\dfrac{9}{4}\times\left(-\dfrac{14}{9}\right)\times 7-\dfrac{3}{2}$

$=4+\left(-\dfrac{49}{2}\right)-\dfrac{3}{2}$

$=4+(-26)=-22$

답 ④

15

$-1<a<0$이므로

$\dfrac{1}{a}<-a^2<(-a)^2<-\dfrac{1}{a}<\left(\dfrac{1}{a}\right)^2$

따라서 두 번째로 큰 수는 ② ㄴ이다.

답 ②

16

$\dfrac{a}{b}<0$이므로 a와 b는 서로 부호가 다르다.

$b\times c<0$이므로 b와 c는 서로 부호가 다르다.
$b>c$이므로 $b>0$, $c<0$이다.
따라서 $a<0$, $b>0$, $c<0$이다.
① $a\times c>0$ ② $b-c>0$
③ $\dfrac{a}{c}>0$ ④ $b-a>0$
⑤ $b\times(a+c)<0$

답 ⑤

중단원 실전 테스트

실전책 34~37쪽

01 ③	02 ③	03 ④	04 ①	05 ①
06 ⑤	07 ③	08 ④	09 ④	10 ②
11 ③	12 ③	13 ④	14 ②	15 ②
16 ④	17 ⑤	18 ④	19 -48	20 $\dfrac{55}{3}$
21 $-\dfrac{1}{2024}$	22 11	23 -12	24 $\dfrac{17}{15}$	
25 $\dfrac{1}{\lvert a\rvert}$, $\dfrac{1}{\lvert c\rvert}$, $\dfrac{1}{\lvert b\rvert}$				

01

③ $(+1.2)-\left(+\dfrac{3}{4}\right)=\dfrac{12}{10}-\dfrac{3}{4}=\dfrac{24-15}{20}=\dfrac{9}{20}$

답 ③

02

$\left(+\dfrac{3}{2}\right)+\left(+\dfrac{3}{4}\right)+\left(+\dfrac{7}{8}\right)-\left(+\dfrac{5}{2}\right)$

$=\left\{\left(+\dfrac{3}{4}\right)+\left(+\dfrac{7}{8}\right)\right\}+\left\{\left(+\dfrac{3}{2}\right)+\left(-\dfrac{5}{2}\right)\right\}$

$=\left(+\dfrac{13}{8}\right)+(-1)=\dfrac{5}{8}$

답 ③

03

$a=\dfrac{4}{9}+\left(-\dfrac{2}{3}\right)=-\dfrac{2}{9}$

$b=\left(+\dfrac{1}{2}\right)-\left(-\dfrac{5}{6}\right)=\left(+\dfrac{1}{2}\right)+\left(+\dfrac{5}{6}\right)=\dfrac{4}{3}$

따라서 $a+b=\left(-\dfrac{2}{9}\right)+\left(+\dfrac{4}{3}\right)=\dfrac{10}{9}$

답 ④

04

$+3$, $-\dfrac{11}{3}$, $+2.4$, $-\dfrac{3}{4}$ 중에서

절댓값이 가장 큰 것은 $-\dfrac{11}{3}$, 즉 $a=-\dfrac{11}{3}$

절댓값이 가장 작은 것은 $-\dfrac{3}{4}$, 즉 $b=-\dfrac{3}{4}$

따라서 $a-b=-\dfrac{11}{3}-\left(-\dfrac{3}{4}\right)=-\dfrac{11}{3}+\dfrac{3}{4}=-\dfrac{35}{12}$

답 ①

05

어떤 수를 a라 할 때,

$a+\left(+\dfrac{2}{5}\right)=-\dfrac{3}{4}$ 이므로 $a=\left(-\dfrac{3}{4}\right)-\left(+\dfrac{2}{5}\right)=-\dfrac{23}{20}$

따라서 바르게 계산한 값은

$-\dfrac{23}{20}-\left(+\dfrac{2}{5}\right)=-\dfrac{23}{20}-\dfrac{8}{20}=-\dfrac{31}{20}$

답 ①

06

$\left(+\dfrac{3}{2}\right)-3+\dfrac{5}{8}-\left(-\dfrac{5}{4}\right)+(+4)$

$=\left(+\dfrac{3}{2}\right)-3+\dfrac{5}{8}+\left(+\dfrac{5}{4}\right)+(+4)$

$=\left\{\left(+\dfrac{3}{2}\right)+\dfrac{5}{8}+\left(+\dfrac{5}{4}\right)\right\}+\{(+4)-3\}$

$=\dfrac{27}{8}+1=\dfrac{35}{8}$

답 ⑤

07

(가) $A=2+(-3)\times\dfrac{2}{7}=2+\left(-\dfrac{6}{7}\right)=\dfrac{8}{7}$

(나) $B\times\left\{15-4\div\left(-\dfrac{2}{3}\right)\right\}=4$

$\quad B\times\left\{15-4\times\left(-\dfrac{3}{2}\right)\right\}=4$

$\quad B\times(15+6)=4$

$\quad 21B=4,\ B=\dfrac{4}{21}$

따라서 $A\div B=\dfrac{8}{7}\div\dfrac{4}{21}=\dfrac{8}{7}\times\dfrac{21}{4}=6$

답 ③

08

$b>0$이고 $b+c<0$이므로 $b,\ c$는 0이 아니다.

그리고 $a\times b\times c=0$이므로 $a=0$이다.

$|b|\leq3$이고 $b>0$이므로 $b=1,\ 2,\ 3$ 중 하나이다. (가)~(라)를 만족하려면 $b=1,\ 2$뿐이므로

ⅰ) $b=1$일 때,

$\quad(a,\ b,\ c)=(0,\ 1,\ -2),\ (a,\ b,\ c)=(0,\ 1,\ -3)$

ⅱ) $b=2$일 때,

$\quad(a,\ b,\ c)=(0,\ 2,\ -3)$

ⅰ), ⅱ)에 의해 서로 다른 $(a,\ b,\ c)$는 총 3가지이다.

답 ④

09

문제의 조건을 만족시키기 위해서는 다음과 같다.

$-\dfrac{1}{9}$	$-\dfrac{11}{18}$		$-\dfrac{13}{18}$
	$-\dfrac{13}{12}$	$+\dfrac{11}{8}$	$\dfrac{7}{24}$
$+\dfrac{4}{9}$		$-\dfrac{1}{6}$	$\dfrac{5}{18}$
a		b	

$a=\left(-\dfrac{1}{9}\right)+\left(+\dfrac{4}{9}\right)=\dfrac{1}{3}$

$b=\left(+\dfrac{11}{8}\right)+\left(-\dfrac{1}{6}\right)=\dfrac{29}{24}$

따라서 $b-a=\dfrac{29}{24}-\dfrac{1}{3}=\dfrac{21}{24}=\dfrac{7}{8}$

답 ④

10

$-\dfrac{11}{4}$과 가장 가까운 정수는 -3이고 $+\dfrac{5}{3}$와 가장 가까운 정수는 2이다. 따라서 두 정수의 합은 $-3+2=-1$

답 ②

11

① $(+4)\div\left(+\dfrac{2}{3}\right)=6$

② $\left(-\dfrac{8}{3}\right)\times\left(-\dfrac{9}{4}\right)=6$

③ $(-3)^2\div\left(+\dfrac{3}{4}\right)=12$

④ $(-8)\times\left(+\dfrac{1}{6}\right)\div\left(-\dfrac{4}{3}\right)=1$

⑤ $\left(-\dfrac{3}{4}\right)\div\left(-\dfrac{3}{4}\right)^2\times(+3)=-4$

답 ③

12

유리수의 곱셈은 음수가 홀수개이면 음수, 음수가 짝수개이면 양수이다.

ㄱ. $(+3)\times(+4)$는 양수이다.

ㄴ. $(-15)\div(-3)$은 양수이다.

ㄷ. $(+12)\div(-4)$는 음수이다.

ㄹ. $(+4)\times(-3)\times(+2)$는 음수이다.

ㅁ. $\left(-\dfrac{7}{8}\right)\div\dfrac{14}{5}\times(-4)^2$은 음수이다.

ㅂ. $(+9)\div\left(-\dfrac{3}{5}\right)\times\left(-\dfrac{1}{3}\right)$은 양수이다.

따라서 음수의 개수는 ㄷ, ㄹ, ㅁ의 3이다.

답 ③

13

어떤 수를 a라 할 때,

$a \times \left(-\dfrac{3}{2}\right) = +\dfrac{3}{5}$ 이므로

$a = \left(+\dfrac{3}{5}\right) \times \left(-\dfrac{2}{3}\right) = -\dfrac{2}{5}$

따라서 바르게 계산한 값은

$\left(-\dfrac{2}{5}\right) \div \left(-\dfrac{3}{2}\right) = \dfrac{4}{15}$

답 ④

14

① $\dfrac{4}{5} \div (-4)^2 \times 15 = \dfrac{3}{4}$

② $(-18) \div 0.25 \div (-6) = 12$

③ $\left(-\dfrac{3}{5}\right) \div \dfrac{4}{5} \times (-1)^3 = \dfrac{3}{4}$

④ $\left(+\dfrac{3}{2}\right) \times (-0.75)^2 \div \dfrac{9}{8} = \dfrac{3}{4}$

⑤ $\left(-\dfrac{3}{4}\right)^2 \times 6 \div \dfrac{9}{2} = \dfrac{3}{4}$

답 ②

15

$|a| + |b| = 3$을 만족시키는 두 정수 a, b를 순서쌍 (a, b)로 나타내면

$(-3, 0)$, $(3, 0)$, $(-2, -1)$, $(-2, 1)$, $(2, -1)$, $(2, 1)$, $(-1, -2)$, $(-1, 2)$, $(1, -2)$, $(1, 2)$, $(0, -3)$, $(0, 3)$이다.

따라서 ab의 최댓값은 2이다.

답 ②

16

$A = \left(-\dfrac{1}{4}\right) \div \dfrac{1}{12} + \dfrac{1}{3} = -\dfrac{8}{3}$

$B = 1.2 \times \left(-\dfrac{1}{2}\right) + \dfrac{1}{3} = -\dfrac{4}{15}$

$C = \dfrac{1}{3} \times \left(-\dfrac{1}{2}\right) \div \dfrac{1}{12} = -2$

따라서

$(A - C) \div B = \left(-\dfrac{2}{3}\right) \div \left(-\dfrac{4}{15}\right) = +\left(\dfrac{2}{3} \times \dfrac{15}{4}\right) = \dfrac{5}{2}$

답 ④

17

⑤ $(-3.2) \times (-7) + (-2.8) \times (-7)$

$\quad = (-3.2 - 2.8) \times (-7)$

답 ⑤

18

㈎에서 $a + b = 0$이므로 a, b는 절댓값은 같고 부호는 반대이다.
㈏, ㈐에서 b, c는 부호는 같고 $c > 1 > b > 0 > a > -1$이다.
b, c는 역수 관계이므로 $b \times c = 1$이고

㈎에서 $a \times c = -1$을 만족한다.
$|a| < 1 < |c|$이므로 $|a| < |c|$를 만족한다.
$1 > b > 0 > a$이므로 $b - a > 0$이 성립한다.

답 ④

19

$\left[\left(-\dfrac{4}{3}\right) - (-2)^3 \div \left\{\dfrac{8}{5} \times (-2) + 2\right\}\right] \div \dfrac{1}{6}$

$= \left\{\left(-\dfrac{4}{3}\right) - (-2)^3 \div \left(-\dfrac{6}{5}\right)\right\} \div \dfrac{1}{6}$

$= \left(-\dfrac{4}{3} - \dfrac{20}{3}\right) \div \dfrac{1}{6}$

$= (-8) \times 6 = -48$

답 -48

20

$|12 \times a| = 4$에서 $12 \times a = 4$ 또는 $12 \times a = -4$이므로

$a = \dfrac{1}{3}$ 또는 $a = -\dfrac{1}{3}$

$|b \div 2| = 9$에서 $b \div 2 = 9$ 또는 $b \div 2 = -9$이므로

$b = 18$ 또는 $b = -18$

따라서 $a + b$의 값 중 가장 큰 값은

$a + b = \dfrac{1}{3} + 18 = \dfrac{55}{3}$

답 $\dfrac{55}{3}$

21

$\left(\dfrac{1}{2} - 1\right) \times \left(\dfrac{1}{3} - 1\right) \times \left(\dfrac{1}{4} - 1\right) \times \cdots \times \left(\dfrac{1}{2024} - 1\right)$

$= \left(-\dfrac{1}{2}\right) \times \left(-\dfrac{2}{3}\right) \times \left(-\dfrac{3}{4}\right) \times \cdots \times \left(-\dfrac{2023}{2024}\right)$

$= -\left(\dfrac{1}{2} \times \dfrac{2}{3} \times \dfrac{3}{4} \times \cdots \times \dfrac{2023}{2024}\right)$

$= -\dfrac{1}{2024}$

답 $-\dfrac{1}{2024}$

22

$\dfrac{2}{3} \triangle \left(-\dfrac{1}{2}\right)$

$= \left\{\left(\dfrac{2}{3} - \left(-\dfrac{1}{2}\right)^2\right) \div \dfrac{1}{6}\right\}$

$= \left(\dfrac{2}{3} - \dfrac{1}{4}\right) \div \dfrac{1}{6} = \dfrac{5}{12} \times 6 = \dfrac{5}{2}$

$\dfrac{2}{3} \triangledown \dfrac{1}{2}$

$= \left\{\left(\dfrac{2}{3}\right)^2 + \dfrac{1}{2}\right\} \div \dfrac{1}{9}$

$= \left(\dfrac{4}{9} + \dfrac{1}{2}\right) \div \dfrac{1}{9} = \dfrac{17}{2}$

따라서 $\left\{\dfrac{2}{3} \triangle \left(-\dfrac{1}{2}\right)\right\} + \left(\dfrac{2}{3} \triangledown \dfrac{1}{2}\right) = \dfrac{5}{2} + \dfrac{17}{2} = \dfrac{22}{2} = 11$

답 11

23

$3 \times |a| = |b|$이다.

따라서 원점에서 b까지 거리는 a까지의 거리의 3배이다. ··· 1단계

두 수의 차가 8이고, 두 수의 부호가 다르므로

i) $a > 0$이면 $b < 0$이고, $a = 2$, $b = -6$

ii) $a < 0$이면 $b > 0$이고, $a = -2$, $b = 6$ ··· 2단계

따라서 $a \times b = -12$ ··· 3단계

단계	채점 기준	비율
1단계	$3 \times |a| = |b|$의 의미 해석하기	20 %
2단계	(a, b)의 가능한 경우를 구하기	40 %
3단계	$a \times b$의 값 구하기	40 %

답 -12

24

$a \circledcirc b =$ (수직선에서 두 수 a, b를 나타내는 점으로부터 같은 거리에 있는 점에 대응하는 수)이므로

$a \circledcirc b = (a + b) \div 2$이다.

$\left(-\dfrac{2}{3} \circledcirc 2.4 \right) \circledcirc \dfrac{7}{5}$ 을 계산하면

$-\dfrac{2}{3} \circledcirc 2.4 = \left\{ \left(-\dfrac{2}{3} \right) + 2.4 \right\} \times \dfrac{1}{2} = \dfrac{13}{15}$ ··· 1단계

$\dfrac{13}{15} \circledcirc \dfrac{7}{5} = \left(\dfrac{13}{15} + \dfrac{7}{5} \right) \times \dfrac{1}{2} = \dfrac{17}{15}$ ··· 2단계

단계	채점 기준	비율
1단계	$-\dfrac{2}{3} \circledcirc 2.4$를 계산한 경우	50 %
2단계	$\left(-\dfrac{2}{3} \circledcirc 2.4 \right) \circledcirc \dfrac{7}{5}$을 계산한 경우	50 %

답 $\dfrac{17}{15}$

25

$a \times b > 0$, $a + b > 0$에 의해 $a > 0$, $b > 0$이다.

㈐에서 $c < 0$, $|b| < |c|$이다. ··· 1단계

㈑에서 $|a| > 1 > |c| > |b|$이다. ··· 2단계

따라서 $\dfrac{1}{|a|} < \dfrac{1}{|c|} < \dfrac{1}{|b|}$ 이다. ··· 3단계

단계	채점 기준	비율
1단계	$|b| < |c|$임을 알기	40 %
2단계	$|a| > 1 > |c| > |b|$임을 알기	40 %
3단계	$\dfrac{1}{|a|} < \dfrac{1}{|c|} < \dfrac{1}{|b|}$임을 알기	20 %

답 $\dfrac{1}{|a|}$, $\dfrac{1}{|c|}$, $\dfrac{1}{|b|}$

중단원 서술형 대비

실전책 38~41쪽

Level 1	01 풀이 참조	02 풀이 참조	03 풀이 참조
	04 풀이 참조		
Level 2	05 7.9	06 $\dfrac{23}{15}$	07 $\dfrac{5}{54}$
	08 -2	09 $\dfrac{49}{45}$	10 $\dfrac{19}{6}$
	11 $\dfrac{13}{36}$	12 3	13 5
	14 3	15 77 cm^2	16 -10
	17 3	18 -10201	19 b^3
	20 -4점	21 -2	22 -294

01

$|a| = 2$이므로 $a = \boxed{+2}$, $\boxed{-2}$

$|b| = 4$이므로 $b = \boxed{+4}$, $\boxed{-4}$ ··· 1단계

따라서 $a + b = \boxed{+6}$, $\boxed{+2}$, $\boxed{-2}$, $\boxed{-6}$이(가) 될 수 있으므로 ··· 2단계

가장 큰 값은 $\boxed{+6}$이다. ··· 3단계

단계	채점 기준	비율
1단계	조건을 만족하는 a, b를 구한 경우	40 %
2단계	$a + b$를 구한 경우	40 %
3단계	가장 큰 값을 구한 경우	20 %

답 풀이 참조

02

어떤 수를 A라 하면

$A + \boxed{\dfrac{5}{7}} = -\dfrac{1}{2}$ ··· 1단계

$A = -\dfrac{1}{2} - \boxed{\dfrac{5}{7}} = \boxed{-\dfrac{17}{14}}$ ··· 2단계

따라서 바르게 계산한 값은

$A - \left(+\dfrac{5}{7} \right) = \boxed{-\dfrac{17}{14}} - \left(+\dfrac{5}{7} \right) = \boxed{-\dfrac{27}{14}}$ ··· 3단계

단계	채점 기준	비율
1단계	더해야 하는 수를 정확하게 구한 경우	30 %
2단계	A를 정확하게 구한 경우	30 %
3단계	바르게 계산한 값을 구한 경우	40 %

답 풀이 참조

03

서로 마주 보는 면에 있는 수들은

$+\dfrac{3}{2}$과 $\boxed{-\dfrac{1}{3}}$, a와 $\boxed{+\dfrac{5}{6}}$, b와 $\boxed{+\dfrac{1}{2}}$이다. ··· 1단계

따라서 서로 마주 보는 면에 있는 두 수의 합은 $\boxed{\dfrac{7}{6}}$이고,

$a = \boxed{\dfrac{1}{3}}$, $b = \boxed{\dfrac{2}{3}}$이므로 ··· 2단계

$b-a=\boxed{\dfrac{1}{3}}$ … **3단계**

단계	채점 기준	비율
1단계	마주 보는 수들의 짝을 구한 경우	40 %
2단계	a, b의 값을 각각 정확하게 구한 경우	40 %
3단계	$b-a$의 값을 구한 경우	20 %

📑 풀이 참조

04

$a=\left(+\dfrac{7}{4}\right)+\left(-\dfrac{5}{6}\right)=\boxed{\dfrac{11}{12}}$ … **1단계**

$b=\left(-\dfrac{6}{7}\right)-\left(-\dfrac{2}{3}\right)=\boxed{-\dfrac{4}{21}}$ … **2단계**

따라서

$4\times a-7\times b=4\times\boxed{\dfrac{11}{12}}-7\times\left(\boxed{-\dfrac{4}{21}}\right)$

$\qquad\qquad\qquad=\boxed{5}$ … **3단계**

단계	채점 기준	비율
1단계	a의 값을 구한 경우	40 %
2단계	b의 값을 구한 경우	40 %
3단계	$4\times a-7\times b$의 값을 구한 경우	20 %

📑 풀이 참조

05

두 점 사이의 거리는 두 수의 차와 같다. … **1단계**

$1.4-\left(-\dfrac{13}{2}\right)=1.4+6.5=7.9$ … **2단계**

단계	채점 기준	비율
1단계	수직선 위의 두 점 사이의 거리와 두 수의 차가 같음을 알고 있는 경우	50 %
2단계	두 수의 차를 구한 경우	50 %

📑 7.9

06

절댓값이 가장 큰 수는 $+\dfrac{5}{3}$, 즉 $A=+\dfrac{5}{3}$ … **1단계**

절댓값이 가장 작은 수는 $+\dfrac{2}{15}$, 즉 $B=+\dfrac{2}{15}$ … **2단계**

따라서 $A-B=\dfrac{5}{3}-\dfrac{2}{15}=\dfrac{25}{15}-\dfrac{2}{15}=\dfrac{23}{15}$ … **3단계**

단계	채점 기준	비율
1단계	절댓값이 가장 큰 수를 구한 경우	30 %
2단계	절댓값이 가장 작은 수를 구한 경우	30 %
3단계	두 수의 차를 구한 경우	40 %

📑 $\dfrac{23}{15}$

07

어떤 수를 A라 하면

$A\times\left(-\dfrac{6}{5}\right)=+\dfrac{2}{15}$

$A=\left(+\dfrac{2}{15}\right)\div\left(-\dfrac{6}{5}\right)=-\dfrac{1}{9}$ … **1단계**

따라서 바르게 계산하면

$A\div\left(-\dfrac{6}{5}\right)=-\dfrac{1}{9}\div\left(-\dfrac{6}{5}\right)=\dfrac{5}{54}$ … **2단계**

단계	채점 기준	비율
1단계	A를 구한 경우	50 %
2단계	바르게 계산한 경우	50 %

📑 $\dfrac{5}{54}$

08

$\left(+\dfrac{1}{6}\right)+\left(-\dfrac{3}{6}\right)+\cdots+\left(+\dfrac{21}{6}\right)+\left(-\dfrac{23}{6}\right)$

$=\left\{\left(+\dfrac{1}{6}\right)+\left(-\dfrac{3}{6}\right)\right\}+\cdots+\left\{\left(+\dfrac{21}{6}\right)+\left(-\dfrac{23}{6}\right)\right\}$ … **1단계**

$=\left(-\dfrac{2}{6}\right)\times6$ … **2단계**

$=-2$ … **3단계**

단계	채점 기준	비율
1단계	덧셈에 대한 결합법칙을 이용하여 식을 정리한 경우	40 %
2단계	괄호 안의 계산을 간단히 한 경우	40 %
3단계	합을 구한 경우	20 %

📑 -2

09

$a=\left(-\dfrac{7}{6}\right)\div\left(+\dfrac{1}{3}\right)=-\dfrac{7}{2}$ … **1단계**

$b=\dfrac{14}{5}\div(-9)=-\dfrac{14}{45}$ … **2단계**

따라서 $a\times b=\left(-\dfrac{7}{2}\right)\times\left(-\dfrac{14}{45}\right)=\dfrac{49}{45}$ … **3단계**

단계	채점 기준	비율
1단계	a의 값을 구한 경우	40 %
2단계	b의 값을 구한 경우	40 %
3단계	$a\times b$의 값을 구한 경우	20 %

📑 $\dfrac{49}{45}$

10

$(a-b)\div\dfrac{1}{c}$

$=(a-b)\times c$

$=a\times c-b\times c$ … **1단계**

$=\dfrac{5}{6}-\left(-\dfrac{7}{3}\right)$ … **2단계**

$=\dfrac{19}{6}$ … **3단계**

단계	채점 기준	비율
1단계	분배법칙을 이용하여 식을 정리한 경우	30 %
2단계	주어진 조건을 식에 넣은 경우	30 %
3단계	식의 값을 구한 경우	40 %

$$\boxed{\text{답}}\ \frac{19}{6}$$

11

$$\frac{1}{2} \diamond \left\{ \frac{5}{6} \blacklozenge \left(-\frac{1}{3}\right) \right\}$$

$$= \frac{1}{2} \diamond \left\{ \frac{5}{6} - 1 + \left(-\frac{1}{3}\right) - \frac{5}{6} \times \left(-\frac{1}{3}\right) \right\}$$

$$= \frac{1}{2} \diamond \left(-\frac{2}{9}\right) \qquad \cdots \text{1단계}$$

$$= \left(\frac{1}{2}\right)^2 - \frac{1}{2} \times \left(-\frac{2}{9}\right)$$

$$= \frac{1}{4} + \frac{1}{9} = \frac{13}{36} \qquad \cdots \text{2단계}$$

단계	채점 기준	비율
1단계	중괄호 안에 연산을 한 경우	50 %
2단계	전체 식을 계산한 경우	50 %

$$\boxed{\text{답}}\ \frac{13}{36}$$

12

n이 홀수이면 $2 \times n$, $n+1$, $n+3$은 짝수이고 $n+2$, $n+4$는 홀수이다.

$$-(-1)^{2 \times n} + (-1)^{n+1} - (-1)^{n+2} + (-1)^{n+3} - (-1)^{n+4}$$

$$= -(+1) + (+1) - (-1) + (+1) - (-1) \qquad \cdots \text{1단계}$$

$$= -1 + 1 + 1 + 1 + 1$$

$$= 3 \qquad \cdots \text{2단계}$$

단계	채점 기준	비율
1단계	거듭제곱을 정확하게 계산한 경우	50 %
2단계	주어진 식을 바르게 계산한 경우	50 %

$$\boxed{\text{답}}\ 3$$

13

$$\left(-\frac{3}{2}\right)^3 \div (-13+4) - (-2)^3 \times \left(+\frac{5}{8}\right)$$

$$= -\frac{27}{8} \div (-9) - (-8) \times \frac{5}{8}$$

$$= \frac{3}{8} + 5 = \frac{43}{8} \qquad \cdots \text{1단계}$$

이므로 A보다 크지 않은 자연수의 개수는

$1, 2, 3, 4, 5$의 $\qquad \cdots \text{2단계}$

5이다. $\qquad \cdots \text{3단계}$

단계	채점 기준	비율
1단계	A의 값을 바르게 구한 경우	50 %
2단계	A보다 크지 않은 자연수를 모두 구한 경우	30 %
3단계	A보다 크지 않은 자연수의 개수를 구한 경우	20 %

$$\boxed{\text{답}}\ 5$$

14

장치 A에서

$$\left(-\frac{1}{2}\right)^2 \times (-2) + 2 = \frac{3}{2} \qquad \cdots \text{1단계}$$

장치 B에서

$$\frac{3}{2} \div 3 - \left(-\frac{5}{2}\right) = 3 \qquad \cdots \text{2단계}$$

단계	채점 기준	비율
1단계	장치 A에서 출력된 수를 구한 경우	50 %
2단계	장치 B에서 출력된 수를 구한 경우	50 %

$$\boxed{\text{답}}\ 3$$

15

한 변의 길이가 10 cm이므로

가로의 길이는

$$10 + 10 \times \frac{10}{100} = 10 + 1 = 11(\text{cm}) \qquad \cdots \text{1단계}$$

세로의 길이는

$$10 - 10 \times \frac{30}{100} = 10 - 3 = 7(\text{cm}) \qquad \cdots \text{2단계}$$

따라서 직사각형의 넓이는

$$11 \times 7 = 77(\text{cm}^2) \qquad \cdots \text{3단계}$$

단계	채점 기준	비율
1단계	가로의 길이를 구한 경우	40 %
2단계	세로의 길이를 구한 경우	40 %
3단계	넓이를 구한 경우	20 %

$$\boxed{\text{답}}\ 77 \text{ cm}^2$$

16

두 수의 차와 절댓값의 차가 다르므로 두 수의 부호는 서로 다르다. 그러므로 $a < 0$, $b > 0$이고 수직선에 표현하면 다음과 같다.

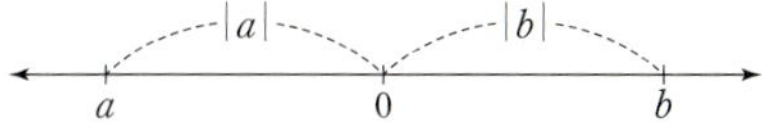

i) $|a| < |b|$이면 $|b| = |a| + 3$

두 수의 차가 7이므로

$|a| + |b| = |a| + |a| + 3 = 7$, $|a| = 2$이므로

$$a = -2, \ b = 5 \qquad \cdots \text{1단계}$$

ii) $|a| > |b|$이면 $|a| = |b| + 3$

$|a| + |b| = |b| + |b| + 3 = 7$, $|b| = 2$이므로

$$a = -5, \ b = 2 \qquad \cdots \text{2단계}$$

i), ii)로부터 두 수의 곱은 $a \times b = -10$ $\qquad \cdots \text{3단계}$

단계	채점 기준	비율
1단계	$a = -2$, $b = 5$를 구한 경우	40 %
2단계	$a = -5$, $b = 2$를 구한 경우	40 %
3단계	$a \times b$를 구한 경우	20 %

$$\boxed{\text{답}}\ -10$$

17

$\left(+\dfrac{5}{3}\right)-\left(-\dfrac{1}{3}\right)=2$이므로

이웃하는 두 수 사이의 거리는

$2\div3=\dfrac{2}{3}$　　　　　　　　　… **1단계**

$x=-\dfrac{1}{3}+\dfrac{2}{3}=\dfrac{1}{3},\ y=\dfrac{5}{3}-\dfrac{2}{3}=1$　… **2단계**

따라서 $y\div x=1\div\dfrac{1}{3}=3$　　　　　… **3단계**

단계	채점 기준	비율
1단계	이웃하는 두 수 사이의 거리를 구한 경우	20 %
2단계	$x,\ y$의 값을 각각 구한 경우	50 %
3단계	$y\div x$의 값을 구한 경우	30 %

답 3

18

주어진 101개의 음의 정수들을 덧셈에 관한 연산법칙을 이용하여 계산하면

$(-1)+(-3)+(-5)+\cdots+(-197)+(-199)+(-201)$
$=\{(-1)+(-199)\}+\cdots+\{(-99)+(-101)\}+(-201)$
　　　　　　　　　　　　　　　　… **1단계**

$=(-200)\times50+(-201)$　　　… **2단계**
$=-10000+(-201)$
$=-10201$　　　　　　　　　　… **3단계**

단계	채점 기준	비율
1단계	교환법칙과 결합법칙을 바르게 이용한 경우	40 %
2단계	식의 계산을 간단하게 정리한 경우	30 %
3단계	값을 구한 경우	30 %

답 -10201

19

㈎, ㈐에서 $c<-1$이고

㈏에서 $-1<b<0,\ \dfrac{1}{b}<-1$이다.　　… **1단계**

$0<b^2<1,\ b^3=b\times b^2$이므로 $b<b^3<0$　… **2단계**

따라서 $\dfrac{1}{b}<b<b^3<b^2$ 이고　　　　… **3단계**

두 번째로 큰 수는 b^3이다.　　　　　… **4단계**

단계	채점 기준	비율
1단계	$b,\ \dfrac{1}{b}$의 크기를 바르게 비교한 경우	30 %
2단계	b^2의 부호를 바르게 구한 경우	30 %
3단계	$b,\ b^3$의 크기를 바르게 비교한 경우	30 %
4단계	두 번째로 큰 수를 구한 경우	10 %

답 b^3

20

매 게임에 참여한 세 학생들이 받은 점수의 합은 0점이다. … **1단계**
평균이 2점인 두 학생들이 받는 점수의 합은 4점이다. … **2단계**

따라서 다현이가 받은 점수의 합은 -4점이다.　… **3단계**

단계	채점 기준	비율
1단계	세 학생들의 점수의 합이 0점임을 구한 경우	30 %
2단계	두 학생의 점수의 합이 4점임을 구한 경우	40 %
3단계	다현이의 점수를 구한 경우	30 %

답 -4점

21

-4보다 $-\dfrac{5}{3}$ 만큼 작은 수는

$-4-\left(-\dfrac{5}{3}\right)=-\dfrac{7}{3}$　　　　　… **1단계**

-3에서 $\dfrac{14}{3}$ 만큼 큰 수는

$-3+\dfrac{14}{3}=\dfrac{5}{3}$　　　　　　　　… **2단계**

따라서 $-\dfrac{7}{3}$과 $\dfrac{5}{3}$ 사이의 정수는

$-2,\ -1,\ 0,\ 1$이며 합은 -2이다.　　… **3단계**

단계	채점 기준	비율
1단계	두 수를 구한 경우	40 %
2단계	두 수 사이의 정수를 구한 경우	30 %
3단계	두 수 사이의 수들의 합을 구한 경우	30 %

답 -2

22

가장 큰 값이 되기 위해서는 곱의 결과가 절댓값이 큰 양수이어야 한다. 따라서 두 음수와 하나의 양수의 곱셈, 나눗셈이어야 한다. 네 수를 절댓값이 큰 수부터 나열하면 $4,\ -\dfrac{7}{4},\ \dfrac{1}{2},\ -\dfrac{1}{3}$이다.

가장 큰 값은 $4\times\left(-\dfrac{7}{4}\right)\div\left(-\dfrac{1}{3}\right)=21$　… **1단계**

가장 작은 값이 되기 위해서는 곱의 결과의 절댓값이 크고 음수이어야 한다.

가장 작은 값은 $4\times\left(-\dfrac{7}{4}\right)\div\dfrac{1}{2}=-14$　… **2단계**

따라서 $A\times B\div C$의 값 중 가장 큰 값과 가장 작은 값의 곱은
$21\times(-14)=-294$　　　　　　　… **3단계**

단계	채점 기준	비율
1단계	가장 큰 값을 구한 경우	40 %
2단계	가장 작은 값을 구한 경우	40 %
3단계	가장 큰 값과 가장 작은 값의 곱을 구한 경우	20 %

답 -294

1. 문자의 사용과 식

 문자를 사용한 식

소단원 실전 테스트 실전책 42~43쪽

01 ④	**02** ③	**03** ②	**04** ⑤	**05** ②
06 ①	**07** $x+\dfrac{7}{yz}$	**08** ③	**09** ①, ⑤	**10** ②
11 $4x+5y$	**12** ④	**13** $(150-60a)$ km		**14** ①
15 ⑤				

01

정가 a원의 $30\,\%$는 $\dfrac{30}{100}\times a$이므로

지불한 금액은 $\left(a-\dfrac{30}{100}\times a\right)$원이다.

답 ④

02

① $0.2\times x\times x=0.2x^2$

② $y\times x\times(-1)=(-1)\times x\times y=-xy$

③ $(a-b)\times 2\times x=2(a-b)x$

④ $a\times 5\times b\times b\times 4=5\times 4\times a\times b\times b$
$$=20ab^2$$

⑤ $(-6)\times(-a)\times(-b)$
$$=(-6)\times(-1)\times(-1)\times a\times b$$
$$=-6ab$$

답 ③

03

$(-4)\times a\times a\times b\times a\times b\times b$
$$=(-4)\times a\times a\times a\times b\times b\times b$$
$$=-4a^3b^3$$

답 ②

04

① $a\div 3+b=\dfrac{a}{3}+b$

② $4\div x\div y=4\times\dfrac{1}{x}\times\dfrac{1}{y}=\dfrac{4}{xy}$

③ $a\div\dfrac{1}{2}\div b=a\times 2\times\dfrac{1}{b}=\dfrac{2a}{b}$

④ $a\div b-5=\dfrac{a}{b}-5$

⑤ $a\div b\div 6=a\times\dfrac{1}{b}\times\dfrac{1}{6}=\dfrac{a}{6b}$

답 ⑤

05

① $a\div b\times c=a\times\dfrac{1}{b}\times c=\dfrac{ac}{b}$

② $a\times\dfrac{1}{b}\div c=a\times\dfrac{1}{b}\times\dfrac{1}{c}=\dfrac{a}{bc}$

③ $a\div(b\div c)=a\div\left(b\times\dfrac{1}{c}\right)=a\div\dfrac{b}{c}$
$$=a\times\dfrac{c}{b}=\dfrac{ac}{b}$$

④ $a\times\left(\dfrac{1}{b}\div\dfrac{1}{c}\right)=a\times\dfrac{1}{b}\times c=\dfrac{ac}{b}$

⑤ $a\div\left(b\times\dfrac{1}{c}\right)=a\div\dfrac{b}{c}=a\times\dfrac{c}{b}=\dfrac{ac}{b}$

답 ②

06

ㄱ. $x\div 7-6\times y\times 4=\dfrac{x}{7}-6\times 4\times y=\dfrac{1}{7}x-24y$

ㄴ. $b\times a\times(-0.1)\times x\times b$
$$=(-0.1)\times a\times b\times b\times x$$
$$=-0.1ab^2x$$

ㄷ. $x-y\div\dfrac{2}{3}=x-y\times\dfrac{3}{2}=x-\dfrac{3}{2}y=\dfrac{2x-3y}{2}$

ㄹ. $x\div\dfrac{5}{6}y\times(-1)=x\times\dfrac{6}{5y}\times(-1)$
$$=(-1)\times x\times\dfrac{6}{5y}$$
$$=-\dfrac{6x}{5y}$$

ㅁ. $(-3)\times(x+y)\div 5=(-3)\times(x+y)\times\dfrac{1}{5}$
$$=-\dfrac{3(x+y)}{5}$$

따라서 옳은 것을 있는 대로 고른 것은 ① ㄱ, ㄴ이다.

답 ①

07

옳지 않은 부분은 다음 밑줄 친 부분이다.

$x+7\div y\div z=x+7\times\dfrac{1}{y}\times\dfrac{1}{z}=\dfrac{x+7}{yz}$ …1단계

$x+7\div y\div z=x+7\times\dfrac{1}{y}\div\dfrac{1}{z}$ …2단계
$$=x+\dfrac{7}{y}\times\dfrac{1}{z}$$
$$=x+\dfrac{7}{yz}$$ …3단계

단계	채점 기준	비율
1단계	옳지 않은 부분을 바르게 찾은 경우	30 %
2단계	나눗셈 기호를 곱셈 기호로 바꾼 경우	30 %
3단계	기호 ×, ÷를 생략한 식을 바르게 구한 경우	40 %

답 $x+\dfrac{7}{yz}$

08

$$\frac{5a^3b}{4x-y}=5a^3b\times\frac{1}{4x-y}$$

$$=(5\times a\times a\times a\times b)\times\frac{1}{4\times x-y}$$

$$=(5\times a\times a\times a\times b)\div(4\times x-y)$$

$$=5\times a\times a\times a\times b\div(4\times x-y)$$

답 ③

09

① $a-3b^2=a-3\times b\times b$

② $\dfrac{a}{4b}=a\times\dfrac{1}{4b}=a\times\dfrac{1}{4}\times\dfrac{1}{b}=a\div4\div b$

③ $\dfrac{y}{x-y}=y\times\dfrac{1}{x-y}=y\div(x-y)$

④ $\dfrac{5}{x+y}=5\times\dfrac{1}{x+y}=5\div(x+y)$

⑤ $\dfrac{a-b}{2x}=(a-b)\times\dfrac{1}{2x}=(a-b)\times\dfrac{1}{2}\times\dfrac{1}{x}$

$$=(a-b)\div2\div x$$

답 ①, ⑤

10

백의 자리의 숫자의 자릿값은 100, 십의 자리의 숫자의 자릿값은 10, 일의 자리의 숫자의 자릿값은 1이므로 백의 자리의 숫자가 5, 십의 자리의 숫자가 x, 일의 자리의 숫자가 y인 세 자리 자연수는

$$5\times100+x\times10+y\times1=500+10x+y$$

답 ②

11

오른쪽 그림에서

(사각형의 넓이)

= (두 삼각형의 넓이의 합)

$$=\frac{1}{2}\times8\times x+\frac{1}{2}\times10\times y$$

$$=4x+5y$$

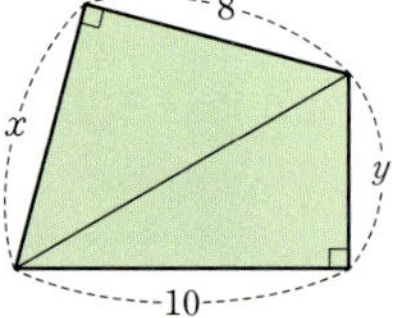

답 $4x+5y$

12

① 가로의 길이가 $x\,\text{cm}$, 세로의 길이가 $y\,\text{cm}$인 직사각형의 둘레의 길이는 $2\times(x+y)=2(x+y)(\text{cm})$이다.

② 한 변의 길이가 $a\,\text{cm}$인 정육면체의 부피는

$$a\times a\times a=a^3(\text{cm}^3)\text{이다.}$$

③ 10개에 x원인 사탕 1개의 가격은

$$x\div10=\frac{x}{10}(\text{원})\text{이다.}$$

④ 4점짜리 문제를 a개 틀렸을 때, 틀린 점수는 $4\times a=4a(\text{점})$이므로 100점 만점의 시험에서 4점짜리 문제를 a개 틀렸을 때, 얻은 점수는 $(100-4a)(\text{점})$이다.

⑤ $2\,\text{kg}$에 b원인 딸기 $1\,\text{kg}$의 가격은 $\left(\dfrac{1}{2}\times b\right)(\text{원})$이므로 한 개에 a원인 사과 5개와 $2\,\text{kg}$에 b원인 딸기 $6\,\text{kg}$의 가격은

$$\left(5\times a+6\times\frac{1}{2}\times b\right)=(5a+3b)(\text{원})\text{이다.}$$

답 ④

13

(이동한 거리) = (속력) × (시간)이므로

시속 $60\,\text{km}$로 a시간 동안 이동한 거리는

$$60\times a=60a(\text{km})\qquad\cdots\text{1단계}$$

따라서 남은 거리는 $(150-60a)\,\text{km}$이다. $\qquad\cdots\text{2단계}$

단계	채점 기준	비율
1단계	시속 $60\,\text{km}$로 a시간 동안 이동한 거리를 구한 경우	40 %
2단계	남은 거리를 문자를 사용한 식으로 나타낸 경우	60 %

답 $(150-60a)\,\text{km}$

14

(시간) = $\dfrac{(\text{거리})}{(\text{속력})}$이므로 시속 $20\,\text{km}$로 이동했을 때 걸린 시간은 $\dfrac{x}{20}(\text{시간})$이다.

중간에 30분$\left(=\dfrac{30}{60}\text{시간}\right)$을 쉬었으므로 집에서 출발하여 강변공원에 도착할 때까지 걸린 시간은 $\dfrac{x}{20}+\dfrac{30}{60}=\dfrac{x}{20}+\dfrac{1}{2}(\text{시간})$

답 ①

15

작년의 전체 학생 수는 600명, 작년의 남학생의 수는 x명이므로 작년의 여학생의 수는 $(600-x)$명이다.

올해에 감소한 여학생의 수는 $\dfrac{4}{100}\times(600-x)$명이므로 올해의 여학생의 수는

$$(600-x)-\frac{4}{100}(600-x)$$

$$=(600-x)-\frac{1}{25}(600-x)(\text{명})$$

답 ⑤

01 ④	**02** ①	**03** -11	**04** ③	**05** -4
06 ⑤	**07** $-\dfrac{5}{2}$	**08** ③	**09** $\dfrac{9}{4}$	**10** ①

11 ② **12** (1) $\left(\dfrac{2}{3}x+\dfrac{5}{4}y\right)$원 (2) 6400원

13 (1) $(a-6b)$ ℃ (2) 6 ℃   **14** 45

15 (1) $8x+4$ (2) 244개

01

$x=2$를 각각의 식에 대입하면

① $4x=4\times2=8$

② $6-x=6-2=4$

③ $\dfrac{12}{x}=\dfrac{12}{2}=6$

④ $-x^2-1=-2^2-1=-4-1=-5$

⑤ $x^3-2=2^3-2=8-2=6$

답 ④

02

$a=-3$을 각각의 식에 대입하면

① $6+a=6+(-3)=3$

② $-3a=-3\times(-3)=9$

③ $a^2=(-3)^2=9$

④ $(-a)^2=\{-(-3)\}^2=9$

⑤ $18-a^2=18-(-3)^2=18-9=9$

답 ①

03

$a=2$, $b=-3$을 a^2-3b^2-2ab에 대입하면

$$a^2-3b^2-2ab=2^2-3\times(-3)^2-2\times2\times(-3)$$
$$=4-27+12$$
$$=-11$$

답 -11

04

① $ab+b^2=(-3)\times3+3^2=-9+9=0$

② $a^2-b^2=(-3)^2-3^2=9-9=0$

③ $\dfrac{3ab}{a-b}=\dfrac{3\times(-3)\times3}{-3-3}=\dfrac{-27}{-6}=\dfrac{9}{2}$

④ $3a(b-a)=3\times(-3)\times\{3-(-3)\}$
$$=3\times(-3)\times6=-54$$

⑤ $(a-2)(b+1)=(-3-2)\times(3+1)$
$$=-5\times4=-20$$

답 ③

05

$a=-2$, $b=3$, $c=4$를 주어진 식에 대입하면

$$\dfrac{b}{a}-\dfrac{2ab-a}{-c}=\dfrac{3}{-2}-\dfrac{2\times(-2)\times3-(-2)}{-4}$$
$$=-\dfrac{3}{2}-\dfrac{-10}{-4}$$
$$=-\dfrac{3}{2}-\dfrac{5}{2}$$
$$=-4$$

답 -4

06

① $-x=-\left(-\dfrac{1}{3}\right)=\dfrac{1}{3}$

② $x^2=\left(-\dfrac{1}{3}\right)^2=\dfrac{1}{9}$

③ $-x^2=-\left(-\dfrac{1}{3}\right)^2=-\dfrac{1}{9}$

④ $\dfrac{1}{x}=1\div x=1\div\left(-\dfrac{1}{3}\right)=1\times(-3)=-3$

⑤ $\dfrac{3}{x}=3\div x=3\div\left(-\dfrac{1}{3}\right)=3\times(-3)=-9$

답 ⑤

07

$a-b=\dfrac{1}{2}-\left(-\dfrac{1}{3}\right)=\dfrac{5}{6}$ …1단계

$2ab=2\times\dfrac{1}{2}\times\left(-\dfrac{1}{3}\right)=-\dfrac{1}{3}$ …2단계

$\dfrac{a-b}{2ab}=(a-b)\div2ab$
$$=\dfrac{5}{6}\div\left(-\dfrac{1}{3}\right)$$
$$=\dfrac{5}{6}\times(-3)$$
$$=-\dfrac{5}{2}$$ …3단계

단계	채점 기준	비율
1단계	$a-b$의 값을 구한 경우	30 %
2단계	$2ab$의 값을 구한 경우	30 %
3단계	$\dfrac{a-b}{2ab}$의 값을 구한 경우	40 %

답 $-\dfrac{5}{2}$

08

$\dfrac{1}{x}-\dfrac{3}{y}-\dfrac{2}{z}=1\div x-3\div y-2\div z$
$$=1\div\dfrac{1}{9}-3\div\dfrac{1}{3}-2\div\left(-\dfrac{1}{2}\right)$$
$$=1\times9-3\times3-2\times(-2)$$
$$=9-9+4=4$$

답 ③

09

$1\dfrac{2}{3}=\dfrac{5}{3}$의 역수 $a=\dfrac{3}{5}$

$-0.8=-\dfrac{4}{5}$의 역수 $b=-\dfrac{5}{4}$

$a=\dfrac{3}{5}$, $b=-\dfrac{5}{4}$를 $-5a^2b$에 대입하면

$$-5a^2b=-5\times\left(\dfrac{3}{5}\right)^2\times\left(-\dfrac{5}{4}\right)$$
$$=-5\times\dfrac{9}{25}\times\left(-\dfrac{5}{4}\right)$$
$$=\dfrac{9}{4}$$

답 $\dfrac{9}{4}$

10

$h=170$을 주어진 식에 대입하면

$$0.9(h-100)=0.9\times(170-100)$$
$$=0.9\times70$$
$$=63$$

따라서 키가 170 cm인 사람의 표준 몸무게는 63 kg이다.

답 ①

11

$x=20$을 $331+0.6x$에 대입하면 20 ℃에서의 소리의 속력은 초속 $331+0.6\times20=343(\text{m})$

답 ②

12

⑴ 3권에 x원 하는 공책 1권의 가격은 $\dfrac{x}{3}$ 원,

4개에 y원 하는 볼펜 1개의 가격은 $\dfrac{y}{4}$ 원이다.

따라서 공책 2권과 볼펜 5개의 가격은

$$2\times\dfrac{x}{3}+5\times\dfrac{y}{4}=\left(\dfrac{2}{3}x+\dfrac{5}{4}y\right)\text{원이다.}$$

⑵ $x=3600$, $y=3200$을

$\dfrac{2}{3}x+\dfrac{5}{4}y$에 대입하면

$$\dfrac{2}{3}x+\dfrac{5}{4}y=\dfrac{2}{3}\times3600+\dfrac{5}{4}\times3200$$
$$=2400+4000$$
$$=6400(\text{원})$$

답 ⑴ $\left(\dfrac{2}{3}x+\dfrac{5}{4}y\right)$원 ⑵ 6400원

13

⑴ 1 km 높아질 때마다 기온이 6 ℃씩 낮아지므로 지표면의 온도가 a ℃일 때, b km 높이에서 기온은

$$a-6\times b=a-6b(\text{℃})$$

⑵ $a=15$, $b=1.5$를 $(a-6b)$ ℃에 대입하면

$$a-6b=15-6\times1.5=15-9=6(\text{℃})$$

답 ⑴ $(a-6b)$ ℃ ⑵ 6 ℃

14

(색칠한 부분의 넓이)

$=$(직사각형의 넓이)$-$(삼각형의 넓이)

$$=a\times b-\dfrac{1}{2}\times b\times6$$
$$=ab-3b \qquad \text{… 1단계}$$

$a=12$, $b=5$를 $ab-3b$에 대입하면 색칠한 부분의 넓이는

$$ab-3b=12\times5-3\times5=45 \qquad \text{… 2단계}$$

단계	채점 기준	비율
1단계	색칠한 부분의 넓이를 문자를 사용한 식으로 나타낸 경우	40 %
2단계	색칠한 부분의 넓이를 구한 경우	60 %

답 45

15

⑴ 정사각형의 개수가 1개, 2개, 3개, …일 때, 바둑돌의 개수는 12개, $(12+8)$개, $(12+8\times2)$개, …이므로 정사각형이 x개일 때, 사용한 바둑돌의 개수는

$$12+8\times(x-1)=12+8(x-1)=8x+4(\text{개})$$

⑵ $x=30$을 $8x+4$에 대입하면

$$8\times30+4=240+4=244(\text{개})$$

답 ⑴ $8x+4$ ⑵ 244개

소단원 실전 테스트 실전책 46~47쪽

01 ④	02 ③	03 ③	04 ①, ⑤	05 1
06 ③	07 ②	08 ①	09 ⑤	10 ④
11 ①	12 ②	13 ④	14 6	15 $9x-36$
16 ③				

01

④ $x^2+(-4x)+(-9)$이므로

항은 x^2, $-4x$, -9의 3개이다.

답 ④

02

① $4x^2+(-x)+5$이므로 항은 $4x^2$, $-x$, 5이므로 모두 3개이다.

② $4x^2+(-x)+5$에서 $4x^2=4\times x^2$이므로 x^2의 계수는 4이다.

③ $4x^2+(-x)+5$에서 $-x=(-1)\times x$이므로 x의 계수는 -1이다.

④ $-2x-9=(-2x)+(-9)$이므로 상수항은 -9이다.

⑤ $-2x-9$에서 $-2x$의 차수는 1이므로 $-2x-9$의 차수는 1이다.

답 ③

03

$x+y$, $1-y$는 항이 2개이므로 다항식이다.

$\dfrac{2}{x}$는 분모에 문자가 있으므로 단항식이 아니다.

따라서 단항식의 개수는 $3xy$, $\dfrac{1}{4}$, $2abx$의 3이다.

답 ③

04

① $x^2-2x+4=x^2+(-2x)+4$이므로 x의 계수는 -2이다.

⑤ $\dfrac{x-3}{2}=\dfrac{1}{2}x-\dfrac{3}{2}$이므로 항은 $\dfrac{1}{2}x$, $-\dfrac{3}{2}$으로 2개이고 상수항은 $-\dfrac{3}{2}$이다.

답 ①, ⑤

05

$x^2-\dfrac{5}{3}x+\dfrac{2}{3}$에서

x의 계수는 $-\dfrac{5}{3}$, 즉 $A=-\dfrac{5}{3}$ ⋯1단계

상수항은 $\dfrac{2}{3}$, 즉 $B=\dfrac{2}{3}$ ⋯2단계

다항식의 차수는 2, 즉 $C=2$ ⋯3단계

따라서 $A+B+C=\left(-\dfrac{5}{3}\right)+\dfrac{2}{3}+2=1$ ⋯4단계

단계	채점 기준	비율
1단계	A의 값을 구한 경우	25 %
2단계	B의 값을 구한 경우	25 %
3단계	C의 값을 구한 경우	25 %
4단계	$A+B+C$의 값을 구한 경우	25 %

답 1

06

ㄴ, ㅂ. 다항식의 차수가 2이므로 일차식이 아니다.

ㄹ. 상수항만 있으므로 일차식이 아니다.

따라서 일차식인 것은 ③ ㄱ, ㄷ, ㅁ이다.

답 ③

07

$x-5+ax-8$이 x에 대한 일차식이 되려면 x의 계수가 0이 아니어야 한다.

즉, $x-5+ax-8=(1+a)x-13$에서 $1+a\neq0$이어야 한다.

따라서 $a\neq-1$

답 ②

08

$2a\times(-7)=2\times(-7)\times a=\boxed{-14}a$

$6x\div\dfrac{3}{2}=6x\times\dfrac{2}{3}=6\times\dfrac{2}{3}\times x=\boxed{4}x$

따라서 □ 안에 들어갈 수들의 합은

$-14+4=-10$

답 ①

09

① $5\times(-6a)=5\times(-6)\times a=-30a$

② $12b\times\left(-\dfrac{1}{3}\right)=12\times\left(-\dfrac{1}{3}\right)\times b=-4b$

③ $(-32x)\div(-4)=(-32x)\times\left(-\dfrac{1}{4}\right)$

$\qquad=(-32)\times\left(-\dfrac{1}{4}\right)\times x$

$\qquad=8x$

④ $(-8x)\div\dfrac{1}{2}=(-8x)\times2=-16x$

⑤ $(-12y)\div\left(-\dfrac{2}{5}\right)=(-12y)\times\left(-\dfrac{5}{2}\right)=30y$

답 ⑤

10

④ $\left(5x-\dfrac{1}{3}\right)\div\dfrac{1}{6}=\left(5x-\dfrac{1}{3}\right)\times6$

$\qquad=5x\times6-\dfrac{1}{3}\times6$

$\qquad=30x-2$

답 ④

11

$$\left(-\frac{1}{3}x+\frac{3}{4}\right)\times(-12)$$

$$=\left(-\frac{1}{3}x\right)\times(-12)+\frac{3}{4}\times(-12)$$

$$=4x-9$$

따라서 x의 계수 $a=4$, 상수항 $b=-9$이므로

$$b-a=-9-4=-13$$

冒 ①

12

$$(4x-12)\div\left(-\frac{4}{3}\right)=(4x-12)\times\left(-\frac{3}{4}\right)$$

$$=4x\times\left(-\frac{3}{4}\right)-12\times\left(-\frac{3}{4}\right)$$

$$=-3x+9$$

冒 ②

13

$-6(2x-1)=-12x+6$이고

① $(2x+1)\div 6=(2x+1)\times\dfrac{1}{6}$

$$=\frac{2}{6}x+\frac{1}{6}$$

$$=\frac{1}{3}x+\frac{1}{6}$$

② $(-2x+1)\div\left(-\dfrac{1}{6}\right)=(-2x+1)\times(-6)$

$$=12x-6$$

③ $(2x-1)\div\dfrac{1}{6}=(2x-1)\times 6=12x-6$

④ $(-2x+1)\div\dfrac{1}{6}=(-2x+1)\times 6=-12x+6$

⑤ $(-2x+1)\times(-6)=12x-6$

冒 ④

14

$$\frac{4}{3}\left(6x-\frac{1}{2}\right)=\frac{4}{3}\times 6x+\frac{4}{3}\times\left(-\frac{1}{2}\right)=8x-\frac{2}{3}$$

이므로 x의 계수는 8, 즉 $a=8$

$$\left(\frac{3}{2}x-\frac{6}{5}\right)\div\left(-\frac{3}{5}\right)=\left(\frac{3}{2}x-\frac{6}{5}\right)\times\left(-\frac{5}{3}\right)$$

$$=\frac{3}{2}x\times\left(-\frac{5}{3}\right)-\frac{6}{5}\times\left(-\frac{5}{3}\right)$$

$$=-\frac{5}{2}x+2$$

이므로 상수항은 2, 즉 $b=2$

따라서 $a-b=8-2=6$

冒 6

15

어떤 수를 A라 하면

$$(-6x+24)\times A=-6Ax+24A=4x-16$$

$-6A=4$이므로 $A=-\dfrac{2}{3}$ …1단계

따라서 바르게 계산한 식은

$$(-6x+24)\div\left(-\frac{2}{3}\right)=(-6x+24)\times\left(-\frac{3}{2}\right)$$

$$=9x-36$$ …2단계

단계	채점 기준	비율
1단계	어떤 수를 구한 경우	50 %
2단계	바르게 계산한 식을 구한 경우	50 %

冒 $9x-36$

16

$$(-5x+b)\div\frac{5}{6}=(-5x+b)\times\frac{6}{5}$$

$$=-5x\times\frac{6}{5}+b\times\frac{6}{5}$$

에서 $b\times\dfrac{6}{5}=12$이므로 $b=10$

$x=2$를 $-5x+10$에 대입하면

$$-5x+10=-5\times 2+10=0$$

冒 ③

소단원 실전 테스트   실전책 48~49쪽

01 ④	**02** ①, ⑤	**03** ⑤	**04** ①	**05** ④
06 ④	**07** $-37a+8$		**08** ①	**09** $x+2$
10 ④	**11** ③	**12** ②	**13** $-3x+6$	
14 ④	**15** $11a-5$	**16** $34a-21$		

01

④ $-\dfrac{1}{4}a$는 $-4a$와 문자와 차수가 모두 같으므로 동류항이다.

답 ④

02

① 상수항끼리는 동류항이다.

② 문자는 같지만 차수가 다르므로 동류항이 아니다.

③ $\dfrac{4}{y}$는 분모에 문자 y가 있으므로 항이 아니다.

④ 차수는 같지만 문자가 다르므로 동류항이 아니다.

⑤ 문자와 차수가 각각 같으므로 동류항이다.

답 ①, ⑤

03

ㄱ. $x \times x \times x = x^3$

ㄴ. $3 \div \dfrac{1}{x} = 3 \times x = 3x$

ㄷ. $x \div 3 = \dfrac{x}{3}$

ㄹ. $x + x + x = 3x$

ㅁ. $7x - 4x = 3x$

따라서 옳은 것은 ⑤ ㄴ, ㄹ, ㅁ이다.

답 ⑤

04

① $-3x+2-x-3 = -3x-x+2-3 = -4x-1$

답 ①

05

$(2a+3)-(3a-5) = 2a+3-3a+5 = -a+8$

a의 계수는 -1, 상수항은 8이므로 a의 계수와 상수항의 합은

$(-1)+8=7$

답 ④

06

$4(2x+3)-3(x+2) = 8x+12-3x-6$

$\qquad\qquad\qquad\qquad = 8x-3x+12-6$

$\qquad\qquad\qquad\qquad = 5x+6$

따라서 $a=5$, $b=6$이므로 $b-a=6-5=1$

답 ④

07

$(18a-6) \div \left(-\dfrac{3}{2}\right) - 15\left(\dfrac{5}{3}a - \dfrac{4}{15}\right)$

$= (18a-6) \times \left(-\dfrac{2}{3}\right) - 15 \times \dfrac{5}{3}a + 15 \times \dfrac{4}{15}$

$= 18a \times \left(-\dfrac{2}{3}\right) - 6 \times \left(-\dfrac{2}{3}\right) - 25a + 4$

$= -12a+4-25a+4$

$= -37a+8$

답 $-37a+8$

08

$\dfrac{3}{4}(8x-4) - (3x+9) \div 3 = 6x-3-x-3$

$\qquad\qquad\qquad\qquad\qquad\quad = 5x-6$

따라서 $a=5$, $b=-6$이므로

$ab = 5 \times (-6) = -30$

답 ①

09

대각선의 합은

$-3x+(x-1)+(5x-2)$

$= -3x+x-1+5x-2$

$= 3x-3$ ··· 1단계

오른쪽 표에서 대각선의 합과 세로의 합이 서로 같으므로

$(5x-2)-3(x-1)+\text{ⓛ} = 3x-3$

$5x-2-3x+3+\text{ⓛ} = 3x-3$

$2x+1+\text{ⓛ} = 3x-3$

$\text{ⓛ} = x-4$ ··· 2단계

㉠		$5x-2$
	$x-1$	$-3(x-1)$
$-3x$		㉡

따라서 $㉠+(x-1)+(x-4) = 3x-3$

$㉠+x-1+x-4 = 3x-3$

$㉠+2x-5 = 3x-3$

$㉠ = x+2$ ··· 3단계

단계	채점 기준	비율
1단계	대각선의 합을 구한 경우	30 %
2단계	㉡에 알맞은 식을 구한 경우	30 %
3단계	㉠에 알맞은 식을 구한 경우	40 %

답 $x+2$

10

$\dfrac{x+2}{6} - \dfrac{2x-3}{4} = \dfrac{2(x+2)}{12} - \dfrac{3(2x-3)}{12}$

$\qquad\qquad\qquad\quad = \dfrac{2x+4-6x+9}{12}$

$\qquad\qquad\qquad\quad = -\dfrac{4}{12}x + \dfrac{13}{12}$

$\qquad\qquad\qquad\quad = -\dfrac{1}{3}x + \dfrac{13}{12}$

x의 계수는 $-\dfrac{1}{3}$, 상수항은 $\dfrac{13}{12}$이므로 그 합은

$$-\dfrac{1}{3}+\dfrac{13}{12}=-\dfrac{4}{12}+\dfrac{13}{12}=\dfrac{9}{12}=\dfrac{3}{4}$$

답 ④

11

$$\dfrac{2x+3}{4}-\dfrac{3x-4}{6}+\dfrac{2x-1}{3}$$
$$=\dfrac{3(2x+3)}{12}-\dfrac{2(3x-4)}{12}+\dfrac{4(2x-1)}{12}$$
$$=\dfrac{6x+9-6x+8+8x-4}{12}$$
$$=\dfrac{8x+13}{12}$$

답 ③

12

$$-5x-[6x-3+\{-x-(4x-2)\}]$$
$$=-5x-\{6x-3+(-x-4x+2)\}$$
$$=-5x-\{6x-3+(-5x+2)\}$$
$$=-5x-(x-1)$$
$$=-5x-x+1$$
$$=-6x+1$$

답 ②

13

$$\square-(7-5x)=2x-1$$
$$\square-7+5x=2x-1$$
$$\square=-3x+6$$

답 $-3x+6$

14

$$-A-5B+3(A+2B)=-A-5B+3A+6B$$
$$=2A+B$$
$A=3x-2$, $B=-5x+4$를 $2A+B$에 대입하면
$$2A+B=2(3x-2)+(-5x+4)$$
$$=6x-4-5x+4$$
$$=x$$
따라서 $a=1$, $b=0$이므로 $a+b=1+0=1$

답 ④

15

어떤 식을 A라 하면
$$A+(-4a+1)=3(a-1)$$
$$A-4a+1=3a-3$$
$$A=7a-4$$ ··· 1단계
따라서 어떤 식은 $7a-4$이므로
바르게 계산하면
$$(7a-4)-(-4a+1)=7a-4+4a-1$$
$$=11a-5$$ ··· 2단계

단계	채점 기준	비율
1단계	어떤 식을 구한 경우	50 %
2단계	바르게 계산한 식을 구한 경우	50 %

답 $11a-5$

16

주어진 도형을 다음과 같이 ㉠, ㉡으로 나누면

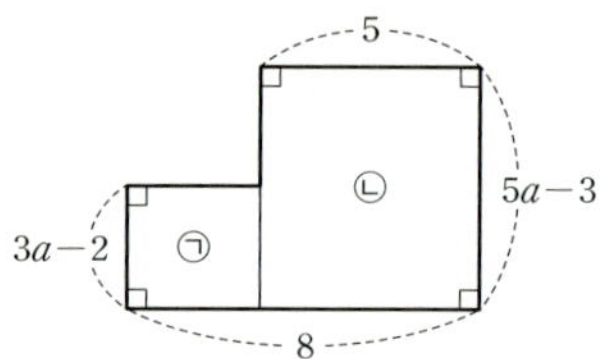

$$(㉠의 넓이)=3(3a-2)=9a-6$$
$$(㉡의 넓이)=5(5a-3)=25a-15$$
따라서 구하고자 하는 넓이는
$$(㉠의 넓이)+(㉡의 넓이)$$
$$=9a-6+25a-15$$
$$=34a-21$$

답 $34a-21$

중단원 실전 테스트

실전책 50~53쪽

01 ③	02 ④	03 ①	04 ①	05 ④
06 ②	07 ③	08 ④	09 ⑤	10 ①
11 ⑤	12 ②	13 ②	14 ⑤	15 ②
16 ④	17 ④	18 16	19 -2	20 $5x-9$
21 $\dfrac{1}{6}$	22 -18	23 (1) $(12x+4)$ cm² (2) 148 cm²		
24 $-14x+19$	25 $-a+5$			

01

③ $x+y\div3=x+y\times\dfrac{1}{3}=x+\dfrac{1}{3}y$

④ $x\div5\div2\times y=x\times\dfrac{1}{5}\times\dfrac{1}{2}\times y=\dfrac{xy}{10}$

⑤ $(x+y)\times h\div2=(x+y)\times h\times\dfrac{1}{2}=\dfrac{h}{2}(x+y)$

답 ③

02

(이동한 거리)$=$(속력)$\times$(시간)이므로 시속 50 km의 속력으로 x시간 동안 간 거리는 $50x$ km이다.
따라서 남은 거리는 $(80-50x)$ km이다.

답 ④

03

$a=-2$를 각각의 식에 대입하면

① $2a+9=2\times(-2)+9=-4+9=5$

② $\dfrac{a}{2}-1=(-2)\times\dfrac{1}{2}-1=-1-1=-2$

③ $\dfrac{6}{a}+7=\dfrac{6}{-2}+7=-3+7=4$

④ $-2a^2=-2\times(-2)^2=-2\times4=-8$

⑤ $4+a^3=4+(-2)^3=4+(-8)=-4$

따라서 식의 값이 가장 큰 것은 ①이다.

답 ①

04

$$\dfrac{6y}{x}-\dfrac{xy^2}{8}=\dfrac{6\times(-4)}{3}-\dfrac{3\times(-4)^2}{8}$$
$$=-8-\dfrac{3\times16}{8}$$
$$=-8-6$$
$$=-14$$

답 ①

05

ㄱ. 항은 3과 $-2x$의 2개이므로 단항식이 아니다.

ㄷ. x의 계수는 -2이다.

ㄹ. 항은 3과 $-2x$이다.

따라서 옳은 것을 모두 고른 것은 ④ ㄴ, ㄷ, ㅁ이다.

답 ④

06

① 다항식의 차수가 2이므로 일차식이 아니다.

③ 분모에 문자가 있는 식은 다항식이 아니므로 일차식이 아니다.

④ $0\times x-6=-6$으로 상수항만 있는 다항식이므로 일차식이 아니다.

⑤ $x(x-1)=x^2-x$로 차수가 2이므로 일차식이 아니다.

답 ②

07

① $-6x\times\dfrac{1}{2}=(-6)\times\dfrac{1}{2}\times x$
$$=-3x$$

② $5x\div\left(-\dfrac{5}{4}\right)=5x\times\left(-\dfrac{4}{5}\right)$
$$=-4x$$

③ $(3x-1)\times(-2)=3x\times(-2)-1\times(-2)$
$$=-6x+2$$

④ $(3x-12)\div\left(-\dfrac{3}{4}\right)=(3x-12)\times\left(-\dfrac{4}{3}\right)$
$$=3x\times\left(-\dfrac{4}{3}\right)-12\times\left(-\dfrac{4}{3}\right)$$
$$=-4x+16=16-4x$$

⑤ $(-4x+8)\div2=(-4x+8)\times\dfrac{1}{2}$
$$=-4x\times\dfrac{1}{2}+8\times\dfrac{1}{2}$$
$$=-2x+4$$

답 ③

08

$(6x-4)\times\dfrac{5}{2}=15x-10$이므로

① 항은 $15x$, -10의 2개이므로 단항식이 아니다.

② 상수항은 -10이다.

③ x의 계수는 15이다.

④ $(-6x+4)\div\left(-\dfrac{2}{5}\right)=(-6x+4)\times\left(-\dfrac{5}{2}\right)$
$$=15x-10$$

이므로 계산한 결과가 같다.

⑤ $-3(2-5x)=-6+15x$이므로 상수항이 같지 않다.

답 ④

09

⑤ $6x$와 $-\dfrac{x}{12}$ 는 문자와 차수가 서로 같으므로 동류항이다.

답 ⑤

10

$-(5x-6)-2(3x+2)$
$$=-5x+6-6x-4$$
$$=-11x+2$$

따라서 $a=-11$, $b=2$이므로
$a-b=-11-2=-13$

답 ①

11

$$\dfrac{2x+1}{4}-\dfrac{3x-1}{3}=\dfrac{3(2x+1)-4(3x-1)}{12}$$
$$=\dfrac{6x+3-12x+4}{12}$$
$$=\dfrac{-6x+7}{12}$$

따라서 $a=-6$, $b=7$이므로
$a+b=-6+7=1$

답 ⑤

12

$\square-(-2x+4)=-x+2$

$\square+2x-4=-x+2$

$\square=-3x+6$

답 ②

13

남학생 12명의 총점은 $12a$점, 여학생 13명의 총점은 $13b$점이므로 학급 전체 학생의 수학 점수의 총합은 $12a+13b$(점)

그리고 전체 학생 수는 $12+13=25$(명)이므로

$$(평균)=\frac{12a+13b}{25}(점)$$

달 ②

14

$p=-\frac{1}{5}$, $q=\frac{1}{3}$ 을 $\frac{2}{p}+\frac{6}{q}$ 에 대입하면

$$\frac{2}{p}+\frac{6}{q}=2\div p+6\div q=2\div\left(-\frac{1}{5}\right)+6\div\frac{1}{3}$$
$$=2\times(-5)+6\times3$$
$$=-10+18=8$$

달 ⑤

15

$\frac{2}{3}x^2-x+\frac{3}{2}$ 에서

x의 계수는 -1, 즉 $A=-1$

상수항은 $\frac{3}{2}$, 즉 $B=\frac{3}{2}$

다항식의 차수는 2이므로 $C=2$

따라서 $A-B+C=-1-\frac{3}{2}+2=-\frac{1}{2}$

달 ②

16

$$(주어진 식)=\frac{6(x-3)-3(x-2)+4(2x+4)}{12}$$
$$=\frac{6x-18-3x+6+8x+16}{12}$$
$$=\frac{11x+4}{12}=\frac{11}{12}x+\frac{1}{3}$$

따라서 x의 계수 $a=\frac{11}{12}$, 상수항 $b=\frac{1}{3}$ 이므로

$$a-b=\frac{11}{12}-\frac{1}{3}=\frac{7}{12}$$

달 ④

17

$$(주어진 식)=4x-(3x-5-2x+8)$$
$$=4x-(x+3)$$
$$=4x-x-3$$
$$=3x-3$$

달 ④

18

$\frac{5}{2}$의 역수는 $\frac{2}{5}$이므로 $a=\frac{2}{5}$

$-0.75=-\frac{3}{4}$의 역수는 $-\frac{4}{3}$이므로 $b=-\frac{4}{3}$

따라서 $a=\frac{2}{5}$, $b=-\frac{4}{3}$를 $\frac{4}{a}-\frac{8}{b}$ 에 대입하면

$$\frac{4}{a}-\frac{8}{b}=4\div a-8\div b$$
$$=4\div\frac{2}{5}-8\div\left(-\frac{4}{3}\right)$$
$$=4\times\frac{5}{2}-8\times\left(-\frac{3}{4}\right)$$
$$=10+6=16$$

달 16

19

$$-\frac{2}{3}(-9x+15)=-\frac{2}{3}\times(-9x)-\frac{2}{3}\times15$$
$$=6x-10$$

x의 계수 $a=6$

$$\left(x-\frac{4}{3}\right)\div\left(-\frac{1}{6}\right)=\left(x-\frac{4}{3}\right)\times(-6)$$
$$=x\times(-6)-\frac{4}{3}\times(-6)$$
$$=-6x+8$$

상수항 $b=8$

따라서 $a-b=6-8=-2$

달 -2

20

$$5(A-B)+4B-3A=5A-5B+4B-3A$$
$$=2A-B$$

$A=x-2$, $B=-3x+5$를 $2A-B$에 대입하면

$$2A-B=2(x-2)-(-3x+5)$$
$$=2x-4+3x-5$$
$$=5x-9$$

달 $5x-9$

21

$a:b=2:3$에서 $3a=2b$

$3a=2b$를 $\frac{3a-b}{6a+2b}$ 에 대입하면

$$\frac{3a-b}{6a+2b}=\frac{3a-b}{2\times3a+2b}=\frac{2b-b}{2\times2b+2b}$$
$$=\frac{b}{6b}=\frac{1}{6}(b\neq0)$$

달 $\frac{1}{6}$

22

x의 계수가 3인 일차식을 $3x+k$라 하면

$x=-2$일 때, 식의 값 $a=3\times(-2)+k=k-6$

$x=4$일 때, 식의 값 $b=3\times4+k=k+12$

따라서

$$a-b=(k-6)-(k+12)=k-6-k-12=-18$$

달 -18

23

⑴ 겹쳐진 부분은 한 변의 길이가 2 cm인 정사각형이므로 그 넓이는 $2\times2=4(\text{cm}^2)$이고, 종이 x장을 겹쳐 놓았을 때의 겹쳐진 부분은 모두 $(x-1)$개 생긴다. ⋯ 1단계

따라서 보이는 부분의 넓이는

$$16\times x-4\times(x-1)=16x-4x+4$$
$$=12x+4(\text{cm}^2) \quad\text{⋯ 2단계}$$

⑵ $x=12$를 $12x+4$에 대입하면

$$12x+4=12\times12+4=144+4=148(\text{cm}^2) \quad\text{⋯ 3단계}$$

단계	채점 기준	비율
1단계	겹쳐진 부분을 문자를 사용한 식으로 구한 경우	30 %
2단계	보이는 부분의 넓이를 문자를 사용한 식으로 구한 경우	40 %
3단계	보이는 부분의 넓이를 구한 경우	30 %

📋 ⑴ $(12x+4)\ \text{cm}^2$ ⑵ $148\ \text{cm}^2$

24

어떤 다항식을 A라 하면

$$A+(6x-5)=-2x+9$$
$$A+6x-5=-2x+9$$
$$A=-8x+14 \quad\text{⋯ 1단계}$$

따라서 바르게 계산한 식은

$$-8x+14-(6x-5)=-8x+14-6x+5$$
$$=-14x+19 \quad\text{⋯ 2단계}$$

단계	채점 기준	비율
1단계	어떤 다항식을 구한 경우	50 %
2단계	바르게 계산한 식을 구한 경우	50 %

📋 $-14x+19$

25

$$-2(x+1)+(9-2x)=-2x-2+9-2x$$
$$=-4x+7 \quad\text{⋯ 1단계}$$

이므로 $m=4$, $n=7$

$m=4$, $n=7$을

$(-1)^m(2a+3)+(-1)^n(3a-2)$에 대입하면

$$(-1)^m(2a+3)+(-1)^n(3a-2)$$
$$=(-1)^4(2a+3)+(-1)^7(3a-2) \quad\text{⋯ 2단계}$$
$$=(2a+3)-(3a-2)$$
$$=2a+3-3a+2$$
$$=-a+5 \quad\text{⋯ 3단계}$$

단계	채점 기준	비율
1단계	$-2(x+1)+(9-2x)$를 바르게 계산한 경우	30 %
2단계	m, n을 대입한 식을 바르게 구한 경우	30 %
3단계	$(-1)^m(2a+3)+(-1)^n(3a-2)$를 바르게 계산한 경우	40 %

📋 $-a+5$

Level 1	**01** 풀이 참조	**02** 풀이 참조	**03** 풀이 참조
	04 풀이 참조		
Level 2	**05** $\left(\dfrac{x}{4}+\dfrac{1}{5}\right)$시간		**06** 20300원
	07 27	**08** -2	**09** 4
	10 5	**11** 3	**12** $3x+3$
	13 $-\dfrac{39}{20}$	**14** $(120-12x)\ \text{m}^2$	
	15 $8a-3$	**16** $-11x+19$	
Level 3	**17** $\dfrac{a+2b}{3}$ %	**18** $3:4$	**19** -3
	20 $-\dfrac{11}{6}$	**21** $-\dfrac{4}{5}x+\dfrac{28}{5}$	**22** 101개

01

기온이 25 ℃일 때, 소리의 속력은

$x=25$를 $(331+0.6x)$ m에 대입하면

$$331+0.6x=331+0.6\times\boxed{25}$$
$$=\boxed{346}\ (\text{m/s}) \quad\text{⋯ 1단계}$$

번개가 친 곳에서부터 동하가 있는 곳은 소리가 4초 동안 이동해 온 거리이므로

(번개가 친 곳까지의 거리)

=(소리의 속력)×(시간)

$$=\boxed{346}\times4$$
$$=\boxed{1384}\ (\text{m}) \quad\text{⋯ 2단계}$$

단계	채점 기준	비율
1단계	소리의 속력을 구한 경우	50 %
2단계	번개가 친 곳까지의 거리를 구한 경우	50 %

📋 풀이 참조

02

$(삼각형의 넓이)=\boxed{\dfrac{1}{2}}\times(밑변의 길이)\times(높이)$이므로

(주어진 삼각형의 넓이)

$$=\boxed{\dfrac{1}{2}}\times(12x-8)\times\boxed{7}$$
$$=\dfrac{7}{2}(12x-8)$$
$$=\boxed{42}\,x-28 \quad\text{⋯ 1단계}$$

$x=4$를 $\boxed{42}\,x-28$에 대입하면

$$\boxed{42}\,x-28=\boxed{42}\times4-28=\boxed{140} \quad\text{⋯ 2단계}$$

단계	채점 기준	비율
1단계	삼각형의 넓이를 문자를 사용한 식으로 나타낸 경우	50 %
2단계	삼각형의 넓이를 구한 경우	50 %

📋 풀이 참조

03

어떤 일차식을 A라 하면

$$A \times \left(\boxed{-\dfrac{1}{4}} \right) = 3x - \dfrac{1}{2}$$

$$A = \left(3x - \dfrac{1}{2} \right) \times \left(\boxed{-4} \right) = -12x + \boxed{2}$$ **… 1단계**

따라서 바르게 계산하면

$$\left(-12x + \boxed{2} \right) \div \left(-\dfrac{1}{4} \right) = \left(-12x + \boxed{2} \right) \times \left(\boxed{-4} \right)$$

$$= \boxed{48x - 8}$$ **… 2단계**

단계	채점 기준	비율
1단계	어떤 일차식을 구한 경우	50 %
2단계	바르게 계산한 식을 구한 경우	50 %

冒 풀이 참조

04

색칠한 직사각형의 가로의 길이는 $(12-x)$ cm,
세로의 길이는

$$12 - (x+3) = (\boxed{9} - x)\ \text{cm}이다.$$ **… 1단계**

(색칠한 직사각형의 둘레의 길이)

$$= 2(\boxed{9} - x) + 2(12-x)$$

$$= \boxed{18} - 2x + 24 - 2x$$

$$= \boxed{42} - \boxed{4}\,x$$ **… 2단계**

단계	채점 기준	비율
1단계	색칠한 직사각형의 가로, 세로의 길이를 문자를 사용해 나타낸 경우	40 %
2단계	색칠한 직사각형의 둘레의 길이를 문자를 사용한 식으로 나타낸 경우	60 %

冒 풀이 참조

05

진희가 집에서 출발하여 x km만큼 떨어진 할머니 댁까지 시속 4 km로 갈 때 걸린 시간은 $\dfrac{x}{4}$ (시간)   **… 1단계**

이때, 도중에 12분, 즉 $\dfrac{12}{60} = \dfrac{1}{5}$ (시간) 동안 쉬었으므로   **… 2단계**

집에서 출발하여 할머니 댁에 도착할 때까지 걸린 시간은

$$\left(\dfrac{x}{4} + \dfrac{1}{5} \right) 시간이다.$$ **… 3단계**

단계	채점 기준	비율
1단계	시속 4 km로 걸어갈 때 걸린 시간을 문자를 사용한 식으로 나타낸 경우	40 %
2단계	12분을 $\dfrac{1}{5}$시간으로 나타낸 경우	20 %
3단계	집에서 출발하여 할머니 댁에 도착할 때까지 걸린 시간을 문자를 사용한 식으로 나타낸 경우	40 %

冒 $\left(\dfrac{x}{4} + \dfrac{1}{5} \right)$시간

06

15000원인 바지가 $a\ \%$ 할인된 금액은

$$15000 \times \dfrac{a}{100} = 150a\,(원)$$

이므로 할인된 바지 1벌의 가격은
$(15000 - 150a)$원이다.   **… 1단계**

한 쌍에 2000원인 양말이 $b\ \%$ 할인된 금액은

$$2000 \times \dfrac{b}{100} = 20b\,(원)$$

이므로 할인된 양말 4쌍의 가격은
$4(2000 - 20b)$원이다.   **… 2단계**

따라서 전체 가격은
$\{ (15000 - 150a) + 4(2000 - 20b) \}$원이다.   **… 3단계**

$a = 10$, $b = 15$를
$\{ (15000 - 150a) + 4(2000 - 20b) \}$에 대입하면

$$(15000 - 150a) + 4(2000 - 20b)$$

$$= (15000 - 150 \times 10) + 4(2000 - 20 \times 15)$$

$$= 13500 + 4 \times 1700$$

$$= 20300\,(원)$$ **… 4단계**

단계	채점 기준	비율
1단계	할인된 바지 1벌의 가격을 문자를 사용한 식으로 나타낸 경우	25 %
2단계	할인된 양말 4쌍의 가격을 문자를 사용한 식으로 나타낸 경우	25 %
3단계	전체 가격을 문자를 사용한 식으로 나타낸 경우	20 %
4단계	전체 가격을 구한 경우	30 %

冒 20300원

07

x의 계수가 -3, 상수항이 5인 일차식은 $-3x+5$이다.   **… 1단계**
$x = 4$를 $-3x+5$에 대입하면
$-3x+5 = -3 \times 4 + 5 = -7$, 즉 $a = -7$ **… 2단계**
$x = -5$를 $-3x+5$에 대입하면
$-3x+5 = -3 \times (-5) + 5 = 20$, 즉 $b = 20$ **… 3단계**
따라서 $b - a = 20 - (-7) = 27$ **… 4단계**

단계	채점 기준	비율
1단계	$-3x+5$를 구한 경우	20 %
2단계	a의 값을 구한 경우	30 %
3단계	b의 값을 구한 경우	30 %
4단계	$b-a$의 값을 구한 경우	20 %

冒 27

08

$\dfrac{3x-4}{5} = \dfrac{3}{5}x - \dfrac{4}{5}$에서 상수항 $A = -\dfrac{4}{5}$ **… 1단계**

$2x^2 - x + 5$에서 항 $-x = (-1) \times x$이므로
x의 계수 $B = -1$ **… 2단계**

$\dfrac{x}{2} - 5$의 차수 $C = 1$ **… 3단계**

따라서 $5A-B+C=5\times\left(-\dfrac{4}{5}\right)-(-1)+1$

$\qquad\qquad\quad =-4+1+1$

$\qquad\qquad\quad =-2$ … 4단계

단계	채점 기준	비율
1단계	A의 값을 구한 경우	25 %
2단계	B의 값을 구한 경우	25 %
3단계	C의 값을 구한 경우	25 %
4단계	$5A-B+C$의 값을 구한 경우	25 %

圉 -2

09

$(15x-0.3)\times\left(-\dfrac{4}{3}\right)=15x\times\left(-\dfrac{4}{3}\right)-0.3\times\left(-\dfrac{4}{3}\right)$

$\qquad\qquad\qquad\qquad =15x\times\left(-\dfrac{4}{3}\right)-\dfrac{3}{10}\times\left(-\dfrac{4}{3}\right)$

$\qquad\qquad\qquad\qquad =-20x+\dfrac{2}{5}$

이므로 $a=-20,\ b=\dfrac{2}{5}$ … 1단계

$(6x-3)\div\left(-\dfrac{3}{4}\right)=(6x-3)\times\left(-\dfrac{4}{3}\right)$

$\qquad\qquad\qquad\quad =6x\times\left(-\dfrac{4}{3}\right)-3\times\left(-\dfrac{4}{3}\right)$

$\qquad\qquad\qquad\quad =-8x+4$

이므로 $c=-8,\ d=4$ … 2단계

따라서

$ab-c+d=-20\times\dfrac{2}{5}-(-8)+4$

$\qquad\qquad =-8+8+4=4$ … 3단계

단계	채점 기준	비율
1단계	$a,\ b$의 값을 구한 경우	40 %
2단계	$c,\ d$의 값을 구한 경우	40 %
3단계	$ab-c+d$의 값을 구한 경우	20 %

圉 4

10

$2(3x+1)-(ax+b)=6x+2-ax-b$

$\qquad\qquad\qquad\quad =(6-a)x+(2-b)$

$\qquad\qquad\qquad\quad =4x-1$ … 1단계

$6-a=4$이므로 $a=2$

$2-b=-1$이므로 $b=3$ … 2단계

따라서 $a+b=2+3=5$ … 3단계

단계	채점 기준	비율
1단계	$2(3x+1)-(ax+b)$를 간단히 정리한 경우	40 %
2단계	$a,\ b$의 값을 구한 경우	40 %
3단계	$a+b$의 값을 구한 경우	20 %

圉 5

11

$3x-8-\{5x-1-2(2x+3)\}$

$=3x-8-(5x-1-4x-6)$

$=3x-8-(x-7)$

$=3x-8-x+7$

$=2x-1$ … 1단계

따라서 $a=2,\ b=-1$이므로   … 2단계

$a-b=2-(-1)=3$ … 3단계

단계	채점 기준	비율
1단계	주어진 식을 계산한 경우	40 %
2단계	$a,\ b$의 값을 구한 경우	30 %
3단계	$a-b$의 값을 구한 경우	30 %

圉 3

12

$(4x+7)-(3x+6)=4x+7-3x-6$

$\qquad\qquad\qquad\quad =x+1$ … 1단계

$5x-\dfrac{9x-6}{3}=5x-3x+2$

$\qquad\qquad\quad =2x+2$ … 2단계

$6(x+2)-2(x+4)=6x+12-2x-8$

$\qquad\qquad\qquad\quad =4x+4$ … 3단계

일정한 규칙이 있는 네 식을 차례대로 쓰면

$x+1,\ 2x+2,\ A,\ 4x+4$이므로

A에 알맞은 식은 $3x+3$이다.   … 4단계

단계	채점 기준	비율
1단계	$(4x+7)-(3x+6)$을 계산한 경우	25 %
2단계	$5x-\dfrac{9x-6}{3}$을 계산한 경우	25 %
3단계	$6(x+2)-2(x+4)$를 계산한 경우	25 %
4단계	A에 알맞은 식을 구한 경우	25 %

圉 $3x+3$

13

$0.2(2x-3)-\dfrac{5x-2}{4}-1$

$=\dfrac{1}{5}(2x-3)-\dfrac{5x-2}{4}-1$

$=\dfrac{4(2x-3)-5(5x-2)-20}{20}$

$=\dfrac{8x-12-25x+10-20}{20}$

$=\dfrac{-17x-22}{20}$

$=-\dfrac{17}{20}x-\dfrac{11}{10}$ … 1단계

x의 계수는 $-\dfrac{17}{20}$, 상수항은 $-\dfrac{11}{10}$이므로   … 2단계

x의 계수와 상수항의 합은

$$-\frac{17}{20}+\left(-\frac{11}{10}\right)=-\frac{17}{20}+\left(-\frac{22}{20}\right)=-\frac{39}{20}$$ … 3단계

단계	채점 기준	비율
1단계	주어진 식을 계산한 경우	60 %
2단계	x의 계수와 상수항을 구한 경우	20 %
3단계	x의 계수와 상수항의 합을 구한 경우	20 %

답 $-\dfrac{39}{20}$

14

(길을 제외한 땅의 넓이)

$=$(전체 넓이)$-$(가로로 난 길의 넓이)$-$(세로로 난 길의 넓이)$+$(두 길에서 중복된 부분의 넓이) … 1단계

$=15\times10-15\times x-3\times10+3\times x$

$=150-15x-30+3x$

$=120-12x(\mathrm{m}^2)$ … 2단계

단계	채점 기준	비율
1단계	(길을 제외한 땅의 넓이)를 구하는 식을 구한 경우	40 %
2단계	(길을 제외한 땅의 넓이)를 문자를 사용한 식으로 구한 경우	60 %

답 $(120-12x)\ \mathrm{m}^2$

15

$$3A-2(B-2A)=3A-2B+4A$$
$$=7A-2B$$ … 1단계

$A=2a-1$, $B=3a-2$를 대입하면

$$7A-2B=7(2a-1)-2(3a-2)$$
$$=14a-7-6a+4$$
$$=8a-3$$ … 2단계

단계	채점 기준	비율
1단계	$3A-2(B-2A)$를 계산한 경우	50 %
2단계	주어진 식을 a에 대한 식으로 나타낸 경우	50 %

답 $8a-3$

16

어떤 식을 A라 하면

$$A+(4x-9)=-3x+1$$
$$A+4x-9=-3x+1$$
$$A=-7x+10$$ … 1단계

따라서 바르게 계산하면

$$-7x+10-(4x-9)=-7x+10-4x+9$$
$$=-11x+19$$ … 2단계

단계	채점 기준	비율
1단계	어떤 식을 구한 경우	50 %
2단계	바르게 계산한 결과를 구한 경우	50 %

답 $-11x+19$

17

$$(\text{가격의 인상률})=\frac{(\text{비교 가격})-(\text{기준 가격})}{(\text{기준 가격})}\times100(\%)\text{이다.}$$

(기준 가격)$=$(작년 가격), (비교 가격)$=$(올해 가격)이므로

올해의 음료수 가격은 $2+2\times\dfrac{a}{100}$(천 원) … 1단계

올해의 버거 가격은 $4+4\times\dfrac{b}{100}$(천 원) … 2단계

즉, 올해 음료수와 버거 한 세트의 가격은

$$2+2\times\frac{a}{100}+4+4\times\frac{b}{100}=6+\frac{a}{50}+\frac{b}{25}(\text{천 원})$$ … 3단계

작년에 음료수와 버거 한 세트의 가격은

$2+4=6$(천원)이었으므로

한 세트의 인상률은

$$\frac{6+\dfrac{a}{50}+\dfrac{b}{25}-6}{6}\times100=\frac{\dfrac{a}{50}+\dfrac{b}{25}}{3}\times50$$
$$=\frac{a+2b}{3}(\%)$$ … 4단계

단계	채점 기준	비율
1단계	올해 음료수 가격을 구한 경우	20 %
2단계	올해 버거 가격을 구한 경우	20 %
3단계	올해 음료수 버거 세트의 가격을 구한 경우	20 %
4단계	음료수 버거 세트의 인상률을 구한 경우	40 %

답 $\dfrac{a+2b}{3}$ %

18

직사각형의 둘레의 길이를 a라 하면 직사각형의 가로와 세로의 길이의 비가 $3:1$이고, 가로와 세로의 길이의 합이 $\dfrac{1}{2}a$이므로

$$(\text{가로의 길이})=\frac{3}{4}\times\left(a\times\frac{1}{2}\right)=\frac{3}{8}a$$

$$(\text{세로의 길이})=\frac{1}{4}\times\left(a\times\frac{1}{2}\right)=\frac{1}{8}a$$

$$(\text{직사각형의 넓이})=\frac{3}{8}a\times\frac{1}{8}a=\frac{3}{64}a^2$$ … 1단계

정사각형의 한 변의 길이는 $\dfrac{1}{4}a$이므로

$$(\text{정사각형의 넓이})=\frac{1}{4}a\times\frac{1}{4}a=\frac{1}{16}a^2$$ … 2단계

따라서 직사각형과 정사각형의 넓이의 비는

$$\frac{3}{64}a^2:\frac{1}{16}a^2=3:4$$ … 3단계

단계	채점 기준	비율
1단계	직사각형의 넓이를 구한 경우	50 %
2단계	정사각형의 넓이를 구한 경우	20 %
3단계	직사각형과 정사각형의 넓이의 비를 구한 경우	30 %

답 $3:4$

19

상수항이 -3인 일차식을 $ax-3$이라 하면

$A=4a-3$, $B=5a-3$ … 1단계

따라서 $5A-4B=5(4a-3)-4(5a-3)$

$\qquad\qquad\quad =20a-15-20a+12$

$\qquad\qquad\quad =-3$ … 2단계

단계	채점 기준	비율
1단계	A, B를 문자를 사용한 식으로 나타낸 경우	50 %
2단계	$5A-4B$의 값을 구한 경우	50 %

☐ -3

20

n이 자연수일 때, $2n$은 짝수, $2n+1$은 홀수이므로

$(-1)^{2n+1}=-1$, $(-1)^{2n}=1$ … 1단계

$(-1)^{2n+1}\dfrac{2x-3}{2}-(-1)^{2n}\dfrac{2x+5}{3}$

$=-\dfrac{2x-3}{2}-\dfrac{2x+5}{3}$

$=\dfrac{-6x+9-4x-10}{6}$

$=\dfrac{-10x-1}{6}$

$=-\dfrac{5}{3}x-\dfrac{1}{6}$ … 2단계

x의 계수는 $-\dfrac{5}{3}$, 상수항은 $-\dfrac{1}{6}$이므로

그 합은 $-\dfrac{5}{3}+\left(-\dfrac{1}{6}\right)=-\dfrac{10}{6}+\left(-\dfrac{1}{6}\right)=-\dfrac{11}{6}$ … 3단계

단계	채점 기준	비율
1단계	$(-1)^{2n+1}=-1$, $(-1)^{2n}=1$을 구한 경우	30 %
2단계	주어진 식을 계산한 경우	50 %
3단계	x의 계수와 상수항의 합을 구한 경우	20 %

☐ $-\dfrac{11}{6}$

21

$A=-0.3\left(2x-\dfrac{2}{3}\right)$

$\quad =-\dfrac{3}{10}\left(2x-\dfrac{2}{3}\right)$

$\quad =-\dfrac{3}{5}x+\dfrac{1}{5}$ … 1단계

$B=\dfrac{x-1}{2}-\dfrac{2x+1}{3}$

$\quad =\dfrac{3(x-1)}{6}-\dfrac{2(2x+1)}{6}$

$\quad =\dfrac{3x-3-4x-2}{6}$

$\quad =\dfrac{-x-5}{6}$ … 2단계

$5(A-B)-2(A+2B)+3B$

$=5A-5B-2A-4B+3B$

$=3A-6B$ … 3단계

$A=-\dfrac{3}{5}x+\dfrac{1}{5}$, $B=\dfrac{-x-5}{6}$를 $3A-6B$에 대입하면

$3A-6B=3\left(-\dfrac{3}{5}x+\dfrac{1}{5}\right)-6\left(\dfrac{-x-5}{6}\right)$

$\qquad\quad =-\dfrac{9}{5}x+\dfrac{3}{5}+x+5$

$\qquad\quad =-\dfrac{4}{5}x+\dfrac{28}{5}$ … 4단계

단계	채점 기준	비율
1단계	A를 구한 경우	25 %
2단계	B를 구한 경우	25 %
3단계	$5(A-B)-2(A+2B)+3B$를 계산한 경우	25 %
4단계	주어진 식을 x를 사용한 식으로 나타낸 경우	25 %

☐ $-\dfrac{4}{5}x+\dfrac{28}{5}$

22

정삼각형 1개씩 만들어질 때마다 성냥개비의 개수는 다음과 같이 늘어난다.

정삼각형의 수(개)	1	2	3	…
성냥개비의 수(개)	3	$3+2$	$3+2+2$	…

따라서 정삼각형이 x개일 때, 성냥개비의 수는

$3+2(x-1)=2x+1$(개)   … 1단계

$2x+1$에 $x=50$을 대입하면

$2x+1=2\times50+1=101$(개)

따라서 정삼각형을 50개를 만들었을 때, 사용한 성냥개비의 수는 101개이다.   … 2단계

단계	채점 기준	비율
1단계	성냥개비의 수를 문자를 사용한 식으로 구한 경우	60 %
2단계	정삼각형을 50개 만들었을 때 사용한 성냥개비의 수를 구한 경우	40 %

☐ 101개

01 방정식과 그 해

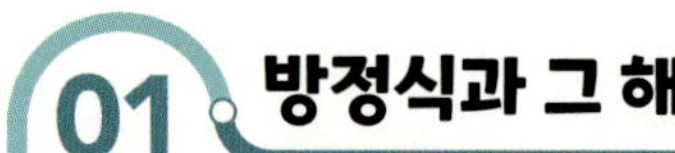

소단원 실전 테스트 실전책 58~59쪽

01 ②	02 ④	03 ③	04 ①	05 ⑤
06 ⑤	07 ①	08 ②	09 ⑤	10 ②
11 $x=-2$	12 ③	13 ⑤	14 ②	15 3

01

② 부등호가 있으므로 등식이 아니다.

답 ②

02

ㄱ. 등호가 없으므로 등식이 아니다.
ㄷ. 부등호를 사용하였으므로 등식이 아니다.
따라서 등식인 것의 개수는 ㄴ, ㄹ, ㅁ, ㅂ의 4이다.

답 ④

03

x를 4배 한 수는 $4x$이고, x의 2배보다 8만큼 작은 수는 $2x-8$
이므로 $4x=2x-8$

답 ③

04

x명의 학생들에게 사탕을 3개씩 나누어 준 사탕의 개수는 $3x$개
이고 5개가 남았으므로 모든 사탕의 개수는 $(3x+5)$개이다.
총 사탕의 개수는 47개이므로 $3x+5=47$

답 ①

05

⑤ 정가가 a원인 옷을 $30\,\%$ 할인한 금액은

$\dfrac{30}{100} \times a = 0.3a(원)$이므로

판매 가격은 $a-0.3a=0.7a(원)$

따라서 $0.7a=14000$

답 ⑤

06

각 방정식에 $x=3$을 대입하면
① $3-2 \neq 5$
② $-4 \times 3 \neq 12$
③ $3+6 \neq 2 \times (3+2)$
④ $3-5 \times 3 \neq 3-1$
⑤ $-2 \times 3 + 5 = -1$
따라서 해가 $x=3$인 것은 ⑤이다.

답 ⑤

07

$x=-1$을 $4x-1=a$에 대입하면
$4 \times (-1) - 1 = a$
$a=-5$

답 ①

08

각 방정식에 $x=-2$를 대입하면
① $-2+8=6$
② $7 \times (-2) + 4 \neq -5 \times (-2)$
③ $-2 = -(-2+4)$
④ $4-(-2) = -2+8$
⑤ $-2+7 = -2 \times \left(-2-\dfrac{1}{2}\right)$
따라서 $x=-2$가 해가 아닌 방정식은 ②이다.

답 ②

09

① $x=2$를 대입하면 $-2+6 \neq 8$
② $x=-2$를 대입하면 $-2+4 \neq -4$
③ $x=-8$을 대입하면 $2 \times (-8) - 15 \neq 1$
④ $x=-7$을 대입하면 $3 \times (-7-2) \neq 15$
⑤ $x=-6$을 대입하면 $\dfrac{-6}{6}+2=1$

답 ⑤

10

각 방정식에 주어진 값 -1, 0, 1, 2, 3을 대입하여 참이 되는 경
우를 찾으면
① $x=-1$
② $2x+5=x-1$에 $x=-1$, 0, 1, 2, 3을 대입하였을 때,
   (좌변)≠(우변)이므로 해가 없다.
③ $x=2$
④ $x=2$
⑤ $x=3$

답 ②

11

$|x| \leq 2$인 정수는 -2, -1, 0, 1, 2이므로 ⋯ 1단계
각각의 값을 방정식 $6x+3=2x-5$에 대입하면
$x=-2$를 대입하면 $6 \times (-2) + 3 = 2 \times (-2) - 5$
$x=-1$을 대입하면 $6 \times (-1) + 3 \neq 2 \times (-1) - 5$
$x=0$을 대입하면 $6 \times 0 + 3 \neq 2 \times 0 - 5$
$x=1$을 대입하면 $6 \times 1 + 3 \neq 2 \times 1 - 5$
$x=2$를 대입하면 $6 \times 2 + 3 \neq 2 \times 2 - 5$ ⋯ 2단계
따라서 해는 $x=-2$이다. ⋯ 3단계

단계	채점 기준	비율
1단계	$|x| \leq 2$인 정수를 구한 경우	30 %
2단계	각각의 값을 방정식에 대입하여 참, 거짓을 구한 경우	50 %
3단계	방정식의 해를 구한 경우	20 %

답 $x=-2$

12

ㄱ. 일차식이다.

ㄴ. $x-3=-x+3$이므로 방정식이다.

ㄷ. $2x=x$이므로 방정식이다.

ㄹ. $3(x-2)=3x-6$이므로 항등식이다.

ㅁ. 부등호를 사용한 식이므로 등식이 아니다.

ㅂ. 방정식이다.

따라서 방정식의 개수는 ㄴ, ㄷ, ㅂ의 3이다.

답 ③

13

① $x=5$일 때만 참이므로 방정식이다.

② $x=0$일 때만 참이므로 방정식이다.

③ $x=0$일 때만 참이므로 방정식이다.

④ x의 값에 관계없이 항상 거짓이다.

⑤ (좌변)$=2(x-3)=2x-6$

　즉, (좌변)$=$(우변)이므로 x의 값에 관계없이 항상 참이다.
　따라서 항등식이다.

답 ⑤

14

$3(x-2)=x+\square$가 x에 대한 항등식이므로

$3x-6=x+(2x-6)$에서 $\square=2x-6$

답 ②

15

$8x+5=a(1+2x)+b$가 x에 대한 항등식이므로

$8x+5=a+2ax+b$

즉 $8x+5=2ax+a+b$에서

$8=2a,\ 5=a+b$ … 1단계

$a=4$

$5=4+b$에서 $b=1$ … 2단계

따라서 $a-b=4-1=3$ … 3단계

단계	채점 기준	비율
1단계	주어진 식이 항등식이 될 조건을 찾은 경우	40 %
2단계	$a,\ b$의 값을 구한 경우	40 %
3단계	$a-b$의 값을 구한 경우	20 %

답 3

---

02 등식의 성질

01 ⑤	02 ④	03 ③	04 ②	05 ①, ⑤
06 ②	07 $8b-2$	08 ①	09 ①	10 ②
11 ⑤	12 ③	13 ㄷ, ㄱ, ㄹ		14 $x=2$

01

⑤ $x=y$의 양변에 y를 더하면 $x+y=2y$

답 ⑤

02

④ $a=b$의 양변에서 5를 빼면 $a-5=b-5$

양변을 5로 나누면 $\dfrac{a-5}{5}=\dfrac{b-5}{5}$

그런데 $\dfrac{b-5}{5}=\dfrac{b}{5}-1$

이므로 $\dfrac{a-5}{5}\neq\dfrac{b}{5}-5$

답 ④

03

$x=3y$에서

① 양변에 5를 더하면 $x+5=3y+5$

② 양변에 3을 곱하면 $3x=9y$

③ 양변에 3을 더하면 $x+3=3y+3$이므로
　$x+3=3(y+1)$

④ 양변을 3으로 나누면 $\dfrac{x}{3}=y$

양변에 1을 더하면 $\dfrac{x}{3}+1=y+1$

⑤ 양변에서 6을 빼면 $x-6=3y-6$

양변을 3으로 나누면 $\dfrac{x-6}{3}=\dfrac{3y-6}{3}$이므로

$\dfrac{x-6}{3}=y-2$

답 ③

04

② $2\times0=5\times0$이지만 $2\neq5$이다.

‘$ac=bc$이면 $a=b$이다.’는 $c\neq0$일 때만 성립한다.

답 ②

05

① $10a=5b$의 양변을 5로 나누면 $2a=b$

② $\dfrac{a}{4}=\dfrac{b}{3}$의 양변에 12를 곱하면 $3a=4b$

③ $3a=b$의 양변에 3을 더하면
　$3a+3=b+3$, 즉 $3(a+1)=b+3$

④ $\dfrac{a}{5}=b$의 양변에 25를 곱하면 $5a=25b$

⑤ $4+3a=4+3b$의 양변에서 4를 빼면

   $3a=3b$

   $3a=3b$의 양변을 3으로 나누면 $a=b$

📄 ①, ⑤

06

② $\dfrac{1}{4}x=-2$의 양변에 4를 곱하면

$$\dfrac{1}{4}x\times 4=-2\times 4$$

$$x=-8$$

📄 ②

07

$a=3b$의 양변에 3을 곱하면

$3a=9b$

양변에 1을 더하면

$3a+1=9b+1$

㈎$=9b+1$ ··· **1단계**

$6a-3=3b+6$에서

양변에 3을 더하면

$6a-3+3=3b+6+3$, $6a=3b+9$

양변을 3으로 나누면 $\dfrac{6a}{3}=\dfrac{3b+9}{3}$

$2a=b+3$

㈏$=b+3$ ··· **2단계**

따라서 ㈎$-$㈏$=9b+1-(b+3)$

              $=9b+1-b-3$

              $=8b-2$ ···**3단계**

단계	채점 기준	비율
1단계	㈎를 구한 경우	35 %
2단계	㈏를 구한 경우	35 %
3단계	㈎$-$㈏를 구한 경우	30 %

📄 $8b-2$

08

$$-9x+4=22$$

$$-9x+4-\boxed{4}=22-\boxed{4}$$

$$-9x=18$$

$$\dfrac{-9x}{\boxed{-9}}=\dfrac{18}{\boxed{-9}}$$

$$x=\boxed{-2}$$

따라서 ㉠$+$㉡$+$㉢$=4+(-9)+(-2)=-7$

📄 ①

09

$x+3=-3$의 양변에 -3을 더하면

$x+3+(-3)=-3+(-3)$

$c=-3$

📄 ①

10

$6x-5=7$

양변에 5를 더하면

$6x-5+5=7+5$

$6x=12$

양변을 6으로 나누면

$$\dfrac{6x}{6}=\dfrac{12}{6}$$

$x=2$

따라서 ㈎, ㈏에서 사용된 등식의 성질은 차례대로 ㄱ, ㄹ이다.

📄 ②

11

⑤ $\dfrac{1}{3}x-1=1$의 양변에 1을 더하면 $\dfrac{1}{3}x=2$

   $\dfrac{1}{3}x=2$의 양변에 3을 곱하면 $x=6$

📄 ⑤

12

$-\dfrac{x}{4}+3=x$의 양변에 -4를 곱하면

$\left(-\dfrac{x}{4}+3\right)\times(-4)=x\times(-4)$

$x-12=-4x$

양변에 $4x$를 더하면 $x-12+4x=-4x+4x$

$5x-12=0$

양변에 12를 더하면 $5x-12+12=12$

$5x=12$

따라서 $a=12$

📄 ③

13

$0.4x-1.6=0.4$

양변에 10을 곱하면

$4x-16=4$

양변에 16을 더하면

$4x=20$

양변을 4로 나누면

$x=5$

따라서 ㈎, ㈏, ㈐에서 이용된 등식의 성질을 차례로 나열하면 ㄷ, ㄱ, ㄹ이다.

📄 ㄷ, ㄱ, ㄹ

14

$4x-6=2(x-1)$

양변을 2로 나누면

$$\frac{4x-6}{2}=\frac{2(x-1)}{2}$$

$2x-3=x-1$ ··· 1단계

양변에서 x를 빼면

$2x-3-x=x-1-x$

$x-3=-1$ ··· 2단계

양변에 3을 더하면

$x-3+3=-1+3$

$x=2$ ··· 3단계

단계	채점 기준	비율
1단계	양변을 2로 나누고 식을 정리한 경우	35 %
2단계	양변에 x를 빼고 식을 정리한 경우	35 %
3단계	방정식의 해를 구한 경우	30 %

답 $x=2$

03 일차방정식의 풀이

소단원 실전 테스트   실전책 62~63쪽

01 ③	**02** ②, ③	**03** ①	**04** ④	**05** ②
06 ⑤	**07** ④	**08** $x=-\dfrac{3}{2}$		**09** ②
10 ①	**11** ⑤	**12** ⑤	**13** ③	**14** 24
15 16세	**16** 7.5 km			

01

$7x-4=10$

양변에 4를 더하면

$7x-4+4=10+4$

$7x=14$

따라서 좌변의 -4를 이항한 것과 같은 것은 양변에 4를 더한 것이다.

답 ③

02

① $-x-8=4 \Rightarrow -x=4+8$

④ $4x-4=3x+5 \Rightarrow 4x-3x=5+4$

⑤ $5+7x=2-x \Rightarrow 7x+x=2-5$

답 ②, ③

03

① $x=0$이므로 일차방정식이다.

② 등식이 아니므로 일차방정식이 아니다.

③ $2x+4=2x+4$는 항등식이므로 일차방정식이 아니다.

④ $x^2+x=3$, $x^2+x-3=0$이므로 일차방정식이 아니다.

⑤ $2x^2+x=x^2-1$, $x^2+x+1=0$이므로 일차방정식이 아니다.

답 ①

04

$5x+b=ax-3$에서 $5x-ax+b+3=0$

$(5-a)x+(b+3)=0$

이 방정식이 x에 대한 일차방정식이 되기 위해서는 x의 계수가 0이 아니어야 하므로

$5-a\neq0$

$a\neq5$

답 ④

05

각각의 방정식을 풀면

① $\dfrac{2}{3}x=\dfrac{10}{3}$의 양변에 $\dfrac{3}{2}$을 곱하면

$$\dfrac{2}{3}x\times\dfrac{3}{2}=\dfrac{10}{3}\times\dfrac{3}{2}, \ x=5$$

② $4x+7=6x+25$

$\quad 4x-6x=25-7$

$\quad -2x=18$

$\quad x=-9$

③ $6x-7=4x+3$

$\quad 6x-4x=3+7$

$\quad 2x=10$

$\quad x=5$

④ $2x=3x-5$

$\quad 2x-3x=-5$

$\quad -x=-5$

$\quad x=5$

⑤ $11+6x=26+3x$

$\quad 6x-3x=26-11$

$\quad 3x=15$

$\quad x=5$

답 ②

06

$6(x-2)+5=3x+8$

$6x-12+5=3x+8$

$6x-3x=8+12-5$

$3x=15$

$x=5$

답 ⑤

07

$3x+4=10+x$

$3x-x=10-4$

$2x=6$

$x=3$

$4(2x+3)=3(x-1)$

$8x+12=3x-3$

$8x-3x=-3-12$

$5x=-15$

$x=-3$

따라서 $a=3$, $b=-3$이므로

$a-b=3-(-3)=6$

답 ④

08

$3+x=-2x+9$

$x+2x=9-3$

$3x=6$

$x=2$ ··· 1단계

$a=2$를 $a(x-5)=4x-7$에 대입하면

$2(x-5)=4x-7$ ··· 2단계

$2x-10=4x-7$

$2x-4x=-7+10$

$-2x=3$

$x=-\dfrac{3}{2}$ ··· 3단계

단계	채점 기준	비율
1단계	$3+x=-2x+9$의 해를 구한 경우	40 %
2단계	$2(x-5)=4x-7$을 구한 경우	20 %
3단계	$2(x-5)=4x-7$의 해를 구한 경우	40 %

답 $x=-\dfrac{3}{2}$

09

$\dfrac{x+2}{3}-3=\dfrac{3x-4}{2}$

양변에 6을 곱하면

$2(x+2)-18=3(3x-4)$

$2x+4-18=9x-12$

$2x-9x=-12+18-4$

$-7x=2$

$x=-\dfrac{2}{7}$

답 ②

10

$0.4x-0.06=2(0.3x+0.17)$

양변에 100을 곱하면

$40x-6=200(0.3x+0.17)$

$40x-6=60x+34$

$-20x=40$

$x=-2$

$a=-2$를 $-a^2+2a$에 대입하면

$-a^2+2a=-(-2)^2+2\times(-2)=-4+(-4)=-8$

답 ①

11

$x=-10$을 $\dfrac{x-a}{4}=\dfrac{2}{5}x$에 대입하면

$\dfrac{-10-a}{4}=\dfrac{2}{5}\times(-10)$

$\dfrac{-10-a}{4}=-4$

양변에 4를 곱하면

$-10-a=-16$

$-a=-6$

$a=6$

답 ⑤

12

$2x+3.2=0.8(x-2)$

양변에 10을 곱하면

$20x+32=8(x-2)$

$20x+32=8x-16$

$20x-8x=-16-32$

$12x=-48$

$x=-4$

$x=-4$를 $\dfrac{x}{2}-\dfrac{x-a}{4}=1$에 대입하면

$\dfrac{-4}{2}-\dfrac{-4-a}{4}=1$

양변에 4를 곱하면

$-8+4+a=4$

$a=8$

답 ⑤

13

$2(13-3x)=a$에서

$26-6x=a$

$-6x=a-26$

$x=\dfrac{a-26}{-6}$

$x=\dfrac{26-a}{6}$

이때 해가 자연수이려면 $26-a$가 6의 배수이어야 한다.

$26-a=6$일 때, $a=20$

$26-a=12$일 때, $a=14$

$26-a=18$일 때, $a=8$

$26-a=24$일 때, $a=2$

$26-a=30$일 때, $a=-4$

따라서 만족하는 자연수 a의 값 중 두 번째로 작은 값은 8이다.

답 ③

14

십의 자리의 숫자를 x라 하면

$(처음\ 자연수)=10x+4$

$(바꾼\ 자연수)=40+x$이므로

$40+x=2(10x+4)-6$

$40+x=20x+8-6$

$-19x=8-6-40$

$-19x=-38$

$x=2$

따라서 처음 자연수는 $10\times2+4=24$

답 24

15

현재 은찬이의 나이를 x세라 하면

$48+12=2(x+12)+4$

$60=2x+24+4$

$-2x=-32$

$x=16$

따라서 은찬이의 나이는 16세이다.

답 16세

16

서연이가 올라간 거리를 x km라 하면 ··· 1단계

$(시간)=\dfrac{(거리)}{(속력)}$이므로

올라갈 때 걸린 시간은 $\dfrac{x}{3}$시간, 내려올 때 걸린 시간은 $\dfrac{x}{5}$시간이다.

$(갈 때 걸린 시간)+(올 때 걸린 시간)=(4시간)$이므로

$\dfrac{x}{3}+\dfrac{x}{5}=4$ ··· 2단계

$8x=60$

$x=7.5$

따라서 서연이가 올라간 거리는 7.5 km이다. ··· 3단계

단계	채점 기준	비율
1단계	미지수를 바르게 정한 경우	20 %
2단계	주어진 상황에 맞게 일차방정식을 세운 경우	40 %
3단계	서연이가 올라간 거리를 구한 경우	40 %

답 7.5 km

01	②, ③	02	④	03	②	04	③	05	①
06	③	07	⑤	08	⑤	09	①	10	④
11	④	12	③	13	③	14	④	15	①
16	②	17	②	18	$b-4$	19	6	20	$x=2$
21	1	22	5 cm	23	2	24	-3	25	10000원

01

① 일차식

②, ③ 등호를 사용하여 두 수 또는 두 식이 같음을 나타낸 식으로 등식이다.

④, ⑤ 부등호를 사용하여 두 수 또는 식의 관계를 나타낸 식으로 등식이 아니다.

답 ②, ③

02

$x=4$를 각각의 방정식에 대입하면

① $4+4\neq7$

② $-4\times4-3\neq1$

③ $2\times4\neq4-4$

④ $2\times(4-1)=4+2$

⑤ $-3\times(4+1)+7\neq4$

답 ④

03

ㄱ. $x=1$일 때만 참이다.

ㄴ. (좌변)$=4(x+2)=4x+8$

즉, (좌변)$=$(우변)이므로 x가 어떤 값을 가지더라도 항상 참이다.

ㄷ. $x=0$일 때만 참이다.

ㄹ. 일차식이므로 등식이 아니다.

ㅁ. (우변)$=(2x-5)+(5x+8)=7x+3$

즉, (좌변)$=$(우변)이므로 x가 어떤 값을 가지더라도 항상 참이다.

따라서 보기 중 x가 어떤 값을 가지더라도 항상 참이 되는 등식의 개수는 ㄴ, ㅁ의 2이다.

답 ②

04

③ $a\div2$는 a를 2로 나눈 것이고 $2\div b$는 2를 b로 나눈 것이므로 $a=b$일 때, $a\div2\neq2\div b$

답 ③

05

$-3x-5=13$

$-3x-5+\boxed{5}=13+\boxed{5}$

$-3x=18$

$(-3x)\div(\boxed{-3})=18\div(\boxed{-3})$

$x=-6$

따라서 ㈎, ㈏에 알맞은 수는 차례대로 5, -3이다.

답 ①

06

주어진 일차방정식을 풀면

$5x-7(x-1)=3$

$5x-7x+7=3$

$-2x+7=3$

$-2x=3-7$

$-2x=-4$

$x=2$

따라서 처음으로 틀린 부분은 ③이다.

답 ③

07

$5x-7=2x+8$

$5x-2x=8+7$

$3x=15$

$x=5$

따라서 $a=5$이므로

$a^2-2a=5^2-2\times5=25-10=15$

답 ⑤

08

ㄱ. $10(x-1)=5(x+1)$

$10x-10=5x+5$

$5x=15,\ x=3$

ㄴ. $6x=4(x+1)-7$

$6x=4x+4-7$

$2x=-3,\ x=-\dfrac{3}{2}$

ㄷ. $1+3(x+2)=2(x+2)$

$1+3x+6=2x+4,\ x=-3$

ㄹ. $2(x-5)=4x-7$

$2x-10=4x-7,\ -2x=3$

$x=-\dfrac{3}{2}$

따라서 해가 같은 것은 ㄴ, ㄹ이다.

답 ⑤

09

$\dfrac{1}{2}x+1=\dfrac{2x-5}{6}$

양변에 6을 곱하면

$3x+6=2x-5$

$3x-2x=-5-6$

$x=-11$

답 ①

10

$0.5x-0.3=0.2x+1.2$

양변에 10을 곱하면 $5x-3=2x+12$

$3x=15$

$x=5$

$x=5$를 $5x-1=ax+9$에 대입하면

$5\times5-1=5a+9$

$24=5a+9$

$-5a=-15$

$a=3$

답 ④

11

3점짜리 슛을 x골 넣었다고 하면 2점짜리 슛은 $(10-x)$골 넣었으므로

$3x+2(10-x)=24$

$3x+20-2x=24$

$x=4$

따라서 3점짜리 슛을 4골 넣었다.

답 ④

12

$a(x-2)=b-4x$

$ax-2a=b-4x$

$ax-2a=-4x+b$

$a=-4,\ b=-2a=8$

따라서 $a+b=-4+8=4$

답 ③

13

$x=5$를 $0.2x+0.5=\dfrac{x+a}{4}$에 대입하면

$0.2\times5+0.5=\dfrac{5+a}{4}$

$1+0.5=\dfrac{5+a}{4}$

양변에 4를 곱하면

$4+2=5+a$

$6=5+a$

$a=1$

답 ③

14

$1.2x-0.7(x+1)=0.3$

양변에 10을 곱하면

$12x-7(x+1)=3$

$12x-7x-7=3$

$5x=10$

$x=2$

$x=2$를 $\dfrac{x+4}{2}=\dfrac{ax-1}{3}$에 대입하면

$\dfrac{2+4}{2}=\dfrac{2a-1}{3}$

$3=\dfrac{2a-1}{3}$

양변에 3을 곱하면

$9=2a-1,\ -2a=-10$

$a=5$

답 ④

15

$\dfrac{2x-5}{3}=1.25x-4$

양변에 300을 곱하면

$100(2x-5)=375x-1200$

$200x-500=375x-1200$

$-175x=-700$

$x=4$

따라서 $a=4$를 $-a^2+3a$에 대입하면

$-a^2+3a=-4^2+3\times4=-16+12=-4$

답 ①

16

$3x+a+1=8,\ 3x=7-a$

$x=\dfrac{7-a}{3}$

$\dfrac{7-a}{3}$가 자연수가 되기 위해서는 $7-a$가 3의 배수이어야 한다.

자연수 a에 대하여

$a=1$일 때, $7-a=6(3$의 배수$)$

$a=4$일 때, $7-a=3(3$의 배수$)$

따라서 방정식의 해가 자연수가 되도록 하는 자연수 a의 개수는 1, 4의 2이다.

답 ②

17

물탱크에 가득 찬 물의 양을 1이라 하면 A 호스는 1분에 $\dfrac{1}{20}$, B 호스는 1분에 $\dfrac{1}{30}$의 물을 채운다.

A, B 두 호스를 모두 사용하여 물을 가득 채우는 데 걸리는 시간을 x분이라 하면

$\dfrac{1}{20}x+\dfrac{1}{30}x=1$

$3x+2x=60,\ 5x=60,\ x=12$

따라서 이 물탱크에 물을 가득 채우는 데 걸리는 시간은 12분이다.

답 ②

18

$4a+8=4(b+1)$

$4a+8=4b+4$

양변을 4로 나누면

$a+2=b+1$

양변에서 5를 빼면

$a+2-5=b+1-5$

$a-3=b-4$

따라서 □ 안에 알맞은 식은 $b-4$이다.

답 $b-4$

19

$5x-4=3x-2$에서 3을 a로 잘못 보았다고 하면

$5x-4=ax-2$에 $x=-2$를 대입하였을 때, 등식이 성립해야

하므로

$5\times(-2)-4=(-2)\times a-2$

$-14=-2a-2$

$2a=12$

$a=6$

답 6

20

$3-\{1-(4x+1)\}=3x$

$3-(1-4x-1)=3x$

$3-(-4x)=3x$

$3+4x=3x$

$x=-3$

즉, $a=-3$

$a=-3$을 $6-(3x+a)=2x-1$에 대입하면

$6-(3x-3)=2x-1$

$6-3x+3=2x-1$

$-5x=-10$

$x=2$

답 $x=2$

21

$(x-2):3=2(x-3):3$에서

$3(x-2)=6(x-3)$

$3x-6=6x-18$

$-3x=-12$

$x=4$

두 일차방정식의 해의 비가 $2:3$이므로 x에 대한 일차방정식

$\dfrac{5x-3}{9}=4-a$의 해는 $x=6$

$x=6$을 $\dfrac{5x-3}{9}=4-a$에 대입하면

$\dfrac{5\times6-3}{9}=4-a$

$3=4-a$

$a=1$

답 1

22

사다리꼴의 윗변의 길이를 x cm라 하면

$\dfrac{1}{2}\times(x+11)\times7=56$

$7(x+11)=112$

$x+11=16,\ x=5$

따라서 사다리꼴의 윗변의 길이는 5 cm이다.

답 5 cm

23

주어진 빈칸을 각각 ㈎, ㈏라 하면

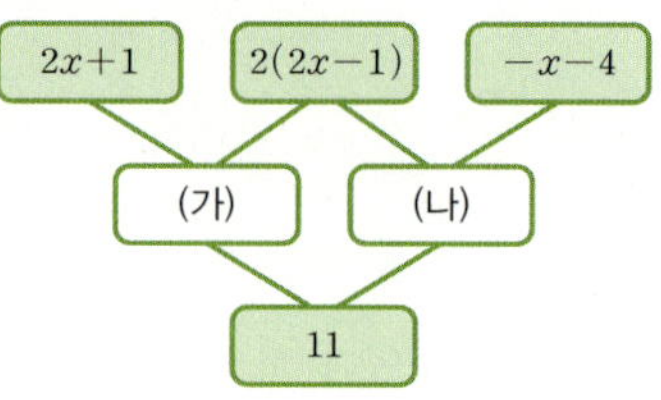

㈎에 알맞은 식은

$(2x+1)+2(2x-1)$

$=2x+1+4x-2$

$=6x-1$

··· 1단계

㈏에 알맞은 식은

$2(2x-1)+(-x-4)$

$=4x-2-x-4$

$=3x-6$

··· 2단계

㈎+㈏$=11$이므로

$(6x-1)+(3x-6)=11$

$9x-7=11$

$9x=18$

$x=2$

··· 3단계

단계	채점 기준	비율
1단계	㈎에 알맞은 식을 구한 경우	30 %
2단계	㈏에 알맞은 식을 구한 경우	30 %
3단계	x의 값을 구한 경우	40 %

답 2

24

$\dfrac{x+3}{4}-\dfrac{a-3}{2}=2$에서

$x+3-2(a-3)=8$

$x+3-2a+6=8$

$x-2a+9=8$

$x=2a-1$

··· 1단계

$\dfrac{x+4-2a}{3}=\dfrac{a+2}{6}$에서

$2(x+4-2a)=a+2$

$2x+8-4a=a+2$

$2x=5a-6$

$x=\dfrac{5a-6}{2}$

··· 2단계

두 일차방정식의 해의 비가 $2:3$이므로

$(2a-1):\left(\dfrac{5a-6}{2}\right)=2:3$

$3(2a-1)=5a-6$

$6a-3=5a-6$

$a=-3$

··· 3단계

단계	채점 기준	비율
1단계	$\dfrac{x+3}{4}-\dfrac{a-3}{2}=2$의 해를 구한 경우	30 %
2단계	$\dfrac{x+4-2a}{3}=\dfrac{a+2}{6}$의 해를 구한 경우	30 %
3단계	a의 값을 구한 경우	40 %

冒 -3

25

티셔츠의 원가를 x원이라 하면

$(\text{정가})=x+0.05x=1.05x(\text{원})$이므로   … **1단계**

$(\text{판매 금액})=7500$

$1.05x-3000=7500$ … **2단계**

$1.05x=10500$

$x=10000$

따라서 티셔츠의 원가는 10000원이다.   … **3단계**

단계	채점 기준	비율
1단계	정가를 미지수를 이용하여 구한 경우	30 %
2단계	문제의 뜻에 맞게 일차방정식을 세운 경우	30 %
3단계	티셔츠의 원가를 구한 경우	40 %

冒 10000원

Level 1	01 풀이 참조	02 풀이 참조	03 풀이 참조
	04 풀이 참조		
Level 2	05 $\dfrac{5}{2}$	06 7	07 -25
	08 7	09 -1.4	10 $-\dfrac{11}{4}$
	11 -4	12 4	13 -2
	14 5개	15 15분 후	16 28명
Level 3	17 1	18 $x=-\dfrac{18}{5}$	19 6
	20 2시 $27\dfrac{3}{11}$분	21 10분 후	22 $\dfrac{25}{3}$ %

01

$-3x+2=-7$의

양변에서 $\boxed{2}$를 빼면

$-3x+2-2=-7-2$

$-3x=\boxed{-9}$

양변을 $\boxed{-3}$으로 나누면

$\dfrac{-3x}{-3}=\dfrac{-9}{-3}$

$x=3$ … **1단계**

따라서 $m=\boxed{2}$, $n=\boxed{-3}$이므로   … **2단계**

$m+n=2+(-3)=\boxed{-1}$ … **3단계**

단계	채점 기준	비율
1단계	등식의 성질을 이용하여 해를 구한 경우	50 %
2단계	m, n의 값을 구한 경우	30 %
3단계	$m+n$의 값을 구한 경우	20 %

冒 풀이 참조

02

$3(x-2)=2(-x+3)$에서 괄호를 풀면

$3x-\boxed{6}=-2x+\boxed{6}$

$3x+2x=6+6$

$5x=\boxed{12}$

$x=\boxed{\dfrac{12}{5}}$ … **1단계**

$a=\boxed{\dfrac{12}{5}}$이므로   … **2단계**

$5a-2=5\times\boxed{\dfrac{12}{5}}-2=12-2=\boxed{10}$ … **3단계**

단계	채점 기준	비율
1단계	괄호를 풀어 방정식을 푼 경우	60 %
2단계	a의 값을 구한 경우	10 %
3단계	$5a-2$의 값을 구한 경우	30 %

冒 풀이 참조

03

$$\frac{3x+1}{8}=\frac{x+7}{6}$$

양변에 $\boxed{24}$ 를 곱하면

$\boxed{3}(3x+1)=\boxed{4}(x+7)$

$\boxed{9}x+3=\boxed{4}x+\boxed{28}$, $9x-4x=28-3$

$\boxed{5}x=\boxed{25}$

$x=\boxed{5}$ … 1단계

$x=\boxed{5}$ 를 $x+9=3(x+1)+a$에 대입하면

$\boxed{5}+9=3\times(\boxed{5}+1)+a$ … 2단계

$\boxed{14}=\boxed{18}+a$

$a=\boxed{-4}$ … 3단계

단계	채점 기준	비율
1단계	방정식 $\frac{3x+1}{8}=\frac{x+7}{6}$ 의 해를 구한 경우	50 %
2단계	$x=5$를 $x+9=3(x+1)+a$에 대입한 경우	30 %
3단계	a의 값을 구한 경우	20 %

답 풀이 참조

04

연속하는 세 홀수 중 두 번째로 큰 수를 x라 하면

연속하는 세 홀수는 $x-\boxed{2}$, x, $x+\boxed{2}$ … 1단계

세 홀수의 합이 111이므로

$(x-\boxed{2})+x+(x+\boxed{2})=111$ … 2단계

$\boxed{3}x=111$

$x=\boxed{37}$

따라서 세 홀수 중 두 번째로 큰 수는 $\boxed{37}$ 이다.   … 3단계

단계	채점 기준	비율
1단계	연속하는 세 홀수를 미지수로 나타낸 경우	40 %
2단계	문제의 뜻에 맞게 일차방정식을 세운 경우	30 %
3단계	세 홀수 중 두 번째로 큰 수를 구한 경우	30 %

답 풀이 참조

05

$-x+b-3=2ax-1$이 항등식이 될 조건은

$2a=-1$, $b-3=-1$ … 1단계

$a=-\frac{1}{2}$, $b=2$이므로   … 2단계

$b-a=2-\left(-\frac{1}{2}\right)=\frac{5}{2}$ … 3단계

단계	채점 기준	비율
1단계	항등식이 될 조건을 구한 경우	40 %
2단계	a, b의 값을 각각 구한 경우	40 %
3단계	$b-a$의 값을 구한 경우	20 %

답 $\frac{5}{2}$

06

방정식 $\frac{5x-4}{3}=\frac{x-5}{6}+a$의 해가 $x=1$이므로

$$\frac{5\times1-4}{3}=\frac{1-5}{6}+a,\ \frac{1}{3}=-\frac{2}{3}+a$$

$a=1$ … 1단계

방정식 $3.2=0.2(x+b)+1.8$의 해도 $x=1$이므로

$3.2=0.2(1+b)+1.8$

양변에 10을 곱하면

$32=2(1+b)+18$

$32=2+2b+18$

$2b=12$

$b=6$ … 2단계

따라서 $a+b=1+6=7$ … 3단계

단계	채점 기준	비율
1단계	a의 값을 구한 경우	40 %
2단계	b의 값을 구한 경우	40 %
3단계	$a+b$의 값을 구한 경우	20 %

답 7

07

㉮ $\frac{x}{3}=-2$의 양변에 3을 곱하면

$\frac{x}{3}\times3=-2\times3$, $x=-6$

$x=-6$의 양변에 2를 곱하면

$2x=-12$

양변에 7을 더하면

$2x+7=-12+7$

$a=-5$ … 1단계

㉯ $x-7=3$의 양변에 7을 더하면

$x-7+7=3+7$

$x=10$

$x=10$의 양변을 5로 나누면

$\frac{x}{5}=\frac{10}{5}$, $\frac{x}{5}=2$

양변에 3을 더하면

$\frac{x}{5}+3=2+3$

$b=5$ … 2단계

따라서 $ab=(-5)\times5=-25$ … 3단계

[다른 풀이]

㉮ $\frac{x}{3}=-2$의 양변에 3을 곱하면 $x=-6$

$x=-6$을 $2x+7$에 대입하면

$2x+7=2\times(-6)+7=-5$

$a=-5$ … 1단계

⑷ $x-7=3$의 양변에 7을 더하면 $x=10$

$x=10$을 $\dfrac{x}{5}+3$에 대입하면

$\dfrac{x}{5}+3=\dfrac{10}{5}+3=5$

$b=5$ $\cdots$ 2단계

따라서 $ab=(-5)\times5=-25$ $\cdots$ 3단계

단계	채점 기준	비율
1단계	a의 값을 구한 경우	40 %
2단계	b의 값을 구한 경우	40 %
3단계	ab의 값을 구한 경우	20 %

답 -25

08

$5x-7=3(x+1)$

$5x-7=3x+3$

$5x-3x=3+7$

$2x=10$

$x=5$ $\cdots$ 1단계

$4x+1=2(x-4)+5$

$4x+1=2x-8+5$

$4x-2x=-8+5-1$

$2x=-4$

$x=-2$ $\cdots$ 2단계

따라서 두 일차방정식의 해의 차는

$5-(-2)=7$ $\cdots$ 3단계

단계	채점 기준	비율
1단계	방정식 $5x-7=3(x+1)$의 해를 구한 경우	40 %
2단계	방정식 $4x+1=2(x-4)+5$의 해를 구한 경우	40 %
3단계	두 일차방정식의 해의 차를 구한 경우	20 %

답 7

09

$x-[x+3\{4x-(5x-1)\}]=2(2x+1)$

$x-\{x+3(4x-5x+1)\}=4x+2$

$x-\{x+3(-x+1)\}=4x+2$

$x-(x-3x+3)=4x+2$

$x-(-2x+3)=4x+2$

$x+2x-3=4x+2$

$-x=5$

$x=-5$ $\cdots$ 1단계

$x=-5$를 $0.5x-0.4=a+0.3x$에 대입하면

$0.5\times(-5)-0.4=a+0.3\times(-5)$ $\cdots$ 2단계

$-2.5-0.4=a-1.5$

$a=-1.4$ $\cdots$ 3단계

단계	채점 기준	비율
1단계	주어진 일차방정식의 해를 구한 경우	50 %
2단계	방정식의 해를 대입한 식을 구한 경우	20 %
3단계	a의 값을 구한 경우	30 %

답 -1.4

10

$\dfrac{2(x-1)}{3}=-\dfrac{3(3-x)}{4}+0.5$

$\dfrac{2(x-1)}{3}=-\dfrac{3(3-x)}{4}+\dfrac{1}{2}$

양변에 12를 곱하면

$8(x-1)=-9(3-x)+6$

$8x-8=-27+9x+6$

$8x-9x=-27+6+8$

$-x=-13$

$x=13$ $\cdots$ 1단계

$a=13$을 $\dfrac{x-a}{3}-\dfrac{2x-7}{2}=1$에 대입하면

$\dfrac{x-13}{3}-\dfrac{2x-7}{2}=1$

$2(x-13)-3(2x-7)=6$

$2x-26-6x+21=6$

$-4x=11$

$x=-\dfrac{11}{4}$ $\cdots$ 2단계

단계	채점 기준	비율
1단계	방정식 $\dfrac{2(x-1)}{3}=-\dfrac{3(3-x)}{4}+0.5$의 해를 구한 경우	50 %
2단계	방정식 $\dfrac{x-a}{3}-\dfrac{2x-7}{2}=1$의 해를 구한 경우	50 %

답 $-\dfrac{11}{4}$

11

$\dfrac{1}{5}(x-3):2=0.3(x+2):5$에서

$2\times0.3(x+2)=5\times\dfrac{1}{5}(x-3)$

$0.6(x+2)=x-3$

$6(x+2)=10(x-3)$

$6x+12=10x-30$

$-4x=-42$

$x=\dfrac{21}{2}$ $\cdots$ 1단계

따라서 $\dfrac{x+1}{2}=\dfrac{5x}{7}+a$의 해는 $x=21$이므로

$\dfrac{21+1}{2}=\dfrac{5\times21}{7}+a$

$11=15+a$

$a=-4$ $\cdots$ 2단계

단계	채점 기준	비율
1단계	비례식을 만족하는 x의 값을 구한 경우	50 %
2단계	a의 값을 구한 경우	50 %

🗒 −4

12

$$4(0.6x-1)=\dfrac{8x-a}{5}$$

$$2.4x-4=\dfrac{8x-a}{5}$$

양변에 5를 곱하면

$$12x-20=8x-a$$

$$4x=20-a$$

$$x=\dfrac{20-a}{4} \qquad \cdots \text{1단계}$$

이때 해가 자연수가 되려면 $20-a$는 4의 배수이어야 하므로

$\cdots$ 2단계

이를 만족하는 자연수 a의 값의 개수는 4, 8, 12, 16의 4이다.

$\cdots$ 3단계

단계	채점 기준	비율
1단계	$4(0.6x-1)=\dfrac{8x-a}{5}$ 의 해를 구한 경우	30 %
2단계	해가 자연수가 될 조건을 구한 경우	30 %
3단계	a의 값의 개수를 구한 경우	40 %

🗒 4

13

$$0.7-0.4x=0.2(x+6)+0.1$$

양변에 10을 곱하면

$$7-4x=2(x+6)+1$$

$$7-4x=2x+12+1$$

$$-4x-2x=12+1-7$$

$$-6x=6$$

$$x=-1$$

두 일차방정식의 해는 모두 $x=-1$이므로

$$n=-1 \qquad \cdots \text{1단계}$$

$x=-1$을 $\dfrac{3x-m}{2}=\dfrac{m+2x}{3}$에 대입하면

$$\dfrac{3\times(-1)-m}{2}=\dfrac{m+2\times(-1)}{3}$$

$$\dfrac{-m-3}{2}=\dfrac{m-2}{3}$$

양변에 6을 곱하면

$$3(-m-3)=2(m-2)$$

$$-3m-9=2m-4$$

$$-5m=5$$

$$m=-1 \qquad \cdots \text{2단계}$$

따라서 $m+n=(-1)+(-1)=-2 \qquad \cdots \text{3단계}$

단계	채점 기준	비율
1단계	n의 값을 구한 경우	40 %
2단계	m의 값을 구한 경우	40 %
3단계	$m+n$의 값을 구한 경우	20 %

🗒 −2

14

쿠키를 x개 사면 마카롱은 $(12-x)$개를 살 수 있으므로 $\cdots$ 1단계

$$2000(12-x)+1200x+1000=21000 \qquad \cdots \text{2단계}$$

$$24000-2000x+1200x=20000$$

$$-800x=-4000$$

$$x=5$$

따라서 쿠키의 개수는 5개이다. $\cdots$ 3단계

단계	채점 기준	비율
1단계	미지수를 올바르게 정한 경우	30 %
2단계	문제의 뜻에 맞게 일차방정식을 세운 경우	40 %
3단계	쿠키의 개수를 구한 경우	30 %

🗒 5개

15

성현이가 학교를 출발한 지 x분 후에 예현이를 만난다고 하면 예현이가 $(10+x)$분 동안 간 거리와 성현이가 x분 동안 간 거리가 서로 같으므로 $\cdots$ 1단계

$$60(x+10)=100x \qquad \cdots \text{2단계}$$

$$60x+600=100x$$

$$40x=600$$

$$x=15$$

따라서 성현이가 학교를 출발한 지 15분 후에 예현이를 만나게 된다. $\cdots$ 3단계

단계	채점 기준	비율
1단계	미지수를 올바르게 정한 경우	30 %
2단계	문제의 뜻에 맞게 일차방정식을 세운 경우	40 %
3단계	만나는 시간을 구한 경우	30 %

🗒 15분 후

16

피타고라스의 제자의 수를 x명이라 하면 $\cdots$ 1단계

$$\dfrac{1}{2}x+\dfrac{1}{4}x+\dfrac{1}{7}x+3=x \qquad \cdots \text{2단계}$$

양변에 28을 곱하면

$$14x+7x+4x+84=28x$$

$$-3x=-84$$

$$x=28$$

따라서 피타고라스의 제자는 28명이다. $\cdots$ 3단계

단계	채점 기준	비율
1단계	미지수를 올바르게 정한 경우	30 %
2단계	문제의 뜻에 맞게 일차방정식을 세운 경우	40 %
3단계	제자의 수를 구한 경우	30 %

目 28명

17

$a : b = 2 : 3$에서 $3a = 2b$, $a = \dfrac{2}{3}b$이므로   ··· 1단계

$a(x+2) = b(-x+3)$

$\dfrac{2}{3}b(x+2) = b(-x+3)$

$b \neq 0$이므로 양변을 b로 나누면

$\dfrac{2}{3}(x+2) = -x+3$ ··· 2단계

양변에 3을 곱하면

$2(x+2) = 3(-x+3)$

$2x+4 = -3x+9$

$5x = 5$

$x = 1$ ··· 3단계

단계	채점 기준	비율
1단계	a와 b의 관계를 등식으로 구한 경우	20 %
2단계	주어진 조건에 맞는 일차방정식을 구한 경우	40 %
3단계	x의 값을 구한 경우	40 %

目 1

18

$x = -1$을 $3(x+5)+8 = -a-7x$에 대입하면

$3 \times (-1+5)+8 = -a-7 \times (-1)$

$12+8 = -a+7$

$a = -13$ ··· 1단계

a의 부호를 잘못 보았으므로 $a = 13$ ··· 2단계

$a = 13$을 $3(x+5)+8 = -a-7x$에 대입하면

$3(x+5)+8 = -13-7x$

$3x+15+8 = -13-7x$

$10x = -36$

$x = -\dfrac{18}{5}$ ··· 3단계

단계	채점 기준	비율
1단계	올바른 a의 값을 구한 경우	40 %
2단계	잘못 본 a의 값을 구한 경우	20 %
3단계	올바른 해를 구한 경우	40 %

目 $x = -\dfrac{18}{5}$

19

$1.4x + \dfrac{a}{10} = 1.1x + 0.6$

양변에 10을 곱하면

$14x + a = 11x + 6$

$3x = 6 - a$

$x = \dfrac{6-a}{3}$

$6-a$는 3의 배수이고, a는 자연수이므로 $a = 3$ ··· 1단계

$(3-2x) : 1 = (b-1) : 2$

$2(3-2x) = b-1$

$6-4x = b-1$

$-4x = b-7$

$x = \dfrac{7-b}{4}$

$7-b$는 4의 배수이고, b는 자연수이므로 $b = 3$ ··· 2단계

따라서 $a+b = 3+3 = 6$ ··· 3단계

단계	채점 기준	비율
1단계	a의 값을 구한 경우	40 %
2단계	b의 값을 구한 경우	40 %
3단계	$a+b$의 값을 구한 경우	20 %

目 6

20

2시 x분에 시침과 분침이 서로 직각을 이룬다고 하면

시침은 1분에 0.5 ℃씩 움직이고,

분침은 1분에 6 ℃씩 움직이므로   ··· 1단계

$6x - (30 \times 2 + 0.5x) = 90$ ··· 2단계

$5.5x = 150$

$x = \dfrac{300}{11} = 27\dfrac{3}{11}$

따라서 시침과 분침이 서로 직각을 이루는 시각은 2시 $27\dfrac{3}{11}$ 분이다.   ··· 3단계

단계	채점 기준	비율
1단계	시침, 분침이 1분에 움직이는 각도를 구한 경우	30 %
2단계	문제의 뜻에 맞게 일차방정식을 세운 경우	40 %
3단계	시침과 분침이 직각을 이루는 시각을 구한 경우	30 %

目 2시 $27\dfrac{3}{11}$ 분

21

두 사람이 x분 후에 만난다고 하면   ··· 1단계

두 사람이 x분 동안 걸은 거리의 합은 산책로의 길이와 같으므로

$90x + 60x = 1500$ ··· 2단계

$150x = 1500$

$x = 10$

따라서 두 사람은 10분 후에 다시 만난다.   ··· 3단계

단계	채점 기준	비율
1단계	미지수를 올바르게 정한 경우	20 %
2단계	문제의 뜻에 맞게 일차방정식을 세운 경우	50 %
3단계	다시 만나는 시간을 구한 경우	30 %

답 10분 후

22

가격을 인상하기 전의 가격을 a원, 손님의 수를 b명이라 하면

$(수입) = ab(원)$

가격을 인상한 후의 가격은 $1.2a$원, 수입은 $1.1ab$원이다. **… 1단계**

손님의 수가 $x\%$ 감소하였다고 하면

$$1.2a \times b\left(1 - \frac{x}{100}\right) = 1.1ab \qquad \text{… 2단계}$$

양변을 ab로 나누면

$$1.2\left(1 - \frac{x}{100}\right) = 1.1$$

양변에 10을 곱하면

$$12\left(1 - \frac{x}{100}\right) = 11, \ 12 - \frac{12x}{100} = 11, \ -\frac{12x}{100} = -1$$

$$x = \frac{100}{12} = \frac{25}{3}$$

따라서 손님의 수는 가격 인상 전보다 $\dfrac{25}{3}\%$ 감소하였다.

… 3단계

단계	채점 기준	비율
1단계	가격과 수입을 문자를 사용하여 나타낸 경우	20 %
2단계	문제의 뜻에 맞게 일차방정식을 세운 경우	40 %
3단계	손님이 감소한 비율을 구한 경우	40 %

답 $\dfrac{25}{3}\%$

IV. 좌표평면과 그래프

1. 좌표평면과 그래프

01 순서쌍과 좌표

01

점 A의 좌표가 $-\dfrac{5}{3}$이므로 $\mathrm{A}\left(-\dfrac{5}{3}\right)$이다.

즉, $a = -\dfrac{5}{3}$

점 B의 좌표가 $\dfrac{11}{4}$이므로 $\mathrm{B}\left(\dfrac{11}{4}\right)$이다.

즉, $b = \dfrac{11}{4}$

따라서 $3a + 4b = 3 \times \left(-\dfrac{5}{3}\right) + 4 \times \dfrac{11}{4} = -5 + 11 = 6$

답 ③

02

a와 b는 6의 약수 또는 6의 약수에 음의 부호를 붙인 수이어야 한다.

구하는 순서쌍의 개수는 $(1, 6)$, $(2, 3)$, $(3, 2)$, $(6, 1)$, $(-1, -6)$, $(-2, -3)$, $(-3, -2)$, $(-6, -1)$의 8이다.

답 ③

03

$5 + a = 4$이므로 $a = -1$

$5 = 2b - 3$이므로 $-2b = -8$, $b = 4$

따라서 $a + b = -1 + 4 = 3$

답 ①

04

$a - 1 = 2a + 4$이므로

$-a = 5$, $a = -5$ **… 1단계**

$2b - 4 = -b + 5$이므로

$3b = 9$, $b = 3$ **… 2단계**

따라서 $ab = -5 \times 3 = -15$ **… 3단계**

단계	채점 기준	비율
1단계	a의 값을 구한 경우	40 %
2단계	b의 값을 구한 경우	40 %
3단계	ab의 값을 구한 경우	20 %

답 -15

05

① 점 A의 x좌표는 -4, y좌표는 3이므로 A$(-4, 3)$

② 점 B의 x좌표는 0, y좌표는 2이므로 B$(0, 2)$

③ 점 C의 x좌표는 4, y좌표는 3이므로 C$(4, 3)$

④ 점 D의 x좌표는 -2, y좌표는 -4이므로 D$(-2, -4)$

⑤ 점 E의 x좌표는 3, y좌표는 -1이므로 E$(3, -1)$

目 ④

06

① 점 A의 x좌표는 -4, y좌표는 2이므로 A$(-4, 2)$

② 점 B의 x좌표는 -2, y좌표는 0이므로 B$(-2, 0)$

③ 점 C의 x좌표는 2, y좌표는 4이므로 C$(2, 4)$

④ 점 D의 x좌표는 -3, y좌표는 -4이므로 D$(-3, -4)$

⑤ 점 E의 x좌표는 4, y좌표는 -2이므로 E$(4, -2)$

目 ⑤

07

x축 위에 있으므로 y좌표는 0이고, x좌표가 6이므로 구하는 점의 좌표는 $(6, 0)$이다.

目 ③

08

점 P는 x축 위에 있으므로 y좌표는 0이고, x좌표는 4이므로 $a=4$, $b=0$

점 Q는 y축 위에 있으므로 x좌표는 0이고, y좌표는 -3이므로 $c=0$, $d=-3$

따라서 $a-b+c-d=4-0+0-(-3)=7$

目 ①

09

세 점 A, B, C를 좌표평면 위에 나타내면 오른쪽 그림과 같다.

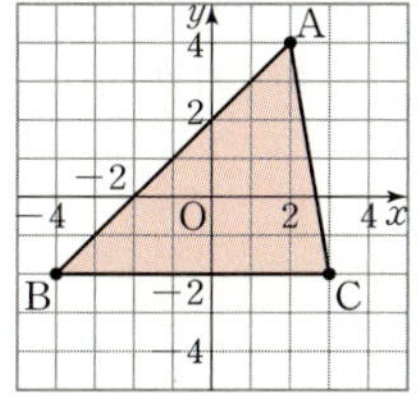

(밑변의 길이)$=3-(-4)=7$

(높이)$=4-(-2)=6$

따라서 (삼각형 ABC의 넓이)

$$=\frac{1}{2}\times7\times6=21$$

目 ①

10

세 점 A, B, C를 좌표평면 위에 나타내면 오른쪽 그림과 같다.

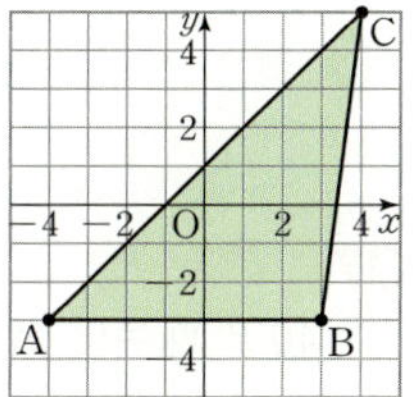

(밑변의 길이)$=3-(-4)=7$

(높이)$=5-(-3)=8$

따라서 (삼각형 ABC의 넓이)

$$=\frac{1}{2}\times7\times8=28$$

目 ③

11

네 점 A, B, C, D를 좌표평면 위에 나타내면 오른쪽 그림과 같다.

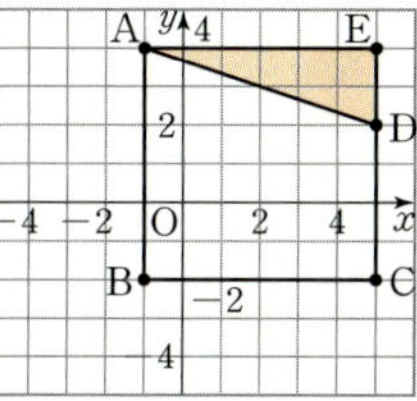

(사각형 ABCD의 넓이)

$=$(사각형 ABCE의 넓이)

$\qquad-$(삼각형 ADE의 넓이)

$$=6\times6-\frac{1}{2}\times6\times2$$

$$=36-6$$

$$=30$$

[다른 풀이]

(윗변의 길이)$=$(선분 DC의 길이)$=4$

(아랫변의 길이)$=$(선분 AB의 길이)$=6$

(높이)$=$(선분 BC의 길이)$=6$

(사각형 ABCD의 넓이)

$$=\frac{1}{2}\times\{(윗변의 길이)+(아랫변의 길이)\}\times(높이)$$

$$=\frac{1}{2}\times(4+6)\times6$$

$$=30$$

目 ⑤

12

① 점 A$(3, 6)$은 제1사분면 위에 있다.

② 점 B$(-4, 1)$은 제2사분면 위에 있다.

③ 점 C$(0, 5)$는 y축 위에 있다.

④ 점 D$(2, -7)$은 제4사분면 위에 있다.

⑤ 점 E$(-5, -3)$은 제3사분면 위에 있다.

目 ④

13

점 $(-8, 3)$은 $-8<0$, $3>0$이므로 제2사분면 위의 점이다.

① 점 A$(-4, 0)$은 x축 위에 있다.

② 점 B$(3, 9)$는 제1사분면 위에 있다.

③ 점 C$(4, -6)$은 제4사분면 위에 있다.

④ 점 D$(-7, -3)$은 제3사분면 위에 있다.

⑤ 점 E$(-4, 8)$은 제2사분면 위에 있다.

目 ⑤

14

점 P$(a, -b)$가 제2사분면 위의 점이므로 $a<0$, $-b>0$, 즉 $a<0$, $b<0$이다.

① 점 $(-b, -a)$는 $-b>0$, $-a>0$이므로 제1사분면 위의 점이다.

② 점 $(-a, b)$는 $-a>0$, $b<0$이므로 제4사분면 위의 점이다.

③ 점 $(ab, -a)$는 $ab>0$, $-a>0$이므로 제1사분면 위의 점이다.

④ 점 $(a+b, b)$는 $a+b<0$, $b<0$이므로 제3사분면 위의 점이다.

⑤ 점 $\left(b, -\dfrac{a}{b}\right)$는 $b<0$, $-\dfrac{a}{b}<0$이므로 제3사분면 위의 점이다.

冒 ②

15

$6=4-a$이므로 $a=-2$

$3+2a=b-2$이므로 $3+2\times(-2)=b-2$

$b=1$

따라서 점 (a, b)는 점 $(-2, 1)$이고 제2사분면 위의 점이다.

冒 ②

16

점 $(b-a, ab)$가 제4사분면 위의 점이므로 $b-a>0$, $ab<0$이다.

$a<b$이고 $ab<0$이므로 $a<0$, $b>0$이다. … 1단계

$a<0$이므로 $-\dfrac{2}{5}a>0$이고, $\dfrac{b}{a}<0$이므로 $-\dfrac{b}{a}>0$이다. … 2단계

따라서 점 $\left(-\dfrac{2}{5}a, -\dfrac{b}{a}\right)$는 제1사분면 위의 점이다. … 3단계

단계	채점 기준	비율
1단계	a, b의 부호를 구한 경우	40 %
2단계	$-\dfrac{2}{5}a$, $-\dfrac{b}{a}$의 부호를 구한 경우	40 %
3단계	점 $\left(-\dfrac{2}{5}a, -\dfrac{b}{a}\right)$가 속한 사분면을 구한 경우	20 %

冒 제1사분면

02 그래프와 그 해석

실전책 74~75쪽

소단원 실전 테스트

01 60 kcal	**02** 50분 후	**03** ③	**04** 1시간 30분	
05 12회	**06** 초속 25 m		**07** 160초	**08** 270초
09 2 km	**10** 10분	**11** ④	**12** ③	**13** ⑤

01

$x=30$일 때, $y=60$이므로 처음 30분 동안 소모되는 열량은 60 kcal이다.

冒 60 kcal

02

$y=120$일 때, $x=50$이므로 120 kcal의 열량을 소모한 것은 운동을 시작한 지 50분 후이다.

冒 50분 후

03

ㄱ. $x=30$일 때, $y=30$이므로 운행을 시작한 지 30초 후 속력은 30 m/s이다.

ㄴ. 열차가 출발한 후에는 $y=0$일 때, $x=180$이므로 총 180초 동안 운행했다.

ㄷ. $x=30$일 때부터 $x=140$일 때까지 $y=30$이므로 운행을 시작한 지 30초 후부터 140초 후까지의 속력은 일정하다.

따라서 옳은 것은 ③ ㄱ, ㄷ이다.

冒 ③

04

3시간 동안 노선을 2회 운행하였으므로 1회 운행하는 데 걸리는 시간은 1시간 30분이다.

冒 1시간 30분

05

3시간 동안 노선을 2회 운행하였으므로 18시간 동안에는 12회 운행한다.

冒 12회

06

y의 값이 가장 큰 것은 25이므로 자동차가 가장 빨리 움직일 때의 속력은 초속 25 m이다.

冒 초속 25 m

07

$x=40$일 때부터 $x=200$일 때까지 y의 값은 25로 일정하므로 자동차가 일정한 속력으로 움직인 시간은 $200-40=160$(초)이다.

冒 160초

08

$x=270$일 때 $y=0$이므로 자동차가 움직이기 시작해서 정지할 때까지 걸린 시간은 270초이다.

답 270초

09

$x=5$일 때, $y=2$이므로 출발한 지 5분이 지났을 때 채건이는 출발점으로부터 2 km만큼 떨어져 있다.

답 2 km

10

$x=20$일 때부터 $x=30$일 때까지 y의 값은 3으로 일정하므로 출발한 지 20분 후부터 30분 후까지 10분 동안 멈추어 있었다.

답 10분

11

양초에 불을 붙였다가 5분 뒤에 껐으므로 처음 5분 동안 양초의 길이는 감소해야 한다.
그리고 10분 있다가 다시 불을 붙였으므로 5분 후부터 15분 후까지는 양초의 길이에 변화가 없어야 한다. 양초가 처음 길이의 절반이 되었을 때 불을 껐으므로
15분 후부터 양초의 길이가 감소하다가 처음 길이의 절반이 된 후부터 양초의 길이가 일정해야 한다.
따라서 알맞은 그래프는 ④이다.

답 ④

12

물병이 위로 갈수록 폭이 일정하다가 중간에 폭이 좁아진 후 일정하므로 물의 높이도 일정하게 증가하다가 중간 이후에 물의 높이가 더 빠르고 일정하게 증가한다. 따라서 알맞은 그래프는 ③이다.

답 ③

13

주어진 그래프는 물의 높이가 점점 빠르게 증가하다가 일정하게 증가한다. 따라서 알맞은 물병은 ⑤이다.

답 ⑤

[참고]
각 물병에 해당하는 그래프의 모양은 다음과 같다.

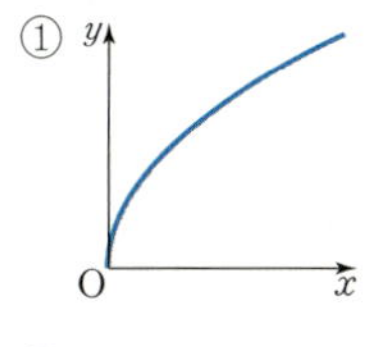 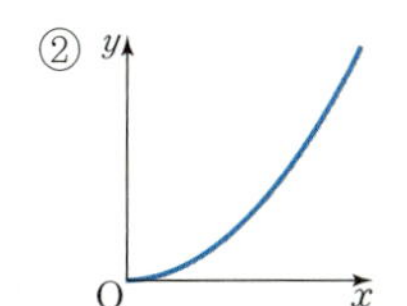 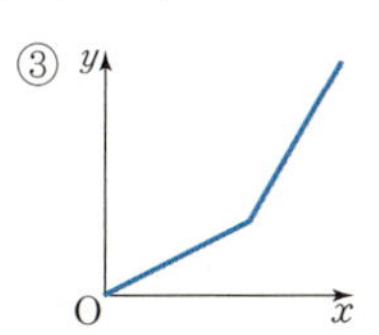
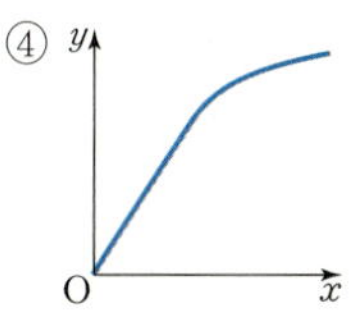

03 정비례와 그 그래프

01 ①, ③	02 ②	03 ①	04 ②	05 ⑤
06 ⑤	07 ④	08 ③	09 ⑤	10 ③, ⑤
11 ④	12 $-\dfrac{3}{10}$	13 12 cm	14 $-\dfrac{2}{3}$	15 144

01

x와 y 사이의 관계식을 구해 본다.

① $xy=20$에서 $y=\dfrac{20}{x}$ 이고 $y=\dfrac{a}{x}\,(a\neq0)$의 꼴로 나타낼 수 있으므로 y가 x에 반비례한다.

② $(시간)=\dfrac{(거리)}{(속력)}$ 이므로 $y=\dfrac{x}{3}$

$y=\dfrac{x}{3}$ 는 $y=\dfrac{1}{3}x$ 이고 $y=ax\,(a\neq0)$의 꼴로 나타낼 수 있으므로 y가 x에 정비례한다.

③ $y=\dfrac{60}{x}$ 은 $y=\dfrac{a}{x}\,(a\neq0)$의 꼴로 나타낼 수 있으므로 y가 x에 반비례한다.

④ $y=4x$는 $y=ax\,(a\neq0)$의 꼴로 나타낼 수 있으므로 y가 x에 정비례한다.

⑤ $y=2x$는 $y=ax\,(a\neq0)$의 꼴로 나타낼 수 있으므로 y가 x에 정비례한다.

답 ①, ③

02

x의 값이 2배, 3배, 4배, …가 될 때, y의 값도 2배, 3배, 4배, …가 되는 x와 y 사이의 관계는 정비례 관계이다.

ㄱ. $y=-6x$는 $y=ax\,(a\neq0)$의 꼴로 나타낼 수 있으므로 정비례 관계이다.

ㄴ. $xy=9$는 $y=\dfrac{9}{x}$ 이고 $y=\dfrac{a}{x}\,(a\neq0)$의 꼴로 나타낼 수 있으므로 반비례 관계이다.

ㄷ. $y=-\dfrac{7}{x}$ 은 $y=\dfrac{a}{x}\,(a\neq0)$의 꼴로 나타낼 수 있으므로 반비례 관계이다.

ㄹ. $\dfrac{y}{x}=4$는 $y=4x$이고 $y=ax\,(a\neq0)$의 꼴로 나타낼 수 있으므로 정비례 관계이다.

ㅁ. $y=x-5$는 $y=ax\,(a\neq0)$의 꼴로도 나타낼 수 없고, $y=\dfrac{a}{x}\,(a\neq0)$의 꼴로도 나타낼 수 없으므로 정비례 관계도 아니고 반비례 관계도 아니다.

답 ②

03

y가 x에 정비례하므로 x와 y 사이의 관계식은 $y=ax\,(a\neq0)$와 같이 나타낼 수 있다.

$y=ax$에 $x=3$, $y=-12$를 대입하면

$-12=3a$, $a=-4$

따라서 $y=-4x$

답 ①

04

y가 x에 정비례하므로 x와 y 사이의 관계식은 $y=ax\,(a\neq0)$와 같이 나타낼 수 있다.

$y=ax$에 $x=18$, $y=6$을 대입하면

$6=18a$, $a=\dfrac{1}{3}$

따라서 $y=\dfrac{1}{3}x$

답 ②

05

$x=-6$일 때, $y=-\dfrac{2}{3}\times(-6)=4$ 이므로 $(-6,\,4)$

$x=0$일 때, $y=-\dfrac{2}{3}\times0=0$이므로 $(0,\,0)$

$x=6$일 때, $y=-\dfrac{2}{3}\times6=-4$이므로 $(6,\,-4)$

세 순서쌍을 좌표평면 위에 나타내면 되므로 구하는 그래프는 ⑤이다.

답 ⑤

06

$y=-\dfrac{5}{4}x$에 각 점의 x좌표, y좌표를 대입한다.

① $x=-20$, $y=25$를 대입하면

$25=-\dfrac{5}{4}\times(-20)$

② $x=-16$, $y=20$을 대입하면

$20=-\dfrac{5}{4}\times(-16)$

③ $x=\dfrac{2}{5}$, $y=-\dfrac{1}{2}$을 대입하면

$-\dfrac{1}{2}=-\dfrac{5}{4}\times\dfrac{2}{5}$

④ $x=4$, $y=-5$를 대입하면

$-5=-\dfrac{5}{4}\times4$

⑤ $x=5$, $y=-4$를 대입하면

$-4\neq-\dfrac{5}{4}\times5$

따라서 ⑤ $(5,\,-4)$는 그래프 위의 점이 아니다.

답 ⑤

07

$y=ax$에 $x=2$, $y=-\dfrac{3}{4}$을 대입하면

$-\dfrac{3}{4}=2a$, $a=-\dfrac{3}{8}$

이므로 $y=-\dfrac{3}{8}x$

$y=-\dfrac{3}{8}x$에 각 점의 x좌표, y좌표를 대입한다.

① $x=-16$, $y=6$을 대입하면

$6=-\dfrac{3}{8}\times(-16)$

② $x=-\dfrac{2}{3}$, $y=\dfrac{1}{4}$을 대입하면

$\dfrac{1}{4}=-\dfrac{3}{8}\times\left(-\dfrac{2}{3}\right)$

③ $x=-2$, $y=\dfrac{3}{4}$을 대입하면

$\dfrac{3}{4}=-\dfrac{3}{8}\times(-2)$

④ $x=6$, $y=-\dfrac{1}{4}$을 대입하면

$-\dfrac{1}{4}\neq-\dfrac{3}{8}\times6$

⑤ $x=12$, $y=-\dfrac{9}{2}$를 대입하면

$-\dfrac{9}{2}=-\dfrac{3}{8}\times12$

따라서 ④ $\left(6,\,-\dfrac{1}{4}\right)$은 그래프 위의 점이 아니다.

답 ④

08

$y=\dfrac{3}{2}x$에 $x=4$, $y=a$를 대입하면

$a=\dfrac{3}{2}\times4=6$

$y=\dfrac{3}{2}x$에 $x=b$, $y=-9$를 대입하면

$-9=\dfrac{3}{2}b$, $b=-6$

따라서 $a+b=6+(-6)=0$

답 ③

09

① $y=\dfrac{2}{5}x$에 $x=0$, $y=0$을 대입하면 $0=\dfrac{2}{5}\times0$이므로 원점을 지난다.

② $\dfrac{2}{5}>0$이므로 오른쪽 위로 향하는 직선이다.

③ $y=\dfrac{2}{5}x$에 $x=5$, $y=2$를 대입하면 $2=\dfrac{2}{5}\times5$이므로 점 $(5,\,2)$를 지난다.

④ $\frac{2}{5}>0$이므로 제1사분면과 제3사분면을 지난다.

⑤ $\frac{2}{5}>0$이므로 x의 값이 증가하면 y의 값은 증가한다.

답 ⑤

10

③ $y=ax$에 $x=1$을 대입하면 $y=a$이므로 a의 값에 상관없이 점 $(1,\ a)$를 지난다.

⑤ $a>0$이면 제1사분면과 제3사분면을 지난다.

답 ③, ⑤

11

직선 l은 원점을 지나는 직선이므로 정비례 관계의 그래프이고 x와 y 사이의 관계식은 $y=ax(a\neq0)$로 나타낼 수 있다.

오른쪽 위로 향하므로 $a>0$이고

$y=\frac{5}{2}x$의 그래프가 y축에 더 가까우므로 $|a|<\left|\frac{5}{2}\right|$이다.

즉, $0<a<\frac{5}{2}$이다.

따라서 구하는 직선 l이 될 수 있는 것은 ④ $y=\frac{4}{3}x$이다.

답 ④

12

원점을 지나는 직선이므로 x와 y 사이의 관계식은 $y=ax(a\neq0)$와 같이 나타낼 수 있다.

$y=ax$에 $x=3$, $y=\frac{5}{2}$를 대입하면

$\frac{5}{2}=3a$, $a=\frac{5}{6}$

이므로 $y=\frac{5}{6}x$ ··· 1단계

$y=\frac{5}{6}x$에 $x=k$, $y=-\frac{1}{4}$을 대입하면

$-\frac{1}{4}=\frac{5}{6}k$, $k=-\frac{3}{10}$ ··· 2단계

단계	채점 기준	비율
1단계	x와 y 사이의 관계식을 구한 경우	50 %
2단계	k의 값을 구한 경우	50 %

답 $-\frac{3}{10}$

13

선분 AB의 길이를 k cm라 하면

$y=\frac{1}{2}\times x\times k$, $y=\frac{k}{2}x$

$y=\frac{k}{2}x$에 $x=3$, $y=24$를 대입하면

$24=\frac{k}{2}\times3$, $k=16$

이므로 $y=8x$

$y=8x$에 $y=96$을 대입하면

$96=8x$, $x=12$

따라서 구하는 선분 BP의 길이는 12 cm이다.

답 12 cm

14

$y=ax$에 $x=-9$를 대입하면 $y=-9a$이므로 점 P의 좌표는 $(-9,\ -9a)$이다.

선분 PQ의 길이는 $-9a-0=-9a$이고, 선분 QO의 길이는 $0-(-9)=9$이므로

(삼각형 PQO의 넓이)$=\frac{1}{2}\times9\times(-9a)=27$

따라서 $a=-\frac{2}{3}$

답 $-\frac{2}{3}$

15

$y=-\frac{3}{2}x$에 $y=12$를 대입하면

$12=-\frac{3}{2}x$, $x=-8$

이므로 점 A의 좌표는 $(-8,\ 12)$이다. ··· 1단계

$y=\frac{3}{4}x$에 $y=12$를 대입하면

$12=\frac{3}{4}x$, $x=16$

이므로 점 B의 좌표는 $(16,\ 12)$이다. ··· 2단계

선분 AB의 길이는 $16-(-8)=24$이므로

(삼각형 AOB의 넓이)$=\frac{1}{2}\times24\times12=144$ ··· 3단계

단계	채점 기준	비율
1단계	점 A의 좌표를 구한 경우	40 %
2단계	점 B의 좌표를 구한 경우	40 %
3단계	삼각형 AOB의 넓이를 구한 경우	20 %

답 144

04 반비례와 그 그래프

소단원 실전 테스트

01 ④	02 ㄷ, ㅁ	03 ⑤	04 ③	05 ④
06 ⑤	07 ②	08 ①	09 ④	10 ①, ④
11 ③	12 -4	13 20	14 $\frac{12}{5}$ Ω	15 16

01

x와 y 사이의 관계식을 구해 본다.

① $y=\frac{1}{2}\times 6\times x$, $y=3x$

　$y=3x$는 $y=ax\,(a\neq 0)$의 꼴이므로 y가 x에 정비례한다.

② (거리)=(속력)×(시간)이므로 $y=x\times 2$, $y=2x$

　$y=2x$는 $y=ax\,(a\neq 0)$의 꼴이므로 y가 x에 정비례한다.

③ $y=1000x$는 $y=ax\,(a\neq 0)$의 꼴이므로 y가 x에 정비례한다.

④ $\frac{1}{2}xy=40$에서 $y=\frac{80}{x}$이고 $y=\frac{a}{x}\,(a\neq 0)$의 꼴로 나타낼 수

　있으므로 y가 x에 반비례한다.

⑤ $y=2(10+x)$, $y=2x+20$은 $y=ax\,(a\neq 0)$의 꼴로 나타낼

　수 없고, $y=\frac{a}{x}\,(a\neq 0)$의 꼴로도 나타낼 수 없으므로 y가 x

　에 정비례하지도 않고, 반비례하지도 않는다.

답 ④

02

x의 값이 2배, 3배, 4배, …가 될 때, y의 값이 $\frac{1}{2}$배, $\frac{1}{3}$배,

$\frac{1}{4}$배, …가 되는 x와 y 사이의 관계는 반비례 관계이다.

ㄱ. $y=-7x$는 $y=ax\,(a\neq 0)$의 꼴이므로 정비례 관계이다.

ㄴ. $y=\frac{3}{x}+1$은 $y=ax\,(a\neq 0)$의 꼴로도 나타낼 수 없고,

　$y=\frac{a}{x}\,(a\neq 0)$의 꼴로도 나타낼 수 없으므로 정비례 관계도

　아니고 반비례 관계도 아니다.

ㄷ. $xy=-4$는 $y=-\frac{4}{x}$이고 $y=\frac{a}{x}\,(a\neq 0)$의 꼴로 나타낼 수

　있으므로 반비례 관계이다.

ㄹ. $y=\frac{x}{4}$는 $y=\frac{1}{4}x$이고 $y=ax\,(a\neq 0)$의 꼴이므로 정비례 관

　계이다.

ㅁ. $y=-\frac{3}{x}$은 $y=\frac{a}{x}\,(a\neq 0)$의 꼴이므로 반비례 관계이다.

답 ㄷ, ㅁ

03

y가 x에 반비례하므로 x와 y 사이의 관계식은 $y=\frac{a}{x}\,(a\neq 0)$와

같이 나타낼 수 있다.

$y=\frac{a}{x}$에 $x=2$, $y=-10$을 대입하면

$-10=\frac{a}{2}$, $a=-20$

따라서 $y=-\frac{20}{x}$

답 ⑤

04

서로 맞물려 회전한 톱니의 개수는 같으므로

$20\times 4=x\times y$

따라서 x와 y 사이의 관계식은 $y=\frac{80}{x}$

답 ③

05

$x=-3$일 때, $y=-\frac{6}{-3}=2$이므로 $(-3,\ 2)$

$x=-2$일 때, $y=-\frac{6}{-2}=3$이므로 $(-2,\ 3)$

$x=2$일 때, $y=-\frac{6}{2}=-3$이므로 $(2,\ -3)$

$x=3$일 때, $y=-\frac{6}{3}=-2$이므로 $(3,\ -2)$

네 순서쌍을 좌표평면 위에 나타내면 되므로 구하는 그래프는 ④

이다.

답 ④

06

$y=-\frac{18}{x}$에 각 점의 x좌표, y좌표를 대입한다.

① $x=-2$, $y=9$를 대입하면 $9=-\frac{18}{-2}$

② $x=3$, $y=-6$을 대입하면 $-6=-\frac{18}{3}$

③ $x=18$, $y=-1$을 대입하면 $-1=-\frac{18}{18}$

④ $x=-4$, $y=\frac{9}{2}$를 대입하면 $\frac{9}{2}=-\frac{18}{-4}$

⑤ $x=10$, $y=-\frac{8}{5}$을 대입하면 $-\frac{8}{5}\neq -\frac{18}{10}$

따라서 ⑤ $\left(10,\ -\frac{8}{5}\right)$은 그래프 위의 점이 아니다.

답 ⑤

07

$y=\dfrac{a}{x}$에 $x=16$, $y=-\dfrac{3}{4}$을 대입하면

$-\dfrac{3}{4}=\dfrac{a}{16}$, $a=-12$

이므로 $y=-\dfrac{12}{x}$

$y=-\dfrac{12}{x}$에 각 점의 x좌표, y좌표를 대입한다.

① $x=-12$, $y=1$을 대입하면 $1=-\dfrac{12}{-12}$

② $x=-10$, $y=\dfrac{5}{6}$를 대입하면 $\dfrac{5}{6}\neq-\dfrac{12}{-10}$

③ $x=-3$, $y=4$를 대입하면 $4=-\dfrac{12}{-3}$

④ $x=6$, $y=-2$를 대입하면 $-2=-\dfrac{12}{6}$

⑤ $x=8$, $y=-\dfrac{3}{2}$을 대입하면 $-\dfrac{3}{2}=-\dfrac{12}{8}$

따라서 ② $\left(-10,\ \dfrac{5}{6}\right)$는 그래프 위의 점이 아니다.

답 ②

08

$y=\dfrac{24}{x}$에 $x=a$, $y=-8$을 대입하면

$-8=\dfrac{24}{a}$, $a=-3$

$y=\dfrac{24}{x}$에 $x=b$, $y=2$를 대입하면

$2=\dfrac{24}{b}$, $b=12$

따라서 $a+b=-3+12=9$

답 ①

09

① $y=-\dfrac{4}{x}$에 $x=-2$, $y=-2$를 대입하면 $-2\neq-\dfrac{4}{-2}$이므로 점 $(-2,\ -2)$를 지나지 않는다.

② 좌표축에 한없이 가까워지는 한 쌍의 곡선이다.

③ $-4<0$이므로 제2사분면과 제4사분면을 지난다.

⑤ x축과 한없이 가까워질 뿐 만나지 않는다.

답 ④

10

① 좌표축에 한없이 가까워지는 한 쌍의 곡선이다.

② $y=\dfrac{a}{x}$에 $x=1$을 대입하면 $y=\dfrac{a}{1}=a$이므로 점 $(1,\ a)$를 지난다.

④ x의 값이 2배, 3배, 4배, …가 되면 y의 값은 $\dfrac{1}{2}$배, $\dfrac{1}{3}$배, $\dfrac{1}{4}$배, …가 된다.

답 ①, ④

11

$y=\dfrac{a}{x}\,(a\neq0)$의 그래프는 a의 절댓값이 작을수록 좌표축에 가깝다.

$|-3|<|4|<|5|<|-6|<|-8|$이므로

좌표축에 가장 가까운 것은 ③ $y=-\dfrac{3}{x}$이다.

답 ③

12

$y=\dfrac{a}{x}$에 $x=8$, $y=-2$를 대입하면

$-2=\dfrac{a}{8}$

$a=-16$ … 1단계

이므로 $y=-\dfrac{16}{x}$

$y=-\dfrac{16}{x}$에 $x=k$, $y=4$를 대입하면

$4=-\dfrac{16}{k}$

$k=-4$ … 2단계

단계	채점 기준	비율
1단계	a의 값을 구한 경우	50 %
2단계	k의 값을 구한 경우	50 %

답 -4

13

제1사분면과 제3사분면에서 직사각형과 그래프가 만나는 점을 각각 $P(m,\ n)$, $Q(s,\ t)$라 하자.

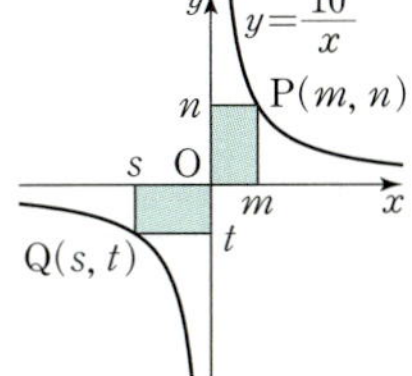

두 점 P, Q는 $y=\dfrac{10}{x}$의 그래프 위의 점이므로

$n=\dfrac{16}{m}$에서 $mn=10$,

$t=\dfrac{16}{s}$에서 $st=10$이다.

점 P가 있는 쪽의 직사각형의 넓이는

$m\times n=mn=10$

점 Q가 있는 쪽의 직사각형의 넓이는

$(-s)\times(-t)=st=10$

따라서 구하는 직사각형의 넓이의 합은 $10+10=20$

답 20

14

y가 x에 반비례하므로 x와 y 사이의 관계식은 $y=\dfrac{a}{x}\,(a\neq 0)$와 같이 나타낼 수 있다.

$y=\dfrac{a}{x}$에 $x=3$, $y=8$을 대입하면

$8=\dfrac{a}{3}$, $a=24$

이므로 $y=\dfrac{24}{x}$

$y=\dfrac{24}{x}$에 $x=10$, $y=k$를 대입하면

$k=\dfrac{24}{10}=\dfrac{12}{5}$

따라서 구하는 저항값은 $\dfrac{12}{5}$ Ω이다.

답 $\dfrac{12}{5}$ Ω

15

$y=\dfrac{a}{x}$에 $x=2$를 대입하면 $y=\dfrac{a}{2}$이므로

점 P의 좌표는 $\left(2,\ \dfrac{a}{2}\right)$이다. ··· 1단계

$y=\dfrac{a}{x}$에 $x=8$을 대입하면 $y=\dfrac{a}{8}$이므로

점 Q의 좌표는 $\left(8,\ \dfrac{a}{8}\right)$이다. ··· 2단계

점 P와 점 Q의 y좌표의 차가 6이므로

$\dfrac{a}{2}-\dfrac{a}{8}=6$, $4a-a=48$, $3a=48$, $a=16$ ··· 3단계

단계	채점 기준	비율
1단계	점 P의 좌표를 구한 경우	30 %
2단계	점 Q의 좌표를 구한 경우	30 %
3단계	a의 값을 구한 경우	40 %

답 16

---

01 ②	02 ③	03 ③	04 ⑤	05 ③
06 ⑤	07 ④	08 ①	09 ⑤	10 ①
11 ②, ④	12 4개	13 ⑤	14 ②	15 ④
16 ⑤	17 ①	18 9	19 198	

20 (1) $y=20x$ (2) 800 Wh

21 (1) $y=\dfrac{2400}{x}$ (2) 20시간   **22** $\dfrac{8}{9}$ **23** 80

24 90 kcal **25** 20

01

x축 위의 점은 y좌표가 0이므로
$3+a=0$, $a=-3$
y축 위의 점은 x좌표가 0이므로 $b-2=0$, $b=2$
따라서 $a+b=-3+2=-1$

답 ②

02

점 $P(-a,\ b)$가 제4사분면 위의 점이므로 $-a>0$, $b<0$이다.
즉, $a<0$, $b<0$이다.

$a<0$, $b<0$이므로 $a+b<0$, $-\dfrac{b}{a}<0$

따라서 점 $A\left(a+b,\ -\dfrac{b}{a}\right)$는 제3사분면 위의 점이다.

답 ③

03

(1) 속력의 값이 높아졌다 낮아졌다를 반복하므로 알맞은 그래프는 (ㄴ)이다.
(2) 속력의 값이 높아진 후 일정하므로 알맞은 그래프는 (ㄱ)이다.
(3) 속력의 값이 높아졌다가 0이 되므로 알맞은 그래프는 (ㄷ)이다.

답 ③

04

(1) 그릇이 위로 갈수록 폭이 좁아지므로 물의 높이는 점점 빠르게 증가한다. 따라서 알맞은 그래프는 (ㄷ)이다.
(2) 그릇이 위로 갈수록 폭이 일정하다가 중간에 폭이 좁아진 후 일정하므로 물의 높이도 일정하게 증가하다가 중간 이후에 물의 높이가 더 빠르고 일정하게 증가한다. 따라서 알맞은 그래프는 (ㄴ)이다.
(3) 그릇의 폭이 일정하므로 물의 높이는 일정하게 증가한다. 따라서 알맞은 그래프는 (ㄱ)이다.

답 ⑤

05

① A 구간에서 x의 값이 증가할 때 y의 값도 증가하므로 자동차의 속력은 점점 증가하였다.
② B 구간에서 x의 값에 상관없이 y의 값은 일정하므로 자동차의 속력은 일정하였다.

③ B 구간에서 속력은 초속 60 m이고 7초 동안 이동하므로 자
　동차가 이동한 거리는 $60 \times 7 = 420\,(\text{m})$이다.
④ C 구간에서 x의 값이 증가할 때 y의 값은 감소하므로 자동차
　의 속력은 점점 감소하였다.
⑤ 자동차는 C 구간을 $16 - 10 = 6\,(\text{초})$ 동안 달렸다.

답 ③

06

y가 x에 정비례하므로 x와 y 사이의 관계식은 $y = ax\,(a \neq 0)$와
같이 나타낼 수 있다.
$y = ax$에 $x = 2$, $y = -4$를 대입하면
$-4 = 2a$, $a = -2$
이므로 $y = -2x$
$y = -2x$에 $x = a$, $y = -12$를 대입하면
$-12 = -2 \times a$, $a = 6$
$y = -2x$에 $x = -3$, $y = b$를 대입하면
$b = -2 \times (-3)$, $b = 6$
$y = -2x$에 $x = -1$, $y = c$를 대입하면
$c = -2 \times (-1)$, $c = 2$
따라서 $a + b + c = 6 + 6 + 2 = 14$

답 ⑤

07

① $y = -\dfrac{3}{4}x$에 $x = 0$, $y = 0$을 대입하면

　$0 = -\dfrac{3}{4} \times 0$이므로 원점을 지난다.

② $y = -\dfrac{4}{3}x$에 $x = 12$, $y = -16$을 대입하면

　$-16 = -\dfrac{4}{3} \times 12$이므로 점 $(12,\ -16)$을 지난다.

③ $-\dfrac{4}{3} < 0$이므로 제2사분면과 제4사분면을 지난다.

④ $-\dfrac{4}{3} < 0$이므로 x의 값이 증가하면 y의 값은 감소한다.

⑤ $\left|-\dfrac{4}{3}\right| > \left|\dfrac{2}{3}\right|$이므로 $y = \dfrac{2}{3}x$의 그래프보다 y축에 가깝다.

답 ④

08

$y = ax$의 그래프는 오른쪽 아래로 향하므로 $a < 0$이고
$y = -\dfrac{4}{3}x$의 그래프가 $y = ax$의 그래프보다 y축에 더 가까우므
로 $|a| < \left|-\dfrac{4}{3}\right|$, 즉 $|a| < \dfrac{4}{3}$이다.

$a < 0$이고 $-\dfrac{4}{3} < a < \dfrac{4}{3}$이므로 $-\dfrac{4}{3} < a < 0$이다.

따라서 a의 값이 될 수 있는 것은 ① $-\dfrac{5}{4}$이다.

답 ①

09

종이 x장의 무게를 $y\,\text{g}$이라고 하면 y가 x에 정비례하므로 x와 y
사이의 관계식은 $y = ax\,(a \neq 0)$와 같이 나타낼 수 있다.
$y = ax$에 $x = 125$, $y = 1000$을 대입하면
$1000 = 125a$, $a = 8$
이므로 $y = 8x$
$y = 8x$에 $y = 1200$을 대입하면
$1200 = 8x$, $x = 150$
따라서 구하는 종이는 모두 150장이다.

답 ⑤

10

불을 붙인 지 x분 후에 양초가 줄어든 길이를 $y\,\text{cm}$라 하면 y가
x에 정비례하므로 x와 y 사이의 관계식은 $y = ax\,(a \neq 0)$와 같이
나타낼 수 있다.
$y = ax$에 $x = 1$, $y = 0.5$를 대입하면
$0.5 = a \times 1$, $a = 0.5$
이므로 $y = 0.5x$
줄어든 길이가 $30 - 20 = 10\,(\text{cm})$이므로
$y = 0.5x$에 $y = 10$을 대입하면
$10 = 0.5x$, $x = 20$
따라서 불을 붙인 지 20분 후에 불을 꺼야 한다.

답 ①

11

① $y = \dfrac{x}{a}$는 $x = 0$, $y = 0$을 대입하면 $0 = \dfrac{0}{a}$이므로 원점을 지나

　는 직선이다.

② $y = \dfrac{x}{a}$에 $x = 4a$, $y = 4$를 대입하면 $4 = \dfrac{4a}{a}$이므로

　점 $(4a,\ 4)$를 지난다.

③ $y = \dfrac{x}{a}$는 $y = \dfrac{1}{a}x$이므로 x와 y는 정비례 관계이다.

④ $a < 0$이면 $\dfrac{1}{a} < 0$이므로 제2사분면과 제4사분면을 지난다.

⑤ $y = \dfrac{x}{a}$에 $x = 1$, $y = a$를 대입하면 $a \neq \dfrac{1}{a}$이므로 점 $(1,\ a)$를

　지나지 않는다.

답 ②, ④

12

ㄱ. $y = 9x$는 $9 > 0$이므로 제1사분면과 제3사분면을 지나는 직선
　이다.

ㄴ. $y = \dfrac{6}{5}x$는 $\dfrac{6}{5} > 0$이므로 제1사분면과 제3사분면을 지나는 직

　선이다.

ㄷ. $y = -\dfrac{5}{7}x$는 $-\dfrac{5}{7} < 0$이므로 제2사분면과 제4사분면을 지나

　는 직선이다.

ㄹ. $y=\dfrac{4}{3x}$는 $y=\dfrac{4}{3}\times\dfrac{1}{x}$이고 $\dfrac{4}{3}>0$이므로 제1사분면과 제3사분면을 지나는 한 쌍의 곡선이다.

ㅁ. $y=-\dfrac{8}{x}$은 제2사분면과 제4사분면을 지나는 한 쌍의 곡선이다.

ㅂ. $y=\dfrac{3}{x}$은 제1사분면과 제3사분면을 지나는 한 쌍의 곡선이다.

따라서 제1사분면과 제3사분면을 지나는 것은 ㄱ, ㄴ, ㄹ, ㅂ의 4개이다.

답 4개

13

반비례 관계 $y=\dfrac{20}{x}$의 그래프 위의 점 중에서 x좌표와 y좌표가 모두 정수이려면 구하는 점은 x좌표와 y좌표가 20의 약수 또는 20의 약수에 음의 부호를 붙인 수이어야 한다.

x좌표와 y좌표가 모두 정수인 점의 개수는

$(1, 20)$, $(2, 10)$, $(4, 5)$, $(5, 4)$, $(10, 2)$, $(20, 1)$, $(-1, -20)$, $(-2, -10)$, $(-4, -5)$, $(-5, -4)$, $(-10, -2)$, $(-20, -1)$의 12이다.

답 ⑤

14

(1)은 반비례 관계의 그래프이고 제2사분면과 제4사분면을 지나므로 알맞은 관계식은 ㄷ. $y=-\dfrac{9}{x}$이다.

(2)는 반비례 관계의 그래프이고 제1사분면과 제3사분면을 지나므로 알맞은 관계식은 ㄹ. $y=\dfrac{3}{x}$이다.

(3)은 정비례 관계의 그래프이고 제1사분면과 제3사분면을 지나므로 알맞은 관계식은 ㄱ. $y=\dfrac{5}{4}x$이다.

(4)는 정비례 관계의 그래프이고 제2사분면과 제4사분면을 지나므로 알맞은 관계식은 ㄴ. $y=-\dfrac{5}{2}x$이다.

답 ②

15

$y=\dfrac{a}{x}$에 $x=9$, $y=-4$를 대입하면

$-4=\dfrac{a}{9}$, $a=-36$

이므로 $y=-\dfrac{36}{x}$

$y=-\dfrac{36}{x}$에 각 점의 x좌표, y좌표를 대입한다.

① $x=4$, $y=-8$을 대입하면 $-8\neq-\dfrac{36}{4}$

② $x=3$, $y=-15$를 대입하면 $-15\neq-\dfrac{36}{3}$

③ $x=-6$, $y=5$를 대입하면 $5\neq-\dfrac{36}{-6}$

④ $x=-8$, $y=\dfrac{9}{2}$를 대입하면 $\dfrac{9}{2}=-\dfrac{36}{-8}$

⑤ $x=-10$, $y=\dfrac{16}{5}$을 대입하면 $\dfrac{16}{5}\neq-\dfrac{36}{-10}$

따라서 ④ $\left(-8, \dfrac{9}{2}\right)$는 그래프 위의 점이다.

답 ④

16

파장이 x m인 음파의 진동수를 y Hz라 하면 y가 x에 반비례하므로 x와 y 사이의 관계식은

$y=\dfrac{a}{x}$ $(a\neq0)$와 같이 나타낼 수 있다.

$y=\dfrac{a}{x}$에 $x=4$, $y=160$을 대입하면

$160=\dfrac{a}{4}$, $a=640$

이므로 $y=\dfrac{640}{x}$

$y=\dfrac{640}{x}$에 $x=5$를 대입하면 $y=\dfrac{640}{5}=128$

따라서 구하는 음파의 진동수는 128 Hz이다.

답 ⑤

17

똑같은 기계 x대로 일을 끝내는 데 걸리는 시간을 y시간이라 하면 전체 일의 양은

$20\times30=x\times y$, $y=\dfrac{600}{x}$

$y=\dfrac{600}{x}$에 $y=6$을 대입하면

$6=\dfrac{600}{x}$, $x=100$

따라서 이 일을 6시간 만에 끝내려면 100대의 기계가 필요하다.

답 ①

18

$a-b$의 값이 가장 크려면 a의 값은 가장 크고 b의 값은 가장 작아야 한다.

점 P가 점 C에 있을 때, a의 값은 4, b의 값은 -5이므로 $a-b$의 값 중에서 가장 큰 값은

$4-(-5)=9$

답 9

19

$y=\dfrac{5}{4}x$에 $x=12$를 대입하면 $y=\dfrac{5}{4}\times12=15$이므로 점 A의 좌표는 $(12, 15)$이다.

$y=-\dfrac{3}{2}x$에 $x=12$를 대입하면 $y=-\dfrac{3}{2}\times12=-18$이므로 점 B의 좌표는 $(12, -18)$이다.

삼각형 AOB에서 밑변의 길이는 선분 AB의 길이인
$15-(-18)=33$이고 높이는 $12-0=12$이므로

$$(삼각형\ AOB의\ 넓이)=\frac{1}{2}\times33\times12=198$$

目 198

20

(1) 절약할 수 있는 전력량은 시간에 정비례한다. y가 x에 정비례
하므로 $y=ax(a\neq0)$와 같이 나타낼 수 있다.
$y=ax$에 $x=1$, $y=20$을 대입하면
$20=a\times1$, $a=20$
이므로 $y=20x$

(2) $y=20x$에 $x=40$을 대입하면
$y=20\times40=800$이므로 절약할 수 있는 전력량은 800 Wh
이다.

目 (1) $y=20x$　(2) 800 Wh

21

(1) (거리)=(속력)$\times$(시간)이므로

$$2400=x\times y,\ y=\frac{2400}{x}$$

(2) $y=\dfrac{2400}{x}$에 $x=120$을 대입하면 $y=\dfrac{2400}{120}=20$

따라서 태풍은 우리나라에 20시간 만에 도착한다.

目 (1) $y=\dfrac{2400}{x}$　(2) 20시간

22

$y=\dfrac{8}{x}$에 $x=3$을 대입하면 $y=\dfrac{8}{3}$이므로

점 A의 좌표는 $\left(3,\ \dfrac{8}{3}\right)$이다.

$y=ax$에 $x=3$, $y=\dfrac{8}{3}$을 대입하면

$$\frac{8}{3}=3a,\ a=\frac{8}{9}$$

目 $\dfrac{8}{9}$

23

$y=3x$에 $x=8$을 대입하면 $y=3\times8=24$이므로 점 A의 좌표는
$(8,\ 24)$이다. … 1단계

$y=\dfrac{1}{2}x$에 $x=8$을 대입하면 $y=\dfrac{1}{2}\times8=4$이므로

점 B의 좌표는 $(8,\ 4)$이다. … 2단계
삼각형 AOB에서 밑변의 길이는 선분 AB의 길이인
$24-4=20$이고 높이는 $8-0=8$이므로

$$(삼각형\ AOB의\ 넓이)=\frac{1}{2}\times20\times8=80$$ … 3단계

단계	채점 기준	비율
1단계	점 A의 좌표를 구한 경우	40 %
2단계	점 B의 좌표를 구한 경우	40 %
3단계	삼각형 AOB의 넓이를 구한 경우	20 %

目 80

24

줄넘기와 훌라후프에 대한 그래프는 모두 원점을 지나는 직선이
므로 정비례 관계의 그래프이다.
줄넘기와 훌라후프에 대한 그래프의 식을 각각 $y=ax(a\neq0)$,
$y=bx(b\neq0)$와 같이 나타낼 수 있다.
$y=ax$에 $x=2$, $y=16$을 대입하면
$16=2a$, $a=8$
이므로 $y=8x$ … 1단계
$y=8x$에 $x=30$을 대입하면 $y=8\times30=240$이므로
줄넘기를 30분 동안 할 때 소모되는 열량은 240 kcal이다.
… 2단계

$y=bx$에 $x=2$, $y=10$을 대입하면
$10=2b$, $b=5$
이므로 $y=5x$ … 3단계
$y=5x$에 $x=30$을 대입하면 $y=5\times30=150$이므로
훌라후프를 30분 동안 할 때 소모되는 열량은 150 kcal이다.
…… 4단계

따라서 구하는 열량의 차는 $240-150=90\,(kcal)$ ……5단계

단계	채점 기준	비율
1단계	줄넘기에 대한 그래프의 식을 구한 경우	20 %
2단계	줄넘기를 30분 동안 할 때 소모되는 열량을 구한 경우	20 %
3단계	훌라후프에 대한 그래프의 식을 구한 경우	20 %
4단계	훌라후프를 30분 동안 할 때 소모되는 열량을 구한 경우	20 %
5단계	줄넘기와 훌라후프를 30분 동안 할 때 소모되는 열량의 차를 구한 경우	20 %

目 90 kcal

25

사각형 ABCD의 가로의 길이는 $4-(-4)=8$이고 세로의 길이
는 선분 AD의 길이이다.
$8\times$(선분 AD의 길이)$=80$이므로
(선분 AD의 길이)$=10$ … 1단계
(선분 AD의 길이)$=$(점 A의 y좌표)$\times2$이므로
점 A의 y좌표는 5이다. … 2단계

$y=\dfrac{a}{x}$에 $x=4$를 대입하면 $y=\dfrac{a}{4}$이므로

$$\frac{a}{4}=5,\ a=20$$ … 3단계

단계	채점 기준	비율
1단계	선분 AD의 길이를 구한 경우	40 %
2단계	점 A의 y좌표를 구한 경우	40 %
3단계	a의 값을 구한 경우	20 %

답 20

중단원 서술형 대비

실전책 84~87쪽

Level 1   **01** 풀이 참조   **02** 풀이 참조   **03** 풀이 참조
04 풀이 참조

Level 2   **05** 2   **06** $\dfrac{39}{4}$ **07** 30
08 80   **09** (1) $y=6x$ (2) 420 kcal
10 (1) $y=18x$ (2) 30 L   **11** 90 kg
12 2   **13** $-\dfrac{8}{3}$
14 (1) $y=\dfrac{96}{x}$ (2) 8 cm
15 (1) $y=\dfrac{72}{x}$ (2) 18개
16 (1) $y=\dfrac{870}{x}$ (2) 3기압

Level 3   **17** 제2사분면   **18** 63분 후
19 (1) $y=\dfrac{240}{x}$ (2) 48분   **20** 16
21 12   **22** $(2,\ 8)$

01

$a-b>0$이므로 $a\boxed{>}b$이다.

$\dfrac{a}{b}<0$이므로 a, b는 서로 $\boxed{\text{다른}}$ 부호이고

$a>b$이므로 $a\boxed{>}0$, $b\boxed{<}0$이다.   … 1단계

따라서 점 $(a,\ b)$는 제 $\boxed{4}$ 사분면 위의 점이다.   … 2단계

단계	채점 기준	비율
1단계	a, b의 부호를 구한 경우	60 %
2단계	점 $(a,\ b)$가 속한 사분면을 구한 경우	40 %

답 풀이 참조

02

x축 위의 점은 y좌표가 $\boxed{0}$이므로

$2a+5=\boxed{0}$, $a=\boxed{-\dfrac{5}{2}}$ … 1단계

y축 위의 점은 x좌표가 $\boxed{0}$이므로

$4-b=\boxed{0}$, $b=\boxed{4}$ … 2단계

따라서 $ab=-\dfrac{5}{2}\times\boxed{4}=\boxed{-10}$ … 3단계

단계	채점 기준	비율
1단계	a의 값을 구한 경우	40 %
2단계	b의 값을 구한 경우	40 %
3단계	ab의 값을 구한 경우	20 %

답 풀이 참조

03

$y=ax$에 $x=-6$, $y=\boxed{2}$를 대입하면

$\boxed{2}=-6a$, $a=\boxed{-\dfrac{1}{3}}$ … 1단계

이므로 $y=-\dfrac{1}{3}x$

$y=-\dfrac{1}{3}x$에 $x=\boxed{9}$, $y=b$를 대입하면

$b=-\dfrac{1}{3}\times\boxed{9}=\boxed{-3}$ … 2단계

따라서 $a-b=-\dfrac{1}{3}-(\boxed{-3})=\boxed{\dfrac{8}{3}}$ … 3단계

단계	채점 기준	비율
1단계	a의 값을 구한 경우	40 %
2단계	b의 값을 구한 경우	40 %
3단계	$a-b$의 값을 구한 경우	20 %

답 풀이 참조

04

$y=\dfrac{a}{x}$에 $x=-4$, $y=\boxed{3}$을 대입하면

$\boxed{3}=\dfrac{a}{-4}$, $a=\boxed{-12}$ … 1단계

이므로 $y=-\dfrac{12}{x}$

$y=-\dfrac{12}{x}$에 $x=\boxed{6}$, $y=b$를 대입하면

$b=-\dfrac{12}{\boxed{6}}=\boxed{-2}$ … 2단계

따라서 $\dfrac{a}{b}=\dfrac{-12}{\boxed{-2}}=\boxed{6}$ … 3단계

단계	채점 기준	비율
1단계	a의 값을 구한 경우	40 %
2단계	b의 값을 구한 경우	40 %
3단계	$\dfrac{a}{b}$의 값을 구한 경우	20 %

답 풀이 참조

05

세 점 A, B, C를 좌표평면 위에 나타
내면 오른쪽 그림과 같다.

(밑변의 길이)$=3-(-1)=4$

삼각형 ABC의 넓이가 6이므로

$\frac{1}{2} \times 4 \times (높이)=6$에서

(높이)$=3$ ··· 1단계

(높이)$=3$이므로

$c-1=3$이면 $c=4$

$1-c=3$이면 $c=-2$ ··· 2단계

따라서 구하는 모든 c의 값은 합은

$4+(-2)=2$ ··· 3단계

단계	채점 기준	비율
1단계	삼각형 ABC의 높이를 구한 경우	40 %
2단계	c의 값을 모두 구한 경우	40 %
3단계	모든 c의 값의 합을 구한 경우	20 %

답 2

06

$y=ax$에 $x=-4$, $y=-3$을 대입하면

$-3=-4a$, $a=\frac{3}{4}$ ··· 1단계

이므로 $y=\frac{3}{4}x$

$y=\frac{3}{4}x$에 $x=12$, $y=k$를 대입하면

$k=\frac{3}{4}\times 12=9$ ··· 2단계

따라서 $a+k=\frac{3}{4}+9=\frac{39}{4}$ ··· 3단계

단계	채점 기준	비율
1단계	a의 값을 구한 경우	30 %
2단계	k의 값을 구한 경우	40 %
3단계	$a+k$의 값을 구한 경우	30 %

답 $\frac{39}{4}$

07

$y=\frac{3}{5}x$에 $x=a$, $y=6$을 대입하면

$6=\frac{3}{5}a$, $a=10$ ··· 1단계

삼각형 AOB에서

(밑변의 길이)$=$(선분 OB의 길이)$=10$,

(높이)$=$(선분 AB의 길이)$=6$ ··· 2단계

따라서 (삼각형 AOB의 넓이)$=\frac{1}{2}\times 10 \times 6=30$ ··· 3단계

단계	채점 기준	비율
1단계	a의 값을 구한 경우	40 %
2단계	삼각형 AOB의 밑변의 길이와 높이를 각각 구한 경우	40 %
3단계	삼각형 AOB의 넓이를 구한 경우	20 %

답 30

08

$y=\frac{1}{2}x$에 $y=-8$을 대입하면

$-8=\frac{1}{2}x$, $x=-16$

이므로 점 A의 좌표는 $(-16, -8)$이다.   ··· 1단계

$y=-2x$에 $y=-8$을 대입하면

$-8=-2x$, $x=4$

이므로 점 B의 좌표는 $(4, -8)$이다.   ··· 2단계

삼각형 OAB에서

(밑변의 길이)$=$(선분 AB의 길이)$=4-(-16)=20$

(높이)$=0-(-8)=8$

따라서 (삼각형 OAB의 넓이)$=\frac{1}{2}\times 20 \times 8=80$ ··· 3단계

단계	채점 기준	비율
1단계	점 A의 좌표를 구한 경우	40 %
2단계	점 B의 좌표를 구한 경우	40 %
3단계	삼각형 OAB의 넓이를 구한 경우	20 %

답 80

09

(1) 과자의 열량은 무게에 정비례한다.

　y가 x에 정비례하므로 $y=ax(a \neq 0)$라고 나타낼 수 있다.

　$y=ax$에 $x=40$, $y=240$을 대입하면

　$240=40a$, $a=6$

　따라서 $y=6x$ ··· 1단계

(2) $y=6x$에 $x=70$을 대입하면

　$y=6 \times 70=420$

따라서 과자를 70 g 먹었을 때, 얻을 수 있는 열량은 420 kcal이
다.   ··· 2단계

단계	채점 기준	비율
1단계	x와 y 사이의 관계식을 구한 경우	50 %
2단계	과자를 먹었을 때, 얻을 수 있는 열량을 구한 경우	50 %

답 (1) $y=6x$　(2) 420 kcal

10

(1) 자동차가 달릴 수 있는 거리는 연료의 양에 정비례한다.

　y가 x에 정비례하므로 $y=ax(a \neq 0)$라고 나타낼 수 있다.

　$y=ax$에 $x=2$, $y=36$을 대입하면

　$36=2a$, $a=18$

　따라서 $y=18x$ ··· 1단계

(2) $y=18x$에 $y=540$을 대입하면

$$540=18x,\ x=30$$

따라서 $540\,\text{km}$를 달리려면 연료는 $30\,\text{L}$가 필요하다. $\cdots$ **2단계**

단계	채점 기준	비율
1단계	x와 y 사이의 관계식을 구한 경우	50 %
2단계	필요한 연료의 양을 구한 경우	50 %

🖺 (1) $y=18x$ (2) 30 L

11

y가 x에 정비례하므로 $y=ax\,(a\neq0)$라고 나타낼 수 있다.

$y=ax$에 $x=300$, $y=50$을 대입하면

$$50=300a,\ a=\frac{1}{6}$$

이므로 $y=\dfrac{1}{6}x$ $\cdots$ **1단계**

$y=\dfrac{1}{6}x$에 $y=15$를 대입하면

$$15=\frac{1}{6}x,\ x=90$$

따라서 달에서 무게가 $15\,\text{kg}$인 물건을 지구에서 측정했을 때의 무게는 $90\,\text{kg}$이다. $\cdots$ **2단계**

단계	채점 기준	비율
1단계	x와 y 사이의 관계식을 구한 경우	50 %
2단계	지구에서의 무게를 구한 경우	50 %

🖺 90 kg

12

$y=-\dfrac{36}{x}$에 $x=-6$, $y=a$를 대입하면

$$a=-\frac{36}{-6}=6$$ $\cdots$ **1단계**

$y=-\dfrac{36}{x}$에 $x=9$, $y=b$를 대입하면

$$b=-\frac{36}{9}=-4$$ $\cdots$ **2단계**

따라서 $a+b=6+(-4)=2$ $\cdots$ **3단계**

단계	채점 기준	비율
1단계	a의 값을 구한 경우	40 %
2단계	b의 값을 구한 경우	40 %
3단계	$a+b$의 값을 구한 경우	20 %

🖺 2

13

$y=-\dfrac{24}{x}$에 $x=3$을 대입하면

$$y=-\frac{24}{3}=-8$$

이므로 한 교점의 좌표가 $(3,\ -8)$이다. $\cdots$ **1단계**

$y=ax$에 $x=3$, $y=-8$을 대입하면

$$-8=3a,\ a=-\frac{8}{3}$$ $\cdots$ **2단계**

단계	채점 기준	비율
1단계	한 교점의 좌표를 구한 경우	50 %
2단계	a의 값을 구한 경우	50 %

🖺 $-\dfrac{8}{3}$

14

(1) $\dfrac{1}{2}\times x\times y=48$이므로 $y=\dfrac{96}{x}$ $\cdots$ **1단계**

(2) $y=\dfrac{96}{x}$에 $y=12$를 대입하면

$$12=\frac{96}{x},\ x=8$$

따라서 높이가 $12\,\text{cm}$일 때, 밑변의 길이는 $8\,\text{cm}$이다. $\cdots$ **2단계**

단계	채점 기준	비율
1단계	x와 y 사이의 관계식을 구한 경우	50 %
2단계	삼각형의 밑변의 길이를 구한 경우	50 %

🖺 (1) $y=\dfrac{96}{x}$ (2) 8 cm

15

(1) 맞물려 회전하는 톱니의 개수는 같으므로

$$72\times1=x\times y,\ y=\frac{72}{x}$$ $\cdots$ **1단계**

(2) 톱니바퀴 A가 1번 회전하는 동안 톱니바퀴 B는 4번 회전하므로 $y=\dfrac{72}{x}$에 $y=4$를 대입하면

$$4=\frac{72}{x},\ x=18$$

따라서 톱니바퀴 B의 톱니의 개수는 18개이다. $\cdots$ **2단계**

단계	채점 기준	비율
1단계	x와 y 사이의 관계식을 구한 경우	50 %
2단계	B의 톱니의 개수를 구한 경우	50 %

🖺 (1) $y=\dfrac{72}{x}$ (2) 18개

16

(1) y가 x에 반비례하므로 $y=\dfrac{a}{x}\,(a\neq0)$라고 나타낼 수 있다.

$y=\dfrac{a}{x}$에 $x=2$, $y=435$를 대입하면

$$435=\frac{a}{2},\ a=870$$

이므로 $y=\dfrac{870}{x}$ $\cdots$ **1단계**

(2) $y=\dfrac{870}{x}$에 $y=290$을 대입하면

$$290=\frac{870}{x},\ x=3$$

따라서 기체의 부피가 $290\,\text{cm}^3$일 때, 압력은 3기압이다. $\cdots$ **2단계**

단계	채점 기준	비율
1단계	x와 y 사이의 관계식을 구한 경우	50 %
2단계	압력을 구한 경우	50 %

$$\text{(1) } y=\frac{870}{x} \quad \text{(2) } 3\text{기압}$$

17

점 $\left(\dfrac{a}{b},\ a+b\right)$가 제2사분면 위의 점이므로

$$\frac{a}{b}<0,\ a+b>0$$

$\dfrac{a}{b}<0$이므로 a, b는 서로 다른 부호이다.

a, b가 서로 다른 부호이고, $|a|<|b|$, $a+b>0$이므로

$a<0$, $b>0$이다. $\quad\cdots$ 1단계

$a<0$, $b>0$이므로 $a-b<0$, $-a>0$이므로

점 $(a-b,\ -a)$는 제2사분면 위의 점이다. $\quad\cdots$ 2단계

단계	채점 기준	비율
1단계	a, b의 부호를 구한 경우	50 %
2단계	점 $(a-b,\ -a)$가 속한 사분면을 구한 경우	50 %

제2사분면

18

은우와 미수에 대한 그래프는 모두 원점을 지나는 직선이므로 정비례 관계의 그래프이다.

은우와 미수에 대한 그래프의 식을 각각 $y=ax(a\neq0)$, $y=bx(b\neq0)$와 같이 나타낼 수 있다.

$y=ax$에 $x=4$, $y=2000$을 대입하면

$2000=4a$, $a=500$

이므로 $y=500x$ $\quad\cdots$ 1단계

$y=500x$에 $y=6000$을 대입하면

$6000=500x$, $x=12$이므로

은우가 학교 운동장에 도착할 때까지 12분 걸린다. $\quad\cdots$ 2단계

$y=bx$에 $x=4$, $y=320$을 대입하면

$320=4b$, $b=80$

이므로 $y=80x$ $\quad\cdots$ 3단계

$y=80x$에 $y=6000$을 대입하면

$6000=80x$, $x=75$이므로

미수가 학교 운동장에 도착할 때까지 75분 걸린다. $\quad\cdots$ 4단계

따라서 은우가 학교 운동장에 도착한 지 $75-12=63(분)$ 후에 미수가 도착한다. $\quad\cdots$ 5단계

단계	채점 기준	비율
1단계	은우에 대한 그래프의 식을 구한 경우	20 %
2단계	은우가 운동장에 도착할 때까지 걸린 시간을 구한 경우	20 %
3단계	미수에 대한 그래프의 식을 구한 경우	20 %
4단계	미수가 운동장에 도착할 때까지 걸린 시간을 구한 경우	20 %
5단계	은우와 미수가 도착한 시간의 차를 구한 경우	20 %

63분 후

19

(1) 빈 욕조를 가득 채우는 데 필요한 물의 양은

$$8\times30=240(L)$$

1분에 x L씩 y분 동안 욕조에 물을 가득 채우므로

$$240=x\times y,\ y=\frac{240}{x} \quad\cdots \text{1단계}$$

(2) $y=\dfrac{240}{x}$에 $x=5$를 대입하면

$$y=\frac{240}{5}=48$$

따라서 구하는 욕조에 물을 가득 채우는 데 걸리는 시간은 48분이다. $\quad\cdots$ 2단계

단계	채점 기준	비율
1단계	x와 y 사이의 관계식을 구한 경우	50 %
2단계	물을 가득 채우는 데 걸리는 시간을 구한 경우	50 %

$$\text{(1) } y=\frac{240}{x} \quad \text{(2) } 48\text{분}$$

20

$y=\dfrac{24}{x}$에서 $xy=24$

점 P의 좌표를 $(m,\ n)$, 점 Q의 좌표를 $(s,\ t)$라 하면 $mn=24$, $st=24$이므로

두 사각형 AODP와 BOEQ의 넓이는 모두 24이다. $\quad\cdots$ 1단계

(직사각형 CDEQ의 넓이)

$=$(직사각형 BOEQ의 넓이)$-$(직사각형 BODC의 넓이)

$=$(직사각형 AODP의 넓이)$-$(직사각형 BODC의 넓이)

$=$(직사각형 ABCP의 넓이)

$=16$ $\quad\cdots$ 2단계

단계	채점 기준	비율
1단계	두 사각형 AODP와 BOEQ의 넓이를 구한 경우	50 %
2단계	사각형 CDEQ의 넓이를 구한 경우	50 %

16

21

$y=3x$에 $x=1$을 대입하면

$y=3\times1=3$이므로 점 A의 좌표는 $(1,\ 3)$이다. $\quad\cdots$ 1단계

선분 AB의 길이는 3이므로 선분 CD와 선분 AD의 길이도 3이다.

그러므로 점 D의 좌표는 $(4,\ 3)$이다. $\quad\cdots$ 2단계

$y=\dfrac{a}{x}$에 $x=4$, $y=3$을 대입하면

$$3=\frac{a}{4},\ a=12 \quad\cdots \text{3단계}$$

단계	채점 기준	비율
1단계	점 A의 좌표를 구한 경우	40 %
2단계	점 D의 좌표를 구한 경우	40 %
3단계	a의 값을 구한 경우	20 %

12

22

점 A의 x좌표를 m이라 하면 y좌표는 $4m$이다.　　　… **1단계**

정사각형 ABCD의 한 변의 길이가 6이므로 점 C의 좌표는 $(m+6,\ 4m-6)$이다.　　　… **2단계**

$y=\dfrac{1}{4}x$에 $x=m+6,\ y=4m-6$을 대입하면

$$4m-6=\dfrac{1}{4}(m+6)$$　　　… **3단계**

$$16m-24=m+6$$

$$15m=30,\ m=2$$　　　… **4단계**

따라서 점 A의 좌표는 $(2,\ 4\times2)$, 즉 $(2,\ 8)$이다.　　　…**5단계**

단계	채점 기준	비율
1단계	점 A의 좌표를 문자를 사용하여 나타낸 경우	20 %
2단계	점 C의 좌표를 문자를 사용하여 나타낸 경우	20 %
3단계	문자에 대한 방정식을 세운 경우	20 %
4단계	문자의 값을 구한 경우	20 %
5단계	점 A의 좌표를 구한 경우	20 %

답 $(2,\ 8)$